Bob Gibbons · Peter Brough

Der große
Kosmos-Naturführer

BLÜTEN-PFLANZEN

Über 1900 Arten in 1500 Farbfotos

KOSMOS

Aus dem Englischen übersetzt von Matthias Volk.

Titel der Originalausgabe: „The Hamlyn Photographic Guide to the Wildflowers of Britain and Northern Europe"
1992 erschienen bei Hamlyn Octopus, an imprint of Octopus Publishing Group Limited, 2–4 Heron Quays, Docklands, London E14 4JP
unter ISBN 0-600-57452-0
© für den Text bei Bob Gibbons und Peter Brough 1992
© Octopus Publishing Group Limited 1992, 2003

Mit 1502 Farbfotos, 518 Strichzeichnungen und
1004 Verbreitungskarten

Umschlaggestaltung von eStudio Calamar unter Verwendung von
6 Aufnahmen von D. Aichele (1), H. E. Laux (3), W. Layer (1) und
M. Pforr (1).
Die Bilder zeigen Seerose (or), Fingerhut (ol), Leberblümchen (Ml),
Karthäuser-Nelke (ul), Wiesen-Bocksbart (uM) und Silberwurz (ur).

Bibliografische Information Der Deutschen Bibliothek
Die Deutsche Bibliothek verzeichnet diese Publikation in der
Deutschen Nationalbibliografie; detaillierte bibliografische Daten sind
im Internet über http://dnb.ddb.de abrufbar.

Bücher · Kalender · Spiele · Experimentierkästen · CDs · Videos
Natur · Garten & Zimmerpflanzen · Heimtiere · Pferde & Reiten · Astronomie ·
Angeln & Jagd · Eisenbahn & Nutzfahrzeuge · Kinder & Jugend

Informationen senden wir Ihnen gerne zu

KOSMOS Postfach 10 60 11
D-70049 Stuttgart
TELEFON +49 (0)711-2191-0
FAX +49 (0)711-2191-422
WEB www.kosmos.de
E-MAIL info@kosmos.de

Gedruckt auf chlorfrei gebleichtem Papier

Die 1. Auflage erschien 1993 unter dem Titel „Kosmos-Atlas Blütenpflanzen".
2. Auflage 1998 unter dem Titel „Der große Kosmos-Naturführer Blütenpflanzen"
3. Auflage, 2004
Für die deutschsprachige Ausgabe:
© 1993, 1998, 2004, Franckh-Kosmos Verlags-GmbH & Co., Stuttgart
Alle Rechte vorbehalten
ISBN 3-440-09710-2
Lektorat: Anne-Kathrin Janetzky, Iris Kunz
Printed in the United Arab Emirates/Imprimé aux Emirats Arabes Unis

Danksagung

Die hohe Qualität der Verbreitungskarten beruht auf dem Fachwissen und Fleiß von Martin Walters und John Akero, denen wir sehr dankbar sind. Außerdem danken wir Chris Orr, Robin Somes und Tiffany Passmore für ihre großartigen Zeichnungen.
Viele Menschen haben zum Entstehen dieses Buches beigetragen, und es mag ungerecht erscheinen, nicht alle zu erwähnen. Trotz dieser Bedenken möchten wir einigen Personen unseren besonderen Dank aussprechen - sie haben sehr viel Arbeit investiert und einen großen Anteil daran, daß es gelungen ist, aus den verschiedenen Teilen dieses Buches ein Ganzes zu machen, eine Arbeit, die für uns dem Begriff „Nachtschicht" eine neue Dimension gegeben hat! Ohne Andrew und Anne Branson von British Wildlife Publishing hätte dieses Buch vielleicht nie das Licht der Welt erblickt. Unser Dank gllt auch David Goodfellow, Paul Sterry von Nature Photographers und Andrew Gagg von Photo Flora.
Zahlreiche Freude unterstützten unsere Fotoarbeit durch Hinweise auf Standorte seltener Arten. Ihnen allen möchten wir danken.
Schließlich bedanken wir uns bei unseren Familien für ihre Geduld und Nachsicht, die sie während der vielen Stunden der Geländearbeit und des Schreibens aufgebracht haben.

Peter Brough, Bob Gibbons

Bibliographie

Aichele, D. (1997): Was blüht denn da? Wildwachsende Blütenpflanzen Mitteleuropas. Kosmos-Verlag
Aichele, D., H.-W. Schwegler (1992): Welcher Baum ist das? Bäume, Sträucher, Ziergehölze. Kosmos-Verlag
Aichele, D., H.-W. Schwegler (1994–1996): Die Blütenpflanzen Mitteleuropas. 5 Bände. Kosmos-Verlag
Blamey M., C. Grey-Wilson (1989): The Illustrated Flora of Britain and Northern Europe. Hodder & Stoughton
Hegi, G.: Illustrierte Flora von Mitteleuropa, Bd. 1–6. Paul Parey
Hess H. E., E. Landolt, R. Hirzel: Flora der Schweiz und angrenzender Gebiete, Bd. 1–3. Birkhäuser
Rothmaler W. (Begr.): Exkursionsflora, Bd. 1–4. Volk und Wissen
Schmeil O., J. Fitschen (1988): Flora von Deutschland und seinen angrenzenden Gebieten. Quelle & Meyer
Tutin T. G. et al. (Hrsg.): Flora Europaea 1–5. Cambridge University Press

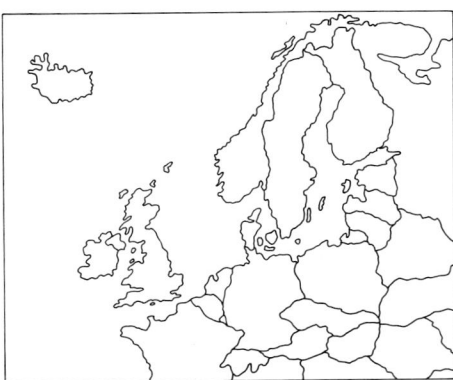

Die im Buch verwendeten Verbreitungskarten umfassen das hier vergrößert dargestellte Gebiet.

Das Foto auf Seite 1 zeigt *Erica ciliaris*, auf Seite 2/3 ist Rundblättriger Sonnentau abgebildet.

Inhalt

Einleitung
Seite 6

Glossar
Seite 8

Pflanzenbeschreibungen

Nacktsamige Pflanzen (Gymnospermae)
Seite 10

Bedecktsamige Pflanzen (Angiospermae)
Seite 12

Zweikeimblättrige Pflanzen (Dicotyledoneae)
Seite 12

Einkeimblättrige Pflanzen (Monocotyledoneae)
Seite 288

Register
Seite 330

Einleitung

Nach unserer Kenntnis wird in diesem Buch erstmals die Flora Nord- und Mitteleuropas einigermaßen umfassend in Farbfotos dargestellt. Obwohl Fotografien im Vergleich zu Farbzeichnungen einige Nachteile haben, so haben sie doch auch eine Reihe von Vorzügen. Besonders, wenn es darum geht, die Wuchsform einer Pflanze wiederzugeben, die die Art oft leicht erkennen läßt, mag das Foto einer detaillierten botanischen Zeichnung überlegen sein – kommt es doch dem unterbewußten Prozeß näher, mit dem erfahrene Botaniker Pflanzen auf den ersten Blick an ihrem Äußeren anstatt an präzisen botanischen Merkmalen erkennen. Meist haben wir solche Fotos ausgewählt, die viel über die Wuchsform der jeweiligen Pflanze aussagen, es sei denn, Nahaufnahmen waren unerläßlich. Wo es notwendig war, haben wir die Fotos mit Zeichnungen ergänzt. Es ist kaum möglich, alle gewünschten Merkmale einer Pflanze in einem einzigen Bild darzustellen, aber die Verbindung von Foto, Zeichnung und Text wird in den meisten Fällen ausreichend sein.

Das in dem Buch behandelte Gebiet umfaßt das nördliche Europa einschließlich Skandinavien und reicht im Süden bis Zentralfrankreich, Österreich und Schweiz. In der Praxis ist diese ausgedehnte Verwendung möglich, da sich die Vegetation nur allmählich ändert und Sie viele Pflanzen auch weiter im Osten oder Süden finden werden. Allerdings wird das Buch um so weniger umfassend, je weiter man sich vom Kerngebiet entfernt.

Im Hauptteil des Buches erwähnen wir praktisch alle Arten, die man wahrscheinlich vorfinden wird, mit Ausnahme einiger Arten, die nur ganz vereinzelt am Rande des Gebietes, z. B. in Island oder Spitzbergen, vorkommen. Bei den Gattungen Habichtskraut (Hieracium) und Augentrost (Euphrasia) werden nur einige Arten vorgestellt – stellvertretend für die große Anzahl ähnlicher Arten, die ohne detaillierten Text und gutes Material schwer zu bestimmen sind. Auch einige eingeschleppte Arten fehlen. Da in diesem großen Gebiet so viele nicht heimische Arten mehr oder weniger eingebürgert sind, haben wir nur jene aufgenommen, die entweder fest eingebürgert sind oder die man am ehesten finden wird.

Die Reihenfolge der Arten und Familien im Buch folgt im allgemeinen der FLORA EUROPAEA, einem der bedeutendsten Werke über die Flora Europas. Mit kleinen Ausnahmen gilt dies auch für die wissenschaftliche Nomenklatur, da kein anderes System das ganze hier angesprochene geografische Gebiet erfaßt. Deutsche Namen, soweit vorhanden, folgen meist HEGI, Flora von Mitteleuropa.

Das hier behandelte Gebiet hat eine beträchtliche Größe. Die große Artenanzahl wird durch die unterschiedlichen Standortbedingungen sehr gefördert. Das Klima reicht von extrem arktischen Bedingungen im Norden, stark ozeanischen Gebieten entlang der westlichen Küsten und fast mediterranen Bedingungen im Süden bis zum allmählichen Übergang zu zentralasiatischem Klima im Osten des Gebietes. Auch der große Höhenunterschied – Standorte auf Meereshöhe bis ins Hochgebirge sind erfaßt – trägt zur Vielfalt der Arten bei. In Verbindung mit der sehr unterschiedlichen Geologie hat diese Diversität des Klimas und der Höhe die Entwicklung einer extremen Vielfalt von Standorten zur Folge gehabt. Als direkte Konsequenz daraus ist die Anzahl der Blütenpflanzen in diesem Gebiet sehr groß.

Zum Gebrauch dieses Buches

Für viele Leser werden die Fotos die wichtigste Informationsquelle darstellen. Ein schnelles Durchblättern wird die gesuchte Pflanze oft zutage fördern oder wenigstens die Gruppe oder Familie erkennen lassen. Einige Arten, wie z. B. der Löwenschwanz (Leonurus cardiaca), sind augenblicklich als völlig verschieden von fast allen anderen Pflanzen zu erkennen. Bei vielen Arten ist es aber auch schwierig, z. B. ist es unwahrscheinlich, eine Art des Vergißmeinnichts nur mit Hilfe von Fotos zu identifizieren. Um eine Bestimmung zu ermöglichen, liefert der Text eine allgemeine Einführung in die Kennzeichen der

Eine wenig intensiv bewirtschaftete Wiese in den Yorkshire Dales, England.

6

Fruchtender Schwedischer Hartriegel in Fjordnähe, Nordnorwegen.

Familie und der übergeordneten Gruppen sowie Beschreibungen aller Arten. Diese betonen die Unterschiede zwischen nahe verwandten oder ähnlich aussehenden Arten und gehen, wo nötig, auf die Schlüsselmerkmale ein. Der Umfang des Buches erlaubt die Verwendung eines dichotomen Schlüssels für die schwierigen Gruppen leider nicht; größere Gruppen sind jedoch in Untergruppen aufgeteilt, die wichtige Merkmale gemeinsam haben.

Die Artbeschreibungen wurden standardisiert, um das Auffinden von Merkmalen und das Vergleichen der Arten zu vereinfachen. Allerdings ist es weder möglich noch sinnvoll, alle Arten auf ein und dieselbe Weise zu beschreiben – z.B. ist die Farbe der Haare auf den Staubfäden bei Bestimmung der Königskerze von entscheidender Bedeutung, bei vielen anderen Gruppen ist dies nicht der Fall.

Neben Blattform, Blütenfarbe, Größe etc. werden auch Verteilung, Häufigkeit und Blütezeit jeder Art angesprochen. Beim Versuch, eine Art zu bestimmen, sollten alle diese Informationen berücksichtigt werden. Es ist z.B. unwahrscheinlich, eine Art deutlich außerhalb der im Text oder in den Karten angegebenen Verbreitungsgrenzen zu finden, obwohl sich manche Arten ausbreiten oder andere zufällig an neuen Standorten entdeckt werden.

Die genaue Verbreitung vieler Arten in Europa ist noch immer unsicher, weshalb Karten nur dann angefügt wurden, wenn einigermaßen genaue Angaben vorlagen. Außerdem wurden meistens nur jene Arten kartiert, die nicht ohnehin im ganzen behandelten Gebiet vorkommen.

Die in den Karten verwendeten Farben haben folgende Bedeutung: **Blau** bezeichnet das hauptsächliche Verbreitungsgebiet, **Hellblau** zeigt vereinzeltes oder vergleichsweise seltenes Vorkommen an, und **Grau** gibt an, wo eine Art verbreitet eingebürgert ist.

Die Blütezeit darf nur als Anhaltspunkt verstanden werden. Von wetterbedingten Verschiebungen abgesehen, haben die unterschiedliche geografische Breite sowie die Meereshöhe starke Abweichungen zur Folge. In einigen seltenen Fällen ist die Blütezeit eine der ersten Bestimmungshilfen, z.B. um den Frühen Enzian (Gentianella anglica) vom Bitteren Enzian (Gentianella amarella) zu unterscheiden.

Der Standort einer Pflanze ist oftmals von Bedeutung, nur kann er in einem so großen Gebiet wie dem hier behandelten durchaus variieren, so daß es schwer ist, hier präzise Angaben zu machen. Dennoch lohnt es sich, diese Information zur Bestimmung einer Art heranzuziehen. Man wird z.B. eine Pflanze der Heiden kaum in Salzmarschen oder im Tiefland auf Kalkboden finden.

Bei der Bestimmung sollte man darauf achten, von den Grundblättern bis zur Blüte oder Frucht alle wesentlichen Merkmale zu erfassen. Für den verantwortungsvollen Naturfreund ist es selbstverständlich, die Pflanze dabei weder zu entwurzeln noch auf irgendeine andere Weise zu schädigen.

Überall in Europa sind Pflanzen gefährdet, meistens durch den Verlust ihres Lebensraumes. Wir sollten diese Belastung nicht noch durch unnötiges Sammeln verstärken. Außerdem gibt es in vielen Ländern Gesetze, die das Sammeln durch Entwurzeln oder auch das Pflücken seltener Arten generell oder in speziellen Schutzgebieten untersagen.

Pflanzen, die in irgendeiner Weise gefährdet oder geschützt sind, sei es regional oder landesweit, sind mit einem Symbol (∇) gekennzeichnet. Diese Angaben gelten vor allen Dingen für den deutschsprachigen Raum; somit kann z.B. eine in Deutschland seltene und daher gefährdete Pflanze in Frankreich durchaus häufig sein.

Glossar

Achäne Einsamige, trockene Nußfrucht, die sich bei Reife nicht öffnet. Fruchtwand mit der Samenschale untrennbar verwachsen (z. B. bei Korbblütengewächsen).
Achselständig In dem von einem Blatt und der Sproßachse gebildeten Winkel stehend.
Adern Leitungs- und Verstärkungsgewebe der Blätter und Samen.
Ähre Einfacher, verlängerter Blütenstand, bei dem die Blüten ungestielt einer Hauptachse ansitzen.
Aufsteigend Am Boden kriechend oder liegend und sich dann bogig aufrichtend.
Ausläufer Oberirdisch wachsende Seitentriebe, die in einiger Entfernung zur Mutterpflanze an den Knoten wurzeln und nach dem Absterben der dazwischenliegenden Teile neue Pflanzen bilden.
Außenkelch Ein zusätzlicher Kelch, der den echten inneren Kelch einschließt.

Bastard Siehe Hybride.
Beere Frucht mit saftiger Wand und ohne harte Außenschicht; enthält meist viele Samen.
Blättchen Siehe Zusammengesetztes Blatt.
Blütenboden Trägt die Blütenhüll-, Staub- und Fruchtblätter.
Blütenstand Gesamtheit der Blüten, ihrer Sprosse und Hochblätter.
Bulbillen (Brutknospen) Kleine, zwiebelartige Vermehrungsorgane, die sich ungeschlechtlich auf der Pflanze entwickeln und nach dem Abfallen zu einer selbständigen Pflanze heranwachsen.

Dolde Schirmförmiger Blütenstand.
Dorsiventral Mit nur einer, meist senkrechten Symmetrieebene. Dadurch sind linke und rechte Blütenhälfte spiegelbildlich gleich.
Dreizählig Blätter mit drei getrennten Blättchen.
Drüse Entweder eine kleine, kugelige, klebrige Bildung an der Spitze eines Haares oder, wie bei der Wolfsmilch, fleischige, gelbliche Tragblätter, die sich mit laubblattartigen Tragblättern am Grund der Blütenbüschel abwechseln.

Einfach Nicht zusammengesetzte Blätter oder unverzweigte Äste.
Eingeführt Nicht heimisch.
Einhäusig Männliche und weibliche Blüten auf derselben Pflanze.
Einjährig Für den vollständigen Lebenszyklus (von der Keimung des Samens bis zur Fruchtreife) werden höchstens zwölf Monate benötigt.
Einkeimblättrige Klasse von Pflanzen mit nur einem ersten Blatt am keimenden Sämling.
Endemisch Nur in einem Land oder einem kleinen Gebiet heimisch.
Epiphyten Auf anderen Pflanzen wachsende, jedoch nicht schmarotzende Pflanzen.

Fahne Oberstes Kronblatt der Schmetterlingsblütengewächse.
Fiederschnittig Fiedrig, jedoch nicht ganz bis zur Mittelrippe eingeschnitten.
Flügel Seitliche Kronblätter der Blüte, besonders bei Schmetterlingsblütengewächsen.
Frucht Die aus einer Blüte hervorgehenden und den Samen bis zur Reife umgebenden Organe.
Fruchtblatt Der die Samenanlagen tragende Bestandteil der weiblichen Blütenorgane; besteht aus Fruchtknoten, Griffel und Narbe.
Fruchtknoten Zentraler, durch die Fruchtblätter gebildeter und die Samenanlagen enthaltender Teil der Blüte.

Ganzrandig Nicht gezähnt oder mit anderen Einschnitten.
Gartenflüchtling Pflanze, die ursprünglich nur dort vorkam, wo sie vom Menschen angebaut wurde, dann aber verwilderte.
Gefiedert Blatt aus mehr als drei Blättchen, die in zwei gegenüberliegenden Reihen entlang der Hauptachse angeordnet sind.
Gefingert Mit mehr als drei fingerförmigen, demselben Punkt entspringenden Blättchen.
Geflügelter Stengel Mit dünnen blattartigen Längsleisten versehener Stengel.
Gegenständig Paarweise am gleichen Punkt (in derselben Höhe) entspringend.
Granne Steifer, borstenartiger Fortsatz.
Griffel Teil des Fruchtblattes, der den Fruchtknoten mit der Narbe verbindet.
Grundblatt Am Stengelgrund stehendes Laubblatt.

Häutig Sehr dünn, durchscheinend und ohne Blattgrün.
Handförmig Blatt mit drei oder mehr dem selben Punkt entspringenden Abschnitten.
Heimisch Nicht eingeführt.
Herablaufend Auf einen am Stengel entlang herablaufenden Blattgrund bezogen.
Hochblatt Blatt im Bereich des Blütenstandes oder der Einzelblüten, von einfacherem Bau und geringerer Größe als die übrigen Laubblätter.
Hüllkelch Ring aus Tragblättern, der eine oder mehrere Blüten umgibt.
Hybride Durch Kreuzung zweier verschiedener Arten entstandene neue Pflanze.

Internodien Zwischen zwei Knoten gelegene Glieder des Stengels.

Kelch Gesamtheit der meist grünen und derberen äußeren Blätter (Kelchblätter) einer doppelten Blütenhülle.
Kelchblätter Siehe Kelch.
Knollen Fleischig angeschwollene Speicherorgane der Sproßachse oder Wurzel.
Knoten Der Teil des Stengels, an dem ein oder mehrere Blätter entspringen.
Kräuter Nicht verholzende Gefäßpflanzen.
Kronblätter Siehe Krone.
Krone Gesamtheit der meist zarteren und auffällig gefärbten inneren Blätter (Kronblätter) einer doppelten Blütenhülle.

Länglich Drei- bis sechsmal so lang wie breit und in der Mitte parallelrandig.
Lanzettlich Drei- bis sechsmal so lang wie breit, in der Mitte am breitesten und nach beiden Enden bogig verschmälert.
Linealisch Lang, schmal und mehr oder weniger parallelrandig.

Mehrjährige Ausdauernde Pflanze, die länger als zwei Jahre lebt und meist jedes Jahr blüht.
Mittelrippe Zentrale Blattader.

Nagel Siehe Platte.
Nektarien Zuckerhaltigen Saft (Nektar) absondernde Organe, meist in den Blüten zu finden.

Ochrea (Mehrzahl Ochreae) Eine durch Verwachsung von Stengelblättern entstandene stengelumfassende Röhre, z.B. beim Knöterich.
Öhrchen Mehr oder weniger runde, stets von der Blattspitze weg gerichtete Anhängsel am Blattgrund.

Pappus Haarschopf an einer Frucht, z.B. beim Löwenzahn.
Parasit Pflanze, die alle Nährstoffe von einem anderen lebenden, mit ihr verbundenen Organismus bezieht.
Perianth Gesamtheit der (Kron- und Kelch-)Blätter der doppelten Blütenhülle.
Perigon Einfache Blütenhülle, deren Hüllblätter entweder alle kelchblattartig oder alle kronblattartig sind.
Platte und Nagel Breiterer oberer Abschnitt (Platte) und stielartiger unterer Abschnitt (Nagel) von Kron- oder Perigonblättern.
Pollen Winzige Körner des Blütenstaubes, die die männlichen Keimzellen enthalten.

Quirlständig Drei oder mehr Blüten oder Blätter, die am selben Punkt des Stengels entspringen.

Ranken Zarte, meist gewundene, dem Klettern dienende Organe.
Rispe Blütenstand mit verzweigten, mehrblütigen Seitenachsen, die einer Hauptachse entspringen.
Rosette Strahlenförmige Anordnung von mehreren, meist dem Boden anliegenden Blättern.

Saprophyt Pflanze ohne Chlorophyll, die ihre Nährstoffe aus zerfallendem organischem Material bezieht.
Schiffchen Die beiden verwachsenen unteren Kronblätter der Schmetterlingsblütengewächse.
Schötchen Fruchtkapsel der Kreuzblütengewächse, weniger als dreimal so lang wie breit.

Schote Fruchtkapsel der Kreuzblütengewächse, wenigstens dreimal so lang wie breit.

Spadix Aufrechte, dicht gedrängte Blütenähre der Aronstabgewächse.

Spatha Ein oder mehrere große, häufig auffällige gefärbte Hochblätter, die den Blütenstand umschließen (z. B. bei den Aronstabgewächsen).

Sporn Hohler Fortsatz an Kron- oder Kelchblättern, der häufig Nektar enthält.

Staminodien Umgewandelte, sterile Staubblätter.

Staubbeutel Teil des Staubblatts, in der Regel aus miteinander verbundenen Hälften bestehend, die die Pollensäcke mit den Pollenkörnern enthalten.

Staubblatt Das männliche, Pollen erzeugende Organ der Blüte; besteht aus stielartigem Staubfaden (Filament) und Staubbeutel (Anthere).

Stengelumfassend Ungestieltes Blatt, am Grund mit Anhängseln, mehr oder weniger weit um den Stengel herumgreifend.

Steril Unfruchtbar, keine fruchtbaren Samen hervorbringend.

Stolonen Kurzlebige, meist oberirdische, ausläuferartige Sprosse zur ungeschlechtlichen Vermehrung.

Thallus Pflanzenkörper, der sich nicht eindeutig aus den Grundorganen Sproßachse, Blatt und Wurzel aufbaut.

Tragblatt Blatt, das eine Seitenachse (z. B. eine Blüte) in seiner Achsel trägt.

Traube Blütenstand mit unverzweigten, voneinander entfernten Blütenstielen, die längs dieser an einer Hauptachse entspringen.

Trugdolde Blütenstand, der einer Dolde sehr ähnlich sieht, aber nicht regelmäßig von innen nach außen aufblüht.

Unbeständig Eingeführte Pflanze, die aber nicht angebaut wird und nicht fest eingebürgert ist.

Wechselständig An jedem Knoten einzeln, also an der Sproßachse in verschiedener Höhe entspringend (nicht in Paaren gegenüberstehend).

Wurzelstock (Rhizom) Unterirdischer oder an der Oberfläche wachsender, oft mehrjähriger Speichersproß, meist mit Wurzeln.

Zungenblüten Äußere Blüten der Korbblütengewächse, mit einer kurzen Röhre und einem einseitig ausgebreiteten, linealischen Saum.

Zusammengesetztes Blatt Blattfläche besteht aus mehreren, völlig getrennten Teilen, die, von ihrer Größe unabhängig, immer Blättchen genannt werden.

Zweihäusig Weibliche und männliche Blüten auf verschiedenen, eingeschlechtlichen Pflanzen.

Zweijährig Zeitdauer von Keimung bis Fruchtreife beträgt zwei Sommer und einen oder zwei Winter. Im ersten Jahr nach der Keimung werden meist nur Blätter gebildet, während im zweiten Jahr Blüte, Fruchtreife und Absterben der Pflanze stattfinden.

Zweikeimblättrige Klasse von Pflanzen mit zwei am keimenden Sämling gegenständig angelegten ersten Blättern.

Zwiebel Unterirdischer Sproß mit stark verkürzter Achse, der die Knospe des nächsten Jahres und zu Speicherorganen umgewandelte Niederblätter enthält.

Zwittrig Männliche und weibliche Fortpflanzungsorgane in derselben Blüte.

Schematische Darstellung von Blattformen und Blütenständen: a eiförmig; **b** lanzettlich, spitz; **c** löffelförmig oder verkehrt-eiförmig, stumpf; **d** rund; **e** linealisch, mit gekerbter Spitze; **f** zugespitzt, Rand doppelt gezähnt; **g** Rand gelappt, Grund geöhrt; **h** Rand gezähnt, Grund herzförmig; **i** handförmig; **j** gefiedert, Blättchen elliptisch; **k** doppelt gefiedert; **l** Blätter rautenförmig, anliegend; **m** quirlige Anordnung; **n** Traube; **o** Rispe; **p** Trugdolde (mit Hochblatt); **q** Dolde

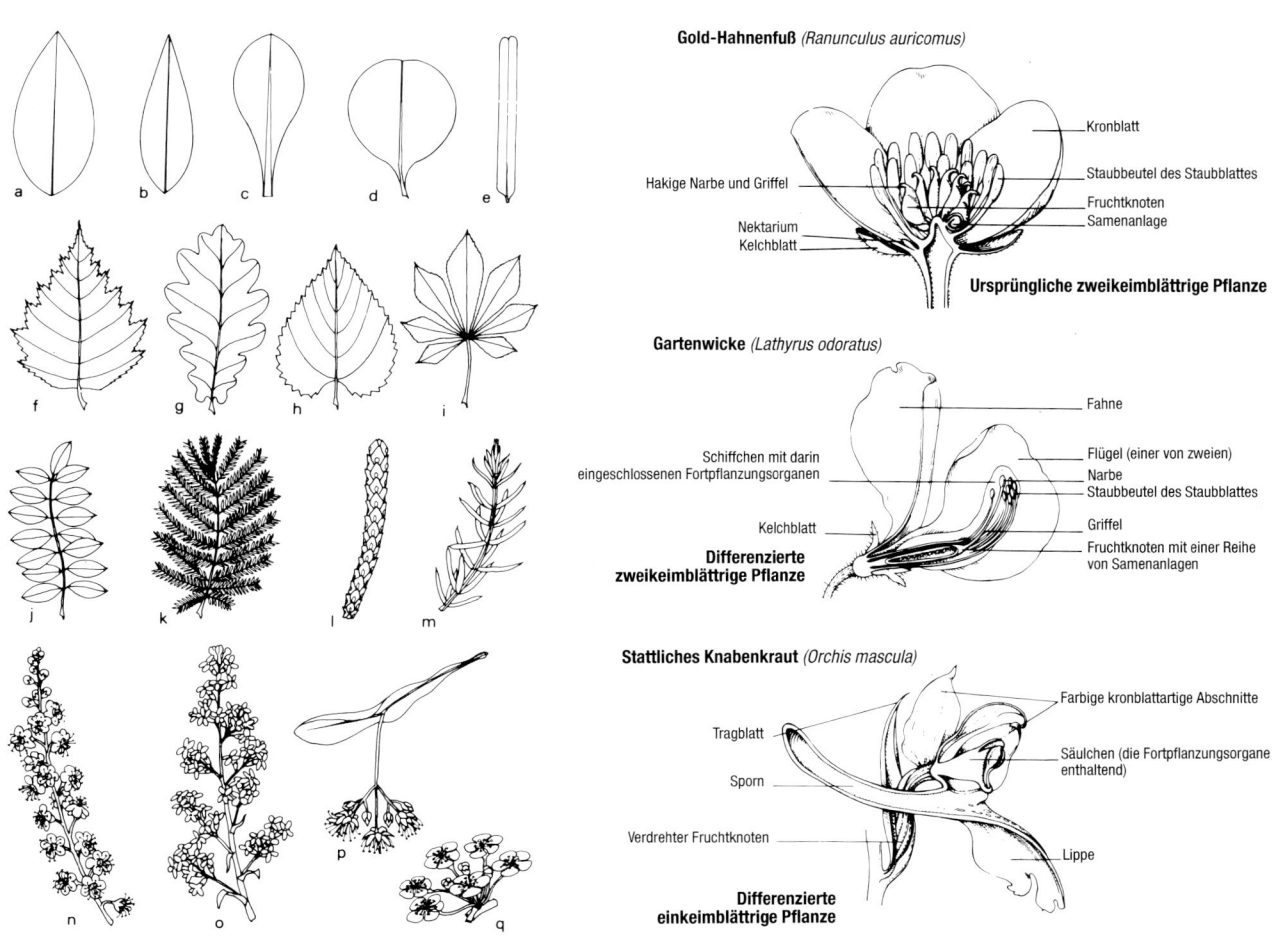

Gold-Hahnenfuß (Ranunculus auricomus)

Kronblatt
Hakige Narbe und Griffel
Staubbeutel des Staubblattes
Fruchtknoten
Samenanlage
Nektarium
Kelchblatt

Ursprüngliche zweikeimblättrige Pflanze

Gartenwicke (Lathyrus odoratus)

Fahne
Schiffchen mit darin eingeschlossenen Fortpflanzungsorganen
Flügel (einer von zweien)
Narbe
Staubbeutel des Staubblattes
Kelchblatt
Griffel
Fruchtknoten mit einer Reihe von Samenanlagen

Differenzierte zweikeimblättrige Pflanze

Stattliches Knabenkraut (Orchis mascula)

Farbige kronblattartige Abschnitte
Tragblatt
Säulchen (die Fortpflanzungsorgane enthaltend)
Sporn
Verdrehter Fruchtknoten
Lippe

Differenzierte einkeimblättrige Pflanze

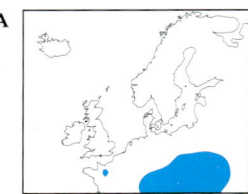

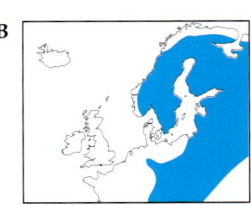

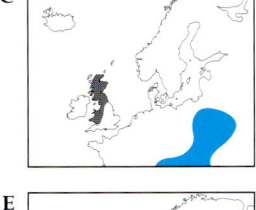

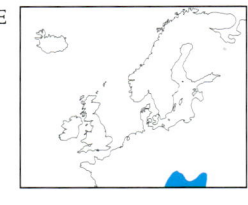

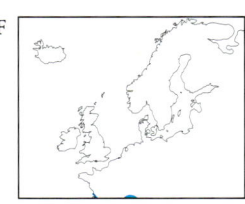

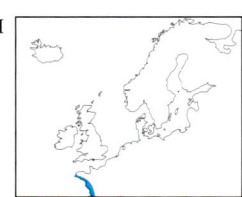

Nacktsamige Pflanzen
Gymnospermae

Überwiegend immergrüne Bäume und Sträucher mit nackten Samenanlagen.

Kieferngewächse *Pinaceae*

Bäume (selten Sträucher), die einige der größten bekannten Arten einschließen. Sie sind harzig und außer *Larix* alle immergrün. Blätter steif, schmal-linealisch, ganzrandig und bis zu einem gewissen Grad spiralig angeordnet. Weibliche und männliche Blüten in getrennten Blütenständen auf demselben Baum. Die geflügelten Samen stecken in großen, holzigen Zapfen.

A Weiß-Tanne *Abies alba* Bis 50 m hoher, immergrüner Baum mit pyramidenförmiger Krone, Äste regelmäßig quirlständig. Rinde glatt, hellgrau und im Alter schuppig. Blätter bis 30 mm, oberseits dunkelgrün glänzend, unterseits mit zwei blassen Reihen von Spaltöffnungen. Blätter hinterlassen eine kleine, ovale Narbe. Äste auf jeder Seite mit zwei abgeflachten Blattreihen, von denen die obere nach vorne deutet. Zapfen aufrecht, bis 18 cm und mit auffälligen, abwärts weisenden Tragblättern zwischen den Schuppen (**a**). Ist in mitteleuropäischen Gebirgen heimisch und bildet oft bis 2000 m Höhe ausgedehnte Wälder. Blüht 4–5.

B Gemeine Fichte *Picea abies* Immergrüner Baum bis 60 m, pyramidenförmig mit regelmäßig quirlständigen Ästen. Rinde rauh, rotbraun. Blätter bis 25 mm, vierkantig, hell- bis dunkelgrün. Jedes Blatt hat ein holziges Stielchen am Grund, das beim Abfallen des Blattes zurückbleibt. Zapfen bis 15 cm groß und hängend, ohne Tragblätter zwischen den Schuppen. Auch außerhalb des ursprünglichen Verbreitungsgebietes angepflanzt und eingebürgert. Blüht 5–6.

C Europäische Lärche *Larix decidua* Sommergrüner, pyramidenförmiger Baum bis 50 m. Äste in unregelmäßigen Quirlen. Rinde braun und rissig, in kleinen Schuppen abfallend. Blätter bis 30 mm, hellgrün, gekielt und gespitzt in quirligen Büscheln. Zapfen faßförmig und klein (bis 3,5 cm), die Tragblätter sind meist zwischen den Schuppen verborgen. In Gebirgslagen auf gut entwässerten Böden weit verbreitet. Blüht 3–4. Es gibt noch eine Anzahl nah verwandter Arten und Hybride, die sich unter anderem in Zapfenform und -größe unterscheiden.

Kiefer *Pinus* Zu erkennen an den langen, nadelartigen Blättern, in Büscheln zu zwei bis fünf.

D Wald-Kiefer *Pinus sylvestris* Immergrüner Baum mit schirmförmiger Krone, bis 40 m. Rinde rot- oder graubraun, mit senkrechten Rissen. Knospen klebrig-harzig. Blätter zu zweit, steif und gedreht, bis 10 cm lang. Zapfen eiförmig, hängend. Verbreitet auf sauren oder sandigen Böden an unterschiedlichen Standorten. Blüht 5–6.

E Schwarz-Kiefer *Pinus nigra* Ähnlich der Wald-Kiefer, der Umriß ist aber eher pyramidenförmig, und die Blätter sind länger (8–15 cm). Verbreitet angepflanzt und eingebürgert. ▽

F Meer-Kiefer *Pinus pinaster* Ähnlich der Wald-Kiefer, in der Reife ist der Stamm aber überwiegend astlos, die Blätter sind 10–25 cm lang. Knospen nicht harzig. Besonders in Küstenregionen oft angepflanzt und eingebürgert. ▽

Zypressengewächse *Cupressaceae*

Immergrüne Sträucher und Bäume. Blätter entweder nadelartig oder schuppig, gegenständig oder in Quirlen, den Stamm oft vollständig bedeckend. Samen außer bei Wacholder, der eine fleischige, beerenartige Frucht hat, in Zapfen mit holzigen Schuppen.

G Gewöhnlicher Wacholder *Juniperus communis* Formenreicher, immergrüner Strauch bis 7 m. Rinde rotbraun, sich früh abschälend. Stechende Blätter zu dritt in Quirlen, grün mit einem weißen Längsband auf der Oberseite, unterseits gekielt. Frucht fleischig und beerenartig, im ersten Jahr grün, aber auf der Pflanze bleibend und im zweiten Jahr blauschwarz werdend. Am Habitus und an der Standortwahl läßt sich eine Anzahl von Unterarten unterscheiden. Verbreitet auf gut entwässerten Böden bis 1200 m. Blüht 5–6.

Eibengewächse *Taxaceae*

Immergrüne Sträucher oder Bäume. Blätter schmal-linealisch, spiralig angeordnet. Frucht fleischig.

H Eibe *Taxus baccata* Baum bis 20 m mit ausgebreiteten Ästen und kräftigem Stamm. Rinde rostbraun, dünn und schuppig. Stamm unregelmäßig, mit Rippen und Rinnen. Blätter dunkelgrün, mehr oder weniger in zwei Reihen geteilt. Zweihäusig. Frucht eine scharlachrote Beere. Im ganzen Gebiet auf verschiedenen Böden verbreitet. Blüht 3–4. ▽

Meerträubchengewächse *Ephedraceae*

Sträucher oder Halbsträucher mit gegenständigen oder quirligen Schuppenblättern und langen Stengelgliedern (Internodien). Zweihäusig.

I Meerträubchen *Ephedra distachya* Charakteristischer, niedriger Strauch oder Halbstrauch bis 50 cm, oft nur einige Zentimeter groß. Stamm holzig mit blaßgrünen Trieben. Winzige Blätter an den Knoten scheidig verbunden, oberseits braun und unterseits grün. Fleischige Frucht scharlachrot und fein gelappt, bis 7 mm groß. An trockenen, sandigen oder steinigen Standorten. Blüht 5–6. ▽

A	B	
C	E	
D	F	H
G	I	

A Weiß-Tanne, männliche Zapfen

B Gemeine Fichte, reife weibliche Zapfen

C Europäische Lärche, junge und reife weibliche Zapfen

D Wald-Kiefer, reife weibliche Zapfen

E Schwarz-Kiefer, reife weibliche Zapfen

F Meer-Kiefer, reife weibliche Zapfen

G Gewöhnlicher Wacholder, reife Frucht

H Eibe, weiblicher Baum mit reifer Frucht

I Meerträubchen, mit reifer Frucht

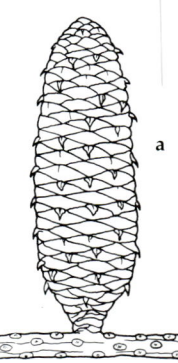

a

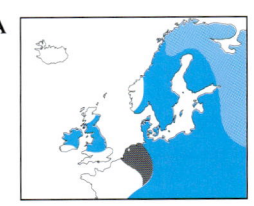

A

E

F

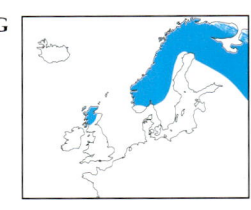

G

J

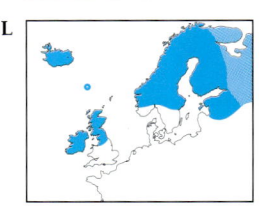

L

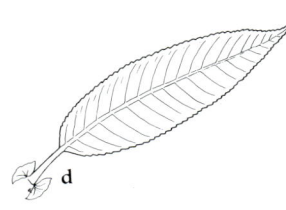

a
b
c
d

Bedecktsamige Pflanzen
Angiospermae

Samen in einem Fruchtknoten eingeschlossen.

Zweikeimblättrige Pflanzen
Dicotyledoneae

Klasse der bedecktsamigen Pflanzen mit zwei Keimblättern am Sämling. Blätter meist netzadrig und Blüten vier- oder fünfteilig.

Weidengewächse *Salicaceae*

Sommergrüne Bäume oder Sträucher. Blätter einfach und gewöhnlich wechselständig. Blüten in Kätzchen, männliche und weibliche Blüten auf verschiedenen Pflanzen. Samen von langen, seidigen Haaren umgeben, die der Windverbreitung dienen.

Weide *Salix* Eine schwierige Gattung, die von kleinen, kriechenden Halbsträuchern bis zu großen Bäumen variiert, die gewöhnlich in feuchter Umgebung wachsen. Knospen von einer einzelnen Schuppe bedeckt und Kätzchen aufrecht (anders als bei Pappeln!). Männliche Kätzchen gewöhnlich mit zwei Staubfäden (gelegentlich drei wie bei der Mandel-Weide, fünf bei der Lorbeer-Weide oder zu einem vereinigt bei der Purpur-Weide), oft vor dem Blattaustrieb reifend. Obwohl zunächst seidig weiß, sind die Staubblätter später gelb, außer bei *S. cinerea* (zuerst rötlich) und *S. purpurea, S. reticulata, S. arbuscula, S. myrsinites* und *S. lapponum* (zuerst rot oder purpurn). Weibliche Kätzchen meist graugrün und daher weniger auffällig. Die Arten hybridisieren leicht und machen damit die Bestimmung noch schwerer.

A Lorbeer-Weide *Salix pentandra* Strauch oder kleiner Baum bis 7 m. Kahle, glänzende Zweige. Blätter elliptisch, gezähnt (**a**), oberseits dunkelgrün glänzend, unterseits blasser. Die einzige Nichthybrid-Weide mit fünf (oder mehr) Staubblättern. Häufig an Süßwasser oder anderen feuchten Standorten. Blüht 5–6. ▽

B Bruch-Weide *Salix fragilis* Bis 25 m hoher Baum mit ausgebreiteten Ästen. Rinde rissig, Zweige kahl und leicht brechend. Blätter lang (bis 15 cm), schmal, gezähnt und an der Spitze auffällig asymmetrisch (**b**). Oberseits hellgrün glänzend, unterseits blasser. An Süßwasser verbreitet und häufig. Blüht 4–5. ▽

C Silber-Weide *Salix alba* Bis 25 m hoher Baum mit ausgebreiteten Ästen. Ähnlich der Bruch-Weide, aber Zweige nicht so zerbrechlich. Blätter bis 10 cm, an der Spitze nicht oder kaum asymmetrisch (**c**), unterseits (selten auch oben) mit seidigen, weißen Haaren bedeckt. An ähnlichen Standorten verbreitet. Blüht 4–5. ▽

D Mandel-Weide *Salix triandra* Strauch oder kleiner Baum bis 10 m. Rinde glatt, schuppig. Blattform wie die des Mandelbaums: lanzettlich, gezähnt (**d**), oberseits glänzend dunkelgrün, unterseits blaß blaugrün. Einzige Nichthybrid-Weide mit drei Staubblättern. An Süßwasser verbreitet und lokal häufig. Blüht 4–5. ▽

E Netz-Weide *Salix reticulata* Zwergstrauch, kriechend und mattenbildend. Blätter oval (bis 5 cm), ungezähnt (**e**), oberseits dunkelgrün und runzlig, unterseits weißlich und stark netzadrig. Staubblätter zuerst rötlich oder purpurn. Auf felsi-

gen Berggraten bis 2500 m. Vorzugsweise auf basischem Gestein. Blüht 6–7. ▽

F Zwerg-Weide *Salix herbacea* Kriechender Zwergstrauch, mit unterirdischen Stämmen. Einige Zentimeter hohe Matten bildend. Gezähnte Blätter (**f**), abgerundet, bis 2 cm groß, oberseits glänzend grün, unterseits etwas blasser und beidseits mit deutlich hervortretenden Adern. Häufig auf Graten und Gipfeln der Berge bis 3000 m sowie in der arktischen und subarktischen Tundra. Blüht 6–7. ▽

G Matten-Weide *Salix myrsinites* Niedriger Halbstrauch bis 50 cm. Äste aufsteigend, kräftig und später knotig, braun und glänzend. Blätter oval (bis 5 cm), gezähnt (**g**), glänzend grün mit hervortretenden Adern auf beiden Seiten. Tote Blätter oft bis zum nächsten Jahr bleibend. Staubblätter zuerst rötlich oder purpurn. In den Bergen auf nassem, basischem Gestein bis 1800 m. Blüht 5–6. ▽

H Seiden-Weide *Salix glauca* Strauch bis 2 m. Zweige dunkelbraun glänzend, knotig und mit langen Haaren bedeckt. Blätter eirund, ungezähnt (**h**), oberseits hellgrün und unterseits blaugrün, beide Seiten behaart. Keine Nebenblätter (siehe *S. stipulifera*). Im Verbreitungsgebiet teilweise häufig an feuchten, steinigen Standorten der Berge und der Tundra. Blüht 5–6. ▽

I *Salix stipulifera* Wie die Seiden-Weide, aber mit lanzettlichen Nebenblättchen. ▽

J Wollige Weide *Salix lanata* Strauch bis 3 m. Junge Triebe, Knospen und Blätter vollständig behaart. Blätter breit oval, bis 65 mm, ungezähnt und vorne deutlich zugespitzt (**j**). Junge Blätter mit gelben Haaren, ältere Blätter unterseits weißwollig. Nebenblätter stumpf, ungezähnt (siehe *S. glandulifera*). Männliche Kätzchen breit und leuchtend goldgelb, bis 5 cm. Eine hauptsächlich arktische und subarktische Art, die in der Tundra und auf feuchten, steinigen Standorten der Berge vorkommt. Blüht 5–7. ▽

K *Salix glandulifera* Ähnlich der Wolligen Weide, die Blätter sind jedoch länglich-lanzettlich, am breitesten oberhalb der Mitte und haben einen sehr drüsigen Rand. Nebenblätter zugespitzt und gezähnt. Standorte und Verbreitung ähnlich wie obere Art. Blüht 5–7. ▽

L *Salix phylicifolia* Strauch bis 4 m. Junge Triebe schwach behaart, ältere Äste glänzend rotbraun. Blätter eilanzettlich bis 8 cm, gezähnt, kahl, zugespitzt (**l**), ziemlich ledrig und oberseits glänzend grün, unterseits stumpf graugrün. Kommt an unterschiedlichen, nassen Standorten bis 1700 m vor. Blüht 4–5. ▽

M Zweifarbige Weide *Salix bicolor* Ähnlich *S. phylicifolia*, aber junge Blätter deutlich seidenhaarig (**m**). Örtlich verbreitet an feuchten steinigen Standorten der Berge. Blüht 4–5. ▽

N Irische Weide *Salix hibernica* Ähnlich *S. phylicifolia*, aber Blätter ungezähnt. Nur ein Standort nahe Sligo in Nordwestirland bekannt. ▽

O Schwarz-Weide *Salix nigricans* Strauch bis 4 m. Zweige dünn und behaart. Blätter bis 10 cm, veränderlich eiförmig bis lanzettlich, gezähnt und zart. Oberseits tiefgrün und unterseits außer an der Spitze blaugrün, wenigstens auf den Adern fein flaumig oder beinahe kahl. Große Nebenblätter. Verbreitet an feuchten Standorten im Bergland und in der Tundra. Blüht 4–5. ▽

A	B
C	E
J	D	F
	G	L

A Lorbeer-Weide, männliche Kätzchen

B Bruch-Weide, männliche Kätzchen

C Silber-Weide, weibliche Kätzchen

D Mandel-Weide

E Netz-Weide, männliche Kätzchen

F Zwerg-Weide, männliche Kätzchen

G Matten-Weide

L *Salix phylicifolia,* männliche Kätzchen

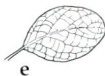

e

f

g

h

j

l

m

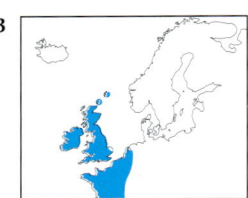

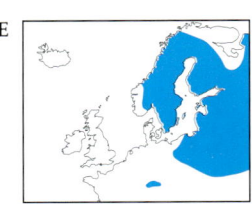

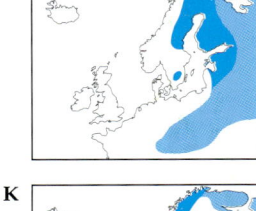

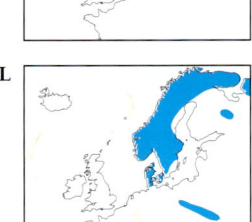

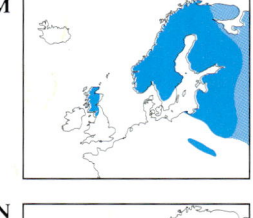

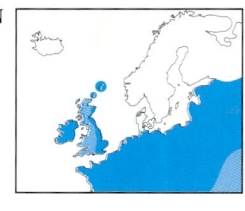

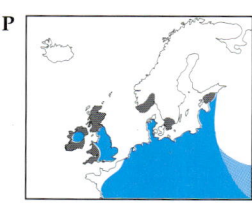

A Grau-Weide *Salix cinerea* Strauch bis 6 m. Triebe gerieft und flaumig. Blätter bis 10 cm, weich, eilanzettlich (zum Grunde verschmälert), die Spitze ist oft gezähnt (**a**). Oberseits graugrün, unterseits grau, flaumig bleibend, ohne rostrote Haare (siehe *S. atrocinerea*). Staubblätter rötlich. Beinahe überall auf nassen Tieflandstandorten vorkommend. Blüht 3–4. ▽

B *Salix atrocinerea* Strauch oder kleiner Baum bis 10 m, ähnlich wie vorherige Art. Triebe flaumig, unter der Rinde gerieft (dazu Rinde abschälen!). Blätter (**b**) nicht zart, jung oberseits gelbbraun, unterseits behaart, wobei unterschiedlich viele Haare rostbraun gefärbt sind. Verbreitet und häufig. Blüht 3–4. ▽

C Ohr-Weide *Salix aurita* Kleiner Strauch bis 2 m. Dünne Zweige, Äste sparrig abstehend. Blätter deutlich runzlig mit gewelltem und gezähntem Rand und gedrehter Spitze, länglich oder eiförmig. Am Grunde mit großen Nebenblättern („Ohren", **c**). Verbreitet auf feuchten Standorten mit unterschiedlichen Böden. Blüht 4–6. ▽

D Sal-Weide *Salix caprea* Strauch oder kleiner Baum bis 10 m. Rinde rissig, Zweige dick, jung flaumig. Blätter weich, breit-länglich oder eiförmig (bis 10 cm), zugespitzt, ungezähnt oder manchmal gekerbt (**d**). Oberseits dunkelgrün, kahl, unterseits grau, flaumig. Knospende Kätzchen silbrig-weiß. Von Ufern bis in feuchtes Unterholz und Wald verbreitet. Blüht 3–4. ▽

E Bleiche Weide *Salix starkeana* Niedriger Halbstrauch bis 1 m. Blätter dünn, gezähnt, breitlanzettlich bis eiförmig (**e**). Junge Blätter rötlich und flaumig, ältere Blätter hellgrün glänzend, kahl, unterseits grau. An feuchten, steinigen Standorten, Tundra. Blüht 4–6. ▽

F *Salix xerophila* Ähnlich der Bleichen Weide, Zweige und Blätter jedoch flaumig, Blattrand ungezähnt. In Nordskandinavien heimisch. Blüht 4–6.

G Moor-Weide *Salix myrtilloides* Niedriger Halbstrauch bis 50 cm mit unterirdisch kriechenden Stämmen und aufsteigenden Ästen. Blätter ungezähnt (**g**) (siehe habituell ähnliche Zwerg-Weide), oberseits stumpf grün, unterseits blasser, oft mit umgerollten Blatträndern. In Torfmooren und an anderen sehr nassen Standorten. Blüht 4–6. ▽

H Kriech-Weide *Salix repens* Niedriger, kriechender Strauch bis 1,5 m. Äste dünn, aufrecht. Blätter elliptisch, bis 5 cm, nicht oder nur wenig gezähnt. Blattoberseite bei älteren Blättern kahl, unterseits seidig. Vier bis sechs Paar Seitenadern (**h**). Verbreitet auf feuchten, offenen Standorten, wie Dünen, Heide, Moore etc. Blüht 4–5. ▽

I Rosmarin-Weide *Salix rosmarinifolia* Ähnlich der Kriech-Weide, Blätter (**i**) jedoch länger (bis 7 cm), aufrecht, beinahe linealisch und mit zehn bis zwölf Paar Seitenadern. An ähnlichen Standorten wie die Kriech-Weide. Blüht 4–5. ▽

J Sand-Weide *Salix arenaria* Ähnlich der Kriech-Weide, aber Blätter etwas gezähnt (**j**) und auf beiden Seiten dicht seidenhaarig. Teilweise als Unterart (*argentea*) von *Salix repens* geführt. Küstennah auf feuchtem Sand. Blüht 4–5. ▽

K Bäumchen-Weide *Salix arbuscula* Strauch bis 1,5 m. Zweige dunkelgrün glänzend. Blätter eiförmig oder eiförmig-lanzettlich, bis 4 cm, zugespitzt, unterschiedlich stark gezähnt (**k**). Oberseits grün glänzend, unterseits grau-flaumig. Männliche Kätzchen zuerst mit deutlich rötlichen Staubfäden. In feuchten Gebüschen bis 1000 m. Blüht 5–6. ▽

L Spieß-Weide *Salix hastata* Aufrechter Strauch bis 1,5 m. Zweige glänzend und kahl. Blätter mit sehr veränderlicher Form, von rund über eiförmig bis lanzettlich (**l**), oberseits stumpf grün, unterseits blasser. Ganzrandig oder fein gezähnt. Nebenblätter gut entwickelt und bleibend. Männliche Kätzchen lang und schmal, bis 6 cm. Im Bergland verbreitet. Blüht 5–6. ▽
Diese vielgestaltige Art wird auch abhängig von der Blattform und der Länge der Nebenblätter in Unterarten aufgeteilt.

M Lappländische Weide *Salix lapponum* Kompakter Strauch bis 1,5 m. Äste dunkelbraun und im voll ausgebildeten Zustand glänzend. Blätter elliptisch, bis 5 cm, ungezähnt (**m**), beidseitig graugrün seidenhaarig. Blätter zur Zweigspitze hin gedrängt. Kätzchen ganz oder beinahe ungestielt, mit zuerst rötlichen oder purpurfarbenen Staubblättern. Auf nassen Heiden, an Flußufern und in der Tundra bis 1500 m. Blüht 5–6. ▽

N Korb-Weide *Salix viminalis* Strauch oder kleiner Baum bis 7 m. Äste lang, gerade und biegsam. Triebe nur anfangs flaumig, später glänzend gelbbraun. Blätter bis 25 cm lang, ganz oder beinahe ungezähnt, lineal-lanzettlich (**n**), oberseits glänzend dunkelgrün, unterseits grau haarig. Blattrand gewellt und jung umgerollt. Fast ungestielte Kätzchen, bis 3 cm groß, an den Triebspitzen gedrängt. Im Flachland an feuchten Stellen weit verbreitet, im Bergland selten. Blüht 3–4. ▽

O Lavendel-Weide *Salix eleagnos* Ähnlich der Korb-Weide, Blätter jedoch zur Spitze hin gezähnt und Kätzchen bis 6 cm groß. An Ufern, gelegentlich auch angepflanzt. In Holland eingebürgert. Blüht 3–4. ▽

P Purpur-Weide *Salix purpurea* Schlanker Strauch bis 5 m. Dünne und kahle Triebe zunächst purpurn, später gelbgrün. Blätter fast gegenständig, bis 12 cm, verkehrt eiförmig oder lanzettlich, kahl, fein gezähnt (**p**), oberseits stumpf blaugrün, unterseits blasser. Junge männliche Kätzchen goldgelb mit purpurroten Staubblättern. Zwei Staubblätter, jedoch zu einem vereinigt. An ähnlichen Standorten wie die Korbweide verbreitet. Gelegentlich zum Korbflechten angepflanzt. Blüht 3–4. ▽

Q Reif-Weide *Salix daphnoides* Strauch oder Baum bis 10 m. Triebe blau bereift. Blätter länglich-lanzettlich, fein gezähnt (**q**), im voll ausgebildeten Zustand kahl, oberseits glänzend dunkelgrün, unten grauer. Große Nebenblätter. In Mooren und an Seeufern. Blüht 4–5. ▽

A	B	
C	D1	D2
G	H	N
		Q

A Grau-Weide

B *Salix atrocinerea*, männliche Kätzchen

C Ohr-Weide, männliche Kätzchen

D Sal-Weide, Blätter

D Sal-Weide, männliche Kätzchen

G Moor-Weide

H Kriech-Weide, Wuchsform und reife weibliche Kätzchen

N Korb-Weide

Q Reif-Weide, Triebe und Blätter

h

i

j

k

l

m

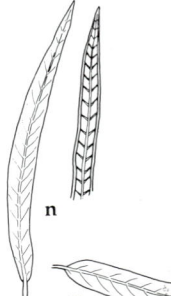
n

p

a

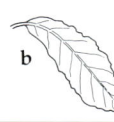
b

c

d

e

g

q

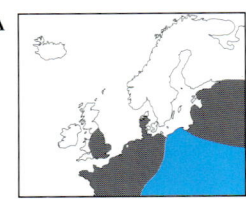

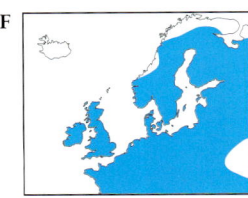

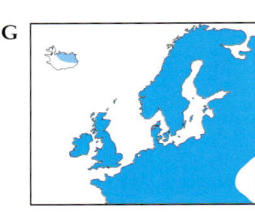

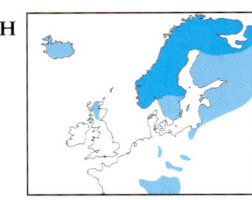

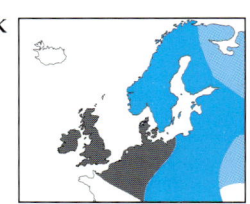

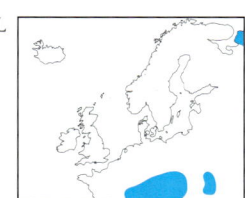

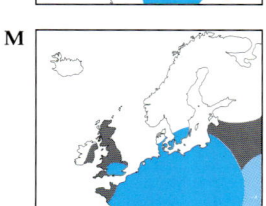

Pappel *Populus* Laubwerfende Bäume. Knospen mit mehréren äußeren Schuppen, hängenden Kätzchen und vier oder mehr Staubblättern (vergleiche Merkmale mit Weiden).

A Silber-Pappel *Populus alba* Baum mit breiter Krone, bis 30 m. Rinde zuerst glatt und weiß, später rauh und grau. Triebe und Knospen flaumig-weiß. Blattform veränderlich; fünflappig auf kräftigen Trieben, aber auch oft eiförmig mit unregelmäßig gelappten Rändern (**a**). Oberseits dunkelgrün und unten weiß wie Baumwolle. Häufig angepflanzt, in feuchten Wäldern aber auch natürlich vorkommend. Blüht 3. ▽

B Grau-Pappel *Populus canescens* Großer, kräftiger Baum bis 35 m, oft Ausläufer bildend. Rinde zunächst glatt und graugrün mit horizontalen Linien, später mit rhombischen Gruben grob und rissig. Knospen nur dünn flaumig. Blätter variabel, eiförmig und gezähnt (**b**), oberseits stumpf grün, unterseits jung grau-flaumig, jedoch bald verkahlend. Blätter der Ausläufer größer und gröber gezähnt, unterseits flaumig bleibend. An Flußufern und in feuchten Wäldern, aber auch vielfach angepflanzt. Blüht 2–3.

C Zitter-Pappel, Espe *Populus tremula* Mittelgroßer Baum, bis 20 m. Stark Ausläufer bildend, so daß man kaum einzelne Bäume findet. Rinde glatt, graugrün, mit auffällig rhombischen Höhlungen. Blätter schon früh kahl, eiförmig mit abgerundeten Zähnen (**c**). Stiel dünn und abgeflacht, so daß das Blatt im Wind zittert. Blätter der Ausläufer tiefer eingeschnitten und unterseits grau-flaumig. Schuppen der Kätzchen am Grunde jeder Blüte tief eingeschnitten. In feuchten Wäldern, in Heiden und Mooren häufig. Blüht 2–3. ▽

D Schwarz-Pappel *Populus nigra* Weit ausgreifender Baum bis 30 m. Keine Ausläufer. Rinde rauh, schwärzlich, mit charakteristischen großen Buckeln. Blätter dreieckig, gezähnt, kahl. In nassem Wald und in Flußtälern auf guten Böden; außerhalb des natürlichen Verbreitungsgebietes häufig angepflanzt. Blüht 3–4.

Gagelgewächse *Myricaceae*

Laubwerfende oder immergrüne Bäume und Sträucher. Blätter wechselständig, ganzrandig und aromatisch duftend. Blüten meist zweihäusig, in Kätzchen. Frucht fleischig oder eine kleine Nuß.

E Gagelstrauch *Myrica gale* Laubwerfender, Ausläufer bildender Strauch bis 2,5 m. Zweige rotbraun. Blätter länglich-lanzettlich, bei Verletzungen einen starken, harzigen Geruch verbreitend. Männliche Kätzchen rotbraun, länglich, weibliche Kätzchen grün und oval. Pflanzen meist zweihäusig, gelegentlich aber auch einhäusig oder zwittrig. Das Geschlecht kann sich von Jahr zu Jahr ändern. In Sümpfen, nassen Heiden und Mooren weit verbreitet. Blüht 4–5. ▽

Birkengewächse *Betulaceae*

Laubwerfende Sträucher oder Bäume. Blätter wechselständig und ganzrandig. Männliche Blüten in dichten Kätzchen, jung aufrecht, zur Reifezeit hängend. Drei Blüten pro Tragblatt. Weibliche Blüten in aufrechten, ovalen (Erle) oder zylindrischen (Birke) Kätzchen. Am Grund jeder Blüte dreilappige Schuppen. Frucht zum Zweck der Windverbreitung geflügelt.

F Hänge-Birke *Betula pendula* Aufrechter Baum bis 30 m mit hängenden Ästen. Rinde am jungen Baum rotbraun, später silbrig-weiß und sich abschälend, am Grunde rauh und dunkel. Triebe kahl mit rauhen, erhabenen Warzen. Blätter dreieckig-eiförmig, kahl und doppelt gezähnt. Verbreitet in Wäldern, auf Heiden und oft auch auf armen Böden. Blüht 4–5. ▽

G Moor-Birke *Betula pubescens* Aufrechter, ausladender Strauch oder Baum bis 20 m. Rinde grau oder braun, am Grunde nicht rauh und dunkel. Junge Triebe behaart, ohne oder nur mit ganz vereinzelten Drüsen. Blätter unterseits auf den Adern flaumig, gleichmäßiger gezähnt. In Wäldern, auf Heiden und in Sümpfen verbreitet. Oft auf nasserem Untergrund als die Hänge-Birke. Blüht 4–5. ▽

H Zwerg-Birke *Betula nana* Niederer, kriechender Halbstrauch bis 1 m (meist viel weniger), mit behaarten Zweigen und abgerundeten, grob gezähnten Blättern, die in der Jugend noch flaumig sind. In Tundra, Mooren und Sümpfen bis 2000 m, am häufigsten im hohen Norden. Blüht 5–7. ▽

I Strauch-Birke *Betula humilis* Stärker verzweigt als die Zwerg-Birke, Blätter länger als breit und spitz. Sümpfe und Moore im Bergland. Blüht 5–7. ▽

J Schwarz-Erle *Alnus glutinosa* Großer Strauch oder Baum bis 20 m. Rinde dunkelbraun und rissig. Zweige kahl, Knospen purpurn, kurzgestielt. Blätter eiförmig mit gestutzter Spitze, unregelmäßig gezähnt, dunkelgrün und meist kahl. An einer Vielzahl feuchter Standorte verbreitet, oft kleine Gehölze bildend. Blüht 2–4. ▽

K Grau-Erle *Alnus incana* Großer Strauch oder Baum bis 20 m. Rinde blaßgrau und glatt, Zweige flaumig. Blätter oval-lanzettlich, gespitzt, grob gezähnt und unterseits flaumig. Knospen kurzgestielt. Verbreitet und teilweise in feuchten Laubmischwäldern häufig. Blüht 2–4. ▽

L Grün-Erle *Alnus viridis* Strauch bis 3 m, mit ovalen oder elliptischen, unregelmäßig gezähnten Blättern, die in der Jugend klebrig sind. Knospen ungestielt. Kätzchen am Grunde mit zwei bis drei Blättern. Verbreitet in Bergwald und -gebüsch. Blüht 4–5. ▽

Haselgewächse *Corylaceae*

Laubwerfende Bäume oder Sträucher. Blätter einfach, wechselständig. Männliche Blüten in hängenden Kätzchen, weibliche Blüten entweder in aufrechten Büscheln (*Corylus*) oder in hängenden Kätzchen (*Carpinus*).

M Hainbuche *Carpinus betulus* Baum bis 30 m (gewöhnlich kleiner). Stamm durch Rippen rinnig, Rinde buchenartig, glatt und grau. Knospen zum flaumigen Trieb hindeutend (siehe Rot-Buche, Seite 18). Blätter oval und gezähnt. Reife weibliche Kätzchen mit hängenden Büscheln von dreilappigen Tragblättern, die am Grunde je eine Nuß tragen. Teilweise häufig in Hecken und Gehölzen. Oft angepflanzt. Blüht 4–5.

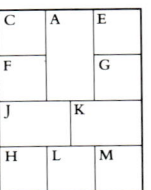

A **Silber-Pappel**

C **Zitter-Pappel**

E **Gagelstrauch**

F **Hänge-Birke**

G **Moor-Birke**

H **Zwerg-Birke**

J **Schwarz-Erle,** Blätter und Kätzchen

K **Grau-Erle,** Blätter und Kätzchen

L **Grün-Erle,** Kätzchen

M **Hainbuche,** Blätter und Tragblätter

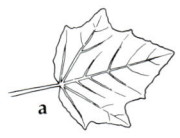

a

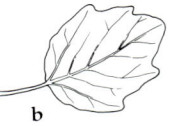

b

c

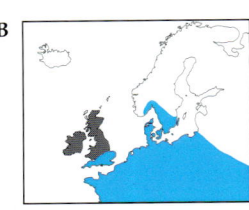

B

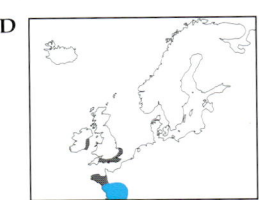

D

E

H

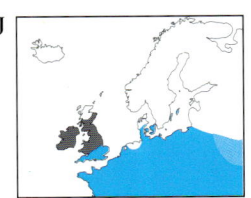

J

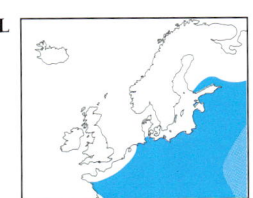

L

A Gemeine Hasel *Corylus avellana* Vielstämmiger Strauch oder selten kleiner Baum bis 8 m. Rinde braun oder grau gefleckt, glatt mit hervorstehenden Poren. Blätter oval oder abgerundet, mit unregelmäßigen, scharf gezähnten Rändern, Blattenden bespitzt. Männliche Kätzchen gelb, weibliche Blüten an der Spitze der Triebe, reif knospenförmig mit Büscheln hellroter Narben. Frucht eine Nuß, von tiefgezähnten Hüllblättern umgebenen, in Büscheln. In Wäldern, Hecken und Gebüschen häufig. Früher oft als Niederwald. Blüht 1–3. ▽

Buchengewächse *Fagaceae*

Bäume oder Büsche mit wechselständigen Blättern. Monözisch. Männliche Blüten in Kätzchen mit vier- bis sechsteiligem Perianth. Doppelt soviele Staubblätter wie Kelchblätter. Ein bis drei weibliche Blüten in Ähren mit einem Hüllkelch aus Hochblättern, die später einen holzigen Becher um die Frucht, eine einsamige Nuß, formen.

B Rot-Buche *Fagus silvatica* Hoher, kräftiger Laubbaum, bis 30 m. Rinde glatt, grau. Knospen spitz und spindelig, rötlich-braun und abstehend (siehe Hainbuche). Blätter oval-elliptisch, ungezähnt, aber seidenhaarig Rand. Adern seidenhaarig. Männliche Blüten in langgestielten Rispen, weibliche Blüten in weniger auffälligem schuppigem Becher, aus dem sich die Frucht (Buchecker) entwickelt. Als Waldbaum weit verbreitet, gewöhnlich auf gut entwässerten Böden bis 1800 m. Wirft dichten Schatten, weshalb Buchenwälder einen charakteristischen Unterwuchs entwickeln. Blüht 4–5.

C Edel-Kastanie *Castanea sativa* Laubbaum bis 30 m. Rinde graubraun, rissig, mit charakteristischem Spiralmuster. Blätter groß (bis 25 cm), Frucht eine eßbare Nuß, zu ein bis drei in einer dornigen grünen Umhüllung. Weit verbreitet und häufig auf meist neutralen oder sauren Böden, angepflanzt und vor langer Zeit eingebürgert. Blüht 7.

D Stein-Eiche *Quercus ilex* Immergrüner Baum bis 25 m. Rinde schwarzbraun, schuppig. Blattform variabel, aber gewöhnlich länglich, ganzrandig oder an der Spitze gezähnt, oberseits dunkelgrün, unterseits grau-flaumig. Eine hauptsächlich mediterrane, bis Westfrankreich verbreitete Art. Vielfach angepflanzt und eingebürgert. Blüht 5–6. ▽

E Zerr-Eiche *Quercus cerris* Großer Laubbaum bis 35 m. Rinde dunkelgrau, rissig. Knospen von faserigen Nebenblättern umgeben. Junge Triebe filzig. Blätter lang, mit schmalen, spitzen Abschnitten; Blattstiele 8–15 mm. Eichel kurzgestielt, reift im zweiten Herbst nach der Befruchtung; Becher charakteristisch dicht mit flaumigen Schuppen bedeckt. Zerstreut in Wäldern und Hecken. Blüht 5–6. ▽

F Stiel-Eiche *Quercus robur* Großer Laubbaum bis 45 m. Rinde rauh mit tiefen Rissen. Triebe kahl. Blätter kurzgestielt (bis 5 mm), länglich, mit abgerundeten Seitenlappen und zwei Öhrchen am Grund. Männliche und weibliche Kätzchen getrennt, grüngelb. Frucht (Eichel) in schuppigem Becher, eine bis drei auf gemeinsamem Stiel. Verbreitet und in Wäldern auf unterschiedlichen Böden oft vorherrschend, bis 1500 m. Blüht 4–5.

G Trauben-Eiche *Quercus petraea* Sehr ähnlich der Stiel-Eiche, Blätter am Grund jedoch ohne Öhrchen und in langen Stiel auslaufend (18–25 mm). In den Aderwinkeln der Blattunterseite flaumig. Eicheln fast ohne Stiel. Verbreitet und in Wäldern, auf ärmeren Böden oft vorherrschend. Blüht 4–5.

H Flaum-Eiche *Quercus pubescens* Laubbaum bis 25 m. Triebe und Blattstiele sehr flaumig. Blätter ähnlich der Stiel-Eiche, aber tief gelappt und Blattabschnitte nochmals geteilt; Blattstiele länger, 5–12 mm. Wälder und Hecken auf gut entwässerten Böden, bis 1200 m. Blüht 4–5. ▽

Ulmengewächse *Ulmaceae*

Bäume oder Sträucher, in Europa alle sommergrün. Blätter alle wechselständig, am Grund gewöhnlich asymmetrisch, unregelmäßig gezähnt. Blüten in Büscheln, entweder zweigeschlechtig oder männlich. Frucht eine geflügelte, abgeflachte Nuß.

I Berg-Ulme *Ulmus glabra* Ausladende Bäume bis 40 m, selten ausläuferbildend. Rinde rauh. Junge Zweige kräftig und behaart. Blätter bis 16 cm, mit 12–18 Paar Seitenadern, abgerundet, oval, mit sehr asymmetrischem Grund, ein „Ohr" den Grund des kurzen Stieles überragend; oberseits rauh behaart, mit längeren Haaren unterseits. Grüne Früchte manchmal reichlich, ebenso wie junge Blätter. Verbreitet, aber ziemlich lokal in Wäldern, Hecken und an Flußufern. Blüht 2–4. ▽

J Rot-Ulme *Ulmus procera* Großer, aufrechter Baum bis 35 m, an der Stammbasis Ausläufer bildend. Rinde tief gefurcht. Junge Zweige kräftig und behaart. Blätter bis 9 cm, mit zehn bis zwölf Paar Seitenadern, breit-länglich und zugespitzt, asymmetrisches „Ohr" am Blattgrund erreicht den Stielgrund nicht. Oberseits rauh behaart, unterseits mit Haarbüscheln in den Aderwinkeln. Fruchtet unregelmäßig, oft steril. Hecken und Straßenränder in den Ebenen. Blüht 2–4. ▽

K Feld-Ulme *Ulmus minor* Ausladender Baum bis 30 m. Rinde graubraun und tief rissig. Zweige kahl. Blätter elliptisch, glatt und kahl oder nur oberseits etwas rauh; Seitenadern in sieben bis zwölf Paaren. Fruchtet selten. Verbreitet, häufig in Hecken und Waldrändern. Blüht 2–4.
Es ist eine Anzahl von Varietäten beschrieben worden, die auf Abweichungen in Wuchstyp und Blattform beruhen:
Cornwall-Ulme var. *cornubiensis* Großer und schlanker Baum. Gebogen, fächerförmig verzweigt. In Großbritannien in Cornwall und Devon.
Locks Ulme var. *lockii* Spärlich verzweigte Krone, Hauptstamm in der Spitze zur Seite gebogen. In Großbritannien in den Midlands. ▽

L Flatter-Ulme *Ulmis laevis* Baum bis 35 m. Rinde leicht gefurcht, mit einem Netz glatter, breiter Rippen. Zweige weich-flaumig. Blätter nicht rauh, sondern kahl oder unterseits weich behaart; Seitenadern in 12–19 Paaren; Blattgrund extrem asymmetrisch (viel stärker als bei anderen europäischen Ulmen), eine Seite um etwa drei Adern länger als die andere. Beidseitig fein behaart. Lokal in Wäldern, in Hecken und am Feldrain. Blüht 2–4. ▽

A	B	C
D	J1	E
F		G
I	J2	K

A Gemeine Hasel, Blätter und Nüsse

B Rot-Buche, Blätter und Bucheckern

C Edel-Kastanie, Blätter und Früchte

D Stein-Eiche, Blätter und Eicheln

E Zerr-Eiche, Blätter und Eichel

F Stiel-Eiche, Blätter und Eicheln

G Trauben-Eiche, Blätter und Eicheln

I Berg-Ulme, Blätter und Früchte

J 1 Rot-Ulme, Wuchsform

J 2 Rot-Ulme, Blätter und Früchte

K Feld-Ulme, Blätter und Frucht

D

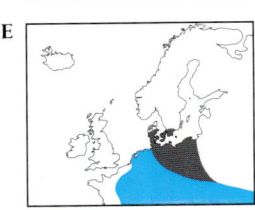
E

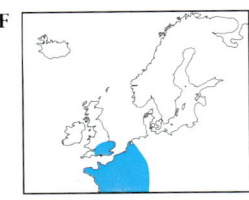
F

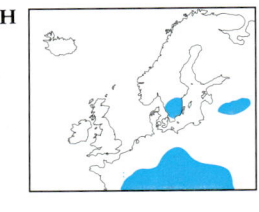
H

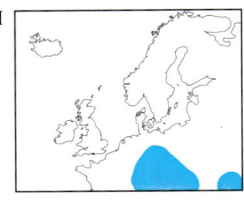
I

J

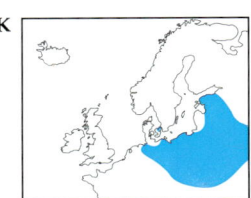
K

L

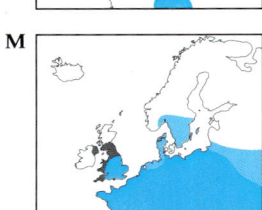
M

Hanfgewächse *Cannabaceae*

Zweihäusige Kräuter mit meist gelappten Blättern. Weibliche Blüten ungestielt mit ungeteilter Blütenhülle. Männliche Blüten gestielt mit fünfteiliger Blütenhülle. Frucht eine Achäne (Schließfrucht).

A Hopfen *Humulus lupulus* Rauh behaarte, kletternde Mehrjährige mit rechtswindenden, vierkantigen Sprossen. Blätter langgestielt und drei- bis fünffach tief handförmig in grob gezähnte Abschnitte geteilt. Männliche Blüten grünlich-gelb in Rispen, weibliche Blüten (auf anderen Pflanzen) blaßgrün und in kegelförmigen Kätzchen. Verbreitet in Wäldern, Gebüschen und Hecken. Blüht 7–8.

Brennesselgewächse *Urticaceae*

Kräuter mit einfachen Blättern, gegenständig oder wechselständig, oft mit Brennhaaren und Nebenblättern. Blüten zwittrig, männliche und weibliche auf der gleichen oder auf verschiedenen Pflanzen. Blütenhülle vier- bis fünfteilig. Schließfrucht.

B Große Brennessel *Urtica dioica* Rauh behaarte Mehrjährige mit vierkantigen Stengeln und kriechenden, gelben Wurzeln. Blätter bis 8 cm, gespitzt, gezähnt und in gegenständigen Paaren. Brennhaare reizend, indem sie Ameisensäure und histaminartige Verbindungen freisetzen. Alle Blätter länger als ihre Stiele (siehe Kleine Brennessel). Zweihäusig, männliche Blüten in langen, hängenden Kätzchen, weibliche in kürzeren Köpfen. Weit verbreitet und oft mit Massenvorkommen. Bevorzugt offenen, nährstoffreichen Boden. Blüht 6–10.

C Kleine Brennessel *Urtica urens* Ähnlich der Großen Brennessel, jedoch einjährig und Blätter kürzer, bis 4 cm, tiefer gezähnt. Untere Blätter kürzer als ihre Stiele. Männliche und weibliche Blüten auf derselben Pflanze. In Gärten, auf Äckern und Ödland verbreitet. Blüht 6–10.

D Ausgebreitetes Glaskraut *Parietaria diffusa* Stark verzweigte, ausgebreitete mehrjährige Kräuter, weich behaart und mit rötlichen Stengeln. Gegenständige Blätter bis 5 cm groß, eiförmig und ungezähnt. Blüten in Büscheln auf Stengeln und Blattstielen, männliche und weibliche innerhalb des Büschels getrennt. Nahe der Küsten weit verbreitet, im Binnenland örtlich an Mauern und Heckensäumen. Blüht 6–10. ▽

E Aufrechtes Glaskraut *Parietaria officinalis* Ähnlich *P. diffusa*, Stengel jedoch kaum verzweigt und Blätter bis 12 cm groß. An steinigen Böschungen und auf gut entwässerten Böden. ▽

Sandelgewächse *Santalaceae*

Im hier behandelten Gebiet nur durch die Gattung *Thesium* vertreten.

Leinblatt *Thesium* Mehrjährige Kräuter mit wechselständigen, lanzettlichen, ungezähnten Blättern und einem holzigen Wurzelstock. Oft als Halbschmarotzer auf den Wurzeln verschiedener anderer Kräuter. Blüten zwittrig, klein und grünlich, in Rispen. Blütenhülle vier- bis fünflappig röhrig, nicht in Kron- und Kelchblätter getrennt. Ein einzelnes Tragblatt und oft auch ein Paar zur Bestimmung hilfreicher Vorblätter vorhanden.

(1) Vorblätter vorhanden.

(a) Alle Blätter mit einer Ader.

F Niedergestrecktes Leinblatt *Thesium humifusum* Niedrig, meist niederliegend, wenig verzweigt. Tragblatt so lang wie Blüte, Vorblatt kürzer (**f**). Frucht wenigstens dreimal so lang wie Blütenhülle. In kalkreichen Wiesen oder auf Dünen. Blüht 6–8. ▽

G Pyrenäen-Leinblatt *Thesium pyrenaicum* Bis 20 cm hoch, aufrecht, sparsam verzweigt. Stengel wellig. Vorblatt so lang wie Blüte, Tragblatt wenigstens zweimal so lang. Kronröhre so lang wie Frucht. Selten. An grasigen oder steinigen Standorten bis 2200 m. Blüht 5–9. ▽

H Alpen-Leinblatt *Thesium alpinum* Aufrechte Stengel meist unverzweigt. Blüten in einseitiger Traube, Kronröhre vierlappig. Vorblätter so lang wie die Blüte, Tragblatt zwei- bis dreimal so lang. Blütenhülle zwei- bis dreimal so lang wie die Frucht. In den Bergen in trockenen Rasen bis 2500 m; bis Skandinavien reichend. Blüht 5–8. ▽

(b) Blätter meist mit drei bis fünf Adern.

I Bayrisches Leinblatt *Thesium bavarum* Viel kräftiger als die anderen Arten. Aufrecht, bis 60 cm, meist unverzweigt. Blätter drei- bis fünfadrig, dunkelgrün und ziemlich schlaff. Frucht drei- bis viermal so lang wie Blütenhülle. In trockenem Grasland und Gebüsch bis 1200 m. Blüht 6–8. ▽

J Mittleres Leinblatt *Thesium linophyllum* Ähnlich dem Bayrischen Leinblatt, jedoch Ausläufer bildend und nur bis 30 cm groß. Blätter steif, gelblich-grün, meist dreiadrig, selten einadrig. Auf sandigen Böden bis 1200 m. Blüht 6–8. ▽

(2) Ohne Vorblätter.

K Vorblattloses Leinblatt *Thesium ebracteatum* Ausläuferbildender, schlanker Wurzelstock mit aufrechtem, unverzweigtem Stengel. Tragblatt dreimal so lang wie die Blüte. Frucht zweimal so lang wie die Blütenhülle. Selten. Auf trockenen Kalkböden; Ost- und Mitteleuropa, bis nach Nordwest- und Ostdeutschland reichend. Blüht 6–8. ▽

L Schnabelfrüchtiges Leinkraut *Thesium rostratum* Ähnlich dem Vorblattlosen Leinblatt, aber mit kräftigem Wurzelstock und ohne Ausläufer. Tragblatt bis zu viermal so lang wie die Blüte. Blütenhülle wenigstens zweimal so lang wie die Frucht. Blütezeit und Standort ähnlich der vorigen Art. ▽

Mistelgewächse *Loranthaceae*

Halbparasitische kleine Sträucher mit gegenständigen Blättern und klebrigen Beeren.

M Laubholz-Mistel *Viscum album* Recht holziger Strauch bis 1 m, bildet ausgewachsen kugelige Büsche. Blätter ledrig und in Paaren, oberhalb der Mitte am breitesten. Blüten zweihäusig. Frucht eine klebrige weiße Beere, erst lange nach der Blüte reifend. Örtlich verbreitet, im Norden seltener werdend. Auf einer Anzahl von Laubbäumen, besonders Apfel, Pappel und Linde, parasitierend. Blüht 2–4, fruchtet 11–12. ▽

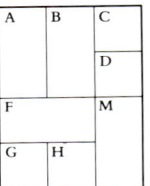

A Hopfen, Blätter und weibliche Kätzchen

B Große Brennnessel

C Kleine Brennnessel

D Ausgebreitetes Glaskraut

F Niedergestrecktes Leinblatt

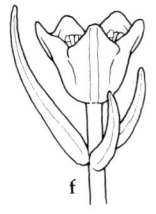
f

G Pyrenäen-Leinblatt

H Alpen-Leinblatt

M Laubholz-Mistel, Frucht

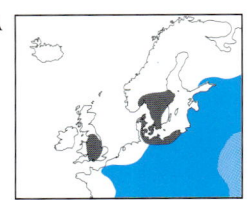

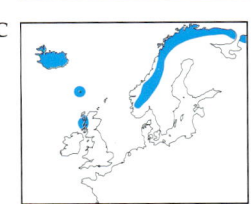

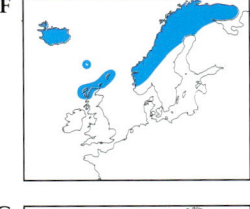

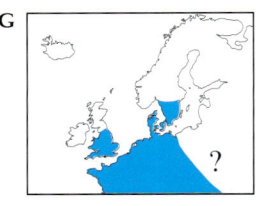

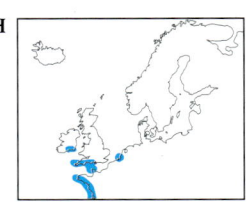

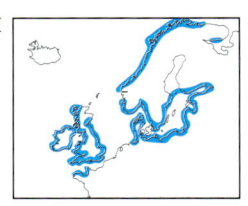

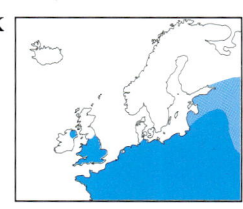

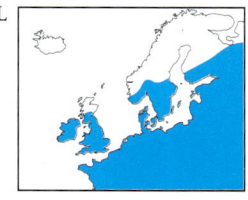

Osterluzeigewächse
Aristolochiaceae

Kräuter mit wechselständigen, ungezähnten Blättern, ohne Nebenblätter. Die Blüten sind durch eine dreigeteilte, am Grunde verwachsene Blütenhülle röhrenförmig. Frucht eine Kapsel.

A Europäische Haselwurz *Asarum europaeum* Charakteristische, immergrüne Mehrjährige mit kriechendem, behaartem Stengel. Dunkelgrüne, nierenförmige Blätter mit deutlich sichtbaren Adern. Die glockenförmigen, purpurroten Blüten enden in drei kronblattartigen, spitzen Lappen. Zerstreut an Waldrändern, grasigen Böschungen und in Gebüsch. Blüht 5–8.

B Gewöhnliche Osterluzei *Aristolochia clematitis* Auch charakteristisch, aber von der vorhergehenden Art im Aussehen verschieden. Aufrechte Mehrjährige bis 80 cm, schopfig, mit unverzweigten Stengeln. Blätter herzförmig und stark geädert. Blüten in Büscheln am Blattgrund, gelblich und röhrenförmig, mit Aasgeruch und Form, die an Aronstab erinnern. Eine kugelige Schwellung am Blütengrund dient zum Fangen von Insekten, die dabei die Bestäubung vornehmen. Früher zur Verwendung in der Geburtshilfe kultiviert und seit langem zerstreut eingebürgert. Blüht 6–9. ▽

Knöterichgewächse
Polygonaceae

Kräuter mit meist zu einer röhrigen Scheide (Ochrea) um den Blattstiel verwachsenen, häutigen Nebenblättern. Blätter meist wechselständig und kleine Blüten mit drei bis sechs Kronblättern oder Kelchblättern. Sechs bis neun Staubblätter. Frucht eine dreikantige oder abgerundete Nuß.

C Isländischer Portulak *Koenigia islandica* Winzige, kriechende Einjährige mit rötlichen Stengeln und gegenständigen, abgerundeten Blättern bis 5 mm. Blüten weiß, klein, unscheinbar und an der Spitze der Triebe gebüschelt. Blütenhülle dreigeteilt. Pflanze ähnelt dem Quellkraut (siehe Seite 32), das jedoch schmale Blätter und eine fünfteilige Blütenhülle hat. Auf feuchtem, offenem Boden. Im Norden des Verbreitungsgebietes häufig, im Süden selten. Blüht 6–9. ▽

Knöterich *Polygonum* Kriechende oder aufrechte Kräuter mit unverzweigten Blütenständen in Blattachseln oder endständigen Ähren. Blütenhülle fünfteilig, aber Kelch- und Kronblätter nicht getrennt.

D Vogel-Knöterich *Polygonum aviculare* Kriechende, selten aufrechte, kahle Einjährige mit dünnen Stengeln und wechselständigen, lanzettlichen Blättern. Bis zu 2 m groß, meist jedoch viel kleiner. Blätter am Haupttrieb deutlich länger als die an den Ästen (siehe P. arenastrum). Ochreae silbrig (unterseits braun), mit einigen unverzweigten Adern und die Stiele umschließend. Blüten rosa und grünlich; einzeln oder in Büscheln in den Blattachseln sitzend, geben sie dem Stengel eine knotige Erscheinung. Frucht von der Blütenhülle vollständig eingeschlossen. An verschiedenen, offenen Standorten. Blüht 6–11.

E *Polygonum arenastrum* Wie P. aviculare, die Blätter am Haupttrieb haben jedoch dieselbe Größe wie die an den Ästen. An ähnlichen Standorten verbreitet. Blüht 7–9.

F *Polygonum boreale* Wie P. aviculare, die Blattstiele jedoch deutlich länger als Ochreae (f). Standort ähnlich, bevorzugt jedoch küstennahe Gebiete. Blüht 6–11. ▽

G *Polygonum rurivagum* Wie Vogel-Knöterich, Stengelblätter jedoch 1–4 mm breit, Ochreae lang (7–8 mm) und unterseits rötlich-braun. Häufig auf kalkigem Ackerboden. Blüht 6–9. ▽

H Meeres-Knöterich *Polygonum maritimum* Ähnlich dem Vogel-Knöterich, jedoch mehrjährig mit holzigem Grund. Blätter dunkel graugrün, am Rande zurückgerollt. Ochreae silbrig, oft so lang wie die oberen Stengelglieder und mit sechs bis zwölf deutlich verzweigten Adern (**h 1**). Frucht viel länger als die Blütenhülle (**h 2**). Sehr vereinzelt an sandiger Küste oder kiesigen Stränden; überwiegend mediterran. Blüht 5–10.

I Strand-Knöterich *Polygonum oxyspermum* Ähnlich dem Meeres-Knöterich, aber einjährig und mit kaum oder gar nicht umgerollten Blatträndern. Ochreae kürzer als die oberen Stengelglieder und nur mit vier bis sechs unverzweigten Adern (**i 1**). Frucht die Blütenhülle überragend (**i 2**). Ähnliche Blütezeit und Standorte wie obige Art, vereinzelt.

J Wasserpfeffer *Polygonum hydropiper* Aufrechte, verzweigte Einjährige bis 80 cm, mit schmal-lanzettlichen Blättern (10–25 mm breit) und grünlichen oder rosa Blüten in schlanken Ähren, an der Spitze nickend. Ochreae nicht gefranst. Untere Blüten in Blattachseln, nie geöffnet. Blütenhülle mit gelben Drüsen bedeckt (Lupe!, **j**). Frucht stumpf. Pflanze mit deutlich pfeffrigem Aroma. Weit verbreitet und häufig an feuchten Standorten oder in flachem Wasser. Blüht 7–9.

K Milder Knöterich *Polygonum mite* Sehr ähnlich dem Wasserpfeffer, mit 10–25 mm breiten und am Grunde plötzlich verschmälerten Blättern, jedoch kein Pfeffergeschmack. Ochreae gefranst und ohne gelbe Drüsen auf der Blütenhülle. Blütenstände glänzend. Frucht glänzend, 3–4,5 mm. Sehr vereinzelt in Gräben und an Teichrändern. Blüht 7–9.

L Kleiner Knöterich *Polygonum minus* Auch dem Wasserpfeffer ähnlich, Blätter jedoch nur 5–8 mm breit, ohne Pfeffergeschmack. Wuchs kriechend, nur blühende Triebe richten sich bis 40 cm auf. Blütenhülle ohne gelbe Drüsen und Blütenstände nicht nickend. Frucht glänzend, 1–3 mm. Sehr vereinzelt und abnehmend an Teichrändern und nassen, offenen Standorten. Blüht 7–9.

M Pfirsichblättriger Knöterich *Polygonum persicaria* Aufrechte oder etwas kriechende, kahle, verzweigte Einjährige bis 70 cm. Stengel unten rötlich und mit angeschwollenen Blattknoten. Blätter lanzettlich, zum Grunde hin verschmälert und meist mit einem dunklen Fleck in der Mitte. Blüten rosa und in dichten, end- oder achselständigen Ähren. Verbreitet und auf Schuttplätzen, Ackerland und feuchten Standorten häufig. Blüht 6–10.

N Ampfer-Knöterich *Polygonum lapathifolium* Ähnelt dem Pfirsichblättrigen Knöterich, ist jedoch recht behaart. Stengel gelblich, Blütenstiel mit verstreuten gelblichen Drüsen, die Blüten meist grünlich-weiß (selten rosa). Blüht 6–10.

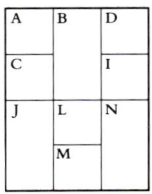

A Europäische Haselwurz

B Gewöhnliche Osterluzei, Frucht

C Isländischer Portulak

D Vogel-Knöterich

I Strand-Knöterich

J Wasserpfeffer

L Kleiner Knöterich

f

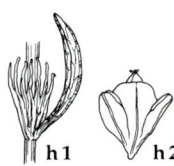

h 1   h 2

i 1   i 2

j

M Pfirsichblättriger Knöterich (aufrechte, rosa Blütenähren) mit Wasserpfeffer (nickende Blütenähren)

N Ampfer-Knöterich

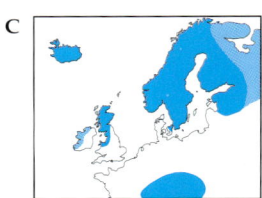

C

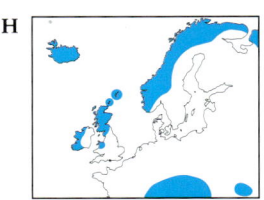

H

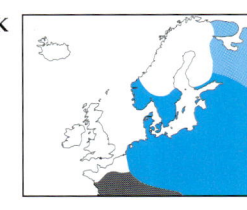

K

L

A	B	C
D	F	
E	G	H
I	J	L

A **Wiesen-Knöterich**

B **Wasser-Knöterich**

C **Knöllchen-Knöterich**

D **Vielreihiger Knöterich**

E **Gemeiner Windenknöterich**

F **Hecken-Windenknöterich**

G **Japanischer Staudenknöterich**

H **Säuerling**

I **Wiesen-Sauer-Ampfer**

J **Kleiner Sauer-Ampfer**

L **Schild-Ampfer**

A Wiesen-Knöterich *Polygonum bistorta* Aufrechte, unverzweigte und oft eine Gruppe bildende, fast kahle Mehrjährige bis 100 cm, Blätter dreieckig, die unteren abrupt in den langen, geflügelten Blattstiel zusammengezogen; obere Blätter beinahe ungestielt und oft pfeilförmig. Blüten rosa, in dichter, zylindrischer, endständiger Ähre. Verbreitet, in manchen Gegenden gemein, in anderen selten. In feuchtem Grasland, Wiesen. Blüht 6–10. ▽

B Wasser-Knöterich *Polygonum amphibium* Mehrjährige bis 75 cm, in zwei verschiedenen Formen: (**1**) Aquatische Form kahl, mit schwimmendem Stengel und Blättern, Blätter am Grunde gestutzt. (**2**) Landform mit aufrechtem Stengel und rauh behaarten Blättern, die am Grunde verschmälert und abgerundet sind. Beide Formen haben tiefrosa Blüten in einer dichten, ovalen, endständigen Ähre. Verbreitet und häufig. Aquatische Form in Teichen und Gräben, Landform an Flußufern, in feuchtem Grasland und manchmal auf Öd- oder Ackerland. Blüht 7–9.

C Knöllchen-Knöterich *Polygonum viviparum* Aufrechte, unverzweigte, kahle Mehrjährige bis 30 cm. Blätter schmal-lanzettlich, die unteren in einen nicht geflügelten Stiel verjüngt, die oberen ungestielt; Blattrand nach unten gebogen. Blüten weiß oder blaßrosa, in endständigen, schlanken Ähren. Blüten im unteren Teil der Ähre durch purpurfarbige Brutknospen ersetzt, die ein Mittel zur vegetativen Verbreitung sind. Bergwiesen bis 2000 m. Blüht 6–8.

D Vielreihiger Knöterich *Polygonum polystachyum* Große, gruppenformende Mehrjährige bis 1,2 m, mit länglichen oder lanzettlichen, rot geäderten Blättern. Blüten weiß, in lockeren, endständigen und verzweigten Haufen (Rispen) mit roten Stielen. An Flußufern und auf feuchtem Ödland verbreitet eingebürgert. Blüht 7–10. ▽

E Gemeiner Windenknöterich *Bilderdykia convolvulus* Sich im Uhrzeigersinn windende Einjährige, kriechend oder kletternd, bis 1,2 m. Stengel kantig. Blätter herz- oder pfeilförmig, spitz und unterseits mehlig. Blüten grünlich-weiß oder grünlich-rosa, in lockeren, den Blattachseln entspringenden Ähren. Frucht eine mattschwarze, dreieckige Nuß auf bis 3 mm langem Stiel. Überall verbreitet und häufig auf Öd- und Ackerland. Unterscheidet sich von den Winden (siehe Seite 202) durch das Winden im Uhrzeigersinn und durch den kantigen Stengel. Blüht 7–10.

F Hecken-Windenknöterich *Bilderdykia dumetorum* Wie Gemeiner Windenknöterich, kann jedoch ein Kletterer bis 2 m Höhe sein. Stengel gewöhnlich stärker gerundet und Fruchtstiele 4–8 mm. Nuß glänzend. Wenn fruchtend, Kelchblätter breit geflügelt den Stiel herablaufend. Verbreitet, aber sehr lokal in Hecken, bewirtschafteten Niederwäldern und offenem Gebüsch. Blüht 7–10. ▽

G Japanischer Staudenknöterich *Reynoutria japonica* Große, wuchernde Mehrjährige bis 2 m, oft ausgedehnte Dickichte bildend. Stengel rötlich oder blaugrün, zickzackförmig. Blätter breit dreieckig, spitz und am Grunde abrupt gestutzt. Blüten weißlich, in locker verzweigten Ähren, aus den oberen Blattachseln. Als Gartenpflanze im 19. Jahrhundert nach Europa eingeführt. Jetzt weithin eingebürgert und eine ernstzunehmende Plage an Flußufern, Straßenrändern, Bahndämmen etc. Blüht 9–10.

H Säuerling *Oxyria digyna* Aufrechte, kahle, kräftige Mehrjährige bis 30 cm. Stengel fast blattlos. Grundblätter abgerundet, nierenförmig. Blüten grünlich mit roten Rändern, in locker verzweigten Ähren. Äußere Blütenhülle vierzählig. Frucht flach und breit geflügelt. In den Bergen an feuchten, felsigen Stellen oder Bachufern, in arktischen und subarktischen Gebieten auf geringe Höhen herabsteigend. Blüht 7–8. ▽

Ampfer *Rumex* Unterscheiden sich von den Polygonum-Arten durch verzweigte Blütenähren, die statt einer fünf- eine sechsteilige äußere Blütenhülle in zwei Quirlen aufweisen. Die äußeren Blätter sind klein und dünn, die inneren vergrößert und verhärtet, um die sogenannten „Valven" zu bilden, die die Frucht einschließen. Merkmale der Valven, namentlich das Vorhandensein von Zähnen und Schwielen, sind wichtig zur Bestimmung, wozu auch eine Lupe benötigt wird.

I Wiesen-Sauer-Ampfer *Rumex acetosa* Formenreiche, aufrechte Mehrjährige, bis 100 cm (gewöhnlich weniger). Blätter lanzettlich, am Grunde pfeilförmig; Grundblätter langgestielt, obere Blätter ungestielt und stengelumfassend. Blüten zweihäusig, rötlich. Verbreitet und an grasigen Orten häufig. Blüht 5–6.

J Kleiner Sauer-Ampfer *Rumex acetosella* Formenreiche, aufrechte Mehrjährige, vom Wiesen-Sauer-Ampfer durch geringere Größe (bis 30 cm) unterschieden. Untere Abschnitte der Blätter außerdem ausgebreitet oder vorwärts deutend. Obere Blätter gestielt und nicht stengelumfassend. Blüten grünlich, in lockeren Rispen. Verbreitet und häufig auf gut entwässerten, sauren Böden, Heiden und Sanddünen. Blüht 5–8.

K Straußblütiger Sauer-Ampfer *Rumex thyrsiflorus* Hohe, aufrechte Mehrjährige bis 1,2 m. Ähnlich Wiesen-Sauer-Ampfer, untere Abschnitte der Blätter jedoch ausgebreitet und Stengelblätter zunehmend schmaler werdend, bis zwölfmal so lang wie breit. Blüten grünlich, in stark verzweigten, dichten Rispen. Vereinzelt bis häufig in trockenem Grasland und an Straßenrändern. Blüht 6–9. ▽

L Schild-Ampfer *Rumex scutatus* Schopfige Mehrjährige bis 70 cm. Vom Grund an verzweigt, mit charakteristisch helmförmigen Blättern. Blüten grünlich, in wenigblütigen, verzweigten Ähren. Lokal an alten Mauern, steinigen Orten und Geröllhalden im Bergland. Blüht 6–7. ▽

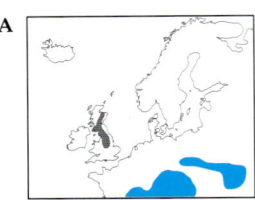

A

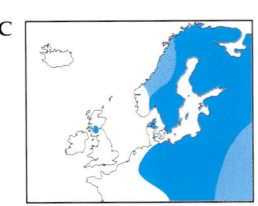

C

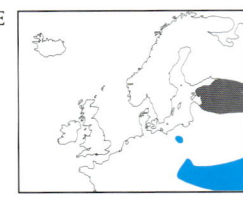

E

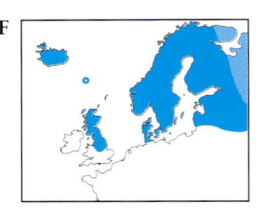

F

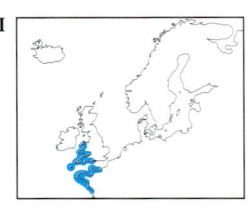

I

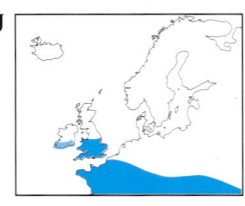

J

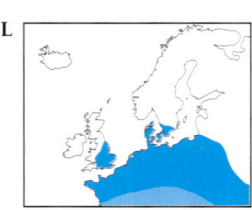

L

A Mönchs-Ampfer *Rumex alpinus* Kräftige, aufrechte Mehrjährige bis über 1 m, mit kriechendem Wurzelstock. Blätter groß und rundlich, bis 40 cm, herzförmig mit gewelltem Rand. Blüten gelblich-grün in stark verzweigten, dichtblütigen Rispen. Hochlandwiesen, oft in der Nähe von Gebäuden. In großen Teilen Nordwesteuropas und Skandinaviens fehlend. Blüht 6–8. ▽

B Teich-Ampfer *Rumex hydrolapathum* Sehr große, aufrechte Mehrjährige bis 2 m. Grundblätter ledrig und lanzettlich, bis 1 m groß, sich in den kurzen Stiel verjüngend. Blütenstände dicht, quirlig, stark verzweigt und am Grunde beblättert. Fruchtende Teile der Blütenhülle mit verlängerten Schwielen auf jeder Seite (**b**). An feuchten Standorten, in Marschen und an Wasserläufen häufig. Blüht 7–9.

C Wasser-Ampfer *Rumex aquaticus* Ähnlich dem Teich-Ampfer, Grundblätter jedoch langgestielt und dreieckig mit breitem Grunde. Frucht ohne Schwielen (**c**). Örtlich an See- und Flußufern; überwiegend im Osten. Blüht 7–8. ▽

D Krauser Ampfer *Rumex crispus* Vielgestaltige, aufrechte Mehrjährige bis 1 m. Blätter bis 30 cm, länglich-lanzettlich, mit auffällig gewellten Rändern. Blütenähren dicht und verzweigt. Valven ungezähnt und mit je einer Schwiele. Bei Pflanzen am Meer oft eine Schwiele größer als die anderen. Überall als Unkraut auf Ödland, Äckern und an Straßen. Blüht 6–10.

E Schmalblättriger Ampfer *Rumex stenophyllus* Unterscheidet sich durch Fruchtvalven mit kleinen Zähnen. Küstenmarschen in Deutschland. Blüht 6–10. ▽

F Gemüse-Ampfer *Rumex longifolius* Wie Krauser Ampfer, Blätter bis 80 cm und Fruchtvalven ohne Schwielen (**f**). Örtlich verbreitet in feuchten Wiesen und an Gräben; überwiegend nördlich von Dänemark. Blüht 6–7. ▽

G Knäuelblütiger Ampfer *Rumex conglomeratus* Aufrechte Mehrjährige bis 1 m. Stengel zickzackförmig und Äste ausgebreitet. Blätter länglich, mit abgerundetem Grund, oft tailliert, die unteren langgestielt. Blütenähren beinahe bis zur Spitze beblättert. Fruchtvalven ungezähnt mit je einer Schwiele (**g**). Verbreitet und häufig auf grasigen Standorten und an Waldrändern; in Skandinavien meist fehlend. Blüht 6–10.

H Hain-Ampfer *Rumex sanguineus* Wie Knäuelblütiger Ampfer, Stengel jedoch gerader, Äste eher aufrecht, Grundblätter nie tailliert, aber manchmal rot geädert. Blütenähren nur dem Grunde zu beblättert, nur eine der Valven mit einer Schwiele (**h**). Weit verbreitet und an grasigen Standorten und an Waldrändern häufig; in Skandinavien überwiegend fehlend. Blüht 6–10.

I Küsten-Ampfer *Rumex rupestris* Wie Knäuelblütiger Ampfer, durch seine stumpfen, gräulichen Blätter, aufrechten Äste und nur ganz am Grunde beblätterten Blütenstände jedoch sicher zu unterscheiden. An verschiedenen Küstenstandorten, von Sanddünen bis zur Felsküste. Blüht 6–8. ▽

J Schöner Ampfer *Rumex pulcher* Niedrige, kriechende, mehrjährige Pflanze bis 50 cm. Äste zurückgebogen und so der Pflanze eine charakteristische Form gebend. Untere Blätter klein (bis 10 cm, meist jedoch weniger) und tailliert, so daß sie einer Geige ähneln (**j 2**). Fruchtende Äste oft ineinander verflochten. Fruchtvalven gezähnt und alle mit Schwielen (**j 1**). Nur vereinzelt, nahe der Küste auf gut entwässerten Böden an offenen, grasigen Standorten; fehlt im Norden und Osten. Blüht 6–8. ▽

K Stumpfblättriger Ampfer *Rumex obtusifolius* Aufrechte, kräftige Mehrjährige bis 1 m, untere Blätter bis zu 25 cm groß, am Grunde herzförmig, oft mit leicht gewelltem Rand. Verzweigte Blütenähren unten beblättert. Fruchtvalven mit verschieden langen Zähnen und wenigstens eine mit Schwiele. Verbreitet und häufig an verschiedenen Standorten, besonders in landwirtschaftlichen Gebieten, wo Stickstoff im Boden angereichert wird. Blüht 6–10.

L Sumpf-Ampfer *Rumex palustris* Aufrechte, verzweigte Einjährige oder Zweijährige bis 70 cm, mit ausgebreiteten Ästen und lanzettlichen, zugespitzten Blättern. Die vollständig beblätterte Blütenähre besteht aus dichten Blütenquirlen. Fruchtende Pflanze in charakteristischem Gelbbraun, Fruchtvalven außer mit Schwielen noch mit langen, borstigen Zähnen, die kürzer als die Valven sind (**l**). Auf offenem Schlamm an Seen und Flüssen. Blüht 6–9.

M Strand-Ampfer *Rumex maritimus* Aufrechte Einjährige. Ähnelt Sumpf-Ampfer, fruchtend jedoch goldgelb und Borstenzähne der Fruchtvalven länger als Valven selbst (**m**). An ähnlichen Standorten wie der Sumpf-Ampfer; verbreitet, und nicht nur nahe am Meer, sondern auch weit im Binnenland. Blüht 6–9. ▽

B	D	F	G
H	C		I
J	K	L	M

B Teich-Ampfer

C Wasser-Ampfer

D Krauser Ampfer

F Gemüse-Ampfer

G Knäuelblütiger Ampfer

H Hain-Ampfer

I Küsten-Ampfer

J Schöner Ampfer

K Stumpfblättriger Ampfer

L Sumpf-Ampfer

M Strand-Ampfer

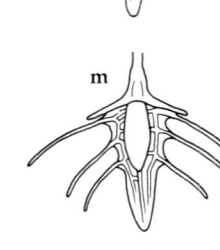

l

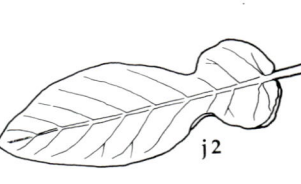

m

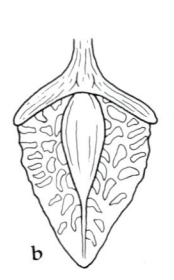

b

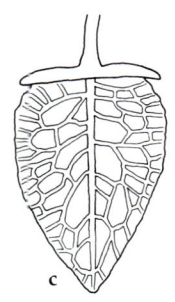

c

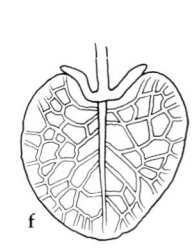

f

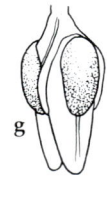

g

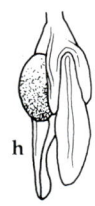

h

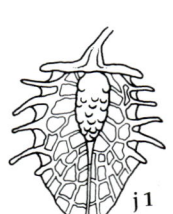

j1

j2

26

A

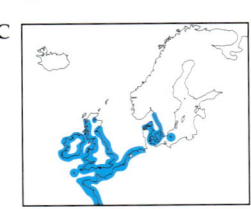

C

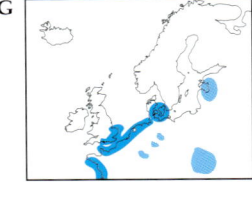

G

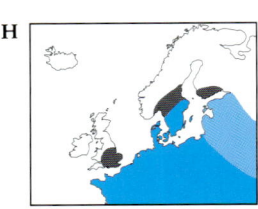

H

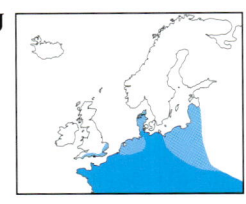

J

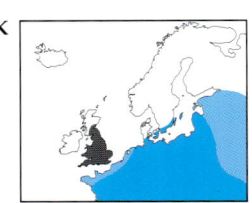

K

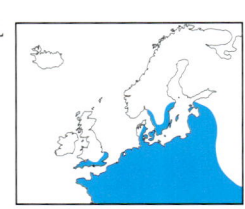

L

M

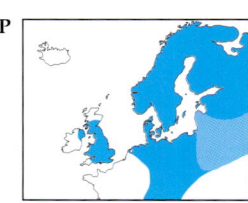

P

Gänsefußgewächse
Chenopodiaceae

Familie von verschiedenartigen, vor allem auf offenem Boden wachsenden Kräutern. Gemeinsames Merkmal sind die meist grünlichen, vier- bis fünflappigen, winzigen Blüten. Die Gänsefuß-(*Chenopodium*) und Melden-Arten (*Atriplex*) sind gewöhnlich Einjährige mit wechselständigen, oft mehligen Blättern. Im Gegensatz zu den Gänsefußarten, wo sie auf einer Pflanze vorkommen, sind männliche und weibliche Blüten der Melden auf verschiedenen Pflanzen. Außerdem sind die Früchte der Melden von zwei geschwollenen Tragblättern umgeben, die der Gänsefuß-Arten von drei bis fünf Kelchblättern. Im Gegensatz zu den anderen Arten der Familie sind die Queller (*Salicornia*) sukkulent mit unscheinbaren Blättern.

A Großes Knorpelkraut *Polycnemum majus* Niederliegende bis aufsteigende Einjährige, bis 30 cm, mit scharfspitzigen, linealischen, nadelartigen Blättern von dreieckigem Querschnitt. Winzige, grünliche Blüten in den Blattachseln. Manchmal in großer Zahl auf trockenen Schuttplätzen, Getreidefeldern; überwiegend in Mittel- und Südeuropa, jedoch im Nordwesten bis Belgien reichend. Blüht 7–10. ▽

B Acker-Knorpelkraut *Polycnemum arvense* Dem Großen Knorpelkraut sehr ähnlich, aber bis 50 cm groß und mit deutlich spiralig gewundenen Stengeln. Blätter weich dornig, bis 12 mm lang. Ähnliche Standorte und Blütezeit, Belgien jedoch nicht erreichend. Blüht 7–10. ▽

C Mangold, Runkelrübe *Beta vulgaris* Aufrechte oder kriechende Mehrjährige bis 1 m, mit rot gestreiften Stielen und dunkelgrün glänzenden Blättern, letztere ungezähnt und ledrig. Grundblätter dreieckig und gewellt, obere Stengelblätter länglich. Blüten grün, in dichten, beblätterten und oft verzweigten Ähren. Blütenhülle wird zur Reifezeit oft stachlig, so daß mehrere Früchte zusammenhängen. Örtlich an Küstenklippen, auf Kies und am Rande von Salzmarschen verbreitet. Blüht 6–9. ▽

Gänsefuß *Chenopodium* An den wechselständigen, oft mehligen Blättern und der zwei- bis fünfteiligen Blütenhülle zu erkennen. Außer Guter Heinrich alle einjährig. Form der unteren Blätter hilft die Arten zu unterscheiden (siehe Zeichnungen).

D Guter Heinrich *Chenopodium bonus-henricus* Aufrechte, verzweigte Mehrjährige mit steifen, oft rot gestreiften Stengeln. Blätter zunächst mehlig, später dunkelgrün. Untere Blätter dreieckig, bis 10 cm (**d**). Häufig auf Schuttplätzen, Ackerland, an alten Mauern und Heckensäumen. Blüht 5–8.

E Grauer Gänsefuß *Chenopodium glaucum* Aufrecht oder kriechend, bis 40 cm. Blätter unterseits mehlig, buchtig und regelmäßig gezähnt (**e**). Schuttplätze, Ackerland, Küsten. Blüht 6–9.

F Roter Gänsefuß *Chenopodium rubrum* Formenreiche, fleischige Pflanze aufrecht oder kriechend, bis 60 cm. Oft rot überlaufen. Blätter nicht mehlig, sondern glänzend, veränderlich rhombusförmig und grob gezähnt (**f**). Schuttplätze, Ackerland und am Rande ausgetrockneter Teiche und Marschen. Blüht 7–9. ▽

G Dickblättriger Gänsefuß *Chenopodium botryodes* Ähnlich wie Roter Gänsefuß, aber nur bis 30 cm groß, am Grunde verzweigt. Ältere Blätter unterseits immer rot und kaum gezähnt (**g**). Ganz vereinzelt in Salzmarschen und an der Küste im Schlamm. Blüht 7–9. ▽

H Unechter Gänsefuß *Chenopodium hybridum* Groß und aufrecht, bis 1 m. Blätter nicht oder kaum mehlig, bis 15 cm groß mit langen, spitzen Zähnen und herzförmigem Grund (**h**). Samenmantel mit tiefen, ovalen Gruben. Schuttplätze, Ackerland. Blüht 7–10.

I Vielsamiger Gänsefuß *Chenopodium polyspermum* Niederliegend oder aufrecht, bis 60 cm, meist nicht mehlig (außer gelegentlich unter den Blättern), die vierkantigen Stiele meist rot. Blätter ungezähnt (gelegentlich mit einem asymmetrischen Zahn am Grunde), (**i**). Schuttplätze, Ackerland. Blüht 7–10.

J Stinkender Gänsefuß *Chenopodium vulvaria* Aufrechte oder niederliegend verzweigte, mehlig graue Pflanze bis 30 cm. Blätter rhombisch, am Grunde paarig gelappt (**j**). Verletzte Pflanze riecht streng nach faulem Fisch. Selten. Auf Schuttplätzen, in Salzmarschen der Küste und auf Kies. Blüht 7–9. ▽

K Straßen-Gänsefuß *Chenopodium urbicum* Immer aufrecht, bis 60 cm und nicht mehlig. Blätter dreieckig, zum Grunde hin verschmälert und grob gezähnt, Zähne oft krumm (**k**). Schuttplätze. Blüht 7–9. ▽

L Mauer-Gänsefuß *Chenopodium murale* Aufrechte, etwas mehlige Pflanze bis 70 cm. Gelegentlich werden die Blätter rot und haben grobe, unregelmäßig vorwärts deutende Zähne, die an Nesselblätter erinnern (**l**). Kurzästiger, ausgebreiteter Blütenstand bis hinauf beblättert (vgl. Weißer Gänsefuß und Schneeballblättriger Gänsefuß, die ähnliche Blätter haben). Örtlich verbreitet auf Schuttplätzen, Sanddünen und auf sandigem Ackerland. Blüht 7–10.

M Feigenblatt-Gänsefuß *Chenopodium ficifolium* Aufrechte oder kriechende, mehlige Pflanze bis 90 cm. Dreilappige Niederblätter lang und schmal, bis 8 cm. Der mittlere Lappen viel länger als die beiden seitlichen (**m**). Samenmantel mit tiefen, länglichen Gruben. Auf Schuttplätzen, tonigem Ackerland. Blüht 7–9. ▽

N Schneeballblättriger Gänsefuß *Chenopodium opulifolium* Formenreiche, aufrechte oder kriechende Pflanze bis 80 cm. Grundblätter so breit wie lang, oft dreilappig und grob gezähnt (**n**). Äste des Blütenstandes lang und die Ähren meist nicht bis zur Spitze beblättert (vgl. Mauer-Gänsefuß). Auf Schuttplätzen. Blüht 7–10. ▽

O Weißer Gänsefuß *Chenopodium album* Große, aufrechte Pflanze bis 1 m. Dunkelgrün und ziemlich mehlig. Stengel steif und oft rot gestreift. Blätter eiförmig oder rhombisch, grob und stumpf gezähnt (**o**). Auf Ackerland und Schuttplätzen häufig. Blüht 7–10.

P Grüner Gänsefuß *Chenopodium suecicum* Wie Weißer Gänsefuß, aber die Blätter hell blaugrün, nur jung mehlig. Grundblätter eiförmig, manchmal dreilappig, mit mehreren, vorwärts gerichteten Zähnen (**p**). Auf Unkrautfluren und Schuttplätzen. Blüht 7–10. ▽

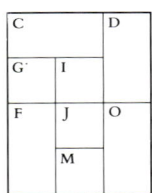

C		D
G	I	
F	J	O
	M	

C Mangold

D Guter Heinrich

F Roter Gänsefuß

G Dickblättriger Gänsefuß

I Vielsamiger Gänsefuß

J Stinkender Gänsefuß

M Feigenblatt-Gänsefuß

O Weißer Gänsefuß

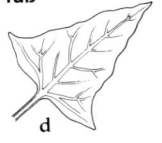

d

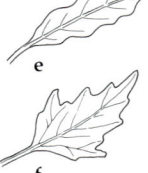

e

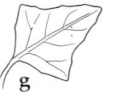

f

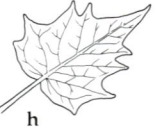

g

h

i

j

k

p

o

n

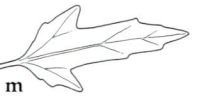

m

l

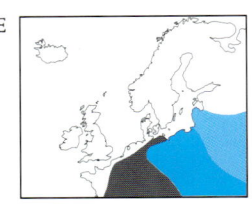

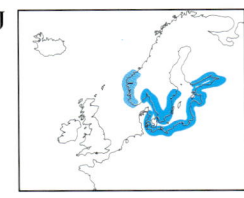

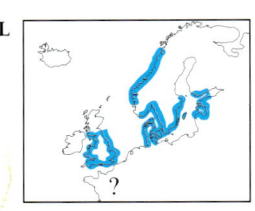

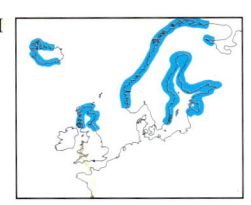

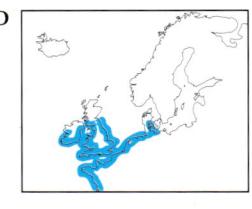

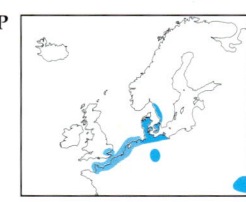

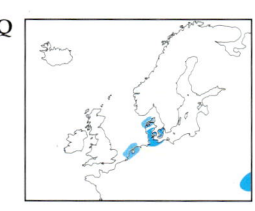

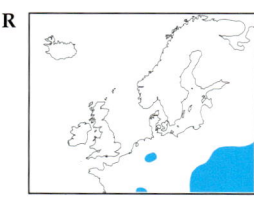

Melde *Atriplex* Einjährige, ähnlich wie Gänsefuß mit unscheinbaren Blüten in Ähren und wechselständigen Blättern. Männliche und weibliche Blüten getrennt, weibliche Blüten von einem Paar Tragblätter umgeben, die zur Fruchtreife anschwellen. Ebenso wie Gänsefuß haben die Blätter starke seitliche Adern. Die Zeichnungen stellen die unteren Blätter dar.

A Garten-Melde *Atriplex hortensis* Hohe, aufrechte, grüne Pflanze bis 2,5 m, oft purpurn überlaufen. Niederblätter dreieckig oder spießförmig, höchstens leicht gezähnt (**a 1**) und nur jung mehlig. Blüten in endständigen Ähren. Tragblätter deutlich oval oder abgerundet, ungezähnt (**a 2**). Gelegentlich auf Schuttplätzen und Ruderalstellen. Blüht 7–10. ▽

B Glanz-Melde *Atriplex nitens* Unterscheidet sich durch unterseits grau-mehlige Blätter und längliche oder herzförmige Tragblätter. Straßenränder und Schuttplätze; Ost- und Mitteleuropa. Blüht 7–10. ▽

C Verschiedensamige Melde *Atriplex heterosperma* Unterscheidet sich durch pfeilförmige Niederblätter. Straßenränder und Schuttplätze; vereinzelt, unbeständig, stammt aus Rußland. ▽

D Sand-Melde *Atriplex laciniata* Kriechende Pflanze bis 30 cm. Stärker silbrig-grau als andere Melden. Stengel rötlich oder gelblich und mehlige Blätter mit gewellten Rändern (**d 1**). Blüten in dichten, beblätterten, seitlichen Büscheln am oberen Teil der Pflanze. Untere Hälfte des Tragblattes verhärtet (**d 2**). Verbreitet an sandigen oder kiesigen Küsten. Blüht 7–10. ▽

E Rosen-Melde *Atriplex rosea* Aufrecht, mit seitlichen, beblätterten Blütenähren entlang des ganzen Stengels. Große Anhängsel auf der Rückseite der Tragblätter. Blatt (**e 1**), Tragblatt (**e 2**). Selten, auf Ruderalflächen. Blüht 7–9. ▽

F Tatarische Melde *Atriplex tatarica* Wie die Sand-Melde, jedoch Blütenähren nur endständig, nicht seitenständig. Blatt unregelmäßig gelappt (**f**). Selten, auf Schuttplätzen. Blüht 7–10. ▽

G Strand-Melde *Atriplex littoralis* Aufrechte Pflanze mit kräftigen Stengeln und linealischen Blättern, die zwei- bis dreimal so lang wie breit sind. Blätter wenig oder gar nicht gezähnt (**g 1**). Tragblatt dreieckig, ganzrandig oder gezähnt (**g 2**). Häufig auf schlammigem Untergrund in der Nähe des Meeres. Blüht 7–10. ▽

H Ruten-Melde *Atriplex patula* Sehr formenreiche, stark verzweigte Pflanze, kriechend, selten aufrecht, bis 60 cm. Stengel kräftig und oft rötlich. Blätter mehlig, die unteren rhombisch oder pfeilförmig und grob gezähnt (**h 1**), die oberen linealisch und schwach gezähnt. Zähne an der Basis der Grundblätter (Spießecken) vorwärts deutend (Ggs. Spieß-Melde). Grünliche Blüten in langen, blattachsel- oder endständigen Ähren. Tragblätter rhombisch, nicht oder nur schwach gezähnt (**h 2**). Verbreitet an schuttigen Plätzen im Binnenland und nahe der See. Blüht 7–9.

I Langblättrige Melde *Atriplex oblongifolia* Unterscheidet sich von der Ruten-Melde durch abgerundete Tragblätter und weniger gelappte Grundblätter (**i**); Blütenähre in mehrere einzelne Büschel geteilt. Selten, auf schuttigen Plätzen; überwiegend im Südosten. Blüht 7–9. ▽

J Pfeilblättrige Melde *Atriplex calotheca* Unterscheidet sich von der Ruten-Melde durch charakteristisch gezähnte Tragblätter (**j 2**). Blätter unregelmäßig gezähnt (**j 1**). Auf Schuttplätzen. Blüht 7–10.

K Spieß-Melde *Atriplex hastata* Meist aufrechte Pflanze, bis 1 m, gelegentlich rötlich. Untere Blätter dreieckig oder spießförmig, Spießecken abwärts gerichtet (**k 2**) (vgl. *A. longipes* und *A. praecox*, unten), auch während der Fruchtreife grün bleibend. Von Schuttplätzen im Binnenland bis zu Meeresdeichen und Salzmarschen an einer Vielzahl von Standorten, verbreitet. Blüht 7–10.

L *Atriplex longipes* Unterscheidet sich von der Spieß-Melde durch ungezähnte, gestielte Tragblätter (Stiele über 5 mm), die zur Reife silbrigweiß werden. Blätter schmaler (**l**). Lokal in Salzmarschen. Blüht 7–10. ▽

M *Atriplex praecox* Nur bis 10 cm hoch, Tragblattstiele bis 3 mm lang. Sehr verstreut in Salzmarschen, knapp über dem Spülsaum. Blüht 7–10. ▽

N Kahle Melde *Atriplex glabriuscula* Meist kriechende, mehlige Pflanze mit rötlichen Stengeln, die der Spieß-Melde ähnlich ist. Pflanze jedoch nur bis 20 cm lang, Blätter weniger gezähnt (**n 1**) und Tragblätter dick, eher rhombisch (**n 2**) und bis zur Hälfte verwachsen, zur Fruchtreife silbrig-weiß. An kiesiger Küste weit verbreitet. Blüht 7–10. ▽

Salzmelde *Halimione* Tragblätter anders als bei Melden zur Fruchtzeit nicht angeschwollen, fast vollständig verwachsen, Seitenadern der Blätter weniger deutlich als mittlere Ader.

O Strand-Salzmelde *Halimione portulacoides* Mehliger, kriechender Halbstrauch bis 1 m. Braune Stämme recht holzig, die unteren Blätter gegenständig, ungezähnt. Blüten gelblich-grün, in verzweigter, unterbrochener Ähre; Frucht ungestielt. An höher gelegenen Stellen von küstennahen Salzmarschen verbreitet; fehlt im hohen Norden. Blüht 7–10. ▽

P Stielfrüchtige Salzmelde *Halimione pedunculata* Aufrechte, mehlige Einjährige bis 30 cm. Blätter ähnlich Strand-Salzmelde, jedoch die unteren Blätter wechselständig. Blüten graugrün, Früchte langgestielt. Ähnliche Standorte wie vorherige Art, aber sehr viel seltener. Blüht 7–10. ▽

Q Dornmelde *Bassia hirsuta* Kleine, kriechende Einjährige bis 40 cm. Äste aufsteigend, fein behaart. Blätter dunkelgrün, kurz, linealisch und fleischig. Winzige grüne Blüten in den Blattachseln. Ganz vereinzelt an salzigen Standorten nahe der See. Blüht 7–10. ▽

R Sand-Radmelde *Kochia laniflora* Ähnlich der Dornmelde, aber aufrecht, bis 80 cm. Weiche, einadrige Blätter, bis 25 mm groß. Winzige grüne Blüten in den Blattachseln. Nur ganz verstreut an sandigen, trockenen Standorten. Blüht 8–10. ▽

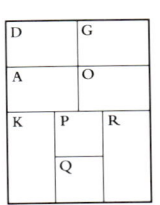

A Garten-Melde

D Sand-Melde

G Strand-Melde

K Spieß-Melde

O Strand-Salzmelde

P Stielfrüchtige Salzmelde, Frucht

Q Dornmelde

R Sand-Radmelde

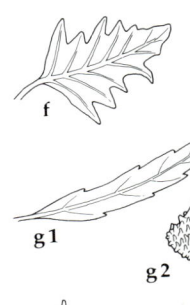

f

g 1

g 2

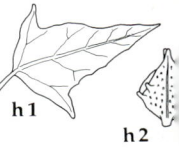

h 1

h 2

i

j 1

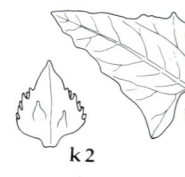

k 2

l

n 2

n 1

a 1

a 2

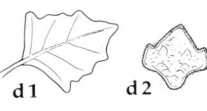

d 1

d 2

e 1

e 2

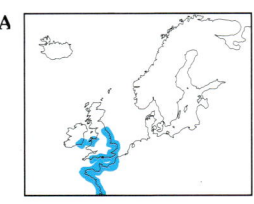

A

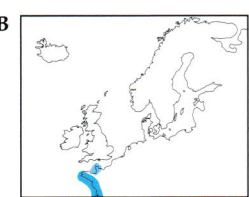

B

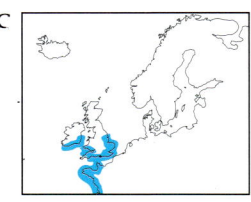

C

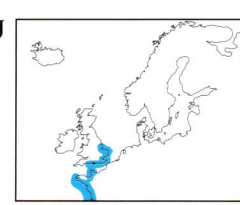

J

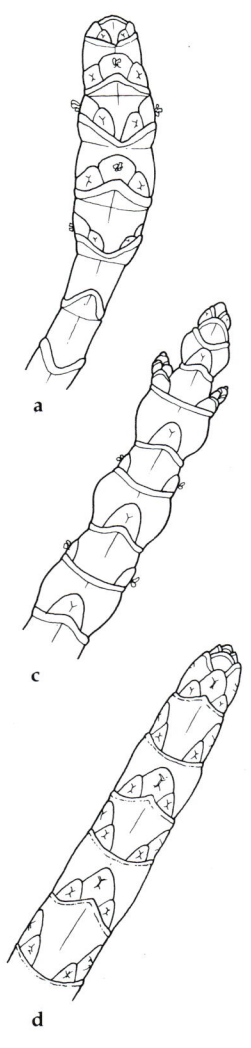

a

c

d

Queller *Anthrocnemum* und *Salicornia* Eine charakteristische Gruppe von sukkulenten Kräutern mit schlanken, fingerartigen, segmentierten Ästen und Stengeln. Blätter und Blüten unscheinbar.

Anthrocnemum

A Mehrjähriger Queller *Anthrocnemum perenne* Rasenbildende Mehrjährige bis 30 cm, mit kriechenden, unterirdischen, holzigen Stengeln und aufsteigenden dünnen Stengeln, die zum Teil Blüten tragen. Die Stengel sind zunächst dunkelgrün, werden aber später orangebraun. Gruppen von je drei, etwa gleich großen Blüten fast das Segmentende erreichend. Gelegentlich oder lokal häufig an den höhergelegenen Rändern von Salzmarschen. Blüht 8–10. ▽

B *Anthrocnemum fruticosum* Mehrjähriger Halbstrauch mit kräftigen, aufsteigenden oder niederliegenden Stengeln bis 1 m Länge von typisch blaugrüner Farbe. Blüten zu dritt, nicht das obere Ende des Segmentes erreichend. Ganz zerstreut und selten in Salzmarschen und an nasser, sandiger Küste. Blüht 7–10. ▽

Salicornia Einjährige, nicht verholzende Kräuter. Anzahl und Größe der Blüten helfen bei der Unterscheidung der Arten. Die Taxonomie der *Salicornia*-Arten befindet sich im Umbruch und eine Trennung der Arten kann schwierig sein.

(1) Pflanzen mit einzelnen Blüten.

C *Salicornia pusilla* Stark verzweigte, gelbgrüne, später bräunliche Pflanze bis 25 cm. Die einzige *Salicornia* mit einzelnen Blüten. Zerstreut am Rande von Salzmarschen. Blüht 8–9. ▽

(2) Blüten zu dritt. Die beiden seitlichen deutlich kleiner als die mittlere.

D Watt-Queller *Salicornia europaea* Bis 40 cm, hellgrün, aber zur Blütezeit rot überlaufen. Fruchtende Segmente nur leicht geschwollen, Knoten nicht eingeschnürt. Häutiger Rand an der Spitze des Segments recht unscheinbar. Schlammige oder sandige Küsten, höhergelegene Teile von Salzmarschen. Blüht 8–9.

E Ästiger Queller *Salicornia ramosissima* Bis 40 cm, glänzend dunkelgrün, später purpurrot werdend, stark verzweigt und buschig. Fruchtende Segmente stark perlschnurförmig mit deutlich eingeschnürten Knoten. Auffällig narbiger Blattrand am oberen Ende des Segments. Mittlere und höhergelegene Stellen von Salzmarschen. Blüht 8–9. ▽

(3) Blüten zu dritt, beinahe gleich groß, die beiden seitlichen nur geringfügig kleiner.

F *Salicornia nitens* Bis 25 cm groß, grün oder gelbgrün, braunpurpurn oder orangebraun werdend. Nur Äste erster Ordnung. Endständige Ähre mit vier bis neun fruchtbaren Segmenten. In den höheren und mittleren Regionen der Salzmarschen vorkommend. Blüht 8–9. ▽

G *Salicornia fragilis* Bis 30 cm groß, stumpf grün oder gelbgrün, nicht bräunlich werdend. Nur Äste erster Ordnung. Endständige Ähre mit 8–16 (4–20) fruchtbaren Segmenten. In den tiefergelegenen Teilen von Salzmarschen. Blüht 8–9. ▽

H *Salicornia dolichostachya* Bis 40 cm, dunkelgrün, zur vollen Reife blasser und dann bräunlich werdend. Stark verzweigt und buschig. Endständige Ähre mit 12–25 fruchtbaren Segmenten. Im

unteren Bereich der Salzmarschen heimisch. Blüht 7–8.

I Strand-Sode *Suaeda maritima* Sukkulente Einjährige bis 50 cm, mit aufsteigenden oder niederliegenden Stengeln. Charakteristische, recht spitze, wechselständige, fleischige Blätter, die von blaugrün bis purpurrot wechseln können. Blätter im Querschnitt oberseits etwas konkav. Blüten winzig, grün, eine bis drei in den Achseln der oberen Blätter. In schlammigen Salzmarschen häufig. Blüht 7–10.

J Echte Sode *Suaeda vera* Mehrjähriger Halbstrauch bis 1,2 m, stark verzweigt mit aufsteigenden Stämmen, die dicht gedrängt stumpfe, fleischige Blätter tragen. Blätter blaugrün, im Querschnitt oberseits recht flach. Blüten winzig, gelbgrün, eine bis drei in den Achseln der oberen Blätter. Kommt an kiesiger Küste und am oberen Rand von Salzmarschen vor. Blüht 6–10. ▽

K Kali-Salzkraut *Salsola kali* Halbkriechende, stachlige Einjährige bis 60 cm. Stengel verzweigt, mit blaßgrünen oder rötlichen Streifen, oft rauh. Blätter sukkulent, recht stark abgeflacht und an der Spitze abrupt in einen kurzen Stachel verschmälert. Blüten einzeln in den Blattachseln. An sandigen Ufern nahe dem Spülsaum verbreitet. Gelegentlich im Binnenland an schuttigen Plätzen und an den Rändern regelmäßig gesalzener Straßen. Blüht 7–9.

Portulakgewächse
Portulacaceae

Ein- oder mehrjährige Kräuter, meist kahl und gelegentlich recht fleischig. Blüten zwittrig, mit einer veränderlichen Anzahl von Staubblättern, aber stets nur zwei gegenständigen Kelchblättern (Ggs. *Caryophyllaceae*, Seite 34) und drei bis sechs Kronblättern (meist fünf). Kapselfrucht.

L Quellkraut *Montia fontana* Sehr variable, unscheinbare, winzige, blaßgrüne Pflanze (oft rasenbildend). Stengel oft rötlich, mit schmal-ovalen, gegenständigen Blättern. Blüten klein, weiß und in lockeren, kleinen Büscheln mit sich zur Fruchtzeit verlängernden Stielen. Weit verbreitet und häufig auf offenem oder feuchtem Untergrund, auch untergetaucht im Wasser. Mehrere Unterarten. Blüht 5–10. ▽

M Tellerkraut *Montia perfoliata* Kleine (10–30 cm), kahle Einjährige mit recht fleischigen, verwachsenen Stengelblättern, die den Stengel umschließen. Über ihnen ein Büschel kleiner, weißer Blüten. Blüten 5–8 mm, mit fünf weißen Kronblättern, die nicht oder kaum ausgerandet sind. Aus Nordamerika eingeführt und jetzt auf sandigem Boden weit verbreitet. Blüht 5–7. ▽

N *Montia sibirica* Ein- oder mehrjährige Pflanze, 15–40 cm, mit gegenständigen, ungestielten und deutlich geäderten Stengelblättern und langgestielten Grundblättern. Blüten 15–20 mm Durchmesser, mit fünf ausgerandeten Kronblättern, rosa mit dunkleren Adern. Aus Nordamerika eingeführt, jetzt weit verbreitet und häufig an feuchten, schattigen Standorten. Blüht 4–7.

O Portulak *Portulaca oleracea* Einjährige, fleischige Pflanze mit niederliegenden oder aufsteigenden Ästen von 10–30 cm Länge. Blätter 1–2 cm, löffelförmig, schraubig oder fast gegenständig und unter den Blüten am dichtesten sitzend. Blüten 8–12 mm Durchmesser, gelb, die vier bis sechs Kronblätter bald abfallend und die stumpfen Kelchblätter zurücklassend. Eingebürgert und an schuttigen Plätzen verbreitet. Blüht 6–9. ▽

A	G	D
E	H	I
J	K	L
M	N	O

A Mehrjähriger Queller

D Watt-Queller

E Ästiger Queller

G *Salicornia fragilis*

H *Salicornia dolichostachya*

I Strand-Sode

J Echte Sode

K Kali-Salzkraut

L Quellkraut

M Tellerkraut

N *Montia sibirica*

O Portulak

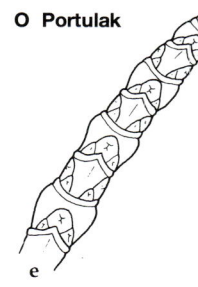

e

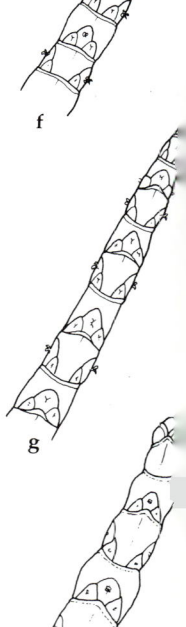

f

g

h

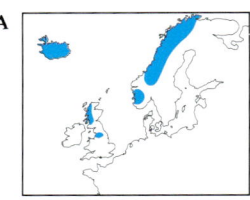

A

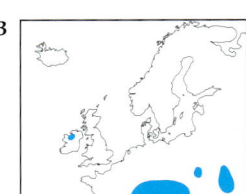

B

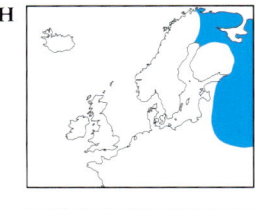

H

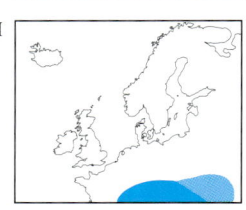

I

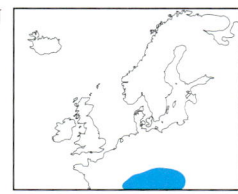

J

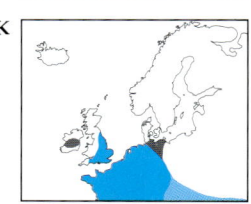

K

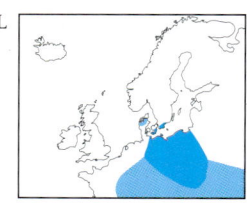

L

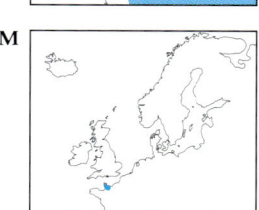

M

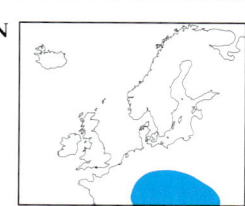

N

Nelkengewächse
Caryophyllaceae

Eine große und vielfältige Pflanzenfamilie, deren Mitglieder sich alle durch wiederholt gegabelte Blütentriebe, vier bis fünf rosa oder weißliche Kronblätter und vier bis fünf freie oder zu einer Röhre verwachsene Kelchblätter auszeichnen. Die Stengel haben dort, wo die meist gegenständigen und ungezähnten Blätter entspringen, eine charakteristische Schwellung. Die Frucht ist meist eine Kapsel, selten eine Beere (siehe Hühnerbiß, Seite 44).

Sandkraut Häufig kleine oder zarte Pflanzen. Meist weiße Blüten mit fünf, nicht ausgerandeten Kronblättern, freien Kelchblättern und drei Griffeln. Ausnahmen bilden Zwergmiere und Salzmiere mit grünlich-weißen Blüten und *Moehringia muscosa* mit vier Kronblättern. Es gibt vier Hauptgattungen: *Arenaria, Moehringia, Minuartia* und *Honkenya*.

Arenaria Blätter klein, meist einnervig, länglich oder oval und nicht größer als 1 cm.

A Norwegisches Sandkraut *Arenaria norvegica* Niedrige, schopfige Mehrjährige mit fleischigen, ovalen Blättern, die nicht deutlich nervig sind. Verglichen mit den anderen Mieren und Sandkräutern recht große (bis 12 mm), weiße Blüten mit gelblichen Staubblättern; Kelchblätter kahl. Bloße, steinige Standorte, am häufigsten im Norden des Verbreitungsgebietes. Blüht 6–8. ▽ Die Unterart *anglica*, Englisches Sandkraut, ist ein- oder zweijährig, mit schwach behaarten Kelchblättern; selten auf Kalksteinpflaster in Nordengland.

B Wimper-Sandkraut *Arenaria ciliata* Ähnlich dem Norwegischen Sandkraut, Stengel jedoch rauh und zunächst niederliegend, dann aufsteigend. Blätter ganz deutlich einnervig und an den Rändern bewimpert. Blüten bis 16 mm, mit weißen Staubblättern; Kelchblätter behaart. Lokal verbreitet bis selten, auf kalkigen Böden in den Bergen. Blüht 7–8. ▽

C Arenaria gothica Sehr ähnlich dem Wimper-Sandkraut, aber größere (bis 12 cm) Ein- bis Zweijährige. Blüten kleiner als 12 mm Durchmesser. Selten; auf Kalksteinpflaster in Südschweden. ▽

D Arenaria humifusa Polsterbildend und nur bis 30 mm hoch, mit glatten, kahlen Stengeln. Einzelne Blüten (5–6 mm) auf sehr kurzen Stielen. Kelchblätter meist kahl. Sehr selten, auf feuchten, basischen Böden in den Bergen Skandinaviens. Blüht 6–8. ▽

E Quendel-Sandkraut *Arenaria serpyllifolia* Flaumige, graugrüne, kriechende oder aufsteigende Einjährige. Erinnert an Vogelmiere, Kronblätter jedoch nicht ausgerandet. Die eiförmigen Blätter sind ungestielt. Blüten 5–8 mm Durchmesser, Kronblätter mehr als halb so lang wie die spitzen Kelchblätter (**e 1**). Kapsel mit deutlich gebogenen Seiten (**e 2**). Verbreitet und häufig an trockenen Standorten. Blüht 4–9.

F Arenaria leptoclados Wie Quendel-Sandkraut, Blüten jedoch nur 3–5 mm Durchmesser und Kronblätter halb so lang wie Kelchblätter (**f 1**).

Kapselwände oberwärts gerade (**f 2**). Verbreitet und häufig an ähnlichen Standorten wie vorhergehende Art. Blüht 5–8. ▽

Moehringia Blätter 1–2,5 cm, drei- oder mehrnervig.

G Dreinervige Nabelmiere *Moehringia trinervia* Zarte, niederliegende bis aufrechte Einjährige bis 40 cm. Kronblätter kürzer als Kelchblätter, wie bei der Vogelmiere, Stengel im Gegensatz dazu jedoch nicht rundum behaart. Blätter drei- bis fünfnervig und Kronblätter ungeteilt. Blüten etwa 6 mm im Durchmesser. In Wäldern und an Heckensäumen weit verbreitet. Blüht 4–7.

H Moehringia lateriflora Ähnlich der Dreinervigen Nabelmiere, jedoch mehrjährig und mit ein- bis dreinervigen Blättern, Kronblätter länger als Kelchblätter. In feuchten Wäldern. Blüht 5–7. ▽

I Moehringia muscosa Sehr formenreiche, kleine, kriechende oder aufsteigende Mehrjährige mit feinen, linealischen Blättern. Blüten 5–8 mm, die vier weißen Kronblätter länger als Kelchblätter. An schattigen, montanen Standorten. Blüht 5–9. ▽

J Moehringia ciliata Ähnlich *M. muscosa*, Blüten jedoch 4–5 mm mit fünf Kronblättern. Auf Kalk in den Bergen. Blüht 5–8. ▽

Miere *Minuartia* Eine schwierige Gattung mit nah verwandten Arten. Sie können mit dem Mastkraut (*Sagina*, Seite 40) verwechselt werden, haben jedoch meist drei Griffel, während das Mastkraut so viele Griffel wie Kelchblätter hat (vier bis fünf). Blätter pfriemlich oder borstig, bis 15 mm. Zur Bestimmung ist es nützlich, *Minuartia* in drei Gruppen einzuteilen.

(**1**) Kronblätter viel kürzer als Kelchblätter (weniger als zwei Drittel), Pflanzen nicht schopfig.

K Zarte Miere *Minuartia hybrida* Zarte, meist kahle Einjährige, am Grunde und oberhalb der Mitte verzweigt. Ähnelt dem Quendel-Sandkraut, jedoch aufrechter, mit schmalen, am verbreiterten Grunde dreinervigen Blättern. Blüten 5–6 mm im Durchmesser; Blütenstiele länger als Kelchblätter. Kronblätter etwa halb so lang wie Kelchblätter. Kapsel länger als die Kelchblätter. Auf trockenen, sandigen und steinigen Standorten, alten Mauern. Blüht 5–6. ▽

L *Minuartia viscosa* Wie die Zarte Miere, aber nur oberhalb der Mitte verzweigt. Kronblätter und Kapsel kürzer als Kelchblätter. Trockene, sandige Standorte. Blüht 5–9. ▽

M *Minuartia mediterranea* Wie die Zarte Miere, jedoch der Blütenstand dicht gedrängt und Blütenstiele kürzer als dreinervige Kelchblätter (siehe *Minuartia rubra*, unten). Kronblätter ein Drittel der Kelchblätter und manchmal fehlend. Selten, auf sandigen Böden an der Küste. Blüht 5–8. ▽

N *Minuartia rubra* Wie die Zarte Miere, jedoch Blütenstand so dicht wie bei *Minuartia mediterranea*, und Blütenstiele etwa so lang wie Kelchblätter, Kronblätter ein Drittel dieser Länge. Kelchblätter einnervig. Trockene, sandige Gebiete, Ackerland. Blüht 6–9. ▽

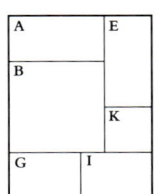

A **Norwegisches Sandkraut**

B **Wimper-Sandkraut**

E **Quendel-Sandkraut**

G **Dreinervige Nabelmiere**

I *Moehringia muscosa*

K **Zarte Miere**

e 1

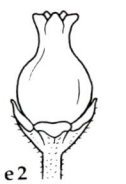

e 2

f 1

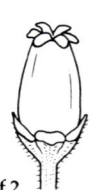

f 2

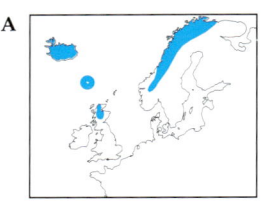

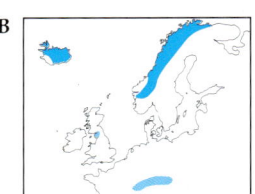

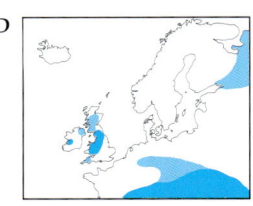

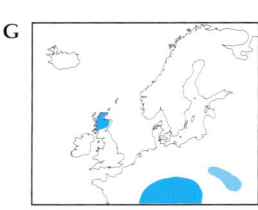

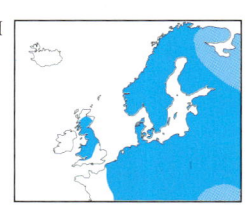

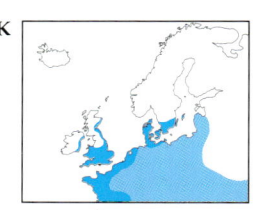

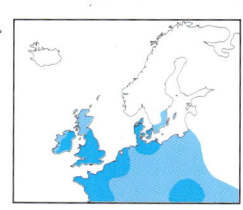

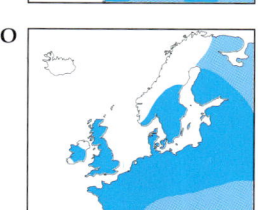

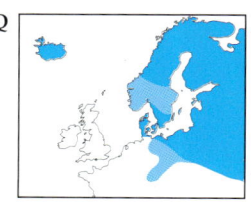

(2) Kronblätter so lang wie die Kelchblätter oder kürzer, wenigstens jedoch zwei Drittel deren Länge; Pflanzen schopfig.

A *Minuartia rubella* Niedrige (2–6 cm), schopfige Mehrjährige mit vegetativen und blühenden Trieben. An den blühenden Trieben sind die Blätter unten dicht gedrängt, oben jedoch weiter voneinander entfernt. Blätter dreinervig. Blüten 5–9 mm im Durchmesser; Kronblätter etwa zwei Drittel der Länge der Kelchblätter. Ähnelt in der Form dem Alpen-Mastkraut (Seite 40), Blüten haben jedoch drei Griffel, nicht fünf. Auf felsigem Untergrund in den Bergen. Blüht 7–8. ▽

B Steife Miere *Minuartia stricta* Schopfige Mehrjährige von 5–10 cm Größe. Wuchsform ähnlich *M. rubella*, blühende Triebe jedoch größer, Blätter einnervig oder mit undeutlichen Nerven und Kronblätter beinahe genauso lang wie Kelchblätter. Nasse Rinnen, Geröll und feuchte Standorte in den Bergen. Blüht 6–7. ▽

C *Minuartia rossii* Wie die Steife Miere, blühende Triebe jedoch sehr stark beblättert. Vegetative Triebe werden in den Blattachseln der oberen Blätter gebildet. Blüht selten, Blüten immer einzeln. Felsige Standorte. Blüht 7–8. ▽

(3) Kronblätter länger als Kelchblätter.

D Frühlings-Miere *Minuartia verna* Niedrige (5–15 cm), lockere Polster bildende Mehrjährige. Blätter dreinervig, Blüten 6–8 mm, mit purpurnen Staubblättern. Kronblätter etwas länger als Kelchblätter. Ähnlich dem Knotigen Mastkraut (Seite 40), dessen Kronblätter jedoch doppelt so lang wie die Kelchblätter sind und das fünf Griffel hat. Ganz vereinzelt an trockenen grasigen oder felsigen Standorten, besonders auf Kalk und auf dem Abraum von Bleiminen. Blüht 5–10. ▽

E *Minuartia setacea* Wie die Frühlings-Miere, Blüten jedoch 4–5 mm und Staubblätter gelblich. Recht zerstreut auf trockenen, offenen Standorten. Blüht 6–9. ▽

F *Minuartia biflora* Schopfige Mehrjährige ähnlich der Frühlings-Miere, jedoch nicht polsterbildend, Blätter stumpf und Blüten 7–12 mm. Oft in der Nähe von Schneeresten an feuchten Stellen in den Bergen. Blüht 7–8. ▽

G Zwerg-Miere *Minuartia sedoides* Dichte und kompakte Polster bildende Mehrjährige mit gedrängten, fleischigen Blättern, bis 15 mm. Grünlich-gelbe Blüten, denen oft die Blütenblätter fehlen. Auf feuchten Graten der Berge. Blüht 6–8. ▽

Salzmiere *Honkenya* Blätter fleischig, Blüten grünlich-weiß.

H Salzmiere *Honkenya peploides* Charakteristische, kriechende Mehrjährige. Unterscheidet sich von den anderen Mieren durch ovale, fleischige, gelbgrüne Blätter bis 20 mm, mit gewellten, durchscheinenden Rändern und durch grünlich-weiße Blüten, deren Kronblätter etwas kürzer als die Kelchblätter sind. Blüten einzeln in den Gabelungen der Stengel und in den Blattachseln. Örtlich verbreitet auf Sand und feinem Kies am Meer. Blüht 5–8. ▽

Sternmiere und **Spurre** *Stellaria* Ein- oder mehrjährige Kräuter mit weißen Blüten, die so tief eingeschnittene Kronblätter haben, daß es so erscheint, als ob die doppelte Anzahl von Kronblättern vorhanden wäre. Fünf Kelchblätter, drei Griffel. Kapseln oval. (Hornkräuter haben meist fünf Griffel und zylindrische Kapseln.)

I Wald-Sternmiere *Stellaria nemorum* Mehrjährige bis 60 cm, Stengel rundum behaart, untere Blätter herzförmig und langgestielt, obere Blätter oval zugespitzt und beinahe sitzend. Blüten 15–20 mm im Durchmesser, Kronblätter doppelt so lang wie die Kelchblätter. Verbreitet in feuchten Wäldern. Blüht 5–7.

J Vogelmiere *Stellaria media* Kriechende oder halbkriechende Einjährige bis 40 cm. Stengel zwischen den Blattknoten meist abwechselnd einreihig behaart. Untere Blätter langgestielt, obere fast sitzend. Blüten 5–10 mm Durchmesser, Kronblätter so lang wie Kelchblätter, drei bis acht rotviolette Staubblätter. Verbreitet und oft zahlreich auf Ruderalflächen. Blüht 1–12.

K Blasse Sternmiere *Stellaria pallida* Wie Vogelmiere, jedoch Blüten 4–5 mm Durchmesser, mit winzigen Kronblättern oder ganz ohne diese und ein bis drei grauvioletten Staubblättern. Örtlich häufig auf sandigen, oft ungeschützten Standorten. Blüht 3–5. ▽

L Übersehene Sternmiere *Stellaria neglecta* Überwinternde Ein- oder Mehrjährige. Wie eine größere Ausführung der Vogelmiere mit ähnlich in abwechselnden Reihen behaartem Stiel. Blüten 10–12 mm im Durchmesser, mit zehn, oft rötlichen Staubblättern. An feuchten, schattigen Standorten, oft an Flußläufen. Blüht 4–7. ▽

M Große Sternmiere *Stellaria holostea* Mehrjährige, bis 60 cm, mit schwachen, vierkantigen Stengeln, die an den Kanten rauh sind. Blätter steif, mit charakteristisch lanzettlicher Form, von einem breiten Grund sich in eine feine Spitze verschmälernd. Blattränder und Mittelrippe sehr rauh. Blüten 18–30 mm Durchmesser, Kronblätter bis zur Hälfte gespalten und doppelt so lang wie die Kelchblätter. Außer auf sehr sauren Böden in Wäldern weit verbreitet. Blüht 4–6.

N Gras-Sternmiere *Stellaria graminea* Der Großen Sternmiere sehr ähnlich, hat jedoch glatte Stengel und glattrandige Blätter. Blütendurchmesser nur 8–15 mm, Kronblätter über die Hälfte geteilt, Staubblätter oft grauviolett. Verbreitet und häufig auf sauren Böden in Grasland und in lichten Wäldern. Blüht 5–8.

O Sumpf-Sternmiere *Stellaria palustris* Ähnlich der Großen Sternmiere, die Stengel jedoch an den Kanten glatt, Blätter graugrün und glattrandig und die Tragblätter mit breitem, häutigem Rand. Blüten endständig, 12–20 mm Durchmesser und die Staubblätter oft schwärzlich-violett oder rötlich. In Marschen und Mooren, oft in höherer Vegetation wachsend, wobei die schwachen Stengel von umgebenden Gräsern mitgetragen werden. Blüht 5–8.

P Bach-Sternmiere *Stellaria alsine* Zarte, oft kriechende Mehrjährige bis 40 cm (meist kleiner). Stengel kantig und glatt, Blätter viel eiförmiger als die der beiden vorhergehenden Arten. Blüten 5–7 mm mit tief geteilten Kronblättern, die viel kürzer sind als die Kelchblätter. Verbreitet an einer Anzahl feuchter oder nasser Standorte. Blüht 5–6. ▽

Q *Stellaria crassifolia* Unterscheidet sich von der Bach-Sternmiere durch Kronblätter, die länger als Kelchblätter sind (Blüten 8–5 mm Durchmesser). An nassen, sandigen oder steinigen Standorten. Blüht 6–8. ▽

R *Stellaria longifolia* Kronblätter so lang wie Kelchblätter, Blüten 5–8 mm und Blätter lineallanzettlich. In feuchtem Gehölz. Blüht 6–7. ▽

A	D	G
H	I	J
K	L	M
N	O	P

A *Minuartia rubella*

D Frühlings-Miere

G Zwerg-Miere

H Salzmiere

I Wald-Sternmiere

J Vogelmiere

K Blasse Sternmiere

L Übersehene Sternmiere

M Große Sternmiere

N Gras-Sternmiere

O Sumpf-Sternmiere

P Bach-Sternmiere

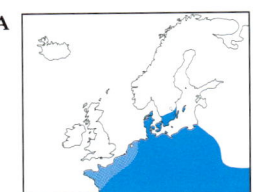

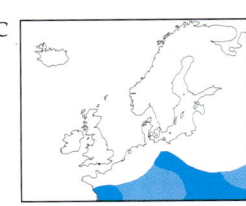

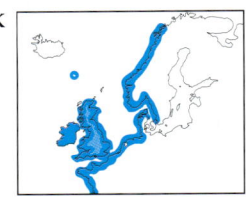

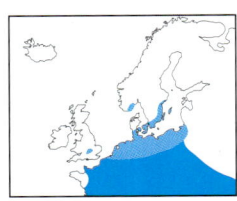

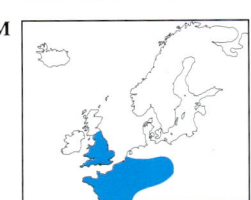

A

B

C

K

L

M

A Dolden-Spurre *Holosteum umbellatum* Aufrechte Einjährige bis 20 cm Größe mit grauen, lanzettlichen Blättern. Durch die Dolde aus radiären Blüten mit jeweils gleich langen Stielen gekennzeichnet. Stark zurückgegangen und jetzt vereinzelt auf alten Mauern, Dächern oder sandigen Böden. Blüht 3–5. ▽

Hornkraut *Cerastium* Pflanzen ähneln Spurre und Sternmiere, sind jedoch meist stärker behaart und die Blüten haben fünf statt drei Griffel (mit Ausnahme von Dreigriffligem Hornkraut und Klebrigem Hornkraut). Blätter immer sitzend, Fruchtkapseln zylindrisch, nicht eiförmig. Die Länge der Kronblätter im Verhältnis zu den Kelchblättern erleichtert die Artbestimmung.

(1) Kronblätter wenigstens eineinhalbmal so lang wie Kelchblätter.

B Dreigriffliges Hornkraut *Cerastium cerastoides* Niedrige, bis 15 cm große Mehrjährige mit kriechenden, holzigen Stielen. Blühende Triebe aufsteigend, nichtblühende Triebe kriechend. Blätter linealisch oder länglich und recht fleischig. Blüten 9–12 mm Durchmesser. Unterscheidet sich von anderen *Cerastium*-Arten durch das Fehlen von Haaren, außer an den wechselnden Haarreihen zwischen den Knoten (vgl. Vogelmiere). Ungewöhnlich sind auch die drei Griffel. Eine hauptsächlich arktische und subarktische Pflanze feuchter, grasiger Standorte oder Flußufer, aber auch in den Bergen auf silikatischem Gestein. Blüht 6–8. ▽

C Klebriges Hornkraut *Cerastium dubium* Ähnelt dem Dreigriffligen Hornkraut, aber einjährig und bis 40 cm groß. Stengel kahl und meist mit klebrigen Drüsen. Blüten 11–15 mm Durchmesser. An feuchten, grasigen Standorten. Blüht 5–7. ▽

D Acker-Hornkraut *Cerastium arvense* Recht formenreiche, bis 30 cm hohe Mehrjährige. Schwach behaart, Blüten 12–20 mm Durchmesser. Es ist die einzige relativ hohe und so großblütige Hornkraut-Art des Flachlandes. Verbreitet, aber oft sehr zerstreut in trockenem Grasland, besonders auf kalkigen Böden. Blüht 4–8.

E Alpen-Hornkraut *Cerastium alpinum* Niedrige, polsterbildende graugrüne Mehrjährige mit langen, weißen Haaren auf Blättern und Stengeln. Durchmesser der weißen Blüten 18–25 mm. Blätter am breitesten oberhalb der Mitte, Tragblätter mit schmalem, häutigem Rand und Kronblätter tief eingeschnitten. Auf felsigen Graten in den Bergen bis 2500 m. Blüht 6–8. ▽
Die Unterart *lanatum* ist weiß-wollig behaart. Kommt in Europa auf denselben Standorten wie *Cerastium alpinum* vor.

F Arktisches Hornkraut *Cerastium arcticum* Ähnlich *Cerastium alpinum*, aber mit gelblich-grünen Blättern, kurz weiß behaart, Tragblätter ohne häutigen Rand und Kronblätter nur wenig gespalten. Auf felsigen Graten bis 1700 m. Blüht 6–8. ▽
Die nur auf den Shetland Inseln vorkommende Unterart *edmondstonii* hat grünpurpurne Blätter.

(2) Kronblätter gleich lang wie oder etwas länger als Kelchblätter.

G Gewöhnliches Hornkraut *Cerastium fontanum* Sehr formenreiche, behaarte, grüne oder graugrüne Mehrjährige. Gleicht auf den ersten Blick der Vogelmiere, ist jedoch kräftiger, und die Kronblätter sind im Vergleich zu den Kelchblättern länger. Sowohl blühende als auch nichtblühende, längere Triebe vorhanden, wobei die nichtblühenden in Ausnahmefällen bis 45 cm lang sein können. Blätter bis 25 mm, dicht bedeckt mit weißlichen Haaren. Blüten klein, in lokkeren Haufen, die Kronblätter tief gespalten. Verbreitet und häufig auf einer Reihe von grasigen und ruderalen Standorten. Für bestimmte Standorte sind verschiedene Varietäten beschrieben worden. Blüht 4–11.

H Knäuel-Hornkraut *Cerastium glomeratum* Kleine (bis 45 cm), gelblich-grüne, durch Drüsenhaare recht klebrige Einjährige mit charakteristisch dichten Blütenköpfen. Kelchblätter bis zur Spitze behaart (**h 1**); Tragblätter am Rande behaart (**h 2**). Obere Stengelblätter breit-eiförmig. Blütenstiele bleiben zur Fruchtzeit kurz, nicht länger als die Kelchblätter. Blütenstiele nie nickend. Verbreitet und häufig in verschiedenen ruderalen und trockenen Standorten. Blüht 4–10.

I Dunkles Hornkraut *Cerastium pumilum* Niedrig wachsende, oft winzige, nur 2–12 cm große Einjährige. Drüsenhaarig und oberseits graugrün, unterseits purpurrot. Kelchblätter nicht bis zur Spitze behaart (**i 1**); Tragblätter mit schmalen, durchscheinenden Rändern (**i 2**). Blüten mit je fünf Staubblättern und Griffeln, Kronblätter tief gespalten. Fruchtstiele zunächst nickend, dann aufrecht, länger als die Kelchblätter. In Grasland auf kalkigen Böden. Blüht 4–6. ▽

J Sand-Hornkraut *Cerastium semidecandrum* Niedrige, drüsenhaarige Einjährige von 1–20 cm Größe. Tragblätter mit breiten, durchscheinenden Rändern (**j**). Blüten 5–7 mm im Durchmesser, mit fünf Staubblättern und Narben, Kronblätter nur sanft ausgerandet. Fruchtstiele zunächst nikkend, später aufrecht, länger als die Kelchblätter. Teilweise häufig auf trockenem oder offenem sandigen Untergrund. Blüht 4–6. ▽

K Viermänniges Hornkraut *Cerastium diffusum* Dicht drüsenhaarige Einjährige mit kriechenden oder aufsteigenden, 5–30 cm hohen Stengeln. Obere Blätter und Tragblätter dunkelgrün, Tragblätter ohne durchscheinende Ränder. Blüten 3–6 mm im Durchmesser, meist vier-, selten fünfzählig. Kronblätter nicht tiefer als ein Viertel ihrer Länge gespalten. Fruchtstiel zunächst nickend, dann aufrecht, länger als Kelchblätter. Teilweise häufig auf trockenen Standorten, meist nahe der Küste, aber auch entlang von Bahngleisen im Binnenland. Blüht 4–7. ▽

L Bärtiges Hornkraut *Cerastium brachypetalum* Zottig, nicht drüsig behaarte Einjährige. Tragblätter ohne häutige Ränder. Kronblätter wenigstens bis zu einem Viertel ihrer Länge gespalten, meist kürzer als die Kelchblätter. Kelchblätter mit langen, ihre Spitze weit überragenden Haaren. An trockenen Standorten, oft auf kalkigen Böden und lokal häufig. Blüht 4–7. ▽

M Aufrechte Weißmiere *Moenchia erecta* Meist winzige Einjährige, gelegentlich bis 12 cm groß. Blätter charakteristisch wachsig grau. Blüten mit vier Kronblättern, nicht gespalten oder geteilt, nur bei sonnigem Wetter geöffnet. Kelchblätter weißrandig, etwas länger als Kronblätter. Selten oder nur teilweise häufig auf trockenem Grasland, oft auf sandigem oder kiesigem Boden. Blüht 4–6. ▽

A	B	D
E	F	G
H	I	J
K	L	M

A Dolden-Spurre

B Dreiffriffliges Hornkraut

D Acker-Hornkraut

E Alpen-Hornkraut

F Arktisches Hornkraut

G Gewöhnliches Hornkraut

H Knäuel-Hornkraut

I Dunkles Hornkraut

J Sand-Hornkraut

h 1

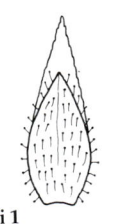

i 1

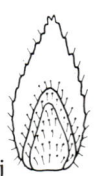

j

K Viermänniges Hornkraut

L Bärtiges Hornkraut

M Aufrechte Weißmiere

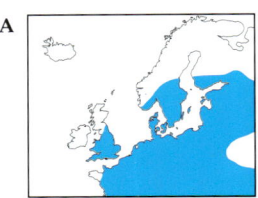

A

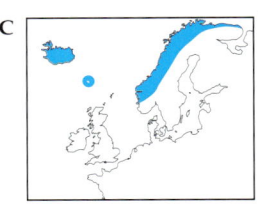

C

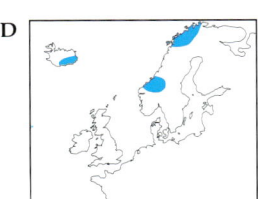

D

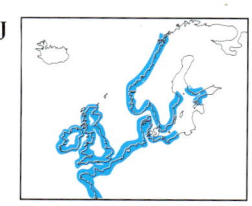

J

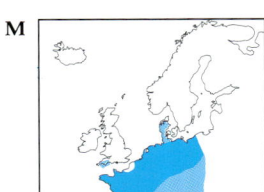

M

A Wassermiere *Myosoton aquaticum*

Wuchernde Mehrjährige mit kriechenden, überwinternden Stengeln, aus denen die bis zu 1 cm langen Blütentriebe sprossen. Blätter charakteristisch breit-herzförmig und gegenständig, die oberen ungestielt mit leicht gewellten Rändern. Blüten in lockeren Haufen, Kronblätter bis zum Grunde gespalten und viel länger als die Kelchblätter (vgl. Übersehene Sternmiere, mit der sie verwechselt werden könnte). Verbreitet an feuchten, grasigen Standorten, Flußufern, Gräben, Waldrändern und Marschen. Blüht 6–10.

Mastkraut *Sagina*

Durch ihre geringe Größe, kurze, pfriemförmige, fleischige Blätter ohne Nebenblätter, ungeteilte weiße Blütenblätter (bei einigen Arten winzig, bei anderen ganz fehlend) und vier bis fünf Griffel gekennzeichnet. Für die Bestimmung können Mastkräuter in Abhängigkeit von der Anzahl ihrer Kronblätter und deren Länge im Vergleich mit den Kelchblättern in zwei Gruppen aufgeteilt werden. Man beachte, daß bei manchen Arten die Kronblätter winzig sind oder abfallen, so daß die grünen Kelchblätter das Bild der Blüte bestimmen.

(**1**) Kronblätter so lang wie oder länger als Kelchblätter, Blüten vier- oder fünfzählig.

B Knotiges Mastkraut *Sagina nodosa*

Bis 15 cm hohe Mehrjährige, die durch kurze, blattachselständige Blattbüschel knotig erscheint. Mit den größten Blüten der Mastkräuter (bis 10 mm) und den längsten Kronblättern (doppelt so lang wie Kelchblätter). Kann mit der Frühlings-Miere (Seite 36) verwechselt werden, ist jedoch durch knotigen Stengel und fünf Griffel (nicht drei) zu unterscheiden. Teilweise häufig auf feuchtem, sandigem Untergrund, in Heiden oder in den Bergen. Blüht 7–9. ▽

C Arktisches Mastkraut *Sagina intermedia*

Winzige, schopfige und kompakte Mehrjährige von 1–3 cm Größe. Eines der kleinsten Mastkräuter und daher leicht zu übersehen. Grundständige Blattrosette nach dem ersten Jahr welkend. Blätter 3–6 mm, kurz bespitzt. Blütenstiele tragen winzige, einzelne Blüten, die den Schopf kaum überragen, Kronblätter so lang wie die violett berandeten Kelchblätter. Kron- und Kelchblätter vier- bis fünfzählig. Eine hauptsächlich arktische und subarktische Pflanze auf Felsvorsprüngen und im Geröll der Berge. Blüht 6–9. ▽

D *Sagina caespitosa*

Dem Arktischen Mastkraut sehr ähnlich, Grundrosette jedoch bleibend und Blüten immer fünfzählig, Kronblätter etwas länger als Kelchblätter. Arktische und subarktische Felsgrate und Geröllhänge, aber stärker vereinzelt als das Arktische Mastkraut. Blüht 6–9. ▽

E Pfriemen-Mastkraut *Sagina subulata*

Dichtrasige Mehrjährige mit nichtblühender Blattrosette, unter der zahlreiche aufrechte, drüsenhaarige Blütentriebe hervorwachsen. Bis 10 cm groß. Blätter lang begrannt und etwas haarig, 3–12 mm. Blüten einzeln auf langen Stielen, die den Rasen deutlich überragen. Die fünf Kronblätter sind so lang wie oder etwas kürzer als die drüsigen Kelchblätter. Zehn Staubblätter, fünf Narben. Verbreitet, aber nur lokal an sandigen oder kiesigen Stellen. Blüht 5–8. ▽

F Alpen-Mastkraut *Sagina saginoides*

Kahle, locker schopfige Mehrjährige bis 7 cm. Blattrosette immer mit zentralem Blütenstiel. Weitere Blütenstiele wachsen unter der Blattrosette hervor. Blätter der Rosette bis 20 mm lang, Stengelblätter lang begrannt und 5–10 mm lang. Kronblätter so lang wie die kahlen Kelchblätter; zehn Staubblätter. Hauptsächlich arktische oder subarktische Art, die an feuchten Stellen, oft auch in den Bergen wächst. Blüht 6–9. ▽

G *Sagina × normaniana*

Ein Bastard aus *S. saginoides* und *S. procumbens* mit bis zu 3 cm langen Rosettenblättern und kriechenden, wurzelnden Stengeln. Oft weniger als zehn Staubblätter. An denselben Gebirgsstandorten wie das Alpen-Mastkraut, auf feuchten Felsen und subalpinen Weiden. Blüht 7–10. ▽

(**2**) Kronblätter winzig oder fehlend, Blüten immer vierzählig.

H Niederliegendes Mastkraut *Sagina procumbens*

Niedrige, rasige Mehrjährige mit einer zentralen, nichtblühenden Blattrosette mit zahlreichen, kriechenden Stengeln, die stellenweise wurzeln und die aufrechten Blütentriebe tragen. Blätter lang begrannt, mit unbehaarten Rändern (**h**). Verbreitet und sehr häufig an verschiedenen offenen, feuchten Standorten, Mauern und Rasen. Blüht 5–9.

I Kronblattloses Mastkraut *Sagina apetala*

Einjährige, meist ohne zentrale Blattrosette (welkt früh) und mit einem aufrechten Hauptblütentrieb. Nebentriebe wurzeln nicht, eher aufsteigend als kriechend. Blätter lang begrannt, mit behaarten Rändern (**i**). Verbreitet und häufig auf offenem Boden, in trockenem Grasland und an sandigen Standorten. Blüht 4–8. ▽

J Strand-Mastkraut *Sagina maritima*

Einjährige, die dem Kronblattlosen Mastkraut ähnelt, jedoch stumpfe, fleischige Blätter hat (**j**). Kelchblätter purpurn berandet, zur Fruchtzeit nicht ausgebreitet. Teilweise häufig an offenen, hellen Standorten wie Dünen und Klippen, meist nahe am Meer, gelegentlich aber auch im Binnenland. Blüht 5–9. ▽

K Einjähriges Knäuelkraut *Scleranthus annuus*

Kleine, recht drahtig oder dornig aussehende, graugrüne Ein- oder Zweijährige bis 10 cm Größe. Blätter linealisch und spitz, in gegenständigen Paaren rund um den Stengel verwachsen. Blüten winzig, in end- oder achselständigen Büscheln und mit fünf spitzen, grünen Kelchblättern, aber ohne Kronblätter. Verbreitet und teilweise häufig auf Ackerland oder trockenen, sandigen Standorten. Blüht 5–10.

L Ausdauerndes Knäuelkraut *Scleranthus perennis*

Ähnlich dem Einjährigen Knäuelkraut, aber mehrjährig, am Grunde holzig und mit stumpfen Kelchblättern, die deutlich weiß gerandet sind (Merke: Auch die zweijährige Form vom Einjährigen Knäuelkraut kann am Grunde verholzt sein). Selten, auf trockenen, sandigen Böden. Blüht 5–10. ▽

M Ufer-Hirschsprung *Corrigiola litoralis*

Niedrige, graugrüne Einjährige. Stiele gelegentlich rot, Blätter stumpf, wechselständig, an der Basis mit halbpfeilförmigen Nebenblättern. Blüten winzig, durch die Häufung aber auffällig. Die fünf weißen oder rot bespitzten Kronblätter fallen bald ab und lassen fünf weißrandige Kelchblätter zurück. Selten, auf feuchten, jahreszeitlich überfluteten, sandigen oder kiesigen Standorten. Blüht 6–10. ▽

A	E	B
F	H	I
L	K	M

A Wassermiere

B Knotiges Mastkraut

E Pfriemen-Mastkraut

F Alpen-Mastkraut

H Niederliegendes Mastkraut

I Kronblattloses Mastkraut

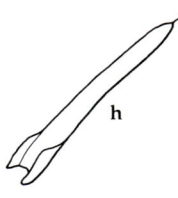

h

i

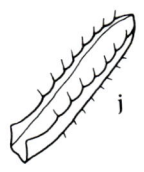

j

K Einjähriges Knäuelkraut

L Ausdauerndes Knäuelkraut

M Ufer-Hirschsprung

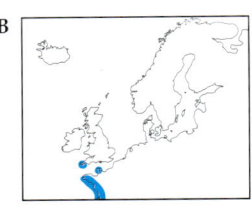

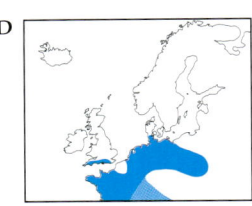

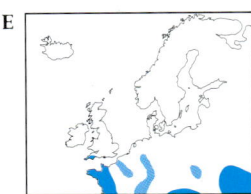

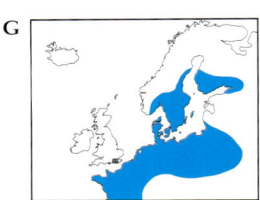

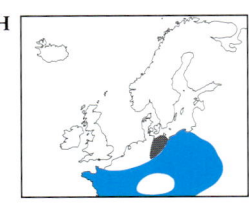

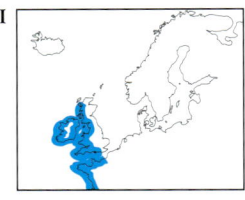

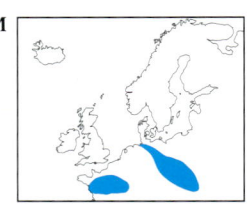

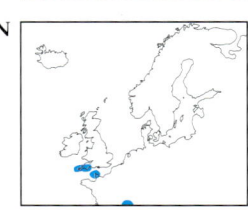

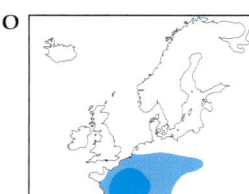

A Kahles Bruchkraut *Herniaria glabra* Niedrige, kriechende, hellgrüne Ein- oder Zweijährige, mit bis zu 20 cm langen, kahlen oder schwach rundum behaarten Trieben. Blätter bis 10 mm, elliptisch und meist kahl. Blüten etwa 2 mm im Durchmesser, mit fünf kleinen Kronblättern, die kürzer als die Kelchblätter sind. Kelchblätter nicht behaart. Frucht bespitzt, viel länger als die Kelchblätter. Auf offenen, kalkigen oder sandigen Böden. Blüht 5–9. ▽

B *Herniaria ciliolata* Unterscheidet sich von der vorhergehenden Art durch Mehrjährigkeit und einen am Grunde verholzenden, nur auf einer Seite haarigen Stengel. Kelchblätter haarig, die Frucht stumpf und nur etwas länger als die Kelchblätter. An sandigen und felsigen Standorten nahe der See. Blüht 6–8. ▽

C Rauhes Bruchkraut *Herniaria hirsuta* Einjährige, die sich von den beiden vorhergehenden Arten durch dichte, gerade abstehende Haare unterscheidet, wodurch sie grau oder weißlich zu sein scheint. Ganz vereinzelt auf sandigem Untergrund; fehlt im Norden. Blüht 6–8. ▽

D Knorpelblume *Illecebrum verticillatum* Niedrige, kahle, kriechende Einjährige. Rötliche Stengel vierkantig mit ovalen, hellgrünen, gegenständigen Blättern und Büscheln von weiß glänzenden, blattachselständigen Blüten. Fünf dicke, korkige, gewölbte Kelchblätter, Kronblätter klein. Selten, auf sandigen oder kiesigen feuchten, jahreszeitlich überfluteten Böden; manchmal an sandigen Teichufern. Blüht 6–10. ▽

E Vierblättriges Nagelkraut *Polycarpon tetraphyllum* Kleine, stark verzweigte Einjährige bis 15 cm, mit ovalen, gestielten Blättern in zwei- und vierblättrigen Scheinquirlen. Blüten in verzweigten Köpfen, klein, weißlich und mit fünf früh abfallenden Kronblättern sowie fünf größeren, weißrandigen Kelchblättern. Auf sandigem Boden am Meer. Blüht 6–8. ▽

Spörgel *Spergula* Durch starke Verzweigung am Grunde und zylindrische, fleischige Blätter gekennzeichnet, die in Quirlen zu sitzen scheinen (Blätter tatsächlich zu zweit gegenständig, aber mit stark verkürzten Laubsprossen in ihren Achseln). Trockenhäutige, weiße Nebenblätter und Blüten mit fünf nicht ausgerandeten Kronblättern. Fünf Griffel.

F Acker-Spörgel *Spergula arvensis* Niederliegende bis aufsteigende Einjährige bis 30 cm, mit oberseits drüsenhaarigen Stengeln. Blätter unterseits gefurcht, stumpf. Blüten 4–7 mm im Durchmesser, die weißen Kronblätter etwas länger als die Kelchblätter. Häufiges Ackerunkraut, besonders auf sandigen Böden. Blüht 5–9.

G Frühlings-Spörgel *Spergula morisonii* Dem Acker-Spörgel sehr ähnlich, Blätter unterseits jedoch nicht gefurcht. Kronblätter etwas überlappend und so lang wie Kelchblätter. Ähnliche Standorte wie obige Art. Blüht 4–6. ▽

H Fünfmänniger Spörgel *Spergula pentandra* Dem Acker-Spörgel sehr ähnlich, Blätter jedoch nicht gefurcht und die Blüten mit schmalen, spitzen Kronblättern, länger als die Kelchblätter und nicht überlappend. An ähnlichen Standorten. Blüht 5–7. ▽

Schuppenmiere *Spergularia* Ein- oder zweijährige Pflanzen mit schmalen, gegenständigen Blättern und Blattschöpfen auf einer Seite jedes Knotens. Blätter fleischig oder nicht. Trockenhäutige Nebenblätter. Kronblätter weiß oder rosa, nicht ausgerandet; drei Griffel.

I *Spergularia rupicola* Kräftige, mehrjährige Pflanze mit holzigem Wurzelstock, vollständig mit drüsigen Haaren bedeckt. Stengel oft purpurn. Blüten fleischig, abgeflacht und bespitzt. Blüten rosa, 8–10 mm Durchmesser und Kronblätter so lang wie Kelchblätter. Zehn Staubblätter. Samen ungeflügelt. Auf Meeresklippen teilweise häufig. Blüht 5–9. ▽

J Flügel-Schuppenmiere *Spergularia media* Mehrjährige, kräftig und kahl. Blätter fleischig, hellgrün, oberseits abgeflacht und unterseits rund, Spitze begrannt. Blüten rosa oder weiß, 7–12 mm Durchmesser, Kronblätter länger als Kelchblätter. Früchte mit einem flügelartigen Hautrand. Zehn Staubblätter. Verbreitet und häufig in Salzmarschen, gelegentlich entlang von stark gesalzenen Straßen im Binnenland. Blüht 5–9. ▽

K Salz-Schuppenmiere *Spergularia marina* Einjährige, gelegentlich schwach drüsenhaarig. Blätter fleischig, hell gelbgrün, begrannt und denen der Flügel-Schuppenmiere ähnlich. Blüten 6–8 mm Durchmesser, Kronblätter tiefrosa und kürzer als die Kelchblätter. Vier bis acht Staubblätter. Samen meist ungeflügelt. Verbreitet in den trockeneren Zonen von Salzmarschen und gelegentlich im Binnenland an salzhaltigen Quellen und entlang gesalzener Straßen. Blüht 5–9. ▽

L Rote Schuppenmiere *Spergularia rubra* Ein- oder Zweijährige, oberseits drüsig behaart. Blätter nicht fleischig, graugrün, begrannt. Nebenblätter lanzettlich, silbrig. Blüten 3–5 mm Durchmesser, die rosa Kronblätter kürzer als die Kelchblätter. Zehn Staubblätter. Samen ungeflügelt. Verbreitet auf offenem, trockenem Sandboden, saurem Grasland, Heiden und Klippen. Blüht 5–9. ▽

M Igelsamige Schuppenmiere *Spergularia echinosperma* Der Roten Schuppenmiere sehr ähnlich, die Blüten haben zwei bis fünf Staubblätter und die reifen Samen sind schwarz (braun bei anderen *Spergularia*-Arten). Recht selten auf sandigem Untergrund am Rande von Süßwasser. Blüht 5–9. ▽

N *Spergularia bocconii* Ein- oder Zweijährige, überall dicht drüsenhaarig. Blätter nicht fleischig, kurz begrannt. Nebenblätter dreieckig, nicht silbrig. Blüten 2–3 mm Durchmesser, weiß oder rosa und sehr zahlreich in charakteristischen, einseitswendigen Ähren. Kronblätter kürzer als Kelchblätter. Selten, auf trockenem Sand an der Küste und auf Kies. Blüht 5–9. ▽

O *Spergularia segetalis* Einjährige mit nicht fleischigen, begrannten Blättern. Hat kleine, weiße Blüten von 2–3 mm Durchmesser wie *S. bocconii*, jedoch in lose verzweigten Köpfen und nicht in einseitswendigen Ähren. Blüten nie rosa. Teilweise häufig auf Ackerland oder auf Ruderalflächen. Blüht 5–7. ▽

Lichtnelke *Lychnis* Aufrechte Mehrjährige mit fünfzähligen Blüten und gegenständigen oberen Blättern. Kronblätter am Grunde in einen langen Nagel verschmälert, oft mit Schuppen am Grunde. Kelchblätter zu einer zehnnervigen Röhre mit fünf kurzen Zähnen verwachsen. Fünf Griffel.

P Kuckucks-Lichtnelke *Lychnis flos-cuculi* Stark verzweigte Mehrjährige bis 70 cm. Blätter schmal-lanzettlich, rauh. Blüten rosa, Kronblätter in vier schmale Lappen geteilt, wodurch sie fransig erscheinen. Verbreitet und häufig auf feuchtem Grasland, in Mooren, nassen Wäldern etc. Blüht 5–8.

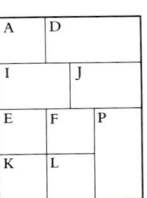

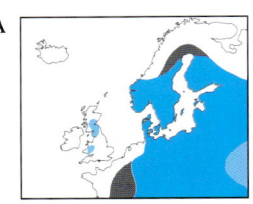

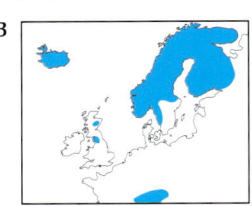

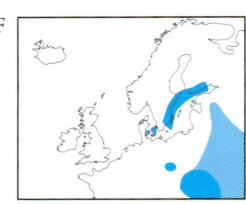

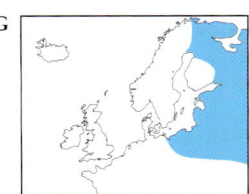

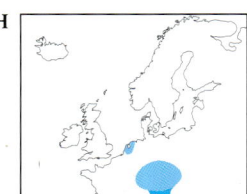

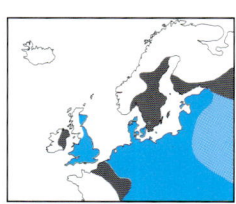

A Gemeine Pechnelke *Lychnis viscaria* Bis 60 cm große Mehrjährige, Stengel oft purpurn und unter den Blattknoten sehr klebrig. Blätter beinahe kahl, lanzettlich. Blüten 18–20 mm, in dichten Ähren, mit roten oder purpurroten Kronblättern, nur wenig ausgerandet. Örtlich häufig auf sandigem, trockenem Grasland oder Felsen. Blüht 5–8. ▽

B Alpen-Pechnelke *Lychnis alpina* Schopfige Mehrjährige, bis 15 cm groß. Die meisten Blätter in dichten Grundrosetten, von denen einige blühende Triebe bilden. Blätter schmal, löffelförmig. Blüten in dichten, endständigen Büscheln, Kronblätter rosenrot und tief ausgerandet. Felsige Standorte in den Bergen, meist reich an Metallen. Blüht 6–7. ▽

C Kornrade *Agrostemma githago* Bis 100 cm große Einjährige, anliegend grau behaart. Blätter schmal-lanzettlich, spitz. Blüten zeigen ein blaß rötliches Purpur mit leicht ausgerandeten Kronblättern, die kürzer als die linealischen Kelchblätter sind. Örtlich häufig als Ackerunkraut, durch Herbizideinsatz jedoch stark abnehmend. Blüht 5–8. ▽

Silene und *Cucubalus* Ein- oder Mehrjährige mit ähnlichen Merkmalen wie Pechnelke (oben), jedoch meist mit drei (selten fünf) Griffeln und einer Kelchröhre mit bis zu 30 Nerven. Im Unterschied zu allen anderen *Caryophyllaceae* hat *Cucubalus* eine Beere als Frucht.

(1) Kronblätter tief gespalten.

D Nickendes Leimkraut *Silene nutans* Bis 80 cm große Mehrjährige, Stengel unten flaumig und oben klebrig. Grundblätter löffelförmig, gestielt, Stengelblätter länglich, spitz und ungestielt. Blüten 18 mm im Durchmesser, in einseitswendiger Rispe nickend. Kronblätter weißlich, manchmal unterseits etwas grünlich oder rötlich und tief in zwei schmale, tagsüber eingerollte Lappen gespalten. Diese Lappen rollen sich am Abend aus, wenn die Blüte zu duften beginnt und vorbeifliegende Nachtfalter anzieht. Kelch 9–12 mm lang, mit zehn purpurnen Adern. Weit verbreitet auf trockenen, oft offenen und kalkhaltigen Standorten wie Grasland, Kiesstränden und Kalksteinklippen. Blüht 5–8. ▽

E Italienisches Leimkraut *Silene italica* Ähnelt dem Nickenden Leimkraut, Blätter jedoch mit gewellten Rändern; Blüten etwa 18 mm Durchmesser, aufrecht und nicht in einseitswendigen Rispen. Kronblätter nur wenig eingerollt. Kelch 14–21 mm lang. Kommt an ähnlichen Standorten vor. Blüht 5–7. ▽

F Klebriges Leimkraut *Silene viscosa* Zweijährige, kräftiger als die beiden vorigen Arten, überall dicht drüsenhaarig. Blätter lanzettlich, spitz, die unteren mit gewellten Rändern. Blüten bis 22 mm Durchmesser groß, in Quirlen in einer dichten Rispe angeordnet. Blütenblätter weiß, tief gespalten. Kelch grün, 14–24 mm lang. Trockene, grasige Standorte. Blüht 6–7. ▽

G Tataren-Leimkraut *Silene tatarica* Im Unterschied zum Klebrigen Leimkraut fast kahl und mit viel kleineren Blüten und einem 10–13 mm langen Kelch. Trockene, grasige Standorte. Blüht 7–8. ▽

H Flachs-Leimkraut *Silene linicola* Bis 70 cm große Einjährige, verzweigt, mit rauhem Stengel und schmal-lanzettlichen Blättern. Blütenstand schwach verzweigt. Kronblätter tief gespalten, rosa mit purpurroten Adern. Abnehmendes Ackerunkraut in Flachsfeldern. Blüht 6–8. ▽

I Gewöhnliches Leimkraut, Taubenkropf *Silene vulgaris* Graugrüne, meist kahle Mehrjährige bis 90 cm. Blätter spitz-oval, manchmal mit gewellten, behaarten Rändern. Blüten nickend, 16–18 mm, mit tief gespaltenen, weißen Kronblättern, die sich nicht überlappen. Kelch kropfartig aufgeblasen. Auf trockenem Grasland, vorzugsweise auf kalkigen oder sandigen Böden weit verbreitet. Blüht 5–9.

J *Silene vulgaris* ssp. *maritima* Im Unterschied zum Gewöhnlichen Leimkraut polsterbildend, mit bis zu 25 cm langen, aufsteigenden Blütentrieben. Blätter wachsig und fleischig. Blüten aufrecht, 20–25 mm, mit überlappenden Kronblättern. Örtlich häufig an Meeresklippen und auf Kies, gelegentlich im Binnenland in den Bergen und an Seen. Blüht 6–8. ▽

K Acker-Leimkraut, Acker-Nachtnelke *Silene noctiflora* Weichhaarige, oben klebrige Einjährige bis 60 cm. Untere Blätter eiförmig-lanzettlich, gestielt; obere Blätter schmaler, gestielt. Blütenform ähnlich der Weißen Lichtnelke (siehe unten), die Kronblätter sind jedoch unterseits gelblich und oberseits rosa. Im Gegensatz zur Weißen Lichtnelke ist die Blüte zwittrig und es sind drei Griffel vorhanden. Wie beim Nickenden und beim Italienischen Leimkraut sind die Kronblätter tagsüber eingerollt. Abends rollen sie sich aus und die Blüten verströmen einen schweren Duft, um Nachtfalter zur Bestäubung anzulocken. Örtlich häufig, aber abnehmend auf Ackerland, besonders auf Kalk und auf sandigen Böden. Blüht 7–9.

L Weiße Lichtnelke *Silene alba* Weichhaarige, oben klebrige, kurzlebige Mehrjährige (selten einjährig), bis 1 m groß. Blätter oval-lanzettlich, obere ungestielt und untere gestielt. Wenige Blüten, 25–30 mm im Durchmesser, in verzweigten Büscheln. Kronblätter weiß, tief ausgerandet. Blüten zweihäusig, die männlichen kleiner und mit zehnnervigen Kelchen, die weiblichen größer und zwanzignervig, mit fünf Griffeln. Weibliche Blüten früh nickend, falls sie nicht zeitig bestäubt werden. Am Abend duftend. Verbreitet und häufig in Hecken, an Straßen, auf Ackerland und Schuttplätzen. Blüht 5–10.

M Rote Lichtnelke *Silene dioica* Ähnlich der vorhergehenden Art, mit der sie sich oft kreuzt. Zwei- oder mehrjährig, weichhaarig und oben manchmal klebrig. Blüten zahlreich, zweihäusig und geruchlos, mit tiefrosa Kronblättern. Die männlichen Blüten kleiner als die weiblichen. Verbreitet an schattigen Standorten, in Hecken, Wäldern und an Straßenrändern, besonders auf basischen Böden. Blüht 3–10.

N Gabel-Leimkraut *Silene dichotoma* Charakteristische Einjährige bis 1 m, schwach behaart und oben verzweigt. Mit zahlreichen, waagrecht abstehenden Blüten in einseitigen, gegabelten Ähren. Blüten 15–18 mm Durchmesser, Kronblätter weiß (selten rosa) und tief ausgerandet. Ackerunkraut, in Polen heimisch und andernorts eingeführt. Blüht 5–9. ▽

O Hühnerbiß *Cucubalus baccifer* Flaumig behaarte Mehrjährige bis 1 m, aufrecht bis klimmend zwischen der umgebenden Vegetation. Habitus und eiförmige Blattform erinnern an die Wassermiere. Blüten etwa 18 mm im Durchmesser, nickend, Kronblätter grünlich-weiß und tief gespalten. Frucht eine runde, schwarze Beere. Örtlich häufig an feuchten, schattigen Standorten. Blüht 7–9. ▽

A	B	C	D
E	I	J	
		K	
L	M	N	O

A Gemeine Pechnelke

B Alpen-Pechnelke

C Kornrade

D Nickendes Leimkraut

E Italienisches Leimkraut

I Gewöhnliches Leimkraut, Taubenkropf

J *Silena vulgaris* ssp. *maritima*

K Acker-Leimkraut, Acker-Nachtnelke

L Weiße Lichtnelke

M Rote Lichtnelke

N Gabel-Leimkraut, mit Rapunzel-Glockenblume (links)

O Hühnerbiß

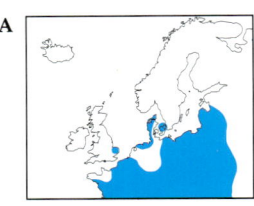

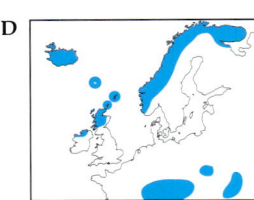

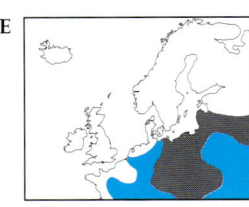

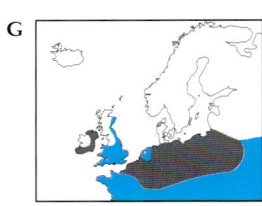

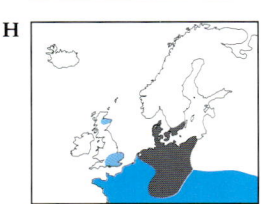

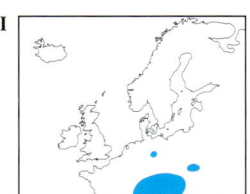

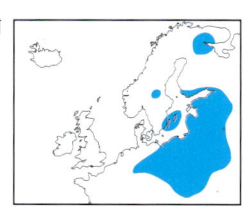

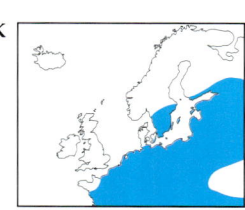

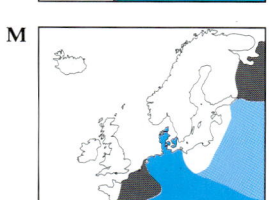

(**2**) Kronblätter leicht ausgerandet.

A Ohrlöffel-Leimkraut *Silene otites* Zweijährige oder kurzlebige Mehrjährige bis 90 cm, am Grunde klebrig behaart. Grundblätter löffelförmig, gestielt, obere Stengelblätter länglich und gestielt. Blütenstände von allen anderen Leimkräutern verschieden: winzige (3–4 mm Durchmesser), grünlich-gelbe Blüten mit ungeteilten, schmalen Kronblättern in lockeren, verzweigten Büscheln. Auf trockenen, sandigen Böden und Heiden. Blüht 6–8. ▽

B *Silene wahlbergella* Bis 25 cm große, recht unauffällige, schwach behaarte und unverzweigte Mehrjährige. Blüten einzeln und zunächst nickend. Kelchröhre 14–18 mm, aufgeblasen und die purpurnen Kronblätter fast verbergend. Feuchte Wiesen bis 1900 m; in Skandinavien. Blüht 6–8. ▽

C *Silene furcata* Der vorigen Art sehr ähnlich, unterscheidet sich jedoch durch verzweigte, klebrig behaarte Stengel und aufrechte Blüten mit einer unaufgeblasenen Kelchröhre von 10–12 mm. Ähnliche Standorte und Blütezeit; arktische Wiesen. Blüht 6–8. ▽

D Stengelloses Leimkraut *Silene acaulis* Polsterbildende Mehrjährige von moosartigem Aussehen. Blätter hellgrün, linealisch und spitz. Ausgerandete Kronblätter blaß- oder tiefrosa, Blüten einzeln auf kurzen Stielen und oft das ganze Polster bedeckend, Kronblätter ausgerandet. Lokal häufig, auf feuchten Felsen, Geröll und Rasen, in den Bergen bis 2500 m. In arktischen und subarktischen Gebieten auf geringere Höhen herabsteigend. Blüht 5–8. ▽

E Nelken-Leimkraut, Morgenröschen *Silene armeria* Kahle Ein- oder Zweijährige bis 30 cm, Stengel oben klebrig. Blätter lanzettlich, graugrün und die oberen den Stengel umfassend. Blüten mit 14–16 mm Durchmesser in schwach verzweigten Köpfen. Kronblätter hellrosa, leicht ausgerandet, und die Kelchröhre rötlich mit zehn Adern. Trockene, schattige Plätze, oft ein Gartenflüchtling. Blüht 6–9. ▽

F Felsen-Leimkraut *Silene rupestris* Kahle, graugrüne Mehrjährige bis 30 cm, mit lanzettlichen Blättern. Die kleinen (7–9 mm), weißen oder rosa Blüten haben leicht ausgerandete Kronblätter. Trockenes Geröll und felsige Standorte in den Bergen. Blüht 6–9. ▽

G Französisches Leimkraut *Silene gallica* Drüsenhaarige Einjährige, ziemlich grau und bis 45 cm groß. Untere Blätter löffelförmig, gestielt und behaart; obere Blätter schmal-lanzettlich, bis 50 mm lang. Blüten aufrecht in meist einseitswendigen Ähren. Blüten 10–12 mm Durchmesser, die weißen oder rosa Kronblätter, die am Grunde manchmal einen dunkelroten Fleck tragen, sind leicht ausgerandet. Verbreitet auf Ackerland und Schuttplätzen, hauptsächlich auf sandigem Boden. Blüht 6–10. ▽

H Kegel-Leimkraut *Silene conica* Klebrig behaarte, graugrüne Einjährige bis 35 cm. Blätter schmal und flaumig. Blüten nur 4–5 mm im Durchmesser, in lockeren Büscheln und von charakteristischer Form. Kronblätter tiefrosa oder weißlich, leicht ausgerandet. Kelch mit deutlichen Rippen, zuerst zylindrisch, aber bald unten schwellend und eine deutliche Flaschenform annehmend. Verbreitet, aber nur ziemlich zerstreut in sandigen Gebieten nahe der Küste. Blüht 5–8. ▽

I Kriechendes Gipskraut *Gypsophila repens* Kriechende, kahle Mehrjährige bis 30 cm, mit graugrünen, linealisch-lanzettlichen Blättern. Blüten von 8–10 mm Durchmesser in losen Büscheln, Kronblätter rosa oder weiß und leicht ausgerandet. Felsige Standorte in den Bergen Mitteleuropas, auf Kalk. Blüht 5–9.

J Ebensträußiges Gipskraut *Gypsophila fastigiata* Aufrechte Mehrjährige bis 1 m, oben klebrig behaart. Blätter linealisch, graugrün, bis 80 mm. Blüten 5–8 mm Durchmesser, in dichten, schirmförmigen Köpfen. Kronblätter lila oder weiß und leicht ausgerandet. Trockene, steinige Standorte, hauptsächlich im Osten; ganz vereinzelt auch anderswo, aber nicht weiter westlich als Deutschland und Schweden. Blüht 6–9. ▽

K Mauer-Gipskraut *Gypsophila muralis* Oben haarlose Einjährige bis 30 cm Größe mit linealischen, graugrünen Blättern bis 25 mm. Blüten von 4 mm Durchmesser in lockeren, stark verzweigten Büscheln, die den Blattachseln entspringen. Kronblätter rosa oder weiß, schwach ausgerandet. Feuchte Wälder und Wiesen; hauptsächlich mittel- und osteuropäisch, in Richtung Frankreich und Schweden immer seltener werdend. Blüht 6–10. ▽

L Gemeines Seifenkraut *Saponaria officinalis* Kahle Einjährige bis 1 m, oft kriechend. Blätter eiförmig, spitz und mit starker Nervatur. Blüten groß, 25–28 mm Durchmesser. Kronblätter rosa, nicht ausgerandet und deutlich von der rötlichen Kelchröhre abstehend. Verbreitet an Straßenrändern, auf Schuttplätzen und in feuchten Wäldern. Vermutlich aus dem Süden des Verbreitungsgebietes stammend, wo es in feuchten Wäldern vorkommt, in anderen Gebieten eingebürgert. Blüht 6–9.

M Gemeines Kuhkraut *Vaccaria pyramidata* Bis 60 cm große Einjährige mit graugrünen, eiförmig-spitzen Blättern von etwa 50 mm Länge. Blüten 10–15 mm Durchmesser, mit rosafarbenen, ausgerandeten Kronblättern und einer charakteristischen Kelchröhre, die an fünf Kanten deutlich geflügelt ist. Seltenes Ackerunkraut auf kalkhaltigen Böden. Blüht 6–7. ▽

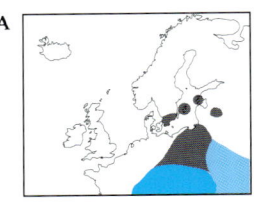

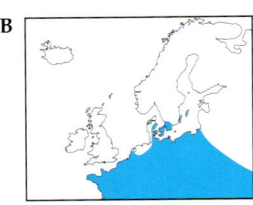

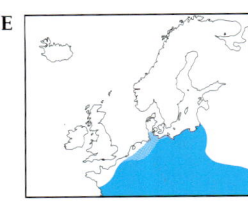

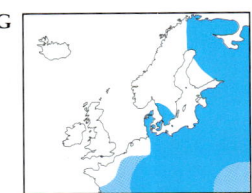

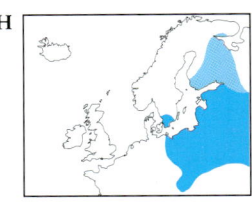

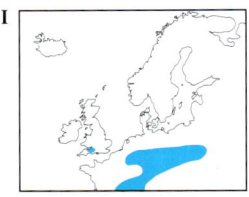

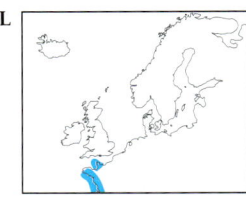

Felsennelke und **Nelke** *Petrorhagia* und *Dianthus* Ein- oder Mehrjährige mit fünf, meist rosaroten Kronblättern und einem Kelch mit Außenkelch aus paarweise verwachsenen Nebenblättern. Blüten mit zehn Staubblättern und zwei Griffeln. *Petrorhagia* unterscheidet sich von *Dianthus*-Arten durch eine genarbte Membran zwischen den Kelchzähnen.

Petrorhagia

A Steinbrech-Felsennelke *Petrorhagia saxifraga* Kahle, bis 35 cm große, rasenbildende Mehrjährige. Blütenstengel erst niederliegend, dann aufsteigend. Blätter linealisch, spitz und mit rauhen Rändern. Blüten einzeln auf langen Stielen, Kronblätter ausgerandet, blaßrosa oder weiß. Auf trockenen, sandigen Standorten. Blüht 6–8. ▽

B Sprossende Felsennelke *Petrorhagia prolifera* Kahle, bis 50 cm große Einjährige. Blätter linealisch, graugrün und mit rauhen Rändern. Blattscheiden etwa so lang wie breit (siehe *Petrorhagia nanteulii*, unten). Blüten 6–7 mm Durchmesser, rosa oder weiß, in dichten Büscheln und von braunen, trockenhäutigen Hochblättern umgeben. Trockene, offene Standorte auf kalkigen Böden. Blüht 5–9. ▽

C *Petrorhagia nanteulii* Der vorigen Art sehr ähnlich, jedoch sind die Stengel in der Mitte haarig und die Blattscheiden doppelt so lang wie breit. Recht selten auf sandigen oder kiesigen Standorten, oft nahe am Meer. Blüht 7–9. ▽

Dianthus

(**1**) Blüten in dichten Büscheln.

D Rauhe Nelke *Dianthus armeria* Die einzige einjährige *Dianthus*-Art in dieser Aufzählung, bis 60 cm hoch und behaart. Gekennzeichnet durch dunkelgrüne Blätter, Büschel von hellroten bis rosa Blüten von 8–13 mm Durchmesser, die von langen, grünen Hochblättern getragen werden. Kronblätter spitz gezähnt, der Außenkelch mit einem Paar Schuppen so lang wie die Kelchblätter. Sehr verbreitet auf trockenen, sandigen oder kalkigen Böden; im Süden häufiger. Blüht 6–8. ▽

E Kartäuser-Nelke *Dianthus carthusianorum* Kahle Mehrjährige von bis zu 60 cm Größe. Blätter grün, Blattscheiden viermal so lang wie der Durchmesser des Stengels. Blüten 18–20 mm Durchmesser, hellrosa oder rot, in dichten Büscheln und von kurzen, grünlich-braunen Hochblättern getragen. Kronblätter stumpf gezähnt. Schuppen des Außenkelchs halb so lang wie Kelchröhre. Im Süden und Osten des Verbreitungsgebiets häufiger, sonst örtlich verbreitet an trockenen, grasigen Standorten. Blüht 5–8. ▽

F Bart-Nelke *Dianthus barbatus* Der Kartäuser-Nelke sehr ähnlich, die größeren (20–30 mm) Blüten jedoch in flachen, breiten Köpfen, und die Außenkelchschuppen sind länger als die Kelchröhre. Als Gartenflüchtling verbreitet eingebürgert. Blüht 6–8. ▽

(**2**) Blüten nicht in dichten Büscheln.

(**a**) Außenkelchschuppen weniger als halb so lang wie der Kelch.

G Pracht-Nelke *Dianthus superbus* Kahle, verzweigte Mehrjährige bis 90 cm Größe, mit schmal-lanzettlichen, grünen Blättern. Blüten groß (30–50 mm Durchmesser) und in locker verzweigten Büscheln. Charakteristische, rosafarbene Kronblätter, fast bis zum Grund in zahlreiche lange, schmale und spitze Abschnitte geteilt. Verbreitet an sandigen, schattigen Standorten. Blüht 6–9. ▽

H Sand-Nelke *Dianthus arenarius* Der Pracht-Nelke sehr ähnlich, jedoch mit weißen Kronblättern, die oft purpurne Ränder haben. Offene, grasige und steinige Standorte. Blüht 7–8.

I Pfingst-Nelke *Dianthus gratianopolitanus* Kahle, schopfige Mehrjährige bis 20 cm, lange, kriechende Ausläufer bildend. Aufrechte Blütentriebe mit graugrünen, rauhrandigen, linealischen Blättern von 20–60 mm Länge. Blüten einzeln, 20–30 mm Durchmesser, mit gezähnten, rosa Kronblättern, deren Zähne nicht länger sind als ein Sechstel der Kronblattlänge. Schuppen des Außenkelchs etwa ein Viertel der Kelchlänge. Sehr vereinzelt auf kalkigem Grasland und Felsen. Blüht 5–7. ▽

J Garten-Nelke *Dianthus caryophyllus* Ähnlich der Pfingst-Nelke, ist jedoch größer (bis 50 cm), hat glattrandige Blätter und größere Blüten von 35–40 mm Durchmesser. Aus Südeuropa stammend und verbreitet eingebürgert. An alten Mauern und trockenen Böschungen. Blüht 7–8. ▽

K Feder-Nelke *Dianthus plumarius* Unterscheidet sich von der Pfingst-Nelke durch weiße oder rosa Kronblätter und Zähne von beinahe der halben Kronblattlänge. Aus Südeuropa, verbreitet eingebürgert. An alten Mauern und trockenen Böschungen. Blüht 6–8. ▽

L Französische Nelke *Dianthus gallicus* Im Unterschied zur Pfingst-Nelke am Grunde haarig, mit nur 15 mm langen Blättern und mit auf einem Drittel ihrer Länge gezähnten Kronblättern. Ganz vereinzelt an Sanddünen der Küste. Blüht 6–8. ▽

(**b**) Außenkelchschuppen wenigstens halb so lang wie der Kelch.

M Busch-Nelke *Dianthus seguieri* Kahle, schopfige Mehrjährige bis 60 cm, mit grünen, bis 4 mm breiten Blättern. Blüten mit 18–22 mm Durchmesser in lockeren Büscheln. Kronblätter gezähnt, tiefrosa oder magentarot und oft mit bleichen Flecken am Grunde. Außenkelchschuppen in der Länge sehr veränderlich, manchmal den Kelch überragend. An trockenen, oft steinigen Standorten; im Osten Frankreichs und in Süddeutschland. Blüht 6–9. ▽

N Heide-Nelke, Stein-Nelke *Dianthus deltoides* Rauhhaarige Mehrjährige mit kurzen, kriechenden Ausläufern, aus denen die bis 20 cm hohen, aufrechten, blühenden Triebe entspringen. Blätter graugrün mit rauhen Rändern. Die Blüten von 17–20 mm Durchmesser stehen einzeln oder in Gruppen bis drei. Kronblätter tiefrosa (gelegentlich blaßrosa), am Grunde mit bleichen Flecken über einem dunklen Band. Außenkelchschuppen halb so lang wie der Kelch. Verbreitet an trockenen, oft sandigen Standorten. Blüht 6–9. ▽

A	C	D
E	F	G
I	J	L
K		N

A Steinbrech-Felsennelke

C *Petrorhagia nanteulii*

D Rauhe Nelke

E Kartäuser-Nelke

F Bart-Nelke

G Pracht-Nelke

I Pfingst-Nelke

J Garten-Nelke

K Feder-Nelke

L Französische Nelke

N Heide-Nelke, Stein-Nelke

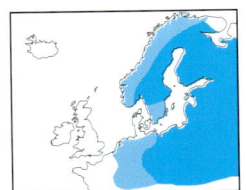

B

Seerosengewächse
Nymphaeaceae

Aquatische, mehrjährige Pflanzen in stehendem oder bewegtem Süßwasser. Stiele wurzeln im Schlick des Grundes, die Blätter schwimmen oder bleiben untergetaucht und sind von ovalem oder kreisrundem Umriß. Die Blüten sind endständig, mit drei bis vielen Kronblättern und drei bis sechs Kelchblättern. Die beiden Hauptgattungen können an der Anzahl der Kelchblätter unterschieden werden: *Nymphaea* hat vier, *Nuphar* fünf bis sechs Kelchblätter. Die endständigen Blüten unterscheiden die *Nymphaeaceae* von anderen aquatischen Pflanzen mit Schwimmblättern: Seekanne (Seite 196) mit Blüten in achselständigen Schöpfen, oder Froschbiß (Seite 290), dessen Wurzeln nicht im Schlamm stecken. Auf der Oberseite der Seerosenblätter bildet Regenwasser kugelige Tropfen wie auf einer wachsigen Oberfläche. Wird das Blatt etwas bewegt, rinnen die Tröpfchen in kleine Vertiefungen. Auf diese Weise bleibt dem Blatt die Möglichkeit zur Verdunstung durch die Poren der Blattoberseite erhalten.

A Weiße Seerose *Nymphaea alba* Auffällig durch ihre 10–30 cm großen Blätter und die großen, weißen Blüten von 10–20 cm Durchmesser, die sich nur bei hellem Sonnenschein öffnen. Untere Blattabschnitte parallel oder auseinanderweisend. Blüten mit 20 oder mehr Kronblättern. Verbreitet in stehendem oder schwach bewegtem Süßwasser. Blüht 6–9. ▽

B Glänzende Seerose *Nymphaea candida* Der Weißen Seerose sehr ähnlich, die unteren Blattabschnitte berühren sich jedoch oder überlappen sogar, die Blüten sind kleiner (7–14 cm) und haben bis zu 18 Kronblätter. An ähnlichen Standorten verbreitet. Blüht 7–9. ▽

C Gelbe Teichrose *Nuphar lutea* Ebenfalls mit auffällig großen, ledrigen Schwimmblättern bis 40 cm Durchmesser, hat jedoch auch dünnere, untergetauchte Blätter. Blüten gelb, 6 cm im Durchmesser und von einem Stiel über die Wasseroberfläche hinausgehoben. Der Rand der Narbenscheibe ist von oben betrachtet nicht wellig. Kronblätter teilweise durch die viel längeren, gelben Kelchblätter verborgen, die einander deutlich überlappen. Verbreitet und häufig an ähnlichen Standorten wie die vorhergehenden Arten, aber eher in nährstoffreicherem Wasser. Blüht 6–9. ▽

D Kleine Teichrose *Nuphar pumila* Der vorigen Art sehr ähnlich, aber insgesamt kleiner: Schwimmblätter bis 14 cm Durchmesser, Blüten bis 4 cm Durchmesser, Kelchblätter weniger überlappend. Rand der Narbenscheibe von oben betrachtet gewellt. In sauren Seen. Blüht 6–8. ▽

Hornblattgewächse
Ceratophyllaceae

Aquatische Mehrjährige, untergetaucht und mit quirlständigen Blättern, die in zahlreiche linealische Abschnitte geteilt sind. Männliche und weibliche Blüten getrennt, aber auf derselben Pflanze abwechselnd an den Blattknoten sitzend. Die Stengel der Hornkräuter lagern im Sommer oft Kalk ein, der sich dann am Grunde des Gewässers ablagert, wenn die Pflanzen verrotten.

E Rauhes Hornkraut *Ceratophyllum demersum* Stengel biegsam, bis zu 1,5 m lang. Dunkelgrüne, dicht stachelig gezähnte Blätter, ein- bis zweimal gegabelt, in Quirlen stehend. Winzige Blüten an den Blattknoten. Frucht mit zwei grundständigen Stacheln. Meist im Süßwasser heimisch, gelegentlich aber auch an Brackwasserstandorten; breitet sich schnell aus. Blüht 7–9.

F Zartes Hornkraut *Ceratophyllum submersum* Wie die vorige Art, Blätter jedoch hellgrün, weicher und drei- bis viermal gegabelt. Frucht ohne Stacheln, aber warzig. Weit verbreitet, aber selten, im Binnenland in Süß- oder Brackwasser. Fehlt im hohen Norden. Blüht 7–9. ▽

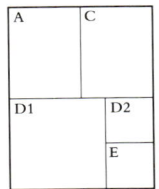

A Weiße Seerose

C Gelbe Teichrose

D1 Kleine Teichrose, Wuchsform und Standort

D2 Kleine Teichrose, Nahaufnahme der Blüte

E Rauhes Hornkraut

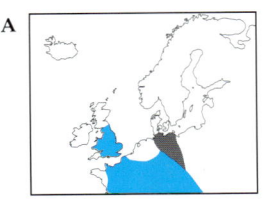

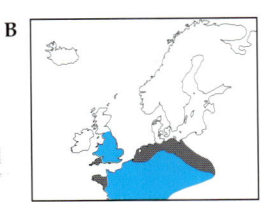

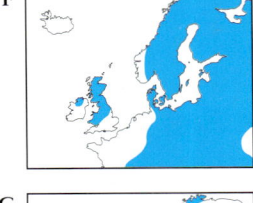

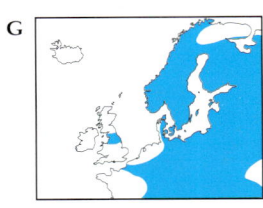

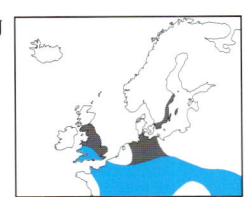

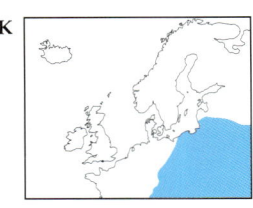

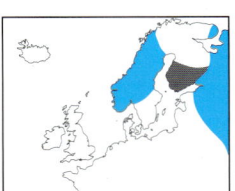

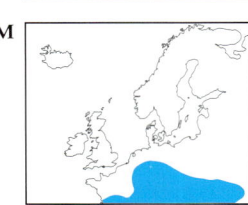

Hahnenfußgewächse
Ranunculaceae

Eine sehr große, ursprüngliche und formenreiche Familie mit einem breiten Spektrum von Merkmalen. Alle Mitglieder sind an ihren sehr zahlreichen, unverwachsenen, unterständigen Staubblättern und ihren charakteristischen Fruchtblättern zu erkennen. Meist handelt es sich um mehrjährige Kräuter mit wechselständigen Blättern und fünf bis sechs Kelchblättern (außer *Clematis*, einer holzigen, rankenden Pflanze mit gegenständigen Blättern und vier Kelchblättern, siehe Seite 54). Die Blätter sind geteilt oder fingerförmig gelappt (jedoch linealisch bei Mäuseschwanz, siehe Seite 62, und ungelappt bei einigen Hahnenfuß-Arten). Nebenblätter fehlen. Obwohl auch viele Mitglieder der Familie *Rosaceae* zahlreiche, nicht verwachsene Staubblätter haben, ist zwischen dem Fruchtknoten und der Ansatzstelle der anderen Blütenteile immer eine Lücke (siehe Seite 94), und es sind auch meist Nebenblätter vorhanden.

A Stinkende Nieswurz *Helleborus foetidus*
Kräftige, buschige Mehrjährige von unangenehmem Geruch. Grundblätter dunkelgrün und überwinternd. Blätter handförmig in zahlreiche, schmale und gezähnte Lappen geteilt, die zwei oder drei gebogenen Stielen und nicht derselben Stelle am Ende des Blattstiels entspringen. Blüten tassenförmig, Kelchblätter stumpf, hell gelbgrün mit purpurnen Rändern. Kronblätter klein, von den Kelchblättern verborgen. In lichten Wäldern auf Kalkböden. Blüht 1—5. ▽

B Grüne Nieswurz *Helleborus viridis* Ähnlich der vorigen Art, jedoch ohne immergrüne Blätter, Blattlappen aus einem einzigen Punkt entspringend und oft mehrfach geteilt. Blüten mit ausgebreiteten, zugespitzten Kelchblättern ohne purpurne Ränder. Verbreitet, aber nur gelegentlich häufig in feuchten Wäldern auf Kalk. Blüht 2—5. ▽

C Winterling *Eranthis hyemalis* Sehr charakteristische, niedrige Mehrjährige bis 12 cm. Die aufrechten Stiele tragen eine einzelne, tassenförmige gelbe Blüte über einem Kranz von drei handförmig geteilten Blättern, die anfangs die Blütenknospe schützen. Blüte mit sechs auffällig gelben Kelchblättern, während die Kronblätter zu hakenförmigen, nektarabscheidenden Strukturen reduziert sind. Verbreitet in Wäldern, auf Kirchhöfen, an Straßenrändern etc. eingebürgert. Blüht 1—4. ▽

D Acker-Schwarzkümmel *Nigella arvensis*
Aufrechte Einjährige bis 30 cm. Fein geteilte Blätter und einzelne Blüten mit bläulichen, grün geäderten Kelchblättern. Verbreitet, aber abnehmend auf Ackerland. Blüht 6—9. ▽

E Jungfer im Grünen *Nigella damascena*
Sehr ähnlich der vorigen Art, jedoch mit einem Kragen aus Blättern direkt unter der Blüte. Verbreitet als Gartenflüchtling und oft eingebürgert. Blüht 6—7.

F Trollblume *Trollius europaeus* Bis 60 cm große Mehrjährige mit handförmig geteilten, gezähnten Blättern und charakteristischen, zitronengelben, kugelförmigen Blüten. Die 10—15 Kelchblätter überlappen und biegen sich einwärts, wodurch die kugelige Form zustande kommt und die winzigen, nektartragenden Kronblätter verborgen werden. Verbreitet in feuchten Hochlandwiesen, an Gräben und Bächen im Hochland. Blüht 5—8. ▽

G Christophskraut *Actaea spicata* Beinahe kahle, stinkende Mehrjährige, bis 70 cm groß. Grundblätter groß, wie bei einem Doldenblütler. Blattstiel in fiedrig angeordnete Äste geteilt, Blättchen grob gezähnt und oft dreilappig. Blüten in Ähren, mit vier bis sechs weißen Kronblättern und Kelchblättern. Die zahlreichen langen, weißen Staubblätter geben der Blütenähre ein federartiges Aussehen. Frucht eine glänzende, zunächst grüne und in der Reifezeit dann schwarze Beere von 12—13 mm Durchmesser. In Wäldern auf kalkigem Untergrund und auf Kalksteinpflaster. Blüht 5—6. ▽

H *Actaea erythrocarpa* Beinahe identisch mit dem Christophskraut, hat jedoch kleinere, rote Beeren bis 10 mm Durchmesser. In Wäldern und an schattigen, felsigen Stellen in Nordostskandinavien; sehr selten. Blüht 5—7. ▽

I Sumpfdotterblume *Caltha palustris* Kahle Mehrjährige mit steifen, hohlen Stengeln und breiten, herz- oder nierenförmigen Blättern bis 10 cm Größe. Mit bis zu 50 mm großen, hellgelben, hahnenfußartigen Blüten. Wie bei vielen Ranunculaceen fehlen die Kronblätter, so daß es die fünf Kelchblätter sind, die den Farbreiz ausmachen. Verbreitet und häufig an verschiedenen nassen Standorten, von kalkigen Mooren bis zu nassen Wäldern. Blüht 3—8. ▽

Eisenhut *Aconitum* Eine Gattung charakteristischer Kräuter mit spiralig angeordneten, vielfach geteilten Blättern. Blüten mit fünf farbigen Kelchblättern, die beiden oberen einen deutlichen Helm formend.

J Blauer Eisenhut *Aconitum napellus* Feinflaumig behaarte Mehrjährige bis 100 cm. Untere Stengelblätter tief drei- bis fünflappig geteilt, jedes Blattsegment nochmals in schmale, linealische Abschnitte geteilt. Blüten blau oder violett, die abgerundeten Helme so breit wie hoch. In feuchten Wäldern oder an schattigen Ufern. Blüht 5—9. ▽

K Gescheckter Eisenhut *Aconitum variegatum* Der vorigen Art ähnlich, Blüten jedoch blau mit weißen Streifen (selten ganz weiß), und Helme zweimal so hoch wie breit. Waldränder und Bergwiesen. Blüht 7—9. ▽

L *Aconitum septentrionale* Unterscheidet sich vom Blauen Eisenhut durch die violetten Blüten (selten gelb), die eine charakteristische Helmform haben und aus breitem Grunde abrupt in eine schmale Spitze verschmälert sind. Untere Stengelblätter in vier bis sechs Abschnitte geteilt. Feuchtes, schattiges Grasland und Waldränder. Blüht 7—8. ▽

M Gelber Eisenhut *Aconitum vulparia* Ähnlich der vorigen Art, Blüten jedoch immer blaßgelb und untere Stengelblätter in sieben bis acht Abschnitte geteilt. Feuchte, schattige Standorte an Bachufern und im Gebüsch. Blüht 6—8. ▽

N Acker-Rittersporn *Consolida regalis* Flaumig behaarte Einjährige bis 30 cm. Blätter wie beim Eisenhut geteilt, die blauen Blüten jedoch in lockeren Ähren, ohne Helm. Mit fünf Perianthblättern und einem nach hinten weisenden Sporn. Blütenstiele viel länger als die Tragblätter. Gelegentlich als Ackerunkraut. Blüht 6—8. ▽

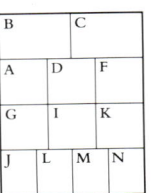

A Stinkende Nieswurz

B Grüne Nieswurz

C Winterling

D Acker-Schwarzkümmel

F Trollblume

G Christophskraut

I Sumpfdotterblume

J Blauer Eisenhut

K Gescheckter Eisenhut

L *Aconitum septentrionale*

M Gelber Eisenhut

N Acker-Rittersporn

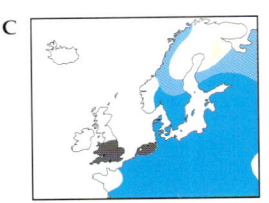

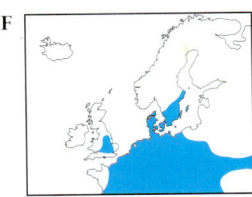

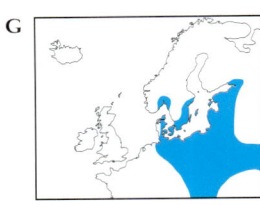

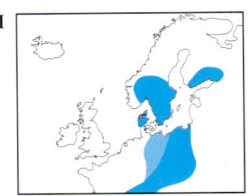

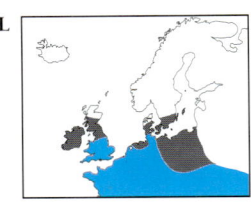

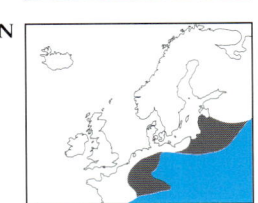

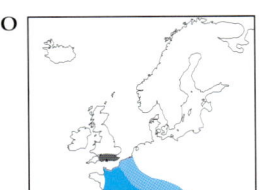

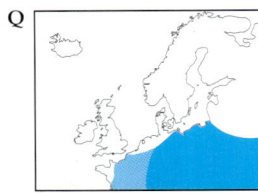

A	B	C
D	E	F
I	K	L
M	O	R

Windröschen *Anemone* Mehrjährige mit drei quirlständigen, handförmig geteilten Stengelblättern unter der Blüte. Die Früchte ein dichter Haufen einsamiger Achänen.

A Busch-Windröschen *Anemone nemorosa*
Bis 30 cm große Mehrjährige mit aufrechten, schwach behaarten, blühenden Stengeln. Stengelblätter langgestielt in einem Quirl unter der Blüte, dreiteilig handförmig mit geteilten und bespitzten Abschnitten. Grundblätter nach der Blütezeit erscheinend. Blüten einzeln, endständig, 2–4 cm groß, mit sechs bis zwölf weißen oder rosa überlaufenen, kronblattartigen Kelchblättern. Früchte ein kugelförmiger Haufen geschnäbelter Achänen. In Wäldern, alten Hecken, verbreitet und häufig. Blüht 3–5.

B Berghähnlein *Anemone narcissiflora* Der vorigen Art sehr ähnlich, jedoch mit drei bis acht in einem Schirm vereinigten Blüten. In Wäldern und auf Grasland in den Bergen, meist auf Kalk. Blüht 6–7. ▽

C Gelbes Windröschen *Anemone ranunculoides* Unterscheidet sich von Busch-Windröschen durch sehr kurzgestielte Stengelblätter und Blüten, die mit fünf bis acht hellgelben, kronblattartigen Kelchblättern wie Hahnenfußblüten aussehen. Verbreitet, in Laubwäldern. Blüht 3–5. ▽

D Großes Windröschen *Anemone silvestris* Im Unterschied zum Busch-Windröschen behaart und mit 4–7 cm großen, weißen Blüten, die nur fünf kronblattartige Kelchblätter haben. Frucht wollig behaart, länglich und erdbeerförmig. Verbreitet in trockenen Wäldern. Blüht 4–6. ▽

E Leberblümchen *Hepatican nobilis* Kahle oder nur schwach behaarte Mehrjährige bis 20 cm. Sehr charakteristische dreilappige, fleischige Blätter, immergrün. Blätter ungezähnt, dunkelgrün (oft gesprenkelt) und unterseits purpurn. Blüten bläulich-violett (gelegentlich rosa oder weiß), mit sechs bis neun kronblattartigen Kelchblättern und drei kelchartigen Hochblättern direkt darunter. Teilweise häufig in Wäldern auf kalkigen Böden. Blüht 3–5. ▽

Küchenschelle *Pulsatilla* Den Windröschen ähnlich, jedoch mit fiedrig geteilten Blättern und Früchten mit verlängerten, fedrigen Griffeln.

F Gewöhnliche Küchenschelle *Pulsatilla vulgaris* Behaart, mit aufrechtem, blühendem Stiel, der bis 30 cm lang sein kann. Grundblätter jung seidig behaart, zweifach gefiedert mit langen, linealischen Blattabschnitten. Drei Stengelblätter, ungestielt und auch in schmale Abschnitte geteilt. Blüten 5–8 cm im Durchmesser, zuerst aufrecht, später nickend. Sechs kronblattartige Kelchblätter, violett-purpurn. Staubblätter hellgelb. Vereinzelt und abnehmend auf kalkigem Trockenrasen. Blüht 4–5. ▽

G Wiesen-Küchenschelle *Pulsatilla pratensis* Der vorigen Art sehr ähnlich, jedoch mit kleineren, 3–4 cm großen, glockenförmigen Blüten, immer nickend, Kelchblätter an den Spitzen zurückgebogen. Im Rasen auf sandigen Böden und in den Bergen. Blüht 4–6. ▽

H Finger-Küchenschelle *Pulsatilla patens* Unterscheidet sich von *P. vulgaris* durch breite Blattabschnitte und 5–8 cm große, blauviolette Blüten mit weit ausgebreiteten Kelchblättern. Wiesen des Tieflandes. Blüht 4–5. ▽

I Frühlings-Küchenschelle *Pulsatilla vernalis* Grundblätter auch mit breiten Abschnitten, jedoch immergrün. Blüten 4–6 cm im Durchmesser, Kelchblätter innen weiß, außen rosa oder purpurn überlaufen, oft mit flaumigen, gelben Haaren bedeckt. Stengelblätter ungestielt. Ganz vereinzelt im Grasland der Berge, oft in der Nähe von schmelzendem Schnee. Blüht 4–6. ▽

J *Pulsatilla alba* Unterscheidet sich durch außen weiße Kelchblätter, fein geteilte Grundblätter und gestielte Stengelblätter. Bergwiesen im Süden und Osten des Gebiets. Blüht 5–7. ▽

K Alpen-Küchenschelle *Pulsatilla alpina* Blüten denen der Frühlings-Küchenschelle sehr ähnlich, die fein geteilte Stengelblätter jedoch gestielt. Bergwiesen auf kalkigen Böden; eine hauptsächlich mittel- und südeuropäische Art. Blüht 5–7. ▽

Waldrebe *Clematis* Mehrjährige, holzige Kletterpflanzen oder selten Kräuter mit gegenständigen Blättern und vier kronblattartigen Kelchblättern. Früchte bärtig, in einem Haufen einsamiger Achänen mit bleibenden fedrigen Griffeln.

L Gewöhnliche Waldrebe *Clematis vitalba* Holzige Kletterpflanze bis 30 m. Abschnitte der Fiederblätter gespitzt. Blüten milchig-weiß oder grünlich, duftend, in end- oder seitenständigen lockeren Haufen. In Hecken, an Waldrändern auf kalkigem Boden verbreitet. Blüht 7–9. ▽

M Alpen-Waldrebe *Clematis alpina* Holzige Kletterpflanze von nur 1–2 m Länge. Doppelt gefiederte Blätter mit fein gezähnten Blättchen. Nickende Blüten bis 4 cm groß, auffällig, mit bläulich-violetten Kelchblättern. In den Bergen an schattigen und felsigen Stellen oder im Gebüsch. Blüht 5–7. ▽

N Aufrechte Waldrebe *Clematis recta* Im Unterschied zu obigen Arten aufrecht, krautig, bis 1,5 m, weder holzig noch windend. Blätter gefiedert, Blättchen nicht gezähnt. Blüten weißlich, in endständigen, schirmförmigen Haufen. Helle, trockene Wälder. Blüht 5–6. ▽

Adonisröschen *Adonis* Ein- oder Mehrjährige mit gefiederten Blättern wie die Küchenschelle, jedoch im Unterschied dazu mit Kelch- und Kronblättern; Früchte in verlängerten Köpfen von einsamigen, nicht fedrigen, runzligen Achänen. Kronblätter am Grunde nicht mit Nektarien.

O Herbst-Adonisröschen *Adonis annua* Aufrechte, kahle Einjährige bis 40 cm. Blätter dreifach gefiedert, mit sehr schmalen Abschnitten, die unteren ungestielt. Blüten endständig und aufrecht, mit fünf bis acht hell scharlachroten, am Grunde schwärzlichen Kronblättern. Kelchblätter ausgebreitet und kahl. Auf kalkigem Ackerland und an Ruderalstellen verbreitet, aber abnehmend. Blüht 6–8. ▽

P Flammen-Adonisröschen *Adonis flammea* Unterscheidet sich durch haarige Kelchblätter, die den Kronblättern anliegen. Ganz vereinzelt an ähnlichen Standorten wie Herbst-Adonisröschen; von Nordfrankreich und der Mitte Deutschlands südlich. Blüht 6–8. ▽

Q Sommer-Adonisröschen *Adonis aestivalis* Auch mit anliegenden Kelchblättern, diese jedoch kahl, und untere Blätter gestielt. Auf Ackerland. Blüht 6–9. ▽

R Frühlings-Adonisröschen *Adonis vernalis* Aufrechte, bis 30 cm hohe Mehrjährige mit den für *Adonis* typischen zwei- bis dreifach gefiederten Blättern. Große, auffällige gelbe Blüten, 4–8 cm im Durchmesser, mit 10–20 langen, glänzenden Kronblättern. Vereinzelt bis selten in trockenem Grasland. Blüht 4–5. ▽

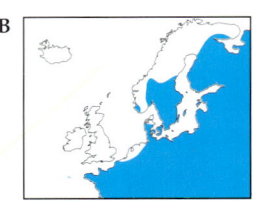

B

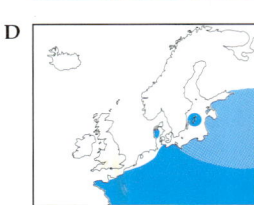

D

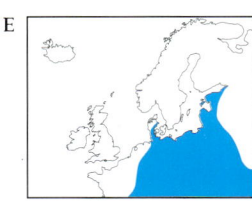

E

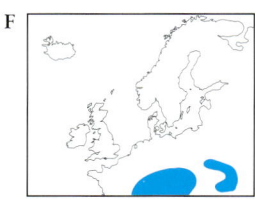

F

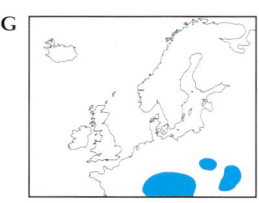

G

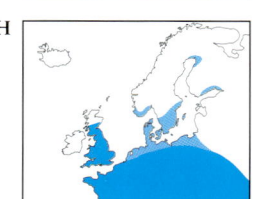

H

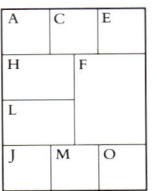

A	C	E
H		F
L		
J	M	O

A Scharfer Hahnenfuß

C Kriechender Hahnenfuß

E Wolliger Hahnenfuß

F Berg-Hahnenfuß

H Acker-Hahnenfuß

J Gold-Hahnenfuß

L Zwerg-Hahnenfuß

M *Ranunculus nivalis*

O *Ranunculus hyperboreus*

Hahnenfuß *Ranunculus* Ein- oder Mehrjährige, einige aquatisch. Blätter ganzrandig oder geteilt. Blüten gelb oder weiß, Kronblätter fünf oder mehr, Kelchblätter drei bis fünf. Jedes Kronblatt mit grundständigem Nektarium.

(1) Handförmig geteilte Blätter mit grob gezähnten Abschnitten. Kronblätter aufrecht oder ausgebreitet, Blüten gelb.

A Scharfer Hahnenfuß *Ranunculus acris* Weichhaarige Einjährige bis 1 m, meist niedriger. Grundblätter langgestielt mit rundlichem Umriß, in drei bis sieben ungestielte, keilförmige und grob gezähnte Abschnitte geteilt (**a 1**). Untere Stengelblätter ähnlich, die oberen Stengelblätter jedoch ungestielt und mit tieferen, schmal-linealischen Abschnitten. Blüten hell goldgelb, 12–18 mm im Durchmesser, auf langen, glatten Stielen. Achäne mit gekrümmtem Schnabel (**a 2**). Überall sehr häufig, am Straßenrand, in Wiesen. Blüht 4–9.

B Vielblütiger Hahnenfuß *Ranunculus polyanthemos* Dem Scharfen Hahnenfuß sehr ähnlich und leicht zu verwechseln. Grundblätter jedoch tief in fünf schmale, linealische Abschnitte geteilt (**b**) und mit behaartem Blütenboden (beim Scharfen Hahnenfuß kahl). Achäne mit gebogenem Schnabel. Verbreitet und teilweise häufig. An ähnlichen Standorten, oft jedoch auf Kalk. Blüht 5–9. ▽

C Kriechender Hahnenfuß *Ranunculus repens* Vielgestaltige, behaarte Mehrjährige bis 60 cm. Überirdische Ausläufer, an den Knoten wurzelnd. Grundblätter und untere Stengelblätter gestielt und von dreieckigem Umriß, dreilappig mit gestieltem mittlerem Abschnitt (**c**). Obere Stengelblätter ungestielt mit schmaleren Abschnitten. Blütenstiele gefurcht. Überall häufig an grasigen Standorten, besonders auf schweren, tonigen Böden. Blüht 5–9.

D Wald-Hahnenfuß *Ranunculus nemorosus* In Blattform und Blütenstielen dem Kriechenden Hahnenfuß sehr ähnlich, jedoch nicht kriechend und der mittlere Abschnitt von Grund- und unteren Stengelblättern nicht gestielt (**d**). Verbreitet und häufig, fehlt im hohen Norden und im Nordwesten. An grasigen Standorten und in lichten Wäldern. Blüht 5–9. ▽

E Wolliger Hahnenfuß *Ranunculus lanuginosus* Stark behaarte Mehrjährige bis 70 cm. Blätter mit drei breiten Abschnitten, auch die oberen Stengelblätter nicht tief eingeschnitten (**e 1**). Kronblätter zum Grunde hin orangegelb. Achänen mit zurückgebogenem Schnabel (**e 2**). Wiesen, feuchte Wälder, bis 1600 m. Blüht 5–8. ▽

F Berg-Hahnenfuß *Ranunculus montanus* Schwach behaarte Mehrjährige bis 20 cm. Grundblätter mit drei bis fünf ovalen und gezähnten Abschnitten (**f**), Stengelblätter ähnlich, aber kleiner, teilweise stengelumfassend. Blütenboden kahl. In den Bergen auf Rasen, in Wäldern und auf Geröll, in Mitteleuropa bis 2500 m steigend. Blüht 5–8. ▽

G Hochgebirgs-Hahnenfuß *Ranunculus oreophilus* Dem Berg-Hahnenfuß sehr ähnlich, Stengelblätter jedoch mit linealischen Abschnitten; der Blütenboden ist in der Nähe der Staubblätter behaart. An ähnlichen Standorten in Mitteleuropa. Blüht 5–8. ▽

H Acker-Hahnenfuß *Ranunculus arvensis* Bis 60 cm große Einjährige. Blätter gestielt und blaßgrün, Abschnitte der Grundblätter paddelförmig, Stengelblätter mit zahlreichen schmalen, linealischen Abschnitten. Blüten in einem typischen, blassen Zitronengelb. Früchte sehr deutlich lang bestachelt. Ackerunkraut, durch Herbizideinsatz stark abnehmend. Blüht 5–7. ▽

I *Ranunculus paludosus* Behaarte Mehrjährige bis 50 cm, mit deutlich dreilappigen Grundblättern (**i**). Mittlerer Abschnitt der dreilappigen Stengelblätter gestielt. Blüten groß, 2–3 cm im Durchmesser. Achänen wie beim Gift-Hahnenfuß (siehe Seite 58) in einem verlängerten Fruchtstand. An nassen, im Sommer austrocknenden Standorten in West- und Nordwestfrankreich. Blüht 5–7. ▽

J Gold-Hahnenfuß *Ranunculus auricomus* Schwach behaarte Mehrjährige bis 30 cm. Grundblätter abgerundet nierenförmig oder tief dreilappig. Stengelblätter mit drei bis sechs sehr schmalen Abschnitten. Ein oder mehrere Kronblätter der 15–25 mm großen Blüten meist fehlend oder unvollständig entwickelt. Achänen schwach behaart. Überall in feuchten Wäldern, Wiesen, oft auf basischen Böden. Blüht 4–6.

K *Ranunculus affinis* Unterscheidet sich vom Gold-Hahnenfuß durch kahle Achänen. In subarktischen Gebieten. Blüht 6–7. ▽

L Zwerg-Hahnenfuß *Ranunculus pygmaeus* Winzige, bis 5 cm große Mehrjährige. Blüten 5–10 mm im Durchmesser, Kronblätter nicht deformiert oder fehlend. Grundblätter nierenförmig und dreilappig. Häufig in feuchten Rasen in der Arktis und Subarktis. Blüht 7–8. ▽

M *Ranunculus nivalis* Ähnlich wie Zwerg-Hahnenfuß, aber bis 15 cm groß und mit Blüten von 12–15 mm Durchmesser. Häufig nahe an Schneeresten in der Arktis und Subarktis. Blüht 7–8. ▽

N *Ranunculus sulphureus* Blüten wie *R. nivalis*, Grundblätter jedoch nur schwach ausgerandet und Kelchblätter dicht braun behaart. Sehr vereinzelt in der arktischen Tundra. Blüht 6–8. ▽

O *Ranunculus hyperboreus* Kriechend und daher leicht zu erkennen. Blätter tief eingeschnitten, fünflappig. Die 5 mm großen Blüten mit nur drei Kelch- und Kronblättern. An nassen Standorten der Arktis. Blüht 7–8. ▽

a 1 · a 2 · c · d · e 1 · e 2 · f

i

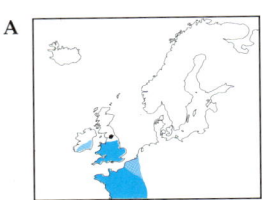

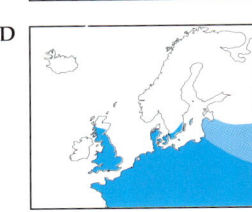

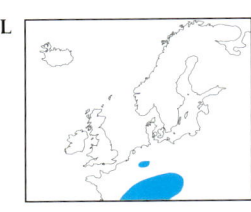

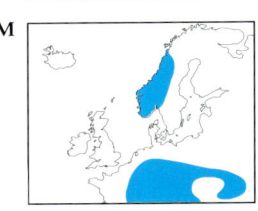

A

D

K

L

M

N

(2) Handförmig geteilte Blätter. Kelchblätter herabgeschlagen, Blüten gelb.

A *Ranunculus parviflorus* Behaarte Einjährige bis 30 cm, oft jedoch viel kleiner, mit einigen niederliegenden Ästen. Von charakteristischem Aussehen, aber oft nicht als Hahnenfuß-Art erkannt. Grundblätter gelblich-grün, gestielt mit abgerundetem Umriß und drei bis fünf breit-keilförmigen Abschnitten. Abschnitte der Stengelblätter schmaler. Blüten sehr typisch: Winzig (3–5 mm), mit ein bis fünf schmal-ovalen Kronblättern, die manchmal alle fehlen. Blüten einem Blatt gegenüberstehend oder in der Gabel einer Verzweigung. Ein bis acht Staubblätter, bei vielen Kronblättern weniger Staubblätter und umgekehrt. Auf sandigen Ruderalstellen und grasigen Böschungen. Blüht 4–7. ▽

B Gift-Hahnenfuß *Ranunculus sceleratus* Blaßgrüne, kahle oder schwach behaarte Einjährige bis 60 cm. Grundblätter gestielt, tief dreiteilig, die Abschnitte wiederum in zwei bis drei schmale Segmente geteilt. Die zahlreichen Blüten blaßgelb, 5–10 mm im Durchmesser und in verzweigten Büscheln stehend. Fruchtstände deutlich verlängert. Überall verbreitet und vereinzelt oder häufig vorkommend. An nassen Standorten, Ufern und Gräben. Blüht 5–9. ▽

C Knolliger Hahnenfuß *Ranunculus bulbosus* Haarige Mehrjährige bis 40 cm. Mit unterirdisch deutlich geschwollenem Stengelgrund. Haare oben anliegend, unten abstehend. Grundblätter gestielt und dreilappig. Blütenstiele gefurcht, Blüten 20–30 mm im Durchmesser, hellgelb. Nach der Blütezeit verschwinden im Sommer die vegetativen Teile oft für eine kurze Zeit. Verbreitet und sehr häufig. In trockenem Grasland auf kalkigen Böden, fehlt im hohen Norden. Blüht 3–7.

D Sardischer Hahnenfuß *Ranunculus sardous* Ähnlich der vorigen Art, jedoch eine behaarte Einjährige. Stengelgrund unter dem Boden nicht stark geschwollen und alle Haare abstehend. Grundblätter dreilappig, oft glänzend, Blüten 12–25 mm, blaßgelb. Kelchblätter unterseits am Rand oft mit dunklen Linien (am leichtesten an der Knospe zu beobachten). Achänen mit einer Reihe winziger Höckerchen nahe dem abgesetzten grünen Rand. Verbreitet an grasigen Standorten, oft nahe am Meer und gelegentlich auf Akkerland auf Ton. Fehlt im hohen Norden. Blüht 5–10. ▽

E Illyrischer Hahnenfuß *Ranunculus illyricus* Behaarte Mehrjährige bis 40 cm. Charakteristische Grundblätter in drei lange, schmale Abschnitte geteilt. Blüten 20–35 mm. Fruchtstand verlängert. Auf trockenem Grasland heimisch. In Süddeutschland und Polen, eine hauptsächlich südeuropäische Art. Blüht 5–7. ▽

F *Ranunculus lapponicus* Kriechende Mehrjährige, an den Knoten wurzelnd und mit aufsteigenden Blütentrieben bis 15 cm. Blätter dreilappig (**f**), die 8–12 mm großen Blüten mit sechs bis acht Kronblättern. In Grasland in den Bergen sowie in arktischen und subarktischen Gebieten. Blüht 7–8. ▽

(3) Blätter herzförmig oder lanzettlich, ungeteilt. Kelchblätter aufrecht. Blüten gelb.

G Scharbockskraut *Ranunculus ficaria* Kahle

Mehrjährige bis 25 cm. Dreieckige oder herzförmige Blätter, fleischig mit welligen Rändern. Manchmal mit Bulbillen (Zwiebelchen) in den Blattachseln. Die 20–30 mm großen Blüten sind hellgelb, im Alter verblassend, mit acht bis zwölf Kron- und drei Kelchblättern. Verbreitet und sehr häufig auf offenem, feuchtem Boden. Fehlt in großen Teilen Skandinaviens und Island. Blüht 2–5.

H Brennender Hahnenfuß *Ranunculus flammula* Vielgestaltige Mehrjährige bis 50 cm, aufrecht oder niederliegend. Stengel unten oft rötlich. Grundblätter länglich, oft entfernt gezähnt, Stengelblätter lanzettlich. Wenige, 7–18 mm große, hellgelbe Blüten auf gefurchten und schwach haarigen Stielen. Verbreitet und häufig, aber in großen Teilen Skandinaviens und in Island fehlend. An verschiedenen nassen und oder feuchten Standorten. Blüht 5–9. ▽

I Ufer-Hahnenfuß *Ranunculus reptans* Kriechende Mehrjährige mit Stengeln, die an jedem Knoten wurzeln. Aus den Knoten sprossen mehrere langgestielte, elliptische, bis 20 mm lange Blätter. Blüten einzeln, 5–10 mm im Durchmesser. Auf feuchtem, sandigem oder kiesigem Untergrund an Seen und Teichen, am häufigsten in Skandinavien. Blüht 6–8.

J Zungen-Hahnenfuß *Ranunculus lingua* Kräftige Mehrjährige bis 1,2 m. Die hohlen Stengel zunächst kriechend, dann aufsteigend. Stengelblätter lanzettlich, bis 25 cm lang und meist ungezähnt. Hellgelbe Blüten von 30–50 mm Durchmesser auf ungefurchten Stielen. Verbreitet und teilweise häufig in Marschen, Mooren und an Teichen. Fehlt im hohen Norden. Blüht 6–9. ▽

K *Ranunculus ophioglossifolius* Aufrechte Einjährige bis 40 cm. Herzförmige Grundblätter gestielt, elliptische Stengelblätter kurz oder gar nicht gestielt. Blüten 6–9 mm im Durchmesser, mit gefurchten, kahlen Stielen. Ganz vereinzelt in Marschland oder an Teichrändern, wo die umgebende Vegetation nicht zu dicht ist. Blüht 5–7. ▽

(4) Blüten weiß.

L Eisenhutblättriger Hahnenfuß *Ranunculus aconitifolius* Aufrechte, schopfige Mehrjährige bis 60 cm. Grundblätter gestielt, mit drei bis fünf lanzettlichen, gezähnten Abschnitten, von denen der mittlere am Grunde frei ist. Stengelblätter ähnlich, mit schmaleren Abschnitten und ungestielt. Blüten von 10–20 mm Durchmesser, in verzweigten Büscheln. Kelchblätter purpurn, zur Blütezeit abfallend. In feuchten Bergwiesen, bis 2500 m. Blüht 5–8. ▽

M Platanenblättriger Hahnenfuß *Ranunculus platanifolius* Bis 1,3 m groß, mit fünf- bis siebenlappigen Blättern, deren mittlerer Abschnitt am Grunde nicht frei ist. Verbreitet in Marschen und feuchten Wäldern, meist in geringeren Höhen als die vorige Art. Im Süden des Zentrums unseres Gebiets und in Westskandinavien. Blüht 5–8. ▽

N Gletscher-Hahnenfuß *Ranunculus glacialis* Kahle Mehrjährige bis 20 cm. Dicke, drei- bis fünflappige Grundblätter, obere Blätter ungestielt mit schmal-lanzettlichen Abschnitten. Blüten groß, mit 25–40 mm Durchmesser, im Alter rosa überlaufen. An steinigen Standorten in den Bergen, oft nahe bei Schneeflecken. Blüht 7–10. ▽

A *Ranunculus parviflorus*

B Gift-Hahnenfuß

C Knolliger Hahnenfuß

D Sardischer Hahnenfuß

G Scharbockskraut

H Brennender Hahnenfuß

I Ufer-Hahnenfuß

J Zungen-Hahnenfuß

L Eisenhutblättriger Hahnenfuß

N Gletscher-Hahnenfuß

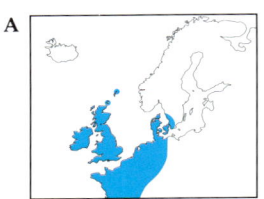

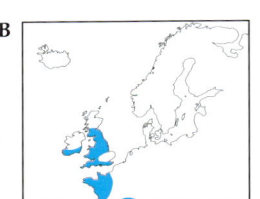

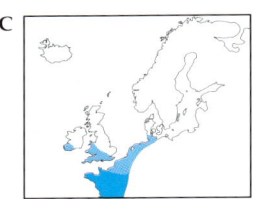

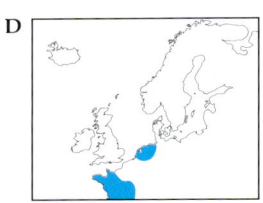

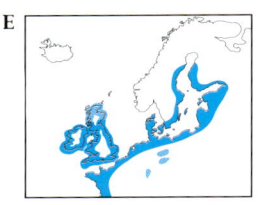

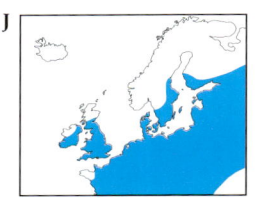

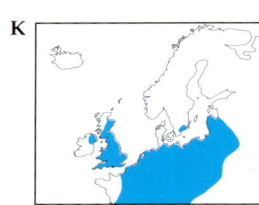

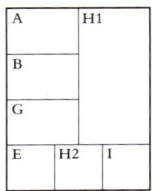

Hahnenfuß und **Wasser-Hahnenfuß** Eine Gruppe hauptsächlich aquatischer Pflanzen, manchmal jedoch auch im Uferschlamm wachsend. Kronblätter immer weiß, meist am Grunde gelb. Bei den aquatischen Arten gibt es zwei Sorten von Blättern: schwimmende, die handförmig gelappt sind, und fein aufgespaltene untergetauchte Blätter. Besonders bei Arten in schnell fließenden Gewässern sind manchmal nur die feinzipfeligen vorhanden.
Die folgenden Unterteilungen gelten nur, wenn die Pflanze im Wasser vorgefunden wird. An Land fehlen die feinzipfeligen Blätter sowieso.

(1) Untergetauchte Blätter immer fehlend.

A Efeublättriger Hahnenfuß *Ranunculus hederaceus* Kriechende Ein- oder Zweijährige mit zahlreichen Blättern, die alle nieren- oder herzförmig und schwach gelappt sind (**a**). Blüten mit 3–6 mm Durchmesser, Kronblätter so lang wie Kelchblätter oder etwas länger. Teilweise häufig auf offenem Schlamm oder in Gräben. Blüht 5–9. ▽

B *Ranunculus omiophyllus* Dem Efeublättrigen Hahnenfuß sehr ähnlich, jedoch Blätter tiefer eingeschnitten, die Abschnitte fast berührend (**b**). Blüten 8–12 mm im Durchmesser, Kronblätter doppelt so lang wie Kelchblätter. Vereinzelt in flachem, nicht kalkigem Wasser oder auf offenem Schlamm. Blüht 5–8. ▽

(2) Sowohl schwimmende als auch untergetauchte Blätter vorhanden. Schwimmblätter gelegentlich fehlend.

C Dreiteiliger Wasser-Hahnenfuß *Ranunculus tripartitus* Aquatische Ein- oder Mehrjährige, meist mit Schwimm- und Unterwasserblättern. Die letzteren bei am Schlamm wachsenden Pflanzen fehlend. Schwimmblätter tief dreilappig, mit rundem Umriß (**c 1**), Unterwasserblätter mit sehr schmalen Abschnitten, schwach und im Trockenen zusammenfallend (**c 2**). Blüten 3–10 mm im Durchmesser, Kronblätter bis 6 mm, nicht berührend und nicht mehr als doppelt so lang wie Kelchblätter. Ganz vereinzelt in flachen, schlammigen Teichen und Gräben. Im allgemeinen abnehmend. Blüht 4–6. ▽

D Reinweißer Wasser-Hahnenfuß *Ranunculus ololeucos* Unterscheidet sich vom Dreiteiligen Wasser-Hahnenfuß von 6 mm oder mehr im Durchmesser, die mehr als doppelt so lang wie die Kelchblätter sind. In schlammigen Teichen und Gräben. Vereinzelt im Norden und Westen des europäischen Festlandes. Blüht 4–6. ▽

E Brackwasser-Hahnenfuß *Ranunculus baudotii* Aquatische Ein- oder Mehrjährige mit tief dreilappigen Schwimmblättern (gelegentlich fehlend). Sie ähneln denen des Haarblättrigen Wasser-Hahnenfuß, haben jedoch einen nierenförmigen Umriß (**e 1**). Unterwasserblätter auch nicht zusammenfallend (**e 2**) und Blütendurchmesser 12–18 mm. Verbreitet im Brackwasser von Teichen und Gräben, meist nahe der Küste. Blüht 5–9.

F Gemeiner Wasser-Hahnenfuß *Ranunculus aquatilis* Aquatische Ein- oder Mehrjährige, meist sowohl mit Schwimm- (**f 1**) als auch mit Unterwasserblättern (**f 2**), wobei die letzteren manchmal fehlen. Schwimmblätter tief in drei bis sieben geradrandige Abschnitte geteilt, die an der Spitze gezähnt sind. Blüten 12–18 mm im Durchmesser, Kronblätter 5–10 mm lang. Fruchtstiele bis 50 mm. Verbreitet und häufig in stehendem und langsam fließendem, flachem Wasser. Blüht 4–8. ▽

G Schild-Wasser-Hahnenfuß *Ranunculus peltatus* Aquatische Ein- oder Mehrjährige mit ähnlichen Schwimmblättern (**g 1**) wie der Gemeine Wasser-Hahnenfuß, die Abschnitte haben aber abgerundete Seiten. Die Blüten sind größer (15–30 mm Durchmesser), die Kronblätter 8–15 mm und die Fruchtstiele 50–150 mm lang. Achtung: Die Unterwasserblätter fallen außerhalb des Wassers nicht zusammen und sind kürzer als die Internodien des Stengels (**g 2**), vgl. Pinselblättriger Wasser-Hahnenfuß. Verbreitet und fast überall häufig. In Teichen, Seen und Gräben. Blüht 5–8. ▽

H Pinselblättriger Wasser-Hahnenfuß *Ranunculus penicillatus* Schwimmblätter (**h 1**) wie Schild-Wasser-Hahnenfuß. Unterwasserblätter zusammenfallend, länger als die Internodien (**h 2**). In schneller fließenden Gewässern verbreitet, oft in Kalkgebieten. Blüht 5–7. ▽

(3) Schwimmblätter immer fehlend.

I Haarblättriger Wasser-Hahnenfuß *Ranunculus trichophyllus* Mehrjährige, ausschließlich mit Unterwasserblättern (bis 40 mm), Abschnitte nicht alle in einer Ebene liegend (**i**). Blüten 6–12 mm im Durchmesser, Fruchtstiele unter 40 mm. Überall verbreitet; in Teichen, Gräben, Kanälen und Bächen. Blüht 5–7.

J Spreizender Hahnenfuß *Ranunculus circinatus* Mehrjährige, ausschließlich mit Unterwasserblättern (bis 30 mm) mit rundlichem Umriß und allen Abschnitten in einer Ebene liegend (**j**). Blüten 8–18 mm im Durchmesser; Fruchtstiel 30–80 mm lang. Verbreitet, aber oft nur lokal; in Gräben, Kanälen und langsam fließenden Bächen. Blüht 6–8.

K Flutender Hahnenfuß *Ranunculus fluitans* Kräftige Mehrjährige, ausschließlich mit Unterwasserblättern (10–30 cm) (**k**), Abschnitte schwarzgrün und fast parallel. Blüten mit 20–30 mm im Durchmesser, fünf bis zehn überlappende Kronblätter. Stengel bis 6 m lang. Verbreitet und lokal häufig in schnell fließenden Bächen und Flüssen; fehlt im größten Teil Skandinaviens. Blüht 5–8.

A Efeublättriger Hahnenfuß

B *Ranunculus omiophyllus*

E Brackwasser-Hahnenfuß

G Schild-Wasser-Hahnenfuß, dichtes Blütenfeld (typisch für Wasser-Hahnenfuß)

H 1 Pinselblättriger Wasser-Hahnenfuß, lange Unterwasserblätter

H 2 Pinselblättriger Wasser-Hahnenfuß, Blüten

I Haarblättriger Wasser-Hahnenfuß

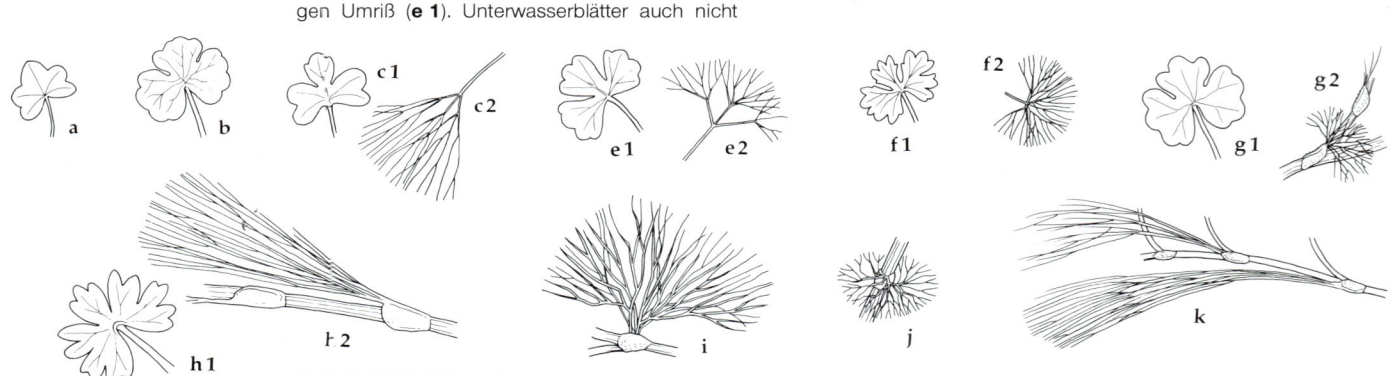

C

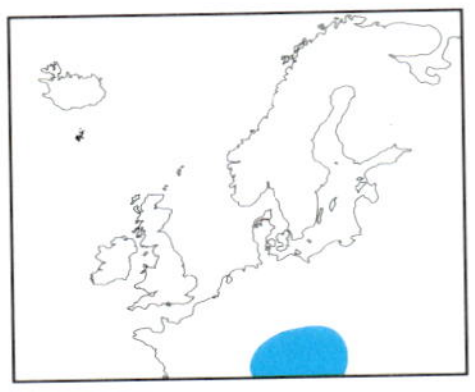

D

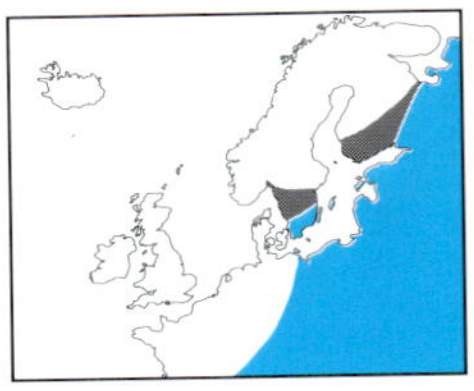

E

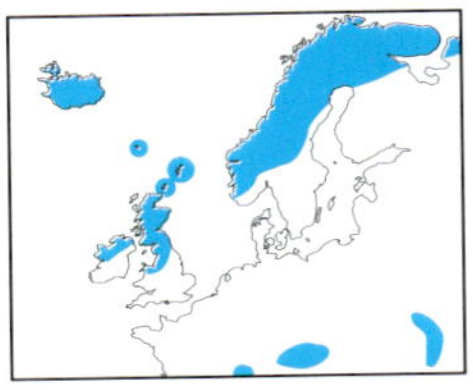

G

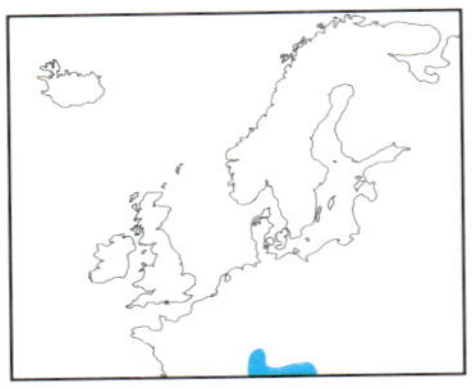

J

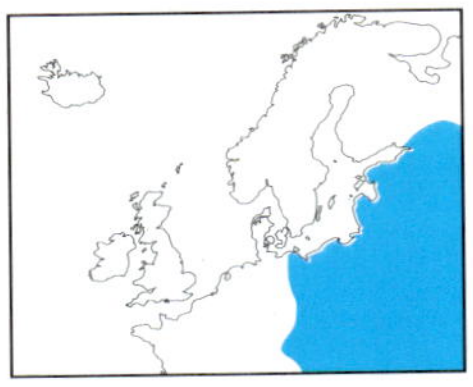

K

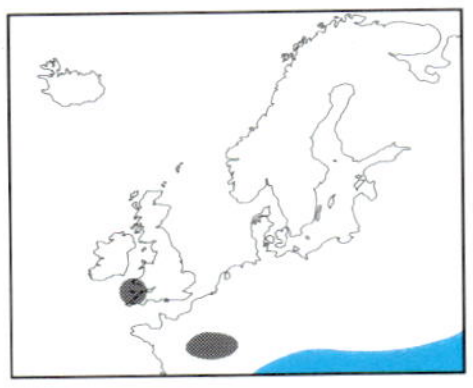

A Mäuseschwanz *Myosurus minimus* Charakteristische, aber leicht zu übersehende niedrige Einjährige von 5–12 cm. Recht fleischige, linealische Blätter aus einem grundständigen Schopf. Winzige Blüten bis 5 mm Durchmesser, blaß gelbgrün und einzeln auf langen Stielen; Kron- und Kelchblätter fünf bis sieben. Verlängerter Fruchtstand (bis 7 cm) mit winzigen Achänen ähnelt einem „Schwanz“. Verbreitet, aber abnehmend auf offenen, oft sandigen Böden und an Feldrändern; fehlt im hohen Norden. Blüht 3–7. ▽

B Gewöhnliche Akelei *Aquilegia vulgaris* Kahle, aufrechte Einjährige bis 1 m. Grundblätter doppelt dreiteilig, langgestielt. Die nickenden Blüten 30–50 mm lang, meist blau, selten auch weiß oder rotblau. Fünf Kronblätter, mit langen, gebogenen, nektarientragenden Spornen; Staubblätter die Kronblätter nicht oder kaum überragend. Verbreitet, im Norden jedoch nur lokal oder fehlend; an verschiedenen Standorten wie feuchte, lichte Wälder, Gebüsche und Moore. Blüht 5–7. ▽

C Schwarze Akelei *Aquilegia atrata* Ähnlich der Gewöhnlichen Akelei, jedoch mit dunkelvioletten Blüten, deren Staubblätter die Kronblätter weit überragen. Lokal in lichten Bergwäldern auf Kalk; in Ostfrankreich und Süddeutschland. Blüht 5–7. ▽

Wiesenraute *Thalictrum* Mehrjährige mit farnartig gefiederten Blättern. Blüten mit vier bis fünf kronblattartigen Kelchblättern und, durch die zahlreichen hervorstehenden Staubblätter, fedrigem Aussehen.

D Akeleiblättrige Wiesenraute *Thalictrum aquilegifolium* Bis 1,5 m hoch, mit doppelt dreiteiligen Blättern, deren Blättchen breit gezähnt sind. Dichter, verzweigter Blütenstand mit charakteristischen violetten Staubblättern. Frucht mit drei Flügeln. In Wäldern und Gebüsch, besonders im Bergland. Blüht 6–7. ▽

E Alpen-Wiesenraute *Thalictrum alpinum* Zarte, leicht zu übersehende Pflanze von maximal 15 cm Höhe. Doppelt dreiteilige, dunkelgrüne Blätter und winzige, rundliche Blättchen. Blüten in endständiger Traube, in der die unteren Blüten nicken; Kelch- und Staubblätter alle purpurn, Staubbeutel gelb. Auf feuchten Graten und Bergrasen. Blüht 5–7. ▽

F Gelbe Wiesenraute *Thalictrum flavum* Bis 1 m hoch, Blätter zwei- bis dreifach fiederteilig, das Endblättchen länger als breit und gezähnt. Stengel nicht glänzend (vgl. Hohe Wiesenraute). Blüten aufrecht in dichten Haufen, trotz der weißen Kronblätter wegen der fedrigen, aufrecht herausragenden Staubblätter gelblich erscheinend. Verbreitet an feuchten Wiesen, in Mooren oder an Bächen und Seen, besonders auf basischen Böden; im Bergland fehlend. Blüht 6–8. ▽

G Hohe Wiesenraute *Thalictrum morisonii* Unterscheidet sich durch die Größe (bis 1,8 m), glänzende Stengel und ungezähnte Endblättchen der oberen Blätter. Vereinzelt in Wiesen in Ostfrankreich und Südwestdeutschland. Blüht 6–7. ▽

H Kleine Wiesenraute *Thalictrum minus* Formenreiche Art und trotz des Namens bis 1,5 m hoch, an trockenen Orten kleiner. Blätter drei- bis vierfach fiederteilig, Endblättchen so breit wie lang. Blüten nicht gehäuft, erst nickend, dann aufrecht; Staubblätter hängend. Verbreitet und lokal häufig an verschiedenen Standorten, von trockenem Grasland, Dünen und steinigen Plätzen bis zu Bachufern, meist jedoch auf basenreichen Böden. Blüht 6–8. ▽

I Einfache Wiesenraute *Thalictrum simplex* Formenreiche Art bis 1,2 m. Blätter zwei- bis dreifach fiederteilig wie Gelbe Wiesenraute, die Endblättchen länger als breit. Blüten wie Kleine Wiesenraute, zuerst nickend mit hängenden Staubblättern. In feuchtem Grasland und an Bachrändern; im Osten des Gebietes. Blüht 6–8. ▽

J Glänzende Wiesenraute *Thalictrum lucidum* Unterscheidet sich von der Einfachen Wiesenraute durch ungestielte Blätter und dichte, abgerundete Blütenstände. In Wiesen im Südosten des Gebietes. Blüht 6–7. ▽

Pfingstrosengewächse
Paeoniaceae

K Pfingstrose *Paeonia mascula* Kräftige mehrjährige Pflanze bis 50 cm, mit doppelt dreiteiligen, dunkelgrün glänzenden Blättern. Blüten einzeln, 8–12 cm im Durchmesser, mit bis zu zehn glänzenden Kronblättern. Drei bis fünf stark gekrümmte Balgfrüchte, die Samen zuerst rot, dann blau, schließlich schwarz. Hauptsächlich südeuropäische Art, an felsigen Standorten; im Norden Zentralfrankreichs, an anderen Stellen eingeführt. ▽

Sauerdorngewächse
Berberidaceae

Kräuter oder Sträucher mit wechselständigen Blättern, zweigeschlechtige Blüten mit sechs bis neun Perianthblättern in mehreren Quirlen. Vier bis sechs Staubblätter stehen einer ähnlichen Anzahl von Kronblättern mit Nektarien gegenüber. Frucht eine Beere oder Kapsel.

L Berberitze *Berberis vulgaris* Sommergrüner Strauch bis 3 m. Die langen, gerippten Triebe tragen dreispitzige Dornen, aus deren Achseln sehr kurze Triebe mit Büscheln scharf gezähnter ovaler Blätter wachsen. Gelbe Blüten in hängenden Trauben, 15 Perianthblätter in fünf Quirlen. Frucht eine orangerote elliptische Beere. Verbreitet in Hecken und in Gebüsch, oft auf kalkigen Böden; am häufigsten in Mitteleuropa. Blüht 5–6. ▽

M Mahonie *Mahonia aquifolium* Immergrüner Strauch bis 2 m. Dunkelgrün glänzende Blätter wie Stechpalme, fiedrig in identische Blättchen geteilt. Gelbe Blüten in dichten Ähren. Früchte kugelig, blauschwarz, wie eine kleine Traube von Weinbeeren. Aus Nordamerika eingeführt und verbreitet in Hecken und Gebüsch eingebürgert. Blüht 1–5.

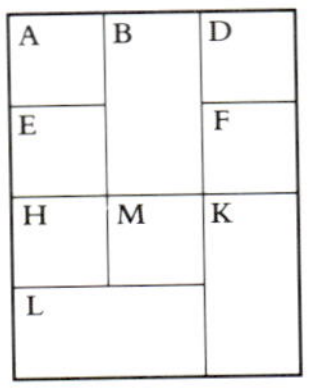

A Mäuseschwanz

B Gewöhnliche Akelei

D Akeleiblättrige Wiesenraute

E Alpen-Wiesenraute

F Gelbe Wiesenraute

H Kleine Wiesenraute

K Pfingstrose

L Berberitze

M Mahonie

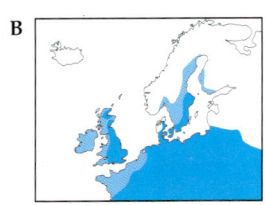

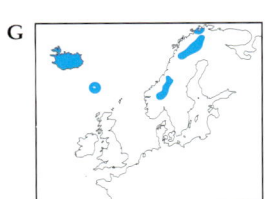

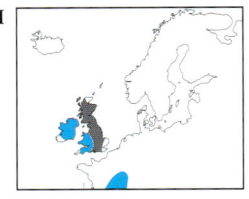

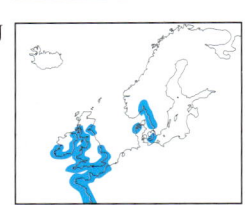

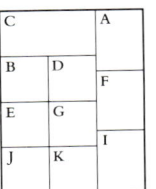

Mohngewächse *Papaveraceae*

Kräuter mit milchig-weißem oder etwas gefärbtem Milchsaft und meist tief geteilten Blättern. Blüten mit vier Kronblättern und zwei Kelchblättern, die früh abfallen; Staubblätter zahlreich. Frucht eine durch Löcher sich öffnende oder mit Klappen aufspringende Kapsel.

(1) Blüten rot, mit bei voll geöffneter Blüte am Grunde überlappenden Kronblättern.

A Klatsch-Mohn *Papaver rhoeas* Einjährige bis 60 cm, oft abstehend behaart. Blätter tief in schmale Abschnitte geteilt, die unteren Blätter gestielt, die oberen sitzend. Blüten 7–10 cm, mit vier überlappenden, scharlachroten Kronblättern, die am Grunde oft einen dunklen Fleck haben. Kapsel oval (**a**). Häufig auf Ackerland und Ruderalflächen; fehlt im hohen Norden. Blüht 6–9.

B Saat-Mohn *Papaver dubium* Ähnlich dem Klatsch-Mohn, jedoch anliegend behaart. Blüten 3–7 cm im Durchmesser, mit orangeroten überlappenden Kronblättern, die am Grunde keinen dunklen Punkt haben; Staubblätter purpurn überlaufen (vgl. *Papaver lecoqii*, unten). Kapsel mehr als doppelt so lang wie breit, von oben nach unten allmählich verschmälert (**b**). Lokal häufig auf Ackerland und Ruderalflächen. Blüht 6–8.

C Bastard-Mohn *Papaver hybridum* Ähnlich den beiden vorigen Arten, Blätter jedoch an der Spitze begrannt, Blüten 2–5 cm im Durchmesser, mit purpurroten, überlappenden Kronblättern, die am Grunde einen dunklen Fleck haben. Kapsel rundlich, mit dichten gelben Borsten besetzt (**c**). Lokal bis selten auf Ackerland und Ruderalflächen, oft auf Kalkböden; fehlt im Norden. Blüht 6–8.

(2) Blüten rot, Kronblätter bei voll geöffneter Blüte am Grunde meist nicht überlappend.

D *Papaver lecoqii* Einjährige, deren Milchsaft an der Luft gelb wird. Blüten 3–8 cm im Durchmesser, mit roten Kronblättern, meist nicht überlappend und ohne dunklen Fleck; Staubbeutel gelb (vgl. Saat-Mohn). Kapsel mehr als doppelt so lang wie breit (**d**). Auf Ackerland und Ruderalflächen, meist auf kalkigen Böden; fehlt im Osten und Norden. Blüht 6–8. ▽

E Sand-Mohn *Papaver argemone* Einjährige; Blätter an der Spitze begrannt. Blüten 2–6 cm, mit blaßroten Kronblättern mit einem dunklen Fleck, aber meist nicht überlappend. Kapsel schmal-länglich und gerippt, mit aufrechten Borsten (**e**). Auf Ackerland und Ruderalflächen, meist auf sandigem Boden; fehlt im Norden. Blüht 5–9. ▽

(3) Blüten nicht rot.

F Schlaf-Mohn *Papaver somniferum* Graugrüne Einjährige bis 1 m. Blätter wachsig, länglich und grob gezähnt. Blüten groß, bis 18 cm; Blüten blaßlila oder weiß, mit dunklem Fleck am Grunde. Kapsel eiförmig. Verbreitet eingebürgert, auf Kulturland oder Ruderalflächen. Blüht 6–8.

G *Papaver radicatum* Extrem formenreiche, schopfige Mehrjährige bis 25 cm. Milchsaft gelb, Blätter scharf-spitzig gefiedert. Blüten 3–5 cm im Durchmesser, meist gelb, gelegentlich rosa oder weiß. Kapsel elliptisch, am breitesten oberhalb der Mitte. Steinige Böden, Geröll bis 1800 m; in Skandinavien. Blüht 6–8. ▽

H *Papaver lapponicum* Wie *Papaver radicatum* schopfig und mit 3–6 cm großen Blüten, Blätter jedoch mit stumpfen, schmalen Abschnitten. Kapsel birnenförmig, zur Spitze hin am breitesten. Kiesige Standorte oder Tundra. Blüht 7–8. ▽

I *Meconopsis cambrica* Mehrjährige bis 60 cm. Grundblätter langgestielt und gefiedert, die Abschnitte grob gezähnt. Die nicht überlappenden Kronblätter der 5–8 cm großen Blüten sind nach dem Öffnen orange, werden aber bald gelb. Kapsel mit vier bis sechs Rippen springt oben auf, um vier bis sechs Klappen zu bilden. Atlantische Verbreitung an feuchten, halbschattigen und oft felsigen Standorten. Blüht 6–8. ▽

J Gelber Hornmohn *Glaucium flavum* Graue Zwei- oder Mehrjährige mit wachsigen Blättern. Grundblätter langgestielt, tief fiederschnittig, wobei die Abschnitte zur Spitze hin immer länger werden. Blüten 6–9 cm im Durchmesser, mit überlappenden gelben Kronblättern. Kapsel stark verlängert (bis 30 cm), schlank und gekrümmt. Recht vereinzelt an der Küste auf Kies und in Dünen. Blüht 6–9. ▽

K Schöllkraut *Chelidonium majus* Mehrjährige bis 90 cm, mit brüchigen Stengeln. Blätter unregelmäßig gefiedert, mit eiförmigen, stumpfen und grob gezähnten Abschnitten. Blüten 2–3 cm im Durchmesser, mit vier hellgelben, nicht überlappenden Kronblättern. Frucht eine schmale, längliche Kapsel bis 5 cm, auf zwei Seiten von unten her aufbrechend. An Heckenböschungen, in lichten Wäldern und auf Ruderalflächen, oft nahe Siedlungsgebieten. In den meisten Gebieten einheimisch, aber auch verbreitet eingeführt; fehlt im hohen Norden. Blüht 4–10.

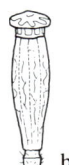

a   b   c   d   e

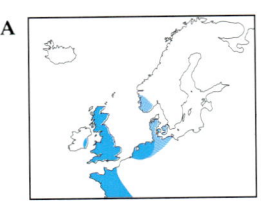

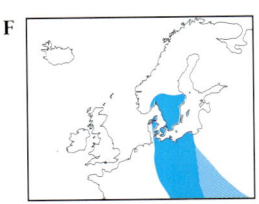

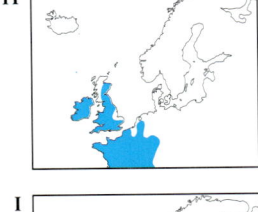

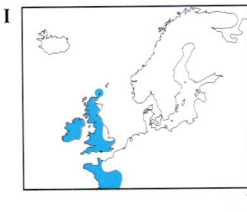

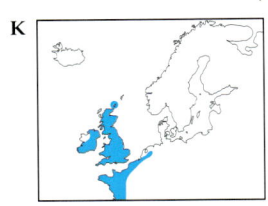

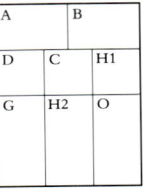

A Rankender Lerchensporn

B Gelber Lerchensporn

C Finger-Lerchensporn

D Hohler Lerchensporn

G *Fumaria occidentalis*

H 1 Rankender Erdrauch, breite Blattabschnitte

H 2 Rankender Erdrauch, Blüte

O Gemeiner Erdrauch

Erdrauchgewächse *Fumariaceae*

Zarte, krautige Pflanzen mit vielfach geteilten Blättern. Die zweilippigen Blüten mit zwei kleinen Kelchblättern, zwei äußeren (eines oder beide gespornt) und zwei inneren, schmaleren Kronblättern bilden eine Ähre oder Traube. Beim Lerchensporn ist die Frucht eine längliche, vielsamige Kapsel, beim Erdrauch ein rundes, einsamiges Nüßchen.

A Ranken-Lerchensporn *Corydalis claviculata* Zarte, blaßgrüne, kletternde Einjährige bis 80 cm. Doppelt gefiederte Blätter in einer gegabelten Ranke endend. Blüten 5–6 mm lang, milchigweiß, in den Blättern gegenüberstehenden Trauben. Frucht eine zwei- bis dreisamige Kapsel. In Wäldern, felsigen Gebieten oder Heiden, meist auf sauren Böden oder Torf. Blüht 5–9. ▽

B Gelber Lerchensporn *Corydalis lutea* Bis 30 cm hohe Mehrjährige mit zwei- bis dreifach gefiederten Blättern. Hellgelbe Blüten von 12–18 mm in Trauben gegenüber den Blättern. Alte Mauern, steinige Plätze. Blüht 5–9. ▽

C Finger-Lerchensporn *Corydalis solida* Bis 20 cm große Mehrjährige mit einer ovalen Schuppe am Grunde des Stengels. Blätter zwei- bis dreifach dreiblättrig; purpurne Blüten (15–30 mm) in dichten Trauben. Untere Blütenstiele länger als 5 mm. Hochblätter groß und gezähnt. Verbreitet, aber nur lokal in lichten Wäldern, Hecken und auf Ruderalstellen; fehlt im Norden. Blüht 3–5. ▽

D Hohler Lerchensporn *Corydalis bulbosa* Der vorigen Art sehr ähnlich, hat jedoch keine ovale Schuppe am Stengelgrund, Hochblätter ungezähnt und Blüten mit deutlich herabgebogenen Spornen. Ähnliche Standorte; von Ostfrankreich östlich. Blüht 3–5. ▽

E Mittlerer Lerchensporn *Corydalis media* Wie der Finger-Lerchensporn, Blüten jedoch 10–15 mm lang und Hochblätter ungezähnt. Ähnliche Standorte. Blüht 3–5. ▽

F Zwerg-Lerchensporn *Corydalis pumila* Wie Finger-Lerchensporn, Blüten jedoch 10–15 mm lang und Blütenstiele kürzer als 5 mm. Ähnliche Standorte, aber viel seltener. Blüht 3–5. ▽

Erdrauch *Fumaria* Eine schwierige Gattung sehr nahe verwandter Einjähriger.

(1) Blüten 9 mm lang oder länger, unteres Kronblatt nicht auffällig paddelförmig, so daß die Seiten überwiegend parallel verlaufen.

(a) Oberes Kronblatt seitlich zusammengedrückt.

G *Fumaria occidentalis* Kräftig und manchmal kletternd. Blütenstand locker (12–20 Blüten), so lang wie sein Stiel. Blüten 12–14 mm, erst weiß, später rosa werdend mit purpurnen Spitzen (**g 1**). Obere Kronblätter zusammengedrückt mit heraufgeschlagenen Rändern, die den Kiel verbergen; untere Kronblätter mit weit ausgebreiteten Rändern (**g 2**). Ruderalflächen; nur in Südwestengland und auf den Scilly-Inseln. Blüht 5–10. ▽

H Ranken-Erdrauch *Fumaria capreolata* Kräftige, kletternde Pflanze bis 1 m. Blütenstand dicht (12–20 Blüten), kürzer als sein Stiel. Blüten 10–14 mm, milchig-weiß mit dunkelpurpurnen Spitzen (**h 1**). Oberes Kronblatt zusammengedrückt, aufgebogene Ränder verbergen jedoch nicht den Kiel; unteres Kronblatt mit aufrechten, schmalen Rändern (**h 2**). Fruchtstiel stark gebogen (**h 3**). In Hecken, Gebüsch und auf Ackerland, hauptsächlich im Westen. Blüht 5–9. ▽

I *Fumaria bastardii* Kräftig, meist nicht kletternd. Blütenstand locker (15–25 Blüten), länger als sein Stiel. Blüten 9–11 mm, rosa mit dunkelpurpurner Spitze (**i 1**). Oberes Kronblatt seitlich zusammengedrückt, die Flügel verbergen den Kiel jedoch nicht; unteres Kronblatt mit schmalen, ausgebreiteten Rändern (**i 2**). Selten bis lokal

häufig auf Ackerland und Ruderalflächen; auf den Westen begrenzt. Blüht 4–10. ▽

(b) Oberes Kronblatt nicht seitlich zusammengedrückt.

J *Fumaria purpurea* Kräftig und kletternd. Blütenstand locker (15–25 Blüten), etwa so lang wie der Stiel. Blüten 10–13 mm, rosapurpurn mit dunklen Spitzen (**j 1**). Oberes Kronblatt mit breiten Flügeln den Kiel verbergend; unteres Kronblatt mit schmalen, ausgebreiteten Rändern (**j 2**). Fruchtstiel leicht gebogen. In Hecken, auf Ackerland. Nur Britische Inseln. Blüht 7–10. ▽

K Mauer-Erdrauch *Fumaria muralis* Formenreich: zart und kriechend oder kräftig und klimmend. Blütenstand locker (12–15 Blüten), etwa so lang wie der Stiel. Blüten (**k 1**) entweder 9–10 mm (ssp. *muralis*) oder 10–20 mm (ssp. *boraei*), rosa mit dunkler Spitze. Oberes Kronblatt abgeflacht und löffelförmig mit breiten Flügeln, die den Kiel verbergen; unteres Kronblatt mit schmalen, aufrechten Rändern (**k 2**). In Hecken, auf Mauern und Ackerland. Blüht 4–10. ▽

L *Fumaria martinii* Kräftig, oft kletternd. Blütenstand locker (15–20 Blüten), länger als sein Stiel. Blüten 11–13 mm, rosa mit dunklen Spitzen (**l 1**). Oberes Kronblatt mit breiten Flügeln, die den Kiel verbergen; unteres Kronblatt mit schmalen, ausgebreiteten Rändern (**l 2**). Selten, auf Ackerland. Blüht 5–10. ▽

(2) Blüten nicht mehr als 8 mm lang; unteres Kronblatt deutlich paddelförmig, zur Spitze hin merklich verbreitert.

(a) Blätter linealisch, rinnig.

M *Fumaria densiflora* Recht kräftig. Blütenstand sehr dicht (20–25 Blüten), viel länger als sein Stiel. Blüten 6–7 mm, rosa mit dunklen Spitzen (**m 1**); oberes Kronblatt seitlich zusammengedrückt, die aufrechten Flügel verbergen den Kiel nicht. Untere Kronblätter (**m 2**). Hochblätter länger als Fruchtstiele. Lokal häufig auf Ackerland. Blüht 6–10. ▽

N Kleinblütiger Erdrauch *Fumaria parviflora* Kräftig, kriechend oder klimmend. Blütenstand zur Blütezeit dicht (15–20 Blüten), fruchtend jedoch locker, fast ungestielt. Blüten 5–6 mm, weiß oder blaßrosa mit dunklen Spitzen (**n 1**). Unteres Kronblatt (**n 2**). Kelchblätter höchstens ein Fünftel der Länge der Blüte. Hochblätter so lang wie Fruchtstiele. Auf Ackerland, meist kalkigen Böden. Blüht 6–9. ▽

(b) Blattabschnitte nicht rinnig.

O Gemeiner Erdrauch *Fumaria officinalis* Schwach oder kräftig, kriechend oder kletternd. Blütenstand erst dicht, dann locker (20–40 Blüten), länger als der Stiel. Blüten 7–8 mm, rosa mit dunkler Spitze (**o 1**). Unteres Kronblatt (**o 2**). Obere Kronblätter abgeflacht, die Flügel den Kiel verbergend. Kelchblätter wenigstens ein Viertel der Länge der Blüte. Hochblätter kürzer als Fruchtstiele. Frucht (**o 3**). Verbreitet und häufig auf Ackerland. Blüht 5–10.

P *Fumaria caroliana* Schwach oder kräftig. Blütenstand dicht (10–15 Blüten), länger als der kurze Stiel. Blüten 6–7 mm, rosa mit dunklen Spitzen und ähnlich dem Gemeinen Erdrauch. Kelchblätter wenigstens ein Viertel der Länge der Blüte. Frucht (**p**). Selten, auf Ackerland in Nordostfrankreich. Blüht 4–9. ▽

Q Blasser Erdrauch *Fumaria vaillantii* Zart und auffällig verzweigt, mit sehr grauen Blättern. Blütenstand locker (5–16 Blüten), länger als der kurze Stiel. Blüten 5–6 mm, blaßrosa mit dunklen Spitzen (**q 1**) auf 2,5 mm langen Stielen. Oberes Kronblatt abgeflacht. Unteres Kronblatt (**q 2**). Kelchblätter höchstens ein Fünftel der Länge der Blüte. Auf Ackerland mit kalkigen Böden. Blüht 6–9. ▽

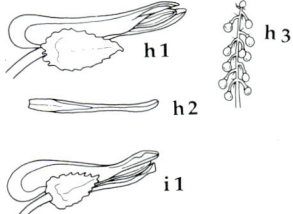

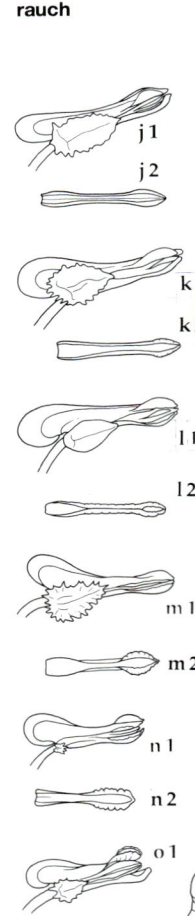

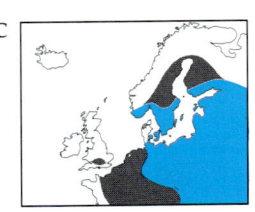

C

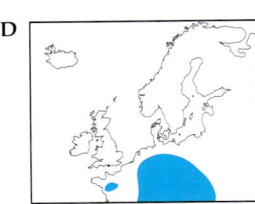

D

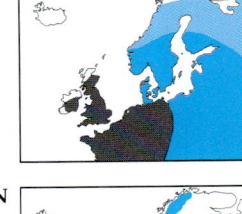

H

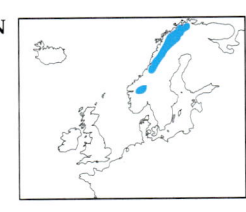

N

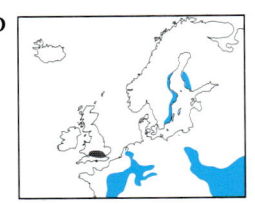

O

Kreuzblütengewächse *Cruciferae*

Eine große Familie krautiger Pflanzen mit vier freien Kelchblättern, vier freien Kronblättern und einem oberständigen Fruchtknoten mit zwei Fruchtblättern. Der Name der Familie leitet sich von der Form der Blüte ab, deren vier gleiche und freistehende Kronblätter ein Kreuz bilden. Frucht wird Schote genannt, wenn sie lang und linealisch ist (**1**), oder Schötchen, wenn sie weniger als dreimal so lang wie breit ist (**2**). Das Vorhandensein eines Schnabels an der Spitze der Schote hilft, die Gattungen zu unterscheiden.

Rauke *Sisymbrium* Charakterisiert durch schlanke, ungeschnäbelte Früchte (Schoten, vgl. *Sinapis* und *Coincya*); die Klappen der Schoten sind drei- bis siebenadrig (Adern oft undeutlich); Stengelblätter oft mit spießförmig verlängertem Endlappen.

A Weg-Rauke *Sisymbrium officinale* Steife, aufrechte Ein- oder Zweijährige bis 90 cm. Oben charakteristisch verzweigt. Grundblätter tief fiederspaltig (**a**); Stengelblätter spießförmig. Die gelben Blüten (3 mm Durchmesser) in endständigen, runden Büscheln, die kurzen (10–20 mm), dem Stengel dicht anliegenden Früchte überragend. Verbreitet und häufig auf Ruderalflächen und an Straßenrändern. Blüht 5–10.

B Glanz-Rauke *Sisymbrium irio* Aufrechte Einjährige bis 60 cm, Blätter tief fiederlappig, mit spießförmig vergrößertem Endabschnitt (**b**). Blüten 3–4 mm, Kronblätter so lang wie Kelchblätter oder länger. Früchte 30–50 mm, die geöffneten Blüten überragend. Eingeführt und eingebürgert an Ruderalstellen und in Häfen. Blüht 6–8. ▽

C Loesels Rauke *Sisymbrium loeselii* Unterscheidet sich von der vorhergehenden Art durch 4–6 mm große Blüten, deren Kronblätter doppelt so lang wie die Kelchblätter sind. Frucht 20–40 mm lang, die Blüten nicht überragend. Blätter (**c**). Recht vereinzelt an ähnlichen Standorten. Blüht 6–8. ▽

D Österreichische Rauke *Sisymbrium austriacum* Ähnlich Loesels Rauke, aber zwei- oder mehrjährig. Blüten 7–10 mm und Frucht mit bleibendem, 1–2 mm langem Griffel. Blätter (**d**). Unbeständig an Ruderalstellen und Häfen. Blüht 6–8. ▽

E Wolga-Rauke *Sisymbrium wolgense* Blüten ähnlich der vorigen Art, die oberen Blätter jedoch linealisch-lanzettlich (**e**) und außer am Grunde ungelappt. Frucht nur bis 45 mm lang. Selten, an ähnlichen Standorten. Blüht 6–8. ▽

F Steife Rauke *Sisymbrium strictissimum* Alle Blätter ungelappt, die unteren eiförmig (**f**) und die oberen linealisch-lanzettlich. Blüten 4–6 mm. Frucht 50–70 mm. Selten, an ähnlichen Standorten. Blüht 6–8. ▽

G Orientalische Rauke *Sisymbrium orientale* Aufrechte Einjährige bis 90 cm, abwärtsweisend behaart. Blätter gelappt, Stengelblätter gestielt, mit wenigen Seitenabschnitten und spießförmig verlängertem Endabschnitt, auch ungelappt (**g**). Grundblätter vor der Blüte absterbend. Blüten mit 7 mm Durchmesser, Kronblätter doppelt so lang wie Kelchblätter. Frucht 4–10 cm und charakteristisch abstehend. Eingebürgert oder unbeständig auf Ruderalflächen. Blüht 6–8. ▽

H Riesen-Rauke *Sisymbrium altissimum* Aufrechte Einjährige bis 1 m, nur unten behaart. Blätter mit schmalen Abschnitten, tief fiederspaltig (**h**); Stengelblätter ungestielt, mit lang-linealischen oder fadenförmigen Abschnitten. Grundblätter vor der Blüte absterbend. Blüten etwa 11 mm im Durchmesser, Kronblätter doppelt so lang wie Kelchblätter. Frucht bis 10 cm lang. Eingebürgert oder unbeständig, an Ruderalstandorten verbreitet. Blüht 6–8. ▽

I Niedrige Rauke *Sisymbrium supinum* Einjährige bis 25 cm. Blätter fiederteilig, mit spießförmig verlängertem Endabschnitt (**i**). Blüten weiß, 5–7 mm im Durchmesser. Frucht 10–30 mm. Unterscheidet sich von anderen weißblühenden Kreuzblütlern durch nicht abgeflachte Schoten. Ganz vereinzelt auf Ackerland und Ruderalflächen. Blüht 6–8. ▽

J Sophienkraut *Descurainia sophia* Graugrüne, behaarte Ein- oder Zweijährige bis 80 cm. Blätter zwei- bis dreifach fiederspaltig, die Abschnitte schmal und linealisch. Blüten 3 mm im Durchmesser, blaßgelb; Kronblätter so lang wie Kelchblätter oder etwas kürzer. Frucht bis 50 mm. Verbreitet auf Ruderalflächen und an Straßenrändern, oft auf sandigen Böden. Achtung: Unter den gelben Kreuzblütlern haben nur diese Art, die Glanz-Rauke (manchmal) und *Rorippa*-Arten Kronblätter von der Länge der Kelchblätter. Blüht 6–8. ▽

K Lauchkraut *Alliaria petiolata* Zweijährige bis 1,2 m. Blätter dünn, blaßgrün, herzförmig und gezähnt; beim Zerreiben stark nach Knoblauch riechend. Blüten weiß, 6 mm im Durchmesser, Kronblätter doppelt so lang wie Kelchblätter. Verbreitet in Hecken, an Straßenrändern und Waldrändern. Blüht 4–6.

L Acker-Schmalwand *Arabidopsis thaliana* Ein- oder Zweijährige bis 50 cm, unten rauh behaart. Mit einer Grundrosette aus elliptischen, gezähnten oder ungezähnten Blättern. Blüten 3 mm im Durchmesser, weiß. Frucht eine Schote bis 20 mm Länge, nicht abgeflacht (vgl. *Arabis* und *Cardaminopsis*, Seite 74) und immer aufrecht auf langen Stielen; Klappen einadrig. Verbreitet und häufig auf sandigen Ruderalflächen oder auf alten Mauern. Blüht 3–10.

M Schwedische Schmalwand *Arabidopsis suecica* Unterscheidet sich von der Acker-Schmalwand durch stark gezähnte oder fiederspaltige Endabschnitte. Blüten 4–5 mm und die Frucht bis 40 mm groß. Ganz vereinzelt an kiesigen Plätzen; in Skandinavien. Blüht 5–10. ▽

N *Braya linearis* Im Unterschied zur Schwedischen Schmalwand mehrjährig, mit schmal-linealischen Blättern und bis 15 mm langen Früchten. Ganz vereinzelt auf kalkigem Geröll. Blüht 7–8. ▽

O Färber-Waid *Isatis tinctoria* Zwei- oder Mehrjährige bis 1,2 m, mit einer Grundrosette flaumig behaarter, lanzettlicher Blätter. Stengelblätter grau, pfeilförmig stengelumfassend. Getrocknet und zerrieben ergeben sie eine blaue Farbe. 4 mm große, gelbe Blüten in einer verzweigten Rispe. Frucht breit geflügelt, braunpurpurn und hängend. An trockenen, oft felsigen oder kreidigen Standorten eingebürgert. Blüht 6–8. ▽

P Orientalisches Zackenschötchen *Bunias orientalis* Mehrjährige bis 1 m. Blätter bis auf die obersten fiederlappig, Blüten gelb und 15 mm im Durchmesser. Die charakteristische Frucht ist eiförmig, langgestielt und glänzend warzig. Aus Polen stammend, jedoch auf Ruderalflächen auch andernorts eingebürgert. Blüht 5–8. ▽

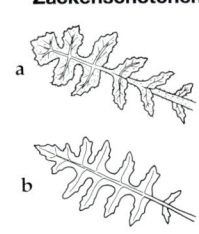

A	B	C
F	K	G
H		J
	O	
L		P

A Weg-Rauke

B Glanz-Rauke

C Loesels Rauke

F Steife Rauke

G Orientalische Rauke

H Riesen-Rauke

J Sophienkraut

K Lauchkraut

L Acker-Schmalwand

O Färber-Waid

P Orientalisches Zackenschötchen

a

b

c

d

e

f

g

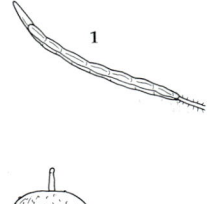

h

i

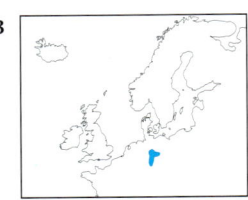

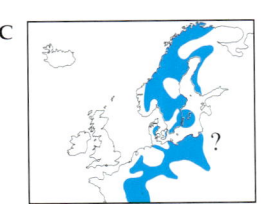

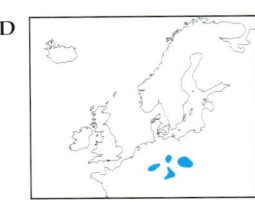

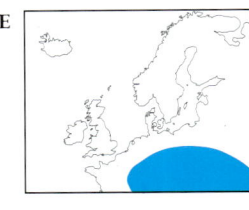

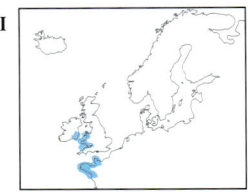

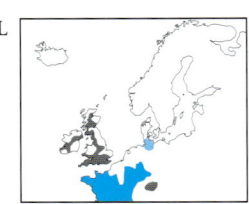

Schöterich *Erysimum* Eine schwierige Gattung; gemeinsames Merkmal der Arten sind die verzweigten Sternhaare. Blätter meist einfach oder nur schwach gelappt. Blüten gelb, Kronblätter aufrecht. Frucht eine vierkantige Schote, weniger als 3 mm breit, mit deutlich einadrigen Klappen.

A Acker-Schöterich *Erysimum cheiranthoides* Einjährige bis 90 cm, mit kantigem Stengel. Grundblätter (**a**) in kurzgestielter Rosette, einfach, nur leicht gezähnt; welken vor der Blüte. Stengelblätter ähnlich, oft ungestielt. Blüten 6–10 mm im Durchmesser. Blütenstiele 4–8 mm, länger als Kelchblätter. Frucht bis 25 mm. Auf Ackerland und Ruderalflächen. Blüht 6–9. ▽

B Brach-Schöterich *Erysimum repandum* Im Unterschied zum Acker-Schöterich sind die Kronblätter doppelt so lang wie die Kelchblätter und die Früchte 45–100 mm lang. Blätter (**b**). Ganz vereinzelt auf Ruderalflächen. Blüht 6–8. ▽

C Steifer Schöterich *Erysimum hieracifolium* Zwei- oder Mehrjährige mit zur Blütezeit 2–5 mm langen Blütenstielen (so lang wie Kelchblätter). Ruderalflächen, steinige Standorte. Blüht 6–9.

D Bleicher Schöterich *Erysimum crepidifolium* Zwei- oder Mehrjährige mit 16–18 mm großen Blüten. Frucht im Querschnitt stark zusammengedrückt. Ganz vereinzelt auf trockenem Kalkboden. Blüht 6–9. ▽

E Wohlriechender Schöterich *Erysimum odoratum* Zweijährige mit 18–20 mm großen Blüten. Frucht im Querschnitt quadratisch. Blätter (**e**). Trockene Standorte. Blüht 6–9. ▽

F Gewöhnliche Nachtviole *Hesperis matronalis* Behaarte Zwei- oder Mehrjährige bis 90 cm. Lanzettliche Blätter kurzgestielt, gezähnt und gespitzt. Blüten in dichten Trauben, 17–20 mm, violett oder weiß und duftend. Frucht eine Schote bis 10 cm. Stammt aus Polen, an grasigen Standorten aber verbreitet eingebürgert, oft als Gartenflüchtling. Blüht 5–8.

G Goldlack *Cheiranthus cheiri* Mehrjährige bis 60 cm, am Grunde verholzend und mit Sternhaaren. Blätter schmal-lanzettlich, ungezähnt. Blüten 2–3 cm im Durchmesser, orangegelb und in Trauben. Die aufrechten Kelchblätter halb so lang wie die Kronblätter. Frucht eine flache Schote bis 7 cm. Eingeführt und auf alten Mauern und Klippen verbreitet eingebürgert. Blüht 3–6. ▽

H Levkoje *Matthiola incana* Aufrechte, grauflaumig behaarte Ein- oder Mehrjährige bis 80 cm, am Grunde verholzend. Blätter lanzettlich, ungezähnt. Blüten 25–50 mm, duftend und von weiß bis purpurn changierend. Frucht bis 13 cm, ohne Drüsen. Ganz vereinzelt an Meeresklippen. Blüht 4–7. ▽

I *Matthiola sinuata* Ähnlich der Levkoje, aber nicht verholzend. Untere Blätter mit gewellten Rändern, gezähnt oder gelappt. Frucht mit deutlichen Drüsen. Ganz vereinzelt auf Meeresklippen und Dünen. Blüht 6–8. ▽

Barbarakraut *Barbarea* Zwei- oder Mehrjährige mit kantigen Stengeln, gelben Blüten und stengelumfassenden Blättern. Frucht eine vierkantige Schote mit konvexen Klappen mit einer starken Mittelrippe.

J Echtes Barbarakraut *Barbarea vulgaris* Kahle Zwei- oder Mehrjährige bis 90 cm. Untere Stengelblätter glänzend und gelappt, mit einem charakteristischen Endabschnitt, der kürzer als der Rest des Blattes ist. Obere Blätter stengelumfassend und zunehmend weniger gelappt, die obersten Blätter ungeteilt. Blüten 6–9 mm im Durchmesser, in dichten Trauben. Frucht eine vierkantige Schote bis 30 mm. Verbreitet und häufig an verschiedenen feuchten Standorten. Blüht 4–8.

K Steifes Barbarakraut *Barbarea stricta* Ähnlich dem Echten Barbarakraut, Blütenähren jedoch aufrechter (**k 1**), Blüten nur 5–6 mm und aufrechter (**k 2**), die Blütenknospen schwach behaart. Endabschnitt der unteren Blätter länger als der Rest des Blattes (**k 3**). An Fluß- und Kanalufern, Gräben, in Marschen und auf Ruderalflächen. Blüht 5–9. ▽

L Mittleres Barbarakraut *Barbarea intermedia* Im Unterschied zu den beiden vorigen Arten alle Blätter gelappt (**l**) und Grundblätter mit drei bis fünf Paar seitlichen Abschnitten. Blüten 5–6 mm, Frucht bis 30 mm lang. Zunehmend häufig an Straßenrändern, auf Ruderalflächen und Ackerland. Blüht 3–8. ▽

M Frühes Barbarakraut *Barbarea verna* Wie beim Mittleren Barbarakraut alle Blätter gelappt, Grundblätter jedoch mit fünf bis zehn Paar seitlichen Abschnitten (**m**). Blüten 7–10 mm Durchmesser, Früchte bis 60 mm. Ähnliche Standorte; stammt aus Westfrankreich. Blüht 3–8. ▽

Sumpfkresse *Rorippa* Ein- bis mehrjährige Kräuter mit gelben Blüten und stets konvexen Fruchtklappen ohne eine deutliche Mittelrippe. Samen meist in jedem Fach zweireihig.

N Wasserkresse *Rorippa amphibia* Mehrjährige bis 1,2 m, mit Ausläufern und kräftigen, aufrechten und hohlen Stengeln. Untere Blätter kurzgestielt und manchmal gelappt, obere ungestielt und nie gelappt. Blüten 5–7 mm im Durchmesser, Kronblätter doppelt so lang wie Kelchblätter. Frucht elliptisch, 3–6 mm lang, auf ausgebreiteten Stielen. Verbreitet und häufig an nassen Standorten; fehlt im hohen Norden. Blüht 6–9.

O Wildkresse *Rorippa silvestris* Mehrjährige bis 50 cm. Stengel nicht hohl, Blätter fiederlappig oder fiederspaltig. Blüten 5 mm im Durchmesser, Kronblätter doppelt so lang wie Kelchblätter. Frucht 8–18 mm, aufwärts gebogen. Verbreitet, häufig an feuchten Standorten; fehlt im hohen Norden. Blüht 6–10.

P Gewöhnliche Sumpfkresse *Rorippa palustris* Einjährige bis 60 cm, mit aufrechten, hohlen und kantigen Stengeln. Blätter fiederspaltig mit schmalen seitlichen Abschnitten. Blüten 3 mm im Durchmesser, Kronblätter etwa so lang wie die Kelchblätter. Frucht elliptisch, 4–7 mm lang. Verbreitet an feuchten Standorten, besonders mit über Winter stehendem Wasser. Blüht 6–10.

Q Ufer-Sumpfkresse *Rorippa islandica* Unterscheidet sich von der Gewöhnlichen Sumpfkresse durch halb kriechende Stengel und Früchte, die zwei- bis dreimal länger sind als ihr Stiel (bis zweimal länger bei der Gewöhnlichen Sumpfkresse). Selten, auf offenem Sand an Teichufern. Blüht 7–10.

R Österreichische Sumpfkresse *Rorippa austriaca* Mehrjährige bis 90 cm, mit unregelmäßig gezähnten, einfachen Blättern, die oberen stengelumfassend. Blüten 3 mm im Durchmesser, Kronblätter etwas länger als die Kelchblätter. Frucht selten, kugelig und etwa 3 mm im Durchmesser. Stammt aus Mitteleuropa, andernorts eingebürgert. Blüht 6–8. ▽

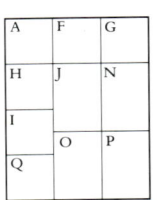

A Acker-
Schöterich

F Gewöhnliche
Nachtviole

G Goldlack

H Levkoje

I *Matthiola sinuata*

J Echtes Barbarakraut

N Wasserkresse

O Wildkresse

P Gewöhnliche
Sumpfkresse

Q Ufer-Sumpfkresse

a

b

e

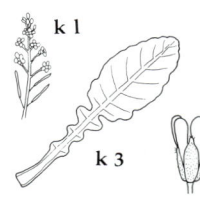
k 1

k 3

l

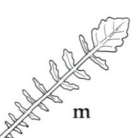
m

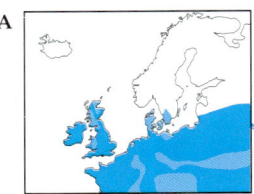

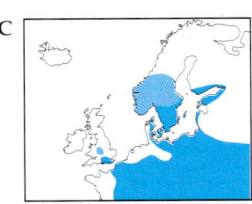

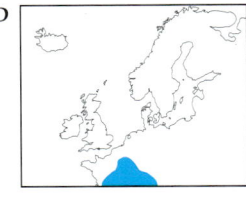

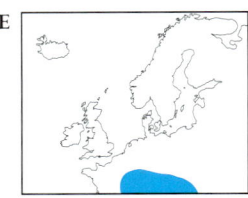

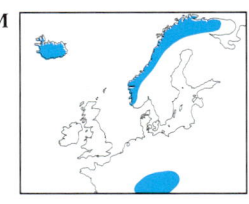

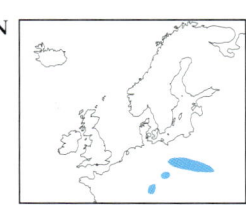

A Echte Brunnenkresse *Nasturtium officinale*
Mehrjährige mit hohlen, kriechenden oder schwimmenden, wurzelnden Stengeln. Blätter gefiedert mit runden Abschnitten, die ungezähnt oder buchtig gezähnt sind und den Winter über grün bleiben (vgl. Kleinblättrige Brunnenkresse). Blüten von 4–6 mm Durchmesser in dichten Trauben. Frucht eine Schote mit 14–18 mm, abstehend oder etwas aufgerichtet, auf 8–12 mm langen Stielen; zwei Reihen von Samen pro Fach (**a**). Verbreitet und häufig an Gräben und Bächen. Blüht 5–10. Achtung: Knotenblütiger Sellerie (siehe Seite 170) hat fein gezähnte, scheidig verwachsene Blätter und Blüten in Dolden. ▽

B Kleinblättrige Brunnenkresse *Nasturtium microphyllum* Der Echten Brunnenkresse sehr ähnlich, Früchte jedoch 16–22 mm lang und gebogen, auf 11–15 mm langem Stiel. Samen außer am Grunde meist in einer Reihe pro Fach (**b**). Ähnliche Standorte, blüht jedoch etwas später. ▽

Schaumkraut *Cardamine* Blätter gefiedert oder dreiblättrig. Wenn gefiedert, Grundblätter mit gestielten seitlichen Blättchen (im Gegensatz zu anderen *Cruciferae*). Schoten mit ungeäderten Klappen, die sich reif spiralig aufrollen und dabei oft die Samen explosionsartig freisetzen.

C Zwiebelchen-Zahnwurz *Cardamine bulbifera* Mehrjährige bis 70 cm, ohne Niederblätter. Stengelblätter ein- bis dreipaarig gefiedert; obere Blätter einfach und zur Verbreitung dienende braunviolette Bulbillen (Zwiebelchen) in den Achseln tragend. Blüten 12–18 mm im Durchmesser, blaßrosa, in kurzen, endständigen Trauben. Frucht bis 35 mm, besonders im Norden jedoch oft nicht reifend. Lokal häufig in halbschattigen Wäldern auf kalkigen oder sandigen Böden. In vielen Gebieten fehlend. Blüht 4–5. ▽

D Siebenblättchen-Zahnwurz *Cardamine heptaphylla* Mehrjährige bis 70 cm, alle Blätter gefiedert, die untersten drei- bis fünfpaarig gefiedert. Blüten 18–21 mm im Durchmesser, von Weiß bis Purpurn changierend. Frucht bis 80 mm lang. Keine Bulbillen. Selten, in Bergwäldern in Südwestdeutschland und Frankreich. Blüht 5–7. ▽

E Gefingerte Zahnwurz *Cardamine pentaphyllos* Unterscheidet sich von der Siebenblättchen-Zahnwurz durch Blätter, deren Blättchen alle handförmig vom selben Punkt entspringen. Ähnliche Standorte und Verbreitung. Blüht 5–7. ▽

F Weiße Zahnwurz *Cardamine enneaphyllos* Mehrjährige bis 70 cm, mit doppelt dreizähligen Blättern und lanzettlichen, gezähnten Blättchen. Die blaßgelben Blüten von 12–18 mm Durchmesser in nickender, gedrängter Traube. Frucht bis 80 mm. In Bergwäldern des Südostens. Blüht 4–7. ▽

G Kleeblatt-Schaumkraut *Cardamine trifolia* Mehrjährige bis 40 cm, mit dreizähligen Grundblättern, breit und spitz gezähnt und unterseits purpurn. Blüten weiß oder blaßrosa, 10–15 mm im Durchmesser. Frucht bis 25 mm. In Bergwäldern. Blüht 3–6. ▽

H Bitteres Schaumkraut *Cardamine amara* Mehrjährige bis 60 cm. Fiederblätter nicht in grundständiger Rosette; Blättchen undeutlich gezähnt und elliptisch; der Endabschnitt länger als breit. Blüten weiß, mit 12 mm Durchmesser, Staubblätter violett. Frucht bis 40 mm. Verbreitet und lokal häufig. In feuchten Wäldern und Marschen, an Bachufern. Blüht 4–6.

I Wiesen-Schaumkraut *Cardamine pratensis* Formenreiche Mehrjährige bis 60 cm, Grundblätter in einer Rosette und gefiedert, Blättchen abgerundet, Endabschnitt jedoch nierenförmig; obere Stengelblätter mit sehr schmalen, ungestielten, linealischen Blättchen. Blüten violett oder weiß, 12–18 mm im Durchmesser und mit gelben Staubblättern. Frucht bis 40 mm. Verbreitet und häufig an verschiedenen feuchten, offenen oder halbschattigen Standorten. Blüht 4–6.

J *Cardamine palustris* Im Unterschied zum Wiesen-Schaumkraut sind die Blättchen der oberen Stengelblätter elliptisch und deutlich gestielt. Blüten 18–26 mm; Frucht bis 55 mm. Verbreitet und in ähnlichen Habitaten. Blüht 4–6. ▽

K *Cardamine nymanii* Ähnlich dem Wiesen-Schaumkraut, aber schopfig. Bis 30 cm groß, mit dicken Blättern mit deutlich vertieften Adern. Frucht nur bis 18 mm. Ganz vereinzelt in feuchtem Gras und an Bächen im hohen Norden. Blüht 5–7. ▽

L *Cardamine matthiolii* Ähnlich dem Wiesen-Schaumkraut, jedoch Stengel vom Grunde an stark verzweigt und mit seitlichen Blütenähren in den Blattachseln. Blüten weiß, 9–13 mm im Durchmesser. Vereinzelt in feuchtem Gras in Deutschland. Blüht 4–6. ▽

M *Cardamine bellidifolia* Mehrjährige bis 25 cm, mit dicken, länglich-löffelförmigen Blättern in grundständiger Rosette. Stengelblätter oft fehlend. Blüten weiß, 5–10 mm im Durchmesser, in endständigen Büscheln. Frucht bis 25 mm lang. Feuchte oder kiesige Standorte in den Bergen. Blüht 6–8. ▽

N *Resedenblättriges Schaumkraut* *Cardamine resedifolia* Im Unterschied zu *C. bellidifolia* bis 30 cm groß, die oberen Stengelblätter mit drei bis sieben Abschnitten. Vereinzelt an feuchten, felsigen Standorten. Blüht 6–8. ▽

O Kleinblütiges Schaumkraut *Cardamine parviflora* Einjährige bis 30 cm. Blätter gefiedert mit schmal-linealischen Abschnitten, die oberen Blätter fünf- bis achtpaarig, die unteren drei- bis fünfpaarig. Blüten weiß, 2–4 mm. Frucht aufrecht, bis 20 mm. Vereinzelt an feuchten, oft schattigen Standorten. Blüht 5–8. ▽

P Spring-Schaumkraut *Cardamine impatiens* Ein- oder Zweijährige bis 60 cm, mit gefurchtem Stengel und deutlich gefiederten Blättern; Fiedern dreilappig. Am Blattgrund mit auffälligen, stengelumfassenden Öhrchen. Blüte 3–4 mm, weiß oder blaß grünlich, durch das Fehlen von Kronblättern unauffällig. Frucht 20–30 mm, abstehend. Feuchte, schattige Wälder. Blüht 5–8.

Q Vielstengeliges Schaumkraut *Cardamine hirsuta* Einjährige bis 30 cm, mit kahlen, aufrechten und geraden Stengeln. Blätter gefiedert, überwiegend in einer Grundrosette; Blättchen rundlich oder oval, Endabschnitt nierenförmig. Ein bis vier Stengelblätter am Hauptstengel (vgl. Wald-Schaumkraut). Blüten weiß, 3–4 mm im Durchmesser, Kronblätter oft fehlend. Frucht bis 25 mm, aufwärts gebogen und den Blütenstand deutlich überragend. Verbreitet, an verschiedenen feuchten Standorten. Blüht 2–11. ▽

R Wald-Schaumkraut *Cardamine flexuosa* Ähnlich dem Vielstengeligen Schaumkraut, aber bis 50 cm groß. Stengel hin- und hergebogen, behaart und oft oben verzweigt. Am Hauptstiel vier bis zehn Stengelblätter. Frucht den Blütenstand nur schwach überragend. Verbreitet an feuchten oder nassen Standorten. Blüht 3–9.

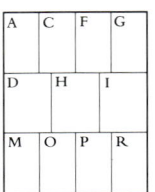

A	C	F	G
D	H	I	
M	O	P	R

A Echte Brunnenkresse

C Zwiebelchen-Zahnwurz

D Siebenblättrige Zahnwurz

F Weiße Zahnwurz

G Kleeblatt-Schaumkraut

H Bitteres Schaumkraut

I Wiesen-Schaumkraut

M *Cardamine bellidifolia*

O Kleinblütiges Schaumkraut

P Spring-Schaumkraut

R Wald-Schaumkraut

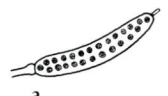

a

b

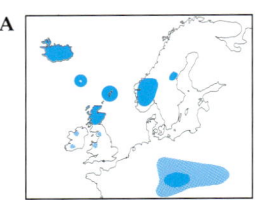

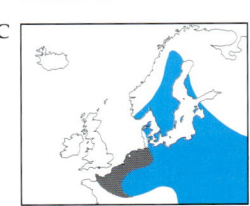

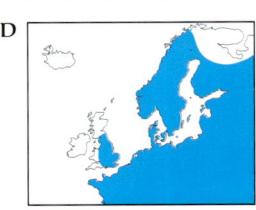

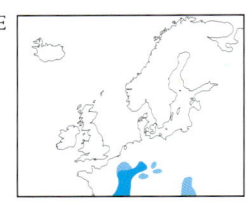

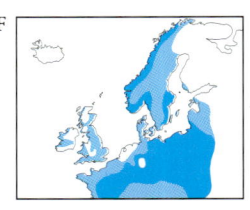

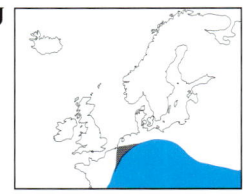

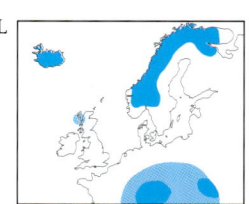

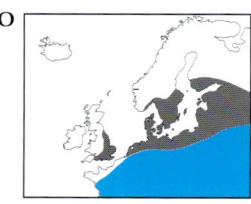

Schaumkresse *Cardaminopsis* Unterscheidet sich vom Schaumkraut durch Fruchtklappen mit einer starken Mittelrippe, die sich nicht spiralig aufrollen (**1**). Same beult die Schote im Gegensatz zu *Arabis* deutlich aus (siehe unten). Falls das bei *Arabis* doch der Fall ist, fehlt eine deutliche Mittelrippe.

A Felsen-Schaumkresse *Cardaminopsis petraea* Formenreiche Mehrjährige bis 30 cm, unten behaart. Grundblätter lanzettlich, leierförmig fiederspaltig in einer Rosette; Stengelblätter schmal-länglich, nur schwach gezähnt oder ungezähnt, nicht stengelumfassend. Die wenigen Blüten weiß oder purpurn, 5−7 mm im Durchmesser. Frucht bis 45 mm, aufwärts gebogen. Klappen dreiadrig, mit deutlicher Mittelrippe. Im Gebirge zwischen Felsen und im Geröll. Blüht 6−8. ▽

B Wiesen-Schaumkresse *Cardaminopsis halleri* Unterscheidet sich von der Felsen-Schaumkresse durch abgerundete oder (falls sie gelappt sind) wenigstens mit rundem Endabschnitt versehene Grundblätter. Felsige Standorte im Bergland; fehlt im Norden. Blüht 4−5. ▽

C Sandkresse *Cardaminopsis arenosa* Ein- oder Mehrjährige, 10−70 cm hoch. Im Unterschied zur Felsen-Schaumkresse stark verzweigt und vielblütig; Blüten weiß oder violett, 7−9 mm im Durchmesser. Frucht bis 45 mm, aufwärts gebogen. Verbreitet und häufig; auf Kalkfelsen oder sandigen Böden. Blüht 4−6. ▽

Gänsekresse *Arabis* Mit zahlreichen, ungestielten Stengelblättern und stark abgeflachter Schote, deren Klappen ohne deutliche Mittelrippe sind.

D Kahle Gänsekresse *Arabis glabra* Zweijährige bis 1 m. Grundblätter flaumig behaart, länglich, langgestielt und buchtig gezähnt; Stengelblätter 30−50 mm lang, kahl, graugrün und deutlich pfeilförmig, stengelumfassend und unregelmäßig gezähnt. Blüten gelblich oder grünlich, 6 mm im Durchmesser und in einer endständigen Traube. Frucht bis 60 mm, aufrecht dem Stengel anliegend. Auf trockenen, oft sandigen Böschungen, Heiden und auf beschatteten Felsen. Blüht 5−7. ▽

E *Arabis pauciflora* Unterscheidet sich von der Kahlen Gänsekresse durch kahle Grundblätter; Stengelblätter in der Mitte verschmälert. Frucht bis 80 mm. Auf trockenem Grasland im Bergland. Blüht 5−7. ▽

F Rauhhaarige Gänsekresse *Arabis hirsuta* Formenreiche Zweijährige oder kurzlebige Mehrjährige bis 60 cm. Stengel und Blätter deutlich behaart. Grundblätter in einer Rosette, eiförmig, kaum gezähnt; Stengelblätter ungezähnt (manchmal mit wenigen Zähnen), halb stengelumfassend und deutlich aufrecht. Blüten zahlreich, weiß, 3−5 mm im Durchmesser, in gedrängtem Blütenstand. Frucht bis 35 mm, aufrecht. Verbreitet und lokal häufig in kalkigem Grasland. Blüht 5−8.

G Gerards Gänsekresse *Arabis planisiliqua* Unterscheidet sich von der Rauhhaarigen Gänsekresse durch rötliche Stengel und pfeilförmige Stengelblätter mit stengelumfassendem Grund. Schote zwischen den Samen eingeschnürt. Verbreitet in Mooren und kalkigen Gebieten, fehlt aber in Skandinavien. Blüht 5−7. ▽

H Pfeilblättrige Gänsekresse *Arabis sagittata* Unterscheidet sich von Gerards Gänsekresse durch Stengelblätter mit ausgebreiteten Endabschnitten. Ähnliche Standorte. Blüht 5−7. ▽

I Turm-Gänsekresse *Arabis turrita* Behaarte Zwei- oder Mehrjährige bis 70 cm. Stengel unten oft rötlich. Grundblätter länglich in einer Rosette, buchtig gezähnt; Stengelblätter 30−50 mm, unregelmäßig gezähnt und mit abgerundetem Blattgrund, stengelumschließend. Blüten blaßgelb, 7−9 mm im Durchmesser. Früchte charakteristisch einseitswendig (**i**), bis 15 cm lang. An felsigen Standorten und alten Mauern. Blüht 4−7. ▽

J Öhrchen-Gänsekresse *Arabis recta* Behaarte Einjährige bis 30 cm. Grundblätter länglich, ungezähnt und früh verwelkend; Stengelblätter stumpf-pfeilförmig und mit runden Blattabschnitten, stengelumfassend. Blüten weiß, bis 5 mm im Durchmesser. Frucht bis 35 mm und abstehend. In den Bergen auf Felsen und im Geröll. Blüht 4−6. ▽

K Steife Gänsekresse *Arabis stricta* Rauh behaarte Mehrjährige bis 25 cm (meist viel kleiner). Ein oder mehrere, unten purpurne Stengel, Grundrosette aus dunkelgrün glänzenden, buchtig gelappten, länglichen Blättern. Im Unterschied zur Rauhhaarigen Gänsekresse mit nur ein bis vier Stengelblättern, teilweise stengelumfassend. Weniger als fünf milchig-weiße, 6−8 mm große Blüten pro Stengel. Frucht bis 50 mm. Sehr selten auf Kalkfelsen. Blüht 3−6. ▽

L Alpen-Gänsekresse *Arabis alpina* Behaarte Mehrjährige bis 40 cm, kriechend und rasenbildend. Grundblätter länglich, grob gezähnt, in einer Rosette; Stengelblätter ähnlich, aber mit runden Abschnitten stengelumfassend (vgl. Felsen-Schaumkresse). Blüten weiß, 6−10 mm im Durchmesser. Frucht bis 35 mm, abstehend und aufwärts gebogen. Auf feuchten Felsgraten und Geröll in den Bergen. Blüht 5−7. ▽

M Garten-Silberblatt *Lunaria annua* Zweijährige bis 1,5 m, mit dicht behaartem Stengel, oben verzweigt. Blätter grob und unregelmäßig gezähnt, die oberen fast oder ganz ungestielt. Blüten rötlich-purpurn, selten weiß, 25−30 mm im Durchmesser. Frucht rund oder oval, abgeflacht. Verbreitet, Gartenflüchtling. Blüht 4−6. ▽

N Ausdauerndes Silberblatt *Lunaria rediviva* Mehrjährige bis 1,5 m, ähnlich dem Garten-Silberblatt, obere Blätter jedoch gestielt. Blüten 20−25 mm, Frucht abgeflacht und mit elliptischem Umriß. Verbreitet in feuchten, schattigen Wäldern, besonders auf Kalk; fehlt im Norden und Westen. Blüht 5−7. ▽

O Kelch-Steinkraut *Alyssum alyssoides* Grau behaarte Ein- oder Zweijährige bis 25 cm. Blätter bis 30 mm, lanzettlich, gestielt und ungezähnt. Blüten mit 3 mm Durchmesser, blaßgelb ausbleichend und in dichten Trauben. Frucht eine abgerundete Schote, 3−4 mm im Durchmesser; Kelchblätter an der Frucht bleibend. Auf offenem, sandigen oder kalkigem Gras- oder Ackerland. Blüht 4−6. ▽

P Berg-Steinkraut *Alyssum montanum* Unterscheidet sich vom Kelch-Steinkraut durch hellgelbe Blüten von 5 mm Durchmesser. Felsige Standorte in den Bergen. Blüht 4−6. ▽

Q Grau-Kresse *Berteroa incana* Unterscheidet sich vom Kelch-Steinkraut durch weiße Blüten von 5−8 mm Durchmesser und tief ausgerandete Kronblätter (ungewöhnlich für *Cruciferae*). Frucht elliptisch, flaumig behaart, 5−8 mm im Durchmesser. Auf Ackerland und Ruderalflächen, meist sandigen Böden. Blüht 6−10.

A	C	F	
D	I	J	K
L	N	O	Q

A Felsen-Schaumkresse

C Sandkresse

D Kahle Gänsekresse

F Rauhhaarige Gänsekresse

I Turm-Gänsekresse

J Öhrchen-Gänsekresse

K Steife Gänsekresse

L Alpen-Gänsekresse

N Ausdauerndes Silberblatt

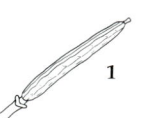

1

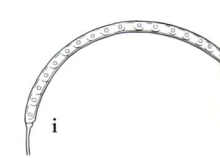

i

O Kelch-Steinkraut

Q Grau-Kresse

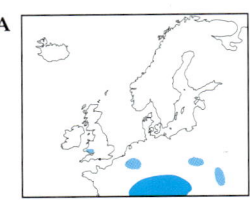

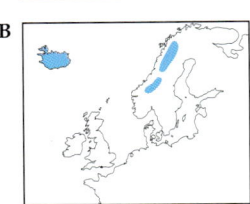

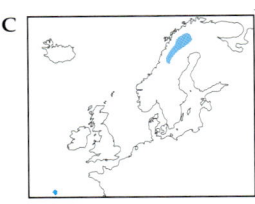

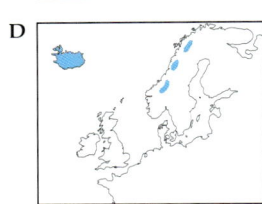

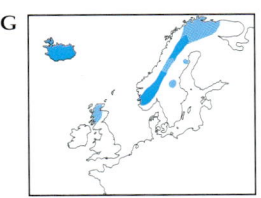

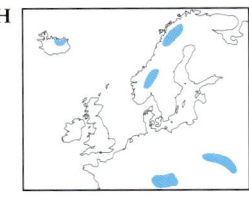

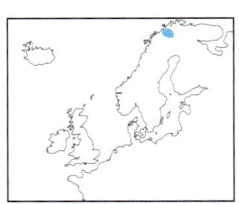

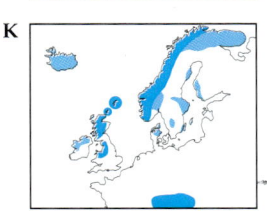

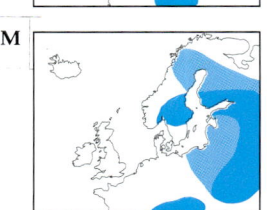

Felsenblümchen *Draba* Blätter einfach. Wenige oder keine Stengelblätter, nur in Ausnahmen zahlreich (*Draba incana*, Mauer-Felsenblümchen und Hain-Felsenblümchen). Frucht (**1**) eine vielsamige Schote mit flachen Klappen und nur im unteren Teil erkennbarer Mittelrippe. Kronblätter nicht tief gespalten (vgl. Frühlings-Hungerblümchen).

(**1**) Blüten hellgelb.

A Immergrüne Felsenblümchen *Draba aizoides* Schopfige Mehrjährige von höchstens 15 cm Größe. Blätter nur in Grundrosetten, lineal-lanzettlich und steif, am Rand bewimpert; mit langer Wimperspitze. Blüten 8–9 mm im Durchmesser, hellgelb, in dichten, endständigen Trauben. Frucht 6–12 mm. Ganz vereinzelt auf Klippen, felsigen Standorten in den Bergen und auf alten Mauern; hauptsächlich eine süd- und mitteleuropäische Art. Blüht 3–5. ▽

B *Draba alpina* Formenreiche, dicht-schopfige und behaarte Mehrjährige bis 20 cm. Die elliptischen Blätter nur in Grundrosetten. Blüten hellgelb, 4–8 mm, in dichten, endständigen Trauben. Frucht 4–10 mm. Ganz vereinzelt an felsigen und kiesigen Standorten der Arktis und Subarktis. Blüht 7–8. ▽

(**2**) Blüten blaßgelb, milchig oder weiß.

(**a**) Stengelblätter wenige (bis vier) oder fehlend.

C *Draba crassifolia* Schopfige Mehrjährige bis 7 cm, mit kahlen Stengeln und dicken, aber weichen, löffelförmigen Grundblättern; Stengelblätter fehlen. Wenige Blüten, blaßgelb, 3–4 mm im Durchmesser. Frucht bis 7 mm. Ganz vereinzelt an steinigen Standorten der Arktis. Blüht 6–7. ▽

D *Draba nivalis* Dicht-schopfige, behaarte Mehrjährige bis 5 cm. Blätter blaugrün, schmal-länglich, ungezähnt und meist nur in einer Grundrosette; dicht mit Sternhaaren besetzt. Blüten weiß, 5–6 mm im Durchmesser, in einer dichten, zwei- bis fünfblütigen Traube. Frucht 4–9 mm, kahl. Ganz vereinzelt auf Geröll und felsigen Bergstandorten der Arktis und Subarktis. Blüht 6–7. ▽

E *Draba subcapitata* Im Unterschied zu *D. nivalis* sowohl mit Sternhaaren als auch mit einfachen Haaren auf den Blättern. Auf felsigen Standorten und Geröll; Spitzbergen. Blüht 6–7. ▽

F *Draba cacuminum* Wie *Draba subcapitata*, jedoch mit behaarter Frucht. An felsigen Standorten der norwegischen Berge. Blüht 6–7. ▽

G *Draba norvegica* Formenreiche, schopfige, behaarte Mehrjährige; zur Blüte bis 5 cm groß. Stengel sternhaarig. Blätter in einer Grundrosette, meist mit einfachen Haaren, überwiegend ungezähnt. Stengelblätter fehlen, in Ausnahmefällen ein bis zwei vorhanden. Blüten weiß, 4–5 mm im Durchmesser, mit ausgerandeten Kronblättern. Frucht bis 6 mm. Auf Geröll und felsigen Standorten der Berge; hauptsächlich in Arktis und Subarktis. Blüht 7–8. ▽

H Fladnizer Felsenblümchen *Draba fladnizensis* Schopfige Mehrjährige, zur Blütezeit bis 10 cm groß, überwiegend kahl. Blätter länglich, in einer Grundrosette, am Rande etwas bewimpert. Blüten weiß, 3–5 mm, mit ganzrandigen Kronblättern. Frucht bis 8 mm. Ganz vereinzelt in Rasen und an Felsen im Gebirge. Blüht 6–8. ▽

I *Draba daurica* Mehrjährige, kräftiger als die oben stehenden *Draba*-Arten und bis 25 cm groß. Stengel hin- und hergebogen, wenigstens unten sternhaarig. Blätter sowohl in Grundrosette (mit wenigen kleinen Zähnen und dicht behaart) als auch am Stengel (gezähnt). Blüte 6–8 mm, weiß oder milchig, mit ganzrandigen Kronblättern, in dichten, 8–20blütigen Trauben. Frucht 8–12 mm. Ganz vereinzelt auf Felsen und Geröll der Berge. Blüht 6–8. ▽

J *Draba cinerea* Der vorherigen Art sehr ähnlich, aber mit oben und unten dicht behaarten Stengeln. Sehr selten, auf Felsen und steinigen Standorten. Blüht 6–8. ▽

(**b**) Stengelblätter außer bei Zwergpflanzen meist zahlreich (mehr als vier).

K *Draba incana* Kräftige Zwei- oder Mehrjährige, bis 35 cm groß, meist mit zahlreichen Stengelblättern. Grundblätter in einer Rosette, lanzettlich, haarig und schwach oder gar nicht gezähnt; Stengelblätter lanzettlich, meist grob gezähnt und dicht haarig. Blüten weiß, 3–5 mm im Durchmesser, in einer 10–40blütigen, endständigen Traube; Kronblätter leicht ausgerandet. Frucht kahl, bis 9 mm groß und zur Reifezeit gedreht. Vereinzelt auf Felsen und Klippen, besonders auf Kalk; meist in den Bergen, gelegentlich jedoch auf Dünen. Blüht 6–7. ▽

L Mauer-Felsenblümchen *Draba muralis* Sehr ähnlich *Draba incana*, aber nur schwach behaart, bis 30 cm groß. Stengelblätter breit-oval, stengelumfassend. Blüten 2–3 mm groß, mit weißen, ganzrandigen Kronblättern. Frucht bis 6 mm lang, reif nicht gedreht; Fruchtstiel so lang oder etwas länger als die Frucht. Unbeständig auf Mauern oder Felsen, hauptsächlich auf Kalk. Blüht 4–5. ▽

M Hain-Felsenblümchen *Draba nemorosa* Dem Mauer-Felsenblümchen sehr ähnlich, Stengel jedoch oben kahl und die Blüten zuerst blaßgrün, dann weiß ausbleichend. Fruchtstiele viel länger als die Frucht. An felsigen Standorten oder auf Ruderalflächen. Blüht 4–6. ▽

N Frühlings-Hungerblümchen *Erophila verna* Einjährige bis 20 cm, unten schwach behaart. Blätter in einer Grundrosette, elliptisch oder lanzettlich. Blüten weiß, 3–6 mm im Durchmesser, mit tief zweiteiligen Kronblättern (dies unterscheidet *Erophila* von den *Draba*-Arten). Frucht bis 9 mm. Verbreitet und häufig auf offenen Böden, auf Felsen und Steinen, fehlt jedoch in einem großen Teil Skandinaviens. Blüht 3–6.

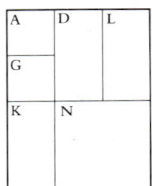

A Immergrünes Felsenblümchen

D *Draba nivalis*

G *Draba norvegica*

K *Draba incana*

L Mauer-Felsenblümchen

N Frühlings-Hungerblümchen

1

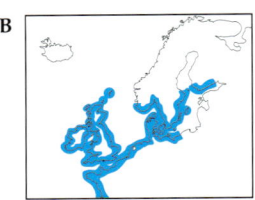

B

E

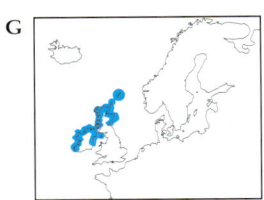

G

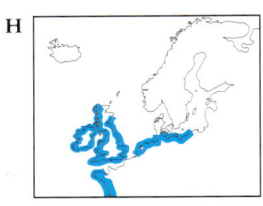

H

I

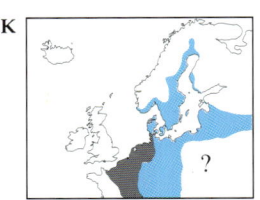

K

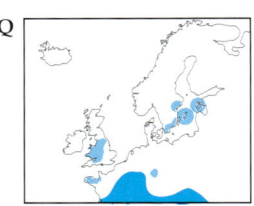

Q

R

Löffelkraut *Cochlearia* Ein- oder Mehrjährige mit einfachen, oft fleischigen Blättern. Blüten weiß oder rötlich, mit sechs Staubblättern. Frucht eine geschwollene, abgerundete Schote. Oft nahe der Küste.

(1) Pflanzen ohne Stengelblätter.

A *Cochlearia groenlandica* Zwei- oder Mehrjährige bis 15 cm, mit zahlreichen kräftigen, blattlosen Stengeln und nierenförmigen Grundblättern. Blüten weiß, 4−6 mm im Durchmesser. Frucht elliptisch, 3−6 mm. An sandigen, steinigen Standorten an der Küste sowie im Binnenland; in Island und Spitzbergen. Blüht 6−9. ▽

(2) Obere Stengelblätter gestielt.

B **Dänisches Löffelkraut** *Cochlearia danica* Einjährige bis 20 cm. Grundblätter langgestielt, rundlich mit herzförmigem Grund; obere Stengelblätter gestielt, die untersten wie Efeublätter mit drei bis sieben Abschnitten. Blüten weiß oder blaß malvenfarbig, Durchmesser 4−6 mm. Frucht eiförmig, bis 6 mm. Lokal häufig auf Meeresklippen, Sand oder Mauern; gelegentlich im Binnenland auf Ruderalstellen. Blüht 4−8. ▽

(3) Obere Stengelblätter ungestielt; Grundblätter mit herzförmigem Grund.

C **Echtes Löffelkraut** *Cochlearia officinalis* Sehr formenreiche Zwei- oder Mehrjährige bis 50 cm. Nierenförmige Grundblätter länger als 20 mm, Stengelblätter länglich und oft grob gezähnt, die oberen stengelumfassend. Blüten weiß, 8−10 mm. Frucht eiförmig, 7−10 mm und länger als ihr Stiel. Verbreitet in Salzmarschen, Klippen und Mauern am Meer sowie auf basischem Gestein in den Bergen. Blüht 4−9. ▽

D **Pyrenäen-Löffelkraut** *Cochlearia pyrenaica* Unterscheidet sich vom Echten Löffelkraut durch kleinere Grundblätter (unter 20 mm), kleinere Blüten (5−8 mm); die elliptischen Früchte sind unten und oben verschmälert und kürzer als ihr Stiel. Binnenlandart in den Bergen, an felsigen Standorten; Abraumhalden (besonders Zink oder Blei), Bachränder oder Wiesen. Blüht 6−9. ▽

E *Cochlearia aestuaria* Unterscheidet sich vom Pyrenäen-Löffelkraut durch die an der Spitze gestutzte oder gekerbte Frucht (**e**). In Schlamm an der Küste. Blüht 5−9. ▽

F *Cochlearia fenestrata* Frucht im Gegensatz zu *C. aestuaria* drei- bis viermal länger als breit (**f 1**). Blätter (**f 2**). An felsigen oder kiesigen Standorten der Arktis und Subarktis. Blüht 6−8. ▽

G *Cochlearia scotica* Zwergform, nur bis 5 cm. Kronblätter quadratisch, blaß malvenfarbig oder manchmal weißlich, Blüten nur 5−6 mm im Durchmesser. Blätter (**g**). An der Küste auf Sand oder Felsen. Blüht 6−8. ▽

(4) Obere Stengelblätter ungestielt; Grundblätter in einen Stiel verschmälert.

H **Englisches Löffelkraut** *Cochlearia anglica* Zwei- oder Mehrjährige bis 35 cm, mit recht kräftigen Stengeln. Längliche Grundblätter unten verschmälert, oft mit ein paar Zähnen; obere Blätter stengelumfassend. Blüten weiß, 10−14 mm im Durchmesser. Frucht elliptisch und zusammengedrückt, 8−15 mm. Lokal häufig; in Küstenschlamm und Mündungen. Blüht 4−7. ▽

I **Kugelschötchen** *Kernera saxatilis* Verzweigte Mehrjährige bis 30 cm. Sowohl mit Grundrosette als auch mit Stengelblättern. Stengelblätter

lanzettlich, stengelumfassend; Grundblätter löffelförmig oder lanzettlich, oft gezähnt. Blüten weiß, in lockeren Trauben; Kronblätter abgerundet. An felsigen Standorten (Kalk). Blüht 6−8. ▽

Leindotter *Camelina* Ein- oder Mehrjährige, von denen die hier aufgeführten Arten alle pfeilförmige Blätter und gelbe Blüten haben. Früchte oval oder deutlich birnenförmig, mit vielen Samen (vgl. mit dem einsamigen Finkensame, unten).

J **Saat-Leindotter** *Camelina sativa* Kahle Einjährige bis 70 cm. Blüten gelb, 3−4 mm. Frucht gelblich und elliptisch, 6−9 mm. Unbeständig auf Ackerland; möglicherweise in prähistorischen Zeiten als Feldfrucht angebaut. Blüht 5−7. ▽

K **Kleinfrüchtiger Leindotter** *Camelina microcarpa* Unterscheidet sich vom Saat-Leindotter durch haarige Stengel und eine graugrüne Frucht. Selten und unbeständig auf Ackerland. Blüht 5−7. ▽

L **Gezähnter Leindotter** *Camelina alyssum* Unterscheidet sich vom Kleinfrüchtigen Leindotter durch eine an der Spitze gezähnte und gekerbte Frucht, die weiche Klappen hat und sich leicht zusammendrücken läßt. Selten und unbeständig auf Ackerland. Blüht 5−7. ▽

M *Camelina macrocarpa* Frucht 10−12 mm groß. Selten, auf Ackerland. Blüht 5−7. ▽

N **Finkensame** *Neslia paniculata* Behaarte Einjährige bis 60 cm. Blätter lanzettlich-pfeilmig, die Stengelblätter stengelumfassend. Blüten hellgelb, 3−4 mm, in verzweigten Trauben. Frucht ein rundes, runzliges Schötchen von 3−4 mm. Ruderalflächen. Blüht 6−9. ▽

O **Hirtentäschelkraut** *Capsella bursa-pastoris* Ein- oder Zweijährige bis 40 cm, stumpf grün. Grundblätter länglich-lanzettlich, ungeteilt oder gezähnt; obere Blätter meist gezähnt, stengelumfassend. Blüten weiß, 2−3 mm, in lockeren Trauben; Kronblätter bis zu doppelt so lang wie die Kelchblätter. Frucht deutlich dreieckig, abgeflacht und ausgerandet. Ruderalflächen. Blüht 1−12.

P **Rötliches Hirtentäschelkraut** *Capsella rubella* Unterscheidet sich vom Hirtentäschelkraut durch rosa oder rote Blütenknospen und Kronblätter, die rosa oder rot überlaufen sind und die Kelchblätter kaum überragen. Frucht kaum ausgerandet. Stärker vereinzelt an ähnlichen Standorten. Blüht 1−12. ▽

Q **Steppenkresse** *Hornungia petraea* Zarte Einjährige bis 15 cm, Stengel oft am Grunde verzweigt. Gestielte Grundblätter in einer Rosette, gefiedert mit elliptischen Abschnitten; Stengelblätter ähnlich, aber ungestielt. Blüten winzig (etwa 1 mm), grünlich-weiß. Frucht ein abgeflachtes Schötchen von 2−4 mm, auf einem abstehenden Stiel. Lokal häufig auf Kalkfelsen oder sandigen Standorten. Blüht 3−5. ▽

R **Salztäschel** *Hymenolobus procumbens* Der Steppenkresse sehr ähnlich, Stengel jedoch meist niederliegend, Stengelblätter ganzrandig und Blüten 2−3 mm im Durchmesser. Auf Sand, oft nahe der Küste. Blüht 4−6. ▽

S **Bauernsenf** *Teesdalia nudicaulis* Ein- oder Zweijährige bis 25 cm, mit wenigen oder gar keinen Stengelblättern und einer Grundrosette aus fiederlappigen Blättern. Blüten 2 mm, auffällig mit weißen Kronblättern, von denen zwei viel kürzer sind als das andere Paar. Frucht herzförmig, oben ausgerandet und 3−4 mm groß. Auf trockenem Sand oder Kies. Blüht 4−6. ▽

B	C	D	
H	I	K	
O	N	P	
Q	R	S	

B Dänisches Löffelkraut

C Echtes Löffelkraut

D Pyrenäen-Löffelkraut

H Englisches Löffelkraut

I Kugelschötchen

K Kleinfrüchtiger Leindotter

N Finkensame

O Hirtentäschelkraut

P Rötliches Hirtentäschelkraut

Q Steppenkresse

R Salztäschel

S Bauernsenf

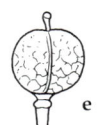

e

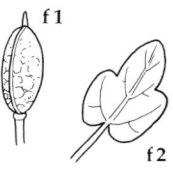

f 1

f 2

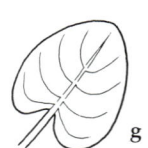

g

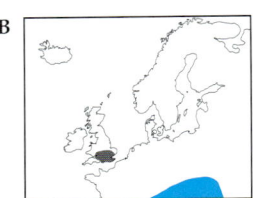

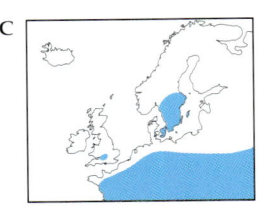

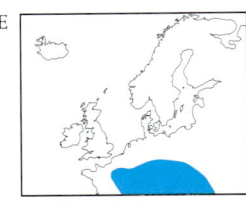

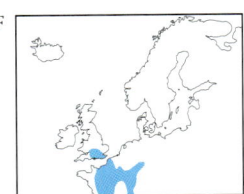

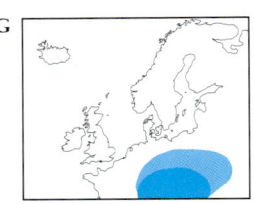

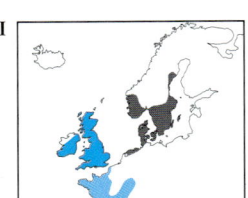

Hellerkraut *Thlaspi* Stengelblätter ungestielt und oft stengelumfassend. Blüten weiß, gelegentlich violett. Frucht ein abgeflachtes, an der Spitze ausgerandetes Schötchen mit geflügelten und gekielten Klappen. Zwei oder mehr Samen pro Fach (vgl. Kresse, unten).

A Acker-Hellerkraut *Thlaspi arvense* Kahle Einjährige bis 50 cm, beim Zerdrücken unangenehm riechend. Ohne Grundblattrosette; Stengelblätter lanzettlich, gezähnt und mit pfeilförmigem Grund, stengelumfassend. Blüten weiß, 4–6 mm, mit gelben Staubblättern. Frucht ein tief ausgerandetes, kreisrundes Schötchen von 10–15 mm Durchmesser. Verbreitet und häufig als Ackerunkraut oder ruderal. Blüht 5–7.

B Lauch-Hellerkraut *Thlaspi alliaceum* Dem Acker-Hellerkraut sehr ähnlich, Stengel unten jedoch behaart, Frucht herzförmig, schmal geflügelt und an der Spitze leicht ausgerandet. Ähnliche Standorte. Blüht 4–6. ▽

C Stengelumfassendes Hellerkraut *Thlaspi perfoliatum* Überwinternde Einjährige bis 25 cm. Grundblätter in einer Rosette, graugrün, länglich und oft gezähnt; Stengelblätter mit abgerundetem Grund, stengelumfassend. Blüten 3–4 mm, mit gelben Staubblättern. Frucht herzförmig, 4–6 mm lang und breit geflügelt, Griffel sehr kurz. Lokal auf offenen oder steinigen Böden, meist auf Kalk. Blüht 4–5.

D Voralpen-Hellerkraut *Thlaspi alpestre* Dem Stengelumfassenden Hellerkraut ähnlich, jedoch mehrjährig, mit ungezähnten Blättern. Blüten weiß oder violett, 3–4 mm, mit violetten Staubblättern; Griffel die Ausrandung der Frucht gerade oder deutlich überragend. Ganz vereinzelt auf Kalkfelsen, Geröll oder dem Abraum von Bleiminen. Blüht 4–8. ▽

E Berg-Hellerkraut *Thlaspi montanum* Unterscheidet sich von Voralpen-Hellerkraut durch große, weiße Blüten von 9–12 mm mit gelben Staubblättern. Griffel die Ausrandung der Frucht deutlich überragend. Ganz vereinzelt auf Kalkfelsen. Blüht 4–6. ▽

F Bittere Schleifenblume *Iberis amara* Einjährige bis 30 cm, oben charakteristisch verzweigt und mit löffelförmigen, oft gezähnten Grundblättern. Weiße oder malvenfarbene Blüten in abgeflachten Blütenständen, die beiden äußeren Kronblätter viel länger als die inneren. Frucht ein abgerundetes, tief ausgerandetes und geflügeltes Schötchen. Auf kalkigem Grasland, besonders an Ruderalstellen. Blüht 7–8. ▽

G Glattes Brillenschötchen *Biscutella laevigata* Behaarte Mehrjährige bis 30 cm. Grundblätter lanzettlich; tief gelappt und nur ein oder zwei Stengelblätter. Blüten gelb, 6–10 mm, in verzweigten Trauben. Frucht charakteristisch mit zwei beinahe kreisrunden Abschnitten. Auf offenem Kalkfelsen oder gelegentlich auf kalkigen Böden. Blüht 5–7. ▽

Kresse *Lepidium* Ähnlich dem Hellerkraut, Früchte jedoch mit nur einem Samen (statt zwei oder mehr) pro Fach.

(1) Frucht so lang wie oder länger als ihr Stiel.

H Feld-Kresse *Lepidium campestre* Graue, behaarte Ein- oder Zweijährige bis 60 cm. Grundblätter oval-lanzettlich, ungezähnt und früh welkend; Stengelblätter pfeilförmig stengelumfassend. Blüten weiß, bis 2 mm, mit gelben Staubblättern. Frucht von der Seite betrachtet wie eine Kohlenschaufel geformt, 5–6 mm, ausgerandet

und mit kleinen, weißen Bläschen bedeckt. Griffel so lang wie Ausrandung tief. Fruchtstiele waagrecht abstehend, aber Frucht aufrecht. Verbreitet und lokal häufig, auf trockenem Gras- oder Ackerland und Ruderalflächen. Blüht 5–8. ▽

I Verschiedenblättrige Kresse *Lepidium heterophyllum* Im Unterschied zur vorhergehenden Art mehrjährig. Staubblätter violett, Frucht glatt, Griffel überragt die Ausrandung (**i**). Auf ähnlichen Standorten. Blüht 5–8. ▽

J *Lepidium hirtum* Im Unterschied zur Feld-Kresse mehrjährig. Die behaarten Früchte ohne Bläschen, der Griffel überragt die Ausrandung (**j 2**). Blätter (**j 1**). Ähnliche Standorte. Blüht 5–8. ▽

K Garten-Kresse *Lepidium sativum* Im Unterschied zur Feld-Kresse mit gelappten und nicht stengelumfassenden Stengelblättern, von denen die obersten linealisch sind. Ähnliche Standorte. Blüht 5–8.

(2) Frucht kürzer als ihr Stiel; oberer Teil der Frucht nicht breit, sondern oft schmal geflügelt.

L Dichtblütige Kresse *Lepidium densiflorum* Graue Ein- oder Zweijährige bis 60 cm, mit tief gezähnten, langgestielten, elliptischen Grundblättern (**l 1**). Blüten grünlich-weiß, 2 mm. Frucht nur leicht ausgerandet (**l 2**). Selten, auf Ruderalflächen. Blüht 5–7. ▽

M Schutt-Kresse *Lepidium ruderale* Ein- oder Zweijährige mit unangenehmem Geruch beim Zerreiben. Grundblätter tief fiederspaltig, mit langen, schmalen Abschnitten; obere Stengelblätter länglich und ungezähnt. Blüten winzig (1 mm), grünlich, Kronblätter meist fehlend. Früchte klein und elliptisch, tief ausgerandet. Auf Ruderalflächen, oft nahe der Küste. Blüht 5–7.

N Durchwachsenblättrige Kresse *Lepidium perfoliatum* Ein- oder Zweijährige bis 40 cm. Obere Stengelblätter eiförmig, zugespitzt und mit überlappenden Öhrchen stengelumfassend (**n 1**), so daß sie den Stengel scheinbar umwachsen; untere Blätter fiederlappig. Blüten blaßgelb, 1–2 mm. Frucht abgerundet, kaum ausgerandet (**n 2**). Selten, auf Ackerland oder Ruderalflächen. Blüht 5–6. ▽

O Breitblättrige Kresse, Pfefferkraut *Lepidium latifolium* Große Mehrjährige bis 1,2 m. Die ovalen Blätter bis 30 cm groß und gezähnt (**o 1**), die unteren gestielt. Weiße Blüten (2–3 mm im Durchmesser) in einer dichten, pyramidenförmigen Rispe. Frucht abgerundet, 2 mm groß, nicht oder kaum ausgerandet (**o 2**). In Salzwiesen und auf nassen, sandigen Standorten. Blüht 5–7. ▽

P Grasblättrige Kresse *Lepidium graminifolium* Mehrjährige bis 60 cm, dunkelgrün. Rosettenblätter gezähnt oder fiederspaltig, früh welkend. Untere Stengelblätter bis 50 mm, einfach, ungezähnt und spitz. Obere Stengelblätter linealisch, schmal und ungezähnt. Frucht oval und spitz, nicht ausgerandet. Blüht 5–7. ▽

Q Pfeilkresse *Cardaria draba* Formenreiche Mehrjährige bis 90 cm, grün oder graugrün und gelegentlich behaart. Grund- und Stengelblätter eiförmig oder lanzettlich; veränderlich gezähnt. Stengelblätter mit runden oder spitzen Öhrchen stengelumfassend. Frucht herzförmig, aufgedunsen, die Klappen nicht aufspringend. Verbreitet und an verschiedenen Standorten häufig, auch auf Ackerland, Ruderalflächen und Salzmarschen. Blüht 4–10.

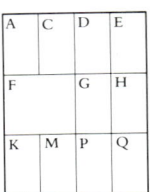

A	C	D	E
F		G	H
K	M	P	Q

A Acker-Hellerkraut

C Stengelumfassendes Hellerkraut

D Voralpen-Hellerkraut

E Berg-Hellerkraut

F Bittere Schleifenblume

G Glattes Brillenschötchen

H Feld-Kresse

K Garten-Kresse

M Schutt-Kresse

P Grasblättrige Kresse

Q Pfeilkresse

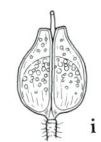

i

j 2   j 1

l 2   l 1

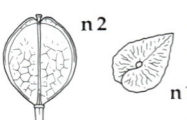

n 2   n 1

o 2   o

C

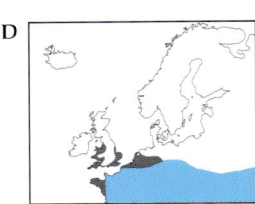

D

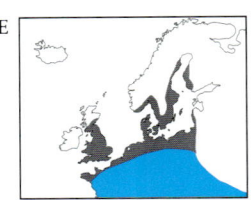

E

F

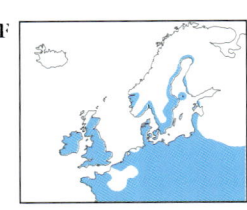

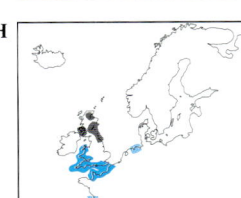

H

A Warziger Krähenfuß *Coronopus squamatus*
Niederliegende Ein- oder Zweijährige bis 30 cm. Aufsteigende Stengel tragen hellgrüne, fiederteilige Blätter mit grob gezähnten Abschnitten. Blüten weiß, 2,5 mm im Durchmesser, in dichten Trauben blattgegenständig oder in den Verzweigungen. Frucht nierenförmig, oben spitz und mit einem Netz erhabener Rippen (**a**). Lokal häufig auf Ruderalflächen und entlang von Pfaden. Blüht 5–10. ▽

B Zweiknotiger Krähenfuß *Coronopus didymus*
Dem Warzigen Krähenfuß sehr ähnlich, jedoch meist ohne Kronblätter (falls doch, sind diese kürzer als die Kelchblätter). Frucht oben und unten tief ausgerandet und an der Scheidewand eingeschnürt, dadurch zweiknotig (**b**). Lokal häufig auf Ruderalflächen, im Binnenland oft fehlend. Blüht 6–10. ▽

C Wasser-Pfriemenkresse *Subularia aquatica*
Aquatische Einjährige bis 12 cm, hellgrün. Blätter in einer Grundrosette, pfriemförmig zu einer feinen Spitze verschmälert, bis 60 mm lang und im Querschnitt flach oder dreieckig. Die winzigen weißen Blüten in einem lockeren, traubigen, endständigen Blütenstand. Frucht eiförmig, 2 mm. Selten, im Flachwasser und auf dem kiesigen Grund von sauren Seen. Blüht 6–9. ▽

D Weißer Ackerkohl *Conringia orientalis*
Kahle Einjährige bis 40 cm, mit ovalen, graugrünen, ungezähnten Stengelblättern, am Grunde mit stumpfen Öhrchen deutlich stengelumfassend. Blüten gelblich oder grünlich-weiß, 9–12 mm. Frucht eine lange, vierkantige Schote, bis 14 cm. Abnehmend auf Ackerland und Schuttplätzen, an Docks und auf Klippen. Blüht 5–9. ▽

Doppelsame *Diplotaxis* Blüten gelb oder violett, die Frucht (eine Schote) mit einer einzelnen Ader auf jeder Klappe und zwei Reihen von Samen pro Fach.

E Feinblättriger Doppelsame *Diplotaxis tenuifolia* Mehrjährige bis 80 cm, mit aufrechten, beblätterten Stengeln, die oben verzweigt sind. Beim Zerreiben mit unangenehmem Geruch. Blätter fiederspaltig mit ungezähnten, stumpfen Abschnitten. Blüten groß, 15–30 mm, gelb und gelegentlich rot überlaufen. Frucht bis 60 mm. Lokal häufig auf Schuttplätzen, auf alten Mauern und an Straßenrändern. Blüht 5–9. ▽

F Mauer-Doppelsame *Diplotaxis muralis* Einjährige bis 60 cm, mit aufrechten oder aufsteigenden, meist unten verzweigten Stengeln. Blätter überwiegend in einer Grundrosette, fiederspaltig mit länglichen Abschnitten. Beim Zerreiben mit sehr unangenehmem Geruch. Blüten gelb, mit 10–15 mm Durchmesser. Frucht bis 40 mm. Lokal häufig auf Schuttplätzen und Ackerland, auf sandigen Böden und Mauern. Blüht 5–9. ▽

G Raukenähnlicher Doppelsame *Diplotaxis erucoides* Unterscheidet sich vom Mauer-Doppelsamen durch grob gezähnte Blätter (**g**) und weiße Blüten, die früh violett werden. Hauptsächlich südeuropäisch, im Nordwesten jetzt selten und abnehmend. Blüht 5–9. ▽

Kohl *Brassica* Blätter ganzrandig oder fiederlappig. Kronblätter gelb oder weiß; Frucht eine geschnäbelte Schote mit einer Samenreihe, die Klappen mit gerundetem Rücken und einer einzelnen, deutlichen Ader (**1**).

H Gemüse-Kohl *Brassica oleracea* Zwei- oder Mehrjährige bis 1,5 m, graugrün, mit einem dicken, holzigen Stamm, der unten deutliche Blatt-

narben trägt. Grundblätter groß und fleischig, bis 30 cm groß, wellig, geteilt und mit geflügeltem Stiel; obere Stengelblätter bis 7 cm, ungeteilt und stengelumfassend. Blüten blaßgelb, 3–4 cm, in einer verlängerten Traube. Frucht bis 9 cm, aufrecht. An der Küste, meist auf kalkigen Klippen in der Nähe von Seevogelkolonien, die die Samen verbreiten. Blüht 4–9.

I Raps *Brassica napus* ssp. *oleifera* Ein- oder Zweijährige bis 1,3 m, graugrün. Rosettenblätter bis 40 cm, fiederlappig und früh welkend; untere Stengelblätter ähnlich, jedoch stengelumfassend; obere Stengelblätter ganzrandig und ebenfalls mit abgerundetem Grund stengelumfassend. Blüten blaßgelb, mit 13–18 mm großen Kronblättern. Knospen so hoch wie oder höher als die geöffneten Blüten. Frucht bis 10 cm. Häufig auf Ackerland, Schuttplätzen und an Straßenrändern. Blüht 4–9.

J Rüben-Kohl *Brassica rapa* ssp. *silvestris* Ähnelt der vorhergehenden Art, Kronblätter jedoch 6–13 mm; die geöffneten Blüten überragen die Knospen meist. Häufig auf Ackerland und Schuttplätzen. Blüht 5–9.

K Schwarzer Senf *Brassica nigra* Bis 2 m hohe Einjährige, unten oft graugrün und behaart. Blätter alle gestielt, die unteren fiederlappig. Blüten gelb, 12–15 mm Durchmesser. Früchte nur bis 30 mm, abgeflacht und im Gegensatz zu anderen *Brassica*-Arten deutlich der Traubenachse anliegend. Häufig an Flußufern und Meeresklippen, gelegentlich auch auf Ackerland und Schuttplätzen. Blüht 5–9. ▽

L Ruten-Senf *Brassica juncea* Wie Schwarzer Senf, obere Stengelblätter gestielt, Früchte jedoch nicht der Traubenachse anliegend. Ähnlich *Sinapis*-Arten, jedoch kahl und mit aufgerichteten Kelchblättern; die Klappen der Früchte mit nur einer deutlichen Ader. Auf Schuttplätzen und an Docks. Blüht 5–10.

Senf *Sinapis* Im Unterschied zu *Brassica* haben die Klappen der Frucht (**2**) drei bis sieben deutliche Adern (nicht nur eine) und im Unterschied zu *Coincya* (siehe Seite 84) sind die Kelchblätter ausgebreitet, nicht aufrecht.

M Acker-Senf *Sinapis arvensis* Bis 2 m hohe Einjährige, dunkelgrün oder purpurn, unten behaart. Untere Blätter groß, gestielt, grob gezähnt und oft leierförmig; obere Blätter teilweise gestielt und ungeteilt. Blüten gelb, 15–20 mm, in dichten, endständigen Trauben; Kelchblätter meist ausgebreitet oder herabgeschlagen. Fruchtschnabel abgerundet (vgl. Weißer Senf). Häufig auf Ackerland und Schuttplätzen. Blüht 4–10.

N Weißer Senf *Sinapis alba* Unterscheidet sich vom Acker-Senf durch fiederlappige obere Blätter und einen abgeflachten Fruchtschnabel. Lokal häufig auf Ackerland und Schuttplätzen; fehlt in großen Teilen des hohen Nordens. Blüht 5–9.

O Grauer Bastardsenf *Hirschfeldia incana* Große, aufrechte Einjährige bis 1,3 m. Untere Blätter gestielt und gefiedert, Endabschnitt länglich und bis zu neun Paar kleinere Seitenfiedern; die obersten Blätter sind ungeteilt. Blüten blaßgelb, in dichten, endständigen Trauben; Kelchblätter fast aufrecht. Frucht bis 16 mm, der Traubenspindel anliegend; keilförmig, mit einem leicht gedunsenen, kürzeren oberen Abschnitt (einsamig) und einem abgeflachten unteren Abschnitt (zwei bis sechs Samen pro Fach). Lokal häufig auf Schuttplätzen und Docks. Blüht 5–10. ▽

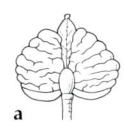

a

b

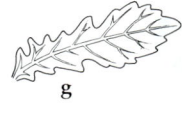

g

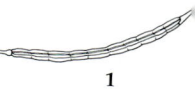

1

2

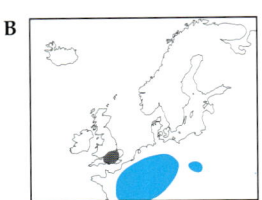

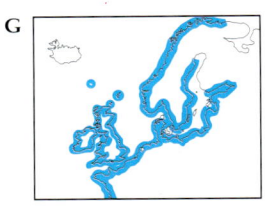

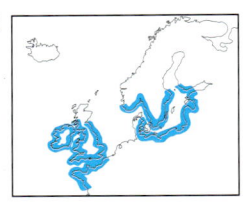

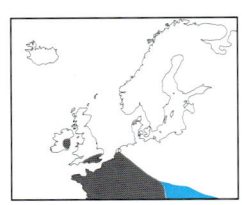

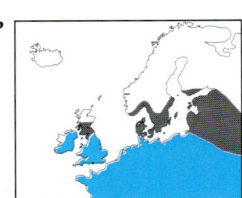

A Saat-Ölrauke *Eruca sativa* Einjährige bis 80 cm, stark riechend. Blätter meist gestielt und fiederteilig (**a**). Blüten blaßgelb mit dunklen Adern. Frucht bis 4 cm, Endabschnitt halb so lang wie Klappen. Diese wie bei den *Brassica*-Arten mit einer einzelnen deutlichen Ader (siehe Seite 82), jedoch mit zwei Samenreihen pro Fach. Selten und unbeständig auf Schuttplätzen. Blüht 5–11.

B Französische Hundsrauke *Erucastrum gallicum* Behaarte Einjährige bis 60 cm, mit doppelt fiederspaltigen Blättern (**b**). Blüten blaßgelb, 10–15 mm im Durchmesser, in dichten, endständigen Blütenständen; Blütenstiele unten mit fiederlappigen Tragblättern. Frucht bis 45 mm, mit einer Samenreihe, und die Klappen mit einer kräftigen Ader. Selten, auf trockenen Ruderalflächen und an Docks. Blüht 5–11. ▽

C Stumpfeckige Hundsrauke *Erucastrum nasturtiifolium* Im Gegensatz zur Französischen Hundsrauke ohne Tragblätter, aber stengelumfassende obere Stengelblätter. Auf Ruderalflächen. Blüht 5–11. ▽

Coincya Blüten gelb, die Kronblätter oft mit dunkleren Adern, die Kelchblätter aufrecht. Frucht eine Schote mit ein bis sechs Samen in einer Reihe, drei deutlichen Adern auf den Klappen und einem schwertförmigen Schnabel (**1**).

D *Coincya monensis* ssp. *recurvata* Ein- oder Zweijährige bis 50 cm, oben kahl und mit aufrechten Stengeln, unten verzweigt. Blätter gestielt, fiederlappig und unterseits haarig. Blüten gelb, Kronblätter oft mit dunkleren Adern. Frucht bis 80 mm. Auf trockenen Standorten, Sanddünen und an Straßenrändern. Blüht 5–10. ▽

E *Coincya monensis* ssp. *monensis* Unterscheidet sich von *Coincya monensis* ssp. *recurvata* durch die niederliegende oder aufsteigende Wuchsform und kahle Blattoberflächen (**e 1**). Frucht bis 70 mm (**e 2**). An sandigen Küsten und auf Dünen der Insel Man, sehr selten an der Westküste Englands. Blüht 5–9. ▽

F *Coincya wrightii* Mehrjährige bis 90 cm, unten verzweigt und mit aufrechten Stengeln. Blätter graugrün, ober- und unterseits dicht behaart. Frucht bis 65 mm. Endemisch und selten auf Küstenklippen der Insel Lundy. Blüht 5–8. ▽

G Europäischer Meersenf *Cakile maritima* Einjährige bis 30 cm, mit niederliegenden Stengeln. Blätter glänzend grün, sukkulent und kahl, fiederspaltig oder leicht ausgerandet. Blüten 6–12 mm im Durchmesser, weiß, rosa oder violett, in gedrängten Trauben. Frucht aufrecht, 20 mm, der untere Abschnitt mit schulterartigem Oberrand. Häufig auf Sandstränden, als Pionier auf offenen Dünen und auf Kies. Blüht 6–9. ▽

H *Cakile edentula* Im Unterschied zum Europäischen Meersenf fehlen die „Schultern" am unteren Fruchtglied. Auf Sand und Kies der isländischen Küste. Blüht 6–9. ▽

I Nördlicher Meerkohl *Crambe maritima* Kahle, buschige Mehrjährige bis 50 cm, graugrün oder purpur überlaufen. Blätter breit, sukkulent und wellig; oft grob gezähnt und gelappt, die Form variiert von oval bis elliptisch. Weiße Blüten in dichten, abgeflachten, endständigen Blütenständen. Frucht kugelig mit ein bis zwei Samen. An sandigen und kiesigen Küsten über dem Spülsaum. Blüht 5–8. ▽

J Runzliger Rapsdotter *Rapistrum rugosum* Einjährige bis 1 m, aufrechte Stengel unten verzweigt. Blätter steif behaart, die unteren fiederlappig mit großem Endabschnitt. Blüten blaßgelb, in gedrängten Trauben. Das untere Fruchtglied schmal und elliptisch, das obere größer und eiförmig; Frucht der Achse anliegend. Unbeständig auf Ackerland und Schuttplätzen. Blüht 5–10. ▽

K Wendich *Calepina irregularis* Kahle Ein- oder Zweijährige bis 70 cm. Grundblätter kräftig gezähnt oder fiederlappig, Stengelblätter stengelumfassend. Blüten weiß, 2–4 mm, mit ungleichen Kronblättern. Frucht eiförmig, mit einem kurzen, konischen Schnabel. Blüht 5–6. ▽

L Hederich *Raphanus raphanistrum* Einjährige bis 1 m, unten behaart. Grund- und untere Stengelblätter gefiedert, mit bis zu sieben Paar gezähnten Seitenlappen; obere Blätter lanzettlich. Blüten weiß bis gelb (manchmal purpurn), mit dunkleren Adern auf den Kronblättern; Kelchblätter aufrecht. Frucht geschnäbelt, 2–5 mm breit, mit bis zu zehn Gliedern, die oft durch deutliche Einschnürungen getrennt sind; das Endglied konisch und spitz. Häufig auf Ackerland und Schuttplätzen. Blüht 6–10.

M *Raphanus raphanistrum* ssp. *maritimus* Blüten fast immer gelb und Frucht mit bis zu fünf deutlich eingeschnürten Gliedern, 5–10 mm breit. Auf Sanddünen, Meeresklippen und küstennahem Grasland. Blüht 5–7.

N Garten-Rettich *Raphanus sativus* Blüten weiß bis rosa. Blätter mit einem sehr großen, ovalen Endabschnitt und nur ein bis drei kleinen Seitenabschnitten. Früchte meist nicht geschnäbelt. Gartenflüchtling. Blüht 5–11.

Resedengewächse *Resedaceae*

Ein- oder Mehrjährige, Blätter spiralig angeordnet und Blüten in Ähren oder Trauben. Vier bis acht Kronblätter, oft tief geteilt. Vier bis acht Kelchblätter.

O Färber-Wau *Reseda luteola* Bis 1,5 m hohe, kahle Zweijährige mit steif aufrechten, gerippten, hohlen Stengeln. Grundrosette aus länglichen, schmalen Blättern, nach der ersten Saison verwelkend; Stengelblätter ungeteilt; mit welligen Rändern. Blüten mit vier gelbgrünen Kronblättern, in langen, schlanken Ähren. Häufig auf kalkigen Ruderalflächen. Blüht 6–9.

P Gelber Wau *Reseda lutea* Ähnelt der vorhergehenden Art, jedoch mit massivem Stengel, bis 75 cm hoch. Stengelblätter fiederlappig, mit ein bis zwei Paar Seitenlappen, deren Ränder schwach gewellt sind. Blüten mit sechs gelbgrünen Kronblättern, die Ähren sind hier dichter. Häufig auf kalkigen Ruderalflächen. Blüht 6–8.

Q *Reseda alba* Blätter mit wenigstens fünf Paar Seitenlappen. Blüten weiß. Auf Ruderalflächen, alten Mauern und Docks. Blüht 6–8. ▽

R Rapunzel-Wau *Reseda phyteuma* Blätter paddelförmig, meist ungelappt (gelegentlich ein bis zwei Abschnitte). Blüten weiß. Ähnliche Standorte wie *Reseda alba*. Blüht 6–8. ▽

S *Sesamoides canescens* Mehrjährige, höchstens 15 cm hoch. Blätter der Grundrosette und des Stengels lanzettlich und ungeteilt. Blüten weiß, mit sechs Kronblättern, in langen, dichten Ähren stehend. Frucht sternförmig. Selten, auf felsigen und grasigen Standorten. Blüht 7–8. ▽

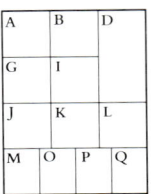

A Saat-Ölrauke

B Französische Hundsrauke

D *Coincya monensis* ssp. *recurvata*

G Europäischer Meersenf

I Nördlicher Meerkohl

J Runzliger Rapsdotter

K Wendich

L Hederich

M *Raphanus raphanistrum* ssp. *maritimus*

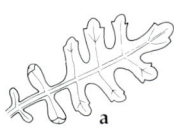

a

b

1

e 1

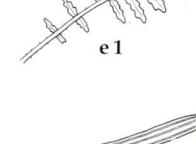

e 2

O Färber-Wau

P Gelber Wau

Q *Reseda alba*

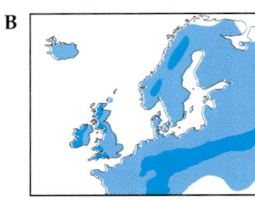

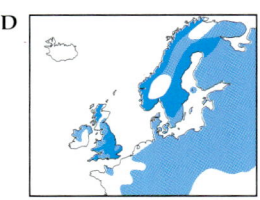

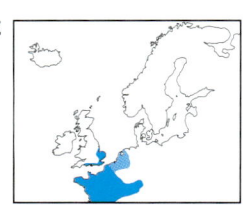

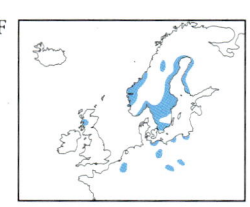

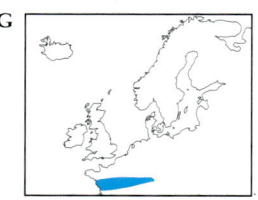

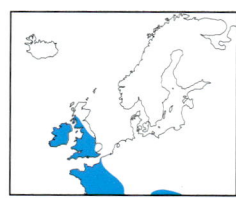

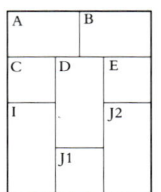

Schlauchblattgewächse
Sarraceniaceae

Mehrjährige, insektenfressende Kräuter mit am Grunde unverwachsenen Kronblättern und Kelchblättern (vgl. Sonnentaugewächse, unten). Die Insekten werden durch Nektar, der nahe am Eingang spezieller Blattkannen abgeschieden wird, angelockt. Abwärts gerichtete Haare auf der Innenseite der „Kannen" verhindern das Herausklettern. Schließlich rutschen die Insekten in eine enzymhaltige Flüssigkeit am Grunde der Kannen, wo sie langsam zersetzt und von der Pflanze aufgenommen werden.

A *Sarracenia purpurea* Sehr charakteristische, bis 40 cm große Mehrjährige, deren Stengelblätter in 10–15 cm große „Kannen" umgewandelt sind. Kannen dunkelgrün, purpurn überlaufen und an der Spitze mit einer Haube. Blüten purpurn, etwa 5 cm im Durchmesser und mit je fünf Kron- und Kelchblättern. Aus Nordamerika eingeführt und in Mooren eingebürgert. Blüht 6–7. ▽

Sonnentaugewächse
Droseraceae

Mehrjährige, insektenfressende Kräuter, deren Blätter mit langen, zum Insektenfang geeigneten Drüsenhaaren ausgestattet sind. Die Blätter scheiden Enzyme ab, die der Verdauung der Insekten dienen. Kelchblätter am Grunde verwachsen.

B Rundblättriger Sonnentau *Drosera rotundifolia* Rötliche, blühend bis 25 cm große Pflanze. Abgerundete, langgestielte und ausgebreitete Blätter (bis 1 cm Durchmesser) in einer Grundrosette. Blüten weiß (nur im direkten Sonnenlicht geöffnet), an aufrechten, der Mitte der Rosette entspringenden Stielen, die zwei- bis viermal so lang sind wie die Blätter. Frucht eine Kapsel. Lokal häufig auf nassen, torfigen Stellen in Mooren und Heiden. Blüht 6–8. ▽

C Mittlerer Sonnentau *Drosera intermedia* Unterscheidet sich vom Rundblättrigen Sonnentau durch schmal-längliche, bis 1 cm breite Blätter, die sich abrupt in den Stiel verschmälern. Blütenstiel entspringt unter der Rosette und ist meist nicht viel länger als die Blätter. Nasse, torfige Stellen in Mooren und Heiden, manchmal auf Torfmoos. Seltener als der Rundblättrige Sonnentau. Blüht 6–8. ▽

D Langblättriger Sonnentau *Drosera anglica* Bis 3 cm lange, schmale Blätter, die sich allmählich in den Stiel verschmälern. Blütenstiel entspringt der Mitte der Rosette, bis doppelt so lang wie die Blätter. Auf den nassesten Stellen von Torfmooren, in Europa durch Zerstörung der Standorte abnehmend. Blüht 6–8. ▽

Dickblattgewächse
Crassulaceae

Sukkulente Pflanzen mit fleischigen, ungeteilten Blättern. Blüten mit fünf Kronblättern; 3–20 Blütenblätter, Staubblätter in gleicher oder doppelter Anzahl.

Dickblatt *Crassula* Kleine, langsam wachsende Pflanzen mit gegenständigen, verwachsenen Blättern. Drei bis vier freie Kronblätter und eine gleiche Anzahl Staubblätter. Meist Einjährige.

E Moos-Dickblatt *Crassula tillaea* Winzige, oft rötliche Einjährige mit kriechenden und bis 5 cm aufsteigenden Stengeln. Blätter sehr gedrängt, stumpf und 1–2 mm lang. Blüten weißlich, winzig (1–2 mm) und zahlreich in den Blattachseln stehend. Drei Kronblätter und drei längere Kelchblätter. Sehr selten, auf offenen, feuchten, sandigen oder kiesigen Standorten. Blüht 6–9. ▽

F Wasser-Dickblatt *Crassula aquatica* Unterscheidet sich vom Moos-Dickblatt durch spitze, linealische, 3–6 mm lange, entfernt stehende Blätter. Die ungestielten Blüten haben je vier Kron- und Kelchblätter. Vereinzelt bis selten an schlammigen Teichufern. Blüht 6–9. ▽

G *Crassula vaillantii* Wie Wasser-Dickblatt, Blüten jedoch auf schlanken Stielen. Sehr vereinzelt in Frankreich auf schlammigem Untergrund. Blüht 6–9. ▽

H *Crassula helmsii* Im Unterschied zu den beiden vorhergehenden Arten mehrjährig und rasenbildend, die Stengel bis zu 30 cm im Wasser stehend. Blätter 4–12 mm und gestielt. Blüten rosa oder weiß. Aus Neuseeland eingeführt und an flachen Teichen und auf feuchtem Boden gut etabliert. Blüht 6–9. ▽

I *Umbilicus rupestris* Charakteristische, kahle Mehrjährige bis 40 cm. Abgerundete, gestielte, fleischige und meist grundständige Blätter, die in der Mitte eine nabelartige Vertiefung haben und sehr breit stumpf gezähnt sind. Blüten röhrenförmig, grünlich-weiß, nickend, in vielblütigen Ähren. Lokal häufig auf alten Mauern, Felsen, Klippen und an Heckenrändern. Blüht 6–9. ▽

J Echte Hauswurz *Sempervivum tectorum* Mehrjährige bis 60 cm, mit dichten Grundrosetten von stachelspitzigen, blaugrünen, aber unterseits mattroten Blättern. Blüten mattrot, mit bis zu 18 Kronblättern, 2–3 cm im Durchmesser, in dichten, rundlichen, endständigen Büscheln. An felsigen Bergstandorten in Deutschland und Frankreich heimisch; verbreitet angepflanzt, gelegentlich als Gartenflüchtling. Blüht 6–7. ▽

K Sprossende Fransen-Hauswurz *Jovibarba sobolifera* Ähnlich der vorhergehenden Art, jedoch mit gelben Blüten und geschlossenen Blattrosetten. In der Mitte und im Süden Deutschlands und in Polen. Blüht 6–7. ▽

A *Sarracenia purpurea*

B Rundblättriger Sonnentau

C Mittlerer Sonnentau

D Langblättriger Sonnentau

E Moos-Dickblatt

I *Umbilicus rupestris*

J 1 Echte Hauswurz, Grundblattrosetten

J 2 Echte Hauswurz, Blütenstand

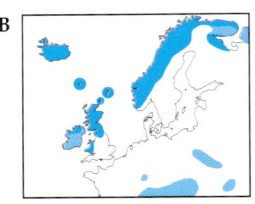

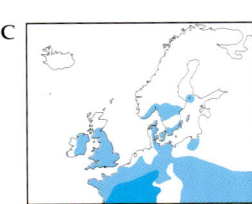

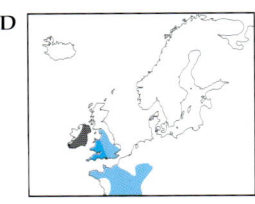

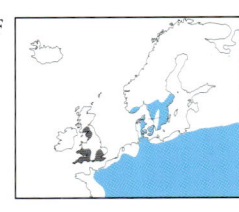

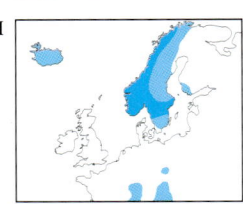

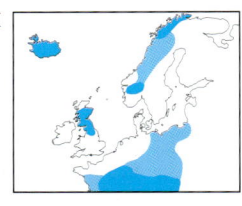

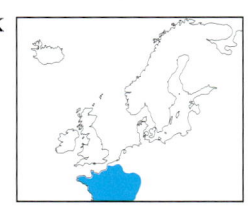

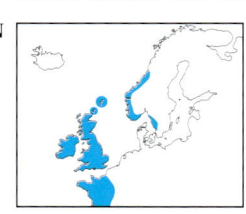

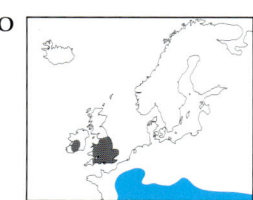

Fetthenne, Mauerpfeffer

Fetthenne, Mauerpfeffer *Sedum* Blätter fleischig, wechsel- oder quirlständig (selten gegenständig). Blüten in Trugdolden, meist fünf freie Kronblätter (auch drei bis zehn Kronblätter) und doppelt so viele Staubblätter. Form und Farbe der Blätter sowie die Farbe der Blüten helfen, die Arten zu unterscheiden.

(1) Pflanzen mit breiten, flachen Blättern.

A Rote Fetthenne *Sedum telephium* Mehrjährige bis 60 cm, mit Büscheln von rot überlaufenen, aufrechten Stengeln. Blätter oval, wechselständig und unregelmäßig gezähnt. Blüten purpurn oder violett, in dichten, endständigen Trugdolden; eine gute Nektarquelle für Insekten. Lokal häufig an schattigen Standorten in Wäldern oder Hecken und Gebüsch. Blüht 7–9.

B Rosenwurz *Rhodiola rosea* Graugrüne Mehrjährige bis 30 cm. Die Büschel von aufrechten Stengeln tragen wechselständige, dicke, überlappende und veränderlich gezähnte Blätter und endständige Büschel grünlich-gelber oder stumpfgelber Blüten mit vier Kronblättern. Frucht orange. Lokal häufig im Geröll, auf Felsen im Gebirge oder auf Meeresklippen. Blüht 5–8. ▽

(2) Pflanzen mit schmalen Blättern, im Querschnitt entweder gerundet oder oberseits flach und unten gerundet.

(a) Blüten gelb.

C Felsen-Mauerpfeffer *Sedum reflexum* Graugrüne, rasenbildende Mehrjährige bis 30 cm. Blätter im Querschnitt gerundet, linealisch und gleichmäßig am Stengel verteilt. Die hell- oder blaßgelben Blüten zahlreich, in einer endständigen Trugdolde, die Knospen nickend; Kronblätter meist sieben. Lokal häufig auf steinigen Standorten oder auf Mauern. Blüht 6–8. ▽

D Zierliche Fetthenne *Sedum forsteranum* Mehrjährige, deren Blüten denen der vorhergehenden Art sehr ähneln. Blätter jedoch oberseits flach und in charakteristischen, endständigen Büscheln an nichtblühenden Trieben; welke Blätter unten bleibend. An felsigen Standorten und auf Geröll. Blüht 6–8. ▽

E Scharfer Mauerpfeffer *Sedum acre* Kahle, rasenbildende Immergrüne bis höchstens 10 cm. Blätter schnabelförmig, nahe dem Grunde am breitesten, dicht gehäuft an nichtblühenden Trieben und dem Stengel anliegend; mit scharfem Geschmack. Blüten hellgelb, 10–12 mm im Durchmesser, in wenigblütigen, endständigen Büscheln. Häufig auf trockenen Standorten, Sanddünen und auf alten Mauern. Blüht 5–7.

F Milder Mauerpfeffer *Sedum sexangulare* Dem Scharfen Mauerpfeffer sehr ähnlich, jedoch mit hellgrünen, ausgebreiteten Blättern mit parallelen Rändern oder nahe der Spitze am breitesten. Kein scharfer Geschmack. Blüten 9 mm im Durchmesser. Lokal häufig an steinigen Standorten und auf alten Mauern. Blüht 7–8. ▽

G Alpen-Mauerpfeffer *Sedum alpestre* Den beiden vorhergehenden Arten sehr ähnlich, Blätter jedoch ausgebreitet, abgeflacht und rötlich. Blüten nur 6–8 mm im Durchmesser. An felsigen Standorten in den Bergen. Blüht 6–7. ▽

H Einjähriger Mauerpfeffer *Sedum annuum* Ein- oder Zweijährige, rot überlaufen und nahe dem Grunde verzweigt. Blätter wechselständig, beiderseits abgeflacht. Blütentriebe aufsteigend, wenige gelbe Blüten von 3–5 mm Durchmesser auf kurzen Stielen tragend. Auf felsigen Standorten der Berge, Moränen und auf sandigem Untergrund. Blüht 5–7. ▽

(b) Blüten rosa oder weiß.

I Behaarter Mauerpfeffer *Sedum villosum* Mehrjährige bis 15 cm, meist rötlich. Blätter spiralig angeordnet, oberseits flach und mit vielen klebrigen Drüsenhaaren. Blüten rosa, 6–8 mm, lang gestielt; Blütenknospen aufrecht (vgl. *S. hirsutum*). Recht vereinzelt an nassen Standorten, auf sandigem oder steinigem Untergrund und an Bachufern. Blüht 6–8. ▽

J *Sedum hirsutum* Drüsenhaarig wie die vorhergehende Art, Blätter oberseits jedoch gerundet und die Blütenknospen nickend. Ganz vereinzelt an steinigen Plätzen im Norden von Zentralfrankreich. Blüht 6–8. ▽

K Rötlicher Mauerpfeffer *Sedum rubens* Graugrüne Einjährige bis 10 cm, Stengel oben drüsenhaarig (vgl. *Sedum andegavense*, unten). Blätter linealisch, wechselständig, leicht abgeflacht und graugrün mit Rot überlaufen; 10–20 mm lang. Blüten rosa oder weiß, 9–11 mm im Durchmesser und ungestielt. Auf steinigen Standorten. Blüht 5–7. ▽

L *Sedum andegavense* Der vorhergehenden Art sehr ähnlich, jedoch ohne Drüsenhaare am oberen Stengelteil. Blüten kurzgestielt. Auf feuchten, sandigen oder grasigen Standorten. Blüht 5–7. ▽

M Weißer Mauerpfeffer *Sedum album* Kahle, immergrüne, rasenbildende Mehrjährige bis 15 cm. Blätter länglich, 6–12 mm, glänzend grün oder rötlich. Blüten weiß (unterseits oft rosa), 6–9 mm im Durchmesser, in vielblütigen, flachen Trugdolden. Selten bis lokal häufig auf felsigen Standorten und auf alten Mauern. Blüht 6–8. ▽

N *Sedum anglicum* Kahle, immergrüne, rasenbildende Mehrjährige bis höchstens 5 cm. Blätter länglich, 3–6 mm, wechselständig (vgl. Dickblatt-Mauerpfeffer, unten) und graugrün oder rot überlaufen. Blüten beinahe ungestielt, weiß (unterseits rosa), 12 mm im Durchmesser und zu drei bis sechs in endständigen Büscheln. Lokal häufig auf einer Vielzahl trockener, sandiger, felsiger Standorte oder auf Kies. Blüht 6–9. ▽

O Dickblatt-Mauerpfeffer *Sedum dasyphyllum* Der vorigen Art sehr ähnlich, Blätter jedoch überwiegend gegenständig, immer grau mit Drüsenhaaren und oft abfallend, um dann zu wurzeln und neue Pflanzen zu bilden. Blüten 6 mm im Durchmesser, in kleinen Trugdolden. An felsigen Standorten, alten Mauern und an Böschungen. Blüht 6–9. ▽

A	B	C
E	I	F
G		H
K	M	N

A Rote Fetthenne

B Rosenwurz

C Felsen-Mauerpfeffer

E Scharfer Mauerpfeffer

F Milder Mauerpfeffer

G Alpen-Mauerpfeffer

H Einjähriger Mauerpfeffer

I Behaarter Mauerpfeffer

K Rötlicher Mauerpfeffer

M Weißer Mauerpfeffer

N *Sedum anglicum*

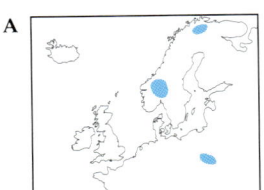

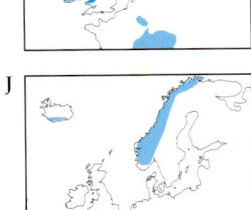

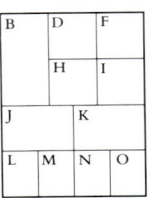

Steinbrechgewächse
Saxifragaceae

Hauptsächlich mehrjährige Kräuter mit ungeteilten Blättern; diese meist wechselständig, spiralig oder alle in einer Grundrosette. Blüten mit je fünf Kron- und Kelchblättern (*Saxifraga*) oder mit vier Kelchblättern, aber ohne Kronblätter (*Chrysosplenium*) und mit jeweils doppelt so vielen Staubblättern. Zwei nur unten verwachsene Fruchtblätter. Frucht eine Kapsel mit zahlreichen Samen.

(1) Blätter breit, löffelförmig oder abgerundet in Grundrosetten; Stengel unbeblättert.

A Habichtskrautblättriger Steinbrech *Saxifraga hieracifolia* Behaarte Mehrjährige bis 40 cm, mit ovalen, schwach gezähnten Blättern in einer Grundrosette. Blüten grünlich, oft violett getönt, in einer Ähre aus getrennten Büscheln, die jeweils von einem laubblattartigen Tragblatt getragen werden. Selten, auf feuchten, oft felsigen Standorten der Berge; in Norwegen und Polen. Blüht 7–8. ▽

B Schnee-Steinbrech *Saxifraga nivalis* Mehrjährige bis 20 cm, mit Drüsenhaaren auf den purpurnen Stengeln und Blatträndern. Blätter dick und löffelförmig, unterseits violett und alle in grundständiger Rosette. Blüten weiß oder rosa (ungefleckt), kurzgestielt, in dichten, endständigen Büscheln. Kelchblätter aufrecht oder abstehend. Auf feuchten, oft beschatteten Felsen, Geröll und Moränen; am häufigsten in Skandinavien. Blüht 7–8. ▽

C *Saxifraga tenuis* Unterscheidet sich vom Schnee-Steinbrech durch langgestielte Blüten. Auf ähnlichen Standorten. Blüht 7–8. ▽

D Sternblütiger Steinbrech *Saxifraga stellaris* Mehrjährige bis 30 cm, schwach behaart und oft schopfig. Blätter dick und länglich, gezähnt und kaum gestielt, alle in grundständigen Rosetten. Blütenstand eine offene, lockere Rispe mit bis zu 14 weißen Blüten, Kronblätter mit zwei gelben Flecken am Grunde, darüber jedoch ohne rote Flecken; Kelchblätter herabgeschlagen. Lokal häufig an Bächen, Wasserrinnen in den Bergen und an feuchten Standorten. Blüht 6–8. ▽

E *Saxifraga foliosa* Nicht schopfig und meist nur mit einer endständigen Blüte, die übrigen durch Brutknospen ersetzt, die der vegetativen Fortpflanzung dienen. An feuchten, felsigen Standorten in Arktis und Subarktis. Blüht 7–8. ▽

F *Saxifraga spathularis* Schopfige Mehrjährige bis 30 cm, mit rötlichen Stengeln. Blätter dick, langgestielt, löffelförmig, scharf gezähnt und aufsteigend, in einer Grundrosette vereinigt; oft unterseits rot überlaufen und mit einem schmalen, knorpeligen Rand; kahl. Blütenstand eine offene, lockere Rispe; Blüten weiß, die Kronblätter mit ein bis drei gelben Flecken darüber; Kelchblätter herabgeschlagen. An feuchten, steinigen Standorten, im Schatten oder auf offenen Flächen. Nur in Irland. Blüht 6–8. ▽

G Schatten-Steinbrech *Saxifraga umbrosa* Sehr ähnlich *S. spathularis*, Grundblätter jedoch ausgebreitet und stumpf gezähnt. Selten an feuchten, schattigen Stellen eingebürgert; in den Pyrenäen heimisch. Blüht 6–7. ▽

H *Saxifraga × urbium* Hybrid aus den beiden vorigen Arten. Im Habitus zwischen ihnen stehend, mit einigen Haaren auf den Blattoberseiten. Als Gartenflüchtling in England, Irland und Frankreich eingebürgert; selten natürlich vorkommend. Blüht 5–8. ▽

I Rauhblättriger Steinbrech *Saxifraga hirsuta* Mehrjährige bis 30 cm, ähnelt den beiden vorigen Arten, Blätter jedoch abgerundet oder nierenförmig und auf beiden Seiten behaart. Blüten oft ohne rote Flecken auf den Kronblättern. An feuchten, schattigen Felsen und Bachufern; in Irland. Blüht 5–7. ▽

(2) Blätter länglich, meist in Grundrosetten, jedoch mit einigen viel kleineren Stengelblättern.

J Pracht-Steinbrech *Saxifraga cotyledon* Mehrjährige bis 30 cm. Blätter überwiegend in dichten Grundrosetten, länglich-lanzettlich, bis 60 mm lang und 15 mm breit, fein gezähnt und grannig bespitzt; Stengelblätter ähnlich, jedoch kleiner. Blüten weiß, 10–18 mm, zahlreich in lockerer verzweigten Rispen. Auf Felsen und Moränen; in Skandinavien und Island. Blüht 7–8. ▽

K Rispen-Steinbrech *Saxifraga paniculata* Mehrjährige bis 30 cm. Blätter nahezu alle in einer halbkugeligen Grundrosette, jedoch viel kleiner als bei der vorigen Art: bis 40 mm lang, 8 mm breit und oberhalb der Mitte am breitesten; Stengelblätter viel kleiner. Blüten weiß oder milchig, 6–12 mm, zahlreich in locker verzweigten Rispen. Auf felsigen Standorten, Klippen, Moränen, Geröll; Mittel- und Osteuropa. Blüht 6–8. ▽

(3) Blätter breit abgerundet, Stengel beblättert.

L Knöllchen-Steinbrech *Saxifraga granulata* Behaarte Mehrjährige bis 50 cm. Blätter meist grundständig, gerundet oder nierenförmig, am ganzen Rand seicht und abgerundet gezähnt; unter dem Boden am Grunde der Blattstiele gibt es einige Knöllchen, die Überwinterungsorgane der Pflanze. Blüten weiß, 15–30 mm im Durchmesser, zu zwei bis zwölf in endständigen, lockeren Büscheln; Kronblätter doppelt so lang wie die Kelchblätter. Verbreitet und lokal häufig auf Grasland, meist gut entwässerten, neutralen bis basischen Böden, gelegentlich auch in feuchten Wiesen. Blüht 4–6. ▽

M Rundblättriger Steinbrech *Saxifraga rotundifolia* Mehrjährige bis 40 cm, Blattrosetten ähnlich denen der vorigen Art, jedoch auch mit zahlreichen Stengelblättern, die unteren lang gestielt und spitz gezähnt. Blüten weiß mit gelben Flecken am Grunde und roten Flecken darüber. Vereinzelt an feuchten und schattigen Standorten in oder nahe den Bergen. In Mittel- und Osteuropa. Blüht 6–10. ▽

(4) Blätter gelappt.

N Dreifinger-Steinbrech *Saxifraga tridactylites* Einjährige bis 15 cm, drüsenhaarig und meist rötlich. Untere Blätter gestielt, mit ein bis drei fingerartigen Abschnitten; obere Blätter ungeteilt. Blüten weiß, nur 4–6 mm im Durchmesser, in lockeren Büscheln oder einzeln. Lokal häufig auf alten Mauern oder Felsen, trockenen, sandigen oder kalkigen Böden. Blüht 6–9. ▽

O Aufsteigender Steinbrech *Saxifraga adscendens* Zweijährige bis 40 cm. Blätter keilförmig, ungestielt, sowohl in einer Grundrosette als auch entlang des Stiels; Vorderrand mit drei bis fünf breit dreieckigen Zähnen. Blüten weiß, 6–10 mm, in lockeren Büscheln. An feuchten Felsen, Geröll und auf Rasen in den Bergen. Blüht 6–8. ▽

P *Saxifraga osloensis* Hybrid aus den beiden vorhergehenden Arten, mit gestielten, keilförmigen Blättern. Blüten 6–10 mm im Durchmesser. Selten, an ähnlichen Standorten; nur in Schweden und im Südosten Norwegens. ▽

B Schnee-Steinbrech

D Sternblütiger Steinbrech

F *Saxifraga spathularis*

H *Saxifraga × urbium*

I Rauhblättriger Steinbrech

J Pracht-Steinbrech

K Rispen-Steinbrech

L Knöllchen-Steinbrech

M Rundblättriger Steinbrech

N Dreifinger-Steinbrech

O Aufsteigender Steinbrech

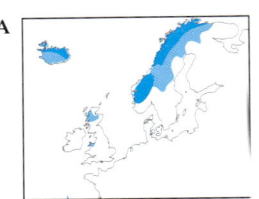

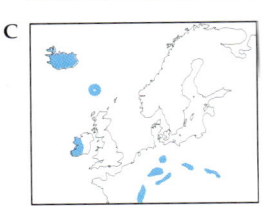

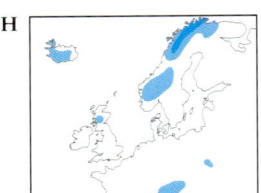

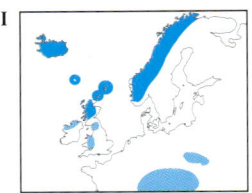

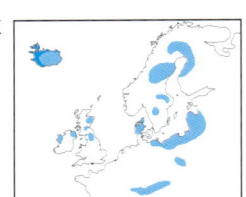

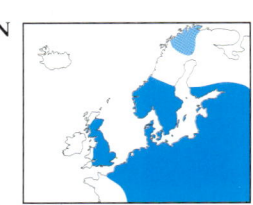

A *Saxifraga caespitosa* Dicht schopfige, niedrige, polsterbildende Mehrjährige bis höchstens 10 cm. Blätter drei- bis fünflappig, mit stumpfen, fingerartigen Abschnitten. Eine bis fünf Blüten in stumpfem Weiß, 7–10 mm groß. Auf Felsen in den Bergen; im Norden lokal häufig. Blüht 6–7. ▽

B *Saxifraga hartii* Unterscheidet sich durch Blätter mit fünf bis sieben bespitzten Abschnitten und reinweiße Blüten. Selten, auf Meeresklippen im Nordwesten Irlands. Blüht 6–7. ▽

C Rosenblütiger Steinbrech *Saxifraga rosacea* Kompakte, polsterbildende Mehrjährige bis 20 cm. Blätter keilförmig, mit drei bis sieben bespitzten Abschnitten (vgl. *Saxifraga caespitosa*). Blüten weiß, 12–18 mm im Durchmesser, zu ein bis acht in einem lockeren, endständigen Büschel. An feuchten, felsigen Standorten, Bergbächen und Meeresklippen. Blüht 6–8. ▽

D Moschus-Steinbrech *Saxifraga moschata* Dichte Polster bildende, behaarte Mehrjährige bis höchstens 10 cm, mit zahlreichen verkahlenden Trieben. Blätter überwiegend grundständig, drüsenhaarig und meist tief in drei bis fünf schmale, fingerförmige Abschnitte geteilt. Blüten blaßgelb oder milchig, 5–8 mm im Durchmesser, einzeln oder in lockeren Büscheln zu zwei bis sieben; Kronblätter schmal und sich nicht berührend. An felsigen Standorten in den Gebirgen Mitteleuropas. Blüht 7–8. ▽

E Furchen-Steinbrech *Saxifraga exarata* Unterscheidet sich von *S. moschata* durch weiße oder rosa Blüten mit sich berührenden Kronblättern. Ähnliche Standorte. Blüht 7–8. ▽

F Astmoos-Steinbrech *Saxifraga hypnoides* Mattenbildende Mehrjährige bis 20 cm; zusätzlich zu den aufrechten Blütentrieben kriechende nichtblühende Triebe, die krautige Knöllchen in den Blattachseln tragen. Blätter mit drei bis fünf schmal-linealischen, bespitzten Abschnitten. Blüten weiß, 10–15 mm im Durchmesser, zu ein bis drei in einem endständigen Büschel; Knospen nickend. Vereinzelt auf Felsen, Geröll und grasigen Standorten; Verbreitungsschwerpunkt im Nordwesten. Blüht 5–7. ▽

G *Saxifraga rivularis* Kleine, höchstens 8 cm große Mehrjährige. Blätter meist grundständig, handförmig gelappt, mit drei bis sieben stumpfen Abschnitten; ohne Knöllchen in den Blattachseln. Mehrere Blütentriebe, die meist nicht viel länger als die Grundblätter sind und je ein bis drei weiße Blüten von 6–8 mm Durchmesser tragen. Auf nassen Felsen und Vorsprüngen. Meist in der Arktis und Subarktis. Blüht 7–8. ▽

H Nickender Steinbrech *Saxifraga cernua* Zarte Mehrjährige bis 15 cm. Grundblätter in einer Rosette, wie *S. rivularis* schwach handförmig gelappt, mit drei bis fünf Abschnitten. Blüten weiß, 12–18 mm im Durchmesser, einzeln und oft ganz fehlend, dann durch rote Brutzwiebeln in den Tragblattachseln ersetzt. Selten, an felsigen, oft beschatteten Standorten in den Bergen. Blüht 6–7. ▽

(5) Blüten rosa oder violett; Blätter gegenständig, dicht aufeinanderfolgend entlang des ganzen Stengels.

I Paarblättriger Steinbrech *Saxifraga oppositifolia* Niedrige, rasenbildende Mehrjährige mit kriechenden Stengeln. Charakteristische gegenständige Blätter und violette Blüten. Blätter

2–6 mm lang, dunkelgrün, länglich und dick, mit gewimperten Rändern und mit einer verdickten Spitze, die ein bis fünf kalkausscheidende Poren hat. Blüten einzeln, kurzgestielt, rosaviolett und mit 10–20 mm Durchmesser. Lokal häufig auf feuchten, basischen Felsen im Gebirge, auf Meeresklippen und auf steinigem Untergrund bis hinab auf Meereshöhe. Blüht 3–5 (gelegentlich auch 7–8). ▽

J Zweiblütiger Steinbrech *Saxifraga biflora* Niedrige, Kissen formende Mehrjährige. Dicht mit breit-ovalen, bis 10 mm langen Blättern besetzt, an der Spitze gelegentlich mit punktförmigem Grübchen. Blüten kräftig rotviolett, 16–20 mm im Durchmesser und in der Mitte gelblich. Anders als bei der vorigen Art Kronblätter deutlich voneinander getrennt. Feuchtes Geröll und Flußschotter in den Alpen. Blüht 6–8. ▽

(6) Hellgelbe Blüten; Blätter schmal-länglich.

K Bocks-Steinbrech *Saxifraga hirculus* Mehrjährige bis 20 cm, mit oben rötlich behaartem, beblättertem Blütentrieb. Blätter lanzettlich, ungestielt und gezähnt. Blüten hellgelb, 20–30 mm im Durchmesser, oft einzeln oder zu zwei bis drei; Kronblätter oft mit orangenen Flecken nahe dem Grunde. Vereinzelt bis lokal häufig an grasigen Standorten auf Mooren oder in den Bergen. Blüht 7–8. ▽

L Fetthennen-Steinbrech *Saxifraga aizoides* Mehrjährige bis 20 cm, mit beblätterten, schwach behaarten Blütentrieben. Blätter recht dick, lanzettlich, ungestielt und oft gezähnt. Blüten hellgelb oder orangegelb, 7–15 mm im Durchmesser, in einem lockeren Büschel zu einer bis zehn; Kronblätter oft mit roten Flecken nahe dem Grunde. Lokal häufig, auf feuchtem, steinigem Untergrund und an Bachufern; gewöhnlich in den Bergen, jedoch bis auf Meereshöhe herabsteigend. Blüht 6–9. ▽

Milzkraut *Chrysosplenium* Mehrjährige mit gestielten Blättern; kleine Blüten ohne Kronblätter, aber mit vier Kelchblättern, in flachen, beblätterten Trugdolden.

M Paarblättriges Milzkraut *Chrysosplenium oppositifolium* Rasenbildende Mehrjährige bis 15 cm, mit kriechenden und wurzelnden Stengeln. Blätter in gegenständigen Paaren, schwach behaart, gestielt und abgerundet, mit zahlreichen stumpfen Zähnen; der Blattstiel meist nicht länger als die Blattspreite. Blüten gelb, ohne Kronblätter und nur 3–5 mm im Durchmesser, in dichten, flachen, von gelblichen Hochblättern getragenen Büscheln. Lokal häufig an schattigen Bachufern, auch in Wäldern und in den Bergen; fehlt im größten Teil Skandinaviens und ganz im Osten des Gebietes. Blüht 4–7. ▽

N Wechselblättriges Milzkraut *Chrysosplenium alternifolium* Wie die vorige Art rasenbildend und schwach behaart, jedoch mit kriechenden, unbeblätterten Ausläufern anstelle von beblätterten Stengeln. Blätter langgestielt, nierenförmig und stumpf gezähnt. Blüten sehr ähnlich, jedoch mit 5–6 mm Durchmesser und tief gezähnten Tragblättern. Recht selten, in feuchten, schattigen Wäldern, meist auf basenreichen Böden. In Skandinavien und im Osten häufiger als die vorige Art. Blüht 3–6. ▽

O *Chrysosplenium tetrandum* Kahl und mit vier statt acht Staubblättern. An nassen Standorten der Arktis. Blüht 6–8.

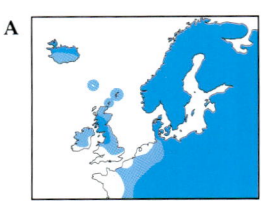

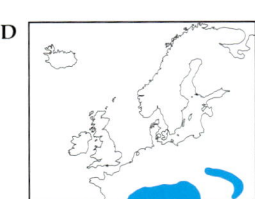

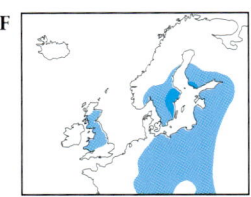

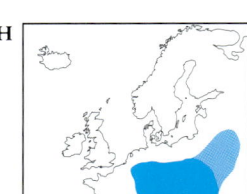

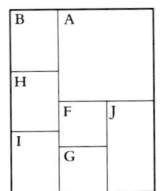

Herzblattgewächse
Parnassiaceae

Mehrjährige mit einfachen, wechselständigen und meist grundständigen Blättern. Die einzeln stehenden Blüten sind zwittrig, mit fünf Kronblättern, fünf Kelchblättern, fünf Staubblättern und fünf den Kronblättern gegenüberstehenden Staminodien.

A Sumpf-Herzblatt *Parnassia palustris* Kahle, schopfige Mehrjährige bis 30 cm. Grundblätter gestielt und herzförmig, oft unterseits rot gefleckt; Stengelblätter einzeln und stengelumfassend. Blüten einzeln und weiß, 15–30 mm im Durchmesser. Kronblätter mit auffälligen grünen Adern. Lokal häufig in Marschen, Mooren und Sümpfen. Blüht 6–10. ▽

Stachelbeergewächse
Grossulariaceae

Kleine, laubwerfende Sträucher bis etwa 3 m. Blätter handförmig geteilt und die Blüten vier- bis fünfteilig, Kronblätter meist kürzer als Kelchblätter.

B Rote Johannisbeere *Ribes rubrum* Strauch bis 2 m, mit aufrechten Stämmen und fünflappigen Blättern, beim Zerreiben nicht stark riechend. Blüten 5–8 mm, blaßgrün und violett berandet, in nickenden Trauben von bis zu 20 Blüten; Blütenbau mit einem typischen, fünfeckigen Blütenboden mit erhabenem Ringwulst. Tragblatt viel kürzer als der Blütenstiel. Frucht eine glänzende rote Beere. Verbreitet und lokal häufig; im Westen heimisch, aber andernorts oft eingebürgert; in feuchten Wäldern, Mooren und an Bachufern. Fehlt im größten Teil Skandinaviens und im Osten. Blüht 4–5.

C Schwarze Johannisbeere *Ribes nigrum* Im gesamten Erscheinungsbild der vorhergehenden Art sehr ähnlich, Blätter allerdings mit aromatischen Drüsen, die beim Zerreiben einen starken Geruch abgeben. Trauben aus bis zu zehn nickenden und glockenförmigen Blüten; Frucht eine schwarze Beere. Lokal häufig in feuchten Hecken, Wäldern und Mooren; weiter verbreitet als die Rote Johannisbeere, aber oft nur eingebürgert. Die ursprüngliche Verbreitung ist schwer einzuschätzen. Blüht 4–5.

D Felsen-Johannisbeere *Ribes petraeum* Strauch bis 3 m, der Schwarzen Johannisbeere recht ähnlich. Blätter fünflappig, Blüten glockenförmig, die abstehenden oder nickenden Trauben jedoch mit 20–25 rosa Blüten; Frucht dunkelviolett. In Wäldern und an felsigen Standorten der Berge. Blüht 4–6.

E Ährige Johannisbeere *Ribes spicatum* Mit ihren roten Beeren der Roten Johannisbeere sehr ähnlich. Blütentrauben jedoch vor dem Fruchten eher abstehend oder aufrecht als nickend. Der Blütenboden ist rund und hat keinen erhabenen Rand; Blütenstiele viel kürzer als die Tragblätter (vgl. Alpen-Johannisbeere). In Wäldern auf basischen Böden; hauptsächlich in Skandinavien. Blüht 4–5.

F Alpen-Johannisbeere *Ribes alpinum* Strauch bis 2 m, mit dreilappigen Blättern. Blüten gelblich-grün, männliche und weibliche Blüten auf getrennten Pflanzen in aufrechten Trauben; Tragblätter länger als Blütenstiele. In Wäldern auf steinigem Boden und auf Klippen, meist auf Kalk; oft als Gartenflüchtling außerhalb des ursprünglichen Gebiets eingebürgert. Blüht 4–6. ▽

G Stachelbeere *Ribes uva-crispa* Strauch bis 1,5 m, mit ausgebreiteten, dornigen Stämmen. Blüten mit 10 mm Durchmesser, nickend, zu ein bis drei in Büscheln; Kronblätter rötlich, mit rotem Rand. Frucht eine ovale, blaßgrüne Beere, meist borstig behaart. In feuchten Wäldern und Hecken; vielerorts ursprünglich, jedoch auch verbreitet eingebürgert. Blüht 3–5.

Rosengewächse *Rosaceae*

Eine sehr große und vielgestaltige Familie von Bäumen, Sträuchern und Kräutern, die immer wechselständige, nicht fleischige, oft gelappte und mit Stipeln versehene Blätter haben. Eine gemeinsame Eigenschaft sind die am Grunde mit den Kelchblättern verwachsenen Kron- und Staubblätter, so daß beim Entfernen der Kelchblätter auch Kron- und Staubblätter entfernt werden. Blüten zwittrig und meist fünfteilig, jedoch auch vierteilig (Frauenmantel, Wiesenknopf und Fingerkraut) oder selten sechsteilig. Oft mit zusätzlichem Außenkelch. Früchte sehr unterschiedlich, von Kapseln über Achänen zu Steinfrüchten (Kirschen und Pflaumen), Sammelsteinfrüchten (Brombeeren) und Apfelfrüchten (Äpfel und Birnen) reichend.

H Geißbart *Aruncus dioicus* Kräftige Mehrjährige mit aufrechten Stengeln. Blätter bis 1 m lang, doppelt gefiedert mit zahlreichen Paaren von ovalen, scharf gezähnten Blättchen. Blüten weiß, ungestielt und in zahlreichen abstehenden oder aufrechten Ähren. An feuchten, schattigen Standorten, in Bergwäldern; in Belgien, Frankreich und Deutschland. Blüht 5–8. ▽

I Mädesüß *Filipendula ulmaria* Mehrjährige bis 1,2 m, mit zusammengesetzten Blättern aus zweierlei Blättchen: zwei bis fünf Paare größerer, scharf gezähnter Blättchen von 20–80 mm Länge und zwischen diesen eine Anzahl winziger Blättchen von nur 1–4 mm; endständiges Blättchen drei- bis fünflappig. Blütenstand eine dichte, auffällige Rispe mit zahlreichen milchig-weißen, duftenden Blüten von 4–8 mm Durchmesser. Frucht eine spiralig gewundene Achäne. Verbreitet und häufig an verschiedenen feuchten oder nassen Standorten, wie Marschen, Mooren, Bachufern, Gräben und in nassen, lichten Wäldern. Blüht 6–9.

J Knollige Spierstaude *Filipendula vulgaris* Mehrjährige bis 50 cm, insgesamt kleiner als die vorige Art. Blätter ebenso aus zweierlei Blättchen zusammengesetzt, jedoch mit 8–20 Paaren größerer Blättchen von 5–15 mm, die tief fiederspaltig in schmale Abschnitte geteilt sind. Blütenstand oben flach wie ein umgekehrtes Dreieck, aus zahlreichen größeren, milchig-weißen und auf der Unterseite rötlichen Blüten von 10–20 mm Durchmesser. Vereinzelt von Südschweden nach Süden; auf trockenem, kalkigem Grasland. Blüht 5–8. ▽

A Sumpf-Herzblatt

B Rote Johannis-beere

F Alpen-Johannis-beere

G Stachelbeere

H Geißbart

I Mädesüß

J Knollige Spier-staude

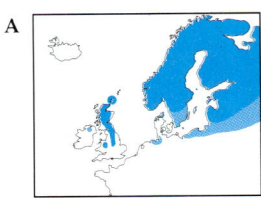

A

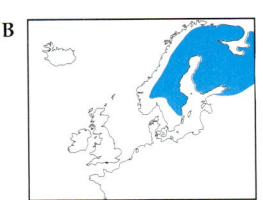

B

G

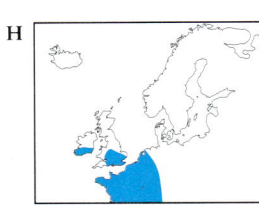

H

A	B	C
E1	D	G
E2		H
F		

A Moltebeere

B *Rubus arcticus*

C Steinbeere, Blätter

D Himbeere, Blätter und Frucht

E 1 Brombeere, Blüte

E 2 Brombeere, Frucht

F Kratzbeere

G Kriechende Rose

H Griffel-Rose

Brombeere *Rubus* Mehrjährige, oft stachlig und kletternd, meist mit zusammengesetzten Blättern (außer Moltebeere), Blättchen mit Stipeln. Blüten mit fünf unten verwachsenen Kelchblättern, aber ohne Außenkelch und mit fünf freien Kronblättern; Fruchtblätter auf einem konischen Blütenboden (vgl. *Rosa*-Arten). Frucht aus einsamigen, fleischigen Steinfrüchtchen zusammengesetzt.

A Moltebeere *Rubus chamaemorus* Niedrige, flaumig behaarte, kriechende Mehrjährige bis 20 cm, ohne Stacheln und oft Rasen bildend. Nur ein bis drei Blätter pro Pflanze, bis 80 mm im Durchmesser, abgerundet, etwas runzlig und in fünf bis sieben Abschnitte handförmig geteilt. Blüten weiß (oft fehlend), 15–25 mm im Durchmesser, einzeln auf einem endständigen Stiel; gewöhnlich zweihäusig. Frucht erst rot, dann orange werdend und aus etwa zwanzig Steinfrüchtchen bestehend. Lokal zahlreich in Bergmooren und Sümpfen. Blüht 6–8. ▽

B *Rubus arcticus* Kriechende Mehrjährige bis 40 cm, ohne Stacheln. Blätter dreiteilig, mit gezähnten Blättchen. Blüten einzeln, 15–20 mm im Durchmesser, hellrosa. Frucht dunkelrot, aus zahlreichen Steinfrüchtchen. Lokal häufig in Mooren und auf grasigen Standorten in den Bergen; nur in Skandinavien. Blüht 6–7. ▽

C Steinbeere *Rubus saxatilis* Kriechende Mehrjährige bis 40 cm, teilweise mit feinen Stacheln. Blätter dreiteilig, gezähnt, blaß und unterseits etwas behaart. Blütenstand aus zwei bis zehn stumpf-weißen Blüten, 5–10 mm im Durchmesser und mit fünf aufrechten, schmalen Kronblättern, die so lang sind wie die herabgeschlagenen Kelchblätter. Frucht glänzend rot, mit zwei bis sechs großen Steinfrüchtchen. Teilweise häufig auf beschatteten Felsen und in bewaldeten Gegenden, besonders auf Kalk; hauptsächlich in Skandinavien, fehlt im äußersten Westen des europäischen Festlandes. Blüht 6–8. ▽

D Himbeere *Rubus idaeus* Hohe, aufrechte Mehrjährige mit gebogenen, zweijährigen Stengeln bis 1,6 m, die feine Stacheln tragen. Blätter gefiedert, mit drei bis sieben gezähnten Blättchen, unterseits deutlich flaumig. Blüten weiß, etwa 10 mm im Durchmesser, in lockeren Büscheln von bis zu zehn Blüten; Kronblätter schmal, aufrecht und so lang wie die Kelchblätter. Frucht rot, nicht glänzend, sondern flaumig, mit zahlreichen Steinfrüchtchen. Häufig in Wäldern, auf Heiden und steinigen Standorten. Blüht 6–8.

E Brombeere *Rubus fruticosus* agg. Sehr komplexe Gruppe mit Hunderten von Kleinarten, die den Rahmen dieses Buches sprengen würden. Im allgemeinen umfaßt die Gruppe kletternde Sträucher bis 3 m, mit zweijährigen, gebogenen, holzigen Stengeln, die unterschiedlich stachelig und gewinkelt sind. Blätter mit drei bis fünf (selten sieben) gezähnten, oft stacheligen Blättchen. Blüten weiß oder rosa, 20–30 mm im Durchmesser, in lockeren Rispen. Frucht wechselt von grün oder rot zu glänzend schwarz oder violett in reifem Zustand. An verschiedenen Standorten von feuchten Wäldern und Gebüsch zu trockenen, offenen Heiden oder Ruderalflächen; am häufigsten im Westen, im hohen Norden meist fehlend. Blüht 5–9.

F Kratzbeere *Rubus caesius* Sich weit ausbreitende, kriechende Mehrjährige mit sehr feinen Stacheln und schwachen, zweijährigen Stengeln. Blätter dreigeteilt, gezähnt und recht runzelig. Blüten immer weiß, 20–25 mm. Frucht blauschwarz und wie Pflaumen wachsig bereift; seitliche Früchte mit zwei bis fünf, die endständigen Früchte mit 14–20 Steinfrüchtchen. An verschiedenen Standorten, von trockenem Grasland oder Gebüsch (oft auf kalkigen Böden) bis zu Mooren; fehlt im hohen Norden. Blüht 6–9.

Rose *Rosa* Strauch mit stacheligen Ästen, gefiederten Blättern, gut entwickelten Stipeln und Blüten mit fünf gut entwickelten Kronblättern mit Kelchblättern, aber ohne Außenkelch. Die Gattung unterscheidet sich von der Brombeere durch einen tiefen oder konkaven Blütenboden, der zu einer fleischigen Frucht, der Hagebutte, heranwächst und zahlreiche Achänen enthält. Die Griffel wachsen aus der Öffnung des Achsenbechers unterschiedlich weit heraus, wodurch einige Arten unterschieden werden können.

(1) Stacheln stark gekrümmt.

(a) Griffel zu einer Säule verwachsen.

G Kriechende Rose *Rosa arvensis* Strauch bis 1,5 m mit schwachen, liegenden oder kletternden Ästen, oft violett überlaufen. Wenige, stark gekrümmte Stacheln, die sich nicht unterscheiden. Fünf bis sieben, bis etwa 35 mm lange Blättchen. Blütenstand aus ein bis sechs weißen Blüten von 30–50 mm Durchmesser, die Griffel deutlich in einer langen Säule vereinigt, die so lang ist wie die kürzesten Staubblätter. Die beiden äußeren Kelchblätter mit einigen schmalen, gefiederten Seitenlappen. Frucht rot, länglich oder eiförmig, die Kelchblätter nicht bleibend. Verbreitet in Wäldern, Gebüsch und Hecken. Blüht 6–8.

H Griffel-Rose *Rosa stylosa* Strauch bis 4 m, mit gebogenen Ästen und hakenförmigen Stacheln (**h 1**), die oft eine kräftige Basis haben. Fünf bis sieben Blättchen, einfach gezähnt und unterseits behaart. Eine bis viele Blüten, 30–60 mm im Durchmesser, weiß oder blaßrosa (**h 2**); Griffel zu einer Säule verwachsen, kürzer als die inneren Staubblätter (vgl. mit Kriechender Rose). Äußere Kelchblätter mit schmalen Seitenlappen, zur Fruchtzeit nicht bleibend. Lokal im Westen des Gebietes; in Hecken, Grasland und Gebüsch. Blüht 6–7. ▽

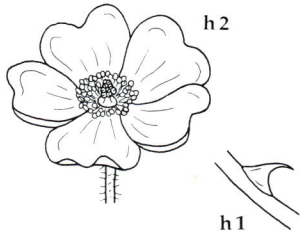

h 2

h 1

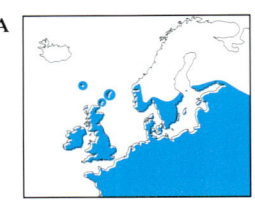

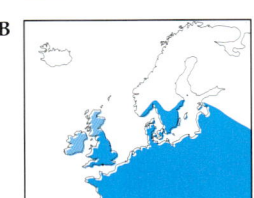

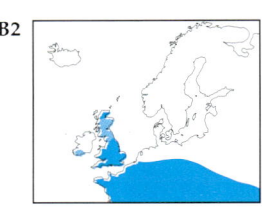

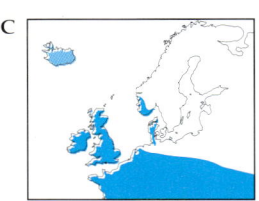

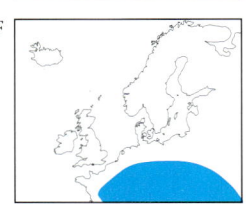

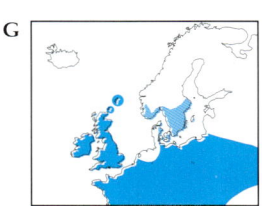

(b) Griffel nicht zu einer Säule verwachsen.

Rosa canina-Gruppe   Gekennzeichnet durch kräftige, gebogene oder hakige Stacheln (**a**) und Blättchen, die gar keine oder nur auf den Hauptadern Drüsen haben. Beim Zerreiben ohne duftend (vgl. *R. rubiginosa*-Gruppe). Äußere Kelchblätter mit schmalen, abstehenden Fiederlappen.

A Hunds-Rose *Rosa canina* Strauch bis 4 m, mit gekrümmten Ästen. Fünf bis sieben Blättchen, bis 40 mm lang, kahl. Eine bis vier Blüten, rosa oder weiß, 30–50 mm im Durchmesser. Diskus breit, eng oder, bis 1 mm großer Öffnung. Blütenstiel 10–20 mm, kahl und ohne Drüsen. Frucht rot, kahl, oval oder rundlich und im reifen Zustand ohne Kelchblätter. Häufig in Hecken, Gebüsch und Waldrändern. Blüht 6–7.

Die folgenden fünf Arten der Gruppe stehen der Hunds-Rose sehr nahe, Standorte und Blütezeit sind ähnlich. Es gibt folgende kritische Unterscheidungsmerkmale:

(i) Arten mit kahlen Blättchen.

Sparrige Rose *Rosa squarrosa* Blattstiele und Adern drüsig; Blätter doppelt gezähnt. Vermutlich weit verbreitet, im Osten jedoch häufiger.
Blaugrüne Rose *Rosa vosagiaca* Stengel rötlich; Blättchen blaugrün; Kelchblätter zur Fruchtzeit bleibend. Beinahe überall verbreitet.

(ii) Arten mit behaarten Blättchen.

Stumpfblättrige Rose *Rosa obtusifolia* Adern drüsig; Blütenstiel ohne Drüsen. Überwiegend im Westen, im Norden bis Südschweden.
Busch-Rose *Rosa corymbifera* Adern und Blütenstiele mit Drüsen. Am häufigsten weiter im Süden und Osten.
Leder-Rose *Rosa caesia* Blättchen unterseits dicht behaart; Kelchblätter zur Fruchtzeit bleibend. Überall verbreitet.

Rosa rubiginosa-Gruppe   Stacheln hakig oder gebogen und Blätter unterseits klebrig, braun, drüsig, beim Zerreiben nach Äpfeln riechend (vgl. *R. canina*-Gruppe); Blätter gelegentlich behaart, jedoch nie filzig (vgl. *R. tomentosa*-Gruppe). Äußere Kelchblätter mit schmalen Seitenabschnitten.

B Wein-Rose *Rosa rubiginosa* Strauch bis 3 m, mit aufrechten Stämmen, die Stacheln (**b**) meist mit zerstreuten Borsten und Drüsen. Fünf bis sieben Blättchen, doppelt gezähnt. Eine bis drei Blüten, tiefrosa, 20–30 mm im Durchmesser. Kelchblätter zur Fruchtzeit bleibend. Häufig in Wäldern, Hecken, Gebüsch und Grasland. Blüht 6–7. ▽

Die drei folgenden Arten dieser Gruppe, die ähnliche Standorte und Blütezeiten haben, sind durch ihre Unterschiede zur Wein-Rose beschrieben.

Keilblättrige Rose *Rosa elliptica* Äste ohne Borsten und Drüsen. West- und Mitteleuropa (**B 1**).
Feld-Rose *Rosa agrestis* Blüten weiß; Kelchblätter ohne Drüsen und zur Fruchtzeit nicht bleibend. Verbreitet, im Norden und Osten jedoch selten.
Kleinblütige Rose *Rosa micrantha* Äste gebogen. Blüten weiß wie Feld-Rose, Kelchblätter jedoch drüsig. Verbreitet, im Norden jedoch fehlend (**B 2**).

(2) Stacheln gerade oder nur schwach gebogen.

C Bibernell-Rose *Rosa pimpinellifolia* Niedriger, ausläuferbildender Strauch bis höchstens 50 cm. Zahlreiche gerade Stacheln (**c**), auf den Hauptästen lang, auf den Blütentrieben kürzer und weniger zahlreich. Sieben bis elf Blättchen,

oval und bis zu 15 mm lang. Blüten einzeln, milchig-weiß (selten rosa), 20–30 mm im Durchmesser. Frucht kugelförmig, klein (etwa 6 mm im Durchmesser) und im reifen Zustand schwarzviolett. Verbreitet, aber nur lokal häufig; auf Heiden, Dünen und kalkigem Grasland, Kalksteinpflaster und Felsvorsprüngen im Gebirge. Blüht 5–7.

D Mai-Rose *Rosa majalis* Strauch bis 2 m, mit rötlich-brauner Rinde und schlanken, geraden oder schwach gekrümmten, meist paarigen Stacheln an den Sproßknoten (**d 1**). Fünf bis sieben Blättchen, bis 45 mm, blaugrün, unterseits flaumig und blasser. Blüten einzeln, violett-rosa und 30–50 mm im Durchmesser (**d 2**). Frucht kugelig, rot, die Kelchblätter bleibend. In Hecken, Wäldern und Gebüsch; Ost- und Nordeuropa. Blüht 6–7. ▽

Die beiden folgenden Arten ähneln der Mai-Rose, sind aber wie folgt zu unterscheiden:

Rosa acicularis Äste mit zahlreichen schlanken Borsten sowie langen, geraden, nicht paarweise vorkommenden Stacheln. Ähnliche Standorte. Blüht 6–7.
Bereifte Rose *Rosa glauca* Stacheln nicht in Paaren. Blätter kahl, blaugrün. Blüten zu ein bis fünf; äußere Kelchblätter mit einigen schmalen Fiederlappen. An Waldrändern und steinigen Standorten in den Bergen; Mittel- und Südeuropa. Blüht 6–8.

E Kartoffel-Rose *Rosa rugosa* Äste aufrecht, bis 1,5 m. Fünf bis neun Blättchen, dick und oberseits glänzend; Blättchen daunig; Blüten weiß bis rot, 60–90 mm Durchmesser. Frucht kugelig, 20–50 mm groß. Verbreitet eingebürgert oder angepflanzt. Blüht 6–8.

F Essig-Rose *Rosa gallica* Aufrechte Stämme bis 1 m, ausläuferbildend. Blätter ledrig, mit drei bis fünf unterseits drüsigen Blättchen. Blüten einzeln, rosa bis rot, 70–90 mm. Äußere Kelchblätter mit einigen schmalen, abstehenden Fiederlappen, die Frucht borstig. Vereinzelt in Hecken und an Waldrändern; in Süd- und Mitteleuropa, bis Belgien reichend. Blüht 5–8. ▽

Rosa tomentosa-Gruppe   Stacheln gerade oder schwach gebogen (**g**). Blättchen meist auf beiden Seiten dicht behaart oder filzig und mit Drüsen, die beim Zerreiben einen harzigen Geruch absondern. Kelchblätter meist mit schmalen Fiederlappen.

G Filz-Rose *Rosa tomentosa* Gedrungener Strauch bis 2 m, mit gebogenen Ästen. Blättchen weich, dicht filzig, 20–40 mm. Eine bis fünf Blüten, rosa oder weiß, 30–40 mm im Durchmesser. Kelchblätter nicht bis zur Fruchtreife bleibend. Blütenstiele etwa 20 mm. Frucht rundlich oder birnenförmig, von Drüsen bedeckt. Lokal häufig in Wäldern, Hecken und Gebüsch. Blüht 6–7.

Die nächsten Arten unterscheiden sich von der Filz-Rose wie folgt:

Kratz-Rose *Rosa scabriuscula* Blättchen rauh. Kelchblätter zur Fruchtreife bleibend. In Europa außer im Norden weit verbreitet. Blüht 6–7.
Sammet-Rose *Rosa sherardii* Äste mit weißlichem Schimmer und Blüten immer rosa. Kelchblätter zur Fruchtzeit früh abfallend. Lokal häufig, im Nordosten jedoch fehlend. Blüht 6–7.
Apfel-Rose *Rosa villosa* Blättchen deutlich blaugrün, 30–50 mm. Blütenstiele nur 5–10 mm. Kelchblätter zur Fruchtzeit bleibend. In Mittel- und Südeuropa, nördlich bis in die Niederlande. Blüht 6–7.
Weiche Rose *Rosa mollis* Blättchen graugrün, 10–35 mm. Junge Äste mit weißlichem Schimmer und Blüten tiefrosa. Kelchblätter zur Fruchreife bleibend. Hauptsächlich in Nord- und Westeuropa. Blüht 6–7.

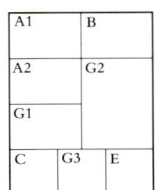

A 1 Hunds-Rose, Blüte

A 2 Hunds-Rose, Hagebutten

B Wein-Rose

C Bibernell-Rose

E Kartoffel-Rose

G 1 Filz-Rose

a

b

g

c

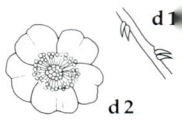
d 1

d 2

G 2 Sammet-Rose

G 3 Apfel-Rose

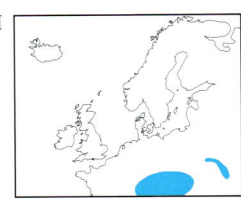

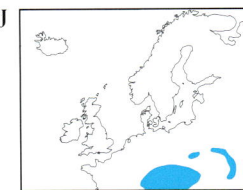

A Gewöhnlicher Odermennig *Agrimonia eupatoria* Weich behaarte Mehrjährige bis 60 cm, oft mit rötlichen Stengeln und beim Zerreiben süßlich duftend. Untere Blätter gefiedert, mit drei bis sechs Paaren größerer, gezähnter Blättchen, zwischen denen zwei bis drei Paare kleinerer Blättchen stehen; Blattunterseite weiß oder grau filzig. Blüten gelb, 5–8 mm im Durchmesser, zahlreich in dichten, schlanken Ähren. Frucht eine stachelartige Achäne mit abstehenden (nicht rückwärtsweisenden) Dornen. Verbreitet und häufig an Hecken, Straßenrändern und Grasland, fehlt jedoch im hohen Norden. Blüht 6–8.

B *Agrimonia pilosa* Unterscheidet sich von der vorhergehenden Art durch unterseits grüne Blätter und 3–5 mm große Blüten. Ähnliche Standorte und Blütezeit. Blüht 6–8.

C Wohlriechender Odermennig *Agrimonia procera* Ähnlich dem Gewöhnlichen Odermennig, jedoch bis 1 m groß und beim Zerreiben deutlich duftend. Blätter auf beiden Seiten grün, unterseits mit gelben Drüsen. Blüten größer, 6–10 mm im Durchmesser. Die unteren Dornen der Frucht rückwärtsweisend. Ähnliche Standorte und Verbreitung, jedoch vorzugsweise auf leicht sauren Böden. Blüht 6–8. ▽

D Nelkenwurz-Odermennig *Aremonia agrimonoides* Mehrjährige bis 40 cm, Stengel unten oft rötlich. Blätter gefiedert, mit zwei bis vier Paaren größerer, gezähnter Blättchen (zur Spitze hin zunehmend länger), zwischen denen ein bis drei Paare kleinerer Blättchen stehen. Blüten gelb, 7–10 mm im Durchmesser, in lockeren, kurzen und endständigen Büscheln, oft sich nicht öffnend. Frucht nicht dornig. Vereinzelt, in Bergwäldern und Gebüsch; im Südosten des Gebietes. Blüht 5–6. ▽

E Kleiner Wiesenknopf *Sanguisorba minor* Niedrige Mehrjährige bis 40 cm, unten haarig. Grundblätter in einer Rosette, gefiedert, mit vier bis zwölf gezähnten Blättchen, die zur Spitze hin bis 20 mm groß werden. Blüten winzig, grün und in dichten, runden Köpfen; zweihäusig, mit kronblattlosen männlichen Blüten unten und weiblichen Blüten mit roten Narben oben. Frucht vierkantig und gerippt. Verbreitet und häufig in Grasland, besonders auf kalkigen Böden; im hohen Norden meist fehlend. Blüht 5–8.

F Großer Wiesenknopf *Sanguisorba officinalis* Recht große, bis 1 m hohe Mehrjährige. Blätter charakteristisch gefiedert, mit langgestielten, gezähnten Blättchen (bis 40 mm), die zur Spitze hin größer werden und oft rötliche Stiele haben. Blüten winzig, stumpf purpurn oder violett, in dichten, länglichen Köpfen auf langen Stielen. Sehr vereinzelt bis lokal häufig; an feuchten, grasigen Standorten. Blüht 6–9.

G *Acaena anserinifolia* Mehrjähriger Halbstrauch bis 15 cm, dem Kleinen Wiesenknopf recht ähnlich, jedoch kriechend und stark verzweigt. Fiederblätter mit drei bis vier Paaren gezähnter Blättchen. Blüten weiß, in runden, dichten Köpfchen, die einzeln auf aufrechten Stielen sitzen. Frucht mit weichen, rötlichen Dornen. Aus Neuseeland möglicherweise mit importierter Wolle eingeführt und in Großbritannien und Irland eingebürgert. Blüht 6–7. ▽

H Silberwurz *Dryas octopetala* Kriechender Halbstrauch bis 8 cm. Die immergrünen Blätter stumpf gezähnt, länglich, bis 20 mm, oberseits dunkelgrün, mit tief eingesenkten Adern und unterseits grau filzig. Blüten weiß mit gelben Staubblättern, bis 40 mm im Durchmesser und mit acht oder mehr Kronblättern. Frucht ein Kopf aus Achänen, der schon aus der Entfernung an den langen, fedrigen Griffeln erkennbar ist. Lokal häufig auf basenreichen Felsen, von Meereshöhe bis hinauf auf 2000 m. Blüht 5–8. ▽

Geum Mehrjährige mit fünf- oder siebenteiligen Blüten, einem Außenkelch und einem aufrechten, endständigen Griffel, der bis zur Frucht bleibt und oft zum Zweck der Tierverbreitung hakig ist.

I Kriechende Nelkenwurz *Geum reptans* Behaarte Mehrjährige mit rötlichen Ausläufern. Blätter überwiegend in Grundrosetten, gefiedert mit gezähnten Blättchen, wobei das endständige Blättchen weniger als viermal so lang wie das direkt folgende Blättchen ist (vgl. Berg-Nelkenwurz). Blüten einzeln, hellgelb, 25–40 mm im Durchmesser, mit sechs Kronblättern. Frucht mit roten, fedrigen Griffeln. An felsigen oder kiesigen Standorten der Berge. Blüht 6–7. ▽

J Berg-Nelkenwurz *Geum montanum* Der vorigen Art sehr ähnlich, jedoch ohne Ausläufer und mit einer Endfieder, die mehr als viermal so lang wie die nächste Seitenfieder ist. Ähnliche Standorte und Blütezeit. Blüht 6–7. ▽

K Bach-Nelkenwurz *Geum rivale* Schopfige, flaumige Mehrjährige bis 60 cm. Grundblätter mit drei bis sechs Paar Seitenblättchen und einem großen, runden, gezähnten Endabschnitt gefiedert; Stengelblätter dreiblättrig. Blüten nickend, mit orangerosa Kronblättern, violetten Kelchblättern und einem Außenkelch. Fruchtstand eine Ansammlung fedriger Achänen. Verbreitet und lokal häufig in nassen Wiesen, Marschen, feuchten Wäldern und auf Felsvorsprüngen in den Bergen, meist auf basenreichen Untergründen. Blüht 4–9. ▽

L Echte Nelkenwurz *Geum urbanum* Behaarte Mehrjährige bis 60 cm. Grundblätter mit ungleichmäßigen, gezähnten Blättchen und einem großen, meist dreilappigen Endblättchen; Stipeln groß (oft mehr als 10 mm) und laubig; Stengelblätter meist dreilappig. Blüten gelb, 8–15 mm, mit fünf abgerundeten Kron- und Kelchblättern, zuerst aufrecht, aber bald nickend. Frucht ein abgerundetes Köpfchen fedriger Achänen. Häufig in Wäldern, Hecken und an schattigen Standorten. Blüht 5–9.
Kreuzt sich mit Bach-Nelkenwurz zu *Geum × intermedium*, dessen Merkmale von beiden Eltern stammen können.

M *Geum hispidum* Im Unterschied zur Echten Nelkenwurz stärker behaart, Stipeln kleiner als 10 mm. Selten, an feuchten, halbschattigen Standorten in Südostschweden. Blüht 6–7. ▽

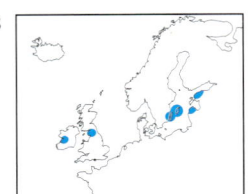

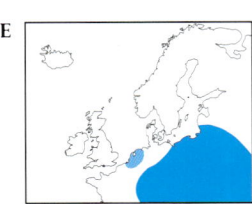

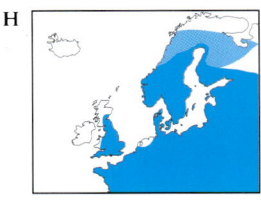

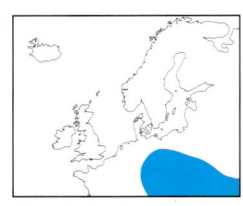

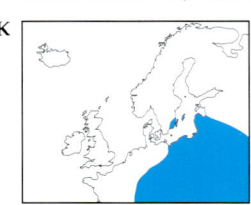

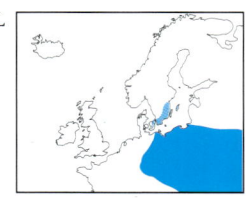

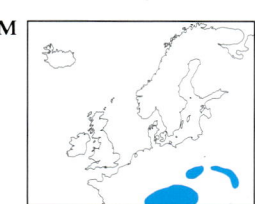

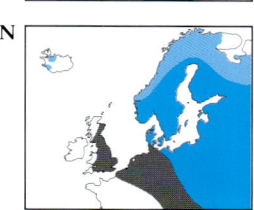

B

E

H

J

K

L

M

N

R

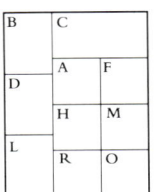

A **Blutauge**

B **Strauch-Finger-kraut**

C **Gänse-Finger-kraut**

D *Potentilla multifida*

F *Potentilla nivea*

H **Silber-Finger-kraut**

L **Sand-Finger-kraut**

M **Gold-Finger-kraut**

O **Zwerg-Finger-kraut**

R **Aufrechtes Fingerkraut**

Fingerkraut *Potentilla* Kräuter oder kleine Sträucher, meist mehrjährig. Blätter gelappt, gefiedert oder gefingert. Blüten mit vier bis sechs, meist fünf Kronblättern; Außenkelch vorhanden; Griffel zur Fruchtzeit nicht bleibend und nicht fedrig; Frucht eine Achäne.

A **Blutauge** *Potentilla palustris* Kahle Mehrjährige bis 45 cm. Blätter graugrün, die unteren mit fünf bis sieben Blättchen gefiedert, die oberen dreiblättrig oder handförmig. Blüten stumpf dunkelviolett, mit fünf scharf gespitzten Kronblättern, die kürzer sind als die (dunkler) violetten Kelchblätter. Verbreitet und häufig in Mooren, Marschen und an Teichrändern. Blüht 5–7. ▽

(**1**) Arten mit gelben Blüten, Blättchen nicht an einem Punkt verwachsen.

B **Strauch-Fingerkraut** *Potentilla fruticosa* Sommergrüner, flaumig behaarter Strauch bis 1 m, mit ungezähnten graugrünen Blättern mit drei bis sieben lanzettlichen Blättchen. Blüten gelb, 20 mm im Durchmesser, einzeln oder in lockeren Büscheln, zweihäusig. Selten, an feuchten, steinigen Standorten. Blüht 5–7.

C **Gänse-Fingerkraut** *Potentilla anserina* Kriechende Mehrjährige mit bis zu 80 cm langen Ausläufern. Grundblätter gefiedert, gezähnt und entweder nur unterseits oder auf beiden Seiten silbrig; winzige Blättchen wechseln sich mit größeren ab. Blüten gelb, 15–20 mm, einzeln und mit unausgerandeten Kronblättern. Verbreitet und häufig, an verschiedenen feuchten Standorten sowie Straßenrändern, Dünen, Grasland. Blüht 5–8.

D *Potentilla multifida* Behaarte Mehrjährige bis 40 cm. Gefiederte Blätter mit sehr schmalen, linealischen, ungezähnten Abschnitten mit umgerollten Rändern; unterseits grau-seidig. Blüten gelb, 10–14 mm, in lockeren Büscheln. Selten, in den Bergen Nordschwedens. Blüht 7–8. ▽

E **Niedriges Fingerkraut** *Potentilla supina* Einjährige oder kurzlebige Mehrjährige mit niederliegenden oder bis 40 cm aufsteigenden Stengeln. Blätter grün, mit fünf bis elf scharf gezähnten Blättchen gefiedert. Stipeln abstehend, beinahe so breit wie lang. Blüten gelb, 6–8 mm, Kronblätter kürzer als Kelchblätter. Nur lokal, in Wiesen und an grasigen Standorten. Blüht 6–8.

(**2**) Arten mit gelben Blüten, Blättchen an einem Punkt verwachsen.

(**a**) Blätter unterseits grau oder silbrig.

F *Potentilla nivea* Schopfige Mehrjährige bis 20 cm. Blätter dreizählig, gezähnt und unterseits dicht weiß-filzig; Blattstiel nur mit gelockten Haaren. Blüten gelb, 12–15 mm, in lockeren Büscheln. Sehr vereinzelt, an felsigen Standorten in Skandinavien und Mitteleuropa. Blüht 6–8. ▽

G *Potentilla chamissonis* Ausschließlich gerade Haare auf dem Blattstiel. Nur lokal an felsigen oder kiesigen Standorten der Arktis. ▽

H **Silber-Fingerkraut** *Potentilla argentea* Flaumig behaarte Mehrjährige bis 50 cm. Stengel aufrecht bis aufsteigend, dicht mit silbrigen Haaren bedeckt. Blätter gefingert, die fünf schmalen Blättchen mit groben, vorwärts weisenden Zähnen; Grundblätter mit zwei bis sieben stumpfen Zähnen (vgl. mit *P. neglecta*, unten); Blattunterseite dicht mit silbrig-weißen, gekrümmten Haaren bedeckt. Blüten gelb, 8–12 mm, in lockeren, verzweigten Büscheln; Griffel konisch (vgl. Hügel-Fingerkraut). An trockenen Standorten, oft sandig, kiesig oder felsig. Blüht 6–9. ▽

I *Potentilla neglecta* Unterscheidet sich vom Silber-Fingerkraut durch Grundblattabschnitte mit neun bis elf spitzen Zähnen und Blüten von 9–14 mm. Ähnlich. Wegen Verwechslung mit der vorhergehenden Art ist die genaue Verbreitung unbekannt. Blüht 6–9. ▽

J **Graues Fingerkraut** *Potentilla inclinata* Behaarte Mehrjährige bis 50 cm, ähnelt dem Silber-Fingerkraut, jedoch mit langen und geraden, abstehenden Haaren. Die fünf bis sieben Blättchen sind manchmal fiederlappig und unterseits eher grau als silbrig-weiß. An felsigen Standorten und in Magerrasen. Blüht 6–7. ▽

K **Hügel-Fingerkraut** *Potentilla collina* Beinahe identisch mit dem Silber-Fingerkraut, jedoch nur bis 30 cm groß und mit einem keulenförmigen Griffel. Manchmal kahl. Lokal häufig an felsigen und grasigen Standorten. Blüht 6–8. ▽

L **Sand-Fingerkraut** *Potentilla cinerea* Dicht behaarte, rasenbildende Mehrjährige bis 20 cm, mit holzigen, niederliegenen und wurzelnden Stengeln. Blätter meist dreizählig, manchmal auch mit fünf Blättchen, durch einfache und verzweigte Haare beiderseits grau-wollig. Blüten gelb, 10–15 mm, einzeln oder zu zwei bis drei. An trockenen, felsigen und grasigen Standorten; im Osten des Gebietes. Blüht 4–7. ▽

M **Gold-Fingerkraut** *Potentilla aurea* Niedrige, rasenbildende Mehrjährige. Blättchen mit charakteristisch seidigen Rändern, der Zahn an der Spitze ist viel kleiner als die benachbarten Zähne (vgl. Zottiges Berg-Fingerkraut, Seite 104). Blüten goldgelb, in der Mitte oft orange, 15–25 mm im Durchmesser. An felsigen und grasigen Standorten der Berge. Blüht 6–9. ▽

(**b**) Blätter unterseits grün.

(**i**) Blätter mit drei Blättchen.

N **Norwegisches Fingerkraut** *Potentilla norvegica* Einjährige oder kurzlebige Mehrjährige bis 70 cm, behaart. Blätter dreizählig, auf beiden Seiten grün. Blüten hellgelb, 10–15 mm, in verzweigten Büscheln; Kronblätter nicht länger als Kelchblätter. Lokal häufig an felsigen Standorten, Ruderalstellen. Blüht 6–9. ▽

O **Zwerg-Fingerkraut** *Potentilla brauniana* Zwergwüchsige Mehrjährige bis höchstens 5 cm, schwach behaart. Blätter dreizählig, bis 10 mm. Blüten gelb, 7–12 mm, einzeln oder in Büscheln von zwei bis fünf. An felsigen und grasigen Standorten in den Alpen und im Jura, oft in der Nähe von Schneeresten. Blüht 6–8. ▽

P **Gletscher-Fingerkraut** *Potentilla frigida* Im Unterschied zur obigen Art bis 10 cm groß und mit dicht behaarten Blättchen. Ähnliche Standorte. Blüht 6–8. ▽

(**ii**) Blätter mit fünf oder mehr Blättchen.

Q **Mittleres Fingerkraut** *Potentilla intermedia* Ähnelt dem Norwegischen Fingerkraut, ist jedoch mehrjährig und hat meist fünf Blättchen, manchmal unterseits grau. Aus dem Osten eingeführt und in vielen Ländern auf Ruderalflächen eingebürgert. Blüht 6–9. ▽

R **Aufrechtes Fingerkraut** *Potentilla recta* Steif aufrechte, behaarte Mehrjährige bis 70 cm. Blätter gefingert, mit fünf bis sieben gezähnten und behaarten Blättchen. Blütenstiele endständig, Blüten blaßgelb, 20–25 mm, die ausgerandeten Kronblätter länger als die Kelchblätter. Auf grasigen, ruderalen Standorten. Blüht 6–9.

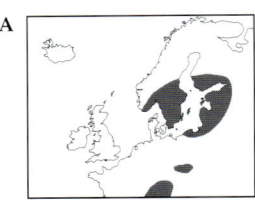

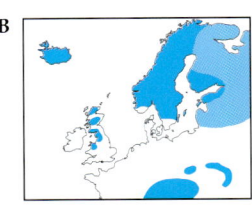

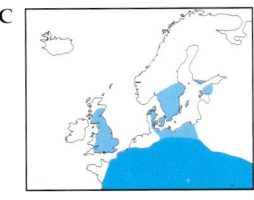

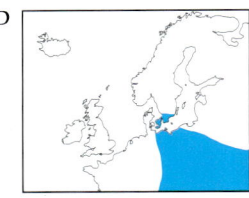

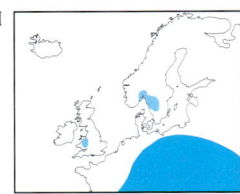

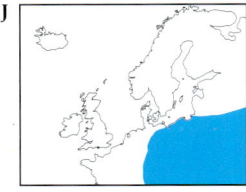

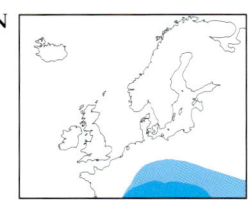

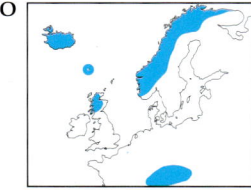

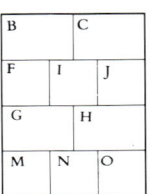

B	C	
F	I	J
G		H
M	N	O

A Armblütiges Fingerkraut *Potentilla thuringiaca* Stark behaarte Mehrjährige, bis 50 cm groß. Blätter mit fünf bis neun länglich-lanzettlichen, grob gezähnten Abschnitten. Blütenstiele seitlich abzweigend; Blüten gelb, im Durchmesser 15–22 mm und in lockeren Büscheln stehend. Sehr selten in Wiesen und an steinigen Standorten; in den Bergen; Frankreich und Deutschland; in Skandinavien eingebürgert. Blüht 6–8.

B Zottiges Berg-Fingerkraut *Potentilla crantzii* Behaarte Mehrjährige bis 25 cm, nicht polsterbildend. Blätter gefingert, mit fünf keilförmigen, gezähnten Blättchen, der endständige Zahn etwa so groß wie die benachbarten seitlichen Zähne (vgl. Armblütiges Fingerkraut und Gold-Fingerkraut, Seite 102). Stipeln der Grundblätter breit-eiförmig (vgl. Frühlings-Fingerkraut). Blüten gelb, 15–25 mm im Durchmesser, oft mit einem orangenen Fleck am Grunde der Kronblätter. Vereinzelt bis lokal häufig an felsigen und kiesigen Standorten, außer im hohen Norden meist in den Bergen. Blüht 6–7. ▽

C Frühlings-Fingerkraut *Potentilla tabernaemontani* Rasenbildende Mehrjährige bis 20 cm, mit kriechenden, wurzelnden Ästen und am Grunde holzigen Stengeln. Grundblätter gefingert, mit fünf bis sieben gezähnten Blättchen; obere Blätter ungestielt, die mit drei Blättchen; Blätter unterschiedlich stark behaart, jedoch nie sternhaarig (vgl. Flaum-Fingerkraut). Stipeln der Grundblätter sehr schmal (vgl. Zottiges Berg-Fingerkraut und Rötliches Fingerkraut). Blüten gelb, 10–20 mm, in lockeren Büscheln an Seitenästen. Lokal häufig auf trockenem, kalkigem Grasland und steinigen Kalkstandorten; nach Norden bis Südschweden. Blüht 4–6.

D Rötliches Fingerkraut *Potentilla heptaphylla* Ähnelt dem Frühlings-Fingerkraut, jedoch aufrechter, nicht rasenbildend und am Stengel mit rötlichen Drüsenhaaren. Stipeln der Grundblätter eiförmig. Fruchtstiel nickend. Blüten 10–15 mm. Auf trockenem Grasland und an Straßenrändern, meist auf kalkigen Böden; östliches Europa. Blüht 4–7. ▽

E Flaum-Fingerkraut *Potentilla pusilla* Möglicherweise eine Hybride aus Frühlings-Fingerkraut und *Potentilla cinerea*. Dem Frühlings-Fingerkraut sehr ähnlich, die spärlich behaarten Blätter jedoch mit einfachen Haaren und mit Sternhaaren. Grasige Standorte in den Bergen Frankreichs und Süddeutschlands. Blüht 6–7. ▽

F Blutwurz *Potentilla erecta* Mehrjährige bis 30 cm, Stengel kriechend bis aufsteigend, aber ohne wurzelnde Stolonen. Blätter ungestielt, fast alle dreiblättrig, jedoch durch die großen Stipeln am Blattgrund oft fünfblättrig gefingernd erscheinend; Blattränder und Adern der Unterseite seidig behaart. Blüten auf 20–40 mm langen Stielen, gelb, 7–11 mm im Durchmesser, gewöhnlich mit vier Kronblättern. An verschiedenen Standorten, von Reitwegen im Wald und auf Wiesen bis hin zu Heiden und Mooren verbreitet. Blüht 5–9.

G Kriechendes Fingerkraut *Potentilla reptans* Ähnelt der Blutwurz, jedoch mit kriechenden Blütentrieben, die an den Knoten wurzeln. Blätter langgestielt und kahl, mit fünf bis sieben Blättchen. Blüten 17–25 mm im Durchmesser, mit fünf Kronblättern. An grasigen Standorten, Schuttplätzen und Wegrändern. Blüht 6–9.

H Niederliegendes Fingerkraut *Potentilla anglica* Merkmale liegen zwischen den beiden vorhergehenden Arten; im Gegensatz zur echten Hybride jedoch nicht steril. Niederliegende Stengel wie beim Kriechenden Fingerkraut wurzelnd, Blätter jedoch meist dreiblättrig und wie bei der Blutwurz behaart, die unteren 10–20 mm, die oberen 5 mm langgestielt. Blüten meist mit vier, selten mit fünf Kronblättern und 14–18 mm im Durchmesser. Vereinzelt bis lokal häufig an grasigen Standorten, auf Heiden und an Wegrändern. Blüht 6–9. ▽

(3) Arten mit weißen Blüten.

I Stein-Fingerkraut *Potentilla rupestris* Behaarte Mehrjährige bis 50 cm. Grundblätter gefiedert, mit fünf bis neun ovalen, gezähnten Blättchen, deren Größe vom Grund zur Spitze hin zunimmt; nur wenige, dreizählige Stengelblätter. Blüten weiß, 15–25 mm im Durchmesser, in lockeren Trugdolden. Vereinzelt bis selten auf halbschattigen Kalkfelsen. Blüht 5–6. ▽

J Weißes Fingerkraut *Potentilla alba* Behaarte Mehrjährige bis 25 cm. Blätter gefingert, mit fünf gezähnten Blättchen, oberseits grün und unterseits silbrig behaart. Blüten weiß, 15–20 mm im Durchmesser, in lockeren Büscheln von zwei bis sechs; Kronblätter ausgerandet. An steinigen und grasigen Standorten in den Bergen. Blüht 4–6. ▽

K Stengel-Fingerkraut *Potentilla caulescens* Der vorherigen Art sehr ähnlich, Blätter jedoch auf beiden Seiten grün und die Kronblätter zugespitzt. Auf Kalkfelsen im Osten Frankreichs und in Süddeutschland. Blüht 5–7. ▽

L *Potentilla montana* Kriechende Mehrjährige mit langen Stolonen. Blätter dreizählig, oberseits grün und unterseits seidig grau, nur zur Spitze hin gezähnt. Blüten weiß, 15–25 mm im Durchmesser. An felsigen Standorten und in Wäldern, vom Tiefland bis zu einer Höhe von 1500 m. Blüht 5–6. ▽

M Erdbeer-Fingerkraut *Potentilla sterilis* Behaarte Mehrjährige bis 15 cm, mit langen, wurzelnden Stolonen. Blätter stumpf blaugrün, dreizählig; der endständige Zahn der Blättchen ist kürzer als die angrenzenden Zähne. Blüten weiß, 10–15 mm im Durchmesser, die Kronblätter deutlich getrennt. Außenkelchelemente kürzer als die Kelchblätter. Frucht nicht fleischig. Merke: Die Wald-Erdbeere (siehe Seite 106) hat glänzende Blätter mit einem langen, endständigen Zahn und fleischige Früchte. In lichten Wäldern, an grasigen Standorten und an Wegrändern. Im Westen verbreitet und häufig; im Osten und im hohen Norden sehr selten oder fehlend. Blüht 2–5.

N Kleinblütiges Fingerkraut *Potentilla micrantha* Der vorigen Art sehr ähnlich, jedoch ohne Ausläufer; die Außenkelchelemente sind so lang wie die Kelchblätter. Blüten meist rosa, manchmal weiß. An felsigen Standorten und in lichten Wäldern bis 1600 m. Sehr selten, in Mittel- und Osteuropa. Blüht 5–7. ▽

O Gelbling *Sibbaldia procumbens* Zwergwüchsige, steif behaarte, schopfige Mehrjährige bis 3 cm. Die dreizähligen Blätter sind blaugrün, eiförmig und etwas keilig zur dreizähnigen Spitze hin verbreitet, der mittlere Zahn ist oft schmaler als die beiden seitlichen. Blüten klein, etwa 5 mm im Durchmesser, blaßgelb oder grünlich, in dichten Büscheln; Kronblätter oft winzig oder fehlend. Vereinzelt bis lokal häufig in kurzen Rasen und an steinigen Standorten der Berge. Blüht 7–8. ▽

B

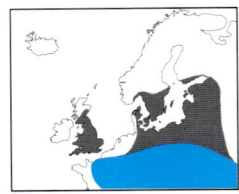

E1

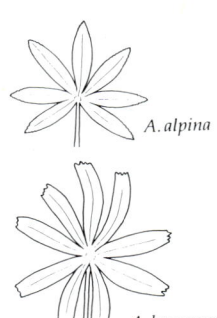

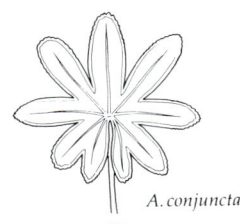

A. alpina

A. hoppeana

A. conjuncta

A. faeroensis

A. incisa

A. monticola

A. glaucescens

A. subcrenata

Erdbeere *Fragaria* Wie die *Potentilla*-Arten, jedoch stets mit dreizähligen Blättern in einer grundständigen Rosette und mit fleischigen, kräftig gefärbten Früchten.

A Wald-Erdbeere *Fragaria vesca* Mehrjährige bis 30 cm, mit langen, wurzelnden Stolonen. Blättchen behaart, oberseits hellgrün und gezähnt, wobei der Endzahn meist größer ist als die beiden unmittelbar benachbarten Zähne (vgl. Erdbeer-Fingerkraut, Seite 104). Blüten weiß, 12–18 mm, in lockeren, gestielten Büscheln, die kaum länger als die Blätter sind. Frucht (Erdbeere) 10–20 mm lang, mit hervorragenden Nüßchen. An trockenen, grasigen, oft kalkigen Standorten, in Wäldern und an Böschungen. Blüht 4–7.

B Zimt-Erdbeere *Fragaria moschata* Im Gegensatz zur vorigen Art nur mit wenigen oder ohne Ausläufer, mit gestielten Blättchen und mit Blütenständen, die die Blätter deutlich überragen. Frucht unten ohne Nüßchen. Ähnliche Standorte. Blüht 4–7. ▽

C Hügel-Erdbeere *Fragaria viridis* Blütenstiele ähnlich wie bei der Wald-Erdbeere, kaum länger als die Blätter, Frucht jedoch 10 mm groß, mit nicht hervorragenden und am Grunde fehlenden Nüßchen. Ähnliche Standorte. Blüht 4–7. ▽

D Ananas-Erdbeere *Fragaria × ananassa* Charakteristische, bis 80 mm große, gestielte Blättchen. Große, weiße Blüten von 20–35 mm Durchmesser, auf Stielen, die die Blätter kaum überragen; Frucht etwa 30 mm groß. Verbreitet angebaut; oft als Gartenflüchtling eingebürgert.

E Frauenmantel *Alchemilla* Schopfige Mehrjährige mit handförmigen oder handförmig gelappten, gezähnten Blättern. Blüten winzig, grünlich-gelb, in charakteristischen abgerundeten oder abgeflachten Trugdolden.

(1) Blätter beinahe bis zum Grunde in schmale Abschnitte geteilt.

Alchemilla alpina Bis 25 cm. Fünf bis sieben zugespitzte Blattabschnitte mit Zähnen am Ende, der mittlere Abschnitt am Grunde frei; Blätter oben kahl, unterseits seidig behaart. Blütenbüschel dicht, die Blätter kaum überragend. An grasigen und felsigen Standorten der Berge; hochgelegene Regionen ganz Europas (**E 1**). Blüht 6–8.

Alchemilla pallens Wie *A. alpina*, jedoch mit sieben bis neun, unterseits blaugrünen Blattabschnitten. Ähnliche Standorte. Blüht 6–8.

Alchemilla hoppeana Bis 25 cm. Sieben bis neun linealische Blattabschnitte, stumpfendig und am Grunde alle verwachsen; oberseits kahl, unterseits schwach behaart und grünlich; nur am Ende mit Zähnen. An grasigen und felsigen Standorten der Berge, meist auf Kalk. Blüht 6–8.

(2) Blätter zu wenigstens einem Drittel, aber nicht bis zum Grund in schmale Abschnitte geteilt.

Alchemilla conjuncta Bis 40 cm. Blätter bis zu vier Fünftel geteilt, sieben bis neun Blattabschnitte oberseits kahl und unterseits seidig behaart; Zähne sehr undeutlich und von den Haaren am Blattrand verborgen. An feuchten, felsigen Standorten der Berge; Alpen und Jura. Blüht 6–7.

Alchemilla faeroensis Bis 20 cm. Blätter von der Hälfte bis zu zwei Dritteln geteilt, die sieben Abschnitte unterseits seidig behaart und bis über die Hälfte hinab spitz gezähnt. An felsigen Standorten und Bachufern. Blüht 6–7.

Alchemilla incisa Bis 15 cm. Blätter bis zur Hälfte geteilt, mit sieben bis neun, ober- und unterseits beinahe kahlen Abschnitten. An felsigen und grasigen Standorten der Berge. Blüht 6–9.

(3) Blätter handförmig, bis höchstens zur Hälfte in abgerundete oder dreieckige Abschnitte geteilt.

(a) Blattbucht am Grunde geschlossen.

(i) Blattstiel kahl.

Alchemilla propinqua Bis 35 cm. Blätter behaart, mit sieben bis neun Abschnitten, der mittlere Abschnitt mit 13–15 stumpfen Zähnen. Blattabschnitte am Grunde überlappend. An grasigen Standorten und an Bachufern. Blüht 6–9.

(ii) Blattstiel behaart.

Alchemilla monticola Bis 50 cm. Blätter dicht, abstehend behaart; neun bis elf Blattabschnitte, der mittlere mit sieben bis neun spitzen Zähnen. Blattstiele abstehend behaart. In Wiesen und an grasigen Standorten; überwiegend in Osteuropa und in Skandinavien. Blüht 6–9.

Alchemilla glaucescens Bis 20 cm. Blätter dicht behaart, mit sieben bis neun Abschnitten, der mittlere Abschnitt mit 9–13 Zähnen. Blattstiel am Grunde rötlich, dicht behaart. An grasigen oder felsigen Standorten, meist auf Kalk; hauptsächlich Osteuropa und Skandinavien. Blüht 6–9.

Alchemilla subcrenata Bis 50 cm. Blätter gewellt, oberseits spärlich, unterseits jedoch dicht behaart; sieben bis neun Blattabschnitte mit ungleichen Zähnen. Blattstiele abstehend behaart. Bucht am Blattgrund gelegentlich offen. In Grasland; hauptsächlich in Osteuropa und Skandinavien. Blüht 6–9.

Alchemilla wichurae Bis 30 cm. Blätter mit Ausnahme der Unterseite auf den Adern kahl, mit sieben bis neun abgerundeten Abschnitten, von denen der mittlere 17–19 gleiche Zähne hat; zwischen den Blattabschnitten jeweils ein schmaler Einschnitt. Blattstiele anliegend behaart. Auf Grasland in den Bergen; hauptsächlich in Skandinavien. Blüht 6–8.

(b) Blattbucht am Grunde offen.

(i) Blattstiele anliegend behaart.

Alchemilla glomerulans Bis 40 cm. Blätter unterschiedlich behaart, mit neun abgerundeten, halbkreisförmigen Abschnitten, die jeweils 13–15 breite, ungleiche Zähne tragen. Blattbucht weit geöffnet. Blattstiele und Stengel dicht anliegend behaart. An feuchten, grasigen Standorten und an Bachufern. Blüht 5–8.

(ii) Blattstiele abstehend behaart oder kahl.

Alchemilla glabra Bis 60 cm. Blütenstiele die kahlen Blätter überragend. Neun bis elf nicht überlappende Abschnitte, die mittleren mit 11–17 ungleichen Zähnen; der Zahn an der Spitze deutlich schmaler als die benachbarten. In Grasland und in lichten Wäldern; lokal häufig. Blüht 6–9.

Alchemilla acutiloba Bis 65 cm. Blätter unterschiedlich stark abstehend behaart; neun bis elf dreieckige, geradseitige Abschnitte, der mittlere mit 15–19 ungleichen Zähnen; Zahn an der Spitze deutlich kleiner als die anderen. In Grasland. Blüht 6–9.

Alchemilla xanthochlora Kräftig, bis 50 cm groß, oft gelblich-grün. Stengel und Blattstiele dicht abstehend behaart. Blätter oberseits kahl, mit sieben bis neun gerundeten Abschnitten, der mittlere mit 13–15 gleichen Zähnen. Bucht weit offen. An grasigen Standorten. Blüht 5–7.

Alchemilla filicaulis Bis 40 cm. Blätter behaart (oft nur oben auf den Falten und unten auf den Adern), mit sieben bis neun Abschnitten, die mittleren mit je 11–17 ungleichen Zähnen. Bucht weit offen. Blattstiel am Grunde rötlich. Es gibt zwei Unterarten: a) ssp. *filicaulis* hat oben kahle Stengel sowie kahle Blüten- und Blattstiele. An trockenen oder grasigen Standorten. Blüht 6–9. b) ssp. *vestita* ist überall behaart. Auf Grasland; lokal häufig. Blüht 6–9.

Alchemilla minima Sehr zwergwüchsig, nur bis 5 cm. Blätter mit fünf breiten Abschnitten; auf kalkigem Grasland. Blüht 7–9.

A	E1	E2
E3	E4	E5
E6	E7	
E8	E9	E10

A Wald-Erdbeere

E 1 *Alchemilla alpina*

E 2 *Alchemilla hoppeana*

E 3 *Alchemilla conjuncta*

E 4 *Alchemilla wichurae*

E 5 *Alchemilla glomerulans*

E 6 *Alchemilla glabra*

E 7 *Alchemilla acutiloba*

E 8 *Alchemilla xanthochlora*

E 9 *Alchemilla filicaulis*

E 10 *Alchemilla minima*

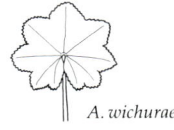

A. wichurae

A. glomerulans

A. glabra

A. acutiloba

A. xanthoc

A. filicaul

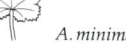

A. minima

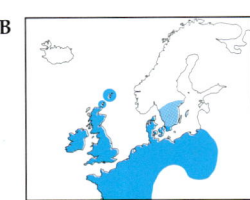

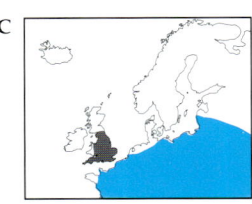

A Gewöhnlicher Acker-Frauenmantel *Aphanes arvensis* Recht unauffällige, grau flaumige Einjährige bis 20 cm (meist viel kleiner). Blätter 2–10 mm, kurzgestielt und fächerförmig, in drei jeweils fingerförmig gelappte Abschnitte geteilt. Blüten klein, grün, ohne Kronblätter und in ungestielten, kleinen Büscheln entlang des Stengels verteilt; jedes Büschel von einem Becher aus grünen, dreieckig gelappten Nebenblättern umgeben. Weitverbreitet, auf Ackerland und trockenen, offenen Böden häufig. Blüht 4–10.

B Kleinfrüchtiger Acker-Frauenmantel *Aphanes microcarpa* Ähnelt der vorigen Art sehr, ist jedoch grün, nicht graugrün, und hat länglich und nicht dreieckig gelappte Nebenblätter. Vereinzelt bis lokal häufig an offenen Standorten, meist auf sandigen Böden. Blüht 4–10. ▽

C Wild-Birne *Pyrus pyraster* Sommergrüner Baum bis 20 m, Borke rauh und rissig. Äste ausgebreitet oder aufrecht, meist dornig. Blätter oval, gezähnt und meist kahl (wenigstens oberseits). Blüten weiß, in doldenartigen Büscheln. Der Hauptstiel des Blütenstandes ist nicht länger als 10 mm, die Kronblätter 10–15 mm lang. Staubblätter rot oder violett (vgl. Holz-Apfel). Frucht rund oder birnenförmig, 20–40 mm. In Wäldern und Hecken. Blüht 4.

D *Pyrus cordaster* Sommergrüner Strauch oder kleiner Baum bis 6 m. Äste dornig, junge Zweige violett. Blätter oval, schwach gezähnt und kahl. Büten weiß oder rosa, in Büscheln, wobei der längste Stiel des Blütenstandes 10–30 mm ist, die Kronblätter 8–10 mm. Frucht 12–18 mm, abgerundet oder eiförmig. Selten, in Wäldern, Hecken und Gebüsch. Blüht 4–5. ▽

E *Pyrus salvifolia* Sommergrüner Baum bis 15 m. Unterscheidet sich von der Wild-Birne durch ungezähnte und unterseits graufilzige Blätter. Blüht 5–6.

F Holz-Apfel *Malus silvestris* Sommergrüner Strauch oder Baum bis 10 m. Borke graubraun, schuppig und rissig. Äste meist dornig. Blätter oval, gezähnt und zugespitzt. Blüten weiß, Kronblätter unterseits rosa überlaufen; Staubblätter gelb. Frucht apfelförmig, 20 mm, gelb oder rot überlaufen. Außer im hohen Norden häufig; in Wäldern, Hecken und Gebüsch. Blüht 5.

Sorbus Eine komplexe Gattung sommergrüner Sträucher oder Bäume mit einfachen, gelappten oder gefiederten Blättern. Unterscheiden sich von *Pyrus*- und *Malus*-Arten durch das Fehlen von Dornen und durch zusammengesetzte anstelle von einfachen Blütenständen. Blüten meist weiß, gelegentlich rosa, mit fünf Kronblättern. Frucht eine Kernfrucht, oft beerenartig. Hier sind die am weitesten verbreiteten Arten beschrieben. Viele der nahe verwandten Arten wurden ausgelassen, weil sie sich oft nur durch Feinheiten in der Blattform unterscheiden.

(**1**) Blätter gefiedert. Endfieder so groß wie Seitenfiedern.

G Gewöhnliche Vogelbeere, Eberesche *Sorbus aucuparia* Schlanker, bis 20 m hoher Baum mit grauer, glatter Borke. Blätter mit vier bis neun Paaren länglicher, gezähnter Blättchen, zuerst unterseits daunig, aber später kahl. Blütenstände dicht und flach, mit 8–12 mm großen Blüten. Frucht eine rote Beere. Häufig in Wäldern, Hecken, Hochland-Mooren und Bergen. Blüht 5–6.

H Speierling *Sorbus domestica* Unterscheidet sich von der vorigen Art durch fein-rissige Borke, Blüten von 16–18 mm Durchmesser und eine apfel- oder birnenförmige Frucht von 20–30 mm. In Wäldern und Hecken. Blüht 5.

(**2**) Blätter gefiedert. Endfieder viel größer als Seitenfiedern.

Bastard-Vogelbeere *Sorbus hybrida* Bis 20 m hoher Baum mit fiederlappigen Blättern, jedoch nur die ersten beiden Paare der Blättchen frei (**h 1**), die anderen am Grunde verwachsen; unterseits alle Blättchen grau-flaumig. Frucht eine rote Beere. An felsigen Standorten und in Wäldern; Skandinavien. Blüht 5–6.

Sorbus meinichii Bis 10 m hoher Baum mit fiederlappigen Blättern, jedoch nur die ersten vier bis fünf Blättchen unverwachsen (**h 2**), unterseits grau-flaumig. Frucht eine rote Beere. An felsigen Standorten; Skandinavien. Blüht 6–7.

(**3**) Blätter einfach, aber gelappt (manchmal nur sehr schwach gelappt).

I Elsbeere *Sorbus torminalis* Strauch oder Baum bis 25 m. Borke dunkelgrauer und rissiger Borke. Junge Zweige flaumig, braunviolett mit grünlichen Knospen. Blätter gezähnt und mit deutlich gelappter, dem Ahorn ähnlicher Form. Anders als beim Ahorn sind die Abschnitte scharf bespitzt. Blüten weiß, 10–15 mm, mit stark behaarten Stielen. Frucht braun mit warzigen Flecken, 12–16 mm, länger als breit. Vereinzelt bis lokal häufig in Wäldern, meist auf Ton, am häufigsten im Süden der Mitte des Gebietes. Blüht 5–6.

J Schwedische Vogelbeere *Sorbus intermedia* Großer Strauch oder Baum bis 15 m, Blätter gelblich-grau und unterseits wollig, Fiederlappen bis zu einem Viertel der Spreite eingeschnitten. Im Norden des Gebietes verbreitet und heimisch; jedoch auch andernorts häufig angepflanzt. Blüht 5–6.

(**4**) Blätter einfach, nicht gelappt.

K Mehlbeere *Sorbus aria* Großer, formenreicher Strauch oder Baum bis 20 m, mit dichter Krone. Borke grünlich-grau und glatt, bei älteren Bäumen plattig zerrissen. Zweige rötlich-braun mit vielen dunklen Flecken, jung flaumig. Blätter oberseits stumpf gelbgrün, unterseits dicht wollhaarig, die Zähne etwas zur Blattspitze hin gebogen. Frucht eine hellrote Beere von 8–15 mm, länger als breit. Vereinzelt bis häufig in Wäldern, Gebüsch und Hecken, meist auf kalkigen Böden; am häufigsten im Süden der Mitte des Gebietes. Blüht 5–6.

L *Sorbus rupicola* Strauch bis höchstens 2 m, Blätter oberseits dunkelgrün, unterseits weiß wollig, mit asymmetrischen, zur Blattspitze weisenden Zähnen. Frucht breiter als lang, 12–15 mm, reif auf der einen Seite dunkelrot und auf der anderen Seite grünlich. Sehr selten, auf Kalk; in Skandinavien und Großbritannien. Blüht 5–6.

Sorbus vexans Im Unterschied zu *S. rupicola* ist die Frucht länger als breit, mit einigen Flecken und vollständig purpurn. Nur auf den Britischen Inseln. Blüht 5.

Sorbus lancastriensis Unterscheidet sich von *S. rupicola* durch nach außen weisende Zähne. Nur auf den Britischen Inseln. Blüht 5–6.

C	A	D
G	F	
	H	J
I	K	L

A Gewöhnlicher Acker-Frauenmantel

C Wild-Birne

D *Pyrus cordaster*

F Holz-Apfel

G Gewöhnliche Vogelbeere

H Speierling

I Elsbeere

J Schwedische Vogelbeere

K Mehlbeere

L *Sorbus rupicola*

h

h

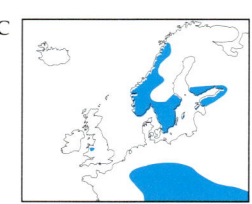

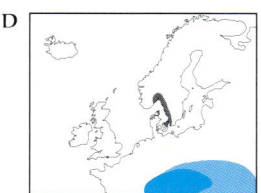

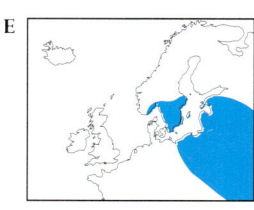

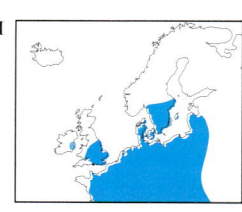

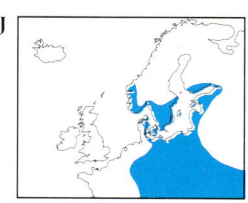

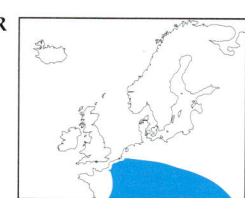

A Gewöhnliche Felsenbirne *Amelanchier ovalis* Sommergrüner Strauch oder kleiner Baum bis 6 m, ohne Dornen, mit ovalen, grob gezähnten Blättern (drei bis fünf pro Zentimeter), verkahlend. Blüten cremig-weiß, Kronblätter 10–13 mm. Frucht eine blauschwarze Beere. In lichten Wäldern und Gebüsch. Blüht 4–5. ▽

B *Amelanchier grandiflora* Blätter fein gezähnt (sechs bis zwölf pro Zentimeter) und in der Jugend violett, Kronblätter 15–18 mm groß. Verbreitet eingebürgert. Blüht 4–5.

Zwergmispel *Cotoneaster* Dornenlose, sommer- oder immergrüne Sträucher mit ungezähnten Blättern, unter 1 cm kleinen Blüten und fleischigen Früchten.

C Gewöhnliche Zwergmispel *Cotoneaster integerrimus* Sommergrüner Strauch bis 1 m, Blätter 15–40 mm, unterseits grau-flaumig. Die rosa Blüten zu zwei oder drei, mit aufrechten Kronblättern. Frucht rot. An felsigen Standorten, oft auf Kalk. Blüht 4–6. ▽

D *Cotoneaster nebrodensis* Unterscheidet sich von der Gewöhnlichen Zwergmispel durch drei bis zwölf, auf der Außenseite rote Blüten pro Büschel. Auf Kalkfelsen; im Südosten. Blüht 4–5.

E *Cotoneaster niger* Unterscheidet sich von der Gewöhnlichen Zwergmispel durch drei bis acht Blüten pro Büschel und schwarze Beeren. An felsigen Standorten; im Osten. Blüht 6–7.

F Fächer-Zwergmispel *Cotoneaster horizontalis* Niederliegend, unter 50 cm, mit einzelnen rosa Blüten, und kleinen, bis 10 mm großen Blättern. Eingeführt, selten eingebürgert. Blüht 5–7.

G *Cotoneaster microphyllus* Kriechende, sparrig verzweigte Immergrüne, Blätter unter 10 mm groß, die weißen Kronblätter ausgebreitet. Eingeführt und nahe der Küste auf Kalk eingebürgert. Blüht 5–6.

Weißdorn *Crataegus* Dornige, sommergrüne Sträucher und Bäume mit gelappten und gezähnten Blättern.

H Eingriffliger Weißdorn *Crataegus monogyna* Strauch oder Baum bis 10 m, Blätter der Kurztriebe bis 35 mm, wenigstens bis zur Hälfte scharf eingeschnitten. Blüten 8–15 mm, meist weiß, in flachen Büscheln. Frucht eine rote Beere. Verbreitet und häufig in Wäldern, Gebüsch, Hecken und an offenen Standorten; fehlt im hohen Norden. Blüht 5–6.

I Zweigriffliger Weißdorn *Crataegus laevigata* Im Unterschied zur obigen Art sind die Blätter der Kurztriebe stumpf und nur bis weniger als zur Hälfte gelappt. In Wäldern, Hecken. Blüht 5–6.

J *Crataegus calycina* Blätter ähnlich wie beim Eingriffligen Weißdorn bis über die Hälfte eingeschnitten, aber bis 60 mm groß. Blüten 15–20 mm. Ähnliche Standorte. Blüht 5–6.

Kirsche und **Pflaume** *Prunus* Meist sommergrüne (gelegentlich immergrüne) Bäume und Sträucher mit ungelappten Blättern. Steinfrucht.

(1) Blüten einzeln oder zwei bis drei.

K Schlehe, Schwarzdorn *Prunus spinosa* Strauch bis 4 m, mit schwärzlicher Borke. Bildet Hecken und Dickichte durch Ausläufer. Zweige zunächst flaumig, mit zahlreichen seitlichen Dornen. Blätter 20–40 mm, unterseits auf der Mittelrippe behaart. Blüten weiß, einzeln (selten in Paa-

ren), aber oft zu mehreren entlang des Blütentriebes; Blüten vor den Blättern erscheinend. Frucht (Schlehe) blauschwarz, 10–15 mm, rundlich und mit einem einzelnen Stein. Außer im hohen Norden häufig in Wäldern, Gebüschen und Hecken. Blüht 3–5.

L Zwetschge *Prunus domestica* Baum bis 8 m, mit glatter, brauner Borke. Zweige zunächst flaumig, ohne oder nur mit wenigen Dornen. Blätter 4–10 cm, unterseits oft daunig. Blüten weiß, einzeln oder bis zu drei in mehreren Büscheln an den Blütentrieben; Blüten mit den Blättern erscheinend. Frucht rund, 20–40 mm, blauschwarz bis gelb. Weit verbreitet in Hecken und Gebüsch; fehlt im hohen Norden. Blüht 4–5.

M Haferschlehe, Krieche *Prunus domestica* ssp. *insititia* Im Unterschied zur Zwetschge gewöhnlich dornig, mit deutlich flaumigen jungen Zweigen. Blattunterseiten und Blattstiele ebenso deutlich flaumig. Frucht 20–40 mm, meist grünlich-violett. In Wäldern und Hecken verbreitet.

N Kirschpflaume *Prunus cerasifera* Bis 3 m hoher Strauch mit kahlen, glänzenden Zweigen und Blättern, letztere mit abgerundeten Zähnen. Blüten weiß, meist einzeln. Verbreitet gepflanzt und in Hecken eingebürgert. Blüht 2–4.

(2) Blüten in doldenartigen Büscheln.

O Vogelkirsche, Süßkirsche *Prunus avium* Baum bis 25 m, meist Ausläufer bildend. Borke rötlich-braun, in der Jugend glatt mit waagrechten Streifen. Blätter hellgrün, oberseits stumpf und kahl, unterseits flaumig; Blattstiel oben mit zwei deutlichen, runden Drüsen. Blüten weiß, einzeln gestielt und zu zwei bis sechs in einer Dolde; Kronblätter 9–15 mm; Blütenstand am Grunde mit großen, bleibenden Schuppen. In Wäldern, Hecken; fehlt im hohen Norden. Blüht 4–5.

P Sauerkirsche, Echte Weichsel *Prunus cerasus* Im Unterschied zur Süßkirsche ein Strauch bis etwa 5 m, mit glänzend grünen, unterseits kahlen Blättern. Kronblätter 9–15 mm. Eingeführt und in Hecken und Gebüsch eingebürgert.

Q Zwergkirsche *Prunus fruticosa* Strauch bis höchstens 1 m, auch mit glänzenden Blättern, Kronblätter jedoch nur 5–7 mm. Eingeführt und in Hecken verbreitet eingebürgert. Blüht 4–5. ▽

R Felsenkirsche, Steinweichsel *Prunus mahaleb* Meist ein Strauch, gelegentlich ein kleiner Baum bis 10 m. Blätter kahl oder unterseits schwach flaumig, mit auffälligen Randdrüsen. Blüten weiß, zu drei bis zehn in Doldentrauben. Frucht schwarz, 8–10 mm. Vereinzelt in trockenen Gebüschen und Wäldern. Blüht 4–5. ▽

(3) Blüten in nickenden Trauben.

S Traubenkirsche *Prunus padus* Baum bis 15 m, mit übelriechender, sich abschälender, glatter Borke mit waagrechten Linien. Blätter stumpf grün, mit Ausnahme der Unterseite in den Blattachseln kahl. Blüten weiß, zu vier bis zehn in langen, nickenden Trauben. Frucht glänzend schwarz, 6–8 mm. In Wäldern, Gebüsch und Mooren; am häufigsten im Osten. Blüht 5–6.

(4) Blüten in aufrechten Trauben.

T Kirschlorbeer *Prunus laurocerasus* Immergrüner Strauch bis 8 m, mit elliptischen, ledrigen, schwach gezähnten Blättern. Die weißen Blüten in steifen, aufrechten Trauben. Frucht schwarz. Eingeführt und verbreitet eingebürgert. Blüht 4–5. ▽

A	C	F
G	H	I
K	M	O
R	S	T

A Gewöhnliche Felsenbirne

C Gewöhnliche Zwergmispel

F Fächer-Zwergmispel

G *Cotoneaster microphyllus*

H Eingriffliger Weißdorn

I Zweigriffliger Weißdorn

K Schlehe, Schwarzdorn

M Haferschlehe, Krieche

O Vogelkirsche, Süßkirsche

R Felsenkirsche, Steinweichsel

S Traubenkirsche

T Kirschlorbeer

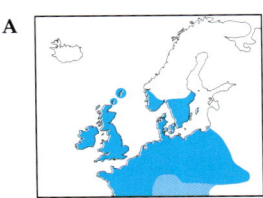

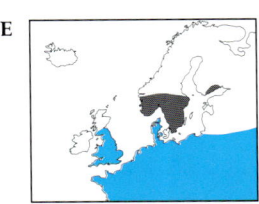

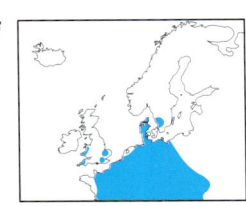

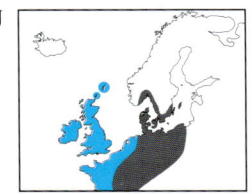

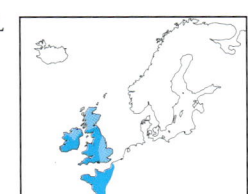

A

E

F

G

I

J

L

Schmetterlingsblütengewächse
Fabaceae

Eine sehr charakteristische und bekannte Familie, formenreich, aber mit den einfach zu erkennenden Schmetterlingsblüten. Bäume, Sträucher oder Kräuter mit meist gegenständigen Blättern, die einfach bis doppelt gefiedert sind. Blüten mit fünf Kronblättern, einer oberen, aufrechten Fahne, zwei seitlichen Kronblättern als Flügel und die beiden unteren Kronblätter zu einem Schiffchen verwachsen; zehn Staubblätter und ein Griffel. Frucht gewöhnlich eine verlängerte Schote.

A Besenginster *Cytisus scoparius* Stark verzweigter, aufrechter, dornenloser und sommergrüner Strauch bis 2 m. Stengel grün, kahl, gerade und fünfeckig. Blätter meist dreizählig und kurzgestielt, an jungen Zweigen jedoch auch einfach und ungestielt. Blüten goldgelb, einzeln oder in Paaren, bis 2 cm lang und kurzgestielt; Schoten länglich, schwarz werdend. Häufig und weit verbreitet, meist auf sauren Böden, in Gebüsch und an grasigen Standorten; im Norden bis Südschweden. Blüht 5–7.

B Schwärzender Geißklee *Lembotropis nigricans* Dem Besenginster recht ähnlich, jedoch kleiner und mit kleineren gelben Blüten in langen, blattlosen Trauben; Blütenkrone wird beim Trocknen schwarz. An trockenen Standorten; östlich der Mitte Deutschlands. Blüht 5–6. ▽

C Regensburger Zwergginster *Chamaecytisus ratisbonensis* Liegender oder aufsteigender Strauch bis 45 cm. Blätter dreizählig, Blättchen grob eiförmig, verkahlend. Blütenstände kurz, einseitswendig; Krone gelb, mit orangeroten Flecken auf der Fahne. Trockene Standorte; von Deutschland östlich. Blüht 5–6. ▽

D Kopf-Zwergginster *Chamaecytisus supinus* Ähnelt dem Regensburger Zwergginster, jedoch im allgemeinen aufrechter, bis 60 cm groß. Blüten zu zwei bis acht endständig. Südöstlich von Zentralfrankreich und Süddeutschland; felsige, trockene Standorte. Blüht 5–7. ▽

E Färber-Ginster *Genista tinctoria* Schopfiger, aufrechter oder aufsteigender kleiner Strauch bis über 1 m. Blätter linealisch-lanzettlich, einfach, formenreich und bis 30 mm lang. Meist nur an den Rändern, gelegentlich aber auch überall behaart. Blüten in langen, meist endständigen Trauben, Krone gelb, etwa 15 mm lang und kahl; Schoten länglich, flach und kahl. Außer in Nordskandinavien überall verbreitet und lokal häufig; auf Weiden und in Gestrüpp auf schweren Böden. Blüht 6–7.

F Behaarter Ginster *Genista pilosa* Niederliegender oder aufsteigender, niedriger, dornenloser Strauch von maximal 1,5 m Höhe. Blätter bis 1 cm lang, eiförmig bis länglich, unterseits silbrigflaumig, aber oben kahl, kurz oder gar nicht gestielt. Blüten in kurzen, beblätterten Trauben; Krone gelb und etwa 1 cm lang. Krone, Kelch und Stiele flaumig, die Schoten flaumig, bespitzt und flach. Auf Heiden und Meeresklippen; südlich von Südschweden, hauptsächlich im Westen. Blüht 4–6.

G Englischer Ginster *Genista anglica* Aufrechter oder niederliegender kleiner Strauch bis etwa 1 m. Kahl oder behaart und mit starken Dornen. Blätter lanzettlich bis elliptisch, bis 10 mm lang und ziemlich wachsig. Blüten in kurzen, endständigen, beblätterten Trauben; Krone blaßgelb, kahl und 6–8 mm lang; Schoten kahl, bespitzt und anschwellend. Vereinzelt auf Heiden und Mooren; südlich von Südschweden. Blüht 4–6. ▽

H Deutscher Ginster *Genista germanica* Aufrechter, verzweigter Strauch bis 60 cm, mit gegabelten Dornen (gelegentlich ohne Dornen). Blätter elliptisch bis lanzettlich, unterseits mit langen Haaren. Blüten gelb, etwa 1 cm groß und in lokkeren Trauben. Kelch- und Kronblätter haarig; Tragblätter sehr klein; Schote bespitzt, gebogen und etwas aufgeblasen. Auf Heiden und Grasland; südlich von Südschweden. Blüht 5–6. ▽

I Flügel-Ginster *Chamaespartium sagittale* Kriechender Halbstrauch, mattenbildend, mit bis zu 50 cm langen Stengeln. Durch stark geflügelte, an den Knoten eingeschnürte Stengel gekennzeichnet. Blätter elliptisch, bis 20 mm lang und unterseits flaumig. Blüten gelb, 10–15 mm lang, in kurzen, endständigen Büscheln. An trockenen und felsigen Standorten; südlich von Südostbelgien und Süddeutschland. Blüht 5–6. ▽

J Stechginster *Ulex europaeus* Vertrauter, dichter und dorniger, immergrüner Busch bis 2 m. Zweige behaart oder flaumig. Nur jung mit dreizähligen Blättern; die starken Enddornen 15–25 mm lang, gerade, tief gefurcht und kahl (**j**). Blüten blaßgelb, 20 mm im Durchmesser, mit Kokosnußgeruch; die kleinen Tragblätter am Grunde wenigstens 2 mm breit und 3–5 mm lang; Krone abstehend behaart. Verbreitet in Grasland und Heidegebieten, meist auf sauren Böden, von Holland aus südlich; überwiegend im Westen; andernorts eingeführt. Blüht 1–12, meist im Frühjahr. ▽

K *Ulex minor* Kleiner als die vorige Art, bis höchstens 1 m, oft kriechend. Die schwachen Dornen etwa 10 mm lang, schwach gefurcht oder gestreift (**k**). Blüten tiefgelb, 10–12 mm lang, die kleinen Tragblätter am Grunde nur 0,5 mm lang; Kelchzähne auseinanderweisend. Auf Heiden und Mooren, nur in Großbritannien und Westfrankreich. Blüht 7–9. ▽

L *Ulex gallii* Sehr ähnlich *Ulex minor*, meist jedoch etwas größer und stärker. Dornen steifer, bis 25 mm lang und mit schwachen Rippen (**l**). Kelchzähne zusammenlaufend. Auf Heiden, in Mooren; Verbreitungsschwerpunkt stark westlich, südlich von Schottland und Westfrankreich. Blüht 7–9. ▽

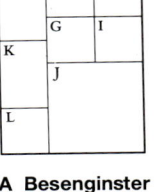

A Besenginster

E Färber-Ginster

F Behaarter Ginster

G Englischer Ginster

I Flügel-Ginster

J Stechginster

K *Ulex minor*

L *Ulex gallii*

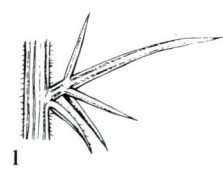

j

k

l

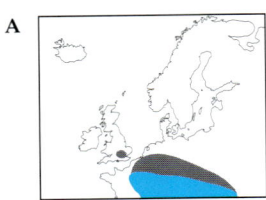

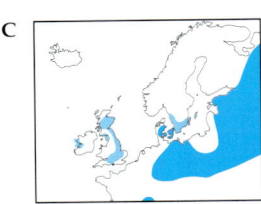

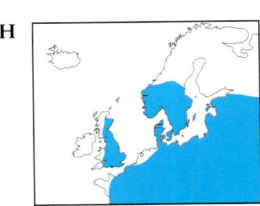

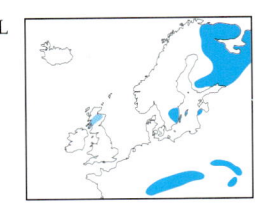

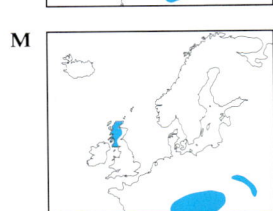

A

C

H

L

M

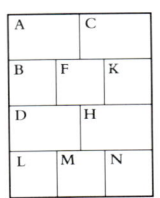

A Gemeiner Blasenstrauch *Colutea arborescens* Verzweigter Strauch bis 6 m. Blätter gefiedert, mit vier bis fünf Paaren ovaler, unterseits seidig behaarter Blättchen. Blüten zu drei bis acht, Krone 15–20 mm, gelb und rot gezeichnet; die charakteristischen Schoten bis 70 mm lang, stark aufgeblasen, braun und pergamentartig werdend. Auf trockenen Hängen, felsigen Standorten und Gebüsch, meist auf kalkreichen Böden; ursprünglich aus dem nördlichen Zentralfrankreich und Süddeutschland, andernorts eingebürgert. Blüht 5–7.

Tragant *Astragalus* Ein- oder mehrjährige Kräuter mit gefiederten, in einem einzelnen Blättchen endenden Blättern. Blüten in seitenständiger, oft dichten Büscheln; Schiffchen stumpf (f), ohne eine kleine, zahnartige Spitze (vgl. auch die sehr ähnliche *Oxytropis*, deren Schiffchen an der Spitze einen Zahn hat).

B Kicher-Tragant *Astragalus cicer* Starkwüchsige, aufsteigende oder beinahe aufrechte Mehrjährige, selten mehr als 60 cm groß. Blätter bis 13 cm, mit 10–15 Paar eiförmigen, kurz behaarten Blättchen. Blüten blaßgelb, in dichten, langgestielten Blütenständen; Fahne 14–16 mm. Schoten aufgeblasen, eiförmig-kugelig, pergamentartig und mit kurzen, schwarzen und weißen Haaren bedeckt. Grasland und Waldränder; von Belgien und Nordfrankreich südlich; gelegentlich auch andernorts eingebürgert. Blüht 6–7. ▽

C Dänischer Tragant *Astragalus danicus* Niederliegende bis aufsteigende mehrjährige Kräuter bis 35 cm. Blätter behaart, 4–10 cm lang, mit 6–13 Blättchen; Stipeln am Grunde verwachsen. Blüten blauviolett, in Büscheln, deren Stiele etwa eineinhalb- bis zweimal so lang wie die Blätter sind; Blüten jeweils 15–18 mm lang; Frucht dunkelbraun, angeschwollen, weiß behaart. Südlich von Südschweden; auf trockenem oder kalkigem Grasland, jedoch selten und in weiten Gebieten fehlend. Blüht 5–7. ▽

D Gletscher-Tragant *Astragalus frigidus* Kräftige, aufrechte Mehrjährige bis 40 cm, meist unverzweigt. Blätter mit drei bis acht Paar Blättchen. Blüten in schmalen Trauben, Stiele ein- bis eineinhalbmal so lang wie die Blätter; Krone blaß gelblich, Fahne 12–14 mm lang; Kelch mit dicht schwarz behaarten Zähnen. An Gebirgsstandorten Norwegens und Schwedens sowie in den Alpen. Blüht 7–8. ▽

E Blasen-Tragant *Astragalus penduliflorus* Dem Gletscher-Tragant sehr ähnlich, jedoch unterseits behaart; Blätter mit 7–15 Paar Blättchen; Blüten zeigen ein tieferes Gelb. Gebirgsstandorte; nur in Mittelschweden (und in den Alpen und Pyrenäen). Blüht 7–8. ▽

F Alpen-Tragant *Astragalus alpinus* Niederliegende bis aufsteigende Mehrjährige, die dem Dänischen Tragant ähnelt. 7–15 Paar Blättchen, Stipeln am Grunde meist nicht verwachsen. Stiele der Blütenstände ein- bis zweimal so lang wie die Blätter; Krone blau; Kelchzähne lanzettlich und gespitzt; Frucht nicht aufgeblasen, zuerst schwarz behaart, später glatt. Gebirgsstandorte, überwiegend auf kalkigen Böden; in Skandinavien, Nordschottland und in den Gebirgen von Mittel- und Südeuropa. Blüht 7–8. ▽

G *Astragalus norvegicus* Dem Alpen-Tragant recht ähnlich, meist jedoch nur sechs bis sieben Paar Blättchen. Krone blaßviolett, Kelchzähne dreieckig und stumpf. Offene Standorte einschließlich Straßenränder; nur in Nordskandinavien. Blüht 7–8. ▽

H Süßer Tragant *Astragalus glycyphyllos* Kräftige, niederliegende Pflanze, mit hin und her gebogenen, bis zu 1 m langen Stengeln. Blätter bis 20 cm, mit vier bis sechs Paar breit eiförmigen, schwach behaarten Blättchen; Stipeln bis 2 cm groß. Blüten 10–15 mm lang, die Stiele der Trauben sind kürzer als die Blätter; Krone stumpf grünlich; Schoten bis 4 cm lang, schwach gebogen. An grasigen Standorten und im Gebüsch; überall außer im hohen Norden. Blüht 6–8.

I Sand-Tragant *Astragalus arenarius* Niederliegende Pflanze bis 30 cm. Blätter mit zwei bis neun Paar schmaler Blättchen, auf beiden Seiten behaart; Stipeln am Grunde verwachsen. Blütenstand locker, Stiele kürzer als die Blätter, mit drei bis acht violetten oder purpurnen Blüten; Fahne 13–17 mm; Schote länglich, behaart. An grasigen Standorten; selten, nur in Deutschland und Schweden, gelegentlich andernorts eingebürgert. Blüht 6–7. ▽

J *Astragalus baionensis* Der obigen Art sehr ähnlich, Blättchen jedoch breiter; Stiel des Blütenstandes so lang wie die Blätter; Blüten blaßblau. Nahe der Küste auf Sand; südlich von Westfrankreich, selten. Blüht 5–7. ▽

Fahnenwicke *Oxytropis* Dem Tragant sehr ähnlich, unterscheidet sich hauptsächlich durch die zahnartige Spitze am Schiffchen (m).

K *Oxytropis lapponica* Niedrige, niederliegende, schopfige Pflanze von selten mehr als 10 cm. Blätter mit 8–14 Paar Blättchen, beide Oberflächen behaart; Stipeln auf etwa der Hälfte der Länge verwachsen. Blütenstände beinahe kugelig, Blüten blauviolett; Fahne 8–12 mm; Schote schmal-länglich, behaart und nickend. An Bergstandorten; nur Skandinavien (und Mitteleuropa). Blüht 7–8. ▽

L Alpen-Fahnenwicke *Oxytropis campestris* Seidenhaarige, schopfige Mehrjährige, mit bis zu 20 cm langen Stengeln und 15 cm langen Blättern. Blättchen in 10–15 Paaren, lanzettlich; Stipeln etwa bis zur Hälfte verwachsen. Blütenstand etwa oval, mit 5–15 Blüten; Krone blaßgelb (gelegentlich blaßviolett) und 15–20 mm lang; Frucht aufrecht, behaart. An kalkigen Gebirgsstandorten; in Nordskandinavien, Schottland und in hohen Gebirgen weiter südlich. Blüht 6–7. ▽

M *Oxytropis halleri* Form und Behaartheit ähneln der Alpen-Fahnenwicke, der Blütenstand jedoch auf einem festen, aufrechten, nicht beblätterten Stiel, der viel länger als die Blätter ist; die violette Krone ist etwa 20 mm lang, Schiffchen mit dunklen Spitzen. Frucht etwa 25 mm lang und flaumig. Überwiegend in Kalkgebirgen; in Schottland, Mittel- und Südeuropa. Blüht 6–7. ▽

N Zottige Fahnenwicke *Oxytropis pilosa* Ähnelt der obigen Art, ist jedoch weniger seidig. Stiele der Blütenstände beblättert (blattlos bei den beiden vorigen Arten); Krone hellgelb (dunkler als die Alpen-Fahnenwicke). Selten, an Gebirgsstandorten Südschwedens und der Alpen. Blüht 6–8. ▽

f

m

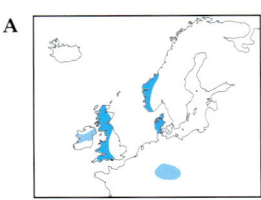

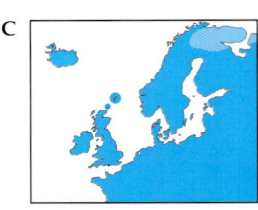

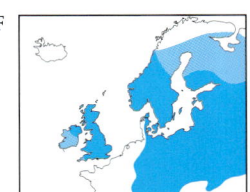

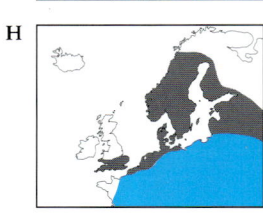

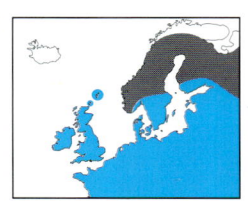

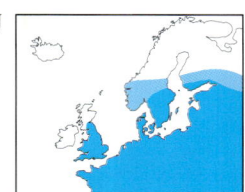

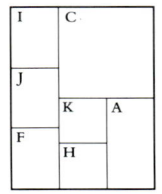

Wicke *Vicia* Kletternde oder kriechende, ein- oder mehrjährige Kräuter; Stengel abgerundet oder gerippt, nicht geflügelt. Blätter gefiedert, mit zwei bis vielen Blättchenpaaren, in einer Ranke oder Spitze, aber nicht in einem Blättchen endend. Blüten einzeln oder in achselständigen Trauben.

(1) Pflanzen ohne Ranken.

A Heide-Wicke *Vicia orobus* Kriechende oder aufrechte, flaumig behaarte Mehrjährige mit runden Stengeln, bis 60 cm. Blätter gefiedert, in einer Spitze ohne Ranke endend; Stipeln gezähnt. Blütenstände kurz, abgerundet und langgestielt; Blüten zeigen ein sehr blasses Violett mit purpurnen Adern, 12–15 mm lang. In Grasland und Gebüsch hügeliger Gegenden; selten, hauptsächlich im Westen, südlich von Norwegen. Blüht 5–7. ▽

(2) Pflanzen mit Ranken.

B Erbsen-Wicke *Vicia pisiformis* Kahle, kletternde Mehrjährige bis 2 m. Blättchen oval, in drei bis fünf Paaren, ziemlich erbsenähnlich. Trauben zylindrisch, etwas einseitig, mit 8–30 Blüten; Krone blaßgelb, 15–20 mm lang; Schote bis 40 mm, blaßbraun und kahl. An halbschattigen Standorten; Südnorwegen und Schweden, Deutschland und Ostfrankreich. Blüht 6–8. ▽

C Vogel-Wicke *Vicia cracca* Kahle oder flaumige, kletternde mehrjährige Kräuter bis 2 m. Blätter gefiedert, mit sechs bis zwölf (selten 15) Paaren von schmal-länglichen Blättchen, sehr kurzgestielt; Stipeln halb pfeilförmig, ungezähnt; Ranken verzweigt. Blüten in einer schmalen, bis 10 cm langen Traube; Krone blauviolett, 8–12 mm lang, Platte der Fahne etwa so lang wie der Nagel. Verbreitet an grasigen und buschigen Standorten; überall im Gebiet. Blüht 6–8.

D Dünnblättrige Wicke *Vicia tenuifolia* Der Vogel-Wicke sehr ähnlich, Blättchen jedoch etwas schmaler und Blüten bis 18 mm groß, Platte der Fahne länger als der Nagel. Südlich von Südschweden, mit generell südlicher, aber nicht vollständig bekannter Verbreitung. Ähnliche Standorte. Blüht 6–8. ▽

E Kassuben-Wicke *Vicia cassubica* Ähnlich der Vogel-Wicke, Blütenstand jedoch so lang wie oder kürzer als die Blätter; Krone 10–13 mm, blau- oder rotviolett, Flügel und Schiffchen weißlich. An grasigen und felsigen Standorten; südlich Südskandinavien, jedoch selten. Blüht 6–8. ▽

F Wald-Wicke *Vicia sylvatica* Kletternde oder niederliegende Mehrjährige, die kahlen Stengel rund und bis 2 m lang. Blätter mit fünf bis zwölf Paar länglichen, bespitzten Blättchen; Ranken vielfach verzweigt; Stipeln annähernd halbrund, mit vielen feinen Zähnen. Blütenstand mit 5–20 Blüten locker, etwas einseitig, langgestielt; Krone 12–20 mm, weißlich, mit violetten Adern; Schoten schwarz und kahl. In Wäldern, an Waldrändern und Küstenklippen; überall, außer in Holland und Belgien, aber selten. Blüht 6–8. ▽

G Hecken-Wicke *Vicia dumetorum* Der Wald-Wicke recht ähnlich, jedoch mit kantigen Stengeln, nur drei bis fünf Paar breiten Blättchen und blauvioletten Blüten; Schoten braun, nicht schwarz. Südlich von Südschweden, jedoch hauptsächlich im Osten; an felsigen und grasigen Standorten und in Wäldern. Blüht 6–8. ▽

H Zottel-Wicke *Vicia villosa* Formenreiche, behaarte, kletternde Einjährige, mit bis zu 2 m langen Stengeln. Blätter mit vier bis zwölf Paar linealischen bis elliptischen Blättchen; Stipeln schmal-dreieckig und ungezähnt. Blütenstand länger als Blatt; Krone violett bis blau, oft mit gelblichen Flügeln und bis 20 mm lang; Kelch am Grunde stark aufgeblasen; Schote braun, 20–40 mm lang. Auf Ruderalflächen und Ackerland; von Deutschland und Frankreich aus südlich; weiter nördlich eingebürgert. Blüht 6–8.

I Rauhhaarige Wicke *Vicia hirsuta* Kletternde oder kriechende, flaumige Einjährige bis 70 cm. Blätter mit vier bis zehn Paar Blättchen, oft wechselständig angeordnet, linealisch bis eiförmig, jedoch meist gestutzt oder gekerbt. Blütenstände auf schlanken Stielen, mit ein bis neun Blüten; Krone weißlich-malvenfarbig, 2–4 mm lang, Kelchzähne gleich, länger als die Röhre (**i**); Schote länglich und flaumig, meist zweisamig. Im ganzen Gebiet häufig, besonders in Grasflächen und auf Ruderalstellen mit neutralen bis kalkigen Böden. Blüht 5–8.

J Viersamige Wicke *Vicia tetrasperma* Kahle, kriechende Einjährige bis 60 cm. Blätter mit zwei bis fünf Paar Blättchen, meist schmal und bespitzt, jedoch formenreich. Blütenstand mit ein bis zwei Blüten, etwa so lang wie die Blätter; Krone violett, 4–8 mm, die oberen beiden Kelchzähne kürzer als die Röhre (**j**); Schoten meist kahl, mit drei bis fünf (meist vier) Samen. Überall im Gebiet, außer im hohen Norden; an grasigen und buschigen Standorten auf annähernd neutralen Böden. Blüht 5–8.

K Zierliche Wicke *Vicia tenuissima* Ähnelt der Viersamigen Wicke, hat jedoch längere und schmalere Blättchen (bis 25 mm; bei der Viersamigen Wicke weniger als 20 mm); Blüten größer, bis 8 mm oder mehr, und zwei bis fünf Blüten pro Blütenstand; Frucht braun, behaart oder kahl, mit vier bis sechs Samen. An grasigen Standorten auf schwereren Böden; südlich von Holland und Mittelengland. Blüht 6–8. ▽

i

j

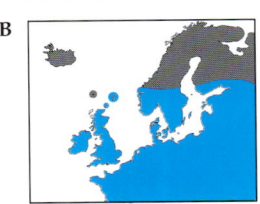

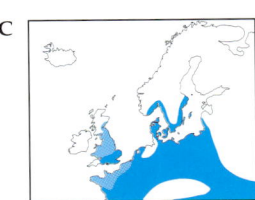

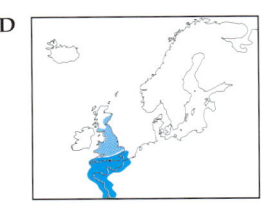

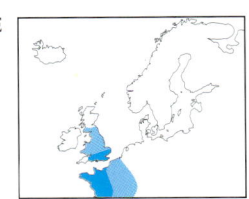

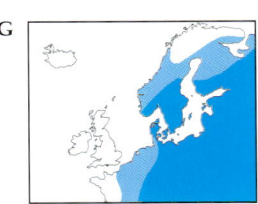

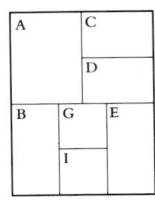

A Zaun-Wicke
B Futter-Wicke
ssp. *sativa*
C Sand-Wicke
D Gelbe Wicke
E Bithynische Wicke
G Frühlings-Platterbse
I Strand-Platterbse

A Zaun-Wicke *Vicia sepium* Mehrjährige, kletternd oder niederliegend, flaumig oder fast kahl. Blätter mit drei bis neun Paar eiförmigen oder beinahe runden, stachelspitzigen Blättchen; Ranken verzweigt, Stipeln halb pfeilförmig, meist ungezähnt und fleckig. Blütenstand zwei- bis sechsblütig, kurzgestielt; Krone stumpf blaupurpurn, mit dunkleren Adern, 12–15 mm lang; Kelchzähne ungleich, kürzer als die Röhre; Schoten schwarz und kahl, bis 25 mm lang. Im ganzen Gebiet, außer im hohen Norden; an buschigen und grasigen Standorten. Blüht 5–8.

B Futter-Wicke *Vicia sativa* Flaumige, kletternde oder niederliegende bis aufsteigende Einjährige bis 80 cm. Blätter mit drei bis acht Paar linealischen bis eiförmigen Blättchen, die spitz, stachelspitzig oder stumpf sein können; Ranken verzweigt oder einfach; Stipeln halb pfeilförmig, meist gezähnt und oft mit einem dunklen Fleck. Blüten in Gruppen von ein bis zwei (selten mehr), Krone bis 30 mm, purpurrot; Kelchzähne gleich; Schoten sehr formenreich. Die wilde Hauptform ist die ssp. *nigra* mit schmalen Blättchen und einer gleichmäßig rötlich-purpurnen Krone von 10–18 mm. Ssp. *sativa* ist eine Kulturform aus Südeuropa und hier eingebürgert, die Blättchen sind breiter und die Flügel der bis 30 mm großen Krone meist dunkler als der Rest. Die ssp. *nigra* ist an grasigen Standorten überall, außer im hohen Norden, häufig; ssp. *sativa* ist im Süden heimisch, wird aber weiter nördlich verbreitet angebaut. Blüht 5–9.

C Sand-Wicke *Vicia lathyroides* Ähnlich der Futter-Wicke, jedoch klein und kriechend. Blätter mit zwei bis vier Paar stachelspitzigen Blättchen; Ranken unverzweigt; Stipeln nicht gefleckt. Blüten 5–8 mm lang, ungestielt, einzeln, rotpurpurn; Schoten schwarz, bis 25 mm lang. Von Südfinnland südlich; auf sandigem Grasland, meist nahe der Küste. Blüht 4–6. ▽

D Gelbe Wicke *Vicia lutea* Schopfige, kriechende, kahle oder behaarte Einjährige bis 60 cm. Blätter mit drei bis zehn Paar linealischen bis länglichen, stachelspitzigen Blättchen; Ranken einfach oder verzweigt; Stipeln klein und dreieckig. Blüten zu ein bis drei, blaßgelb, oft purpurn überlaufen und bis 35 mm lang; Kelchzähne ungleich, die unteren länger als die Röhre; Schote gelblich-braun, behaart, bis 40 mm groß. Auf festem Kies und grasigen Küstenstandorten; von England und Frankreich nach Süden; in Deutschland eingebürgert. Blüht 6–9. ▽

E Bithynische Wicke *Vicia bithynica* Kletternde oder kriechende, flaumige oder kahle Einjährige (oder Mehrjährige) bis 60 cm. Blätter mit zwei bis drei Paar elliptischen bis eiförmigen Blättchen, mit verzweigten Ranken; Stipeln groß und auffällig, gezähnt (**e**). Blüten 15–20 mm, in Gruppen von ein bis drei, mit einer purpurnen Fahne und cremig-weißen Flügeln und Schiffchen; Schoten gelbbraun, behaart, bis 50 mm groß. An buschigen und grasigen Standorten, Hecken, oft nahe der Küste; von Großbritannien und Frankreich nach Süden. Blüht 5–6. ▽

F Maus-Wicke *Vicia narbonensis* Flaumige, aufrechte Einjährige bis 60 cm. Blätter mit ein bis drei Paar eiförmigen Blättchen, untere Blätter ohne Ranken. Blüten zu ein bis sechs, Krone dunkelpurpurn, 2–3 cm, Kelchzähne ungleich. Buschige und felsige Standorte, oft nahe der Küste; von Westfrankreich südlich. Blüht 5–7. ▽

Platterbse *Lathyrus* Ähnlich wie die Wicken, Hauptunterschiede sind die geflügelten Stengel und die geringere Zahl von Blättchen, die meist parallelnervig sind. Allgemein sind die Unterschiede zwischen den Gattungen gering und unbeständig.

G Frühlings-Platterbse *Lathyrus vernus* Aufrechte oder niederliegende, schopfige, kahle oder schwach behaarte Mehrjährige bis 40 cm, Stengel kantig, aber nicht geflügelt. Blätter mit zwei bis vier Paar eiförmigen bis lanzettlichen Blättchen, ohne Ranken; Stipeln ähnlich, mit pfeilförmigem Grund. Blüten zu drei bis zehn in einer Traube, die rötliche Krone später blau werdend, bis 2 cm lang. Schoten braun, kahl, bis 6 cm lang. Fast im ganzen kontinentalen Europa, außer im hohen Norden; nicht heimisch in Belgien und Holland; in Wäldern und auf grasigen Standorten. Blüht 4–6.

H Schwarzwerdende Platterbse *Lathyrus niger* Der Frühlings-Platterbse recht ähnlich, jedoch mit stumpferen, fiedernervigen Blättchen (bei der Frühlings-Platterbse grob parallelnervig), Stipeln viel kleiner als Blättchen. Blüten kleiner, bis 15 mm, zu zwei bis acht in einer Traube, zuerst violett, dann blau werdend; reife Schoten schwarz, bis 60 mm lang. In felsigen und hügeligen Wäldern; überall im kontinentalen Europa, außer in Nordskandinavien, fehlt an vielen Stellen im Flachland. Blüht 6–7.

I Strand-Platterbse *Lathyrus japonicus* Kriechende, graugrüne, mehr oder weniger kahle mehrjährige Pflanze, mit kantigen (aber nicht geflügelten), bis 1 m langen Stengeln. Blätter mit zwei bis fünf Paar ovalen, stumpfen und etwas fleischigen Blättchen; manchmal mit Ranken; Stipeln breit-dreieckig, mit pfeilförmigem Grund. Blütenstand mit 2–15 purpurnen, mit der Zeit blau werdenden, bis 2 cm großen Blüten; Schote bis 5 cm, aufgeblasen, kahl. An der Küste auf Schotter und Sand, im Binnenland selten; an nordwesteuropäischen Küsten nördlich von England. Blüht 6–8. ▽

J Ungarische Platterbse *Lathyrus pannonicus* Mehrjährige mit ungeflügelten oder schwach geflügelten Stengeln, bis 50 cm. Blätter mit ein bis vier Paar schmalen Blättchen. Blüten blaß rötlich, 1–2 cm lang, zu drei bis neun in einem Blütenstand. Schoten blaßbraun, 3–6 cm. Von Nordwestfrankreich und Süddeutschland südlich; an grasigen und buschigen Standorten. Blüht 5–7. ▽

e

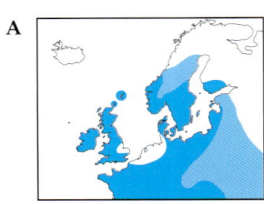

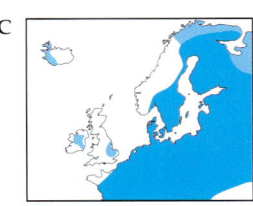

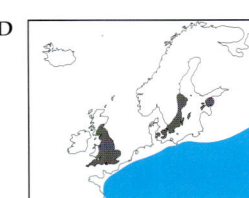

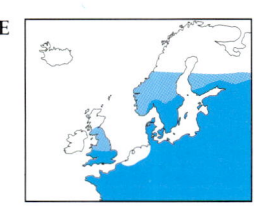

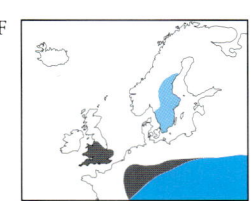

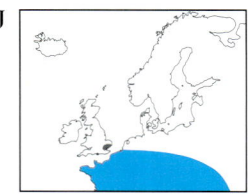

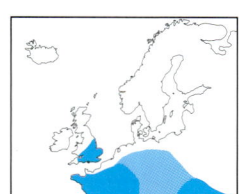

A Berg-Platterbse *Lathyrus montanus* Aufrechte, vollständig kahle Mehrjährige mit geflügelten, bis 50 cm langen Stengeln. Blätter mit zwei bis vier Paaren von schmal-lanzettlichen bis elliptischen, meist spitzen Blättchen, keine Ranken; Stipeln schmal, mit pfeilförmigem Grund; Krone purpurrot, bläulich oder grünlich werdend, bis 16 mm lang; Schote rotbraun, kahl, bis 40 mm lang. In Wäldern, Gebüsch und auf Weiden, besonders in hügeligen oder sauren Gebieten; überall verbreitet, außer im hohen Norden. Blüht 4–7.

B Wiesen-Platterbse *Lathyrus pratensis* Kriechende, flaumige oder kahle Mehrjährige mit kantigen, bis 1,2 m langen Stengeln. Blätter mit einem Paar graugrüner, schmal-lanzettlicher, parallelnerviger und spitzer Blättchen; mit Ranke; Stipeln mit pfeilförmigem Grund, etwa so groß wie die Blättchen. Blütenstand langgestielt, mit fünf bis zwölf, etwa 15–18 mm langen, gelben Blüten; Schote bis 35 mm, zur Reifezeit schwarz. An grasigen und buschigen Standorten; überall im Gebiet. Blüht 5–8.

C Sumpf-Platterbse *Lathyrus palustris* Aufrecht kletternde oder kriechende, schwach flaumige Mehrjährige, mit geflügelten Stengeln bis 1,2 m. Blätter mit zwei bis fünf Paar schmal-lanzettlichen Blättchen, verzweigten Ranken und halb pfeilförmigen Stipeln. Blütenstiele langgestielt, mit zwei bis acht Blüten; Krone blaß blauviolett, bis 2 cm lang; Schote abgeflacht, bis 5 cm lang, kahl. An feuchten oder nassen grasigen Standorten, meist kalkig. Im ganzen Gebiet, jedoch selten. Blüht 5–7. ▽

D Knollen-Platterbse *Lathyrus tuberosus* Kahle, niederliegende Mehrjährige mit kantigen, aber nicht geflügelten Stengeln bis 1,2 m Länge. Blätter mit einem Paar annähernd elliptischer Blättchen, und einfachen oder verzweigten Ranken; Stipeln schmal, halb pfeilförmig. Blütenstand langgestielt, mit zwei bis sieben hellen, rötlich-purpurnen Blüten bis zu 2 cm Länge; Schoten braun, kahl, bis 4 cm lang. An grasigen Standorten und Schuttplätzen; überall, außer in Skandinavien und England, lokal jedoch auch dort eingebürgert. Blüht 6–7.

E Wald-Platterbse *Lathyrus silvestris* Kletternde, kahle oder flaumige Mehrjährige mit breit geflügelten Stengeln bis 3 m. Blätter mit einem Paar schmal-lanzettlicher Blättchen, bis 15 cm lang und mit verzweigten Ranken; Stipeln lanzettlich, bis 2 cm lang, weniger als halb so breit wie der Stengel (**e**). Blütenstand langgestielt, mit drei bis zwölf Blüten; Krone zeigt ein rosapurpurn überlaufenes Gelb, bis 2 cm lang; Schoten kahl, braun, bis 7 cm. In Gebüsch, Grasland und an Waldrändern; überall, außer im hohen Norden. Blüht 6–8.

F Breitblättrige Platterbse *Lathyrus latifolius* Ähnelt der Wald-Platterbse, Blättchen sind jedoch oval bis rundlich und stumpf; Stipeln mehr als halb so breit wie der Stengel (**f**); Blüten größer (bis zu 3 cm) und magentarot; Kelchzähne länger als die Röhre. An grasigen und buschigen Standorten; südlich von Nordfrankreich einheimisch,

entlang von Eisenbahnlinien, Hecken, etc., jedoch auch weiter nördlich eingebürgert. Blüht 6–8. ▽

G Verschiedenblättrige Platterbse *Lathyrus heterophyllus* Ähnlich der Breitblättrigen Platterbse, an den oberen Blättern jedoch mit zwei bis drei Paar Blättchen; Blüten kleiner, nur bis 22 mm. Ähnliche Standorte; nach Norden bis Südschweden. Blüht 6–8. ▽

H Kugelsamige Platterbse *Lathyrus sphaericus* Kahle oder flaumige Einjährige mit kantigen, aber nicht geflügelten Stengeln bis 50 cm. Blätter mit einem Paar schmal-linealischen bis lanzettlichen, spitzen Blättchen, mit Ranken; Stipeln schmal, halb pfeilförmig. Blüten einzeln, auf schlanken Stengeln, orangerot bis 13 mm lang; Schote braun, kahl. Grasige und buschige Standorte; Südschweden und Dänemark, und südlich von Nordfrankreich. Blüht 6–8. ▽

I *Lathyrus angulatus* Ähnelt der Kugelsamigen Platterbse, Stipeln jedoch breiter, Blütenstiele länger (bis 7 cm statt 2 cm), Blüten violett oder blaßblau, einzeln oder in Paaren. An sandigen Standorten; von Nordfrankreich aus südlich. Blüht 6–8. ▽

J Behaarte Platterbse *Lathyrus hirsutus* Kahle oder flaumige, kletternde Einjährige mit geflügelten Stengeln bis 1,2 m. Blätter mit einem Paar linealischen bis länglichen Blättchen, mit einer verzweigten Ranke; Stipeln schmal, halb pfeilförmig. Blütenstand mit ein bis drei Blüten auf einem langen Stiel; Fahne rötlich-violett, Flügel blaßblau, Schiffchen cremig-weiß; Schote dicht behaart, reif braun. Auf grasigen und ruderalen Standorten, besonders auf tonigen Böden; von Nordfrankreich, Belgien und Süddeutschland nach Süden. Blüht 6–8. ▽

K Gras-Platterbse *Lathyrus nissolia* Aufrechte, kahle oder schwach flaumige Einjährige mit ungeflügelten Stengeln bis 90 cm. Blätter auf grasartige Mittelrippen reduziert, ohne Blättchen oder Ranke – nichtblühend wirkt die Pflanze wie ein Gras; Stipeln sehr klein und schmal. Blüten einzeln oder in Paaren, langgestielt, mit einer purpurnen Krone und bis 18 mm lang; Schoten blaßbraun. An grasigen Standorten, besonders auf schwereren Böden; nahe der Küste häufiger, südlich von Großbritannien und Holland. Blüht 5–7. ▽

L Ranken-Platterbse *Lathyrus aphaca* Kahle, wachsige, graugrüne und kletternde Einjährige mit kantigen Stengeln bis 1 m. Blätter auf die Ranke reduziert, aber die Stipeln sehr groß und blattartig, breit-dreieckig, in Paaren und bis 30 mm lang. Blüten einzeln und aufrecht auf langen Stielen, mit einer gelben, bis 12 mm langen Krone; Schote bis 35 mm, gekrümmt, kahl und braun. An trockenen, grasigen und ruderalen Standorten; von Großbritannien und Holland südlich, hauptsächlich im Westen; im Norden des Verbreitungsgebietes wahrscheinlich nicht heimisch. Blüht 6–8. ▽

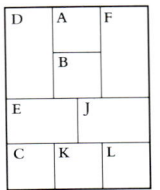

A Berg-Platterbse

B Wiesen-Platterbse

C Sumpf-Platterbse

D Knollen-Platterbse

E Wald-Platterbse

F Breitblättrige Platterbse

J Behaarte Platterbse

K Gras-Platterbse

L Ranken-Platterbse

e

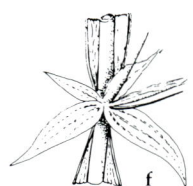

f

C

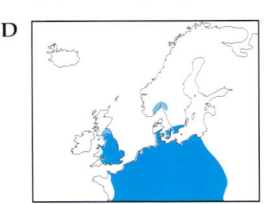

D

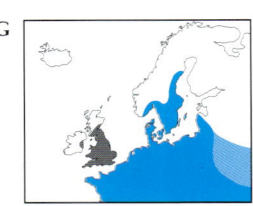

G

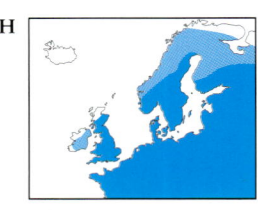

H

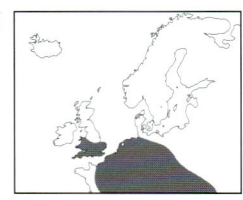

J

K

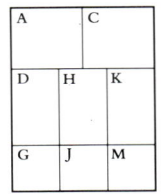

c

d

Hauhechel *Ononis* Ein- oder mehrjährige Kräuter oder Zwergsträucher, meist drüsenhaarig. Blätter dreizählig, meist gezähnt. Kronblattfahne breit.

(**1**) Blüten gelb.

A Gelbe Hauhechel *Ononis natrix* Kleiner, drüsenhaariger Halbstrauch bis 60 cm. Blätter dreizählig, mit annähernd ovalen, gezähnten Blättchen. Bis 20 mm große Blüten, gelb mit rötlichen Adern, in lockeren, beblätterten Blütenständen; Krone doppelt so lang wie der Kelch. Von Nordfrankreich und Süddeutschland aus südlich; an trockenen, grasigen oder felsigen, oft kalkigen Standorten. Blüht 6–8. ▽

B *Ononis pusilla* Ähnlich der Gelben Hauhechel, jedoch mit viel kleineren, rein gelben, bis 12 mm großen Blüten, deren Krone etwa so groß ist wie der Kelch. Ähnliche Standorte; von Nordfrankreich aus südlich. Blüht 6–8. ▽

(**2**) Blüten rosa bis rot.

C Kriechende Hauhechel *Ononis repens* Kriechender, niederliegender bis aufsteigender, mehrjähriger Halbstrauch bis 70 cm, Stengel unterschiedlich stark rundum behaart, meist ohne Dornen. Blätter dreizählig oder nur mit einem einzelnen Blättchen (**c**), drüsenhaarig. Blüten in lockeren, unregelmäßig beblätterten Blütenständen; Krone rosa, 10–18 mm lang, Flügel so groß wie das Schiffchen, Kelch stark behaart; Schoten aufrecht, bis 7 mm lang, kürzer als der Kelch. Besonders auf neutralen bis kalkigen Dünen oder auf Grasland; überall häufig, außer im hohen Norden. Blüht 6–9.

D Dornige Hauhechel *Ononis spinosa* Ähnlich der Kriechenden Hauhechel, Stengel jedoch hauptsächlich auf zwei gegenüberliegenden Seiten behaart, und meistens sind lange Dornen vorhanden. Blättchen schmaler und stärker zugespitzt (**d**); Blüten zeigen ein dunkleres Rosa, Flügel kürzer als das Schiffchen; Schoten länger als der Kelch. Grasland, auf schweren, oft kalkigen Böden, von Südskandinavien südlich; am häufigsten nahe der Küste. Blüht 6–9.

E *Ononis reclinata* Kleine, niederliegende Einjährige bis 15 cm, mit behaarten Stengeln und dornenlos. Blüten klein, bis 10 mm, mit einer Krone so lang wie der Kelch; reife Schoten hängend, 10–14 mm. Auf trockenen, grasigen oder felsigen Standorten, meist nahe am Meer; von Südwestengland und Westfrankreich südlich; selten. Blüht 6–7. ▽

F Bocks Hauhechel *Ononis arvensis* Ähnlich wie Dornige Hauhechel, aber ohne Dornen, und Blüten nicht einzeln, sondern in Paaren an den Knoten. Von Südskandinavien aus südlich, an ähnlichen Standorten. Blüht 5–8. ▽

Steinklee, Honigklee *Melilotus* Einjährige oder kurzlebige Mehrjährige. Ähnlich wie der Klee mit dreizähligen, gezähnten Blättern, trägt die Blüten jedoch in verlängerten Blütenständen; Schoten oval, kurz und gerade.

G Hoher Steinklee *Melilotus altissima* Hohe, verzweigte Einjährige oder kurzlebige Mehrjährige bis 1,5 m. Blättchen länglich-eiförmig, die oberen beinahe parallelrandig, gezähnt; Stipeln borstig. Blüten gelb, 50–70 mm Länge, in Trauben bis 50 mm Länge; Fahne, Flügel und Schiffchen der Krone gleich lang; Schoten oval, 5–6 mm lang, spitz, flaumig und zur Reife schwarz, Oberfläche netznervig, Griffel bleibend (**g**). An feuchten und salzigen Standorten, in lichten Wäldern und auf Schuttplätzen; von Südskandinavien südlich, jedoch andernorts eingebürgert. Blüht 6–8.

H Echter Steinklee *Melilotus officinalis* Zweijährige bis 2,5 m, aufrecht oder niederliegend. Unterscheidet sich vom Hohen Steinklee durch nicht parallelrandige obere Blättchen; die Kronblätter von Fahne und Flügel länger als das Schiffchen; Schoten kahl, 3–5 mm lang, runzlig, stumpf (mit einer Borstenspitze), zur Reife braun und ohne bleibenden Griffel (**h**). Auf Ackerland und Ruderalflächen, oft auf schweren oder salzigen Böden; überall im Gebiet, im Norden jedoch nicht heimisch. Blüht 6–9.

I Gezähnter Steinklee *Melilotus dentata* Ähnelt dem Echten Steinklee, jedoch mit kleineren Blüten (Krone bis 3 mm statt 4–7 mm), Flügel kürzer als Fahne, aber länger als das Schiffchen; Schote schwach netznervig, kahl, schwärzlichbraun (**i**). Ähnliche Standorte; von Südschweden südlich bis Deutschland, selten. Blüht 6–8. ▽

J Kleinblütiger Steinklee *Melilotus indica* Ähnlich wie Gezähnter Steinklee, mit sehr kleinen, bis 2 mm großen Blüten, Flügel so lang wie Schiffchen und beide kürzer als die Fahne; Schote nur 2–3 mm lang, fast kugelig, stark netznervig, kahl und grün (**j**). Auf Schuttplätzen eingebürgert; von Holland und England südlich. Blüht 6–8. ▽

K Weißer Steinklee *Melilotus alba* Der einzige Steinklee in Nordeuropa mit weißen Blüten. Sonst dem Echten Steinklee sehr ähnlich, mit kahlen, braunen Früchten, die jedoch wie beim Hohen Steinklee spitz sind. Außer im hohen Norden überall auf Ruderalflächen verbreitet, im Norden des Verbreitungsgebietes jedoch meist nicht heimisch. Blüht 6–8.

L Französischer Bockshornklee *Trigonella monspeliaca* Flaumige Einjährige bis 35 cm. Blätter dreizählig. Blüten gelb, 3–4 mm lang, in kurzgestielten, doldenartigen Büscheln zu 4–14; Schote schmal und nickend, bis 20 mm lang. Auf Schuttplätzen und Ackerland; von Belgien und Nordfrankreich aus südlich. Blüht 6–7. ▽

M Griechischer Bockshornklee *Trigonella foenumgraecum* Schwach flaumige Einjährige bis 50 cm. Blätter dreizählig, mit fein gezähnten, eiförmigen Blättchen. Blüten einzeln oder in Paaren, völlig ungestielt; Krone cremig-weiß, 10–15 mm lang, am Grunde etwas violett; Schote aufrecht, bis 10 cm lang. Angebaut und verbreitet eingebürgert; von Belgien und Deutschland südlich. Blüht 4–6. ▽

N Schabzieger-Klee *Trigonella caerulea* Dem Griechischen Bockshornklee ähnlich, jedoch mit nur bis 6 mm großen, blauen und weißen Blüten in dichten, kugeligen Büscheln auf bis zu 50 mm langen Stielen. Angebaut und, außer im hohen Norden, verbreitet eingebürgert. Blüht 6–8. ▽

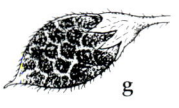

g

h

i

j

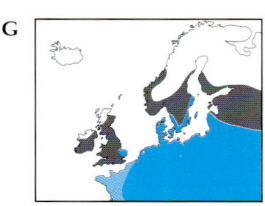

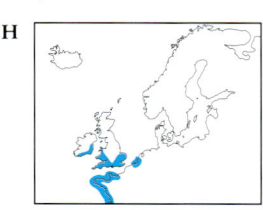

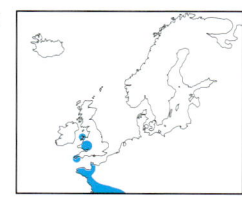

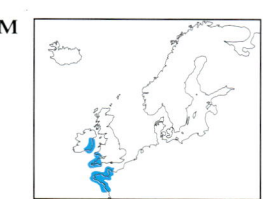

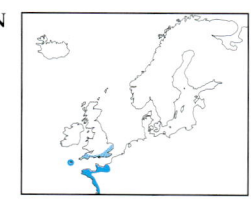

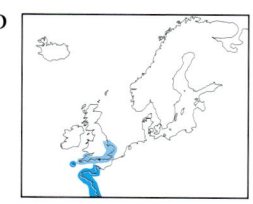

Schneckenklee *Medicago* Den *Trifolium*-Arten ähnlich, dreiblättrig und mit kompakten Blütenständen. Anders sind die sichelförmigen oder spiraligen Früchte, die oft dornig sind.

A Hopfenklee *Medicago lupulina* Ein- bis mehrjährig, bis 60 cm groß. Dreiblättrig, flaumige Blättchen mit Spitzchen. Blütenstand kugelig, bis 9 mm im Durchmesser und mit 10–50 sehr kleinen gelben Blüten. Reife Hülsen schwarz, gedreht. Ähnliche Klee-Arten (z. B. *Trifolium dubium*) sind beinahe kahl, mit unbespitzten Blättchen und haben unauffällige Früchte. Nicht im hohen Norden; auf Wiesen und Ödland weit verbreitet. Blüht 4–8.

B Arabischer Schneckenklee *Medicago arabica* Kriechende kahle Einjährige, bis 50 cm groß. Dreiblättrig mit gezähnten, dunkel gefleckten, herzförmigen Blättchen. Blütenköpfe ein- bis sechsblütig, gelb, und von 5–7 mm Durchmesser. Frucht eng aufgerollt (drei bis sieben Umdrehungen), grob kugelförmig, mit einer Doppelreihe hakiger Stacheln. Besonders an der Küste, auf trockenem Grasland, in Großbritannien, Holland und südlich davon. Blüht 4–9. ▽

C Rauher Schneckenklee *Medicago polymorpha* Ähnlich dem Arabischen Schneckenklee, der Stengel ist aber haariger. Blättchen nicht gefleckt, mit fransig gezähnten Nebenblättern (beim Arabischen Schneckenklee gleichmäßiger gezähnt). Frucht ähnlich, aber flacher, weniger gewunden und stark netznervig. Ähnliche Standorte; in Großbritannien, Frankreich und südlich davon. Nördlich davon eingebürgert. Blüht 4–9. ▽

D *Medicago marina* Der vorigen Art ähnlich, jedoch weiß-flaumig, mit dichten, runden Blütenständen. Frucht flaumig und spiralig gewunden, mit einem zentralen Loch. An sandiger Küste im südlichen England und südlich davon. Blüht 5–7. ▽

E Zwerg-Schneckenklee *Medicago minima* Kurzflaumige Einjährige, bis 40 cm groß (nicht so flaumig wie obige Art). Blütenstiele mit einer bis sechs gelben Blüten. Haarige Hülsen 3–5 mm im Durchmesser, drei- bis fünffach gewunden. In Südschweden und südlicher, in trockenen, sandigen, oft lückigen Rasen. Meist küstennah. Blüht 5–7. ▽

F Gemeine Luzerne *Medicago sativa* ssp. *sativa* Flaumige Mehrjährige, bis 80 cm groß, formenreich. Dreiblättrig, mit schmalen, bespitzten Blättchen. Blüten violett bis purpurn, zu 5–40 in zylindrischen Köpfen. Blütenstiele kürzer als die Kelchröhren. Hülse kahl und nicht stachelig, eineinhalb- bis dreieinhalbmal gewunden. Verbreitet angebaut und außer im hohen Norden oft eingebürgert. Blüht 6–9.

G Sichel-Luzerne *Medicago sativa* ssp. *falcata* Oft als eigenständige Art unterschieden. Im Gegensatz zur Gemeinen Luzerne durch gelbe Blüten und Blütenstiele, die länger sind als die Kelchröhre, gekennzeichnet. Hülsen gebogen oder sichelförmig, nicht spiralig. An grasigen Stellen; überall, außer im hohen Norden. Blüht 6–8.

Klee *Trifolium* Kräuter mit dreiteiligen Blättern; Blüten in Köpfen, Blütenkrone bleibend, Nebenblätter anders als Blättchen (vgl. Klee-Arten, wo die Nebenblätter den Blättchen sehr ähnlich sind).

H Vogelfuß-Klee *Trifolium ornithopodioides* Unauffällige, kahle, kriechende Einjährige mit 2–20 cm langen Stengeln. Blättchen oval, gezähnt. Nebenblätter lanzettlich und lang zugespitzt. Blüten 5–8 mm, weiß oder rosa, zu einer bis fünf in kleinen Köpfen. Auf sandigen Standorten entlang der Küsten. Blüht 5–10. ▽

I Aufrechter Klee *Trifolium strictum* Steife, kahle Einjährige, aufrecht oder aufsteigend bis 20 cm. Blättchen der oberen Blätter schmal-elliptisch, scharf gezähnt, mit einem dunkleren Rand. Die kleinen, rosapurpurnen Blüten in langgestielten, runden Köpfen von 7–10 mm Durchmesser. Sehr selten in Südwestengland, Wales und auf den Kanalinseln, auf sauren Böden. Blüht 5–7. ▽

J Berg-Klee *Trifolium montanum* Behaarte Mehrjährige mit holzigem Stengelgrund, bis 60 cm. Blättchen der oberen Blätter schmal-elliptisch, nur unterseits behaart. Blüten weiß oder gelblich, später braun werdend, in runden, oft paarigen Köpfen von 15–30 mm Durchmesser. Auf trockenen Rasen und in lichten Wäldern, in höheren Lagen. Blüht 5–7. ▽

K Kriechender Klee *Trifolium repens* Kriechende Mehrjährige bis 60 cm, an den Knoten wurzelnd. Ovale Blättchen oft mit hellerer Querbinde und durchscheinenden Seitennerven. Nebenblätter länglich, spitz. Blüten duftend, weiß oder blaßrosa, in langgestielten, runden Köpfen bis 20 mm Durchmesser, später hellbraun werdend. Verbreitet und oft zahlreich in Wiesen. Blüht 5–10.

L Schweden-Klee *Trifolium hybridum* Im Unterschied zum Kriechenden Klee aufrecht, nicht an den Knoten wurzelnd, und die Blättchen ohne Querbinde. Blüten erst purpurn oder weiß, später rosa und braun. Verbreitet angebaut und in Wiesen und an Straßenrändern eingebürgert. Blüht 6–10.

M Westlicher Klee *Trifolium occidentale* Ähnlich dem Kriechenden Klee, aber die Blättchen ohne weißliche Binde und die Seitennerven nicht durchscheinend. Nebenblätter rötlich. Blüten geruchlos, in Köpfen bis 25 mm Durchmesser. Auf trockenen, ungeschützten Küstenstandorten in Südwestengland, auf den Scilly-Inseln und den Kanalinseln. Blüht 4–7. ▽

N Knäuel-Klee *Trifolium glomeratum* Kahle, kriechende Einjährige mit 10–35 mm langen Stengeln. Blättchen oval, oft mit einem blassen Fleck. Blüten rosapurpurn, in ungestielten, runden Köpfen von 8–12 mm Durchmesser. Selten in Süd- und Ostengland, an trockenen, offenen oder grasigen Standorten, oft nahe am Meer. Blüht 5–8. ▽

O Erstickter Klee *Trifolium suffocatum* Sehr charakteristische, kahle und schopfige Einjährige, nur bis 5 cm hoch. Die Blätter mit ihren ovalen Blättchen überragen die ungestielten, weißen Blütenköpfchen (bis 5 mm Durchmesser) am Grunde der Pflanze. Küstennah im Süden und Osten Englands auf Sand- und Kiesboden, selten. Blüht 4–5. ▽

P Erdbeer-Klee *Trifolium fragiferum* Kriechende Mehrjährige mit bis zu 30 cm langen Stengeln, die an den Knotenpunkten wurzeln. Blättchen oval, ohne weißliche Binde. Blüten rosa bis purpurn, in rundlichen Köpfen von 10–15 mm Durchmesser. Kelch schwillt in der Fruchtzeit an und gibt dadurch dem Blütenstand das Aussehen einer rosafarbenen Beere. Auf kurzrasigen Weiden, auf schweren Böden. Blüht 7–9. ▽

A	B	D
F	H	I
K	L	M
N	O	P

A Hopfenklee

B Arabischer Schneckenklee

D *Medicago marina*

F Gemeine Luzerne (links), **G** Sichel-Luzerne (rechts)

H Vogelfuß-Klee

I Aufrechter Klee

K Kriechender Klee

L Schweden-Klee

M Westlicher Klee

N Knäuel-Klee

O Erstickter Klee

P Erdbeer-Klee

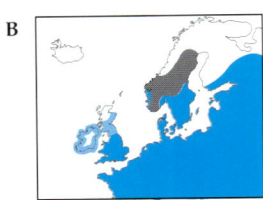

B

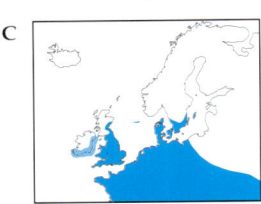

C

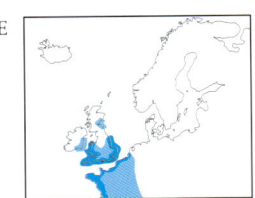

E

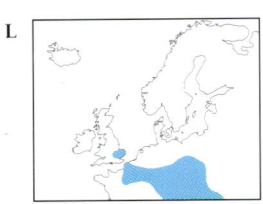

L

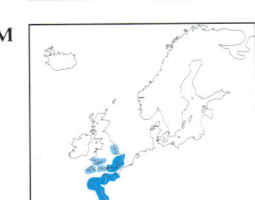

M

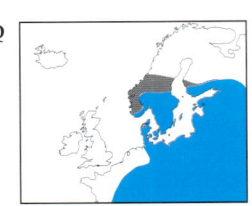

Q

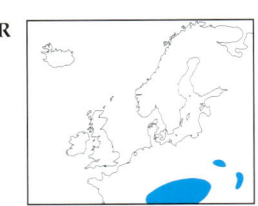

R

A Persischer Wende-Klee *Trifolium resupinatum* Unterscheidet sich vom Erdbeer-Klee durch nickende Blütenköpfe. Eingeführt und verbreitet eingebürgert. Blüht 5–7.

B Hasen-Klee *Trifolium arvense* Weichhaarige Einjährige bis 30 cm, Blättchen schmal, kaum gezähnt. Blüten blaßrosa oder weiß, in langen, dichten, ovalen oder zylindrischen, gestielten Blütenköpfen bis 25 mm. Blüten oft kürzer als die weichen Kelchzähne. Örtlich häufig, in trockenem Grasland, sandigen oder kiesigen Gebieten. Blüht 5–9. ▽

C Gestreifter Klee *Trifolium striatum* Behaarte, gewöhnlich niederliegende Einjährige von 5–25 cm. Blättchen löffelförmig, auf beiden Seiten behaart; Seitenadern nicht hervortretend (vgl. Rauher Klee). Blüten 5 mm, rosa, in ungestielten, eiförmigen Blütenständen bis 15 mm Größe. Verbreitet, jedoch selten bis sehr selten in trockenen Heide- oder Graslandgebieten, an sandigen bis kiesigen Standorten. Blüht 5–7. ▽

D *Trifolium bocconei* Aufrechte, flaumige Einjährige bis 20 cm, die den vorhergehenden Arten ähnelt. Blättchen jedoch oberseits kahl, ungestielte Blütenstände meist paarweise und die Blüten erst weiß, dann blaßrosa werdend. Selten, in trockenen, rasigen Gebieten nahe der Küste; nur in Nordfrankreich und Südwestengland. Blüht 5–6. ▽

E Rauher Klee *Trifolium scabrum* Aufrechte oder niederliegende, recht flaumige Einjährige bis 20 cm, die dem Gestreiften Klee ähnelt. Seitenadern hier jedoch deutlich erhaben und am Blattrand zurückgebogen; Blüten weiß, in ungestielten Blütenständen bis 10 mm. Auf trockenem Grasland, Dünen, sandigen oder kiesigen Böden. Blüht 5–7. ▽

F *Trifolium stellatum* Aufrechte, flaumige Einjährige bis 20 cm, mit eiförmigen Blättchen und meist rosa Blüten (selten gelb oder violett) in rundlichen Blütenständen bis 25 mm. Kelchblätter lang und spitz, meist rötlich, abstehend und zur Fruchtzeit bleibend, so daß ein „Stern" entsteht. Aus Südeuropa eingeführt und sehr selten an trockenen, offenen Standorten eingebürgert. Blüht 6–7. ▽

G Inkarnat-Klee *Trifolium incarnatum* ssp. *molinerii* Kräftige, aufrechte, flaumig behaarte Einjährige bis 30 cm, Blättchen oval. Haare anliegend (vgl. ssp. *incarnatum*). Blüten rosa oder milchig, mit behaarten Kelchen, in zylindrischen, bis 4 cm langen Blütenständen. Sehr selten in kurzen Rasen auf Klippen; Westfrankreich und Südwestengland. Blüht 5–6.
Ssp. *incarnatum* unterscheidet sich durch purpurne Blüten und abstehende Behaarung. Angebaut und verbreitet eingebürgert. Blüht 5–9.

H Roter Wiesen-Klee *Trifolium pratense* Flaumige Mehrjährige bis 45 cm. Blättchen oval, meist mit einem sichelförmigen weißen Fleck. Stipeln zur Spitze hin dreieckig und stachelspitzig. Blüten rosa bis rot, in runden, ungestielten Blütenständen bis 3 cm Durchmesser. Überall an grasigen Standorten verbreitet. Blüht 5–9.

I Mittlerer Klee *Trifolium medium* Flaumige Mehrjährige bis 50 cm, die der vorigen Art sehr ähnelt. Stengel jedoch recht wellig, Blättchen schmal-elliptisch, Stipeln lanzettlich, aber nicht borstenspitzig. Die kurzgestielten Blütenstände sind rötlich-purpurn und bis 30 mm im Durchmesser. Auf altem Grasland häufig. Blüht 5–7.

J Hügel-Klee *Trifolium alpestre* Unterscheidet sich vom Mittleren Klee durch Stipeln mit einer flaumigen Spitze und meist violette Blüten. Grasige Standorte, oft in den Bergen. Blüht 5–7. ▽

K Purpur-Klee *Trifolium rubens* Kahl und mit Blütenständen bis 8 cm. Trockenes Grasland, steinige Standorte; hauptsächlich im Südosten des Gebietes. Blüht 6–8.

L Blaßgelber Klee *Trifolium ochroleucon* Flaumige, aufrechte Einjährige bis 50 cm, ähnelt dem Roten Wiesen-Klee, hat jedoch zitronengelbe Blüten und keine Flecken auf den Blättchen. Ganz selten an grasigen Standorten auf Ton. Blüht 6–7. ▽

M *Trifolium squamosum* Recht flaumige, aufrechte Einjährige bis 30 cm (meist viel kleiner), mit ungefleckten, schmal-elliptischen Blättchen und länglichen Stipeln. Blüten rot bis rosa, in kleinen, runden, kurzgestielten Blütenständen bis 1 cm, die jeweils von einem Paar Blätter getragen werden; Blüten den Kelch nur knapp überragend, Kelchzähne zur Fruchtzeit auffällig abstehend. Vereinzelt bis selten in kurzen Rasen an der Küste, Salzmarschen und Deichböschungen. Blüht 6–7. ▽

N *Trifolium subterraneum* Auffällig niedrig wachsende, kriechende, behaarte Einjährige mit bis zu 50 cm langen Stengeln. Blättchen breit-eiförmig und gekerbt. Einige Blüten steril, ohne Krone, aber mit vergrößerten Kelchzähnen; fruchtbare Blüten milchig, 8–12 mm lang, in Büscheln zu zwei bis sechs in den Blattachseln. Die auffälligen Schoten werden von sich verlängernden Stielen in den Boden gedrückt. Auf trockenen, sandigen Böden an der Küste. Blüht 5–6. ▽

O Feld-Klee *Trifolium campestre* Aufrechte oder aufsteigende, behaarte Einjährige bis 30 cm. Blätter wechselständig, Endblättchen länger gestielt als die Seitenblättchen. Blüten gelb, 4–5 mm lang, zu 20–30 in runden Köpfen bis 15 mm Durchmesser. Verbreitet und häufig, jedoch im Norden fast fehlend; an trockenen, grasigen Standorten. Blüht 5–10.

P Kleiner Klee, Faden-Klee *Trifolium dubium* Dem Feld-Klee sehr ähnlich, jedoch kleiner, fast kahl, die Blüten bis 3,5 mm lang, zu 3–20 in Köpfen von 8–9 mm Durchmesser. Im Unterschied zum Hopfenklee nicht flaumig und ohne eine winzige Spitze in der Kerbe am Ende jedes Blättchens. Verbreitet und häufig an trockenen, grasigen Standorten, im hohen Norden fehlend. Blüht 5–10.

Q Gold-Klee *Trifolium aureum* Ähnelt dem Feld-Klee, Endblättchen jedoch fast ungestielt, Blüten 6–7 mm lang, in Köpfen bis 16 mm. Gelegentlich häufig an Grasland und Schuttplätzen; am häufigsten in Südskandinavien. Blüht 6–9.

R Alpen-Braun-Klee *Trifolium badium* Schopfige, behaarte Mehrjährige, deren obere Blätter beinahe gegenständig sind. Blättchen vollkommen ungestielt, Blüten 7–9 mm lang, in Köpfen bis 25 mm. In Bergwiesen, meist auf kalkigem Grund; Mitteleuropa. Blüht 7–8. ▽

S Moor-Klee *Trifolium spadiceum* Im Unterschied zum Alpen-Braun-Klee einjährig und Blüten bis 6 mm. An grasigen Standorten der Berge, meist auf saurem Boden; Mitteleuropa und Skandinavien. Blüht 6–8. ▽

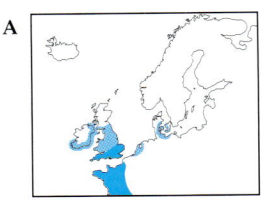

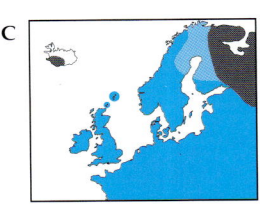

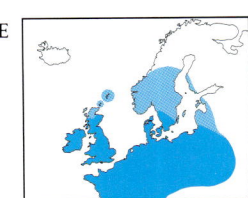

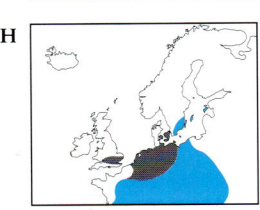

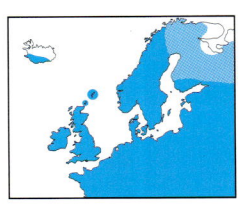

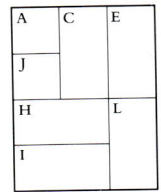

A Armblütiger Klee *Trifolium micranthum* Aufrechte oder aufsteigende Einjährige bis 10 cm, mit kurzgestielten Blättchen. Blüten gelb und winzig, nur 2–3 mm, in lockeren Blütenständen von zwei bis sechs gestielten Blüten. Auf trockenem Grasland, sandigen oder kiesigen Standorten. Blüht 6–8. ▽

B Deutscher Backenklee *Dorycnium pentaphyllum* ssp. *germanicum* Behaarte Mehrjährige bis 50 cm, Blätter gefiedert, mit je fünf elliptischen, ungezähnten Blättchen. Blüten weiß, mit rötlichen Schiffchen, in kompakten, gestielten Köpfchen. Grasige Standorte, oft auf sandigen Böden; Mitteleuropa. Blüht 6–7. ▽

Hornklee *Lotus* Niedere Kräuter mit gefiederten Blättern, die wie dreizählige Blätter wirken, weil das untere Blättchenpaar sich an der Stielbasis befindet und wie große Stipeln aussieht; die echten Stipeln sind klein und braun. Blüten gelb, in kleinen, langgestielten, blattachselständigen Köpfchen. Reife Schoten wie ein Vogelfuß sparrig auseinanderweisend.

C Gewöhnlicher Hornklee *Lotus corniculatus* Formenreich, oft niederliegend oder kriechend, mehrjährig, oft fast kahl, gelegentlich behaart. Stengel markig, bis 40 cm lang. Blättchen eiförmig bis lanzettlich, selten fast rund. Köpfchen zwei- bis achtblütig, auf bis zu 80 mm langen Stielen; Blüten gelb, etwa 15 mm lang, Knospen tiefrot, die Kelchzähne (**c**) dann zusammengeneigt. Die beiden oberen Kelchzähne einen stumpfen Winkel bildend. Verbreitet und außer auf ganz sauren Böden häufig; überall, außer im hohen Norden. Blüht 6–9.

D Schmalblättriger Hornklee *Lotus tenuis* Ähnelt dem Gewöhnlichen Hornklee, ist jedoch schlanker und oft streng aufrecht; Blättchen schmal, weniger als 4 mm breit und spitz zulaufend. Blüten in Köpfchen zu zwei bis vier, klein; die beiden oberen Kelchzähne zusammenlaufend (**d**). In trockenem Grasland, außer im hohen Norden verbreitet; weniger häufig als vorige Art. Blüht 6–8. ▽

E Sumpf-Hornklee *Lotus uliginosus* Ähnlich dem Gewöhnlichen Hornklee, jedoch meist streng aufrecht, größer (bis 60 cm) und stark behaart; Stengel hohl. Blättchen breit-oval, stumpf und bläulich-grün. Stiele der Blütenstände bis 15 cm lang; Blüten meist nicht rötlich überlaufen; obere Kelchzähne bilden spitzen Winkel (**e**). Auf feuchten, grasigen Standorten und Mooren; außer im arktischen Teil Europas verbreitet. Blüht 6–8.

F *Lotus subbiflorus* Ein- oder Zweijährige bis 30 cm (selten mehr). Blättchen alle stark behaart. Blüten klein, bis 1 cm, in Köpfchen zu zwei bis vier, Stiele so lang wie oder länger als die Blätter; Kelchzähne länger als die Röhre. An trockenen, meist küstennahen Standorten; von Südengland und Westfrankreich aus südlich; selten. Blüht 7–8. ▽

G *Lotus angustissimus* Ähnelt *Lotus subbiflorus*, jedoch immer einjährig, sehr zart und weniger behaart; Köpfchen ein- bis zweiblütig, die Stiele kürzer als die Blätter; Blüten manchmal violett geädert. Auf trockenem, meist küstennahem Grasland; von Südengland südlich. Blüht 7–8. ▽

H Spargelschote *Tetragonolobus maritimus* Unterscheidet sich von den Hornklee-Arten durch dreizählige Blätter (mit dreieckigen Stipeln) und einzelne Blüten. Blüten langgestielt, mit dreizähligem Tragblatt unter dem Kelch; Krone blaßgelb; Frucht bis 5 cm lang, vierkantig und geflügelt. Verbreitet auf dem europäischen Festland, von Südschweden südlich; an grasigen, meist kalkigen Standorten. Blüht 5–8. ▽

I Gewöhnlicher Wundklee *Anthyllis vulneraria* Kriechende oder aufsteigende, silberhaarige Mehrjährige bis 40 cm. Blätter gefiedert, die unteren mit weniger Blättchen; Blättchen linealisch bis länglich, unterseits seidig weiß, oberseits grün, Endblättchen am größten. Blüten in genäherten, paarigen Köpfchen von bis zu 4 cm Durchmesser; zahlreiche gelbe Blüten (selten rosa, weiß oder violett), die auffällig wollige, aufgeblasene Kelche haben; Schoten sehr kurz. Auf trockenem Grasland, oft küstennah oder kalkig, oder auch an felsigen Standorten; überall, außer im hohen Norden, verbreitet. Blüht 5–9. ▽

J Mäusewicke, Vogelfuß *Ornithopus perpusillus* Kriechende, flaumige Einjährige bis höchstens 40 cm. Blätter gefiedert, mit 4–13 Paar Blättchen und einem Endblättchen. Blüten zu drei bis acht, mit einem gefiederten Tragblatt direkt unter dem Köpfchen; Krone milchig und rot geädert (auf den ersten Blick orange erscheinend), 3–5 mm lang; Schoten bis 2 cm lang, gebogen, zwischen den Samen eingeschnürt und wie ein Vogelfuß ausgebreitet. An trockenen, sandigen Standorten; von Südschweden südlich, lokal häufig. Blüht 5–8. ▽

K *Ornithopus pinnatus* Ähnelt der Mäusewicke, ist jedoch weniger flaumig, Blüten komplett orangegelb, etwas größer (6–8 mm), ohne Tragblatt unter dem Blütenstand; Schoten 20–30 mm lang, mit weniger deutlichen Einschnürungen. Sandige Rasen nahe der Küste, von den Scilly-Inseln und Westfrankreich nach Süden. Blüht 4–8. ▽

L Geißraute *Galega officinalis* Aufrechte Mehrjährige, kahl oder schwach flaumig, bis 1,5 m groß. Blätter gefiedert, mit 9–17 länglichen bis eiförmigen Blättchen. Blüten weiß bis bläulich-malvenfarbig, in aufrechten, langgestielten und zylindrischen Blütenständen; Kelchzähne borstenartig; Schote zylindrisch, nicht aufgeblasen oder kantig, 2–3 cm lang. Auf Schuttplätzen verbreitet eingebürgert (aus Südeuropa), nach Norden bis Belgien und England. Blüht 5–8. ▽

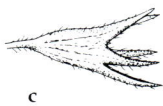

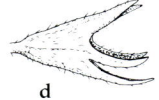

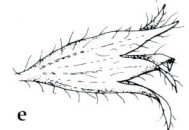

c　　　　　　　　d　　　　　　　　e

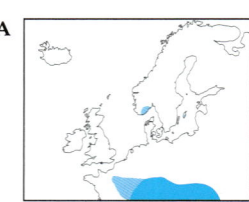

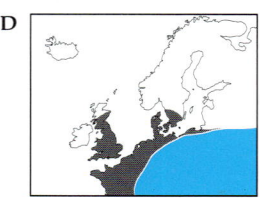

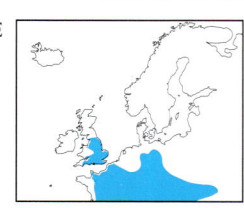

A Strauch-Kronwicke *Coronilla emerus* Niederer Strauch bis 1 m, nur selten mehr. Blätter mit zwei bis vier Paar graugrünen Blättchen, die jeweils eine winzige Spitze in der Kerbe am oberen Blattrand haben; Stipeln nicht verwachsen, häutig, 1–2 mm lang. Blüten zu ein bis fünf, Krone blaßgelb, 14–20 mm lang; Schoten bis 10 cm, schmal und mit zahlreichen Einschnürungen. An felsigen Standorten, meist schattig und besonders auf Kalk; von Südskandinavien südlich, besonders im Osten. Blüht 4–5. ▽

B Umscheidete Kronwicke *Coronilla vaginalis* Kleiner Strauch bis 50 cm. Blätter mit zwei bis sechs Paar ei- bis fast kreisförmigen Blättchen, mit kurzen Stielen und rauhen Rändern; Stipeln 3–8 mm lang. Blüten in Köpfchen zu vier bis zehn, Krone gelb, 6–10 mm lang; Schoten bis 30 mm lang, eingeschnürt, sechskantig. Auf grasigen Standorten und in Gebüsch mit kalkigem Boden, in den Bergregionen Frankreichs und Deutschlands sowie südlich davon. Blüht 6–8. ▽

C *Coronilla minima* Ähnelt der Umscheideten Kronwicke, jedoch mit ungestielten Blättchen und nur 1 mm langen Stipeln; Krone 5–8 mm lang, gelb. Trockene, offene und grasige Standorte, meist auf kalkigen Böden; von Nordwestfrankreich südlich. Blüht 6–9. ▽

D Bunte Kronwicke *Coronilla varia* Niederliegende bis aufsteigende, mehrjährige Pflanze bis 1 m. Blätter gefiedert, mit sieben bis zwölf Paar eiförmig-länglichen Blättchen; Stipeln häutig, bis 6 mm lang. Blüten zu 10–20, Krone weiß oder rosa (selten violett), 10–15 mm lang; Schoten vierkantig, bis 60 mm lang. An grasigen und buschigen Standorten, oft auf Kalkböden; wahrscheinlich von Holland und Deutschland südlich heimisch, weiter nördlich aber eingebürgert. Blüht 6–8.

E Hufeisenklee *Hippocrepis comosa* Beinahe kahle, mehrjährige Pflanze bis 40 cm, mit einer verholzenden Wurzel. Blätter gefiedert, mit drei bis acht Paar linealischen bis eiförmigen Blättchen, beinahe kahl oder unterseits flaumig; Stipeln klein und schmal-dreieckig. Blüten zu fünf bis zwölf in langgestielten Blütenständen; Krone blaßgelb, 5–10 mm lang; Schoten in Form eines Vogelfußes angeordnet, bis 30 mm lang, stark gewellt und in kleine, hufeisenförmige Segmente zerbrechend. Verbreitet und lokal häufig in kurzen, trockenen Rasen auf kalkigen Böden; von Holland und Belgien südlich. Blüht 5–7.

F Futter-Esparsette *Onobrychis viciifolia* Aufrechte oder gelegentlich niederliegende, flaumige bis beinahe kahle Mehrjährige bis 80 cm. Blätter gefiedert, mit 6–14 Paar länglichen bis lanzettlichen Blättchen; Stipeln dreieckig und braunhäutig. Blüten in konischen Ähren, bis 90 mm lang, mit zahlreichen rosafarbenen, rot geäderten Blüten; Kelchzähne viel länger als die flaumige Röhre; Schoten klein, bis 8 mm, flaumig und oval mit gezähnten Rändern. Auf trockenem Grasland, an Straßenrändern und auf Ruderalflächen, überwiegend auf Kalk; bis Südschweden verbreitet, im größten Teil des Verbreitungsgebietes aber wohl nicht heimisch. Blüht 6–8.

Sauerkleegewächse
Oxalidaceae

Kräuter mit dreizähligen, ungezähnten Blättern. Blüten einzeln oder in kleinen Büscheln, fünfteilig. Nur der Wald-Sauerklee ist im Gebiet heimisch – alle anderen Arten sind eingeführt.

(1) Blüten weiß oder sehr blaß rosa.

G Wald-Sauerklee *Oxalis acetosella* Kriechende Mehrjährige, kaum mehr als 10 cm. Blätter dreizählig und langgestielt, mit herabhängenden Blättchen, oberseits gelblich-grün, unterseits purpurn überlaufen. Blüten einzeln auf schlanken, bis 10 cm langen Stielen, glockenförmig, bis 25 mm im Durchmesser, weiß oder blaßrosa, violett geädert; Frucht eine kahle Kapsel, fünffadrig. An schattigen Standorten, besonders in Buchen- und Eichenwäldern; im ganzen Gebiet. Blüht 4–6.

(2) Blüten gelb.

H Hornfrüchtiger Sauerklee *Oxalis corniculata* Kriechende und wurzelnde, flaumig behaarte Mehrjährige. Blätter wechselständig, mit kleinen, geöhrten Stipeln. Blüten gelb, Kronblätter 4–7 mm, in Dolden zu ein bis sieben, Stiele zur Fruchtzeit zurückgeschlagen. Trockene, offene Standorte; nördlich bis Südnorwegen, im Süden des Gebietes möglicherweise heimisch. Blüht 5–9. ▽

I *Oxalis exilis* Ähnelt dem Hornfrüchtigen Sauerklee, jedoch sehr klein und mit einzelnen Blüten. ▽

J Aufrechter Sauerklee *Oxalis europaea* Dem Hornfrüchtigen Sauerklee sehr ähnlich, jedoch aufrechter, bis 40 cm und ohne wurzelnde Knoten. Blätter gegenständig oder in Quirlen, Stipeln fehlend. Fruchtstiele aufrecht. Außer im hohen Norden ein eingebürgertes Unkraut. Blüht 6–9.

K *Oxalis pes-caprae* Pflanze mit knolliger Wurzel, alle Blätter grundständig. Blüten gelb und bis 40 mm im Durchmesser, in Dolden. Selten fruchtend. In Südwestengland und Frankreich auf Ackerland eingebürgert. Blüht 3–6. ▽

(3) Blüten tiefrosa.

L Vielblütiger Sauerklee *Oxalis articulata* Schopfige, flaumige Mehrjährige bis 35 cm. Blätter in Rosetten, mit flaumigen Blättchen, unterseits orange-fleckig. Blüten rosa, in Dolden, mit 12–20 mm langen Kronblättern. Auf Ruderalflächen von England aus südlich eingebürgert. Blüht 4–9. ▽

M *Oxalis incarnata* Dem Vielblütigen Sauerklee recht ähnlich, jedoch mit beblättertem Stengel und knolligen Wurzeln. Blüten violett mit dunkleren Adern. Ähnliche Standorte; in Südwestengland und Westfrankreich. Blüht 4–9. ▽

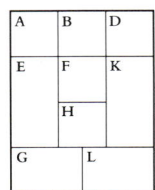

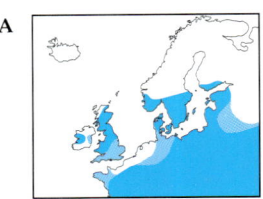

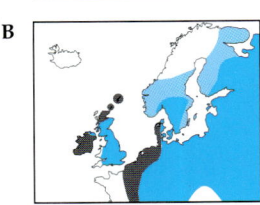

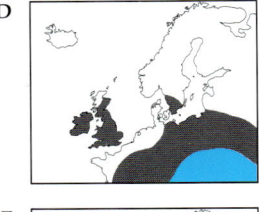

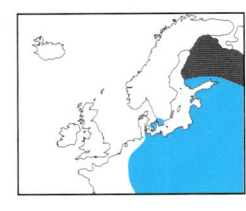

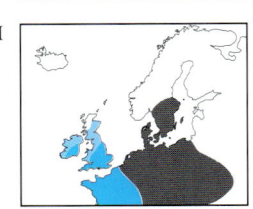

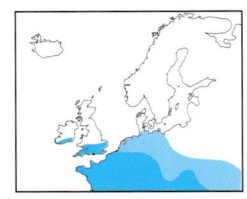

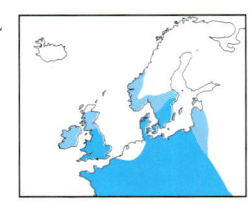

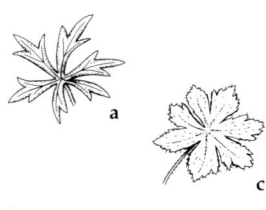

Storchschnabelgewächse
Geraniaceae

Storchschnabel *Geranium* Unterscheidet sich von den nahverwandten *Erodium*-Arten (Reiherschnabel) durch fingerförmig eingeschnittene Blätter (nicht gefiedert) und Früchte, die sich bogig aufrollen, um die Samen freizugeben (anstatt sich mit anhaftenden Samen spiralig aufzurollen).

A Blut-Storchschnabel *Geranium sanguineum* Niedrige bis mittelhohe, ausdauernde Pflanze, stark verzweigt. Blätter hauptsächlich grundständig, mit fünf bis sieben tief geteilten Abschnitten (**a**). Blüten tiefrosa bis rötlich-violett, Durchmesser 20–30 mm, gewöhnlich einzeln auf langen Stielen, mit einem winzigen Paar Hochblätter in der Mitte. Verbreitet, aber zerstreut auf leichten, oft basenreichen Böden, gewöhnlich auf offenen Standorten wie Rasen, Kalksteinpflaster und stabilisierten Dünen. Blüht 6–8. ▽

B Wiesen-Storchschnabel *Geranium pratense* Mittlere bis große, behaarte Mehrjährige, oft in Gruppen, bis 80 cm hoch. Blätter etwa 10 cm breit, fast bis zum Grund in fünf bis sieben Abschnitte geteilt (**b**). Blüten 25–35 mm im Durchmesser, hellblau mit sehr wenig Rot, paarig auf 20–40 mm langen Stielen; Kronblätter abgerundet. Verbreitet und lokal häufig, am Straßenrand und in Wiesen, gewöhnlich auf basenreichen Böden; fehlt im äußersten Norden Europas. Blüht 6–9.

C Wald-Storchschnabel *Geranium sylvaticum* Mittelgroße, schopfige Mehrjährige bis 60 cm. Ähnlich dem Wiesen-Storchschnabel, Blätter jedoch mit breiteren, stumpferen Abschnitten (**c**); Blüten etwas kleiner, 20–25 mm, stärker tassenförmig und gewöhnlich rötlich-purpurn bis rosaviolett, nicht hellblau. Mitte oft weiß. Verbreitet und lokal im ganzen Gebiet häufig, in feuchterem Grasland, lichten Wäldern, Bergweiden und Hecken, gewöhnlich auf kalkreichen Böden. Blüht 6–8. ▽

D Brauner Storchschnabel *Geranium phaeum* Mittelgroße, aufrechte, schopfige Mehrjährige, gewöhnlich haarig. Blätter knapp über der Hälfte in fünf bis sieben gezähnte Abschnitte geteilt. Blüten charakteristisch schwärzlich-purpurn, 15–20 mm im Durchmesser, paarig, Kronblätter etwas zurückgebogen, Staubfäden in dichtem, zentralem Haufen. Heimisch von Zentralfrankreich und Süddeutschland südlich, jedoch im Norden bis Südschweden eingebürgert. Kommt an Wald- und Straßenrändern und feuchten, halbschattigen Plätzen vor. Blüht 5–7. ▽

E Sumpf-Storchschnabel *Geranium palustre* Mittelgroße, schopfige Mehrjährige bis 60 cm, aufrecht bis ausgebreitet, mit kurzem Wurzelstock. Blätter bis 10 cm breit, bis wenig über die Mitte in fünf oder sieben scharf gezähnte Abschnitte geteilt (**e**). Blüten hellpurpurn, 20–30 mm im Durchmesser, tassenförmig, mit abgerundeten Kronblättern; paarig in offenen Blütenständen. Früchte behaart und Stiele zurückgebogen. Auf dem europäischen Festland in feuchten Wiesen und Marschen heimisch; fehlt in Holland und im nördlichen Skandinavien. Blüht 6–8.

F Spreizender Storchschnabel *Geranium divaricatum* Einjährige mit ähnlichen Blättern wie der Sumpf-Storchschnabel. Blüten 8–12 mm im Durchmesser, in kleinen Büscheln, Kronblätter rosa, gekerbt und so lang wie die Kelchblätter. An schattigen Standorten; von Ostfrankreich und Süddeutschland südlich. Blüht 5–8. ▽

G Böhmischer Storchschnabel *Geranium bohemicum* Der obigen Art recht ähnlich, Blüten blauviolett, 15–18 mm im Durchmesser; Kelchblätter kürzer als die Kronblätter und borstig bespitzt. Grasige Standorte, selten, von Südskandinavien südlich. Blüht 5–9. ▽

H Pyrenäen-Storchschnabel *Geranium pyrenaicum* Kleine bis mittelgroße, behaarte Mehrjährige, aufsteigend oder aufrecht, bis 70 cm, oft jedoch viel kleiner. Blätter mit abgerundetem Umriß, etwa bis zur Mitte in fünf bis sieben Abschnitte geteilt, nur an den Enden gezähnt (**h**). Grundblätter langgestielt. Blüten rosa bis purpurn, 12–18 mm Durchmesser, paarig, Kronblätter tief ausgerandet. Kelchblätter borstig bespitzt. Frucht und Stiele behaart, zurückgebogen. Wiesen, Straßenränder, Ruderalflächen, lokal; ursprünglich aus Südeuropa, in Mitteleuropa verbreitet eingebürgert. Blüht 6–8.

I Rundblättriger Storchschnabel *Geranium rotundifolium* Dem Pyrenäen-Storchschnabel recht ähnlich, jedoch eine einjährige Pflanze bis 40 cm; Blätter wenig eingeschnitten (**i**). Blüten 10–12 mm im Durchmesser, zahlreich, in lockeren Gruppen, die Stiele weniger als 15 mm lang, Kronblätter rosa, kaum gekerbt, Kelchblätter nicht borstig bespitzt. Auf trockenen, sandigen oder kalkigen Standorten; von Deutschland und Belgien südlich. Blüht 6–7. ▽

J Weicher Storchschnabel *Geranium molle* Sehr haarige Einjährige bis 40 cm, verzweigt und ausgebreitet. Stengel sehr lang behaart. Blätter graugrün, behaart, abgerundet, aber bis über die Hälfte in fünf bis sieben Abschnitte geteilt (**j**). Obere Stengelblätter stärker geteilt. Blüten rosa, 5–10 mm im Durchmesser, paarig, die ausgerandeten Kronblätter kaum länger als die Kelchblätter. Frucht kahl. Verbreitet und häufig an trockenen, offenen Standorten, wie z. B. Wiesen, Dünen, Straßenränder und Ackerland. Blüht 4–9. ▽

K Kleiner Storchschnabel *Geranium pusillum* Der vorigen Art sehr ähnlich, aber mit kürzeren Haaren, breiteren Spalten zwischen den Blattabschnitten (**k**), kleineren, blassen Blüten von 4–6 mm und behaarten Früchten. Außer im hohen Norden an trockenen, offenen Stellen verbreitet. Blüht 6–9.

L Tauben-Storchschnabel *Geranium columbinum* Kleine bis mittelgroße, behaarte Einjährige, aufrecht oder bis 60 cm aufsteigend. Blätter fast bis zum Grund in schmale Abschnitte geteilt (**l**); untere Blätter langgestielt. Blüten rosapurpurn, 12–18 mm im Durchmesser, auf langen, dünnen Stielen, die Blätter überragend; Kronblätter nicht ausgerandet. Frucht beinahe oder ganz kahl. Verbreitet in Grasland, Ackerland und anderen offenen Flächen, gewöhnlich auf basenreichem Boden. Blüht 6–8.

M Schlitzblättriger Storchschnabel *Geranium dissectum* Der obigen Art mit bis fast zum Grunde eingeschnittenen Blättern recht ähnlich (**m**). Blütenstiele kürzer als 15 mm; Kronblätter gewöhnlich breit bespitzt, nicht ausgerandet; Frucht behaart. Außer im hohen Norden auf Ackerland, grasigen Standorten und Schuttplätzen verbreitet und häufig. Blüht 5–8.

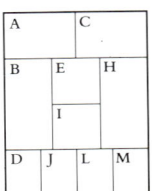

A Blut-Storchschnabel

B Wiesen-Storchschnabel

C Wald-Storchschnabel

D Brauner Storchschnabel

E Sumpf-Storchschnabel

H Pyrenäen-Storchschnabel

I Rundblättriger Storchschnabel

J Weicher Storchschnabel

L Tauben-Storchschnabel

M Schlitzblättriger Storchschnabel

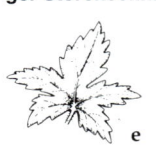
e

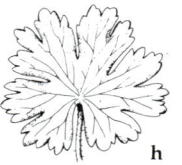
h

i

j

k

l

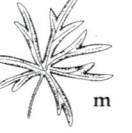
m

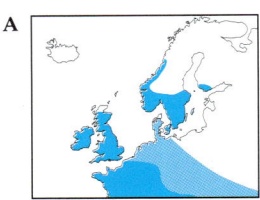

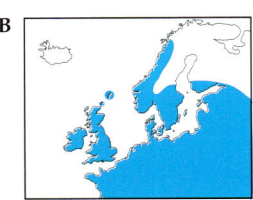

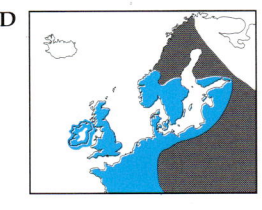

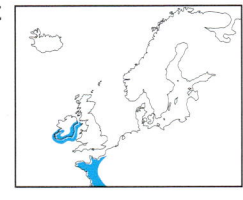

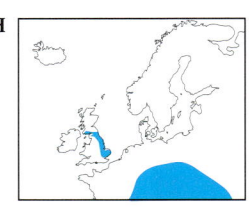

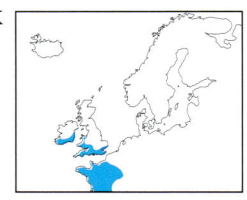

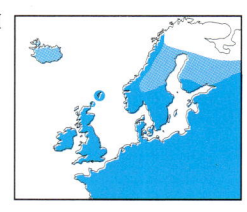

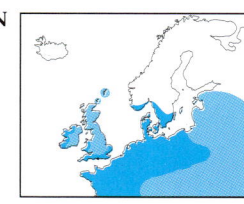

A Glänzender Storchschnabel *Geranium lucidum* Kleine, verzweigte, aufsteigende, fast kahle Einjährige bis 40 cm. Blätter glänzend grün, oft rot überlaufen, langgestielt, abgerundeter Umriß, etwa bis zur Mitte in fünf bis sieben ovale und stumpf gezähnte Abschnitte geteilt. Blüten blaßrosa, gewöhnlich in Paaren, 10–15 mm Durchmesser, Kronblätter deutlich genagelt und nicht ausgerandet. Frucht kahl. An schattigen Stellen verbreitet, besonders an Felsen und Mauern, gewöhnlich auf Kalk; nicht im äußersten Norden. Blüht 4–8. ▽

B Stinkender Storchschnabel *Geranium robertianum* Kleine bis mittelgroße, behaarte Einjährige (jedoch oft überdauernd), ausgebreitet oder aufrecht bis 50 cm, mit starkem, unangenehmem Geruch. Blätter bis zum Grund in fünf fiedrige Abschnitte geteilt, haarig und oft rot überlaufen. Blüten hellrosa, gelegentlich weiß, 12–16 mm Durchmesser, Kronblätter nicht ausgerandet, deutlich genagelt; Pollen orange. Frucht haarig. Hauptsächlich schattige Plätze, Waldsäume, Hecken und Mauern, aber auch auf Kies, wo sie dann eher kriechend ist. Im ganzen Gebiet, außer im hohen Norden. Blüht 4–9.

C Purpur-Storchschnabel *Geranium purpureum* Ähnlich wie der Stinkende Storchschnabel, aber in jeder Hinsicht kleiner, weniger rot; Blüten 7–14 mm Durchmesser, Früchte runzliger; Pollen gelb, nicht orange. Selten, auf Kies oder Felsen nahe am Meer. Nur in Westfrankreich, Irland und England. Blüht 4–9. ▽

Reiherschnabel *Erodium* Mit den Storchschnabel-Arten eng verwandt, hauptsächlich durch Details der Früchte und Blätter unterschieden (vgl. Storchschnabel).

D Gewöhnlicher Reiherschnabel *Erodium cicutarium* Formenreiche Einjährige bis 60 cm (meist weniger), normalerweise klebrig behaart. Blätter gefiedert, bis 15 cm lang, Abschnitte fiederschnittig, mit auffälligen, weißlichen Stipeln (**d**). Blüten in lockeren Dolden von ein bis zwölf; Kronblätter 4–10 mm lang, rosa, selten weiß, meist unregelmäßig, und mit einem dunklen Fleck am Grunde von zwei oberen, größeren Kronblättern. Außer im hohen Norden überall verbreitet und häufig; auf trockenen, sandigen Standorten und Ruderalflächen, besonders in der Nähe der Küste. Blüht 6–9.

E Moschus-Reiherschnabel *Erodium moschatum* Ähnlich wie der Gewöhnliche Reiherschnabel, jedoch immer klebrig behaart und mit Moschusgeruch. Blätter gefiedert, Abschnitte gezähnt, aber nicht fiederschnittig; Stipeln breit und stumpf (**e**). Blüten größer, Kronblätter bis 15 mm lang. Auf Ackerland und sandigem Untergrund; von Holland südlich, meist nahe der Küste, selten. Blüht 5–7. ▽

F *Erodium malacoides* Gestielte, ovale Blätter, gezähnt oder dreilappig, normalerweise aber nicht gefiedert (**f**). Dolden drei- bis siebenblütig, Tragblätter abgerundet-eiförmig, Kronblätter rosa, 5–9 mm lang. Auf trockenen, sandigen Standorten; von Westfrankreich südlich. Blüht 5–8. ▽

G *Erodium maritimum* Niederliegende Einjährige, die Blätter ähneln *Erodium malacoides*. Blüten einzeln oder in Paaren, Kronblätter nur bis 3 mm groß, früh abfallend oder ganz fehlend. Trockenes, sandiges Grasland an der Küste von Großbritannien und Frankreich (und auch weiter südlich). Blüht 5–9. ▽

Leingewächse *Linaceae*

Eine kleine Familie von kahlen, aufrechten Kräutern, mit schmalen, ungezähnten und ungestielten Blättern. Blüten vier- oder fünfzählig, Kronblätter in der Knospe verknittert; Frucht eine kugelige, trockene Kapsel.

H Stauden-Lein *Linum perenne* Aufrechte, kahle Mehrjährige bis 60 cm, am Grunde verholzend. Blätter schmal-linealisch, bis 2,5 mm breit, einadrig oder undeutlich dreiadrig, graugrün. Blüten zahlreich in lockeren Blütenständen, 20–25 mm im Durchmesser, blaß- bis mittelblau, innere Kelchblätter breiter und stumpf. Ssp. *anglicum* ist aufsteigend bis niederliegend, mit am Grunde gekrümmten Stengeln. Auf trockenem, kalkigem Grasland heimisch. Ssp. *perenne* kommt nur in Ostfrankreich und Süddeutschland vor, ssp. *anglicum* ist auf Großbritannien beschränkt. Blüht 6–7. ▽

I Österreichischer Lein *Linum austriacum* Dem Stauden-Lein ähnlich, jedoch meist mit zurückgeschlagenen Blütenstielen. Ähnliche Standorte; Ostfrankreich, Süddeutschland. Blüht 6–7.

J Lothringer Lein *Linum leonii* Ähnelt den beiden obigen Arten, jedoch nur bis 30 cm groß und meist niederliegend; Blütenstand wenigblütig; Staubblätter und Griffel haben dieselbe Länge (unterschiedliche Längen bei den vorigen Arten). Ähnliche Standorte; nur in Frankreich und Westdeutschland. Blüht 6–7. ▽

K *Linum bienne* Ein- bis Mehrjährige mit zarten, aufrechten bis niederliegenden, oft verzweigten Stengeln bis 60 cm. Blätter schmal und gespitzt, normalerweise dreiadrig. Blüten blaßblau oder violett, 12–18 mm im Durchmesser; Kelchblätter eiförmig, gespitzt; die inneren mit einem rauhen, behaarten Rand. Auf trockenem, oft kalkigem Grasland, meist nahe der Küste; nur in Großbritannien und Westfrankreich. Blüht 5–9. ▽

L Zarter Lein *Linum tenuifolium* Ähnlich *Linum bienne*, aber kleiner, mit sehr schmalen, einadrigen Blättern. Blüten rosa, 10–15 mm im Durchmesser, alle Kelchblätter gespitzt. Auf kalkigem Grasland; von Belgien und Süddeutschland südlich. Blüht 6–7. ▽

M *Linum suffruticosum* Ähnelt dem Zarten Lein, die Blüten sind bis zu 30 mm im Durchmesser groß, rosa bis weiß und mit einem tiefrosa Nagel. Von Nordfrankreich südlich; an grasigen und felsigen Standorten. Blüht 5–7. ▽

N Abführ-Lein, Purgier-Lein *Linum catharticum* Zarte, aufrechte, ein- oder selten zweijährige Pflanze bis 15 cm. Blätter schmal, eiförmig-lanzettlich, stumpf und einadrig. Blütenstand stark gegabelt; Blüten weiß, nur 4–6 mm im Durchmesser, die Knospen nickend; Kelchblätter lanzettlich und drüsenhaarig. An verschiedenen trockenen oder feuchten Standorten, meist auf kalkigen oder neutralen Böden; im ganzen Gebiet, außer im hohen Norden. Blüht 6–9.

O Zwergflachs *Radiola linoides* Sehr kleine, buschige Einjährige, meist unter 8 cm groß, mit verzweigten Stengeln. Blätter elliptisch, in gegenständigen Paaren, einadrig und bis 3 mm lang (**o 1**). Blüten zahlreich, in verzweigten Blütenständen; 1–2 mm im Durchmesser, mit vier winzigen, weißen Kronblättern, die so lang wie die Kelchblätter sind (**o 2**). Verbreitet, aber selten, auf feuchtem, sandigem oder torfigem, meist saurem Untergrund; im ganzen Gebiet außer im Norden. Blüht 6–8. ▽

A Glänzender Storchschnabel

B Stinkender Storchschnabel

C Purpur-Storchschnabel

D Gewöhnlicher Reiherschnabel

F *Erodium malacoides*

H Stauden-Lein

K *Linum bienne*

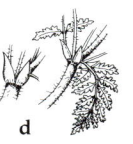

d

e

f

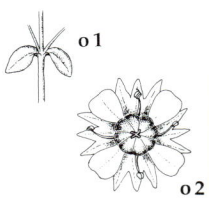

o 1

o 2

N Abführ-Lein, Purgier-Lein

O Zwergflachs

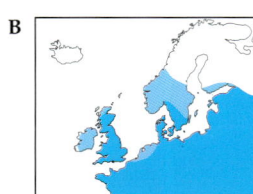

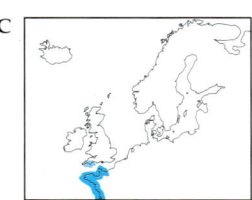

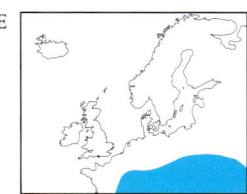

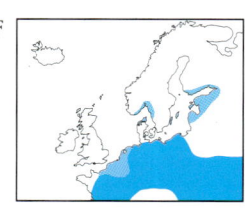

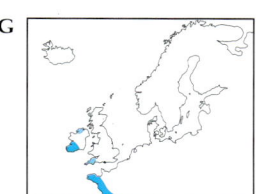

B

C

E

F

G

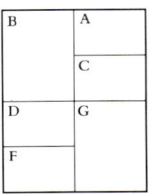

Wolfsmilchgewächse
Euphorbiaceae

Alle Arten krautig (in Nordeuropa), meist mit Milchsaft, mit einfachen, wechselständigen Blättern. Blüten radiärsymmetrisch, eingeschlechtlich (Pflanzen ein- oder zweihäusig), ohne Kronblätter, in doldenartigen, endständigen Köpfen (*Euphorbia*) oder in blattachselständigen Ähren (*Mercurialis*).

A Einjähriges Bingelkraut *Mercurialis annua* Aufrechte Einjährige bis 50 cm, häufig verzweigt und völlig kahl. Blätter eiförmig bis elliptisch, glänzend grün, bis 50 mm lang und mit regelmäßigen, gerundeten Zähnen. Männliche Blüten (meist auf separaten Pflanzen) in langen, aufrechten Ähren; nur wenige weibliche Blüten, beinahe ungestielt; alle gelblich-grün, 2–4 mm. Frucht borstenhaarig. Auf Schuttplätzen und Ackerland, verbreitet, aber selten, vermutlich im größten Teil Skandinaviens nicht heimisch. Blüht 7–10.

B Ausdauerndes Bingelkraut *Mercurialis perennis* Mehrjährige, dem Einjährigen Bingelkraut recht ähnlich, jedoch mit aufrechten, unverzweigten Stengeln bis 40 cm, vollständig behaart und aus einer kriechenden Wurzel auswachsend. Blätter eiförmig-lanzettlich (an den weiblichen Pflanzen meist breiter), bis 80 mm lang, kurzgestielt, mit gerundeten Zähnen. Männliche Blüten 3–5 mm, in langen Ähren, weibliche Blüten zu ein bis drei auf einem kurzen Stiel, Früchte behaart. Überall im Gebiet außer im hohen Norden verbreitet, in Wäldern oder, weniger häufig, auf Felsvorsprüngen oder Kalkpflaster. Blüht 2–4.

Wolfsmilch *Euphorbia* Charakteristische Gruppe überwiegend aufrechter Pflanzen mit scharfem Milchsaft, wechselständigen (selten gegenständigen), ungeteilten Blättern und doldenartigen Blütenständen. Scheinblüten wie eine Tasse, mit gezähntem Rand und vier bis fünf auffällig runden oder sichelförmigen Drüsen, im Inneren mit je einer weiblichen Blüte und einigen männlichen Blüten mit nur einem Staubblatt.

(1) Blätter in Paaren, gegenständig.

C *Euphorbia peplis* Kriechende Einjährige mit gegabelten, rotvioletten Stengeln, bis 40 cm lang. Blätter länglich, mit einem einzelnen Abschnitt am Grunde, bis 11 mm lang, kurzgestielt, graugrün; Stipeln in schmale Abschnitte geteilt. Blüten winzig, mit halbkreisförmigen Drüsen. An sandigen Stränden, sehr selten; von Westfrankreich und möglicherweise Südwestengland südlich. Blüht 7–9.

D Kreuzblättrige Wolfsmilch *Euphorbia lathyrus* Hohe, aufrechte, graugrüne Zweijährige bis 1,5 m. Blätter linealisch bis länglich, bis 15 cm lang, ungezähnt und ungestielt, in gegenständigen Paaren – die Pflanze erscheint vierreihig beblättert. Blütenstand mit zwei bis sechs Hauptstrahlen; obere Tragblätter am Grunde herzför-

mig; Drüsen sichelförmig mit stumpfen Enden; Frucht groß, bis 17 mm im Durchmesser. Auf Schuttplätzen und Ackerland, seltener auch in lichten Wäldern; wahrscheinlich in Süd- und Osteuropa heimisch, aber nach Norden bis Holland verbreitet eingebürgert. Blüht 6–7.

(2) Blätter wechselständig, Drüsen der Blüten rundlich, nicht horn- oder sichelförmig.

E Haarige Wolfsmilch *Euphorbia villosa* Kräftige, aufrechte, flaumige oder kahle Mehrjährige bis 1,2 m, mit zahlreichen blühenden und nichtblühenden Stielen aus dem Wurzelstock. Blätter länglich, bis 10 cm lang, stumpf oder gespitzt, meist zur Spitze hin fein gezähnt, ungestielt und am Grunde keilförmig. Blütenstand mit vier oder mehr Hauptstrahlen, oft auch mit tieferen, blattachselständigen Blütentrieben; Tragblätter gelblich-grün, oval, bis 20 mm lang; Drüsen oval, ganzrandig (**e**), Frucht beinahe kugelförmig, 4–8 mm im Durchmesser, glatt und oft flaumig. In feuchten Wiesen und lichten Wäldern, von Nordfrankreich und Süddeutschland nach Süden; selten. Blüht 5–7. ▽

F Sumpf-Wolfsmilch *Euphorbia palustris* Kräftige, kahle, schopfige und vielfach verzweigte Mehrjährige bis 1,5 m, mit zahlreichen, nichtblühenden Ästen. Blätter länglich bis länglich-lanzettlich, bis 60 mm lang. Fünf oder mehr Strahlen. Frucht eine Kapsel von 4–6 mm Durchmesser, von kurzen Warzen bedeckt. An sumpfigen Stellen, besonders an Flüssen oder an der Küste, von Mittelskandinavien südlich, in vielen Gebieten jedoch fehlend. Blüht 5–7. ▽

G *Euphorbia hyberna* Kahle, aufrechte Mehrjährige, mit zahlreichen unverzweigten Stengeln bis 60 cm. Blätter länglich, bis 10 cm lang, stumpf, zum Grunde verjüngt, völlig ungestielt (**g 1**), oberseits kahl, aber unterseits oft flaumig. Vier bis sechs Strahlen, Tragblätter elliptisch, gelb; obere Tragblätter gelb mit herzförmigem Grund; fünf Drüsen, gelblich, nierenförmig und ganzrandig (**g 2**); Frucht 5–6 mm im Durchmesser, mit langen, dünnen Warzen. In Wäldern und an schattigen Standorten; von Südwestengland südlich; selten. Blüht 5–7. ▽

H Süße Wolfsmilch *Euphorbia dulcis* Ähnelt *Euphorbia hyberna*, jedoch zarter, mit kleineren Blättern (**h 1**). Obere Tragblätter am Grunde gestutzt (nicht herzförmig); Drüsen beinahe rund (**h 2**), früh dunkelviolett werdend; Früchte kleiner, 3–4 mm im Durchmesser, mit langen Warzen. An feuchten und schattigen Standorten; von Holland und Deutschland südlich; selten. Blüht 5–7.

I Warzen-Wolfsmilch *Euphorbia brittingeri* Der Süßen Wolfsmilch ähnlich, Blätter jedoch weniger als 30 mm lang; obere Tragblätter gelblich, später violett werdend. Frucht 3–4 mm im Durchmesser, mit zahlreichen Warzen. In lichten Wäldern und Grasland; von Süddeutschland und Belgien südlich. Blüht 5–7. ▽

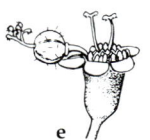

e

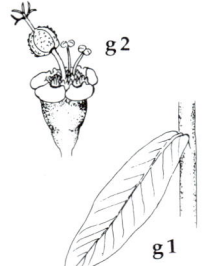

g 2

g 1

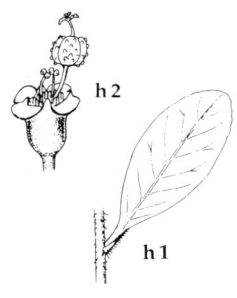

h 2

h 1

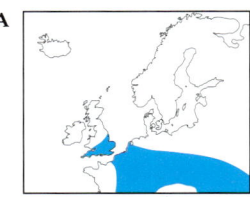
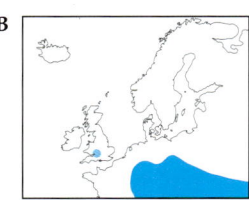
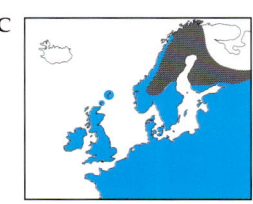
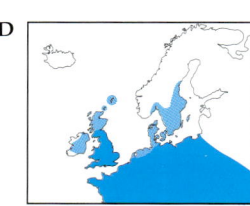
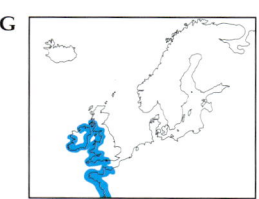
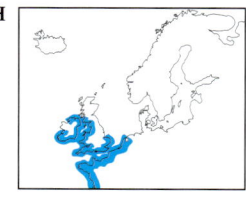
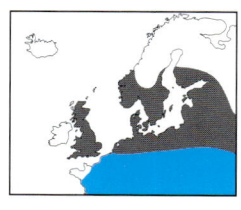
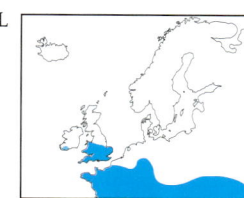

A Breitblättrige Wolfsmilch *Euphorbia platyphyllos* Kahle oder flaumige, aufrechte Einjährige bis 80 cm. Blätter länglich, bis 50 mm lang, spitz, am Grunde tief herzförmig eingeschnitten und außer am Grunde fein gezähnt (**a**). Dolden jeweils mit fünf Hauptstrahlen, die jeweils drei weitere Strahlen tragen; Drüsen fast ganz rund, ganzrandig; Frucht 2–3 mm im Durchmesser, mit halbkugeligen (nicht langen, zylindrischen) Warzen. Auf Ackerland und Schuttplätzen; von Holland südlich. Blüht 6–10.

B Steife Wolfsmilch *Euphorbia serrulata* Der Breitblättrigen Wolfsmilch recht ähnlich, aber zarter und immer kahl; Tragblätter nach oben allmählich immer herzförmiger werdend, ohne den bei der Breitblättrigen Wolfsmilch bemerkbaren abrupten Übergang. Frucht 2–3 mm im Durchmesser, kantig und von zylindrischen Warzen bedeckt. Von Holland südlich, in lichten Wäldern auf Kalk, selten. Blüht 6–9. ▽

C Sonnenwend-Wolfsmilch *Euphorbia helioscopia* Aufrechte, kahle Einjährige, meist mit nur einem Stengel, bis 50 cm. Blätter eiförmig, oberhalb der Mitte am breitesten oder fast löffelförmig, bis 40 mm lang, zur Spitze hin gezähnt (**c**). Dolde meist fünfstrahlig, mit fünf großen, gelbgrünen Tragblättern am Grunde; Drüsen grün, oval und ungezähnt; Frucht 2,5–3,5 mm im Durchmesser, glatt. Häufig auf Ruderalflächen und Schuttplätzen, beinahe im ganzen Gebiet zu finden, im hohen Norden jedoch selten. Blüht 5–11.

(**3**) Blätter wechselständig, Blütendrüsen sichelförmig oder mit deutlichen, nach außen weisenden Hörnern.

D Kleine Wolfsmilch *Euphorbia exigua* Kleine, graugrüne Einjährige bis 35 cm, jedoch meist viel kleiner, oft vom Grund an verzweigt. Blätter im Gegensatz zu anderen Arten sehr schmal, lanzettlich (bis 25 mm lang und 2 mm breit), ungezähnt und ungestielt. Drei bis fünf Strahlen mit schmal-dreieckigen Tragblättern; Drüsen sichelförmig. Auf Ackerland; überall, außer im hohen Norden. Blüht 6–10.

E Sichel-Wolfsmilch *Euphorbia falcata* Der Kleinen Wolfsmilch recht ähnlich, jedoch am Grund meist weniger stark verzweigt. Blätter eher länglich und breiter, bis 5 mm breit. Meist mit fünf oder mehr seitenständigen Blütenständen. Ähnliche Standorte, von Nordfrankreich und Süddeutschland südlich. Blüht 6–8. ▽

F Garten-Wolfsmilch *Euphorbia peplus* Aufrechte, kahle Einjährige bis 40 cm, vom Boden aus zwei oder mehr Äste und bis zu drei blühende Seitentriebe. Blätter oval, stumpf, bis zu 25 mm lang, ungezähnt, aber gestielt. Dolden dreistrahlig, mit drei ungestielten, löffelförmigen Tragblättern am Grunde; Drüsen sichelförmig, mit langen, dünnen Hörnern (**f**). Frucht 2 mm im Durchmesser, glatt. Häufig auf Ackerland und Ruderalflächen; überall, außer in arktischen Regionen. Blüht 4–11.

G *Euphorbia portlandica* Kahle Mehrjährige bis 40 cm, meist am Grund verzweigt, aufsteigend oder niederliegend. Blätter eiförmig bis löffelförmig, nahe der Spitze am breitesten, zum Grunde hin verschmälert, meist ungezähnt, graugrün und unterseits mit einer erhabenen Mittelrippe. Dolden drei- bis sechsstrahlig, untere Tragblätter oval, obere dreieckig bis rhombisch; Drüsen gelb und sichelförmig, mit deutlichen Hörnern (**g**); Samen mit Grübchen. Auf Sand, Felsen und Grasland an der Küste; von England und Westfrankreich südlich. Blüht 5–9. ▽

H *Euphorbia paralias* Recht ähnlich *Euphorbia portlandica* und an ähnlichen Standorten vorzufinden, jedoch meist steif aufrecht, mehrfach verzweigt und bis 70 cm groß. Blätter oval, dick und fleischig, graugrün und ungezähnt, dem Stengel genähert, am breitesten nahe dem Grund und unterseits mit undeutlicher Mittelrippe. Drüsen etwa nierenförmig, mit Hörnern (**h**); Samen glatt. Auf Sanddünen und Stränden; von Holland südlich. Blüht 6–10. ▽

I Steppen-Wolfsmilch *Euphorbia seguierana* Ähnelt *Euphorbia paralias*, jedoch mit schmaleren und weniger fleischigen Blättern; Drüsen schwach sichelförmig, mit sehr kurzen Hörnern. Trockene Standorte; von Holland südlich. Blüht 5–8. ▽

J Zypressen-Wolfsmilch *Euphorbia cyparissias* Rasenbildende, kahle Mehrjährige mit zahlreichen blühenden und nichtblühenden Stengeln, bis 50 cm hoch. Blätter zahlreich, linealisch, bis 40 mm lang und 3 mm breit, ungezähnt und ungestielt. Dolde mit 9–15 Strahlen, untere seitenständige blühende Triebe oft vorhanden; obere Tragblätter dreieckig, erst gelb, später rot werdend; Drüsen sichelförmig mit zwei Hörnern. Auf Grasland, in Gebüsch und lichten Wäldern, oft auf kalkigen Böden; mit Ausnahme des hohen Nordens weit verbreitet, in Skandinavien nicht als heimisch angesehen. Blüht 5–7.

K Esels-Wolfsmilch *Euphorbia esula* Kräftige, aufrechte Einjährige bis 1,2 m. Blätter linealisch bis eiförmig, nahe der Spitze am breitesten, etwa 10 mm; Drüsen mit zwei kurzen Hörnern. Ähnliche Verbreitung wie die Zypressen-Wolfsmilch, oft an feuchteren Standorten. Blüht 5–7. ▽

L Mandel-Wolfsmilch *Euphorbia amygdaloides* Aufrechte, flaumige Mehrjährige bis 90 cm. Wurzelstock produziert kurze, überwinternde Stengel mit einer endständigen Blattrosette, aus der sich die blühenden Stengel des folgenden Jahres entwickeln. Blätter der nichtblühenden Triebe in einen kurzen Stiel verschmälert, riemenförmig, dunkelgrün und flaumig, bis 70 mm lang; Blätter der Blütentriebe nicht verschmälert. Dolden mit fünf bis zehn Strahlen, obere Tragblätter paarweise verwachsen, gelb; Drüsen sichelförmig, mit zwei Hörnern. In Wald und Gebüsch lokal häufig; von Holland und Deutschland südlich. Blüht 4–6.

A	D	F
G	J	L
C		H

A Breitblättrige Wolfsmilch

C Sonnenwend-Wolfsmilch

D Kleine Wolfsmilch

F Garten-Wolfsmilch

G *Euphorbia portlandica*

H *Euphorbia paralias*

J Zypressen-Wolfsmilch

L Mandel-Wolfsmilch

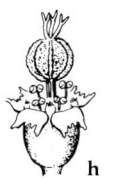

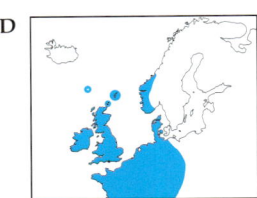

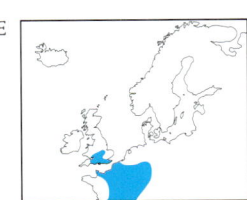

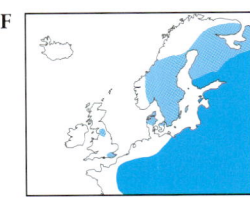

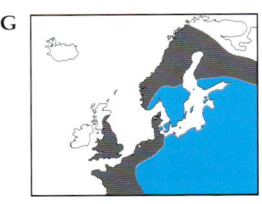

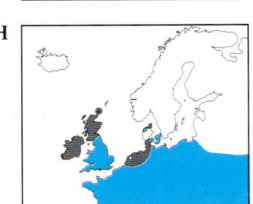

D

E

F

G

H

Kreuzblumengewächse
Polygalaceae

Eine kleine Familie niedriger, krautiger oder strauchiger Mehrjähriger mit einfachen Blättern. Die Blüten (von *Polygala*) sind unregelmäßig und charakteristisch: drei winzige äußere Kelchblätter, zwei große, kronblattartig gefärbte innere Kelchblätter (die „Flügel") und drei kleine Kronblätter, die zu einer weißlichen, gefransten Röhre mit acht angewachsenen Staubblättern verwachsen sind. Das untere Kronblatt unterscheidet sich von den beiden anderen und wird „Schiffchen" genannt.

A Zwergbuchs *Polygala chamaebuxus* Niedrige, strauchige Mehrjährige bis 15 cm. Blätter wechselständig, eiförmig bis linealisch-lanzettlich, ledrig und bis 30 mm lang. Blüten einzeln oder in Paaren blattachselständig; Flügel groß, weiß, gelb oder violett; Krone 10−14 mm, mit einem hellgelben Schiffchen, die übrigen Kronblätter in derselben Farbe wie die Flügel. In Wäldern, Bergwiesen und an felsigen Hängen, überwiegend im Hügelland; von Ostfrankreich und Süddeutschland südlich. Blüht 5−9. ▽

Die übrigen Arten der Kreuzblumen sind alle einander ähnlich, zwei Gruppen lassen sich jedoch leicht unterscheiden:

(1) Pflanzen ohne Grundrosette, obere Blätter größer als die unteren.

B Gewöhnliche Kreuzblume *Polygala vulgaris* Kleine, aufsteigende oder aufrechte Pflanze bis 35 cm (meist viel weniger), kahl oder schwach behaart, Stengel oft verzweigt. Blätter alle wechselständig, spitz, am breitesten in oder unterhalb der Mitte, die untersten kürzer und breiter, bis 10 mm lang. Blütenstand mit 10−40 Blüten, die blau, weiß oder rosa und 6−8 mm lang sind; Tragblätter sehr klein; Flügel eiförmig, mit einer kleinen Spitze und stark verzweigten Adern. Außer in Island und Spitzbergen überall auf neutralen bis basenreichen, grasigen Standorten verbreitet. Blüht 5−9.

C Schopfige Kreuzblume *Polygala comosa* Ähnelt der Gewöhnlichen Kreuzblume, Blüten jedoch meist violettrosa und kleiner, die Tragblätter mit 3−5 mm deutlich länger. Auf kalkigem Grasland; von Südschweden südlich. Blüht 5−7.

D Quendel-Kreuzblume *Polygala serpyllifolia* Der Gewöhnlichen Kreuzblume sehr ähnlich, meist jedoch kleiner und stärker niederliegend. Untere Blätter teilweise gegenständig. Blütenstand mit weniger Blüten (drei bis zehn), Blüten meist stumpf blau und 5−6 mm lang. Auf saureren Böden verbreitet und häufig; von Südwestnorwegen südlich, mit Schwerpunkt im Westen. Blüht 5−9. ▽

(2) Pflanzen mit einer deutlichen Grundrosette, untere Blätter größer als die oberen.

E Kalk-Kreuzblume *Polygala calcarea* Kleine Mehrjährige bis 20 cm, mit einer Rosette stumpfer Blätter knapp über dem Boden; Stengelblätter wechselständig, am breitesten oberhalb der Mitte. Blütenstände mit 6−20, jeweils 5−6 mm langen Blüten, meist hellblau, gelegentlich bläulichweiß; Adern der Flügel viel weniger verzweigt als

in Gruppe (**1**). Auf kalkigem Grasland; von Südengland und Belgien südlich. Blüht 5−6. ▽

F Sumpf-Kreuzblume *Polygala amarella* Dies ist der aktuelle Name für zwei früher getrennte Arten, *P. amara* und *P. austriaca*. Sie unterscheidet sich von der Kalk-Kreuzblume durch ungestielte Grundblattrosetten. Blüten klein, nur 3−5 mm lang, stumpf blau, rosa oder weiß; Flügel viel schmaler als die reife Frucht. Verbreitet, aber nur lokal auf kalkigem Grasland; von Südskandinavien südlich. Blüht 5−8.

Ahorngewächse *Aceraceae*

Sommergrüne Bäume mit gegenständigen Blättern. Blüten in Trauben, klein, grünlich und fünfzählig. Frucht eine geflügelte Spaltfrucht.

G Spitz-Ahorn *Acer platanoides* Großer, ausladender, sommergrüner Baum bis 30 m. Borke blaßgrau und glatt, später leicht gefurcht. Blätter handförmig, fünf- bis siebenlappig, bis 15 cm lang, die Abschnitte scharf gezähnt (**g 1**). Blüten etwa 8 mm im Durchmesser, in aufrechten, kahlen, abstehenden Blütenständen, die vor den Blättern erscheinen; Kronblätter hell gelbgrün; die Flügel der doppelten Spaltfrucht je 30−50 mm lang, weit ausgebreitet (**g 2**). Von Südskandinavien südlich, in vielen westlichen Gegenden jedoch fehlend, im Süden auf die Berge begrenzt. Blüht 4−5.

H Feld-Ahorn *Acer campestre* Großer, sommergrüner Strauch oder Baum bis 20 m. Borke hell graubraun, fein rissig und abschuppend; Zweige flaumig. Blätter handförmig, drei- bis fünflappig, mit stumpfen, kaum gezähnten Abschnitten, ledrig und 40−70 mm lang (**h 1**). Wenige Blüten, etwa 6 mm im Durchmesser, in einer aufrechten, abgerundeten Ähre, mit den Blättern erscheinend; die gelbgrünen Kronblätter sind weniger hell als beim Spitz-Ahorn; Frucht meist flaumig, mit zwei waagrecht abstehenden Flügeln von je 20−40 mm Länge (**h 2**). Von Südschweden südlich, in Wäldern und Hecken, meist auf schweren oder basenreichen Böden. Blüht 5−6.

I Berg-Ahorn *Acer pseudoplatanus* Breiter, sommergrüner Baum bis 30 m. Borke zunächst glatt, später schuppig werdend. Blätter handförmig, fünflappig, groß (bis 15 cm), stumpf gezähnt (**i 1**). Blüten zahlreich, jeweils etwa 6 mm im Durchmesser, in einem zylindrischen, hängenden Blütenstand von bis zu 20 cm Länge und meist mit den Blättern erscheinend; Kronblätter grünlich; Flügel der Früchte einen spitzen Winkel bildend oder an den Spitzen einwärts gebogen, je 3−5 cm lang (**i 2**). In Wäldern und Gebüsch, besonders im Bergland (dort heimisch); von Süddeutschland und Belgien südlich, jedoch verbreitet angepflanzt und eingebürgert. Blüht 4−6.

J Französischer Maßholder *Acer monspessulanus* Kleiner Baum bis 12 m, mit dunkler, fein rissiger Borke. Blätter dreilappig, mit ungezähnten, ledrigen Abschnitten, oberseits glänzend (**j 1**). Blüten grünlich-gelb, in einem aufrechten, dann hängenden, lockeren Blütenstand. Früchte mit zwei beinahe parallelen Flügeln von je 2−4 cm (**j 2**). In Wäldern und Gebüsch vorzufinden, von Süddeutschland und Nordostfrankreich südlich. Blüht 5−6. ▽

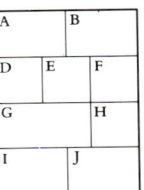

A
B
D
E
F
G
H
I
J

A Zwergbuchs

B Gewöhnliche Kreuzblume

D Quendel-Kreuzblume

E Kalk-Kreuzblume

F Sumpf-Kreuzblume

G Spitz-Ahorn

H Feld-Ahorn

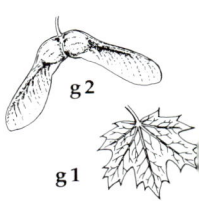

g 2

g 1

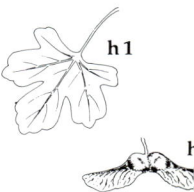

h 1

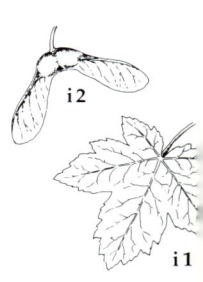

i 2

i 1

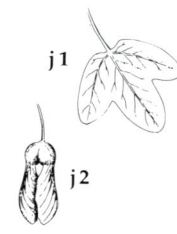

j 1

j 2

I Berg-Ahorn

J Französischer Maßholder

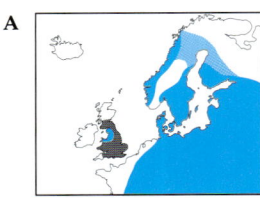

A

E

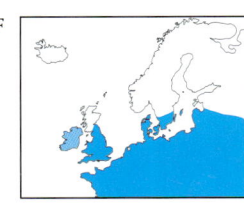

F

G

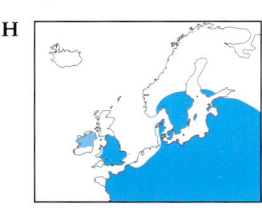

H

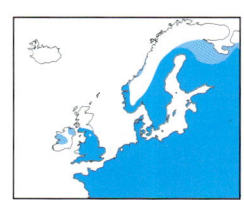

J

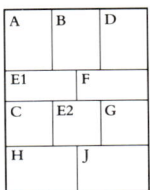

Springkrautgewächse
Balsaminaceae

Kräuter mit einfachen Blättern. Blüten fünfzählig, jedoch nur drei Kelchblätter vorhanden, von denen das unterste in einen Sporn ausgezogen ist. Frucht eine elastisch aufspringende Kapsel.

A Rühr-mich-nicht-an *Impatiens noli-tangere* Kahle, aufrechte, einjährige Pflanze bis 1,8 m, Stengel verzweigt oder unverzweigt. Blätter wechselständig und ungefähr eiförmig, bis 10 cm lang, mit 7–16 meist spitzen Zähnen auf jeder Seite. Blüten locker zu drei bis sechs in den Blattachseln; Kronblätter gelb mit kleinen braunen Flekken, zusammen mit dem gebogenen, sich verjüngenden Sporn 20–35 mm lang. Frucht linealisch. Verbreitet an feuchten und schattigen Standorten, außer im hohen Norden. Blüht 7–9.

B *Impatiens capensis* Ähnelt der vorigen Art, Blätter jedoch oft wellig, mit weniger als zehn Zähnen. Blüten orange mit rötlich-braunen Flekken; Sporn plötzlich verschmälert und zu einem Haken gebogen. Eine nordamerikanische Art, die in England und Frankreich entlang von Flüssen und Kanälen eingebürgert ist. Blüht 6–8. ▽

C Kleinblütiges Springkraut *Impatiens parviflora* Recht ähnlich *I. capensis*, Blätter jedoch mit 20–35 Zähnen auf jeder Seite. Blüten blaßgelb, bis 16 mm, mit einem kurzen, beinahe geraden Sporn von 1–7 mm. Aus Zentralasien stammend, in Wäldern und auf schattigen Ruderalflächen eingebürgert, in Nord- und Westskandinavien fehlend. Blüht 6–10.

D Indisches Springkraut *Impatiens glandulifera* Hohe Einjährige bis 2 m, verzweigt oder unverzweigt, mit einem rötlichen Stengel. Blätter lanzettlich bis elliptisch, bis 18 cm lang, gegenständig oder in Quirlen zu dritt. Blüten purpurn-rosa oder weiß, bis 4 cm lang, mit einem kurzen, gekrümmten Sporn. Frucht keulenförmig. Aus dem Himalaya eingebürgert; an Flußufern und feuchten oder schattigen Schuttplätzen; nach Norden bis Mittelskandinavien verbreitet. Blüht 7–10.

Stechpalmengewächse
Aquifoliaceae

Bäume oder Sträucher mit wechselständigen, einfachen Blättern. Blüten radiärsymmetrisch, männliches und weibliches Geschlecht auf getrennten Pflanzen (bei *Ilex*). Frucht eine Beere.

E Stechpalme *Ilex aquifolium* Strauch oder kleiner Baum bis 10 m (in Kultur größer). Borke blaßgrau und glatt; Zweige grün. Blätter ledrig, oval, wechselständig, oberseits dunkel glänzend, meist mit kräftigen Zähnen an den Rändern (Blätter zum Gipfel des Baumes oft ohne Dornen). Männliche und weibliche Pflanzen getrennt; Blüten 6–8 mm im Durchmesser, grünlich-weiß, mit vier Kronblättern, in kleinen, gedrängten Blütenständen. Frucht eine kugelige, scharlachrote Beere von 7–12 mm Durchmesser. Häufig, in Wäldern, Hecken und Gebüsch von Dänemark südlich, überwiegend im Westen. Blüht 5–7. ▽

Spindelstrauchgewächse
Celastraceae

Sträucher oder Bäume mit einfachen Blättern. Blüten vier- bis fünfzählig, ein- oder zweigeschlechtlich, mit einer fleischigen Nektarscheibe. Viele Fruchtformen.

F Gewöhnliches Pfaffenhütchen *Euonymus europaea* Buschiger, sommergrüner Strauch oder sehr kleiner Baum bis 6 m. Zweige grün, vierkantig. Blätter eiförmig-lanzettlich, bis 10 cm lang, gegenständig, spitz und fein gezähnt. Die grünlich-weißen, vierzähligen Blüten von 8–10 mm Durchmesser stehen bis zu acht in verzweigten, lockeren, blattachselständigen Blütenständen. Fruchtkapsel vierkantig, 10–15 mm breit, korallenrot, enthält orangefarbene Samen. In Wäldern und Gebüsch, oft auf kalkigen Böden; im ganzen Gebiet, außer in Nordskandinavien. Blüht 5–6.

Buchsbaumgewächse
Buxaceae

Immergrüne Sträucher oder kleine Bäume. Blüten vierzählig, radiärsymmetrisch und meist eingeschlechtlich.

G Buchs *Buxus sempervirens* Immergrüner Strauch oder sehr kleiner Baum bis 5 m, selten mehr; Zweige grün, vierkantig, jung weiß-flaumig. Blätter oval, bis 3 cm lang, glänzend, ledrig, stumpfendig, kurzgestielt und gegenständig, Ränder eingerollt und ungezähnt. Blüten büschelig in den Blattachseln: jedes Büschel besteht aus einer endständigen, weiblichen Blüte mit vier Kelchblättern sowie aus mehreren männlichen Blüten, alle Blüten grünlich-weiß; Frucht eine Kapsel mit drei Hörnern. In Wäldern, Gebüsch und auf felsigem Untergrund, meist trocken und/oder kalkig; lokal häufig, von der Mitte Deutschlands und Südengland aus südlich. Blüht 4–5. ▽

Kreuzdorngewächse
Rhamnaceae

Bäume oder Sträucher. Blüten vier- bis fünfzählig, eingeschlechtlich oder zwittrig. Frucht oft fleischig.

H Echter Kreuzdorn *Rhamnus catharcticus* Sommergrüner Strauch oder kleiner Baum bis 6 m, meist mit vereinzelten Dornen; Knospen mit dunklen Schuppen. Blätter eiförmig bis elliptisch, bis 7 cm lang, gegenständig, kahl und fein gezähnt, mit zwei Paar auffälligen, zur Blattspitze hin gebogenen Seitenadern. Blüten in kleinen Büscheln auf Kurztrieben aus vorjährigem Holz; vier grünliche Kronblätter von etwa 4 mm Durchmesser; männliche und weibliche Blüten getrennt; Frucht eine kugelige Beere von 6–8 mm Durchmesser, schwarz werdend. Außer im hohen Norden verbreitet und lokal häufig, in Gebüsch, Wäldern und auf Moorland, meist auf kalkigem Untergrund. Blüht 5–6.

I Felsen-Kreuzdorn *Rhamnus saxatilis* Dem Echten Kreuzdorn ähnlich, jedoch niedriger, mehr sparrig ausgebreiteter, sehr dorniger Strauch bis 2 m; Blattstiel etwa ein Viertel der Länge der Spreite (vgl. Länge beim Echten Kreuzdorn); Spreite weniger als 3 cm lang. An trockenen, felsigen, kalkreichen Standorten; von Süddeutschland und Nordostfrankreich südlich. Blüht 5–7. ▽

J Faulbaum *Frangula alnus* Sommergrüner Strauch oder sehr kleiner Baum bis 5 m, ohne Dornen; Knospen ohne Schuppen, aber dicht braun behaart. Blätter oval, wechselständig, ungezähnt und mit etwa sieben Paar Seitenadern, die nicht deutlich zur Spitze hin gebogen sind. Blüten in kleinen Büscheln, grünlich-weiß, mit fünf Kronblättern, etwa 3 mm im Durchmesser; Frucht eine kugelige Beere, 6–10 mm im Durchmesser, lange Zeit rot, schließlich schwarz werdend. Außer im hohen Norden im ganzen Gebiet verbreitet; in feuchten Wäldern und an sumpfigen Standorten, auf sauren Böden. Blüht 5–6.

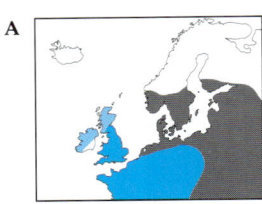

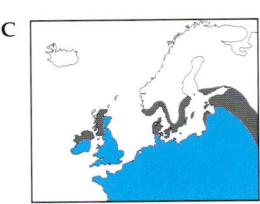

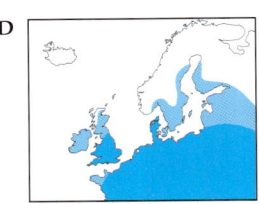

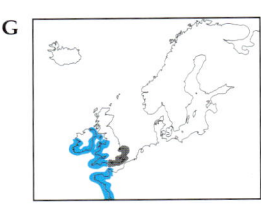

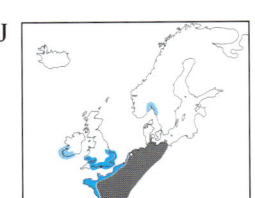

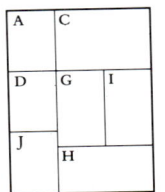

A Moschus-Malve

C Wilde Malve

D Gänse-Malve

G *Lavatera arborea*

H *Lavatera cretica*

I Rauher Eibisch

J Echter Eibisch

Malvengewächse *Malvaceae*

Kräuter oder Sträucher, meist sternhaarig flaumig oder weich behaart. Blätter wechselständig, mit Stipeln. Blüten fünfzählig und oft sehr auffällig, zahlreiche Staubblätter am Grunde zu einer Röhre verwachsen; Fruchtknoten oberständig, aus zahlreichen Fruchtblättern, die einen abgeflachten Ring bilden. Unter dem echten Kelch befindet sich ein Außenkelch, der bei *Malva* aus drei freien Blättern, bei *Lavatera* aus drei verwachsenen Blättern und bei *Althaea* aus sechs bis neun Blättern besteht.

A Moschus-Malve *Malva moschata* Aufrechte, stark verzweigte, mehrjährige Pflanze bis 80 cm, mit zerstreuten, einfachen Haaren. Grundblätter etwa nierenförmig, dreilappig, bis 8 cm lang und langgestielt; Stengelblätter tief handförmig in schmale, wiederum unterteilte Abschnitte gespalten. Blüten hellrosa, 3–6 cm im Durchmesser, zu ein bis zwei in den Blattachseln und in lockeren, endständigen Büscheln; Außenkelchblätter linealisch-lanzettlich und an beiden Enden verschmälert. An grasigen und felsigen Standorten; von Holland und Norddeutschland südlich. Blüht 6–8.

B Rosen-Malve *Malva alcea* Der Moschus-Malve recht ähnlich, jedoch sternhaarig und mit weniger scharf gespitzten Blattabschnitten. Außenkelchblätter dreieckig-oval. An grasigen Standorten; von Südschweden südlich. Blüht 6–9.

C Wilde Malve *Malva silvestris* Aufrechte oder niederliegende mehrjährige Pflanze bis 1,5 m, am Grunde wollig behaart. Blätter variabel nierenförmig, 5–10 cm breit, in drei bis sieben gezähnte Abschnitte handförmig geteilt und langgestielt. Blüten violettrosa, mit dunkleren Adern, 25–40 mm im Durchmesser, gestielt, in kleinen Büscheln blattachselständig; Kronblätter etwa viermal so lang wie die flaumig behaarten Kelchblätter. Frucht scharfkantig, ungeflügelt und runzlig. Im ganzen Gebiet, außer im Norden, verbreitet und häufig, an grasigen und ruderalen Standorten. Blüht 6–9.

D Gänse-Malve *Malva neglecta* Kriechende, flaumige Einjährige. Blätter wie bei der Wilden Malve, aber kleiner (4–7 cm breit) und weniger tief gelappt. Blüten in Büscheln von drei bis sechs entlang des Stengels, 1–2 cm im Durchmesser, die Kronblätter zwei- bis dreimal so lang wie die Kelchblätter und blaßviolett mit dunkleren Adern. Frucht glatt, mit stumpfen Kanten. Beinahe im ganzen Gebiet, außer im hohen Norden; auf Schuttplätzen, an Straßenrändern und Stränden. Blüht 6–9.

E Kleine Malve *Malva pusilla* Der Gänse-Malve sehr ähnlich, jedoch mit sehr kleinen Blüten von etwa 5 mm Durchmesser, in Büscheln bis zu zehn; Kronblätter blaßrosa; Frucht runzlig, mit geflügelten Kanten. Verbreitet, aber nur lokal an Ruderalstellen und an trockenen Küstenstandorten, nach Süden bis Belgien. ▽

F *Malva parviflora* Der Kleinen Malve sehr ähnlich, jedoch aufrechter (bis 50 cm groß). Blüten 7–10 mm im Durchmesser, in Büscheln von zwei bis vier. Kelchblätter häutig, zur Fruchtreife vergrößert und abstehend (bei der Kleinen Malve kaum vergrößert). An Ruderalstandorten, außer im Süden des Gebietes jedoch unbeständig. Blüht 6–9. ▽

G *Lavatera arborea* Aufrechte, holzige Mehrjährige bis 3 m, oben sternhaarig. Blätter abgerundet, handförmig in fünf bis sieben Abschnitte geteilt, bis zu 20 cm lang und samtig. Blüten zu zwei bis sieben, blattachselständig und in einem langen, endständigen Blütenstand; Blüten violettrosa, dunkler geädert, 3–5 cm im Durchmesser; Außenkelchblätter zu dreispaltiger Hülle verwachsen, Abschnitte länger als die Kelchblätter, zur Fruchtreife stark vergrößert. An felsigen Standorten und Schuttplätzen, meist nahe am Meer; von England und Frankreich südlich. Blüht 6–9. ▽

H *Lavatera cretica* Ein- bis Zweijährige, der Wilden Malve sehr ähnlich. Unterscheidet sich durch breite, am Grunde verwachsene Außenkelchelemente; sternhaarig, die Kanten der Früchte sind abgerundet. Im Unterschied zu *Lavatera arborea* nicht holzig, Außenkelchelemente nicht länger als Kelchblätter und mit glatten, nicht scharfkantigen Samen. An Ruderalstandorten überwiegend an der Küste; von Südwestengland und Westfrankreich südlich. Blüht 6–7. ▽

I Rauher Eibisch *Althaea hirsuta* Aufsteigende Einjährige bis 60 cm, rauh aufgrund von einfachen Haaren und Sternhaaren, am Grunde verdickt. Untere Blätter abgerundet und nierenförmig, 30–60 mm breit, langgestielt, gezähnt oder schwach gelappt, nach oben zunehmend handförmig gelappt. Blüten einzeln, langgestielt, becherförmig, mit 25 mm Durchmesser, Kronblätter rosa, die Kelchblätter kaum überragend; sechs bis neun Außenkelchelemente, lanzettlich, fast so lang wie die Kelchblätter. In Gebüsch und auf Äckern; von Süddeutschland und Südengland südlich, andernorts unbeständig. Blüht 6–7. ▽

J Echter Eibisch *Althaea officinalis* Flaumigsamtige, aufrechte Mehrjährige bis 2 m, sternhaarig. Blätter dreieckig-eiförmig, schwach drei- bis fünflappig, oft fächerförmig gefaltet, von 50–90 mm Breite. Blüten 25–40 mm im Durchmesser, einzeln oder in Gruppen, achselständig und endständig, blaß violettrosa. Feuchte Küstenstandorte, besonders hochgelegene Salzmarschen; selten, von Dänemark südlich. Blüht 8–9. ▽

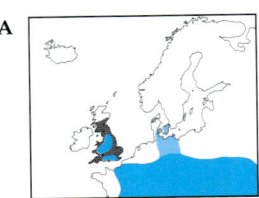

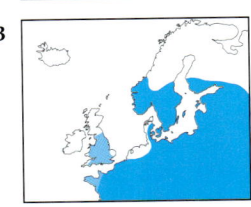

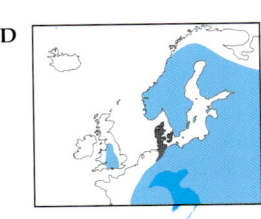

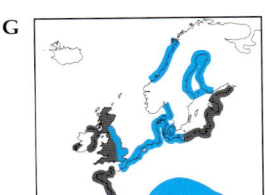

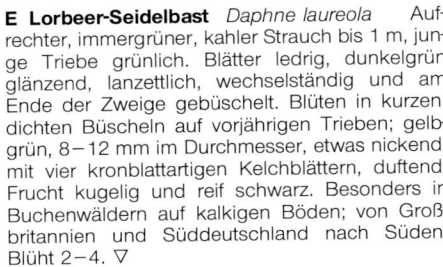

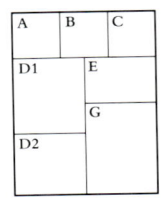

A Sommer-Linde

B Winter-Linde

C Tilia × vulgaris

D 1 Gemeiner Sei-
delbast, Keller-
hals, blühend

D 2 Gemeiner Sei-
delbast, fruchtend

E Lorbeer-Seidel-
bast

G Sanddorn

Lindengewächse *Tiliaceae*

Sommergrüne Bäume mit einfachen, wechselständigen Blättern. Blüten sind fünfzählig und
zwittrig, bei *Tilia* werden sie durch Insekten bestäubt. Frucht eine kugelige Nuß.

A Sommer-Linde *Tilia platyphyllos*   Großer
Baum bis zu 40 m, mit ausladenden Ästen; Borke
glatt und dunkelbraun, nicht buckelig. Blätter
wechselständig, langgestielt, herzförmig, bis zu
12 cm lang, unterseits grau-flaumig, oberseits
kahl oder flaumig, tertiäre Adern erhaben. Blütenstand mit drei bis fünf, meist jedoch drei nickenden Blüten; Blüten grünlich-weiß, fünfzählig, von
etwa 10 mm Durchmesser und mit zahlreichen
Staubblättern; Blütenstandsstiel teilweise mit dem
länglichen Tragblatt verwachsen. Frucht rundlich,
deutlich fünfrippig und flaumig, 8–10 mm im
Durchmesser (**a**). In Wäldern und auf Kalkklippen
heimisch, selten; von Südschweden südlich.
Blüht 6–7, aber etwas früher als die beiden folgenden Arten.

B Winter-Linde *Tilia cordata*   Ähnelt der vorigen Art, Borke jedoch im Unterschied dazu allgemein heller. Blätter stärker abgerundet, manchmal beinahe rund, gewöhnlich kleiner und bis
70 mm lang; unterseits kahl, mit Ausnahme von
Büscheln rötlicher Haare in den Achseln der
Blattadern; tertiäre Adern nicht hervortretend. Blütenstand mit 4–15 Blüten, schräg aufrecht oder
waagrecht abstehend; Frucht glatt oder schwach
runzlig, zugespitzt und 6 mm im Durchmesser
(**b**). Im ganzen Gebiet, außer im hohen Norden,
verbreitet; in Wäldern und auf Kalkklippen, selten.
Blüht 7.

C Tilia × vulgaris   Ein Hybrid aus den beiden
obenstehenden Arten, natürlich vorkommend,
aber auch angepflanzt. Zu den Hauptmerkmalen
gehört das Vorkommen von großen, unregelmäßigen Buckeln auf der Borke; Blätter unterseits
kahl, mit Ausnahme von weißen Haarschöpfen in
den Achseln der Adern. Blütenstand hängend,
mit fünf bis zehn Blüten; Frucht eiförmig, etwa
8 mm im Durchmesser, an den Enden abgerundet und etwas runzlig (**c**). Lokal im ganzen Verbreitungsgebiet der Eltern auftretend, aber auch
verbreitet angepflanzt und eingebürgert. Blüht 7.

Seidelbastgewächse
Thymelaeaceae

Kleine Sträucher oder Kräuter mit einfachen, ungezähnten Blättern. Blüten zwittrig, in Büscheln,
vierzählig; Kronblätter fehlen; Frucht eine Beere
oder Nuß.

D Gemeiner Seidelbast, Kellerhals *Daphne
mezereum*   Aufrechter, buschiger, sommergrüner Strauch bis 2 m. Blätter länglich bis
lanzettlich, bis 80 mm lang, dünn, kurzgestielt,
blaßgrün, wechselständig und an der Spitze der
Zweige gedrängt. Blüten zeigen ein kräftiges Rosa, 8–12 mm Durchmesser, in langen, zylindrischen Blütenständen, die meist vor oder mit den
Blättern erscheinen; Blüten mit vier kronblattartigen Kelchblättern auf einer langen Röhre (echte
Kronblätter fehlen); stark duftend. Frucht eine rote, kugelige Steinfrucht. Verbreitet, außer im hohen Norden und in Teilen des Westens, in Wäldern und Gebüsch auf kalkigen Böden. Blüht
2–4. ▽

E Lorbeer-Seidelbast *Daphne laureola*   Aufrechter, immergrüner, kahler Strauch bis 1 m, junge Triebe grünlich. Blätter ledrig, dunkelgrün
glänzend, lanzettlich, wechselständig und am
Ende der Zweige gebüschelt. Blüten in kurzen,
dichten Büscheln auf vorjährigen Trieben; gelbgrün, 8–12 mm im Durchmesser, etwas nickend,
mit vier kronblattartigen Kelchblättern, duftend;
Frucht kugelig und reif schwarz. Besonders in
Buchenwäldern auf kalkigen Böden; von Großbritannien und Süddeutschland nach Süden.
Blüht 2–4. ▽

F Spatzenzunge *Thymelaea passerina*   Aufrechte, kahle (gelegentlich flaumige) Einjährige
bis 50 cm. Blätter schmal-linealisch, bis 15 mm
Länge und 2 mm Breite. Blüten winzig und grünlich, entspringen mit zwei schmalen Tragblättern
einem Schopf seidiger Haare. An trockenen
Standorten, von Belgien und Süddeutschland
südlich, selten. Blüht 7–9. ▽

Ölweidengewächse
Eleagnaceae

Bäume oder Sträucher, dicht mit schuppenartigen Haaren bedeckt. Blüten einzeln oder in kleinen Büscheln; Kronblätter fehlen; Frucht eine
Nuß, von der fleischigen Kelchröhre umschlossen, dadurch steinfruchtähnlich.

G Sanddorn *Hippophae rhamnoides*   Dorniger, dichter und stark verzweigter Strauch oder
kleiner Baum, gewöhnlich bis 3 m, gelegentlich
jedoch bis 10 m; Zweige mit silbrigen Schuppen
bedeckt. Blätter wechselständig, linealisch-lanzettlich, ungezähnt, bis 60 mm lang und mit silbrigen oder rostfarbigen Schuppen bedeckt. Blüten
sehr klein, etwa 3 mm im Durchmesser, mit zwei
Kelchblättern, in kurzen Ähren in den Blattachseln; blühen, bevor sich die Blätter öffnen. Frucht
kugelig, orange, 6–8 mm im Durchmesser. Außer im hohen Norden im Gebiet verbreitet, heimisch jedoch nur an der Küste und im Bergland.
Blüht 3–4. ▽

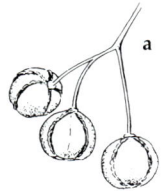

a

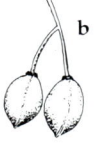

b

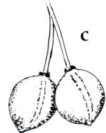

c

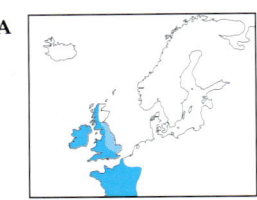

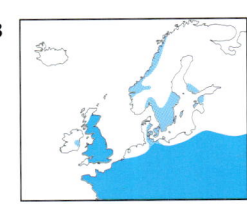

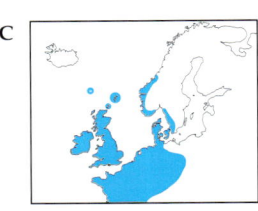

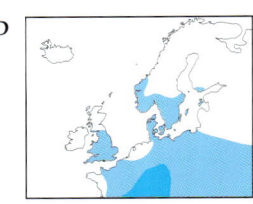

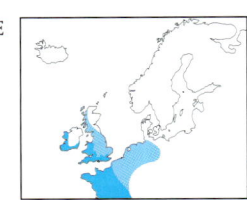

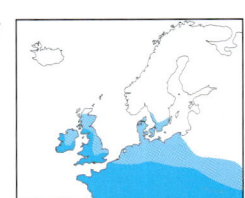

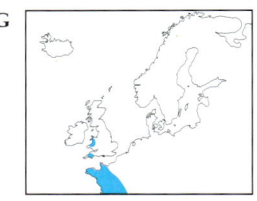

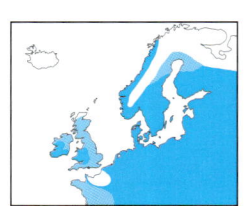

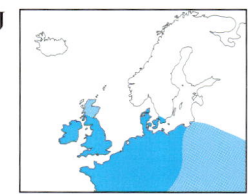

Johanniskrautgewächse
Guttiferae (Hypericaceae)

Sträucher oder Kräuter, meist mit zahlreichen, durchscheinenden und vereinzelten schwarzen oder roten Blattdrüsen; Blätter einfach, gegenständig oder quirlständig. Blüten radiärsymmetrisch und gelb, meist mit fünf freien Kronblättern und Kelchblättern, zahlreiche Staubblätter; Fruchtknoten oberständig, mit drei bis fünf Griffeln.

(**1**) Pflanze ein Strauch.

A *Hypericum androsaemum* Niederliegender bis aufsteigender Strauch mit zweikantigen Stengeln, bis 70 cm. Blätter etwa oval, bis 15 cm, ungestielt. Wenige Blüten, Durchmesser 20 mm, mit gelben Kronblättern; Kelchblätter etwa so lang wie die Kronblätter, breit-eiförmig, ungleich groß, zur Fruchtzeit größer werdend und zurückgeschlagen; Frucht eine fleischige, eiförmige Beere (bei allen anderen heimischen Arten eine trockene Kapsel), 6–8 mm im Durchmesser und zuerst rot, dann schwarz. In Wäldern und an schattigen Standorten; von Belgien und Großbritannien südlich, mit deutlich westlichem Verbreitungsschwerpunkt. Blüht 5–8. ▽

(**2**) Pflanze krautig, Stengel glatt oder nur zwei Kanten oder Linien.

B Behaartes Johanniskraut *Hypericum hirsutum* Aufrechte, flaumige Mehrjährige mit runden Stengeln. Blätter länglich bis elliptisch, bis 50 mm lang, flaumig, mit deutlichen Adern und durchscheinenden Flecken. Blüten zahlreich, blaßgelb, etwa 15 mm im Durchmesser, mit zugespitzten Kelchblättern, die gestielte, schwarze Drüsen an den Rändern haben; in ungefähr zylindrischen Blütenständen. Außer im hohen Norden verbreitet und häufig; an grasigen Standorten, Gebüsch und in lichten Wäldern, meist auf kalkigen Böden. Blüht 7–8.

C Schönes Johanniskraut *Hypericum pulchrum* Kahle, steif-aufrechte Pflanze bis höchstens 90 cm, mit runden, rötlichen Stengeln. Blätter oval, bis 20 mm lang, stumpf, mit herzförmigem Grund und durchscheinenden Flecken. Blütenstand schmal-zylindrisch oder pyramidenförmig; Blüten etwa 15 mm im Durchmesser, orangegelb, mit roten und schwarzen Flecken an den Rändern von Kronblättern und Kelchblättern. Auf Heiden, trockenem Grasland und in lichten Wäldern, kalkreiche Böden meidend; von Südskandinavien südlich. Blüht 6–8.

D Berg-Johanniskraut *Hypericum montanum* Dem Behaarten Johanniskraut recht ähnlich, jedoch vollständig kahl, und die Blätter haben keine durchscheinenden Flecken. In Gebüsch, Wäldern und an felsigen Standorten, meist auf kalkigen Böden; von Südfinnland südlich. Blüht 6–8.

E Sumpf-Johanniskraut *Hypericum elodes* Kriechende, grau behaarte Pflanze mit abgerundeten Stielen. Blätter oval bis fast kreisförmig, schwach stengelumfassend. Blüten in lockeren, endständigen Gruppen an aufrechten Stengeln, 10–15 mm im Durchmesser, nicht weit öffnend, gelb und mit aufrechten, rotbehaarten Kelchblättern. Auf nassen, sauren und moorigen Böden; von Holland und Deutschland südlich. Blüht 6–8. ▽

F Niederliegendes Johanniskraut *Hypericum humifusum* Kriechende, kahle Mehrjährige, verzweigt, am Grund oft wurzelnd; Stengel zweikantig. Blätter klein, bis 15 mm, elliptisch-oval, mit durchscheinenden Drüsen (**f**). Nur wenige Blüten im Blütenstand; Blüten blaßgelb, 8–10 mm im Durchmesser, die Kronblätter ebenso lang oder bis eineinhalbmal so lang wie die Kelchblätter; Kelchblätter ungleich, meist mit zerstreuten, schwarzen Drüsen. An offenen, meist sauren Standorten; von Südschweden südlich. Blüht 6–9. ▽

G *Hypericum linarifolium* Dem Niederliegenden Johanniskraut sehr ähnlich, blühende Stiele jedoch aufrechter; Blätter länger, bis 35 mm, und meist ohne durchscheinende Flecken (**g**); Kronblätter wenigstens doppelt so lang wie Kelchblätter und Kelchblätter mit deutlichen schwarzen Flecken und Streifen. Nur in Westfrankreich und im Südwesten Großbritanniens (und weiter südlich bis Spanien); an trockenen, offenen und felsigen Standorten, auf sauren Böden. Blüht 6–7. ▽

H Echtes Johanniskraut *Hypericum perforatum* Aufrechte Pflanze bis 1 m (meist weniger), mit zweikantigem Stengel (**h**) – dadurch leicht vom ähnlichen Gefleckten Johanniskraut zu unterscheiden. Blätter eiförmig bis linealisch, bis 30 mm, kaum gestielt, kahl und stumpf, mit zahlreichen durchscheinenden Flecken. Blüten kräftig gelb, 20 mm im Durchmesser, oft mit schwarzen Flecken auf den Kronblatträndern. Außer im hohen Norden im ganzen Gebiet verbreitet; in Gebüsch, Grasland, lichten Wäldern und an Straßenrändern. Blüht 6–9.

(**3**) Pflanze krautig, Stengel vierkantig oder vierflügelig.

I Geflecktes Johanniskraut *Hypericum maculatum* Dem Echten Johanniskraut sehr ähnlich, Stengel jedoch vierkantig, aber ungeflügelt (**i**); durchscheinende Flecken fehlen; Kronblätter gewöhnlich mit schwarzen Flecken und Streifen; Kelchblätter stumpf. Im ganzen Gebiet verbreitet und häufig; in Gebüsch, an Waldrändern und an Straßenrändern. Blüht 6–8.

J Geflügeltes Johanniskraut *Hypericum tetrapterum* Dem Gefleckten Johanniskraut recht ähnlich, die Kanten des vierkantigen Stengels jedoch geflügelt (**j**). Blätter oval, mit kleinen, durchscheinenden Flecken. Blüten blaßgelb, Kelchblätter schmal und spitz, ohne schwarze Flecken. An nassen, sumpfigen Standorten; von Südschweden südlich. Blüht 6–9.

K *Hypericum undulatum* Ähnelt dem Geflügelten Johanniskraut durch seine vierflügeligen Stengel, Blattränder jedoch wellig und rot überlaufen; Kelchblätter lanzettlich, spitz, mit auffälligen schwarzen Flecken. Von Wales und Westfrankreich südlich; in Marschgegenden, selten. Blüht 8–9. ▽

L *Hypericum canadense* Zarte Ein- oder Mehrjährige bis 25 cm, mit vierflügeligem Stengel. Blätter schmal-linealisch, bis 20 mm lang, ein- bis dreiadrig. Blüten 6–8 mm im Durchmesser; Kronblätter schmal und deutlich getrennt, sternförmiger als diejenigen anderer Arten. Auf nassen Heiden; nur in Irland und Holland, dort wahrscheinlich heimisch; sehr selten. Blüht 7–9. ▽

A	B	C
D	E	G
	H	F
I	J	K

A *Hypericum androsaemum*

B Behaartes Johanniskraut

C Schönes Johanniskraut

D Berg-Johanniskraut

E Sumpf-Johanniskraut

F Niederliegendes Johanniskraut

G *Hypericum linarifolium*

H Echtes Johanniskraut

I Geflecktes Johanniskraut

J Geflügeltes Johanniskraut

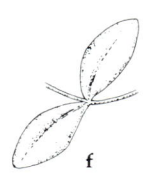

f

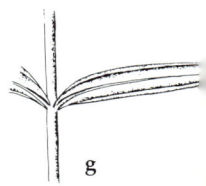

g

h

i

j

K *Hypericum undulatum*

A
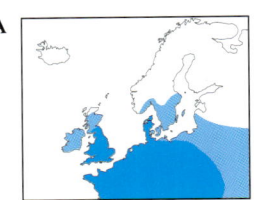

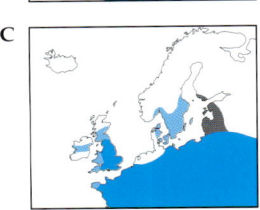

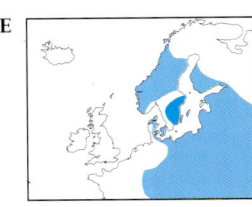

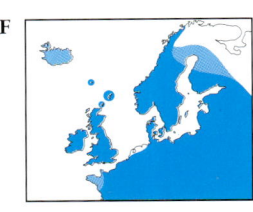

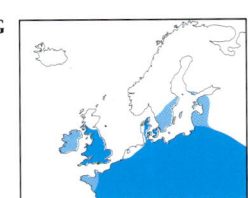

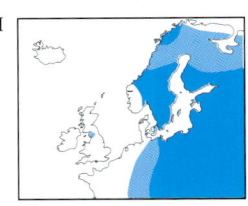

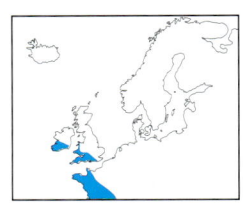

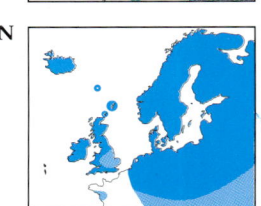

Veilchengewächse *Violaceae*

Kräuter, Blätter wechselständig, gestielt und mit paarigen Stipeln am Grunde. Blüten mit fünf Kelchblättern mit jeweils einem Anhängsel; fünf Kronblätter, das untere mit einem Sporn. Alle Arten in Nordeuropa gehören zur Gattung *Viola*, die sich jedoch in Veilchen und Stiefmütterchen aufspalten läßt.

(**1**) Veilchen. Blätter mit ungeteilten oder gefransten Stipeln.

A Wohlriechendes Veilchen *Viola odorata*
Kleine Mehrjährige bis 15 cm, Blätter und Blüten direkt aus dem Wurzelstock hervorwachsend, anliegend flaumig behaart und mit langen, wurzelnden Ausläufern. Blätter rundlich und nierenförmig, bis 60 mm lang, am Grunde herzförmig, glänzend, schwach behaart und im Sommer größer werdend; Stipeln meist gefranst (**a**). Blüten duftend, dunkelviolett oder weiß, 15 mm lang, Kelchblätter länglich, mit abstehenden Anhängseln. In Wäldern, Gebüsch und Hecken, meist auf kalkigen Böden; im ganzen Gebiet, außer im hohen Norden. Blüht 3–5.

B Weißes Veilchen *Viola alba* Dem Wohlriechenden Veilchen recht ähnlich, jedoch immer mit weißen Blüten; Ausläufer nicht wurzelnd; Stipeln lang (nicht kurz) gefranst; seitliche Kronblätter bärtig; Sporn gelbgrün. An ähnlichen Standorten, in Ostfrankreich, Deutschland und auf Öland in Schweden. Blüht 3–6. ▽

C Behaartes Veilchen *Viola hirta* Ähnelt dem Wohlriechenden Veilchen, jedoch auf Blättern und Stielen stärker und abstehend behaart; Blätter schmaler und Ausläufer vollständig fehlend. Blüten violett, aber nicht duftend, blasser als die des Wohlriechenden Veilchens. Auf Grasland, in Gebüsch und an felsigen, meist kalkigen Standorten; im ganzen Gebiet, außer im hohen Norden. Blüht 3–5.

D Hügel-Veilchen *Viola collina* Dem Behaarten Veilchen sehr ähnlich, jedoch mit schmalen, lang gefransten Stipeln (**d**); Blüten blaßblau und schwach duftend; Sporn sehr blaß, kurz (nicht dunkelviolett). Ähnliche Standorte, selten; von Südskandinavien südlich. Blüht 3–5. ▽

E Wunder-Veilchen *Viola mirabilis* Ähnlich dem Hügel-Veilchen, jedoch mit einreihig behaartem Stiel; Kelchblätter und Blätter gespitzt, Kelchblätter nicht gefranst; Kronblätter blaßviolett. Überwiegend im Norden und Osten, in Wäldern. Blüht 4–5. ▽

F Hain-Veilchen *Viola riviniana* Unterscheidet sich von der Gruppe der Behaarten und Wohlriechenden Veilchen durch beblätterte, blühende Triebe, die eine zentrale, nichtblühende Rosette umgeben; Pflanze vollständig kahl. Blätter herzförmig, bis 40 mm, langgestielt; Stipeln über 10 mm lang, schmal, kurz wellig gefranst. Blüten blauviolett, 15–25 mm im Durchmesser, in der Mitte mit dunklen, purpurnen Linien, besonders auf dem untersten Kronblatt; Sporn stumpf, kräftig, blasser als die Kronblätter, oft weißlich und an der Spitze gekerbt; Kelchblätter spitz, mit großen, quadratischen Anhängseln (**f**). Auf Grasland und in dichten Wäldern; im ganzen Gebiet häufig. Blüht 3–6, manchmal erneut im Herbst.

G Wald-Veilchen *Viola reichenbachiana* Dem Hain-Veilchen sehr ähnlich, obwohl Blätter und Stipeln etwas schmaler sind. Das Violett der Blüten ist etwas blasser, die Kronblätter sind schma-

ler; Durchmesser 15–20 mm; Sporn gerade, nicht gekerbt, dunkler als die Kronblätter; Kelchblätter mit kürzeren Anhängseln (**g**). In trockenen, oft kalkigen Wäldern; von Südschweden südlich. Blüht 3–5.

H Sand-Veilchen *Viola rupestris* Ähnelt den Hain-Veilchen, ist jedoch überall fein-flaumig (nur selten kahl). Blüten 10–15 mm im Durchmesser, blaßblau bis violett, aber ohne die dunkleren Schlundmarkierungen des Hain-Veilchens; Sporn dick, blaßviolett, gefurcht. Offene, trockene Standorte auf Kalk; sehr selten, aber über ganz Nordeuropa verbreitet. Blüht 4–6. ▽

I Hunds-Veilchen *Viola canina* Niedrige Mehrjährige bis 40 cm, ohne Grundblattrosette. Blätter schmal, oval-lanzettlich, mit herzförmigem Grund; Stipeln ein Drittel der Länge des Blattstiels, kaum gezähnt oder mit breiten Zähnen. Blüten schieferblau oder weiß, 12–18 mm im Durchmesser, mit einem weißen oder grünlichen, geraden Sporn. In Heiden und Mooren; im ganzen Gebiet verbreitet, lokal auch häufig. Blüht 4–6.

J Milchweißes Veilchen *Viola lactea* Dem Hunds-Veilchen sehr ähnlich, aber Blätter noch schmaler, am Grunde keilförmig bis abgerundet und nicht herzförmig; Stipeln mit schmaleren Fransen, die oberen Stipeln so lang wie die Blattstiele. Blüten blaß grauviolett, Sporn grünlich. Ganz vereinzelt auf Heiden; von Irland und Westfrankreich südlich. Blüht 5–6. ▽

K Moor-Veilchen *Viola persicifolia* Dem Milchweißen Veilchen sehr ähnlich, Blattgrund jedoch gestutzt bis schwach herzförmig. Kronblätter abgerundet und bläulich-weiß; Sporn grünlich und sehr kurz, kaum länger als die Kelchanhängsel (sind beim Milchweißen Veilchen viel länger). Außer im hohen Norden weitverbreitet, aber selten; in Moor- und Marschland. Blüht 5–6. ▽

L Niedriges Veilchen *Viola pumila* Dem Moor-Veilchen ähnlich, jedoch ganz kahl; Sporn nicht länger als die Kelchanhängsel; Stipeln groß. Auf Grasland; europäisches Festland von Südschweden südlich, selten. Blüht 5–6. ▽

M Hohes Veilchen *Viola elatior* Dem Niedrigen Veilchen sehr ähnlich, jedoch größer, flaumig und mit bis 50 mm langen Stipeln. Auf feuchtem Grasland und in Gebüsch; vereinzelt von Südschweden südlich. Blüht 5–6. ▽

N Sumpf-Veilchen *Viola palustris* Niedrige Art mit wenigblättrigen Rosetten aus kriechenden Ausläufern. Blätter langgestielt, nierenförmig, rundlich, kahl, breiter als lang; Stipeln eiförmig bis lanzettlich, ungezähnt bis fein gezähnt. Blüten blaßviolett mit dunkleren Adern, Kronblätter stark abgerundet, 10–15 mm breit; Sporn stumpf und blaßviolett. Im ganzen Gebiet verbreitet; in Sümpfen und an nassen, sauren Standorten, ziemlich selten. Blüht 4–7. ▽

O Moor-Veilchen *Viola uliginosa* Dem Sumpf-Veilchen sehr ähnlich, Stipeln aber an die Blattstiele angewachsen (beim Sumpf-Veilchen ganz frei). Ähnliche Standorte und Blütezeit; von Dänemark und Deutschland östlich. Blüht 4–7. ▽

P Torf-Veilchen *Viola epipsila* Dem Sumpf-Veilchen sehr ähnlich, aber in jeder Hinsicht größer, Blätter immer paarig, unterseits schwach behaart und etwas länger als breit. Ähnliche Standorte; Norddeutschland und Skandinavien. Blüht 5–7. ▽

C F
G J
A H I
     K N

A Wohlriechendes Veilchen

C Behaartes Veilchen

F Hain-Veilchen

G Wald-Veilchen

H Sand-Veilchen

I Hunds-Veilchen

J Milchweißes Veilchen

a

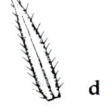

d

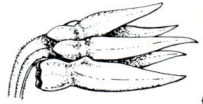

K Moor-Veilchen

N Sumpf-Veilchen

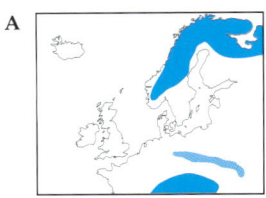

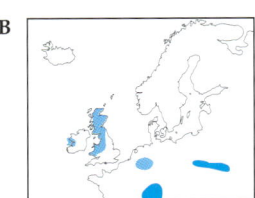

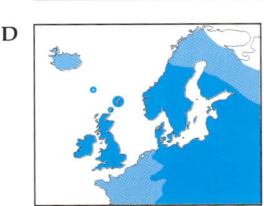

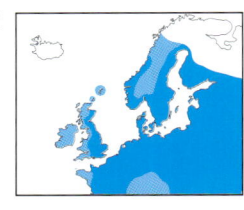

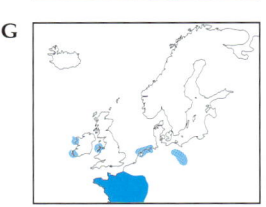

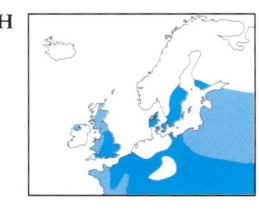

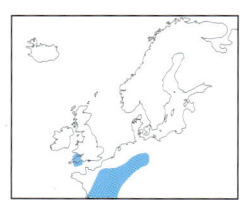

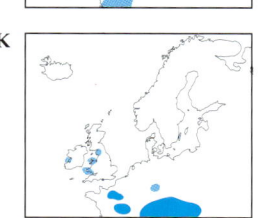

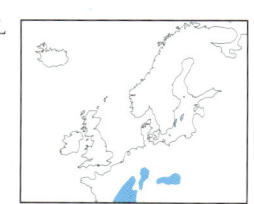

A Zweiblütiges Veilchen *Viola biflora* Niedere, kriechende Mehrjährige mit einer Grundblattrosette und beblätterten, aufsteigenden Blütentrieben. Blätter rund-nierenförmig, gezähnt; Stipeln klein, mit behaarten Rändern. Blüten gelb, 15 mm im Durchmesser, einzeln oder in Paaren, die vier oberen Kronblätter aufwärts gebogen; Sporn 2–3 mm. An feuchten oder schattigen Standorten, überwiegend in den Bergen; in Nordskandinavien und von den Alpen südlich. Blüht 5–8. ▽

(2) Stiefmütterchen. Stipeln fingerförmig oder fiederspaltig; Griffel mit kugeliger Narbe.

B Vogesen-Stiefmütterchen *Viola lutea* Fast kahle, kriechende Mehrjährige bis 40 cm. Blätter eiförmig bis lanzettlich, kahl oder schwach flaumig, Stipeln fingerförmig oder fiederspaltig in drei bis fünf Abschnitte geteilt (**b**). Blüten 15–30 mm, auf langen Stielen, hellgelb, blauviolett oder bunt, das untere Kronblatt mit dunklen Markierungen. Im Hochland auf neutralen oder kalkigen Böden; von Deutschland und Schottland südlich, sehr selten. Blüht 5–8. ▽

C *Viola hispida* Mehrjährige, abstehend behaart. Blätter abgerundet und am Grunde herzförmig; Stipeln fingerförmig geteilt. Blüten violett oder gelblich, 17–20 mm im Durchmesser. Auf Kalkklippen und Grasland, nur in der Nähe von Rouen (Nordfrankreich). Blüht 5–7. ▽

D Wildes Stiefmütterchen *Viola tricolor* Formenreiche Pflanze, sowohl als Einjährige auf Ackerland (ssp. *tricolor*) als auch als schopfige Mehrjährige in trockenem Grasland (ssp. *curtisii*). Stipeln tief fiederspaltig, Endabschnitt groß, blattartig und gezähnt. Blüten 15–25 mm im Durchmesser, gelb, blauviolett oder bunt, Kronblätter die Kelchblätter deutlich überragend. Im ganzen Gebiet auf Ackerland und Schuttplätzen; ssp. *curtisii* auf trockenem Grasland an der Küste. Blüht 4–9. ▽

E Acker-Stiefmütterchen *Viola arvensis* Den einjährigen Formen des Wilden Stiefmütterchens recht ähnlich. Blüten kleiner, bis 15 mm, Kelchblätter wenigstens so lang wie Kronblätter; Kronblätter veränderlich, milchig-gelb bis bläulich-violett; unterstes Kronblatt milchig oder gelb; ganze Blüte mehr oder weniger flach. Im ganzen Gebiet, außer im hohen Norden und auf Island, häufig auf Ackerland und Ruderalflächen. Blüht 4–10.

F *Viola kitaibeliana* Sehr kleine Einjährige bis 10 cm; Blüten winzig, bis 5 mm, konkav und milchig-weiß bis gelb. Auf trockenem, lückigem Rasen oder Ackerland, meist an der Küste; Südwestengland und Westfrankreich. Blüht 4–7. ▽

Zistrosengewächse *Cistaceae*

Niedrige, mehrjährige, meist flaumige, strauchige Pflanzen mit gegenständigen, ungeteilten Blättern

(außer *Fumana*). Blüten mit zwei kleinen äußeren und drei großen inneren Kelchblättern, die oft gestreift sind; fünf gleiche Kronblätter und zahlreiche Staubblätter. Frucht eine kleine, drei- oder vierklappige Kapsel.

G Geflecktes Sandröschen *Tuberaria guttata* Aufrechte, behaarte Einjährige bis 30 cm. Blätter in einer Grundrosette und gegenständig entlang des Stengels, elliptisch und behaart, bis 15 mm lang. Die gelben Blüten endständig, 10–20 mm im Durchmesser, oft mit einem roten Fleck am Grunde der Kronblätter, Kronblätter gewöhnlich mittags abfallend, so daß die Pflanzen sehr unauffällig werden. An trockenen, oft sauren Standorten, besonders nahe der Küste; von Holland und Nordwales südlich. Blüht 4–8. ▽

H Gewöhnliches Sonnenröschen *Helianthemum nummularium* Kriechender oder aufsteigender Halbstrauch bis 50 cm, oft vom Grund an stark verzweigt. Blätter oval-länglich, bis 50 mm lang, unterseits weiß-wollig, meist mit eingerollten, ungezähnten Rändern; schmale Stipeln länger als der Stiel. Blütenstände locker, gelbe Blüten bis 25 mm im Durchmesser, Kronblätter schrumpelig in der Knospe. Auf trockenem Grasland und felsigen, oft kalkigen Standorten; im ganzen Gebiet, außer im hohen Norden. Blüht 6–9.

I *Helianthemum oelandicum* Ähnelt dem Gewöhnlichen Sonnenröschen, Blätter sind jedoch auf beiden Seiten grün und haben keine Stipeln. Ähnliche Standorte; Öland, Schweden und die Alpen. Blüht 5–7. ▽

J Apenninen-Sonnenröschen *Helianthemum apenninum* Ähnelt dem Gewöhnlichen Sonnenröschen, Blätter sind jedoch unterseits als auch oberseits grau-filzig, die Ränder sind stark eingerollt und die Stipeln sind nicht länger als die Blattstiele. Blüten weiß. Trockene Weiden auf Kalk, felsige Gebiete; von Südengland und Belgien südlich, selten. Blüht 4–7. ▽

K Graues Sonnenröschen *Helianthemum canum* Ähnelt dem Gewöhnlichen Sonnenröschen, Blätter jedoch sehr schmal, unterseits grauweiß und ohne Stipeln. Blüten gelb, kleiner (10–15 mm im Durchmesser), Griffel in der Mitte stark gebogen (**k**) — bei allen vorhergehenden Arten ist er gerade. Trockene, grasige oder felsige Standorte, meist auf Kalk; in Südschweden und von Irland und Deutschland südlich. Blüht 5–7. ▽

L Zwerg-Sonnenröschen *Fumana procumbens* Kriechender oder niederliegender Strauch bis 40 cm. Blätter linealisch, sehr schmal und fein gespitzt, ohne Stipeln, wechselständig. Blüten einzeln in den Blattachseln (keine endständigen Blütenstände bildend); Kronblätter gelb, mit eckigen Enden. Auf trockenen, felsigen und grasigen Standorten; Öland und Gotland und von Belgien südlich. Blüht 5–7. ▽

A	B	
D	E	
G	J	H
K	L	

A Zweiblütiges Veilchen

B Vogesen-Stiefmütterchen

D Wildes Stiefmütterchen

E Acker-Stiefmütterchen

G Geflecktes Sandröschen

H Gewöhnliches Sonnenröschen

J Apenninen–Sonnenröschen

b

k

K Graues Sonnenröschen

L Zwerg-Sonnenröschen

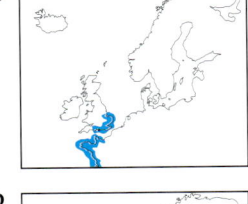

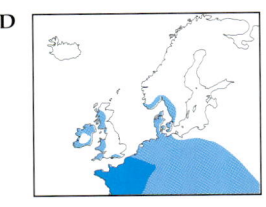

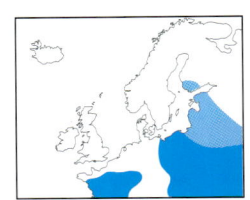

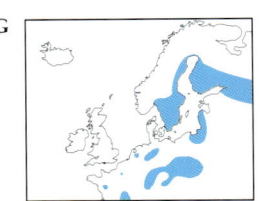

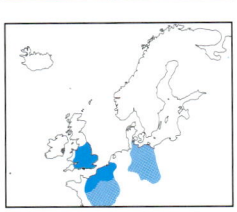

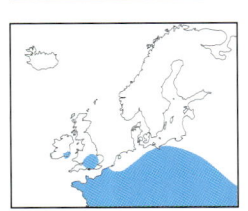

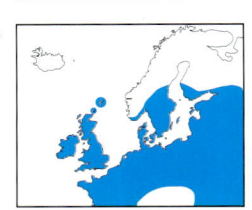

A	C	D
B	I	J
H	L	M

A Tamariske

B Deutsche Tamariske

C *Frankenia laevis*

D Sechsmänniger Tännel

H Rotfrüchtige Zaunrübe

I Blut-Weiderich

J Ysop-Weiderich

L *Lythrum portula*

M Wassernuß

Tamariskengewächse
Tamaricaceae

Sträucher oder kleine Bäume. Blüten zwittrig, vier- oder fünfzählig, in langen Trauben; Samen mit Haarschopf.

A Tamariske *Tamarix gallica* Kahler, buschiger Strauch oder kleiner Baum bis 3 m, Zweige und Borke rotbraun. Blätter sehr klein, schuppenartig, 1–3 mm lang, graugrün und dicht überlappend. Blüten rosa, in dichten Ähren, mit fünf winzigen Kronblättern (etwa 1 mm lang), Kelchblättern und Staubblättern. An Küstenstandorten von Nordwestfrankreich südlich heimisch, andernorts angepflanzt. Blüht 6–9. ▽

B Deutsche Tamariske *Myricaria germanica* Kahler Strauch bis 2,5 m, mit aufgerichteten Zweigen. Blätter klein, graugrün und dicht überlappend. Blüten rosa, 5–6 mm im Durchmesser, in end- oder blattachselständigen Ähren. Auf Flußschotter und offenen, steinigen Standorten; in Skandinavien und Gebirgsgegenden weiter im Süden. Blüht 5–8. ▽

Frankeniaceae

Kräuter mit reduzierten, erikaartigen Blättern. Blüten zwittrig mit vier bis sechs Kronblättern und meist sechs Staubblättern.

C *Frankenia laevis* Kriechende, verzweigte, rasenbildende, fein behaarte, holzige Mehrjährige bis 40 cm. Blätter linealisch und sehr klein, mit eingerollten Rändern, gegenständig und dicht gedrängt auf kurzen Seitentrieben. Blüten radiärsymmetrisch, rosa, 5 mm im Durchmesser, mit fünf zerknitterten Kronblättern und sechs Staubblättern. In den trockeneren Teilen von Salzmarschen oder auf Kies; von Südengland und Nordwestfrankreich südlich, selten. Blüht 6–8. ▽

Tännelgewächse *Elatinaceae*

Krautige Pflanzen, aquatisch oder in Marschen; Blätter meist gegenständig.

D Sechsmänniger Tännel *Elatine hexandra* Einjährige oder kurzlebige Mehrjährige bis 10 cm. Blätter riemen- bis löffelförmig, etwa 10 mm lang, der Stiel kürzer als die Spreite, gegenständig oder zu vieren, ungezähnt. Blüten winzig, kurzgestielt, mit drei stumpfen Kelchblättern, drei rosa Kronblättern, die etwas länger als die Kelchblätter sind, und mit sechs Staubblättern. In seichtem, stehendem Wasser und an schlammigen Seeufern, meist an sauren Standorten; im ganzen Gebiet, im Norden bis Südschweden. Blüht 6–9.

E Quirl-Tännel *Elatine alsinastrum* Größer als der Sechsmännige Tännel, bis 80 cm, Blätter in Quirlen zu 3–18. Blüten vierzählig. Nasse Standorte; von Südwestfinnland und Nordfrankreich südlich. Blüht 6–9.

F Wasserpfeffer-Tännel *Elatine hydropiper* Dem Sechsmännigen Tännel sehr ähnlich, Blüten jedoch ungestielt und mit je vier Kron- und Kelchblättern sowie acht Staubblättern. Ähnliche Standorte; im ganzen Gebiet, aber sehr selten. Blüht 7–9. ▽

G Dreimänniger Tännel *Elatine triandra* Dem Wasserpfeffer-Tännel ähnlich, aber immer einjährig; Blüten weiß oder rot und ungestielt, mit je drei Kronblättern, Kelchblättern und Staubblättern. In Nordeuropa größtenteils heimisch. Blüht 6–9.

Kürbisgewächse *Cucurbitaceae*

H Rotfrüchtige Zaunrübe *Bryonia dioica* (*B. cretica* ssp. *dioica*) Kletternde, mehrjährige Pflanze bis 4m, mit borstigen, kantigen Stengeln und unverzweigten, spiralig gewundenen Ranken. Blätter fingerförmig gelappt, 40–80 mm breit, mit gebogenen Stielen. Pflanze zweihäusig. Blüten blaßgrün, in kurzen, achselständigen Blütenständen; männliche Blüten 12–18mm im Durchmesser, fünfzählig; weibliche Blüten kleiner, mit dreigeteilten Narben. Frucht eine rote Beere, 6–10mm im Durchmesser. Auf Grasland, in Hekken und an Waldrändern; von Großbritannien und Holland südlich, weiter im Norden eingebürgert. Blüht 5–9.

Weiderichgewächse *Lythraceae*

Kräuter mit einfachen, ungezähnten Blättern, gegenständig oder quirlständig.

I Blut-Weiderich *Lythrum salicaria* Flaumige, aufrechte Einjährige bis 1,5 m, Stengel mit vier oder mehr erhabenen Linien. Blätter oval-lanzettlich, 40–70 mm lang, ungestielt, gespitzt und ungezähnt, in gegenständigen Paaren oder unten in Dreierwirteln und oben wechselständig. Blüten 10–15 mm im Durchmesser, in langen, endständigen Ähren und mit blattartigen Tragblättern; sechs rotviolette Kronblätter und zwölf Staubblätter. In Mooren, feuchtem Grasland und am Wasser; im ganzen Gebiet, außer im hohen Norden. Blüht 6–8.

J Ysop-Weiderich *Lythrum hyssopifolia* Aufrechte oder niederliegende, kahle Einjährige bis 25 cm. Blätter schmal-linealisch, wechselständig, meist weniger als 25 mm lang. Blüten blaßrosa, sechs-, selten fünfzählig, 4–5 mm im Durchmesser und einzeln in den Blattachseln. Auf saisonal überfluteten, nackten Böden oder Ruderalflächen, oft Ackerland; verbreitet, aber selten, von Norddeutschland südlich. Blüht 6–8. ▽

K *Lythrum borysthenicum* Ähnlich dem Ysop-Weiderich, aber rauh behaart, mit breiteren Blättern und kleinen Blüten, deren winzige, purpurne Kronblätter früh abfallen oder ganz fehlen. Ähnliche Standorte; von Nordwestfrankreich südlich. Blüht 6–8. ▽

L *Lythrum portula* Kahle, kriechende, einjährige Pflanze mit Stengeln bis 25 cm, an den Knoten wurzelnd. Blätter gegenständig, bis 15 mm lang, oval bis löffelförmig, nahe der Spitze am breitesten und recht fleischig. Blüten winzig, einzeln in den Blattachseln, meist sechszählig, 1–2 mm im Durchmesser, die rosa Kronblätter früh abfallend oder ganz fehlend. Auf feuchtem, nacktem Boden oder in flachem Wasser, allgemein unter sauren Standortbedingungen; im ganzen Gebiet, außer im hohen Norden. Blüht 6–10. ▽

Wassernußgewächse
Trapaceae

H Wassernuß *Trapa natans* Aquatische Einjährige, im Schlamm wurzelnd. Schwimmblätter rhombisch, in ausgebreiteten Rosetten, Stiele oft angeschwollen. Blüten weiß, 15 mm im Durchmesser, mit je vier Kelch- und Kronblättern. Frucht mit deutlichen Dornen, eßbar. In nährstoffreichen, neutralen bis schwach sauren Gewässern; von Süddeutschland und Zentralfrankreich südlich. Blüht 6–7. ▽

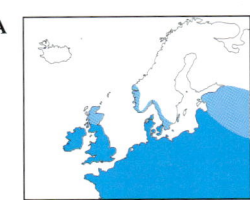

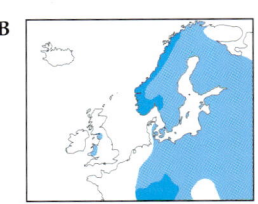

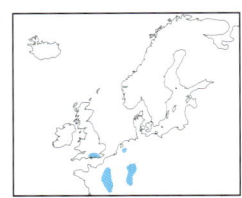

Nachtkerzengewächse
Onagraceae

Kräuter oder Sträucher mit gegenständigen Blättern (bei *Oenothera* wechselständig). Blüten vierzählig oder, wie bei *Circaea*, zweizählig; Griffel einzeln und Fruchtknoten unterständig.

Hexenkraut *Circaea* Pflanzen mit nur zwei, jeweils tief gespaltenen weißen Kronblättern; zwei Staubblätter; Frucht borstig.

A Gewöhnliches Hexenkraut *Circaea lutetiana* Mehrjährige Pflanze bis 70 cm, mit kriechenden Ausläufern und aufrechten, schwach flaumigen Stengeln, die an den Knoten angeschwollen sind. Blätter gegenständig, oval, bis 10 cm und am Grunde rundlich oder schwach herzförmig, mit runden Stielen (**a**). Blüten in einem ährenartigen, weit über die Blätter erhobenen Blütenstand, der sich noch während der Blütezeit verlängert; Kronblätter weiß, zwei Staubblätter, Narbe zweilappig; Frucht dicht mit steifen, weißen Borsten bedeckt. Im ganzen Gebiet außer im Norden verbreitet; in Wäldern, Hecken und auf Ackerland. Blüht 6—8.

B Alpen-Hexenkraut *Circaea alpina* Kleinere Pflanze bis 20 cm, beinahe kahl und manchmal niederliegend. Blätter bis 6 cm lang, am Grunde herzförmig, stärker gezähnt und mit geflügelten Stielen (**b**). Blütenstände verlängern sich nicht mehr, nachdem die Kronblätter abgefallen sind, daher bilden die endständigen Blüten immer ein dichtes Büschel; Frucht mit weicheren, weniger hakigen Borsten. Im ganzen Gebiet in feuchten Wäldern, jedoch zunehmend auf die bergigen Gebiete im Süden begrenzt; selten. Blüht 7—8. ▽

C Mittleres Hexenkraut *Circaea intermedia* Sterile Hybride aus den beiden vorherigen Arten, in der Wuchsform zwischen ihnen stehend. Blütenähren sind verlängert, Blätter stark gezähnt. Tritt auf, wenn beide Elternarten im Gebiet vorkommen. Blüht 7—8. ▽

Nachtkerze *Oenothera* Alle Arten sind amerikanischen Ursprungs und in Europa verbreitet eingebürgert. Alle mit vier gelben, selten rosa Kronblättern, einer vierlappigen Narbe und wechselständigen Blättern. Hier sind nur wenige Arten beschrieben.

(**1**) Spitzen der Kelchblätter in der Knospe zusammengedrückt; Blütenstand aufrecht.

D Gewöhnliche Nachtkerze *Oenothera biennis* Hohe, aufrechte Zweijährige bis 1,5 m, die flaumigen Stengel ohne rote Flecken. Blätter lanzettlich, im Alter mit roten Adern. Blüten gelb, 4—5 cm im Durchmesser, Kelch grün. Auf Schuttplätzen und Ruderalflächen; überall, außer im hohen Norden. Blüht 6—9.

E Rotkelchige Nachtkerze *Oenothera erythrosepala* Ähnlich der Gewöhnlichen Nachtkerze, Haare der Stengel jedoch mit rotem, geschwollenem Grund; Blüten 5—8 cm im Durchmesser, die Kelchblätter rot gestreift oder ganz rot. Ruderalstandorte; von Dänemark südlich. Blüht 6—9.

F Rotstengelige Nachtkerze *Oenothera rubricaulis* Ähnlich *O. erythrosepala* mit Haaren mit rotem Grund, Blüten jedoch kleiner und Kelch grün. Ruderalflächen; vom Süden Großbritanniens, von Nordfrankreich und Süddeutschland südlich. Blüht 6—9.

(**2**) Kelchblätter in der Knospe spreizend; Blütenstand zur Blütezeit etwas nickend.

G Kleinblütige Nachtkerze *Oenothera parviflora* Mit kräftigen, aufrechten, beblätterten Stengeln bis 2 m. Am oberen Teil des Stengels mit kurzen Haaren mit rotem Grund. Blüten klein, bis 18 mm, in einem beblätterten Blütenstand mit nickender Spitze. Kelchblätter paarweise U-förmig auseinanderweisend. Schuttplätze; von Holland und Norwegen südlich. Blüht 6—9.

H Sand-Nachtkerze *Oenothera ammophila* Der Kleinblütigen Nachtkerze ähnlich, aber nur bis 1 m groß, oft schräg wachsend; Blätter weiß behaart; Kelchblätter lang und gekrümmt; Kapsel jung rot gestreift (bei der Kleinblütigen Nachtkerze ganz grün). Auf offenen, sandigen Standorten; von Frankreich bis Dänemark, besonders an der Küste. Blüht 6—9.

I Heusenkraut *Ludwigia palustris* Kriechende, kahle, rötliche Mehrjährige mit bis zu 50 cm langen Stengeln, die an den Knoten wurzeln. Blätter gegenständig, oval bis elliptisch, bis 4 cm lang und kurzgestielt. Blüten unauffällig, ohne Kronblätter, mit je vier Kelchblättern und Staubblättern sowie einer vierlappigen Narbe. An nassen, schlammigen Standorten, selten; von Holland und England südlich. Blüht 6—8. ▽

Weidenröschen *Epilobium* Eine schwierige Gruppe mehrjähriger Kräuter, die viele Hybriden aufweist. Blüten rosa oder rötlich, Kron- und Kelchblätter jeweils vier, die Narbe keulenförmig (**1**) oder vierlappig (**2**), die Frucht ist eine zarte, der Länge nach aufreißende Kapsel, die Samen mit einem Haarschopf freisetzt.

(**1**) Blätter gegenständig, Blüten groß.

J Schmalblättriges Weidenröschen *Epilobium angustifolium* Auffällige, aufrechte, bis 2 m hohe Mehrjährige. Blätter lanzettlich, wechselständig und spiralig am Stengel angeordnet. Blüten in einer langen, endständigen Traube, rosaviolett, 2—3 cm im Durchmesser und waagrecht vom Stengel abstehend; Griffel zunächst scharf gebogen, wenn die Staubblätter reifen und herabsinken jedoch gerade gestreckt. Auf Schuttplätzen, im Bergland, auf Waldlichtungen, auf verschiedenen Böden häufig. Blüht 7—9.

K *Epilobium latifolium* Der obigen Art recht ähnlich, aber von aufsteigender bis ausgebreiteter Wuchsform. Blüten sehr groß (bis 5 cm im Durchmesser), rosa und in einem schwach einseitswendigen, wenigblütigen Blütenstand. An felsigen und kiesigen Standorten; innerhalb Nordeuropas nur in Island. Blüht 7—9. ▽

L Fleischers Weidenröschen *Epilobium fleischeri* Dem Schmalblättrigen Weidenröschen recht ähnlich, aber meist kleiner und buschiger, mit sehr schmalen, lanzenförmigen Blättern. Blüten ähnlich, aber mit schmalen, spitzen, ein Kreuz bildenden Kronblättern. Grasige, felsige und kiesige Bergstandorte, überwiegend auf sauren Böden; von Süddeutschland südlich. Blüht 7—9. ▽

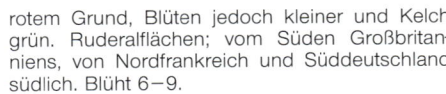

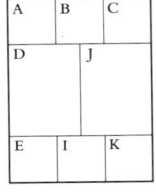

1

2

a

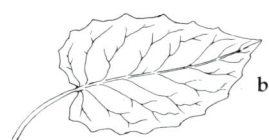

b

A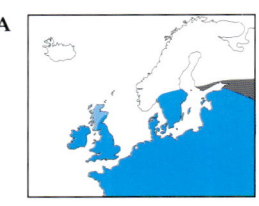

B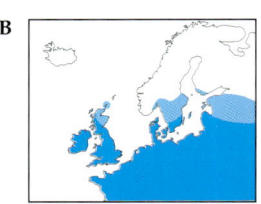

F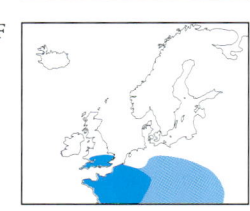

G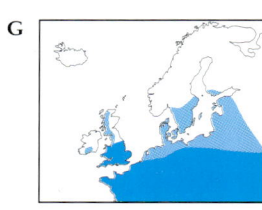

I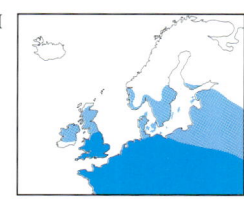

L

d

f

g

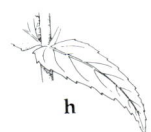

h

(2) Blätter wenigstens am unteren Teil des Stengels gegenständig; Narbe deutlich vierlappig.

A Zottiges Weidenröschen *Epilobium hirsutum* Hohe Mehrjährige bis 2 m, mit runden Stengeln, dicht flaumig, abstehend behaart. Blätter länglich-lanzettlich, stengelumfassend, ungestielt, scharf gezähnt, bis 12 cm lang. Blüten kräftig violett-rosa, bis 25 mm im Durchmesser, in lockeren, beblätterten, endständigen Blütenständen; Narbe mit vier sternförmig ausgebreiteten Zipfeln. An feuchten Standorten, oft in hoher Vegetation; im ganzen Gebiet, außer im hohen Norden, häufig. Blüht 7–8.

B Bach-Weidenröschen *Epilobium parviflorum* Ähnlich dem Zottigen Weidenröschen, jedoch kleiner, bis höchstens 75 cm; Blätter nicht stengelumfassend; Blüten zeigen ein blasseres Rosa und sind viel kleiner (bis 12 mm im Durchmesser). Ähnliche Standorte und Verbreitung. Blüht 7–8.

C Durieu's Weidenröschen *Epilobium duriaei* Dem Bach-Weidenröschen recht ähnlich, jedoch anliegend flaumig behaart; Blätter kurzgestielt, mit abgerundetem Grund; Blüten blaßrosa. Berggegenden; von den Vogesen südlich. Blüht 6–9. ▽

D Berg-Weidenröschen *Epilobium montanum* Ähnelt dem Bach-Weidenröschen, bis 80 cm hoch, aber beinahe kahl; Blätter kurzgestielt, mit abgerundetem Grund, oval-lanzettlich, bis 80 mm lang und 40 mm breit (**d**); Blüten 6–10 mm im Durchmesser, mit blaßrosa Kronblättern; Knospen spitz. In Wäldern, Hecken, auf Schuttplätzen und felsigen Standorten; fast im ganzen Gebiet. Blüht 6–8.

E Hügel-Weidenröschen *Epilobium collinum* Dem Berg-Weidenröschen sehr ähnlich, Blätter jedoch kleiner, bis 50 mm lang und 15 mm breit; Knospen stumpf, Blüten nur 5–8 mm im Durchmesser. An ähnlichen Standorten auf dem europäischen Festland. Blüht 5–8. ▽

F Lanzettblättriges Weidenröschen *Epilobium lanceolatum* Ähnelt in der Form dem Berg-Weidenröschen, obere Blätter sind jedoch wechselständig, Blattgrund keilförmig, Blattstiel bis zu 10 mm lang (**f**). Blüten weiß, später rosa werdend. An felsigen und halbschattigen Standorten; vom Süden Großbritanniens und von Holland südlich. Blüht 7–9. ▽

(3) Blätter gegenständig wie bei (2), Narben jedoch keulenförmig, nicht sternförmig.

G Vierkantiges Weidenröschen *Epilobium tetragonum* Mittlere bis hohe Mehrjährige bis 1 m, überwintert als Rosette aus kurzen Ausläufern; Stengel mit vier auffällig erhabenen, oft geflügelten Kanten, oben flaumig, aber nicht drüsig. Blätter schmal, herablaufend, bis 70 mm lang, Ränder fast parallel, völlig ungestielt, fein gezähnt (**g**). Blüten rosa, 6–8 mm im Durchmesser, mit aufrechten, spitzen Knospen; Frucht 6–10 cm lang. Verbreitet, außer in Nord- und Westskandinavien; auf feuchten Waldlichtungen, in Hecken und an Bachufern. Blüht 7–8.

H Dunkelgrünes Weidenröschen *Epilobium obscurum* Dem Vierkantigen Weidenröschen sehr ähnlich, Blätter aber breiter eiförmig (**h**), Kelch mit einigen Drüsenhaaren (keine Drüsenhaare beim Vierkantigen Weidenröschen), Früchte weniger als 60 mm lang. An feuchten Standorten; im ganzen Gebiet, außer im hohen Norden. Blüht 7–8. ▽

I Rosenrotes Weidenröschen *Epilobium roseum* Ähnlich dem Dunkelgrünen Weidenröschen, die vier Linien jedoch weniger deutlich. Blätter lanzettlich bis elliptisch, mit keilförmigem Grund und bis zu 20 mm langem Stiel (**i**). Blütenstand und Kapsel mit klebrigen Drüsenhaaren; Kronblätter weißlich, später rosa. An schattigen Standorten, Hecken und Schuttplätzen; im ganzen Gebiet, außer im hohen Norden. Blüht 7–8.

J Sumpf-Weidenröschen *Epilobium palustre* Aufrechte, zarte Pflanze bis 60 cm, mit zylindrischen Stengeln ohne erhabene Linien. Blätter riemenförmig, weniger als 10 mm breit und an den Enden verschmälert, ungestielt und ungezähnt (**j**). Blüten blaßrosa oder weiß, nur 4–7 mm im Durchmesser, waagerecht gehalten. In Sümpfen und an anderen nassen, sauren Standorten; im ganzen Gebiet. Blüht 7–8. ▽

K *Epilobium davuricum* Dem Sumpf-Weidenröschen sehr ähnlich, überwintert jedoch mit Rosetten, nicht mit Ausläufern, Stengel stärker drüsenhaarig. Ähnliche Standorte; nur in Nordskandinavien. Blüht 7–8. ▽

L Alpen-Weidenröschen *Epilobium anagallidifolium* Niedere, kriechende, kahle Mehrjährige mit beblätterten Ausläufern, Stengel bis zu 10 cm, sehr zart (1–2 mm im Durchmesser). Blätter eiförmig bis elliptisch, bis 15 mm lang, kurzgestielt und schwach gezähnt (**l**). Blüten klein, 4–5 mm im Durchmesser, blaßpurpurn, die Spitze des Blütenstandes zur Blütezeit und mit jungen Früchten nickend. An nassen Standorten, besonders in wasserführenden Rinnen in den Bergen; überwiegend in Nordskandinavien. Blüht 7–8. ▽

M Mierenblättriges Weidenröschen *Epilobium alsinifolium* Mehrjährige, mit aufsteigenden Stengeln (2–3 mm im Durchmesser) bis zu 20 cm, und mit langen, unterirdischen Ausläufern; Stengel kahl bis auf zwei Haarreihen auf feinen Rippen. Blätter eiförmig bis eiförmig-lanzettlich, entfernt gezähnt, am Grund abgerundet und in den kurzen Stiel verschmälert (**m**). Blüten größer, hell rosaviolett, 8–11 mm im Durchmesser. Ähnliche Standorte wie das Alpen-Weidenröschen; ähnliches Verbreitungsgebiet. Blüht 7–8. ▽

N Drüsiges Weidenröschen *Epilobium adenocaulon* Mehrjährige mit aufrechten Stengeln bis zu 1 m, mit vier erhabenen Linien und besonders oberwärts zahlreichen abstehenden Drüsenhaaren. Blätter oval-lanzettlich, bis 10 cm, fein gezähnt, kurzgestielt und kahl (**n**). Blüten 8–10 mm im Durchmesser, rosaviolett oder weiß, mit tief ausgerandeten Kronblättern; Frucht drüsenhaarig. Beinahe im ganzen Gebiet an ruderalen sowie schattigen und felsigen Standorten; aus Nordamerika eingeführt und eingebürgert. Blüht 6–8. ▽

O *Epilobium nerterioides* Kriechende Mehrjährige, an den Knoten wurzelnd. Blätter breit-oval oder beinahe rund, in gegenständigen Paaren, bis 10 mm lang, ungezähnt oder schwach gezähnt (**o**). Blüten einzeln in den Blattachseln, auf aufrechten, bis 75 mm langen Stielen; Kronblätter 3–4 mm, rosa oder weiß; Frucht kahl. Aus Neuseeland eingeführt, verbreitet in den Bergregionen des Nordens von Großbritannien und in Irland; dort scheinbar in wasserführenden Rinnen heimisch. Blüht 7–8. ▽

A	B	C
	D	H
M	J	L
N		O

A Zottiges Weidenröschen

B Bach-Weidenröschen

C Durieu's Weidenröschen

D Berg-Weidenröschen

H Dunkelgrünes Weidenröschen

J Sumpf-Weidenröschen

L Alpen-Weidenröschen

M Mierenblättriges Weidenröschen

j

l

m

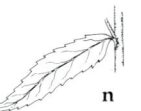

n

o

N Drüsiges Weidenröschen

O *Epilobium nerterioides*

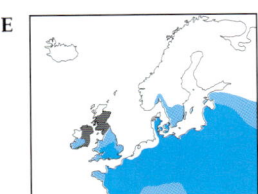

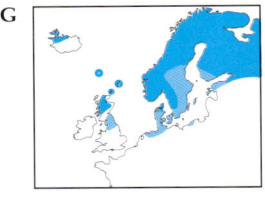

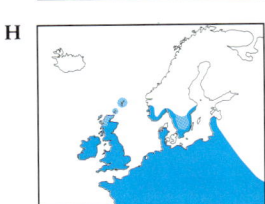

E

F

G

H

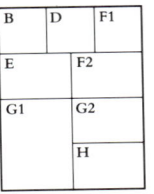

Seebeerengewächse
Haloragaceae

Aquatische, kahle, mehrjährige Kräuter mit fein zerteilten Blättern und Ähren von vierzähligen Blüten.

A Quirlblättriges Tausendblatt *Myriophyllum verticillatum* Aquatisch, mit bis zu 3 m langen Stengeln. Blätter zu fünf (gelegentlich vier oder sechs) in Quirlen, kammförmig gefiedert, bis 45 mm lang. Blütenähren aus dem Wasser ragend, mit langen, fiederspaltig geteilten Tragblättern (**a 1**) unter jedem Quirl winziger, rötlicher, vierzähliger Blüten (**a 2**). Frucht rund und glatt. Verbreitet und fast im ganzen Gebiet lokal häufig; in stehendem oder langsam fließendem, basenreichem Wasser. Blüht 7–8.

B Ähriges Tausendblatt *Myriophyllum spicatum* Ähnlich dem Quirlblättrigen Tausendblatt, aber die Blätter meist zu viert in einem Quirl und kürzer (bis 30 mm). Winzige Blüten in Quirlen zu vier, mit ungeteilten Tragblättern, die viel kürzer als die Blüten sind. Frucht rund, fein warzig. In stehenden und langsam fließenden Gewässern; im ganzen Gebiet häufig. Blüht 6–8.

C Wechselblütiges Tausendblatt *Myriophyllum alternifolium* Zarter und kleiner als das Ährige Tausendblatt, mit drei bis vier Blättern pro Quirl, weniger als 25 mm lang. Blüten unten in Quirlen, oben wechselständig, Tragblätter winzig; Kronblätter gelb mit roten Streifen; Frucht warzig, länglich. Im ganzen Gebiet; meist in sauren Gewässern. Blüht 5–8.

Tannenwedelgewächse
Hippuridaceae

Aquatische Kräuter mit quirlständigen, linealischen Blättern und einzelnen, blattachselständigen Blüten; Staubblätter einzeln.

D Tannenwedel *Hippuris vulgaris* Aquatische Mehrjährige mit kriechendem Wurzelstock, aus dem aufrechte, kräftige, engröhrige Stengel entspringen. Blätter schmal-riemenförmig, bis 70 mm lang, in gleichmäßigen Quirlen von sechs bis zwölf. Männliche und weibliche Blüten getrennt, am Blattgrund auf aus dem Wasser ragenden Stengeln; beide Geschlechter winzig, grünlich und ohne Kronblätter; männliche Blüte mit

einem rötlichen Staubblatt. Verbreitet und im ganzen Gebiet häufig; in neutralen bis basenreichen, stehenden und fließenden Gewässern. Blüht 6–7. ▽

Hartriegelgewächse *Cornaceae*

Sträucher mit einfachen, gegenständigen Blättern. Blüten vierzählig, in Dolden.

E Roter Hartriegel *Cornus sanguinea* Sommergrüner Strauch bis 4 m, mit dunkelroten Zweigen. Blätter breit-elliptisch bis eiförmig, bis 10 cm lang, gespitzt, am Grunde abgerundet und ungezähnt; die drei bis fünf Hauptadern auf jeder Seite sind zur Blattspitze hin gebogen. Blüten stumpf weiß und klein, in einer flachen Dolde bis 50 mm Durchmesser; je vier Kron-, Kelch- und Staubblätter; Frucht eine schwarzviolette, kugelige Steinfrucht von 5–8 mm Durchmesser. Im ganzen Gebiet verbreitet, außer im hohen Norden (stellenweise in Finnland eingebürgert); in Gebüsch, Wäldern und auf Grasland, meist auf kalkigen Böden. Blüht 5–7.

F Kornelkirsche *Cornus mas* Strauch oder kleiner Baum bis 8 m, mit grünlich-gelben Zweigen. Blätter ähnlich wie beim Roten Hartriegel. Blüten in blattachselständigen (nicht endständigen) Dolden, mit vier Tragblättern am Grunde, vor den Blättern erscheinend; Blüten gelb, 3–4 mm im Durchmesser. Frucht glänzend scharlachrot und oval, bis 15 mm lang. In Gebüsch und Wäldern, auf kalkigem Boden; von Nordfrankreich südlich, andernorts eingeführt. Blüht 2–4.

G Schwedischer Hartriegel *Cornus suecica* Niedrige, kriechende, mehrjährige Pflanze, blühende Sprosse bis 25 cm. Blätter wie beim Roten Hartriegel. Blüten in einer endständigen Dolde, mit vier auffällig großen, weißlichen Tragblättern, einer Einzelblüte von 20 mm Durchmesser ähnelnd; Einzelblüten winzig und schwärzlich-purpurn, in Gruppen bis zu 25. Frucht rot, kugelig, bis 5 mm Durchmesser. In Mooren, Heiden und Tundra; von Nordengland und Holland nördlich, mit zunehmender Breite lokal häufig. Blüht 7–9. ▽

Efeugewächse *Araliaceae*

Holzige Kletterpflanzen (außerhalb Europas auch Sträucher und Bäume), Blätter wechselständig. Blüten klein, oft in doldenartigen Köpfen, meist fünfzählig. Frucht eine Steinfrucht oder Beere.

H Efeu *Hedera helix* Vertrauter, immergrüner, holziger Kletterer, der 30 m Höhe erreichen kann, sich im Schatten jedoch auch über weite ebene Flächen ausbreitet; Sprosse von Haftwurzeln bedeckt. Blätter oberseits dunkelgrün und glänzend, unterseits blasser und kahl, 50–90 mm lang; an den nichtblühenden Zweigen handförmig gelappt, an den blühenden Zweigen elliptisch bis eiförmig und nicht gelappt. An sonnigen Standorten Blüten in dichten, kugeligen Dolden am Ende der Triebe; Blüten vierzählig und grünlich-weiß; Beeren kugelig, schwarz, 6–8 mm im Durchmesser. Im ganzen Gebiet häufig, außer in Nordosteuropa; in Wäldern, Hecken und auf Ruderalflächen. Blüht 9–11.

a 2

a 1

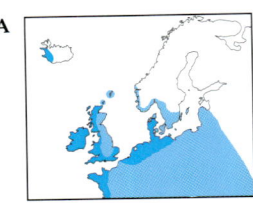

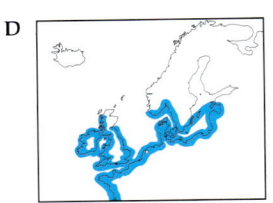

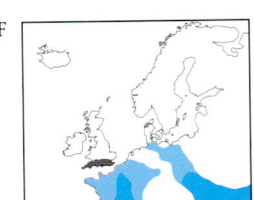

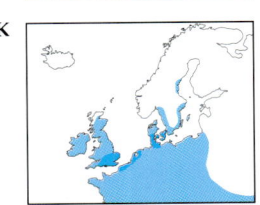

Doldengewächse *Umbelliferae*

Eine große Familie von ein- bis mehrjährigen Kräutern. Blätter wechselständig, ohne Stipeln, meist vielfach geteilt und mit scheidigem Blattgrund. Blüten meist in zusammengesetzten Dolden, d. h. jeder Doldenstrahl trägt wiederum eine kleinere Dolde; Einzelblüten mit fünf freien Kronblättern, fünf Kelchblättern (oft fehlend), fünf Staubblättern und zwei Narben; Fruchtknoten unterständig, vergrößert sich zu einer zweiteiligen Frucht von unterschiedlicher Form. Eine schwierige Familie; zu den Schlüsselmerkmalen gehören Blattform, Tragblätter der Hauptdolde („Hülle") und der Döldchen („Hüllchen") sowie die Form der reifen Frucht.

(1) Pflanzen mit ungeteilten oder handförmig gelappten Blättern; nicht dornig.

A Wassernabel *Hydrocotyle vulgaris* Niedrige, mehrjährige Pflanze mit kriechenden, an den Knoten wurzelnden Stengeln. Blätter beinahe rund, 20–50 mm im Durchmesser, mit breiten, stumpfen Zähnen, oft sehr langgestielt. Blütenstand klein, 2–3 mm im Durchmesser, aus winzigen, rosagrünen Blüten in Quirlen, oft teilweise zwischen den Blättern verborgen; Frucht rundlich, 2 mm breit und runzelig. An feuchten oder nassen, meist sauren Standorten; überall außer Nordskandinavien. Blüht 6–8. ▽

B Wald-Sanikel *Sanicula europaea* Kahle, aufrechte Mehrjährige bis 60 cm. Grundblätter langgestielt und mit drei bis sieben gezähnten Abschnitten handförmig gelappt; obere Blätter kleiner, mit kürzeren Stielen. Dolden klein, mit wenigen Strahlen; Hüllblätter 3–5 mm lang, einfach oder fiedrig gezähnt; Hüllchenblätter ungeteilt. Blüten rosa oder weiß. Frucht oval, mit hakigen Borsten. Überall, außer im hohen Norden; in Laubwald, meist auf neutralen bis kalkigen Böden. Blüht 5–8.

C Große Sterndolde *Astrantia major* Beinahe skabiosenartiges Doldengewächs mit aufrechten, kahlen Stengeln bis 1 m. Grundblätter langgestielt und handförmig gelappt, bis 15 cm im Durchmesser, stark geädert. Dolden einfach, mit einem 20–30 mm großen, auffälligen Kragen schmaler, langer, weißlicher, grün und rot überlaufener Hüllblätter. Blüten weiß und rosa und sehr klein. Frucht zylindrisch, 6–8 mm lang. In Wäldern und Wiesen; von Frankreich und Deutschland südlich, weiter im Norden jedoch eingebürgert. Blüht 5–7. ▽

(2) Blattabschnitte dornig.

D Strand-Distel *Eryngium maritimum* Verzweigte, kahle Mehrjährige bis 60 cm. Blätter wachsig graugrün, mit verdickten Rändern, die lange Dornen tragen; Grundblätter langgestielt, Stengelblätter ungestielt. Dolden einfach, oval, bis 40 mm lang, mit zahlreichen dicht gepackten, kleinen, blauen Blüten, von einem Kragen dorniger Tragblätter umgeben. Frucht borstig, 5 mm lang. An der Küste auf Sand und Kies; von Südnorwegen südlich. Blüht 7–9. ▽

E *Eryngium viviparum* Der Strand-Distel ähnlich, jedoch viel kleiner und kriechend, weniger als 10 cm hoch. Grundblätter linealisch-lanzettlich, gezähnt; Blütenstand aus zahlreichen wenigblütigen, winzigen, grünlichen Köpfchen mit lanzettlichen Hüllblättern. Selten, an der Küste oder an im Winter überfluteten Standorten; in Westfrankreich. Blüht 6–8. ▽

F Feld-Mannstreu *Eryngium campestre* Der Strand-Distel ähnlich, jedoch grau- oder gelblichgrün, mit gefiederten, lanzettlichen, dornigen Blättern, am Grunde gestielt, am Stengel sitzend. Blüten in zahlreichen ovalen Dolden, bis 20 mm lang, mit langen, schmalen, dornigen Hüllblättern; Kronblätter grünlich als die Blüten; die einzelnen Tragblätter länger als die Blüten. Frucht nur 3 mm lang. Auf trockenem Grasland; von Norddeutschland südlich, im Süden häufig. Blüht 7–8. ▽

(3) Nicht wie obige Arten.

Kälberkropf *Chaerophyllum* Zwei- oder Mehrjährige mit zwei- bis dreifach gefiederten Blättern, zusammengesetzten Dolden mit fehlenden oder wenigblättrigen Hüllen, aber vielblättrigen Hüllchen; Kelchblätter fehlend oder unbedeutend; Kronblätter gekerbt; Frucht länglich-eiförmig.

G Hecken-Kälberkropf *Chaerophyllum temulentum* Aufrechte Einjährige bis zu 1 m, mit kantigem, markigem, violett geflecktem (teilweise fast ganz violettem) borstigem Stengel. Blätter zwei- bis dreifach gefiedert, stumpf dunkelgrün und behaart, Abschnitte mit recht stumpfen Spitzen. Blüten weiß, 2 mm im Durchmesser, in zusammengesetzten Dolden bis 60 mm im Durchmesser, Knospen nickend; Hüllen meist fehlend, Hüllchen fünf- bis achtblättrig, behaart, zur Fruchtzeit zurückgeschlagen. Frucht länglich-eiförmig, nach oben schmaler werdend, 5–8 mm. Dem Wiesen-Kerbel ähnlich (Unterschiede siehe unten), jedoch etwas später blühend. Verbreitet und an Straßenrändern und Hecken recht häufig; fehlt in Nordskandinavien. Blüht 6–7.

H Rüben-Kälberkropf *Chaerophyllum bulbosum* Ähnelt dem Hecken-Kälberkropf, hat jedoch knollige Wurzeln (keine Pfahlwurzel), Stengel oben kahl, Hüllchen kahl. Nach Westen bis Finnland, Schweden, Ostfrankreich und Deutschland vordringend. Blüht 6–7.

Kerbel *Anthriscus* Ähnlich dem Kälberkropf, Stengel sind aber hohl.

I Wiesen-Kerbel *Anthriscus silvestris* Hohe, aufrechte, flaumig behaarte, mehrjährige Pflanze bis 1,2 m. Dem Hecken-Kälberkropf sehr ähnlich, Stengel aber hohl und nicht gefleckt; Blätter zeigen ein frischeres Grün, die Abschnitte sind schärfer gespitzt (i). Blüte und Frucht sehr ähnlich. An Straßenrändern überall häufig, auf Wiesen und an Waldrändern. Blüht 4–6 (früher als Hecken-Kälberkropf).

J Glänzender Kerbel *Anthriscus nitida* Der vorhergehenden Art sehr ähnlich, Blätter jedoch dunkelgrün und glänzend, der unterste Hauptabschnitt beinahe so groß wie der Rest des Blattes. Meist im Bergland; von der Mitte Deutschlands südlich. Blüht 5–7. ▽

K Hunds-Kerbel *Anthriscus caucalis* Drahtige Einjährige bis 50 cm (selten mehr), Stengel kahl, zum Grunde hin violett. Blättchen sehr klein und fiedrig. Dolden 20–40 mm im Durchmesser, mit zwei bis sechs unbehaarten Strahlen; Hülle fehlt, Hüllchenblätter fransig und gespitzt; Frucht wie eine Klette, 3 mm, eiförmig, mit kräftigen Dornen bedeckt (k). Auf sandigem Untergrund und Schuttplätzen, besonders am Meer; von Südschweden südlich. Blüht 5–6.

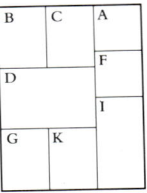

A Wassernabel

B Wald-Sanikel

C Große Sterndolde

D Strand-Distel

F Feld-Mannstreu

G Hecken-Kälberkropf

I Wiesen-Kerbel

K Hunds-Kerbel

k

i

162

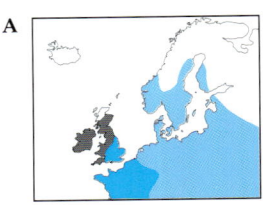

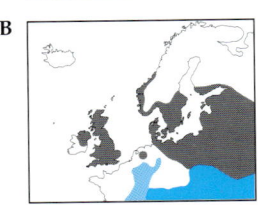

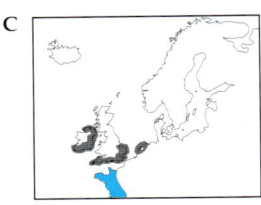

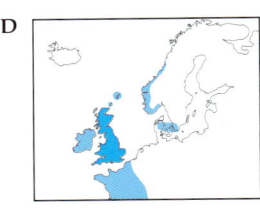

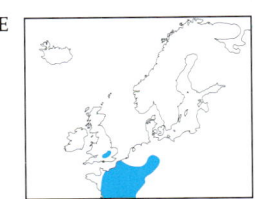

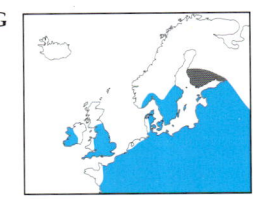

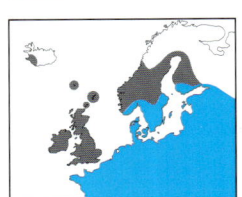

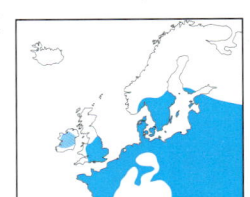

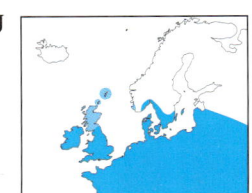

A	B	C
D	F	G
H	I	J

A Venuskamm

B Süßdolde

C Gelbdolde

D Knollenkümmel

F Kleine Bibernelle

G Große Bibernelle

H Zipperleinskraut, Giersch, Geißfuß

I Breitblättriger Merk

b

J Berle, Schmalblättriger Merk

A Venuskamm *Scandix pecten-veneris* Zur Fruchtzeit sehr charakteristische Pflanze. Einjährige bis 50 cm, aufrecht oder niederliegend. Blätter zwei- bis dreifach gefiedert, Abschnitte zur Spitze hin breiter werdend. Dolden einfach oder mit zwei bis drei Strahlen, Hüllchenblätter dornig; Blüten klein und weiß; Früchte bis 8 cm lang, wobei wenigstens die Hälfte von dem abgeflachten Schnabel eingenommen wird; der ganze Fruchtstand stellt oft ein kammartiges Gebilde dar. Auf Ackerland und Ruderalflächen; nach Norden bis Südschweden, im Süden häufiger. Blüht 5–7. ▽

B Süßdolde *Myrrhis odorata* Buschige, flaumige, aufrechte und stark aromatische Mehrjährige bis 2 m, Stengel hohl. Blätter zwei- bis dreifach gefiedert, farnartig, bis 30 cm lang, mit auffälligen Blattscheiden. Dolden zusammengesetzt, mit 4–20 Strahlen. Hüllen meist fehlend, Hüllchenblätter schmal und gespitzt, meist fünf; Blüten weiß, Köpfchen bis zu 50 mm im Durchmesser; Frucht linealisch bis länglich, bis 25 mm lang, geschnäbelt und stark gerippt, reif nach Anis schmeckend und glänzend braun (b). Im Bergland Mittel- und Südeuropas heimisch, jedoch nach Norden bis Südschweden eingebürgert. Blüht 5–6. ▽

C Gelbdolde *Smyrnium olusatrum* Kräftige, aufrechte, kahle Zweijährige bis 1,5 m, Stengel markig, im Alter hohl; ganze Pflanze mit Selleriegeschmack. Blätter glänzend grün, Grundblätter dreifach dreizählig, Umriß dreieckig, bis 30 cm groß; obere Blätter kleiner, mit kurzen, aufgeblasenen Stielen, nach oben gelb werdend. Dolden end- und achselständig, mit 7–15 Strahlen; Hüll- und Hüllchenblätter wenige oder fehlend; Blüten gelb, etwa 3 mm im Durchmesser, ohne Kelchblätter; Frucht breit-eiförmig, 7–8 mm, reif schwarz. Auf Ruderalstandorten, besonders am Meer; von Nordwestfrankreich südlich heimisch, in Großbritannien und Holland jedoch verbreitet eingebürgert. Blüht 4–6. ▽

D Knollenkümmel *Conopodium majus* Zarte, aufrechte Mehrjährige mit glatten Stengeln, die einer tiefliegenden, kugeligen, braunen Knolle entspringen. Grundblätter zwei- bis dreifach gefiedert, bis 15 cm lang, früh welkend; Stengel unten blattlos; obere Blätter zweifach gefiedert, mit schmalen Abschnitten. Blüten weiß, in zarten Dolden von 30–70 mm Durchmesser, mit sechs bis zwölf Strahlen; Hülle meist fehlend, Hüllchenblätter zwei oder mehr; Frucht 3–4 mm, oval, geschnäbelt, mit kurzen, aufrechten Griffeln. Auf Grasland und in lichten Wäldern, allgemein auf trockenen, eher sauren Böden; in Großbritannien, Frankreich und Norwegen. Blüht 4–6. ▽

E Echter Knollenkümmel, Erdkastanie *Bunium bulbocastanum* Ähnelt dem Knollenkümmel, ist aber größer, bis 1 m. Stengel auch nach der Blüte nicht hohl werdend (wie beim Knollenkümmel); Dolden 3–8 cm im Durchmesser, mit fünf bis zehn lanzettlichen Hüllblättern und ebenso vielen Hüllchenblättern; Griffel auf der Frucht zurückgebogen, nicht gerade. Von Südengland und der Mitte Deutschlands südlich; auf kalkigem Grasland. Blüht 6–7.

F Kleine Bibernelle *Pimpinella saxifraga* Aufrechte Mehrjährige bis 60 cm (gelegentlich bis 1 m) mit rundem, fein gerilltem, flaumigem Stengel. Grundblätter meist einfach gefiedert, 10–15 cm lang, mit drei bis sieben Paar eiförmigen, gezähnten Blättchen; Stengelblätter ganz anders, doppelt gefiedert, mit sehr schmalen Abschnitten. Dolden mit 6–25 Strahlen, meist ohne Hülle, immer ohne Hüllchen; Blüten 2 mm im Durchmesser, weiß oder selten rosa, mit kurzen Griffeln. Frucht oval, bis 3 mm, schwach gerippt. Verbreitet und häufig, außer im hohen Norden; an trockenen, meist kalkigen, grasigen Standorten. Blüht 6–9.

G Große Bibernelle *Pimpinella major* Der Kleinen Bibernelle ziemlich ähnlich, jedoch allgemein größer, bis 1,2 m hoch. Stengel kahl (sehr selten flaumig), tief gerillt und hohl. Blätter meist einfach gefiedert, mit tief gespaltenen und gespitzten Abschnitten, jedoch sehr formenreich, bis 20 cm lang. Dolden 30–60 mm im Durchmesser, mit 10–25 Strahlen, ohne Hülle, auch Hüllchen normalerweise fehlend; Kronblätter weiß und rosa; Griffel lang; Frucht eiförmig, rillig, 4 mm lang. An grasigen Standorten und in Gebüsch, oft auf schweren Böden; im ganzen Gebiet, außer im hohen Norden. Blüht 6–9.

H Zipperleinskraut, Giersch, Geißfuß *Aegopodium podagraria* Aufrechte, kahle Mehrjährige bis 1 m, mit festen, hohlen Stengeln aus zarten, weit kriechenden Wurzelstöcken. Grundblätter mit dreieckigem Umriß, 10–20 cm lang, doppelt dreizählig, frisch grün, mit gezähnten, ovalen Blättchen. Dolden endständig, 20–60 mm im Durchmesser, mit 10–20 Strahlen; Hülle und Hüllchen meist fehlend; Blüten weiß, 1 mm im Durchmesser. Frucht eiförmig, 4 mm lang, mit zarten, zurückgebogenen Griffeln. Auf Ackerland (oft als hartnäckiges Unkraut), an Flußufern und schattigen Standorten; überall, außer im hohen Norden, natürliche Verbreitungsgrenze aber unsicher. Blüht 5–7.

I Breitblättriger Merk *Sium latifolium* Kräftige, aufrechte, kahle Mehrjährige bis 2 m, mit hohlem, stark gefurchtem Stengel. Stengelblätter einfach gefiedert, bis 30 cm lang, langgestielt, mit vier bis neun Paar gezähnten, spitzen Blättchen. Dolden endständig, flach, 6–10 cm im Durchmesser, mit 20–30 Strahlen; zwei bis sechs Hüllblätter, oft groß und blattartig, Hüllchenblätter lanzettlich und veränderlich. Blüten weiß, etwa 4 mm im Durchmesser, Kelchzähne vorhanden; Frucht oval und gerippt. Im ganzen Gebiet, außer im hohen Norden und im Westen; im Flachwasser und in Mooren. Blüht 7–8. ▽

J Berle, Schmalblättriger Merk *Berula erecta* Dem Breitblättrigen Merk recht ähnlich, jedoch in jeder Hinsicht kleiner und Ausläufer bildend. Blätter einfach gefiedert, bis 25 cm lang, mit 7–14 Paar ungestielten, tief gezähnten, ovalen, bläulich-grünen Blättchen. Dolden 30–60 mm im Durchmesser, kurzgestielt, mit 10–20 Strahlen; Hüll- und Hüllchenblätter zahlreich, oft blattartig, manchmal fiederspaltig. Frucht 2 mm, breiter als lang. In Mooren und im Flachwasser; im ganzen Gebiet, außer im Norden. Blüht 7–9.

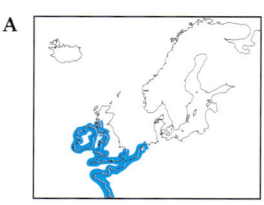

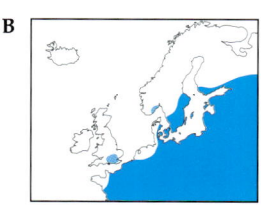

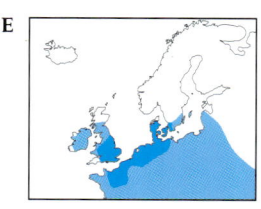

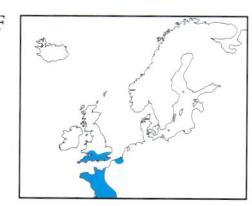

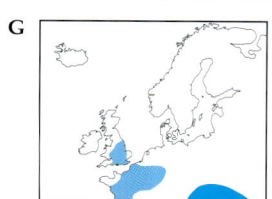

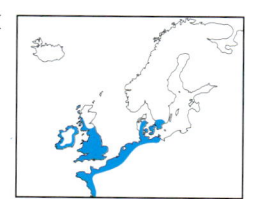

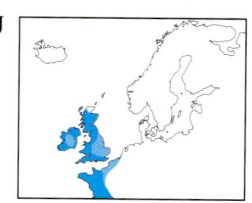

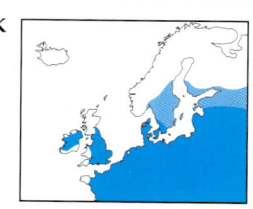

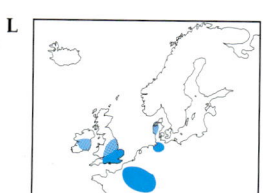

A *Crithmum maritimum* Buschig ausgebreitete Mehrjährige, vom Grunde verzweigt, mit kahlen, markigen, gefurchten Stielen. Blätter fleischig, mit dreieckigem Umriß, einfach bis doppelt dreizählig, in schmale, gespitzte Abschnitte geteilt. Dolden 30−60 mm im Durchmesser, mit 8−30 Strahlen; Hüll- und Hüllchenblätter zahlreich, schmal-dreieckig, zurückgeschlagen, wenn die Blüten altern; Kronblätter gelblich-grün, Kelchblätter fehlen. Frucht bis 6 mm, oval und korkig, violett werdend. Küstenstandorte, meist auf Fels; von Schottland und Holland südlich. Blüht 6−8. ▽

B **Heilwurz** *Seseli libanotis* Aufrechte, kräftige, flaumige oder beinahe kahle Mehrjährige bis 1 m, mit markigen, gerippten Stengeln, die am Grund von Resten alter Blätter faserig umgeben sind. Untere Blätter ein- bis dreifach gefiedert (meist zweifach gefiedert), bis 20 cm lang, mit länglichen, gespitzten und behaarten Abschnitten, die sich in verschiedenen Ebenen ausrichten; einige Blätter gegenständig. Dolden endständig, 30−60 mm im Durchmesser, mit 20−60 flaumigen Strahlen; acht oder mehr Hüllblätter, bis 15 mm lang, 10−15 Hüllchenblätter, schmal; Blüten weiß oder rosa, 1−2 mm im Durchmesser, mit langen Kelchzähnen. Frucht oval, flaumig und gerippt, mit gebogenen Griffeln (**b**). Verbreitet, außer im Norden; auf kalkigem Grasland, in Gebüsch und in felsigen Gebieten. Blüht 6−8. ▽

C **Berg-Sesel** *Seseli montanum* Ähnelt der Heilwurz, ist jedoch kleiner und zarter, bis 70 cm groß und kahl. Grundblätter zweifach gefiedert, langgestielt, bis 10 cm lang, von ovalem Umriß, die Blättchen schmal und linealisch, oft gegabelt; obere Stengelblätter einfach gefiedert. Dolden kleiner, ohne Hüll-, aber Hüllchen vorhanden; Kelchzähne kurz. Ähnliche Standorte; von Nordfrankreich südlich. Blüht 6−8. ▽

D **Steppenfenchel** *Seseli annuum* Ähnlich wie der Berg-Sesel, jedoch kleiner, Dolde mit weniger Strahlen, auf den Innenseiten flaumig behaart; Frucht kahl. Von Nordfrankreich südlich. Blüht 6−8. ▽

Wasserfenchel *Oenanthe* Mehrjährige, kahle Kräuter an nassen Standorten. Blätter zwei- bis vierfach gefiedert, gewöhnlich mit scharf gespitzten Abschnitten; Stiel oft röhrig, am Grunde scheidig den Stengel umfassend. Zahlreiche Hüll- und Hüllchenblätter. Kronblätter weiß, gekerbt und unregelmäßig.

E **Röhriger Wasserfenchel** *Oenanthe fistulosa* Aufrechte Mehrjährige bis 80 cm (meist weniger), mit zarten, hohlen Stengeln, zwischen den Knoten aufgeblasen. Blätter einfach (gelegentlich zweifach) gefiedert, Blättchen der unteren Blätter oval und gestielt, die der oberen Blätter schmal-linealisch und voneinander entfernt stehend (**e 1**); Blattstiel aufgeblasen, zylindrisch und länger als die Spreite. Dolden endständig, 2−4 cm im Durchmesser, mit zwei bis vier Strahlen, Hüllen meist fehlend, Hüllchenblätter jedoch zahlreich; Blüten weiß; Döldchen bilden dichte Kugeln, wenn die Früchte reifen. Frucht 3 mm, zylindrisch, Griffel so lang wie die Frucht (**e 2**). An nassen Standorten und im flachen Wasser; von Südschweden südlich. Blüht 7−9. ▽

F *Oenanthe pimpinelloides* Die am wenigsten wasserbedürftige Art der Gattung *Oenanthe*. Stengel aufrecht, markig und gefurcht, bis 1 m. Grundblätter zweifach gefiedert, mit linealisch-eiförmig gelappten Blättchen; Stengelblätter meist einfach gefiedert, mit schmalen, ungeteilten Blättchen (**f 1**). Dolden endständig, 20−60 mm im Durchmesser, mit 6−15 Strahlen, flach, Hülle und Hüllchen beide borstenartig, Blüte weiß; Früchte zylindrisch, etwa 3 mm lang, mit angeschwollenem, korkigem Grund und aufrechten Griffeln von der Länge der Frucht (**f 2**). Auf feuchtem und tonigem Grasland, oft nahe am Meer; in westlichen Gebieten, von Holland südlich. Blüht 5−8. ▽

G **Silgblättriger Wasserfenchel** *Oenanthe silaifolia* Ähnelt *Oenanthe pimpinelloides*, Stengel jedoch hohl und Pflanze allgemein kräftiger. Alle Blätter wenigstens zweifach gefiedert, mit schmalen, gespitzten Abschnitten (**g 1**). Dolden weniger dicht, 3−5 cm im Durchmesser, Strahlen zur Fruchtzeit sehr stark werdend; Hüllen meist fehlend. Frucht ähnlich, zum Stiel hin aber stark eingeschnürt (**g 2**). An nassen Standorten, besonders in Flußtälern; von England und Deutschland südlich, selten. Blüht 6−7. ▽

H **Haarstrang-Wasserfenchel** *Oenanthe peucedanifolia* Dem Silgblättrigen Wasserfenchel sehr ähnlich, Strahlen zur Fruchtzeit jedoch nicht verdickt; Frucht eiförmig, Griffel so lang wie die Frucht (beinahe so lang wie die Frucht des Silgblättrigen Wasserfenchel). Nasse Standorte; von Holland südlich. Blüht 6−7. ▽

I **Lachenals Wasserfenchel** *Oenanthe lachenalii* Den obigen Arten, besonders *Oenanthe pimpinelloides*, recht ähnlich. Grundblätter zweifach gefiedert, mit elliptischen bis löffelförmigen, stumpfen, ungezähnten Blättchen (**i 1**); Stiel kürzer als die Spreite. Hüllen vorhanden; Strahlen zur Fruchtzeit nicht verdickt; Frucht oval, ohne korkigen Grund (**i 2**). In nassen Wiesen und Marschen, oft küstennah; von Dänemark und Südschweden südlich. Blüht 6−9. ▽

J *Oenanthe crocata* Der charakteristischste Wasserfenchel. Kräftige, verzweigte Pflanze bis 1,5 m, Stengel hohl und gefurcht; alle Teile hochgiftig. Grundblätter mit dreieckigem Umriß, drei- bis vierfach gefiedert, Blättchen oval bis rund, an der Spitze gezähnt, zum Grunde verschmälert; Stengelblätter zwei- bis dreifach gefiedert, mit schmaleren Abschnitten. Dolden endständig und gestielt, 5−10 cm im Durchmesser, mit 10−40 Strahlen, zur Fruchtzeit verdickt; Hüll- und Hüllchenblätter zahlreich, linealisch-lanzettlich und früh abfallend. Blüten weiß, Kronblätter ungleichmäßig; Frucht zylindrisch, Griffel aufrecht. An schattigen oder sonnigen, nassen Standorten; von Belgien und Großbritannien südlich. Blüht 6−7. ▽

K **Großer Wasserfenchel** *Oenanthe aquatica* Aufrechte, buschige Pflanze bis 1,5 m, aus Ausläufern treibend. Stengel hohl und gefurcht, am Grunde geschwollen. Wasserblätter sind drei- bis vierfach gefiedert, mit sehr feinen Abschnitten (**k 1**); Luftblätter dreifach gefiedert, mit eiförmig gelappten, spitzen Abschnitten. Dolden end- und achselständig, 20−50 mm im Durchmesser, Hüllen fehlen, Hüllchen borstig. Blüten weiß, Kronblätter gleich; Frucht oval, 3−4 mm lang, Griffel ebenso lang (**k 2**). Im ganzen Gebiet, außer im hohen Norden; in stehenden oder langsam fließenden Gewässern. Blüht 6−9. ▽

L **Fluß-Wasserfenchel** *Oenanthe fluviatilis* Ähnlich dem Großen Wasserfenchel, Stengel jedoch überwiegend untergetaucht. Blätter alle zweifach gefiedert, Wasserblätter mit schmalen, gegabelten Abschnitten, Luftblätter mit wenig eingeschnittenen, stumpf-ovalen Abschnitten. Dolden oft fehlend, den oben beschriebenen aber ähnlich. Frucht elliptisch, 5−6 mm. Allgemein in schneller fließendem Wasser, aber auch in Teichen; nur in Westeuropa, von Dänemark südlich. Blüht 6−9. ▽

A	B	E
F	G	I
J	K	L

A *Crithmum maritimum*

B **Heilwurz**

E **Röhriger Wasserfenchel**

F *Oenanthe pimpinelloides*

G **Silgblättriger Wasserfenchel**

I **Lachenals Wasserfenchel**

J *Oenanthe crocata*

K **Großer Wasserfenchel**

L **Fluß-Wasserfenchel**

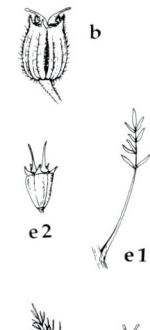

b

e 2

e 1

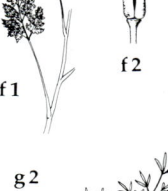

f 1

f 2

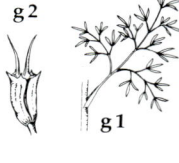

g 2

g 1

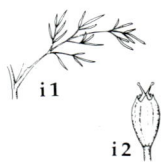

i 1

i 2

k 2

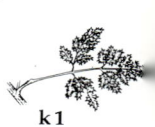

k 1

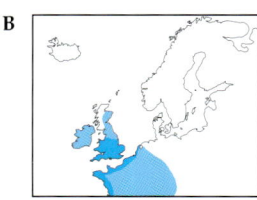

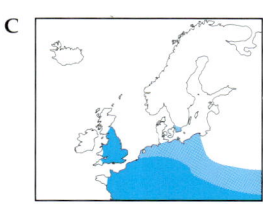

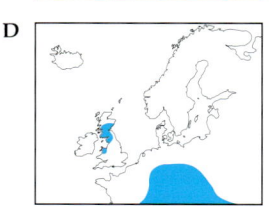

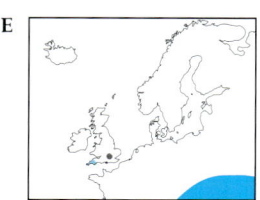

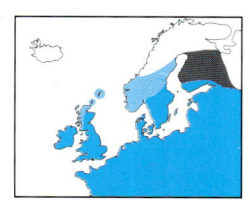

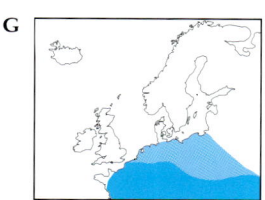

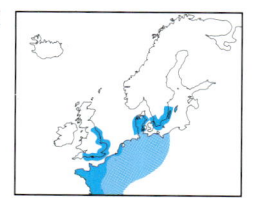

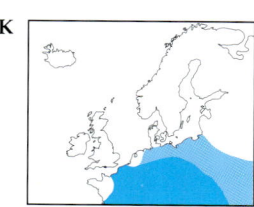

A Hundspetersilie *Aethusa cynapium* Kahle, einjährige Pflanze bis 1,2 m, meist jedoch viel kleiner. Blätter zweifach gefiedert. Hüllblätter fehlen (gelegentlich eines vorhanden); Hüllchenblätter lang und schmal, auffällig auf der äußeren Seite der Döldchen herabhängend. Frucht oval und gerippt, 3–4 mm lang. Im ganzen Gebiet als Unkraut auf Ackerland, häufig.
Ssp. *cynapioides* ist größer, Stengel weniger stark gefurcht, Hüllchenblätter lang. Wälder in Südschweden, Deutschland und Frankreich. Blüht 6–8.

B Fenchel *Foeniculum vulgare* Hohe und kräftige, aufrechte, kahle, graugrüne Mehrjährige bis 2,5 m. Markige Stengel schwach gerillt, im Alter etwas röhrig werdend. Blätter sehr fein in graugrün wachsig, fädliche, ausgebreitete Blättchen von 4–6 mm geteilt, die verhärtete Spitzen haben. Dolden end- und achselständig, 40–80 mm im Durchmesser, mit zahlreichen Strahlen; Hüllen und Hüllchen meist fehlend; Blüten gelb; Frucht eiförmig und gerippt. An Küstenstandorten; von Holland südlich, wahrscheinlich jedoch nur im Süden des Gebiets heimisch. Blüht 7–10.

C Wiesensilge *Silaum silaus* Kahle Einjährige bis 1 m, mit markigen, gefurchten Stengeln. Grundblätter mit dreieckigem Umriß, zwei- bis vierfach gefiedert, mit linealischen, gespitzten, sehr fein gezähnten Blättchen; wenige, kleine Stengelblätter. Dolden langgestielt, end- und achselständig, 20–60 mm im Durchmesser, mit 5–15 Strahlen; Hüllblätter meist fehlend oder bis zu drei, Hüllchenblätter schmal; Blüten hellgelb. Frucht eiförmig bis länglich, 5 mm lang. Auf Grasland, oft auf schweren Böden; von Südschweden südlich. Blüht 6–8.

D Bärwurz *Meum athamanticum* Kahle, stark aromatische Mehrjährige bis 60 cm, Wurzelstock von faserigen Überresten der vorjährigen Blattstiele gekrönt; Stengel hohl und gestreift. Blätter hauptsächlich grundständig, drei- bis vierfach gefiedert, mit sehr feinen, fädlichen Abschnitten, manchmal scheinbar in Quirlen (**d**). Dolden end- oder achselständig, 30–60 mm im Durchmesser, keine oder nur wenige Hüllblätter, wenige Hüllchenblätter, alle fädlich und klein; Frucht 6–10 mm lang, elliptisch. In Bergregionen von Belgien, Frankreich, Deutschland und Großbritannien. Blüht 6–7. ▽

E *Physospermum cornubiense* Beinahe kahle Einjährige, mit aufrechten, markigen und gestreiften Stengeln bis 1 m. Grundblätter langgestielt, doppelt dreizählig mit langgestielten, am Grunde keilförmigen, fiederlappigen Abschnitten. Dolden 20–50 mm im Durchmesser, mit schmalen, gespitzten Hüll- und Hüllchenblättern; Früchte glatt und rund, 3–4 mm lang, wie kleine Blasen (**e**). An schattigen Standorten; vom Süden Großbritanniens und von Frankreich südlich. Blüht 7–8. ▽

F Gefleckter Schierling *Conium maculatum* Aufrechte, verzweigte Zweijährige oder im Herbst keimend, dann überwinternd und im nächsten Frühjahr blühend, fruchtend und bald absterbend; beinahe kahl, mit violett gefleckten Stengeln bis 2,5 m; stark riechend und giftig. Untere Blätter groß, bis 40 cm, mit dreieckigem Umriß, aber zwei- bis vierfach mit feinen, kahlen Blättchen gefiedert. Dolden end- und achselständig, 20–50 mm im Durchmesser, mit wenigen kleinen, zurückgeschlagenen Hüllblättern und ähnlichen, aber kleineren Hüllchenblättern. Blüten weiß; Frucht beinahe kugelig, mit wellig gekerbten Rippen. Im ganzen Gebiet, außer im hohen Norden; an verschiedenen Standorten, besonders Flußufer, Gebüsch und Ruderalflächen. Blüht 6–7. ▽

Hasenohr *Bupleurum* Kahle ein- oder mehrjährige Pflanzen mit charakteristischen, einfachen, ungeteilten Blättern. Blüten gelb, nicht gekerbt; Kelchblätter meist fehlend.

G Rundblättriges Hasenohr *Bupleurum rotundifolium* Aufrechte, graugrüne Einjährige bis etwa 50 cm, mit hohlen Stengeln. Blätter elliptisch bis rund, 2–5 cm im Durchmesser, die unteren in den Stiel verschmälert, die oberen vollständig stengelumfassend. Dolden 10–30 mm im Durchmesser, mit wenigen Strahlen, ohne Hüllen; die auffälligen Hüllchenblätter eiförmig, am Grunde verwachsen, gelblich-grün, einen Kragen um die Blüten formend; Blüten gelb. Auf Ackerland und trockenen, offenen Standorten, selten und abnehmend; von Belgien und Deutschland südlich. Blüht 6–8. ▽

H *Bupleurum baldense* Zarte, aufrechte Einjährige, oft weniger als 10 cm hoch, vielfach verzweigt. Blätter linealisch bis löffelförmig und scharf bespitzt. Dolden wenigblütig, 10–15 mm im Durchmesser, Hüllblätter länger als die längsten Strahlen; Hüllchenblätter borstig bespitzt und gelblich, die Blüten beinahe verbergend. Auf trockenen, offenen Standorten, oft nahe am Meer und auf kalkigem Untergrund; von England und Nordfrankreich südlich, selten. Blüht 6–7. ▽

I Salz-Hasenohr *Bupleurum tenuissimum* Zarte, niederliegende oder aufrechte Einjährige bis 50 cm, mit drahtigen Stengeln. Blätter linealisch-lanzettlich bis löffelförmig, bis 50 mm lang, gespitzt. Dolden klein, weniger als 5 mm im Durchmesser, in den Blattachseln und sehr kurzgestielt. Auf grasigen Küstenstandorten, hochgelegenen Bereichen von Salzmarschen; von Gotland (Südostschweden) südlich. Blüht 7–9. ▽

J *Bupleurum gerardii* Ähnelt dem Salz-Hasenohr, Blätter jedoch stärker sichelförmig. Trockenere Standorte; von Nordwestfrankreich südlich. Blüht 7–9. ▽

K Sichelblättriges Hasenohr *Bupleurum falcatum* Aufrechte, kahle Mehrjährige mit hohlen Stengeln bis 1,3 m. Blätter schmal-löffelförmig, 3–8 cm lang, gebogen, die unteren gestielt, die oberen stengelumfassend. Dolden gestielt, bis 40 mm im Durchmesser, mit 3–15 Strahlen; zwei bis fünf Hüllblätter, schmal und ungleich; fünf Hüllchenblätter, linealisch-lanzettlich. Blüten gelb, Frucht länglich und mit roter Spitze. Von Belgien und Südengland südlich; an grasigen, oft kalkigen Standorten und Ruderalflächen, z. B. auf Schuttplätzen. Blüht 7–9. ▽

A	B	C	G
D		F	
H	I		K

A Hundspetersilie

B Fenchel

C Wiesensilge

D Bärwurz

F Gefleckter Schierling

G Rundblättriges Hasenohr

H *Bupleurum baldense*

I Salz-Hasenohr

K Sichelblättriges Hasenohr

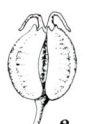

e

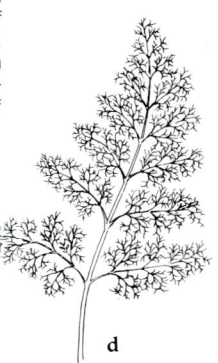

d

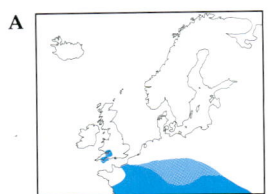

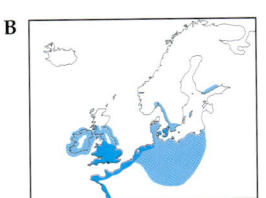

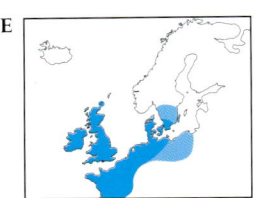

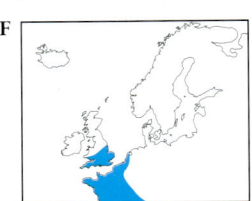

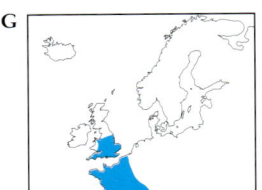

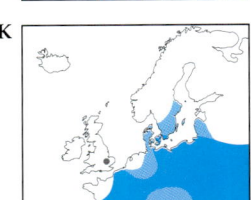

A Faserschirm *Trinia glauca* Kahle, aufrechte, wachsig graugrüne Mehrjährige bis 50 cm (meist weniger), vom Grund an regelmäßig verzweigt. Blätter zwei- bis dreifach gefiedert, Abschnitte bis 30 mm groß. Getrennte männliche und weibliche Pflanzen; Dolden der männlichen Pflanzen flach, 10 mm breit, mit vier bis sieben gleich langen Strahlen; Dolden der weiblichen Pflanzen 30 mm im Durchmesser. Strahlen ungleich lang; Hüllblätter fehlend oder ein einzelnes, dreilappiges vorhanden; zwei bis drei Hüllchenblätter, einfach; Frucht eiförmig, gerippt, etwa 2 mm lang. Von Südengland und Süddeutschland südlich; auf sonnigen, grasigen oder felsigen Standorten auf Kalk, selten. Blüht 5–6. ▽

Sellerie *Apium* Kahle, mehrjährige Kräuter mit einfach gefiederten oder dreizähligen Blättern. Hüll- und Hüllchenblätter fehlend oder nur wenige vorhanden; Kelchblätter winzig oder fehlend; Blüten mehr oder weniger weiß.

B Echter Sellerie *Apium graveolens* Kräftige Zweijährige bis 1 m, mit starkem Sellerieduft; Stengel markig und gefurcht. Grundblätter einfach gefiedert, die rhombischen Abschnitte gelappt und gezähnt, gelegentlich fast doppelt gefiedert; obere Stengelblätter dreizählig, gestielt. Dolden end- und achselständig, 40–60 mm im Durchmesser, kurzgestielt oder ungestielt; Hülle und Hüllchen fehlen; Blüten grünlich-weiß. Frucht breit-eiförmig, bis 2 mm. Von Dänemark südlich; auf feuchten, meist salzhaltigen Standorten, überwiegend küstennah. Blüht 6–8. ▽

C Knotenblütiger Sellerie *Apium nodiflorum* Kriechende Mehrjährige mit aufsteigenden, hohlen Stengeln, an den unteren Knoten wurzelnd. Blätter einfach gefiedert, mit vier bis sechs Paar hellgrünen Blättchen (vgl. Berle, die mehr Paare bläulicher Blättchen hat, siehe Seite 164). Dolden in den Blattachseln, kurzgestielt, drei bis zwölf Strahlen; Hüllen meist fehlend, fünf Hüllchenblätter, schmal-lanzettlich; Blüten weiß; Frucht breit-oval. An nassen Standorten; von Holland südlich, mit westlichem Verbreitungsschwerpunkt. Blüht 7–8. ▽

D Kriechender Sellerie *Apium repens* Dem Knotenblütigen Sellerie sehr ähnlich, Stengel jedoch an allen Knoten wurzelnd; Blattabschnitte breiter und stärker abgerundet; drei bis sieben Hüllblätter, Strahlen meist nur drei bis sechs. Ähnliche Standorte; von Dänemark südlich, wegen Verwechslung mit der vorherigen Art jedoch nicht präzise erfaßt. Blüht 7–8. ▽

E Flutender Sellerie *Apium inundatum* Zarte, kriechende, oft untergetauchte Mehrjährige bis 75 cm, Stengel beinahe glatt. Untere Blätter einfach gefiedert, Blättchen fädlich; obere Blätter gefiedert, mit breiteren, oft dreilappigen Abschnitten. Dolden achselständig, bis 35 mm lang, gestielt, Hüllen fehlen, drei bis sechs lanzettliche Hüllchenblätter; Blüten weiß; Frucht elliptisch-länglich, 2 mm lang. An nassen oder schlammigen Standorten, selten; von Südostschweden südlich. Blüht 6–8. ▽

F *Petroselinum segetum* Zarte, kahle, dunkel graugrüne Ein- oder Zweijährige mit Petersiliengeruch und runden, markigen Stengeln bis 1 m. Blätter einfach gefiedert, mit zahlreichen eiförmigen, gezähnten oder gelappten Abschnitten und festen, vorwärtsweisenden Spitzen. Dolden ungleichmäßig, bis 50 mm im Durchmesser, mit nur zwei bis fünf Strahlen unterschiedlicher Länge; Hülle und Hüllchen borstenartig; nur wenige, weiße Blüten pro Dolde; Frucht eiförmig, 2–4 mm lang (f). In Hecken, auf Feldern und Ruderalstandorten nahe der Küste; von Holland südlich. Blüht 8–10. ▽

G Gewürzdolde *Sison amomum* Aufrechte, stark verzweigte, zarte Zweijährige mit markigen Stengeln bis 1 m, beim Zerreiben mit unangenehmem Geruch (als Mischung aus Muskat und Benzin beschrieben!). Untere Blätter einfach gefiedert, langgestielt, mit sieben bis neun Paar eiförmigen, gezähnten Abschnitten; obere Blätter dreizählig, mit schmaleren Blättchen; alle Blätter hellgrün (vgl. mit *Petroselinum segetum*). Dolden end- und achselständig, 10–40 mm im Durchmesser, mit nur drei bis sechs zarten, ungleich langen Strahlen; Hülle und Hüllchen borstenartig, Blüten weiß, Frucht beinahe rund, 3 mm lang. Von England und Nordfrankreich südlich; in Hecken und auf Grasland, meist auf schweren Böden. Blüht 7–9. ▽

H Wasserschierling *Cicuta virosa* Kräftige, aufrechte Mehrjährige bis 1,2 m. Stengel gefurcht und hohl. Hochgiftig! Blätter mit dreieckigem Umriß, bis 30 cm lang, zwei- bis dreifach gefiedert, mit schmalen, scharf gezähnten und gespitzten Blättchen; Stiele rund und hohl. Dolden endständig, langgestielt, groß, bis 13 cm im Durchmesser und mit gerundeter Oberfläche; Hüllen fehlen, Hüllchenblätter riemenförmig, lang und zahlreich; Blüten zahlreich, weiß; Frucht kugelig, 2 mm lang. In Mooren und im Flachwasser; im ganzen Gebiet. Blüht 7–8. ▽

I Große Knorpelmöhre *Ammi majus* Aufrechte, kahle Ein- oder Zweijährige bis 1 m. Blätter gefiedert, graugrün, alle Abschnitte mit hart bespitzten Zähnen. Blüten weiß, in Dolden von 3–6 cm Durchmesser, mit 50 oder mehr Strahlen; Hüllblätter meist fiederspaltig, etwa halb so lang wie die Strahlen; Frucht eiförmig, blaß, gerippt, 2 mm lang. Auf Ruderalflächen oder nackten, felsigen Standorten; von Nordfrankreich südlich, weiter im Norden nur gelegentlich. Blüht 6–10. ▽

J *Ptychotis saxifraga* Kahle Zweijährige bis 60 cm. Blätter gefiedert, Abschnitte gezähnt oder fiederspaltig gelappt; obere Blätter fein geteilt, Stengel scheidig umfassend. Blüten weiß, in kleinen, unregelmäßigen Dolden mit sechs bis zwölf Strahlen; wenige Hüllblätter, früh abfallend. Frucht 3 mm, länglich, schwach gerippt. An trockenen, felsigen Standorten und Schuttplätzen; von Nordfrankreich südlich. Blüht 6–8. ▽

K Sichelmöhre *Falcaria vulgaris* Charakteristische Ein- oder Zweijährige, graugrün und verzweigt, bis 80 cm groß, mit markigen, glatten Stengeln. Grundblätter bis 30 cm lang, langgestielt, einfach bis doppelt dreizählig, mit langen, schmalen, scharf gezähnten und bespitzten, gekrümmten Abschnitten – eine charakteristische Kombination. Dolden end- und achselständig, 6–12 cm im Durchmesser, mit linealischen Hüll- und Hüllchenblättern; Blüten weiß. Frucht länglich, gerippt. Von Nordfrankreich südlich, weiter im Norden vermutlich eingeschleppt; auf kalkigem Grasland. Blüht 7–9.

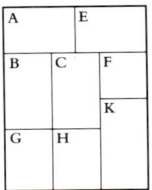

A Faserschirm

B Echter Sellerie

C Knotenblütiger Sellerie

E Flutender Sellerie

F *Petroselinum segetum*

G Gewürzdolde

H Wasserschierling

K Sichelmöhre

f

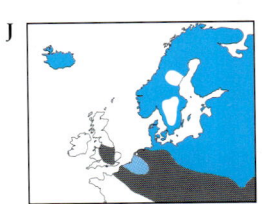

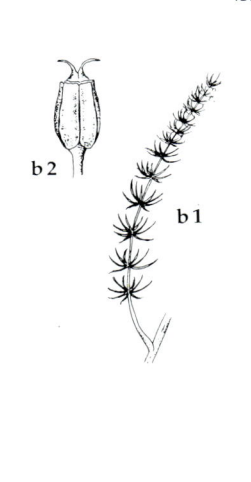

A Wiesen-Kümmel *Carum carvi* Aufrechte, verzweigte, kahle Mehrjährige, Stengel gestreift und hohl, bis 1,5 m, meist weniger. Blätter zwei- bis dreifach gefiedert, mit linealischen Abschnitten. Dolden langgestielt, 20–40 mm im Durchmesser, unsymmetrisch; Hülle und Hüllchen meist fehlend, falls vorhanden, nicht zurückgeschlagen; Blüten weiß oder rosa; Frucht eiförmig, bis 6 mm lang, beim Zerreiben mit dem typischen, aus der Küche bekannten Kümmelaroma. Auf grasigen Standorten und Schuttplätzen; im ganzen Gebiet, außer im hohen Norden, heimisch oder eingebürgert. Blüht 6–7.

B Quirl-Kümmel *Carum verticillatum* Aufrechte, kahle Mehrjährige bis 1 m, meist weniger, Stengel markig, wenig verzweigt und wenig beblättert. Grundblätter bis 25 cm, Umriß schmallänglich, 20–40 mm im Durchmesser, oben flach, mit zahlreichen schmalen, zurückgeschlagenen Hüll- und Hüllchenblättern; Blüten weiß, Frucht elliptisch, etwa 2 mm lang, mit deutlichen Rippen (**b 2**). Auf feuchtem, saurem Grasland und in Marschen; von Schottland und Holland südlich, mit westlichem Verbreitungsschwerpunkt. Blüht 6–8. ▽

C Brenndolde *Cnidium dubium* Kahle Mehrjährige bis 1 m, mit hohlen, oben gefurchten Stengeln. Blätter zwei- bis dreifach gefiedert, Abschnitte kahl, mit einer weißlichen Spitze; Stengelblätter mit scheidigen, violetten Stielen. Doldenstrahlen auf den Kanten geflügelt; Hüllchenblätter zahlreich, schmal, Frucht kugelig, 2–3 mm. Schattige Standorte und Ruderalflächen, meist nahe der Küste; Südskandinavien und Deutschland. Blüht 7–9. ▽

D Kümmel-Silge *Selinum carvifolia* Hohe, beinahe kahle Mehrjährige bis 1 m, Stengel markig und auf den Kanten geflügelt, verzweigt. Blätter zwei- bis vierfach gefiedert, mit linealisch-lanzettlichen, fein gezähnten Abschnitten, stachelspitzig (**d 1**). Dolden endständig, langgestielt, 30–70 mm im Durchmesser, ohne Hüllblätter, aber mit mehreren linealischen Hüllchenblättern, Blüten weiß; Frucht oval, 3–4 mm, abgeflacht und mit geflügelten Rippen (**d 2**). Im ganzen Gebiet; in Mooren und auf feuchten Wiesen. Blüht 7–10. ▽

E Pyrenäen-Silge *Selinum pyrenaeum* Ähnelt der Kümmel-Silge, ist jedoch kleiner, der Stengel ist gefurcht, aber nicht geflügelt, es gibt keine oder nur zwei Stengelblätter. Auf Bergwiesen; von den Vogesen südlich. Blüht 6–8. ▽

F *Ligusticum scoticum* Kahle, glänzend hellgrüne Mehrjährige bis 90 cm, am Grunde oft violett. Blätter doppelt dreizählig, hellgrün, mit ovalen Blättchen, die zur Spitze hin gezähnt sind; Blattstiele aufgeblasen, scheidig. Dolden endständig, langgestielt, 40–60 mm im Durchmesser, Hüll- und Hüllchenblätter schmal-linealisch; Blüten grünlich-weiß; Frucht länglich-eiförmig, 5–8 mm lang, Kelchzähne bleibend. An felsiger oder kiesiger Küste; von Großbritannien bis Norwegen und an vereinzelten Standorten in Schweden an der Ostsee. Blüht 6–8. ▽

G Alpen-Mutterwurz *Ligusticum mutellina* Um den Wurzelstock dicht faserig, zwei- bis dreifach gefiederte Blätter, Blüten rot bis violett. Standorte in den Bergen; von Ostfrankreich und Süddeutschland südlich. Blüht 7–8. ▽

H Wald-Engelwurz *Angelica silvestris* Kräftige, beinahe kahle Mehrjährige mit breiten, hohlen, violetten Stengeln, bis über 2 m. Blätter bis 60 cm groß, mit dreieckigem Umriß, zwei- bis dreifach gefiedert, Blättchen länglich oval, gezähnt und mit asymmetrischem Grund (**h 1**); Stiele sehr auffällig breit, aufgeblasen, hohl und scheidig; die obersten Blätter fast nur aus den Scheiden bestehend. Dolden endständig und seitenständig, bis 15 cm im Durchmesser, mit zahlreichen Strahlen; Hüllblätter fehlend oder sehr wenige, Hüllchenblätter wenige und sehr schmal; Kelchzähne winzig, Kronblätter weiß bis rosa; Frucht oval, 5 mm lang, stark abgeflacht und geflügelt (**h 2**). Feuchte oder schattige Standorte; im ganzen Gebiet, häufig. Blüht 6–9.

I Sumpf-Engelwurz *Angelica palustris* Der Wald-Engelwurz ähnlich, jedoch gewöhnlich kleiner. Blüten mit gut entwickelten, weißlichen Kelchblättern (fehlen bei der Wald-Engelwurz). Ähnliche Standorte; von der Mitte Deutschlands östlich. Blüht 6–9. ▽

J Arznei-Engelwurz *Angelica archangelica* Der Wald-Engelwurz recht ähnlich, Stengel aber gewöhnlich grün; Blattabschnitte zackiger eingeschnitten und asymmetrisch, Endabschnitt tief dreilappig (**j 1**); Blüten grünlich-weiß bis gelb; Frucht dick korkig (nicht häutig) geflügelt (**j 2**). Auf Weiden, an Flußufern und an feuchten Standorten; von Holland und Dänemark nördlich. Zur Herstellung von Süßwaren und für Likör verwendet. Blüht 6–9. ▽

A	B	C
D	E	J
H		F

A Wiesen-Kümmel

B Quirl-Kümmel

C Brenndolde

D Kümmel-Silge

E Pyrenäen-Silge

F *Ligusticum scoticum*

H Wald-Engelwurz

J Arznei-Engelwurz

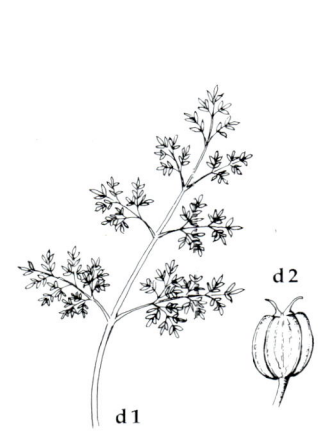

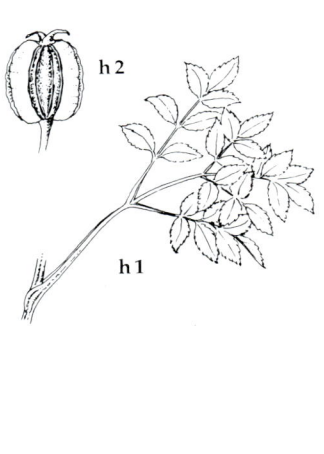

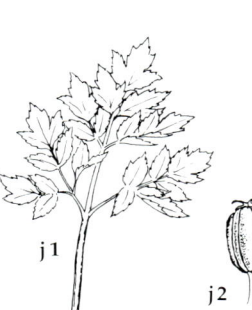

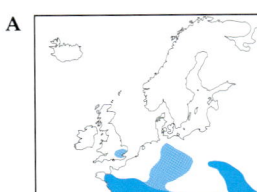

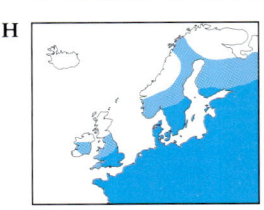

Haarstrang *Peucedanum* Mehrjährige oder Zweijährige. Blätter gefiedert oder dreizählig. Blüten weiß, gelb oder rosa, mit breit-eiförmigen Kronblättern; Kelchzähne klein oder fehlend; Frucht zusammengedrückt, mit Rippen und Flügeln.

A Arznei-Haarstrang *Peucedanum officinale* Kräftige, kahle Mehrjährige bis 2 m, Stengelbasis oft sehr breit, mit zahlreichen Fasern; Stengel nur schwach oder gar nicht gefurcht. Blätter vier- bis sechsfach dreizählig, mit flach-linealischen, ungezähnten und an beiden Enden verjüngten Blättchen von 4–10 cm. Dolden end- und achselständig, bis 20 cm im Durchmesser, mit zahlreichen Strahlen, Knospen nickend, Blüten aber aufrecht; Hüllblätter bis zu drei oder fehlend sowie einige sehr schmale Hüllchenblätter; Blüten schwefelgelb; Frucht länglich-eiförmig, bis 1 cm lang, gerippt. Grasland auf Ton, meist küstennah; von Nordfrankreich und Süddeutschland südlich. Blüht 7–9. ▽

B Kümmel-Haarstrang *Peucedanum carvifolia* Ähnlich dem Arznei-Haarstrang, Blätter jedoch einfach gefiedert, mit tief fiederspaltig gelappten Abschnitten, auf beiden Seiten glänzend; Hüllblätter fehlend, Hüllchenblätter nur wenige; Frucht mit durchscheinenden Flügeln. Auf grasigen Standorten und Schuttplätzen; von Holland südlich. Blüht 6–8. ▽

C Berg-Haarstrang *Peucedanum oreoselinum* Hohe Einjährige bis 1 m, mit markigen, gestreiften, aber nicht gefurchten Stengeln. Untere Blätter mit dreieckigem Umriß, bis 40 cm, zwei- bis dreifach gefiedert, Stiele oft wellig; Abschnitte eiförmig und gelappt. Dolden mit zahlreichen schmalen, zurückgeschlagenen Hüll- und Hüllchenblättern; Kelchblätter eiförmig, Kronblätter weiß oder rosa; Frucht dick geflügelt. An grasigen, felsigen Standorten, Gebüsch; von Südskandinavien südlich, selten. Blüht 6–8. ▽

D *Peucedanum lancifolium* Ähnlich dem Berg-Haarstrang, Wurzelstock jedoch nicht von Fasern umgeben. Blattabschnitte sehr schmal und ungezähnt; Kronblätter weiß oder gelblich. In nassen Wiesen und Marschen; nur in Nordwestfrankreich. Blüht 7–10. ▽

E Sumpf-Haarstrang *Peucedanum palustre* Völlig kahle Zweijährige, bis 1,6 m hoch, Stengel gefurcht, hohl und oft violett. Blätter mit dreieckigem Umriß, zwei- bis vierfach gefiedert (**e 1**), die Endlappen länglich-linealisch und stumpf; Blattstiele rinnig und manchmal aufgeblasen. Dolden 3–8 cm im Durchmesser, mit 20–40 Strahlen; Hüll- und Hüllchenblätter je vier oder mehr, lang und schmal, manchmal gegabelt, zurückgebogen; Kronblätter weiß, Kelchblätter eiförmig; Frucht oval, abgeflacht und besonders an den Rändern geflügelt (**e 2**). An nassen, meist kalkigen Standorten; im ganzen Gebiet, aber nur lokal verbreitet. Blüht 7–9. ▽

F Hirsch-Haarstrang *Peucedanum cervaria* Ähnelt dem Sumpf-Haarstrang, hat jedoch einen faserigen Stengelgrund und weniger stark gefurchte Stengel. Blattabschnitte stärker gespitzt; Hüllblätter zahlreicher und oft fiedrig eingeschnitten. An grasigen Standorten; Mitteleuropa, westlich bis Belgien, Frankreich und Deutschland. Blüht 7–9. ▽

G Meisterwurz *Peucedanum ostruthium* Aufrechte, flaumige Zwei- oder Mehrjährige bis 1 m, mit hohlen, gefurchten Stengeln. Blätter ein- bis zweifach dreizählig, mit unregelmäßig gezähnten Abschnitten; Stiele der oberen Stengelblätter stark aufgeblasen. Blüten weiß oder rosa, in Dolden von 6–12 cm Durchmesser, mit bis zu 50 Strahlen. Hüllblätter fehlen, wenige Hüllchenblätter, sehr schmal. Frucht beinahe rund, geflügelt, 4–5 mm lang. An grasigen Standorten der Berge heimisch; von Frankreich und Deutschland südlich, gelegentlich andernorts eingebürgert. Blüht 7–8. ▽

H Pastinak *Pastinaca sativa* Aufrechte, verzweigte, flaumige Zweijährige mit hohlen, gefurchten und kantigen Stengeln (gelegentlich auch markig und ungefurcht) bis 1 m. Grundblätter einfach gefiedert, mit eiförmigen, gelappten und gefiederten Abschnitten. Dolden 3–10 cm im Durchmesser, mit 5–20 Strahlen; Hüll- und Hüllchenblätter nur sehr wenige oder fehlend, früh abfallend; Blüten gelb; Frucht oval und abgeflacht, die Kanten schmal geflügelt. Auf Grasland, in Gebüsch und auf Ruderalstandorten, besonders auf trockenen, kalkigen Böden; außer in Teilen des Nordens im ganzen Gebiet verbreitet. Blüht 6–8.

I Wiesen-Bärenklau *Heracleum sphondylium* Kräftige, aufrechte, rauh behaarte Mehrjährige bis 2,5 m, Stengel hohl und gefurcht. Blätter bis 60 cm groß, meist einfach gefiedert, aber veränderlich, Blättchen eiförmig, gezähnt oder gelappt, auf beiden Seiten behaart. Dolden bis 20 cm Durchmesser, mit bis zu 45 Strahlen; Hüllen meist fehlend, Hüllchen borstenartig und zurückgeschlagen; Blüten weiß, bis 1 cm im Durchmesser, mit gekerbten Kronblättern, die an den äußeren Blüten von sehr unterschiedlicher Größe sind; Frucht elliptisch, abgeflacht und kahl. Außer im hohen Norden verbreitet und häufig; auf Grasland und Schuttplätzen, an Straßenrändern und in lichten Wäldern. Blüht 5–8.

J Riesen-Bärenklau *Heracleum mantegazzianum* Riesige, krautige Zwei- oder Mehrjährige bis 5 m, Stengel hohl, gefurcht und violett gefleckt, bis 10 cm dick. Blätter ähnlich wie Wiesen-Bärenklau, aber größer, bis 1 m, mit schärfer gespitzten Blättchen. Dolden bis 50 cm im Durchmesser, mit großen Blüten. Kann bei Berührung im Sonnenlicht Hautausschläge verursachen. Aus dem Kaukasus eingeführt, jetzt vor allem entlang von Flüssen eingebürgert. Blüht 6–7.

K Zirmet *Tordylium maximum* Aufrechte, verzweigte Ein- oder Zweijährige bis über 1 m Höhe. Gefurchte Stengel mit anliegenden Borsten. Blätter gefiedert; Abschnitte der unteren Blätter eiförmig oder beinahe rund, gezähnt; Abschnitte der oberen Blätter schmal-lanzettlich und stark gezähnt (**k 1**). Dolden end- und achselständig, langgestielt, mit zahlreichen schmalen Hüll- und Hüllchenblättern, borstig; Blüten weiß, Kronblätter ungleichmäßig, Kelchblätter so lang wie die Kronblätter; Frucht länglich und borstig, mit knorpelig verdickten Flügeln (**k 2**). Von Belgien und Südostengland südlich; auf Grasland, im Norden des Gebietes möglicherweise nicht heimisch. Blüht 6–7. ▽

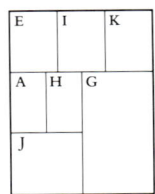

A Arznei-Haarstrang

E Sumpf-Haarstrang

G Meisterwurz

H Pastinak

I Wiesen-Bärenklau

J Riesen-Bärenklau

K Zirmet

e 2

e 1

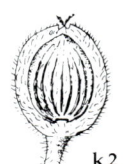

k 2

k 1

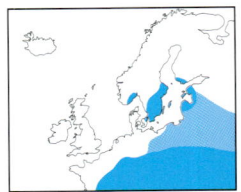

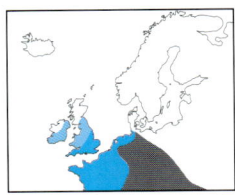

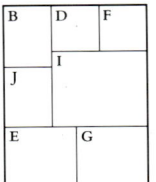

A Berg-Laserkraut *Laserpitium siler* Aufrechte Mehrjährige bis 1,2 m. Stengel gerillt, beinahe kahl, von faserigen Resten alter Blätter umgeben. Blätter dreifach gefiedert, Umriß dreieckig, Abschnitte graugrün und ungezähnt. Blüten weiß, in großen Dolden bis 14 cm Durchmesser, mit bis zu 40 Strahlen und zahlreichen zurückgeschlagenen Hüllblättern. Frucht eiförmig, etwa 1 cm und geflügelt. In Gebüsch und auf nackten, kalkigen, steinigen Böden; von Zentralfrankreich und Deutschland südlich. Blüht 6–9. ▽

B Breitblättriges Laserkraut *Laserpitium latifolium* Kräftige, beinahe kahle, graugrüne Mehrjährige mit runden, gestreiften, festen Stengeln bis 2 m. Blätter mit dreieckigem Umriß, zweifach gefiedert, eiförmige Blättchen gezähnt, am Grunde ungleichmäßig herzförmig; Stiele der oberen Blätter stark aufgeblasen (**b**). Dolden groß, mit 25–40 Strahlen; Hüllblätter zahlreich, schmal und herabhängend, Hüllchenblätter nur wenige, sehr schmal; Blüten weiß, Frucht oval, 5–10 mm lang, geflügelt, aber nicht abgeflacht. Von Mittelschweden südlich; verbreitet, aber nur lokal, in lichten Wäldern, Gebüschen und an felsigen Standorten, meist auf Kalk und in den Bergen. Blüht 6–8. ▽

C Preußisches Laserkraut *Laserpitium prutenicum* Zweijährige bis 1 m, mit einem zarteren, gefurchten Stengel. Hüll- und Hüllchenblätter zahlreich und behaart (beim Breitblättrigen Laserkraut sind sie kahl); Blüten weiß oder gelblich. An Bergstandorten, in Wäldern und auf Grasland; von Norddeutschland südlich. Blüht 6–9. ▽

D Knotiger Klettenkerbel *Torilis nodosa* Kriechende oder aufsteigende, zarte Einjährige bis 50 cm, Stengel gefurcht, fest, mit wenigen, zurückgebogenen Haaren. Blätter weniger als 10 cm, ein- bis zweifach gefiedert, mit tief gespaltenen Abschnitten. Dolden in Blattachseln, weniger als 10 mm im Durchmesser, völlig ungestielt und mit sehr kurzen Strahlen; Hüllblätter fehlen, Hüllchenblätter länger als die Blüten; Kronblätter rosa bis weiß, Kelchblätter sehr klein; Frucht 2–3 mm, von Warzen und geraden Stacheln bedeckt (**d**). Von Holland südlich, im Norden des Gebiets wahrscheinlich nicht heimisch; auf trockenen Böschungen und auf Ackerland, selten. Blüht 5–7. ▽

E Gewöhnlicher Klettenkerbel *Torilis japonica* Aufrechte, zarte Einjährige mit festen, gefleckten, rauhen Stengeln bis 1,25 m, und geraden, angedrückten Haaren. Blätter ein- bis dreifach gefiedert, stumpf grün und behaart. Dolden end- und achselständig, gestielt, bis 40 mm im Durchmesser, mit fünf bis zwölf Strahlen; Hüll- und Hüllchenblätter vorhanden; Blüten rosa oder violettweiß; Frucht oval, bis 4 mm, mit hakigen Borsten und zurückgebogenen Griffeln (**e**). Straßenränder, Hecken, Schuttplätze und Waldränder; im

ganzen Gebiet, außer im hohen Norden. Blüht 7–8.

F Acker-Klettenkerbel *Torilis arvensis* Dem Gewöhnlichen Klettenkerbel recht ähnlich, aber kleiner, bis 50 cm groß, verzweigt oder unverzweigt. Dolden langgestielt, mit drei bis fünf Strahlen. Hüllen fehlend, Hüllchenblätter rauh behaart; Frucht mit gebogenen, aber nicht hakigen Stacheln, an der Spitze verdickt; Griffel auf der Frucht auseinanderweisend (**f**). Auf Ackerland und Ruderalflächen; von Holland und Südengland südlich, selten und abnehmend. Blüht 7–9. ▽

G Möhren-Haftdolde *Caucalis platycarpos* Aufrechte, schwach flaumige Einjährige, Stengel fest und etwas kantig, bis 40 cm. Blätter zwei- bis dreifach gefiedert. Blütenstände ähnlich wie beim Klettenkerbel, aber mit auffällig grünen Kelchblättern, bis zu 10 mm langen Früchten, auf den Rippen einreihig bestachelt (**g**). Auf Ackerland und Ruderalflächen, besonders auf kalkigem Boden; von Holland und Deutschland südlich. Blüht 6–7. ▽

H Breitblättrige Haftdolde *Caucalis latifolia* Im Unterschied zur Möhren-Haftdolde größer (bis 60 cm) und stärker filzig, mit einfach gefiederten Blättern. Dolden zwei- bis fünfstrahlig, mit wenigstens so vielen Hüll- und Hüllchenblättern; Blüten 5 mm breit (2 mm bei der Möhren-Haftdolde); Frucht 6–10 mm, mit zwei bis drei Stachelreihen auf den Rippen. Auf Ackerland und Schuttplätzen; von Deutschland und Belgien südlich. Blüht 6–8. ▽

I Großblütiger Breitsame *Orlaya grandiflora* Aufrechte Einjährige bis 40 cm, am Grunde behaart. Blätter zwei- bis dreifach gefiedert. Dolden langgestielt, mit fünf bis zwölf Strahlen; Blüten weiß oder rosa, die äußeren Kronblätter bis achtmal so lang wie die anderen. Frucht 7–8 mm, eiförmig und abgeflacht, mit Reihen hakiger Borsten. An trockenen, grasigen Standorten; von Belgien und Deutschland südlich. Blüht 6–8. ▽

J Wilde Möhre *Daucus carota* Formenreiche, aufrechte oder ausladende Ein- oder Zweijährige bis 1 m, meist rauhhaarig; Stengel fest und gefurcht. Blätter zwei- bis dreifach gefiedert, mit schmalen, linealischen Abschnitten. Dolden langgestielt, bis 70 mm im Durchmesser, mit zahlreichen, großen und blattartigen, fiederspaltigen Hüllblättern, die einen auffälligen Kragen bilden; Hüllchenblätter zahlreich; Blüten weiß und dicht gedrängt, die zentrale Blüte oft rötlich-schwarz; Frucht oval, 2–4 mm lang, mit vier stacheligen Rippen; Doldenstrahlen nach der Blüte steif aufrecht, einen nestförmigen Fruchtstand bildend. Auf Grasland, besonders nahe der Küste; im ganzen Gebiet, im hohen Norden jedoch selten. Blüht 6–8.

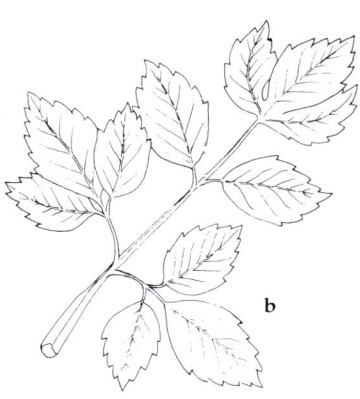

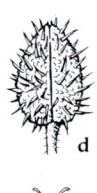

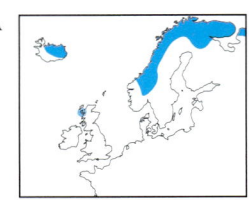

A

B

F

Diapensiaceae

Mehrjährige Kräuter oder kleine Sträucher. Blüten radiärsymmetrisch, fünfzählig, mit oberständigem Fruchtknoten und dreilappiger Narbe.

A Bergzierde *Diapensia lapponica* Niederwüchsige, dichte, immergrüne Pflanze oder Halbstrauch, kleine Polster bildend. Blätter klein, bis 1 cm, ledrig, dunkelgrün und glänzend, ungefähr eiförmig, mit abgerundeter Spitze; Blüten fünfzählig, einzeln, aber oft zahlreich; Kronblätter milchig-weiß, 1 cm lang, abgerundet; fünf Staubblätter mit verbreiterten Filamenten, zu den Kronblättern auf Lücke stehend. Griffel einzeln, aber dreilappig; (vgl. mit Steinbrech-Arten, die zwei Griffel haben, siehe Seite 90). Bergstandorte und Tundra, besonders exponierte, steinige Grate, wo sie gehäuft vorkommen kann. Nur Nordeuropa. Blüht 5–7. ▽

Wintergrüngewächse
Pyrolaceae

Kleine, mehrjährige Kräuter mit zwittrigen, fünf- oder gelegentlich vierzähligen Blüten; Kronblätter frei, meist zehn Staubblätter.

B Kleines Wintergrün *Pyrola minor* Niedrige, immergrüne Pflanze, die aufrechten Blütentriebe bis 25 cm hoch. Blätter elliptisch, bis 40 mm breit, mit abgerundeten Zähnen, Stiele kürzer als die Spreite (**b 1**). Blütentrauben endständig, die einzelnen Blüten kugelig, 5–7 mm im Durchmesser; Kronblätter weiß bis blaßrosa; Griffel gerade, 1–2 mm lang, die Kronblätter nicht überragend (**b 2**). Im ganzen Gebiet verbreitet, in lichten Wäldern, Mooren und an Bergstandorten, meist auf Kalk, selten auf Dünen zu finden. Blüht 6–8. ▽

C Mittleres Wintergrün *Pyrola media* Dem Kleinen Wintergrün ähnlich, jedoch oft etwas größer; Blätter bis 6 cm breit, stärker abgerundet, Stiel mindestens so lang wie die Spreite (**c 1**). Blüten größer, 7–10 mm im Durchmesser, kugelig, Kronblätter weiß bis rosa; Griffel gerade, 4–6 mm lang, die Kronblätter überragend (**c 2**) und unter der Narbe zu einer Scheibe verbreitet. Besonders in nördlichen Kiefernwäldern, Mooren und Heiden. Fehlt im hohen Norden und in vielen Gebieten des Flachlandes, wie Belgien und Holland. Blüht 6–8. ▽

D Grünliches Wintergrün *Pyrola chlorantha* Niedrige Mehrjährige, Blätter gelbgrün, länglich bis rundlich, unterseits dunkler; der Stiel länger als die Spreite. Blüten 8–12 mm im Durchmesser, glockenförmig und gelblich-grün; Griffel etwa 7 mm lang, gekrümmt und aus der Blüte herausragend, unter der Narbe zu einer Scheibe verbreitert. Auf dem europäischen Kontinent verbreitet; überwiegend in Nadelwäldern, weniger oft auf offenem Grasland. Blüht 6–7. ▽

E Rundblättriges Wintergrün *Pyrola rotundifolia* Niedrige Mehrjährige, Blätter eiförmig bis rundlich, etwa 4 × 4 cm, mit runden Zähnen; Stiele deutlich länger als Spreite (**e 1**). Blüten 8–12 mm im Durchmesser, glockenförmig, aber weit öffnend; Kronblätter weiß, Griffel S-förmig, bis 10 mm lang (bei ssp. *maritima* nur 4–6 mm), deutlich herausragend (**e 2**), unter der Narbe mit einer Scheibe. Im ganzen Gebiet in Mooren, Wäldern und auf Bergweiden, oft auf basenreichen Böden. Die häufigste Unterart ist ssp. *rotundifolia*. Ssp. *maritima*, die auf Dünen vorkommt, ist durch einen kürzeren Griffel, kürzere Blütenstiele (weniger als 5 mm) und zwei bis fünf, statt ein bis zwei Schuppen am Blütentrieb gekennzeichnet. Blüht 5–8. ▽

F Norwegisches Wintergrün *Pyrola norvegica* Dem Rundblättrigen Wintergrün recht ähnlich, Blattstiel jedoch höchstens so lang wie die Spreite (**f 1**), die von ledriger Struktur ist; die Blüten sind meist größer, 10–25 mm im Durchmesser und häufig rosa (selten weiß); Griffel gebogen (**f 2**), aber ohne Scheibe unter der Narbe. Lokal häufig, auf trockenen, kalkigen Berghängen in Nordskandinavien. Blüht 6–8. ▽

G Nickendes Wintergrün *Orthilia secunda* Allgemein den *Pyrola*-Wintergrün-Arten ähnlich. Blätter eiförmig bis elliptisch, 20–40 mm lang, deutlich gezähnt, hellgrün; der Stiel ist kürzer als die Spreite. Blütenähren allerdings stark einseitswendig, die einzelnen Blüten von 5–6 mm Durchmesser, grünlich-weiß, mit einem geraden, hervorragenden Griffel. Im ganzen Gebiet, bis Nordschweden; in Laub- und Nadelwäldern oder an offenen Bergstandorten. Blüht 6–8. ▽

H Einblütiges Wintergrün *Moneses uniflora* Allgemeines Erscheinungsbild ist *Pyrola* ähnlich, Blätter jedoch gegenständig (nicht wechselständig) und Blüten einzeln. Blätter eiförmig bis fast kreisrund, gezähnt; der Stiel ist kürzer als die Spreite. Blüten groß, 15–20 mm im Durchmesser, sich weit öffnend, nickend, einzeln und weiß; Griffel 5–7 mm, gerade. Im ganzen Gebiet verbreitet, aber nur lokal vorkommend; meist in alten Nadelwäldern auf sauren Böden. Blüht 6–8. ▽

I Winterlieb *Chimaphila umbellata* Niedriger Halbstrauch mit gegenständigen oder beinahe quirlständigen Blättern, die eiförmig, dunkelgrün und ledrig sind. Blüten in doldenartigen Büscheln auf kurzen Stielen; einzelne Blüten rosa, kugelig, 8–12 mm im Durchmesser; Griffel kurz, nicht herausragend. Nur in Nord- und Osteuropa, lokal in Nadelwäldern und auf feuchten, felsigen Standorten. In Westeuropa überwiegend fehlend. Blüht 6–7. ▽

J Fichtenspargel *Monotropa hypopitys* Niedrige krautige Pflanze ohne Chlorophyll, saprophytisch auf Blatthumus lebend. Blätter alle schuppenförmig und wechselständig; die ganze Pflanze ist gelb bis milchig-weiß und wird im Alter braun. Stengel aufrecht. Schmal-glockenförmige Blüten, 9–14 mm lang und teilweise von Tragblättern verborgen, in einer endständigen, nickenden Ähre. Kann im Grunde nur mit der jungen Nestwurz-Orchidee verwechselt werden. Nur lokal, aber im ganzen Gebiet, außer im hohen Norden; in feuchten Nadel- und Buchenwäldern. Blüht 6–9. ▽

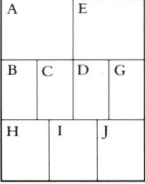

A Bergzierde

B Kleines Wintergrün

C Mittleres Wintergrün

D Grünliches Wintergrün

E Rundblättriges Wintergrün

G Nickendes Wintergrün

H Einblütiges Wintergrün

I Winterlieb

J Fichtenspargel

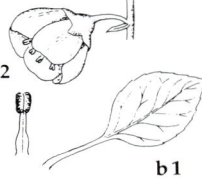

b 2

b 1

c1

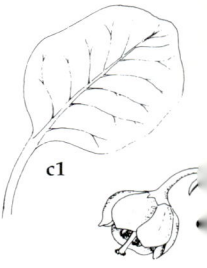

e 2

e 1

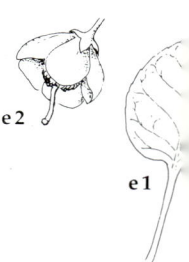

f 2

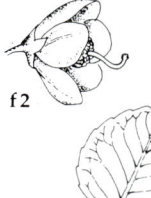

f 1

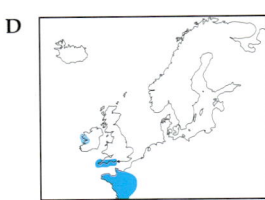

D

E

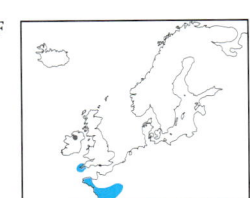

F

G

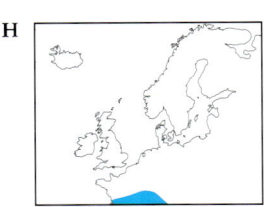

H

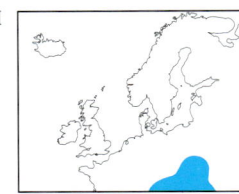

I

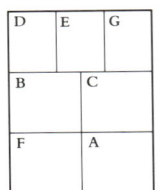

D	E	G
B		C
F		A

A Heidekraut

B Moor-Glocken-Heide

C Grau-Heide

D Erica ciliaris

E Erica mackaiana

F Erica vagans

G Erica erigena

Heidekrautgewächse *Ericaceae*

Mit Ausnahme weniger Bäume strauchige, meist niedrig wachsende Pflanzen. Blätter einfach, ohne Stipeln. Blüten meist vier- oder fünfzählig, Kronblätter normalerweise wenigstens zum Teil verwachsen, oft eine Röhre bildend. Staubblätter gewöhnlich doppelt so viele wie Kronblätter; mit Ausnahme von *Vaccinium* ist der Fruchtknoten oberständig. Griffel einfach, mit einem Köpfchen. Eine charakteristische Familie, die am häufigsten auf sauren und regelmäßig feuchten Standorten zu finden ist.

A Heidekraut *Calluna vulgaris* Immergrüner Zwergstrauch von 50—60 cm. Flaumig oder kahl, jedoch charakteristisch durch die sehr kleinen, 1—2 mm langen, ungestielten Blätter in vier dichten Reihen, und die kleinen, blaß rosavioletten Blüten von etwa 4 mm Länge. Überall verbreitet, oft dominierend, auf Heiden, in Mooren, auf Dünen, in Sümpfen und in lichten Wäldern; Böden sowohl naß als auch trocken, aber meist sauer. Blüht 7—9.

B Moor-Glocken-Heide *Erica tetralix* Grauflaumiger Zwergstrauch, kleiner (bis 30 cm) und aufrechter wachsend als die meisten Heidekräuter. Wenig verzweigt und typisch mit den großen, etwa 7 mm langen, blaßrosa Glockenblüten in dichten, einseitswendigen Büscheln. Die grauen Blätter in deutlichen Vierer-, gelegentlich auch Fünferquirlen entlang der Äste. Staubblätter in der Krone verborgen. Früchte flaumig. Verbreitet und lokal auch häufig; immer an nassen, sauren Standorten, z. B. in nassen Heiden oder Sümpfen. Blüht 6—9. ▽

C Grau-Heide *Erica cinerea* Kahler Zwergstrauch bis 50 cm, der Moor-Glocken-Heide ähnlich, aber stärker ausladend und mit mehr Blütenähren. Blätter zu dritt, in weniger deutlichen Quirlen, dunkelgrün und kahl. Blüten rötlich-violett, 5—6 mm lang, in Gruppen verstreut und nicht an der Spitze gedrängt wie bei der Moor-Glocken-Heide. Staubblätter in der Krone verborgen. Lokal häufig, auf trockeneren sauren Standorten, dort oft dominant. Verbreitet, im hohen Norden jedoch fehlend. Blüht 6—9. ▽

D *Erica ciliaris* Gewöhnlich größer als die obigen Arten, bis 70 cm, oft in charakteristischen Gruppen. Blätter zu dritt, 2—3 mm lang, nicht flaumig, sondern mit drüsigen Borsten auf den Kanten. Blüten groß, 8—10 mm lang, in langen, sich zur Spitze hin verschmälernden, tiefrosa Trauben. Frucht kahl. Feuchte, saure Standorte; ganz vereinzelt in Südwestengland, Irland und Westfrankreich. Blüht 6—9. ▽

E *Erica mackaiana* Ähnlich, die Blätter zeigen jedoch ein dunkleres Grün und stehen zu vieren quirlständig am Stengel, die Blüten sind kleiner und violett. Blüht 6—9. ▽

F *Erica vagans* Buschiger, mittelhoher Strauch bis zu 90 cm. Blätter 8—10 mm lang, linealisch, zu vier oder fünf in einem Quirl, die Kanten umgerollt. Die ganze Pflanze ist kahl. Blütenstände sind lange, beblätterte Trauben, deren Spitze oft ebenfalls beblättert ist. Blüten klein, 3—4 mm lang, auf langen Stielen, rosa, violett oder weiß, mit herausragenden braunen Staubblättern. Auf trockeneren Heiden, selten, aber lokal häufig; nur in Südwestengland, Nordwestirland und Westfrankreich. Blüht 7—9. ▽

G *Erica erigena* Relativ großer, kahler Strauch bis 2 m. Blätter in Viererquirlen, linealisch, 6—8 mm lang. Blüten 5—7 mm, blaß violettrosa, in langen, beblätterten Trauben, in der Form wie diejenigen der *Erica vagans*. Die rötlichen Staubbeutel zur Hälfte herausragend. Trockenere Teile von Sümpfen; nur in Westirland und Westfrankreich, lokal häufig. Blüht früh (**2**) 3—5. ▽

H *Erica scoparia* Größer als *Erica erigena*, bis 2 m, mit Blättern in Dreier- bis Viererquirlen. Blüten in schlanken Trauben, klein, grünlich-weiß, die Staubbeutel nicht herausragend. Saure, felsige Standorte, besonders lichte Kiefernwälder; von Nordfrankreich südlich. Blüht 1—6. ▽

I Schnee-Heide *Erica herbacea* Zwergstrauch bis höchstens 30 cm. Blätter dicht gedrängt in Viererquirlen. Blüten rot oder rosa, in einseitswendigen Trauben und mit herausragenden, violetten Staubbeuteln. Steinige Standorte und lichte Wälder; nur in Deutschland. Blüht 3—6. ▽

A

B

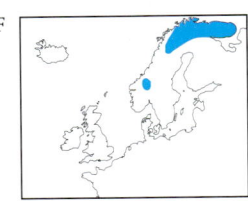
F

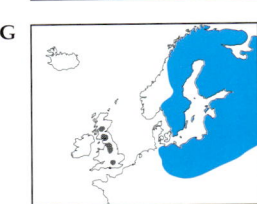
G

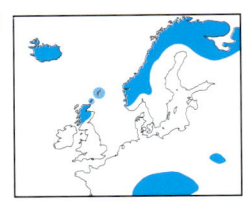
H

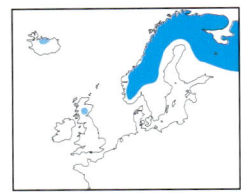
I

J

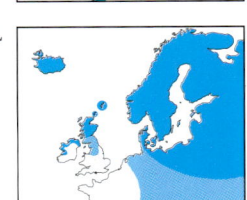
L

M

A Kantenheide *Cassiope tetragona* Immergrüner Zwergstrauch, kriechend oder aufsteigend. Stengelblätter dunkelgrün, angedrückt, schuppenartig und gegenständig. Blüten seitenständig, einzeln auf roten, flaumigen Stielen, milchig-weiß oder rosa, glockenförmig, nickend und 5–8 mm lang. Auf trockenen, steinigen oder sandigen Heiden und in der Tundra, meist etwas kalkige Böden; nur im arktischen Europa. Blüht 5–7. ▽

B Moosheide *Cassiope hypnoides* Sehr kleinwüchsiger, niederliegender Halbstrauch. Blätter wechselständig, schuppenartig, nicht am Stengel anliegend. Blüten auf dünnen Stielen endständig, weiß oder rosa überlaufen, glockenförmig und 4–5 mm lang. Mit purpurnen Kelchblättern. In den Bergen an Bächen, Schneeresten und anderen feuchten Standorten; nur in Skandinavien und Island. Blüht 6–8. ▽

C *Rhododendron ponticum* Aufrechter, starkwüchsiger, immergrüner Strauch mit ausladenden Ästen. Blätter elliptisch, ungezähnt und ledrig, oberseits dunkelgrün glänzend, unterseits blasser, 10–25 cm ang. Blüten gebüschelt, glockenförmig, 4–6 cm lang, violettpurpurn, rosa oder malvenfarbig. Aus Osteuropa, Westasien eingeführt, inzwischen in Westeuropa auf sauren, nassen Böden weithin eingebürgert. Blüht 5–7. ▽

D Rostblättrige Alpenrose *Rhododendron ferrugineum* Immergrüner, verzweigter Strauch bis 1,2 m, mit rötlich schuppigen Zweigen. Blätter länglich bis elliptisch, mit umgerollten Rändern, oberseits dunkelgrün glänzend, unterseits rötlich schuppig. Blüten glockenförmig, rosa bis rötlich, in Büscheln von sechs bis zehn. Auf offenen oder schwach bewaldeten Berghängen, kalkreiche Böden meidend; von Süddeutschland und Ostfrankreich südlich. Blüht 5–8. ▽

E Bewimperte Alpenrose *Rhododendron hirsutum* Ähnelt der Rostblättrigen Alpenrose, ist aber kleiner (bis 50 cm), weniger schuppig, und die nur schwach umgerollten Blattränder sind auf den Rändern behaart. Blüten hellrosa. Ähnliche Standorte, jedoch gewöhnlich auf kalkigen Böden; in den Zentral- und Ostalpen. ▽

F Lappländischer Rhododendron *Rhododendron lapponicum* Kriechender, immergrüner Zwergstrauch bis 60 cm Höhe, rasenbildend. Blätter klein, bis 20 mm lang, oberseits dunkelgrün, unterseits mit rostroten Schuppen, die Ränder umgerollt. Blüten in kleinen Büscheln, violettpurpurn, glockenförmig, bis 15 mm lang. Auf trockenen Bergstandorten mit kalkigem Untergrund; nur in Skandinavien. Blüht 5–6. ▽

G Sumpf-Porst *Ledum palustre* Immergrüner, aufrechter oder ausgebreiteter kleiner Strauch, in der Regel bis 1 m, gelegentlich höher. Junge Zweige mit rostrotem Flaum bedeckt. Blätter linealisch bis länglich, 20–50 mm, unterseits rostrot und mit eingerollten Rändern. Blüten zahlreich in Dolden, milchig-weiß, 10–15 mm lang, zur Blüte aufrecht, später zurückgeschlagen. In ganz Nordeuropa, von Deutschland nördlich verbreitet; in Sümpfen, feuchten Wäldern und Heiden. Blüht 5–7. ▽

H Gamsheide *Loiseleuria procumbens* Sehr kleiner, niederliegender, rasenbildender, immergrüner Zwergstrauch. Blätter gegenständig, länglich, nur 5–6 mm lang, mit umgerollten Rändern und nicht am Stengel anliegend. Blüten sehr klein, etwa 5 mm im Durchmesser, hell- bis dunkelrosa, glockenförmig, aber tief eingeschnitten –

wie eine Miniaturalpenrose; Kronblätter früh abfallend; einzeln oder in kleinen, endständigen Büscheln stehend. Verbreitet und oft häufig in Bergregionen, auf trockenen, steinigen oder torfigen und sauren Untergründen. Blüht 5–7. ▽

I Blauheide *Phyllodoce caerulea* Immergrüner, heidekrautartiger Zwergstrauch mit aufrechten Blütentrieben. Blätter bis 12 mm lang, linealisch, eingerollt, wechselständig, dunkelgrün und ledrig. Blüten glockenförmig, 7–12 mm lang, rosa bis violett und nickend, endständig, auf langen, rötlichen, klebrigen Stielen, meist zu zweit; Staubblätter und Griffel nicht herausragend. Lokal häufig auf trockenem, meist saurem Untergrund in Bergen und Mooren; in Island, Schottland und in Skandinavien nördlich von Südnorwegen. Blüht 6–8. ▽

J Irische Heide *Daboecia cantabrica* Heidekrautähnlicher, immergrüner Zwergstrauch, aufsteigend und mit Unterstützung 70 cm erreichend. Blattform veränderlich, bis 14 mm, eiförmig bis lanzettlich, oberseits dunkelgrün und haarig, unterseits weiß, die Blattränder umgerollt. Blüten urnenförmig, 10–14 mm lang, mit vier Kronblattlappen, rötlich-violett behaart, in lockeren, endständigen Ähren. Unterscheidet sich von *Erica* durch breitere Blätter und eine vor der Fruchtreife abfallende Blütenkrone. Vereinzelt auf trockenen Heiden und in lichten Wäldern mit sauren Böden; nur in Westfrankreich und Irland. Blüht 6–10. ▽

K Erdbeerbaum *Arbutus unedo* Immergrüner Strauch oder kleiner Baum bis höchstens 12 m, meist jedoch weniger. Borke sich abschälend, rotbraun. Blätter elliptisch, zu beiden Enden verschmälert, 4–10 cm lang, meist gezähnt, ledrig, oberseits glänzend dunkelgrün, unterseits blasser. Blüten weiß, oft rosa oder grün überlaufen, urnenförmig, 8–10 mm lang, in nickenden Büscheln. Frucht eine kugelige Beere bis 20 mm Durchmesser, von Warzen bedeckt und beim Reifen von Gelb zu Tiefrot wechselnd. Wegen des langen Reifungsprozesses sind Blüte und Frucht zur gleichen Zeit vorhanden. Vereinzelt in Wäldern und an felsigen Standorten in Irland und Westfrankreich. Auch verbreitet angepflanzt. Blüht 9–12. ▽

L Gewöhnliche Bärentraube *Arctostaphylos uva-ursi* Niederliegender, rasenbildender, immergrüner Strauch mit langen, kriechenden Ausläufern. Blätter oval, am breitesten nahe der Spitze, ungezähnt und ledrig, oberseits dunkelgrün glänzend, unterseits heller, deutlich netzadrig und mit flachen Rändern (**I**). Blüten weiß bis rosa, 5–6 mm lang, urnenförmig, mit fünf kurzen, ausgebreiteten Abschnitten und in dichten, endständigen Büscheln. Beeren rot glänzend, 7–9 mm im Durchmesser. (Die Preiselbeere ist ähnlich, aber durch weniger stark kriechende Wuchsform, Blätter mit umgerollten Rändern, die weniger stark netzadrig sind, und weiter geöffnete Blüten zu unterscheiden.) In großen Teilen Nordeuropas verbreitet und häufig, besonders im Gebirge und hoch im Norden; auf Heiden, Mooren und in lichten Wäldern. Blüht 5–8. ▽

M Alpen-Bärentraube *Arctostaphylos alpinus* Der Gewöhnlichen Bärentraube ähnlich, aber weniger weit kriechend, Blätter ungezähnt, nicht ledrig, im Herbst welkend, aber nicht abfallend; Beere oft bis 10 mm im Durchmesser, reif schwarz. In Skandinavien und weiter südlich in den Bergen weit verbreitet; auf sauren Mooren und in der Tundra. Blüht 5–7. ▽

A	B	C
D	G	
H	I	J
K	L	M

A Kantenheide

B Moosheide

C *Rhododendron ponticum*

D Rostblättrige Alpenrose

G Sumpf-Porst

H Gamsheide

I Blauheide

J Irische Heide

K Erdbeerbaum

L Gewöhnliche Bärentraube

M Alpen-Bärentraube

I

A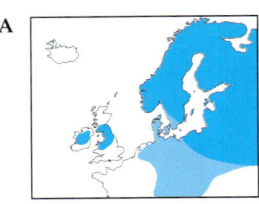

C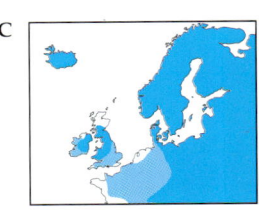

E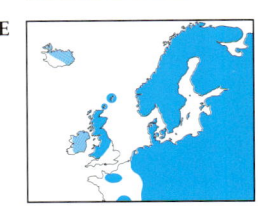

F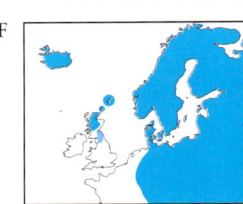

A Rosmarinheide *Andromeda polifolia* Niedriger, immergrüner, kahler und wenig verzweigter Strauch von 30, selten 50 cm Höhe. Blätter wechselständig, linealisch bis länglich, gespitzt, ungezähnt, 10–30 mm lang, oberseits blaugrün, unterseits fast weiß, mit umgerollten Rändern. Blüten rosa, blasser werdend, krugförmig und 8–10 mm lang, in kleinen, endständigen Büscheln auf dünnen Stielen. In sauren Sümpfen und an ähnlichen Standorten weit verbreitet; im Flachland oft fehlend und im Süden auf die Berge beschränkt. Blüht 5–9. ▽

B Torfgränke *Chamaedaphne calyculata* Immergrüner Strauch mit wechselständigen, elliptischen, unterseits schuppig braunen Blättern. Blüten weiß, nickend, in beblätterten Trauben. In Marschen und nassen Wäldern; Nordosteuropa, südlich bis Polen. Blüht 6–7. ▽

C Gewöhnliche Moosbeere *Vaccinium oxycoccos* Winziger, kriechender, immergrüner Strauch, die fädlichen Zweige entfernt wechselständig beblättert. Blätter länglich, mit umgerollten Rändern, oberseits dunkelgrün, unterseits grau wachsig. Ein bis zwei Blüten auf langen, flaumigen Stielen; Kronblätter rosa, mit vier deutlich zurückgeschlagenen Zipfeln, die Staubblätter freigebend. Nur mit der Kleinfrüchtigen Moosbeere zu verwechseln. Frucht kugelig, rot oder bräunlich. Im ganzen Gebiet, außer im hohen Norden; in nassen Torfmooren. Blüht 5–7. ▽

D Kleinfrüchtige Moosbeere *Vaccinium microcarpum* Unterscheidet sich von der Gewöhnlichen Moosbeere durch die eher dreieckigen Blätter, die aber schmaler sind (weniger als 2,5 mm lang), und durch die kahlen Blütenstiele. Selten, in Sümpfen in Skandinavien, Deutschland, Island und Schottland. ▽

E Preiselbeere *Vaccinium vitis-idaea* Niederliegender oder aufsteigender, immergrüner Zwergstrauch mit einigen aufrechten Stämmchen. Blätter länglich-elliptisch, ledrig, ungezähnt, oberseits dunkelgrün, unterseits blasser und drüsig gefleckt, Ränder herabgeschlagen (**e**). Blüten glockenförmig, 5–8 mm lang, weiß oder rosa, mit vier oder fünf Zipfeln und einem herausragenden Griffel, in kurzen, dichten Büscheln stehend. Beere kugelig, glänzend rot, bis 10 mm Durchmesser. Am ehesten mit der Gewöhnlichen Bärentraube zu verwechseln (siehe Seite 182). Auf Mooren, Heiden, Bergweiden und in Nadelwäldern auf sauren Böden weit verbreitet. Blüht 6–8. ▽

F Moorbeere *Vaccinium uliginosum* Kleiner, sommergrüner Strauch mit aufrechten Stämmchen aus einem kriechenden Wurzelstock; Zweige rund und braun. Blätter eiförmig, kahl, blaugrün und ungezähnt. Blüten weiß oder rosa, krugförmig, bis 6 mm lang, in kleinen Büscheln zu ein bis drei; Griffel nicht herausragend. Frucht eine kugelige, blauschwarze Beere von 7–10 mm Durchmesser, eßbar. Verbreitet und lokal häufig in sumpfigen Gegenden, feuchten Mooren, Heiden und lichten Wäldern. Blüht 5–6. ▽

G Heidelbeere *Vaccinium myrtillus* Mit der Moorbeere nah verwandt, allerdings ein vertrauterer Anblick und leicht von dieser zu unterscheiden. Die grünen Zweige sind dreikantig, die kleinen Blätter hellgrün und fein gezähnt, die Blüten sind grün bis rötlich, laternenförmig und stehen einzeln oder zu zweit; Beeren ähneln denen der Moorbeere, sind aber kleiner und eher eiförmig. Im ganzen Gebiet, auf Heiden und Mooren, in Wäldern, auf sauren Böden. Die eßbare Frucht hat sie wohlbekannt gemacht. Blüht 4–6.

Krähenbeerengewächse
Empetraceae

Eine kleine Familie immergrüner, heidekrautartiger Sträucher. Blätter wechselständig, Blüten in den Blattachseln. Blütenhülle vier- bis sechsteilig, in zwei einander ähnlichen Quirlen; drei Staubblätter.

H Gemeine Krähenbeere *Empetrum nigrum* Niederliegender, heidekrautartiger, rasenbildender Strauch. Junge Sprosse rötlich. Blätter linealisch, glänzend grün, gedrängt, bis 7 mm lang und mit umgerollten Rändern. Die winzigen Blüten stehen am Blattgrund und haben sechs freie, rosa Kronblätter; männliche und weibliche Blüten getrennt. Frucht eine schwarze, kugelige Beere, 5–7 mm im Durchmesser. Man sieht viel öfter zuerst die Frucht und dann die Blüten.
Die ssp. *hermaphroditum* (manchmal als eigene Art angesehen) hat zwittrige Blüten, die Staubblätter bleiben auf der Frucht, und die grünlichen Sprosse wurzeln nicht; die Blätter sind etwas breiter und haben unterseits eine breite, weiße Rinne. Der Verbreitungsschwerpunkt liegt weiter im Norden, und in der Arktis stellt sie die häufigste Unterart dar. An sauren, oft feuchten Standorten, wie z. B. in Heiden, Mooren, auf Tundra und in lichten Wäldern. Blüht 5–6. ▽

A	C		
E	F	G1	
G2		H	

A Rosmarinheide

C Gewöhnliche Moosbeere

E Preiselbeere

F Moorbeere, fruchtend

G 1 Heidelbeere, blühend

G 2 Heidelbeere, fruchtend

H Gemeine Krähenbeere, fruchtend

e

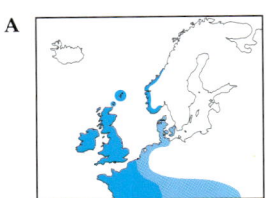

A

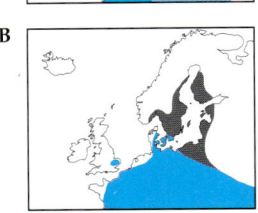

B

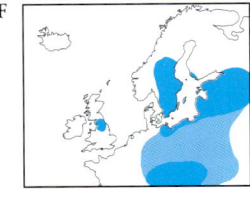

F

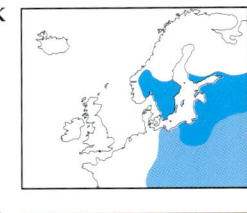

K

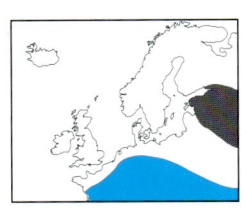

L

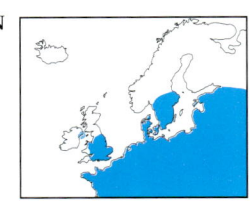

N

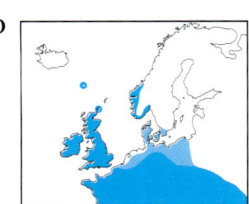

O

Primelgewächse *Primulaceae*

Kräuter mit Blättern ohne Stipeln, oft in einer Grundblattrosette und einfach. Blüten radiärsymmetrisch, meist fünfzählig, Kronblätter am Grunde oft zu einer Röhre verwachsen.

A Stengellose Schlüsselblume *Primula vulgaris* Vertraute, niedrige, krautige Mehrjährige mit einer Grundrosette runzliger, behaarter, löffelförmiger Blätter bis 15 cm Länge, die ungestielt sind, sich aber allmählich zum Grunde hin verschmälern (a). Blüten einzeln, oft zahlreich, auf langen, behaarten Stielen in der Mitte der Rosette, blaßgelb, oft mit orangener Zeichnung in der Mitte, Durchmesser bis 4 cm, fünflappig. Verbreitet, oft zahlreich an feuchten, schattigen Standorten oder auf Weiden; in Skandinavien überwiegend fehlend. Blüht 2–5. ▽

B Große Schlüsselblume *Primula elatior* Ähnelt der Stengellosen Schlüsselblume. Blätter abrupt in einen langen, geflügelten Stiel verschmälert, der etwa so lang ist wie die Spreite, weniger runzlig als die Stengellose oder die Wiesen-Schlüsselblume (b). Blüten in einer einseitswendigen, nickenden Dolde, mit 10–20 blaßgelben Blüten von 15–25 mm Durchmesser; Schlund der Kronröhre offen, ungefaltet. Verbreitet, aber zerstreut, nördlich bis Südskandinavien; in Wäldern, Wiesen und an Bachufern, meist auf schweren Böden. Weiter südlich auf Bergweiden. Blüht 3–5. ▽

C Wiesen-Schlüsselblume, Arznei-Schlüsselblume *Primula veris* Der Großen Schlüsselblume recht ähnlich, Blätter aber runzliger (c). 10–30 Blüten in einer Dolde, weniger stark einseitswendig als bei der Großen Schlüsselblume. Blüten dottergelb, mit orangener Zeichnung in der Mitte, 8–15 mm im Durchmesser und mit deutlichen Falten im Eingang der Röhre. Verbreitet und im ganzen Gebiet lokal häufig, außer im hohen Norden; auf Wiesen, Weiden und in lichten Wäldern, gewöhnlich an trockeneren Plätzen als die vorigen zwei Arten. Blüht 4–5. ▽

D *Primula veris × vulgaris* Häufiger, natürlich vorkommender Bastard, oberflächlich der Großen Schlüsselblume ähnelnd, aber mit weniger einseitswendigen Dolden und mit Falten am Schlund; Merkmale jedoch veränderlich. Dort zu finden, wo beide Elternarten vorkommen. Blüht 4–5. ▽

E Alpen-Aurikel *Primula auricula* Kleine Mehrjährige mit einer Rosette mehliger Blätter und einem unbeblätterten Stengel bis 16 cm. Blätter löffelförmig, gezähnt. Blüten gelb, in der Mitte weiß, in endständigen Büscheln zu 2–20. An feuchten, felsigen und grasigen Standorten, meist in großen Höhen; von Süddeutschland südlich. Blüht 5–7. ▽

F Mehlprimel *Primula farinosa* Kleine Mehrjährige mit einer Rosette löffelförmiger Grundblätter, unterseits weiß mehlig, schwach gezähnt. Blüten blaßrosa bis violett, 10–16 mm im Durchmesser, mit einem gelben „Auge" und deutlichen Lücken zwischen den Kronblättern, in Dolden auf langen, mehligen Stielen stehend. Kelch mehlig, oft dunkelviolett überlaufen. In Mooren und feuchten Wiesen, gewöhnlich im Gebirge und auf basischen Böden; von Südschweden südlich. Blüht 5–7. ▽

G *Primula scotica* Ähnelt der Mehlprimel, unterscheidet sich aber durch ungezähnte Blätter, die in der Mitte am breitesten sind. Blüten nur 5–8 mm im Durchmesser, violett, mit einem großen gelben „Auge" und auf kürzeren Stielen,

Kronblätter sind breiter und nicht durch Lücken getrennt. Auf feuchten Wiesen und Dünen nahe am Meer; nur in Nordschottland. Blüht überwiegend 5–6, einige Exemplare auch 7–9. ▽

H *Primula scandinavica* Sehr ähnlich *Primula scotica*, aber größer, Blüten zahlreicher, die Narbe ist kugelig, nicht fünflappig wie bei *Primula scotica*. Nur auf kalkhaltigem Untergrund in den Gebirgen Nordskandinaviens. Blüht 6–8. ▽

I *Primula stricta* Unterscheidet sich durch nicht mehlige Blätter und violette bis lila Blüten. Wiesen und Weiden, oft nahe der Küste; in Nordskandinavien und Island. Blüht 6–8. ▽

J *Primula nutans* Wie *Primula stricta*, aber mit Blüten, die 10–20 mm im Durchmesser groß sind (statt nur 4–9 mm) und mit fleischigen Blättern. Auf Wiesen an der Küste und den höhergelegenen Teilen von Salzmarschen im Norden Skandinaviens. Blüht 6–8. ▽

K Nördlicher Mannsschild *Androsace septentrionalis* Kleine, einjährige Pflanze mit einer Grundrosette gezähnter, länglich-lanzettlicher Blätter; Blüten in Dolden von 5–30 auf langen Stielen, oft mehrere pro Rosette; Kronblätter weiß bis blaßrosa, etwa 5 mm lang, viel länger als die Kronblätter. Trockene, oft sandige Standorte; von Skandinavien südlich, überwiegend aber in den Bergen weiter im Süden. Blüht 5–7. ▽

L Großer Mannsschild *Androsace maxima* Mit winzigen, rosa oder weißen Blüten, die von viel größeren Kelchblättern überragt werden. Auf trockenen, offenen, überwiegend kalkigen Standorten; von der Mitte Deutschlands und Frankreich südlich. Blüht 4–6. ▽

M Langgestielter Mannsschild *Androsace elongata* Ähnelt dem Nördlichen Mannsschild, ist aber kaum behaart, der Kelch ist etwas länger als die kleinen, weißen Kronblätter. Von der Mitte Deutschlands südlich. Blüht 5–7. ▽

N Wasserfeder *Hottonia palustris* Aquatische Mehrjährige mit blaßgrünen, untergetauchten Blättern. Blätter mit schmalen, abgeflachten Abschnitten einfach oder doppelt gefiedert. Blüten auf aufrechten, kräftigen, kahlen Stengeln, die jeweils mehrere Blütenquirle tragen, aus dem Wasser ragend. Blüten 20–25 mm im Durchmesser, mit fünf blaßvioletten Kronblättern und einem gelben „Auge" in der Mitte. Verbreitet, aber selten, nördlich bis Südschweden; in flachem, stehendem oder langsam fließendem Süßwasser. Blüht 5–7. ▽

O Hain-Gilbweiderich *Lysimachia nemorum* Immergrüne, kriechende, kahle Mehrjährige bis 45 cm Länge. Blätter oval, 20–30 mm lang, gespitzt, kurzgestielt und in gegenständigen Paaren. Blüten hellgelb, sternförmig, 10–15 mm im Durchmesser, mit fünf Kronblättern, einzeln auf schlanken, blattachselständigen Stielen, die länger als die Blätter sind; Kelchblätter sehr schmal, pfriemlich. Nach Norden bis Südschweden; an feuchten und schattigen Standorten. Blüht 5–8.

P Pfennigkraut *Lysimachia nummularia* Kriechende, kahle Mehrjährige, an den Knoten wurzelnd. Ähnelt dem Hain-Gilbweiderich, die Blätter sind aber 10–20 mm lang, breiter, beinahe rund und an der Spitze stumpf; Blüten größer, 15–25 mm im Durchmesser, einzeln oder zu zweit auf kräftigen Stielen, die kürzer als die Blätter sind; Kelchzähne eiförmig, nicht pfriemlich. Lokal häufig auf feuchten, grasigen Standorten; im ganzen Gebiet, außer im hohen Norden. Blüht 6–8.

A	B	C
D F	G	H
K L	N	
P	O	

A Stengellose Schlüsselblume

B Große Schlüsselblume

C Wiesen-Schlüsselblume

D *Primula veris × vulgaris*

F Mehlprimel

G *Primula scotica*

H *Primula scandinavica*

K Nördlicher Mannsschild

L Großer Mannsschild

N Wasserfeder

O Hain-Gilbweiderich

P Pfennigkraut

a

b

c

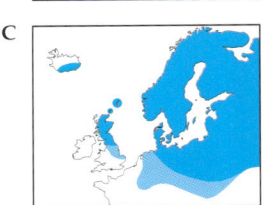

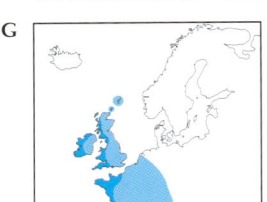

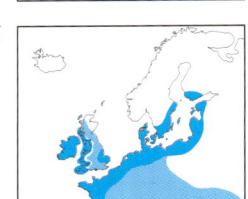

B

C

G

J

A Gewöhnlicher Gilbweiderich *Lysimachia vulgaris* Mittelgroße bis große, weichbehaarte Mehrjährige, aus kriechenden Trieben aufsteigend und teilweise über 1 m Höhe erreichend. Blätter eiförmig, in Paaren oder Quirlen zu drei bis vier, bis 10 cm lang und drüsig gefleckt. Blüten der oberen Knoten eine endständige Rispe bildend; Blüten hellgelb, fünfspitzig sternförmig, 15–20 mm im Durchmesser; Kelchblätter mit rotorangenen Rändern. Verbreitet und im ganzen Gebiet an nassen Standorten zu finden – in Sümpfen, Auenwäldern, Wiesen und an Bächen. Blüht 6–8.

B Strauß-Gilbweiderich *Lysimachia thyrsiflora* Gewöhnlich kahle Mehrjährige mit Stengeln bis 70 cm, die aus kriechenden Trieben entspringen. Blätter in gegenständigen Paaren, ungestielt, lanzettlich und mit zahlreichen schwarzen Drüsen. Blüten in dichten, gestielten Büscheln aus Knoten in der Mitte des Stengels; Blüten klein, 5 mm im Durchmesser, dunkelgelb, mit sieben Kronblättern und herausragenden Staubblättern. Nasse Standorte, oft mit stehendem Wasser; von Zentralfrankreich nördlich, am häufigsten im Norden. Blüht 6–7. ▽

C Siebenstern *Trientalis europaea* Niedrige Mehrjährige mit zarten Stielen, die sich bis 25 cm über den kriechenden Wurzelstock erheben. Blätter bis auf einige kleine Exemplare entlang des Stengels überwiegend in einem Quirl an der Spitze. Blüten entspringen zu ein bis zwei auf langen Stielen aus der Rosette, sind sternförmig, weiß, 12–18 mm im Durchmesser und haben fünf bis neun (meist sieben) Kronblätter. Frucht eine kugelige Kapsel. In Nordeuropa in Nadelwäldern und an moosigen Standorten verbreitet; im Norden häufiger, im Süden auf die Berge beschränkt. Blüht 6–7. ▽

D *Asterolinon linum-stellatum* Kleine, aufrechte, verzweigte, glatte Einjährige. Blätter lanzettlich, bis 7 mm lang. Blüten weiß, winzig, höchstens 2 mm groß, fünfzählig und einzeln in den Achseln der oberen Blätter stehend. Trockene, offene Standorte; von Nordwestfrankreich südlich. Blüht 5–7. ▽

E Strand-Milchkraut *Glaux maritima* Niedrige, fleischige, teilweise niederliegende Kräuter, an manchen Knoten wurzelnd, mit aufrechten Stengeln bis 20 cm. Blätter unten gegenständig, oben wechselständig, fleischig, elliptisch, ungestielt und bis zu 12 mm lang. Blüten rosa oder weiß, 5 mm im Durchmesser, ohne Kronblätter und auf aufrechten Trieben einzeln in den Blattachseln stehend. In ganz Nordeuropa auf feuchten Küstenstandorten häufig, gelegentlich auf Salzböden im Binnenland. Blüht 5–8. ▽

F *Anagallis minima* Winzige, mehr oder weniger aufrechte, kahle Einjährige von 20–70 mm Höhe. Blätter bis 5 mm lang, eiförmig, wechselständig. Blüten winzig, weiß oder rosa, fünfzählig, einzeln in den Achseln der oberen Blätter. Früchte wie winzige Äpfel, 1–2 mm im Durchmesser. Eine der kleinsten Pflanzen Nordeuropas, daher leicht zu übersehen. Im ganzen Gebiet, außer im hohen

Norden, an feuchten, sandigen Standorten. Blüht 6–7. ▽

G Zarter Gauchheil *Anagallis tenella* Niedrige, kahle, kriechende und wurzelnde Mehrjährige mit zarten, bis 15 cm langen Stengeln. Blätter in Paaren, elliptisch bis beinahe rund, kurzgestielt und bis 9 mm lang. Blüten rosa (weiß mit feinen roten Adern), trichterförmig, fünfzählig, bis 10 mm lang, auf langen, dünnen Stielen stehend. Kronblätter zwei- bis dreimal so lang wie der Kelch. Aus zahlreichen überlappenden Stengeln kann oft ein dichter Blütenteppich entstehen. Meist auf sauren, feuchten, offenen Standorten, besonders am Meer. Mit Ausnahme des Nordens in Westeuropa verbreitet, nach Osten seltener werdend. Blüht 6–8. ▽

H Acker-Gauchheil *Anagallis arvensis* Niederliegende bis aufsteigende, kahle Einjährige (selten zwei- oder mehrjährig) mit vierkantigen Stengeln. Blätter gegenständig in Paaren, gelegentlich in Quirlen, eiförmig, gespitzt, ungestielt und bis zu 20 mm lang, beide Oberflächen sind mit winzigen Drüsen besetzt (**h**). Blüten purpurn oder orangerosa, gelegentlich blau oder rosa, einzeln auf langen Stielen blattachselständig; Kelchzähne schmal, beinahe so lang wie die Kronblätter; Krone flach (bei Sonnenschein am weitesten öffnend), 10–15 mm im Durchmesser, mit fransenhaarigen Kronblättern. Im ganzen Gebiet außer in Island auf bloßen Stellen, wie z. B. Ackerland, Sanddünen etc. Blüht 5–10.

I Blauer Acker-Gauchheil *Anagallis foemina* Dem Acker-Gauchheil sehr ähnlich und früher als Unterart betrachtet. Blätter sind aber schmaler und lanzettlich (**i**); Blüten immer blau und die Kronblätter im Gegensatz zum Acker-Gauchheil in der Knospe durch die Kelchblätter verborgen; randliche Behaarung der Kronblätter spärlich oder fehlend. Im ganzen Gebiet, außer im hohen Norden; an ähnlichen Standorten, meist jedoch auf kalkigen Böden. Blüht 6–8.

J Salz-Bunge *Samolus valerandi* Mehrjährige glatte Pflanze mit einer Grundblattrosette und aufrechten, blühenden Trieben. Blätter in der Rosette kurzgestielt, löffelförmig und glänzend, an den Stengeln ungestielt und wechselständig. Blüten klein, weiß, mit fünf Kronblättern, tassenförmig mit 2–3 mm Durchmesser, in einer langen, lockeren Traube; Kelch mit dem Fruchtknoten halbkugelig verschmolzen, mit fünf kleinen, freien Zähnen. Feuchte, überflutete Standorte, meist auf salz- oder kalkhaltigem, offenem, selten schattigem Untergrund. Nördlich bis Südfinnland verbreitet. Blüht 6–8. ▽

K Alpen-Troddelblume *Soldanella alpina* Charakteristische, kriechende Pflanze bis 25 cm. Blätter alle grundständig, immergrün, ledrig, langgestielt und nierenförmig, bis zu 4 cm breit. Blüten in endständigen Büscheln zu zwei bis vier, blauviolett, glockenförmig, mit gefransten Rändern. Feuchte Weiden und Felsen in den Bergen, zur Schneeschmelze blühend; von Südwestdeutschland südlich. Blüht 4–8. ▽

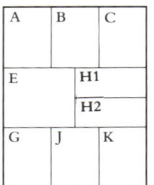

A Gewöhnlicher Gilbweiderich

B Strauß-Gilbweiderich

C Siebenstern

E Strand-Milchkraut

G Zarter Gauchheil

H 1 Acker-Gauchheil

H 2 Acker-Gauchheil, blaue Form

J Salz-Bunge

K Alpen-Troddelblume

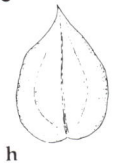

h

i

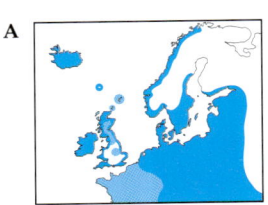

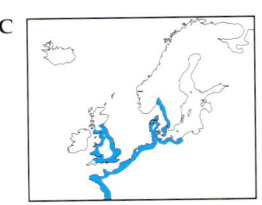

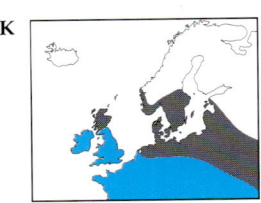

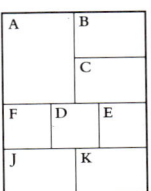

Strandnelkengewächse
Plumbaginaceae

Mehrjährige Kräuter mit Grundblattrosetten. Blüten fünfzählig, in dichten oder lockeren, verzweigten Blütenständen.

A Strand-Grasnelke *Armeria maritima* Niedere, polsterbildende Mehrjährige, am Grunde verholzend. Blätter linealisch oder schmal-löffelförmig, flach, dunkelgrün, bis 10 cm lang, einadrig und in lockeren Rosetten stehend. Blütenstände auf hohen, blattlosen, schwach behaarten Stielen von 5–30 cm; unter den Blütenköpfen ein trockenhäutiges, braunes Hochblatt, den Stiel 20–30 mm weit herablaufend; Blüten rosa oder weiß, duftend, 8–9 mm im Durchmesser. Im ganzen Gebiet; überwiegend an Küstenstandorten, in den Bergen seltener. Blüht 4–10, hauptsächlich 5–6. ▽
Von dieser formenreichen Pflanze werden eine Anzahl Unterarten unterschieden: Ssp. *elongata* ist größer, mit blaßrosa Blüten und am Rande kurz behaarten Blättern. Auf trockenem Grasland und sandigen Heiden; in Lincolnshire und an einigen nordeuropäischen Standorten. Ssp. *halleri* hat kleinere Blütenköpfe (10–15 mm im Durchmesser) und ist hellrosa bis rot. Auf Weiden und in trockenen Gebieten, besonders auf Serpentingestein; in Holland, Dänemark und Deutschland.

B *Armeria alliacea* Der Strand-Grasnelke ähnlich, aber mit weniger Blättern, die auch breiter sowie drei- bis siebenadrig sind; Kelchzähne dornartig; Blüten oft blasser, auf höheren Stielen. Trockenes Grasland, überwiegend in den Bergen, gelegentlich an der Küste. In Dünen auf Jersey. ▽

Strandflieder, Strandnelke *Limonium* Eine schwierige Gruppe mit vielen oberflächlich ähnlichen Arten, die nur durch eine genaue Untersuchung zu unterscheiden sind. Alle ähneln ungefähr dem Gewöhnlichen Strandflieder und unterscheiden sich durch die angesprochenen Punkte.

C Gewöhnlicher Strandflieder *Limonium vulgare* Kleine bis mittelgroße, kahle Mehrjährige mit holzigem Wurzelstock und einer Rosette aufsteigender Blätter. Blätter elliptisch bis löffelförmig, 10–15 cm lang, der Stiel halb so lang bis genauso lang wie die Spreite, Adern fiedrig verzweigt, Blattspitze mit einem winzigen Dorn. Blütenstand nur oberhalb der Mitte verzweigt, in Ausnahmen bis 40 cm hoch, mit dichten, gebogenen Blütenähren aus kleinen Büscheln; jedes Büschel hat grüne Hochblätter, vor denen das äußere abgerundet ist. Blüten klein, 6–8 mm, rötlich bis blauviolett; Kelch häutig, blaßviolett, mit fünf scharfen Zähnen und fünf kleinen Zähnen dazwischen. In Salzmarschen an der Küste; von Südschweden südlich, lokal häufig. Blüht 7–8. ▽

D *Limonium humile* Der vorherigen Art ähnlich, die Blätter jedoch schmaler; Blütenstand schon unterhalb der Mitte verzweigt; Blütenbüschel weiter ausgebreitet; äußere, grüne Hochblätter am Rücken mit Rippen, nicht rund. Ähnliche Standorte und Verbreitung. Blüht 7–8. ▽

E *Limonium bellidifolium* Kleine Pflanze mit löffelförmigen, dreiadrigen Blättern, die zur Blütezeit schon welken. Blütenstand unten mit zahlreichen nichtblühenden Zweigen; äußere Tragblätter der Blütenbüschel weiß und häutig. Sandige, hochgelegene Teile von Salzmarschen. Blüht 7–8. ▽

F *Limonium binervosum* Niedrige Pflanze bis 30 cm, kahl. Blätter mit drei Adern (gelegentlich nur eine sichtbar), löffelförmig mit geflügeltem Stiel. Blütenstände weit unten verzweigt, aber wenig ausgebreitet und ohne nichtblühende Zweige; Blütenbüschel überlappen einander nicht. Auf Meeresklippen, Kies und trockeneren Salzmarschen; in Großbritannien und Westfrankreich, im Süden häufiger werdend. Blüht 7–8. ▽

G *Limonium recurvum* und *Limonium transwallianum* Sehr ähnliche und lokal begrenzte Arten. Ähnlich *Limonium binervosum*, jedoch mit einer geringeren Anzahl von Blütenbüscheln an den Zweigen, die aber stark gedrängt sind. Bei *L. recurvum* sind die Blätter löffelförmig und stumpf; ist in Portland und Dorset zu finden. Bei *L. transwallianum* sind die Blätter lanzettlich und mit kleiner, aufgesetzter Spitze; kommt in Pembrokeshire und Westirland vor. Blüht 7–8. ▽

H *Limonium paradoxum* Mit abgerundeten Blütenköpfen und sehr kurzen Seitenzweigen, Blätter kurz und einadrig. Nur in Pembrokeshire und Nordwestirland. Blüht 7–8. ▽

I *Limonium auriculae-ursifolium* Kräftige Pflanze, ähnelt eher dem Gewöhnlichen Strandflieder, jedoch mit breiten, löffelförmigen, drei- bis siebenadrigen, aber nicht fiedrig geäderten Blättern, graugrün; Stiel breit geflügelt. Blütenstand ohne nichtblühende Zweige; innere Hochblätter mit hellroten, häutigen Rändern. Sehr selten auf Küstenfelsen der Kanalinseln und in Westfrankreich. Blüht 7–8. ▽

Ölbaumgewächse *Oleaceae*

Bäume oder Sträucher mit meist gegenständigen Blättern. Blüten vierzählig, Blütenstände gewöhnlich verzweigt. In der Regel zwei Staubblätter, Fruchtknoten oberständig.

J Gewöhnliche Esche *Fraxinus excelsior* Vertrauter Laubbaum bis zu 25 m Höhe, gelegentlich auch höher. Borke zunächst glatt und grau, auf älteren Ästen rissig werdend. Knospen groß und stumpf schwarz. Blätter gegenständig, gefiedert, mit 7–13 eiförmigen, gezähnten Blättchen. Blüten männlich, weiblich oder zwittrig, vor den Blättern in Büscheln erscheinend, mit einem Schopf violetter Staubblätter; Kron- und Kelchblätter fehlen. Frucht eine geflügelte Nuß, zunächst grün, dann braun, 3–5 cm lang. Außer im hohen Norden verbreitet und überall häufig; in Wäldern, Gebüsch und in Hecken, hauptsächlich auf kalkigen Böden. Blüht 4–5.

K Gemeiner Liguster, Rainweide *Ligustrum vulgare* Überwiegend sommergrüner Strauch bis 5 m, stark verzweigt. Blätter gegenständig, ungezähnt, lanzettlich, 30–60 mm lang und dünn. Blüten weiß oder milchig, 4–5 mm im Durchmesser, in dichten, pyramidenförmigen Büscheln, duftend. Frucht kugelig, 6–8 mm im Durchmesser, reif glänzend schwarz, giftig. Verbreitet und im Flachland nördlich bis Südwestschweden häufig; oft auf kalkigen Böden. Früher häufig für Hecken verwendet. Blüht 6–7.

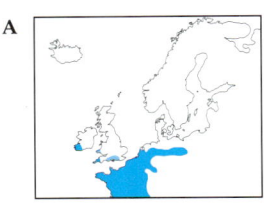

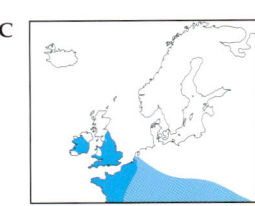

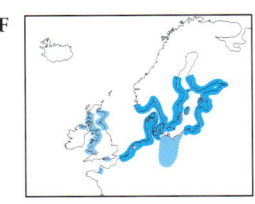

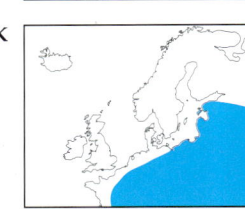

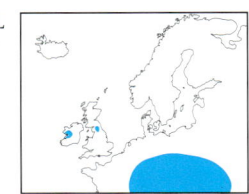

Enziangewächse *Gentianaceae*

Meist kahle Kräuter mit gegenständigen, ungezähnten und oft ungestielten Blättern. Blüten radiärsymmetrisch, mit vier (selten fünf) Kronblättern. Kronblätter in der Knospe zusammengedreht. Fruchtknoten oberständig.

A Fadenenzian *Cicendia filiformis* Zarte Einjährige von 2–14 cm, mit aufrechten, einfachen oder verzweigten Stengeln. Blätter linealisch, in Paaren mit großem Abstand, 2–6 mm lang. Blüten gelb, winzig, 3–6 mm im Durchmesser, Krone vierlappig und nur bei Sonnenschein geöffnet, einzeln und langgestielt. Selten, auf sandigen oder torfigen, nackten Böden, vor allem nahe am Meer; von Holland und Deutschland südlich. Blüht 6–10. ▽

B *Exaculum pusillum* Ähnlich dem Fadenenzian, jedoch noch kleiner, die Blätter schmaler und die Blüte rosa oder milchig. Auf feuchten, sandigen oder grasigen Standorten an der Küste; nur in Westfrankreich und auf Guernsey. Blüht 7–9. ▽

C Durchwachsener Bitterling *Blackstonia perfoliata* Aufrechte Einjährige bis 40 cm, wachsig graugrün, mit einer Grundblattrosette. Rosettenblätter eiförmig und löffelförmig, Stengelblätter am Grunde verwachsen. Blütenstand locker, verzweigt, Blüten gelb, 10–15 mm im Durchmesser und mit sechs bis acht Kronblattzipfeln. In Großbritannien und auf dem Kontinent nördlich bis Holland und Süddeutschland; auf kalkreichem Grasland, in Dünen oder an feuchten Standorten. Blüht 6–9. ▽

D Echtes Tausendgüldenkraut *Centaurium erythraea* Formenreiche, kahle, aufrechte Einjährige, mit einer Grundblattrosette und ein oder mehr Blütenstielen. Rosettenblätter elliptisch bis oval, graugrün, mit drei bis sieben Adern, stumpf, 10–20 mm breit; Stengelblätter schmaler, dreiadrig und nie mit parallelen Rändern. Blüten rosa, 10–15 mm im Durchmesser, in lockeren Blütenständen oberhalb der Mitte des Stengels. Einzelne Blüten oft auch tiefer; Kronblattzipfel flach und ausgebreitet. Im ganzen Gebiet verbreitet, in Nordwestskandinavien fehlend; auf trockeneren, grasigen Standorten, Gebüsch und Dünen. Blüht 6–9.

E *Centaurium scilloides* Kriechende Mehrjährige mit aufrechten, blühenden und nichtblühenden Stengeln bis 30 cm. Blätter der kriechenden Stengel abgerundet und gestielt, etwa 10 mm breit; obere Blätter ungestielt, länglich-lanzettlich. Blüten groß, 15–20 mm im Durchmesser, rosa, in wenigblütigen Köpfen. Selten, auf Meeresklippen und Dünen; in Nordwestfrankreich und im Südwesten Großbritanniens. Blüht 7–8. ▽

F Strand-Tausendgüldenkraut *Centaurium littorale* Dem Echten Tausendgüldenkraut ähnlich, aber meist kleiner; Grundblätter schmal, bis 5 mm breit; Stengelblätter mit parallelen Rändern, riemenförmig, stumpf und mit ein bis drei Adern. Blüten rosa, 12–14 mm im Durchmesser, die Krone etwas konkav, in dichten, doldenartigen, flachen Büscheln. Lokal häufig, auf Dünen und grasigen Standorten; überwiegend küstennah, von Nordfrankreich nach Südskandinavien, im Norden weiter im Binnenland. Blüht 6–8. ▽

G Kleines Tausendgüldenkraut *Centaurium pulchellum* Kleine, zarte Einjährige bis höchstens 15 cm, ohne Grundblattrosette, oft schon unterhalb der Mitte stark verzweigt. Blätter eiförmig-lanzettlich, drei- bis siebenadrig. Blütenstand sehr locker, Blüten in den Verzweigungen und an den Triebspitzen; Blüten dunkelrosa, 5–8 mm im Durchmesser, fünf- oder selten vierzipfig, kurzgestielt. Auf beweideten oder ungeschützten Standorten besteht die ganze Pflanze aus einem einzigen Stengel mit Blüte. Verbreitet an grasigen, oft feuchten Standorten, häufig an der Küste; im ganzen Gebiet, außer im hohen Norden Skandinaviens. Blüht 6–9. ▽

H *Centaurium tenuiflorum* Ähnelt dem Kleinen Tausendgüldenkraut, ist aber größer und nur oberhalb der Mitte verzweigt, Grundblattrosette gelegentlich vorhanden. Blütenstand dicht und flach. Blüten rosa, selten weiß. Feuchte, grasige, meist küstennahe Standorte; nur in Frankreich und im Süden Großbritanniens. Blüht 6–9. ▽

I *Centaurium maritimum* Kleine, aufrechte Ein- oder Zweijährige mit einem einzelnen Stengel, bis 20 cm hoch; Rosettenblätter welken zur Blütezeit. Krone gelb oder rosa überlaufen, 8–10 mm im Durchmesser. Sandige, grasige Standorte an der Küste; nur in Nordwestfrankreich. Blüht 4–6. ▽

J Lungen-Enzian *Gentiana pneumonanthe* Niederliegende bis aufsteigende, kahle Mehrjährige bis 40 cm, ohne Grundblattrosette. Stengelblätter länglich-linealisch, stumpf, einadrig und etwas fleischig. Blüten groß, 25–45 mm lang, blau und in dichten, endständigen Büscheln zu ein bis sieben; außen hat die Krone fünf grüne Streifen; Kelch mit fünf schmalen, spitzen Zähnen. Auf nassen, sauren Standorten, z. B. in Sümpfen und nassen Heiden; im ganzen Gebiet, außer im hohen Norden. Blüht 7–10. ▽

K Kreuz-Enzian *Gentiana cruciata* Dem Lungen-Enzian recht ähnlich, die Blätter sind aber elliptisch, viel breiter, und länger als die Blüten; Blüten kleiner, 20–25 mm lang, die vier Kronblattzipfel ein Kreuz bildend; Kelch außen grün gefleckt. Auf trockenen, grasigen Standorten oder in lichten Wäldern; in Europa nördlich bis Holland. Blüht 7–10. ▽

L Frühlings-Enzian *Gentiana verna* Niedrige, kahle, kurzlebige Mehrjährige mit Grundblattrosette. Oft gesellig. Blätter lanzettlich bis eiförmig, 10–20 mm lang, hellgrün, überwiegend in der Rosette, aber einige gegenständige Blätter auch am Stengel. Blüten hellblau, gewöhnlich einzeln endständig, an kräftigen Pflanzen aber auch entlang des Stengels; Krone mit fünf rechtwinklig abstehenden Zipfeln, 15–20 mm im Durchmesser. Kelch auf den Kanten geflügelt. Auf kalkigem Grasland, nassen Rinnen und Bergstandorten; nur in Westirland, Nordengland und in den Bergen im Süden des Gebiets; im arktischen Europa fehlend. Blüht 4–6. ▽

M Schnee-Enzian *Gentiana nivalis* Sehr kleine, zarte Einjährige, dem Frühlings-Enzian ähnlich, aber in jeder Hinsicht kleiner. Blätter 6–10 mm lang. Blüten hellblau, nur 5–8 mm im Durchmesser, einzeln oder zu wenigen. Kelch kantig, aber nicht geflügelt. Im ganzen Gebiet, im arktischen Europa lokal häufig, weiter im Süden auf die Berge begrenzt; auf grasigen Standorten, Felsvorsprüngen. Blüht 6–9. ▽

N Clusius' Enzian *Gentiana clusii* Niedrige, schopfige Mehrjährige, blühend bis etwa 10 cm (fruchtend größer). Blätter überwiegend am Grunde, elliptisch bis länglich, hellgrün, ledrig. Blüten groß, trompetenförmig, mittel- bis dunkelblau, 4–7 cm lang und bei Sonnenschein weit öffnend; Kelchzähne dreieckig, wenigstens halb so lang wie die Röhre. Auf grasigen und steinigen Standorten, oft auf Kalk; von Südwestdeutschland und Ostfrankreich südlich. Blüht 4–8. ▽

A		C	D	
E		F		
				G
J		K		M
L			N	

A Fadenenzian

C Durchwachsener Bitterling

D Echtes Tausendgüldenkraut

E *Centaurium scilloides*

F Strand-Tausendgüldenkraut

G Kleines Tausendgüldenkraut

J Lungen-Enzian

K Kreuz-Enzian

L Frühlings-Enzian

M Schnee-Enzian

N Clusius' Enzian

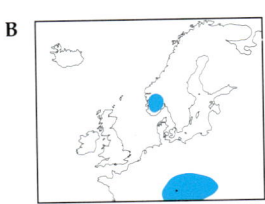

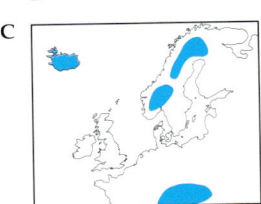

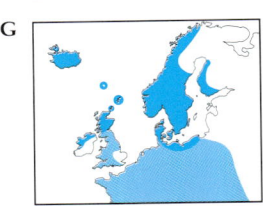

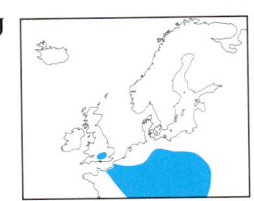

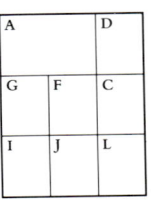

A Gelber Enzian *Gentiana lutea* Kräftige, aufrechte Pflanze, bis über 1 m groß. Blätter breit, mit starken Adern; die gelben Blüten in Quirlen, Kronblätter sternförmig, tief geteilt. Alte Heil- und Nutzpflanze (Wurzeln zu Schnaps). Südlicher Verbreitungsschwerpunkt, das Gebiet der Vogesen und der Berge Süddeutschlands erreichend. Blüht 6–8. ▽

B Purpur-Enzian *Gentiana purpurea* Aufrechte Mehrjährige bis 60 cm. Blüten stumpf violett, 20–25 mm lang, trompetenförmig, zum größten Teil in endständigen Büscheln, aber auch in einigen Quirlen darunter. Sehr selten, in Bergen Mitteleuropas und in Südnorwegen; grasige und steinige Standorte. Blüht 7–10. ▽

Gentianella Diese Gattung unterscheidet sich von *Gentiana* durch das Fehlen von sekundären Zipfeln zwischen den Kronblättern und (meistens) das Vorhandensein eines „Bartes" im Schlund der Krone.

C Zarter Enzian *Gentianella tenella* Winzige Einjährige von 2–10 cm, mit einer Grundblattrosette und mehreren aufrechten, blühenden Trieben. Ähnelt dem Schnee-Enzian, unterscheidet sich aber in den oben beschriebenen Gattungsmerkmalen. Außerdem sind die vierzähligen Blüten blau, manchmal violett und gelblich. Selten, auf sauren, oft steinigen Böden im arktischen Europa und weiter südlich in den Bergen. Blüht 7–9. ▽

D Gefranster Enzian *Gentianella cilitata* Niedrige, unverzweigte Zweijährige bis 30 cm. Wirkt wie eine *Gentiana*-Art. Es gibt keine Grundblattrosette, untere Blätter löffelförmig, obere Blätter schmal. Blüten groß, 25–30 mm, blau und mit vier dreieckigen Zipfeln, fein blau gefranst. Zur Blütezeit sehr charakteristisch. Trockene, grasige und steinige Standorte im europäischen Kernland, außer im hohen Norden, selten. In Großbritannien vor kurzem in den Chiltern Hills nordwestlich von London wiederentdeckt. Blüht 8–10. ▽

E *Gentianella detonsa* Ähnelt dem Gefransten Enzian, hat jedoch kleinere Blüten in einem dunkleren Blau und ist nur schwach fransig; Kelchzipfel nicht gleich groß. Feuchte Standorte, oft am Meer; nur in der Arktis. Blüht 7–9. ▽

F Bitterer Enzian *Gentianella amarella* Aufrechte, einfache oder verzweigte Zweijährige bis 30 cm; vorjährige Rosette stirbt vor dem Blühen ab. Stengelblätter oval-lanzettlich, spitz und 10–20 mm lang. Büten in dichten, end- und achselständigen Büscheln; Blüten rötlich-violett, bläulich oder milchig, vier- oder fünfzipfelig, 10 mm im Durchmesser; Kronröhre 10–14 mm lang, weniger als doppelt so lang wie der Kelch. Kelch mit vier oder fünf gleich großen Zipfeln. Im ganzen Gebiet verbreitet, lokal häufig; auf trockenem, oft kalkigem Grasland, Dünen, Gebirgsstandorten. Ssp. *septentrionalis* innen mit milchig-

weißer, außen rötlicher Kronröhre, Kronblattzipfel aufrecht; nur in Island und Nordschottland. Blüht 7–10. ▽

G Feld-Enzian *Gentianella campestris* Die häufigste Form ist die ssp. *campestris*, die dem Bitteren Enzian ähnelt, aber bläulichere, gelegentlich milchige und immer vierzählige Blüten hat; der Kelch ist deutlich in zwei kleine, innere Zipfel geteilt, die von zwei größeren, äußeren Zipfeln überlappt werden. Auf sauren bis neutralen Böden auf Grasland, Heiden, Dünen und Gebirgsstandorten; im ganzen Gebiet außer im hohen Norden; im Süden selten. Die ssp. *baltica* ist eine Einjährige, deren Kronröhre den Kelch nur wenig überragt; auf das Gebiet von Südschweden bis Nordfrankreich begrenzt. Blüht 7–10. ▽

H Sumpf-Enzian *Gentianella uliginosa* Unterscheidet sich vom Bitteren Enzian dadurch, daß die oberen Blätter eiförmig, die endständigen Blüten sehr lang gestielt und die Kelchzähne abstehend und ungleichmäßig sind. Auf Dünen und feuchten Wiesen; von Nordfrankreich nördlich. Blüht 7–10. ▽

I *Gentianella anglica* Im allgemeinen dem Bitteren Enzian sehr ähnlich. Der deutlichste Unterschied liegt in der Blütezeit. Folgende morphologische Unterschiede sind zu beachten: Pflanze nur 4–20 cm groß; letzter Knoten höchstens auf halber Höhe des Stengels; Kelchzähne ungleich, der längste etwa so lang wie die Kronenröhre. Endemisch in Großbritannien; auf kalkigem Grasland und Dünen. Blüht 4–6. ▽

J Deutscher Enzian *Gentianella germanica* Ungefähr dem Bitteren Enzian ähnlich, die Blätter jedoch von breiterem Grunde aus verschmälert, 10 mm breit oder breiter; Blüten größer, Kronröhre 25–40 mm lang, wenigstens doppelt so lang wie der Kelch, mit fünf gleichen Zähnen. Manchmal kommen einjährige Pflanzen vor (keine Zweijährigen), die in jeder Hinsicht viel kleiner sind. Kalkiges Grasland und Gebüsch; von Holland südlich, am häufigsten in Nordfrankreich. Blüht 8–10. ▽

K *Gentianella aurea* Ungefähr dem Deutschen Enzian ähnlich, Blüten jedoch blaßgelb (selten blau) und kleiner. Küsten und Seeufer; nur arktisches Europa. Blüht 8–10. ▽

L Blauer Sumpfstern *Swertia perennis* Mittelgroße Mehrjährige bis 60 cm, Stengel vierkantig. Unterscheidet sich von *Gentianella* durch die tief geteilten Kronblätter und die fransigen Nektarien. Blätter etwa eiförmig, die oberen schwach stengelumfassend. Blüten groß, 15–30 mm im Durchmesser, sternförmig, mit vier bis fünf Zipfeln, stumpf blauviolett, gelegentlich gelbgrün oder weiß, in verzweigten Büscheln. In erster Linie eine Gebirgsart aus Süd- und Mitteleuropa, jedoch bis Süddeutschland und ins nördliche Zentralfrankreich vordringend; an sumpfigen Standorten und Flußufern. Blüht 6–8. ▽

A Gelber Enzian

C Zarter Enzian

D Gefranster Enzian

F Bitterer Enzian

G Feld-Enzian

I *Gentianella anglica*

J Deutscher Enzian

L Blauer Sumpfstern

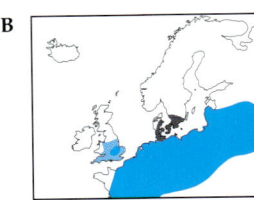

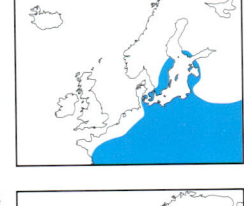

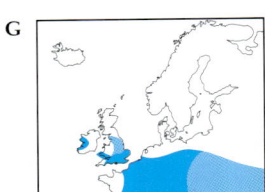

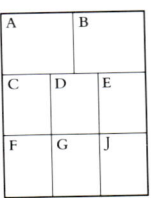

A Fieberklee

B Seekanne

C Kleines Immergrün

D Großes Immergrün

E Schwalbenwurz

F Ackerröte

G Hügel-Meister

J Acker-Meister

Fieberkleegewächse
Menyanthaceae

Den Enziangewächsen ähnlich, aber stets Wasser- oder Sumpfpflanzen. Untere Blätter wechselständig.

A Fieberklee *Menyanthes trifoliata* Glänzende Mehrjährige mit einem kräftigen, kriechenden Wurzelstock, der die aufrechten Blätter und Blütentriebe trägt. Überwiegend aquatisch. Blätter alle dreizählig, über die Wasseroberfläche emporgehoben. Blüten mit fünf Kronblattabschnitten, sternförmig, 15 mm m Durchmesser, weiß-rosa und auffällig mit dicken weißen Haaren gefranst; Blütenstand eine d chte, aufrechte Ähre bis 30 cm. Keine ähnlichen Arten in Nordeuropa. In flachem Wasser oder an nassen, torfigen Standorten; im ganzen Gebiet, häufig, jedoch selten arktisch. Blüht 4−6. ▽

B Seekanne *Nymphoides peltata* Flutende Wasserpflanze mit kr echenden Stengeln. Ähnelt in der Wuchsform der Seerose, hat aber ganz andere Blüten. Blätter rund bis nierenförmig, schwimmend, 3−10 cm im Durchmesser. Blüten einzeln oder in kleinen Gruppen, dottergelb, 3−4 cm im Durchmesser, mit fünf stark gefransten Kronblättern. Im Norden bis Südschweden verbreitet und häufig; in stehendem und langsam fließendem Wasser manchmal dominierend. In Gartenteichen auch kultiviert. Blüht 6−9. ▽

Hundsgiftgewächse
Apocynaceae

Holzige, oft kletternde Pflanzen mit giftigem Milchsaft. Blätter gegenständig. Blüten fünfzählig, meist einzeln.

C Kleines Immergrün *Vinca minor* Niederliegende, kriechende, immergrüne Mehrjährige, bucklige Rasen bildend. Blätter dunkelgrün glänzend, ledrig, in gegenständigen Paaren, elliptischeiförmig, 20−40 mm lang und kurzgestielt. Blüten einzeln und langgestielt in den Blattachseln; Krone blauviolett, flach, 25−30 mm im Durchmesser, Kronblätter schräg abgeschnitten. Kelchzähne schmal-dreieckig und kahl (**c**). In Europa nördlich bis Dänemar< verbreitet, im Norden des Verbreitungsgebiets wahrscheinlich nur eingebürgert; in Hecken, Wäldern und an schattigen Standorten. Blüht 2−5.

D Großes Immergrün *Vinca major* Ähnlich, aber mit größeren, breiteren, länger gestielten Blättern; Blüten größer (40−50 mm im Durchmesser), Kelchzähne sehr schmal, mit dicht behaarten Rändern (**d**). Ähnliche Standorte, aber nur eingebürgert; aus Südeuropa. Blüht 3−5. ▽

Schwalbenwurzgewächse
Asclepiadaceae

Mehrjährige Kräuter oder Sträucher mit gegenständigen Blättern. Blüten fünfzählig, Kronblätter in der Knospe gedreht. Staubblätter mit dem Fruchtknoten zu einem Säulchen verwachsen.

E Schwalbenwurz *Vincetoxicum hirundinaria* Mehrjährige, beinahe kahle Pflanze mit aufrechten Stengeln bis 1 m. Blätter herzförmig oder schmaler, 6−10 cm lang, gegenständig, spitz und gestielt. Blüten grünlich-gelb bis beinahe weiß, sternförmig, fünfzählig und 4−10 mm im Durchmesser; Blüten in lockeren Büscheln aus den oberen Blattachseln. Früchte lange Schoten bis 50 mm, die die seidigen Samen enthalten. Hochgiftig. Verbreitet und im europäischen Kernland teilweise häufig; im Norden bis Südskandinavien; auf Grasland, in Gebüsch und an Straßenrändern, oft auf kalkigen Böden. Blüht 5−9. ▽

Rötegewächse *Rubiaceae*

In Nordeuropa als Kräuter mit gegenständigen, oft scheinbar quirlständigen, meist einfachen und ungezähnten Blättern. Tatsächlich handelt es sich bei den mittleren Blättern des Quirls um Stipeln und nicht um Laubblätter. Blüten trichterförmig, meist in lockeren, verzweigten Blütenständen, manchmal auch in dichten Köpfen. Krone vier- oder fünflappig; Kelch sehr klein. Fruchtknoten unterständig. Die *Rubiaceae* sind eine hauptsächlich tropische Familie mit meist holzigen Arten.

F Ackerröte *Sherardia arvensis* Kriechende Einjährige bis 40 cm, Blätter in Quirlen zu vier bis sechs. Untere Blätter früh welkend, obere Blätter 5−20 mm lang, spitz, elliptisch, die Ränder feinstachelig-rauh. Blüten zu vier bis acht in endständigen Köpfen, mit einem auffälligen Kragen aus Hochblättern darunter; Blüten rosa bis violett, 4−6 mm im Durchmesser; Kelch sechszähnig, in der Fruchtreife vergrößert. Im ganzen Gebiet, außer im hohen Norden; auf Ruderalflächen oder an Ackerrändern. Blüht 5−10.

G Hügel-Meister *Asperula cynanchica* Mehrjährige, kriechende Pflanze mit vierkantigen, aufsteigenden Stengeln bis 20 cm. Blätter in Quirlen zu vier, schmal-linealisch, oft von ungleicher Länge. Blüten in langgestielten, verzweigten Büscheln, rosa (Kronröhre innen weißer), 3−4 mm im Durchmesser und vierlappig; Kelch winzig. Frucht fein warzig. Trockene, kalkige Weiden und Dünen; nördlich bis Nordengland und Holland. Blüht 6−9. ▽

H *Asperula occidentalis* Unterscheidet sich vom Hügel-Meister durch orangene, unterirdische Ausläufer; verbreitet nicht als eigene Art angesehen. Lokal begrenzt auf Sand an der Küste; in Westfrankreich, im Südwesten Großbritanniens und in Irland. Blüht 5−7. ▽

I Färber-Meister *Asperula tinctoria* Ausläuferbildende Mehrjährige mit aufrechten, kräftigen Stengeln bis 80 cm. Beim Trocknen wird die ganze Pflanze schwarz. Blätter in Quirlen zu vier bis sechs, bis 40 mm lang, schmal-lanzettlich, mit rauhem Rand und dreiaderig. Blütenstand locker verzweigt; Blüten weiß, mit drei Kronblättern, klein und zahlreich. Frucht kahl, glatt, 15−20 mm im Durchmesser. Auf grasigen Standorten und in Gebüsch; europäisches Festland, von Südschweden südlich; selten. Blüht 6−9. ▽

J Acker-Meister *Asperula arvensis* Einjährige bis 50 cm, Blätter in Quirlen zu sechs bis acht. Blüten bläulich-violett, in Gruppen, von einem Kragen aus Hochblättern umgeben. Krone vierlappig. Auf Äckern und Schuttplätzen; möglicherweise im Süden des Gebiets heimisch. Blüht 4−7. ▽

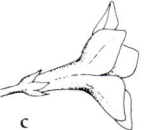

c

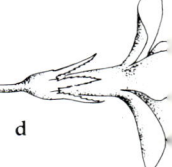

d

196

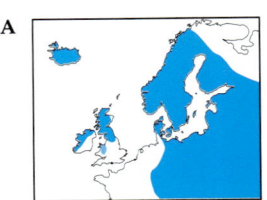

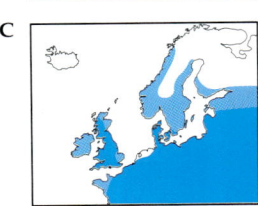

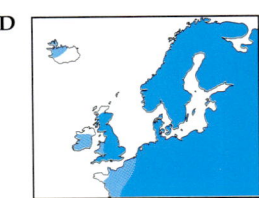

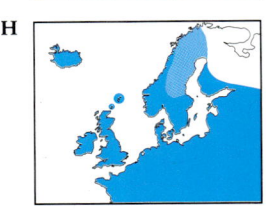

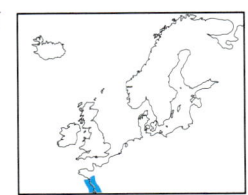

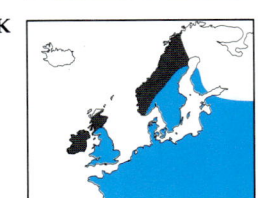

A	C	D
E	F	G
H	K	L

A Nordisches Lab-kraut

C Waldmeister

D Moor-Labkraut

E Sumpf-Labkraut

F *Galium debile*

G *Galium trifidum*

H Echtes Labkraut

K Wiesen-Labkraut

L Weißes Labkraut

Labkraut *Galium* Eine schwierige Gruppe, die in dem hier behandelten Gebiet aus fast 30, oft sehr ähnlichen Arten besteht. Zur genauen Bestimmung bedürfen viele Arten einer eingehenden Untersuchung.

A Nordisches Labkraut *Galium boreale* Ausläuferbildende Mehrjährige mit aufsteigenden bis aufrechten, vierkantigen Stengeln bis 60 cm Länge. Blätter dunkelgrün, 20–40 mm lang, zu vieren, schwach ledrig, am breitesten in der Mitte, dreiadrig und stumpf. Blüten weiß, 4 mm im Durchmesser, in verzweigten, endständigen Blütenständen mit zahlreichen blattartigen Hochblättern. Frucht bräunlich, 2–3 mm im Durchmesser, mit hakigen Borsten. Im ganzen Gebiet, aber nur lokal; an grasigen und felsigen Standorten, in den Bergen. Eines der am leichtesten zu erkennenden Labkräuter. Blüht 6–8. ▽

B Rundblättriges Labkraut *Galium rotundifolium* Dem Nordischen Labkraut ähnlich, aber viel kleiner, mit stärker gerundeten Blättern und weniger ledrig; wenigblütig. Lokal in Wäldern; nördlich bis Südschweden. Blüht 6–9.

C Waldmeister *Galium odoratum* Aufrechte, völlig kahle Mehrjährige mit vierkantigen Stengeln bis 30 cm. Ganze Pflanze mit Heugeruch. Blätter lanzettlich-elliptisch, bis 40 mm, in entfernt stehenden Quirlen zu sechs bis acht; Blätter am Rande rauh durch zur Blattspitze weisende Borsten. Blüten weiß, doldenartig endständig, trichterförmig, etwa bis zur Hälfte vierlappig getrennt, 6 mm im Durchmesser. Frucht 2–3 mm, mit hakigen, schwarzspitzigen Borsten. Verbreitet in basenreichen, oft feuchten Wäldern; im ganzen Gebiet außer im hohen Norden. Blüht 5–6. ▽

D Moor-Labkraut *Galium uliginosum* Zarte, niederliegende bis aufsteigende Pflanze, die dünnen Stengel bis 90 cm, auf den Kanten rauh von abwärts weisenden Borsten. Blätter 10–20 mm lang, schmal-lanzettlich, stachelspitzig, einadrig, in Quirlen zu sechs bis acht, auf den Rändern von der Blattspitze weg weisende Borsten (**d**). Blüten weiß, 2,5–3 mm im Durchmesser, in einem schmalen Blütenstand; Staubblätter gelb. Frucht 1 mm im Durchmesser, runzlig, braun, auf herabgebogenen Stielen. Verbreitet und außer im hohen Norden lokal im ganzen Gebiet häufig; in überwiegend kalkigen Marschen und Mooren. Blüht 6–8.

E Sumpf-Labkraut *Galium palustre* Wuchsform und Standort dem Moor-Labkraut recht ähnlich. Meistens kräftiger; Blätter 5–20 mm lang, zu vier bis sechs in einem Quirl, nahe der Spitze am breitesten und stumpf oder schwach spitz, aber nie stachelspitzig (**e**). Blüten weiß, 35–45 mm im Durchmesser, in weit verzweigten Blütenständen; Staubblätter rot. Verbreitet und häufig, im ganzen Gebiet an nassen Standorten. Blüht 6–8.

F *Galium debile* Dem Sumpf-Labkraut recht ähnlich, aber zarter und kleiner (bis höchstens 60 cm); Stengel glatt oder schwach rauh; Blätter höchstens 10 mm lang, nicht stachelspitzig, auf den Rändern vorwärtsweisend borstig. Blüten 2–3 mm im Durchmesser, in einem V-förmigen Blütenstand. Zerstreut bis selten, nur in England, Irland und Westfrankreich. Blüht 5–8. ▽

G *Galium trifidum* Ähnelt dem Sumpf-Labkraut, aber viel kleiner, die Blätter stehen zu viert, und die Blüten sind dreizählig. Sümpfe und nasse Standorte in Skandinavien und Nordostpolen. Blüht 6–8. ▽

H Echtes Labkraut *Galium verum* Das einzige Labkraut mit hellgelben Blüten (siehe jedoch auch die beiden folgenden Arten). Stengel niederliegend bis aufsteigend, mit bis zu 80 cm hohen, blühenden Trieben, oben durch erhabene Linien schwach vierkantig. Blätter linealisch, stachelspitzig, 15–30 mm lang, oberseits dunkelgrün, unterseits flaumig, mit umgerollten Rändern; zu acht bis zwölf in einem Quirl. Blüten goldgelb, 2–3 mm im Durchmesser, duftend, in einem dichten, ovalen, endständigen Blütenstand. Frucht 1,5 mm dick, glatt und zur Reife schwarz. Verbreitet und im ganzen Gebiet, außer im hohen Norden, häufig; auf Grasland und in Hecken, auf Dünen. Blüht 6–9.

I *Galium* x *pomeranicum* Natürlich vorkommender Bastard aus dem Echten Labkraut und dem Wiesen-Labkraut. Die Pflanze ist hochwüchsiger als das Echte Labkraut, hat deutlich vierkantige Stengel und blaßgelbe Blüten. Im ganzen Gebiet auf grasigen Standorten, meist zusammen mit beiden Eltern, aber selten. Blüht 6–8.

J *Galium arenarium* Sieht aus wie ein niederliegendes, dichtes Echtes Labkraut. Stengel vierkantig, bis 50 cm lang. Blätter fleischig und glänzend, breit-lanzettlich, ohne umgerollte Ränder. Blüten stumpf gelb, 3–4 mm im Durchmesser, in einem schmalen, endständigen Blütenstand, oft beinahe waagrecht abstehend. Frucht 3 mm im Durchmesser, kugelig und etwas fleischig. Sehr selten auf Sand an der Küste; in Westfrankreich, nördlich bis in die Bretagne. Blüht 5–7. ▽

K Wiesen-Labkraut *Galium mollugo* Formenreiche Mehrjährige, manchmal in Hecken bis 1 oder 2 m hoch kletternd. Stengel vierkantig und glatt. Blätter 10–25 mm lang, länglich bis elliptisch, einadrig, blaßgrün, stachelspitzig und auf den Rändern rauh durch zur Blattspitze weisende Borsten. Blütenzipfel gespitzt, Krone weiß, 3 mm im Durchmesser, in großen, lockeren, verzweigten Blütenständen. Frucht kahl, runzlig, 1–2 mm im Durchmesser. In Hecken, Gebüsch und auf grasigen Standorten; im ganzen Gebiet allgemein häufig, außer im hohen Norden. Blüht 6–9.

L Weißes Labkraut *Galium album* Dem Wiesen-Labkraut recht ähnlich, daher manchmal nur als Unterart geführt. Unterscheidet sich durch aufrechte Stengel bis 1,5 m, die Blätter sind dicker, schmaler und ziemlich ledrig, die Blüten größer, 3–5 mm im Durchmesser und die Blütenstände auch fruchtend deutlich aufrecht. Grasige Standorte; nördlich bis Südskandinavien. Blüht 6–9. ▽

M Blaugrünes Labkraut *Galium glaucum* Blaugrüne, ausläuferbildende Pflanze mit runden Stengeln; Blätter schmal, in Quirlen zu acht bis zehn; Blüten weiß, 4–6 mm im Durchmesser. An Waldrändern, auf trockenem Grasland, selten; von Belgien und Deutschland südlich. Blüht 5–7. ▽

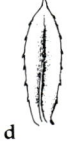

d

e

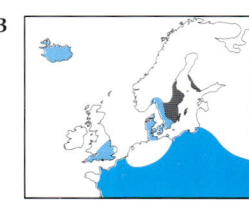

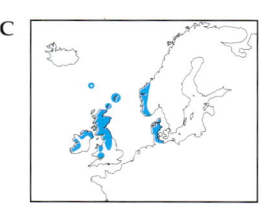

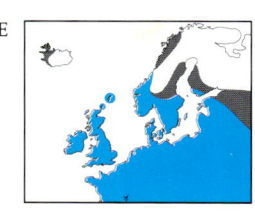

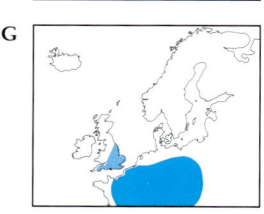

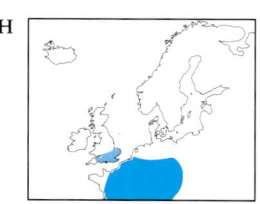

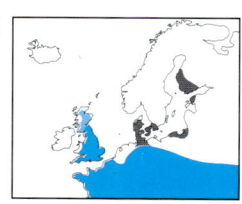

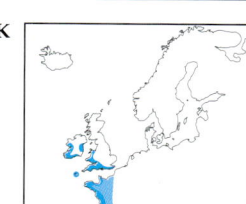

A Wald-Labkraut *Galium sylvaticum* Kräftige, buschige Pflanze mit runden, hohlen Stengeln. Blätter elliptisch bis löffelförmig, graugrün, bis 40 mm lang, 10 mm breit, stumpf, ohne kräftig rauhen Rand, in Quirlen zu sechs bis acht. Blüten weiß, becherförmig, 2–3 mm im Durchmesser, auf sehr feinen Stielen in verzweigten, endständigen Blütenständen, Knospen nickend. Frucht glatt, blaugrün, 1–2 mm. In Wäldern, besonders im Hügelland; nur in Belgien, Frankreich, Deutschland und Holland. Blüht 6–8.

B Niederes Labkraut *Galium pumilum* Zarte, aufsteigende Pflanze bis 30 cm, Stengel glatt, vierkantig. Blätter linealisch-lanzettlich, oft deutlich sichelförmig, stachelspitzig, mit einigen von der Blattspitze weg weisenden Borsten am Rand, in Quirlen zu sechs bis neun. Blüten milchig-weiß, 2–3 mm im Durchmesser, in langen, lockeren Blütenständen. Frucht etwa 1,5 mm im Durchmesser, kahl, manchmal mit stumpfen Warzen (vgl. Sterners Labkraut). Auf Grasland, in Gebüsch und in lichten Wäldern, meist auf kalkigen Böden; im Flachland, nördlich bis Dänemark. Blüht 6–7.

Vier weitere Arten sind dem Niederen Labkraut sehr ähnlich, aber selten und schwer zu unterscheiden. *Galium fleurotii* kommt auf Kalkfelsen und Geröll in Westfrankreich und Somerset vor; *Galium valdepilosum* erscheint auf trockenem Grasland in Dänemark und Deutschland; *Galium suecicum* tritt selten auf trockenem Grasland in Norddeutschland und Südschweden auf. *Galium oelandicum* kommt nur auf Kalk auf Öland, Schweden vor.

C Sterners Labkraut *Galium sterneri* Kleine, rasenbildende Mehrjährige mit zahlreichen nichtblühenden Trieben; ganze Pflanze beim Trocknen dunkel schwarzgrün werdend. Blätter schmal-länglich, 7–11 mm lang, stachelspitzig und am Rande mit zahlreichen, von der Blattspitze weg weisenden Borsten (**c**), zu sieben bis acht in gedrängten Quirlen. Blüten milchig-weiß oder grünlich, 3 mm im Durchmesser, in pyramidenförmigen Blütenständen. Frucht 1–1,4 mm, kahl und mit gespitzten Warzen. An trockenen, grasigen und steinigen Standorten, besonders auf Kalk und häufig im Hügelland; von Irland und Deutschland nach Norden bis Finnland. Blüht 5–7. ▽

D Sand-Labkraut *Galium saxatile* Sterners Labkraut recht ähnlich, aber immer auf sauren Böden. Das Sand-Labkraut hat zur Blattspitze weisende Borsten auf den Blatträndern (**d**), und beim Trocknen wird die ganze Pflanze schwarz. Verbreitet und überall häufig; auf Heiden, saurem Grasland und im Gebüsch. Blüht 6–8. ▽

E Kletten-Labkraut, Klebkraut *Galium aparine* Vertraute, spreizende und klimmende Pflanze bis 1,8 m; Stengel sehr rauh und vierkantig, mit großen, abwärts weisenden Borsten, um die Knoten herum behaart. Ganze Pflanze klebrig wie ein Klettverschluß. Blätter kräftig, elliptisch, abrupt zur Spitze verschmälert, am Rand mit von der Spitze weg weisenden Borsten, zu sechs bis acht in einem Quirl. Blüten grünlich-weiß, 2 mm im Durchmesser, in wenigblütigen, achselständigen Büscheln die Tragblätter überragend. Frucht 3–6 mm im Durchmesser, zunächst grün, später violett und dicht mit hakigen Borsten bedeckt, die am Grunde verdickt sind. Im ganzen Gebiet verbreitet und häufig, außer im hohen Norden Europas; auf Kulturland, in Hecken, Gebüsch und auf Schuttplätzen. Blüht 5–9.

F Saat-Labkraut *Galium spurium* Dem Kletten-Labkraut sehr ähnlich, jedoch eher niederliegend; auf den Knoten weniger behaart, die Blätter schmaler und kürzer. Unter den Blüten nur zwei bis drei Tragblätter (beim Kletten-Labkraut sind es vier bis acht). Frucht kleiner, 1,5–3 mm im Durchmesser, reif schwarz werdend, die hakigen Haare sind am Grunde nicht verdickt. Auf Kulturland, Schuttplätzen und in Hecken; in Europa außer im hohen Norden weit verbreitet. Blüht 5–9.

G Dreihörniges Labkraut *Galium tricornutum* Dem Kletten-Labkraut in der Wuchsform sehr ähnlich, Blüten jedoch milchig-weiß, und die dreiblütigen Büschel sind höchstens so lang wie die Blätter; Stiel nach der Blüte deutlich herabgebogen. Frucht kahl, warzig, aber nicht borstig. Zerstreut und abnehmend auf Ackerland und Ruderalflächen, meist auf kalkigen Böden; südlicher Verbreitungsschwerpunkt, nördlich bis Holland. Blüht 6–9. ▽

H Pariser Labkraut *Galium parisiense* Zarte, kletternde Einjährige bis 40 cm, Stengel vierkantig, Kanten rauh durch abwärts weisende Borsten. Blätter schmal, bis 3 mm breit und nur bis 10 mm lang, etwas zurückgeschlagen, in Quirlen zu fünf bis sieben; Ränder rauh durch zur Blattspitze weisende Borsten. Blüten klein, 2 mm im Durchmesser, innen grünlich-weiß, außen rötlich, in langen Büscheln einen langen, schmalen Blütenstand bildend. Frucht klein, 1 mm im Durchmesser, warzig, aber gewöhnlich kahl. Auf alten Mauern und sandigen, bloßen Standorten, Ackerland eingeschlossen; von Ostengland und Deutschland nach Süden; selten. Blüht 6–7. ▽

I Gewimpertes Kreuzlabkraut *Cruciata laevipes* Kriechende Mehrjährige mit aufrechten, behaarten, vierkantigen Stengeln bis zu 60 cm. Blätter charakteristisch zu viert in Quirlen (daher das „Kreuz"), oval-elliptisch, dreiadrig, bis 20 mm lang, gelbgrün und behaart. Blüten gelb, 2–3 mm im Durchmesser, in dichten, achselständigen Büscheln, die die Blätter nicht überragen. Frucht 2–3 mm im Durchmesser, kugelig, reif schwarz werdend und glatt. Auf Weiden, an Straßenrändern, Waldrändern und in Gebüsch häufig, oft auf kalkigen Böden; nördlich bis Holland und Deutschland (in Dänemark eingeführt). Blüht 4–6.

J Frühlings-Kreuzlabkraut *Cruciata glabra* Dem Gewimperten Kreuzlabkraut recht ähnlich, aber kleiner und zarter, nur bis 20 cm groß, völlig kahl. Die winzigen Hüllchenblätter am Grunde der Blüten, die man beim Gewimperten Kreuzlabkraut finden kann, fehlen. Ähnliche Standorte, selten; von Holland südlich. Blüht 4–6. ▽

K *Rubia peregrina* Kletternde, kriechende Mehrjährige mit bis zu 1,5 m langen, kahlen, vierkantigen Stengeln, die auf den Kanten borstig behaart sind. Blätter dunkelgrün, ledrig und fest, eiförmig elliptisch, bis 60 mm lang, einadrig und auf den Rändern und unterseits auf der Mittelrippe mit gebogenen Borsten. Blüten gelbgrün, 4–6 mm im Durchmesser, in ausgebreiteten, achsel- und endständigen Blütenständen, die die Blätter überragen. Frucht eine kugelige, schwarze Beere von 4–6 mm Durchmesser. Eine enge Verwandte der früher zur Gewinnung des roten Krapp-Farbstoffes kultivierten Färberröte. Zerstreut im Süden Großbritanniens, in Irland und Westfrankreich; in Hecken und Wäldern, an Küstenstandorten viel häufiger als im Binnenland. Blüht 6–8. ▽

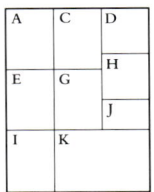

A Wald-Labkraut

C Sterners Labkraut

D Sand-Labkraut

E Kletten-Labkraut

G Dreihörniges Labkraut

H Pariser Labkraut

I Gewimpertes Kreuzlabkraut

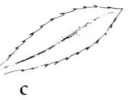

c

d

J Frühlings-Kreuzlabkraut

K *Rubia peregrina*

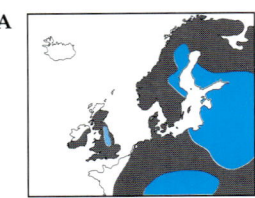

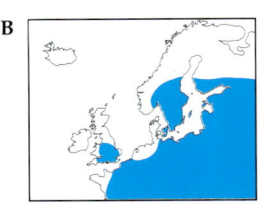

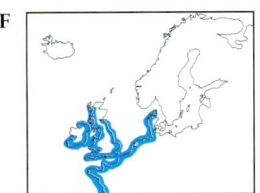

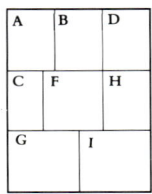

Himmelsleitergewächse
Polemoniaceae

Kräuter oder Sträucher. Blätter ohne Stipeln. Blüten fünfzählig, Kronblätter unten zu einer Röhre verwachsen. Fruchtknoten oberständig.

A Blaue Himmelsleiter *Polemonium caeruleum* Aufrechte, mehrjährige Pflanze bis 90 cm. Stengel hohl, kantig und oben flaumig. Blätter mit sechs bis zwölf Paar Blättchen gefiedert, 10−40 cm lang, wechselständig und kahl. Blüten in endständigen, zunächst noch dichten Köpfen, Kronblätter blau, gelegentlich weiß, mit einer kurzen Röhre und fünf ausgebreiteten Zipfeln, 2−3 cm im Durchmesser; Staubblätter goldgelb, Griffel dreilappig, beide aus der Blüte herausragend. Selten, im ganzen Gebiet, außer im hohen Norden und vielen Flachlandregionen; am häufigsten im Hügelland auf Kalk, auf Felsrippen, Geröll und Grasland. Blüht 6−7. ▽

Im arktischen Europa kommen noch zwei ähnliche Arten vor. *Polemonium acutifolium* hat weniger als acht Paar Blättchen pro Blatt; die Blüten sind kleiner, deutlicher glockenförmig und mit winzigen Haaren auf den Kronblättern. *Polemonium boreale* hat höchstens ein Stengelblatt und glockenförmige, unbehaarte Blüten.

Windengewächse
Convolvulaceae

Diese Familie besteht überwiegend aus Kletterpflanzen mit wechselständigen Blättern und windenden Stengeln. *Convolvulus*-Blüten sind radiärsymmetrisch, mit je fünf Kron- und Kelchblättern, die eine fünfzipflige Krone bilden oder ganz verwachsen sind und eine fünfkantige Röhre bilden. Die *Cuscuta*-Arten sind vollständig parasitisch, besitzen kein Chlorophyll und haben schuppenartige Blätter.

B Nessel-Seide, Europäische Seide *Cuscuta europaea* Rötliche, parasitische Kletterpflanze, gegen den Uhrzeigersinn um die Wirtspflanze windend; Stengel bis 1 mm dick und regelmäßig verzweigt. Blätter schuppenartig. Blüten rosa, 4−5 mm im Durchmesser, in dichten Köpfen von 10−15 mm Durchmesser, Tragblätter vorhanden, Staubblätter nicht aus der Krone ragend, Kronenzipfel stumpf. Hauptsächlich auf Nesseln und Hopfen parasitierend, gelegentlich auch auf anderen Pflanzen. Auf dem europäischen Festland, außer im hohen Norden, verbreitet; meist an Straßenrändern und in Hecken. Blüht 7−10. ▽

C Flachs-Seide *Cuscuta epilinum* Der Europäischen Seide sehr ähnlich, aber auf verschiedenen Flachs-Unterarten (*Linum* ssp.). Unterscheidet sich durch einen einfachen oder nur wenig verzweigten Stengel und gelbliche Blüten mit stärker gespitzten, ausgebreiteten Kronblattzipfeln. Gewöhnlich in Flachsfeldern; in weiten Teilen Europas, im Norden und im Westen jedoch selten, abnehmend. Blüht 7−9. ▽

D Thymian-Seide *Cuscuta epithymum* Im allgemeinen der Europäischen Seide sehr ähnlich, mit einer großen Zahl von kriechenden, verzweigten, sehr zarten roten Stengeln. Blüten rosa; 3−4 mm im Durchmesser, in dichten Büscheln von 6−10 mm; Kronblätter gespitzt, Staubblätter hervorragend. Auf Stechginster, Glockenheide, Klee und anderen Kräutern und Sträuchern parasitierend. Verbreitet und außer im hohen Norden im ganzen Gebiet lokal häufig. Besonders in Heiden, Mooren und Grasland. Blüht 7−9. ▽

E Pappel-Seide *Cuscuta lupuliformis* Im Unterschied zur Thymian-Seide mit einem und nicht mit zwei Griffeln, Staubblätter nicht herausragend. Parasitiert auf Weiden und anderen Bäumen. Nur in Holland und Deutschland. Blüht 6−9. ▽

F Strand-Winde *Calystegia soldanella* Kriechende, kahle Mehrjährige, Stengel nicht oder nur wenig windend. Blätter fleischig, nierenförmig, 1−4 cm lang, breiter als lang und langgestielt. Blüten trompetenförmig, 3−5 cm, rosa mit weißen Streifen, der Außenkelch ist kürzer als die Kelchblätter. Meist auf Stranddünen, gelegentlich auch Kies; an der Westküste Europas, von Dänemark südlich. Blüht 5−8. ▽

G Zaun-Winde *Calystegia sepium* Starkwüchsige Kletterpflanze, auf Pflanzen oder anderen Stützen oft 2−3 m erreichend, Stengel stark windend. Blätter pfeilförmig, bis 15 cm lang. Blüten weiß oder sehr selten rosa, 3−4 cm im Durchmesser, 3−5 cm lang; zwei Hochblätter, die nicht überlappen und länger als die Kelchblätter sind, bilden einen Außenkelch (**g**). Im ganzen Gebiet, außer im hohen Norden, verbreitet und häufig; auf Schuttplätzen und an Flußufern, in Hecken und an Waldrändern. Blüht 6−9.
Ssp. *roseata* ist behaart, stärker niederliegend und hat hellrosa Blüten. In Salzmarschen und Küstengebieten von Dänemark südlich.

H Wald-Zaun-Winde *Calystegia sylvatica* Der Zaun-Winde ähnlich und früher als eine Unterart davon betrachtet. Unterscheidet sich durch größere Blüten (60−75 mm im Durchmesser), die weiß und nur selten rosa gestreift sind; die beiden Hochblätter des Außenkelchs überlappen und sind stark aufgeblasen, verbergen so die Kelchblätter (**h**). Ähnliche Standorte; besonders in Frankreich und Großbritannien lokal eingebürgert. Blüht 6−9. ▽

I Acker-Winde *Convolvulus arvensis* Kriechende oder kletternde Mehrjährige. Triebe bis zu 2 m aus einem fleischigen Wurzelstock. Blätter pfeilförmig, oft recht grau, 2−5 cm lang, Stiel kürzer als die Spreite. Blüten trompetenförmig, weiß oder rosa mit weißen Streifen, kleiner als bei den *Calystegia*-Arten (etwa 2 cm im Durchmesser); Kelch fünfzipflig, ohne Außenkelch. Überall, außer im hohen Norden, sehr häufig; auf Ruderalflächen und auf Grasland an der Küste; hartnäckiges Unkraut. Blüht 6−9.

A Blaue Himmels-
leiter

B Nessel-Seide,
Europäische Seide

C Flachs-Seide

D Thymian-Seide

F Strand-Winde

G Zaun-Winde

H Wald-Zaun-
Winde

I Acker-Winde

g

h

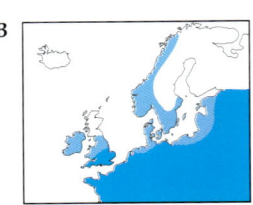

B

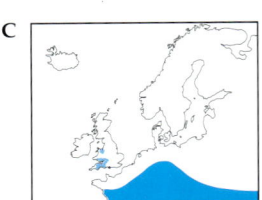

C

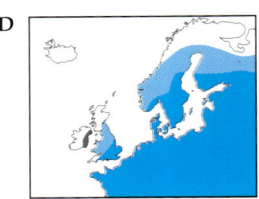

D

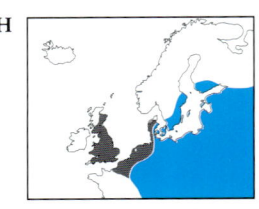

H

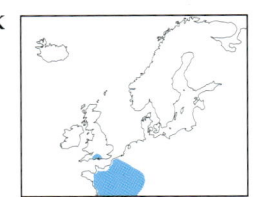

K

Boretschgewächse, Rauhblattgewächse
Boraginaceae

Kräuter oder Zwergsträucher, häufig borstig behaart. Blätter wechselständig, ungeteilt und ohne Stipeln. Blüten meist in gekrümmten Büscheln (Wickeln). Kron- und Kelchblätter je fünf. Frucht mit vier (selten zwei) getrennten, einsamigen Nüßchen.

A Europäische Sonnenwende *Heliotropium europaeum* Aufrechte oder aufsteigende, behaarte einjährige Pflanze bis 40 cm. Blätter eiförmig-elliptisch, gestielt, graugrün und flaumig. Blüten weiß, mit einem gelben „Auge", 3–5 mm im Durchmesser, in deutlich eingekrümmten, einseitigen Ähren. Auf Schuttplätzen und Ruderalflächen; von Frankreich und Süddeutschland südlich. Blüht 5–7. ▽

B Echter Steinsame *Lithospermum officinale* Aufrechte, flaumige Mehrjährige bis 60 cm, oft in Büscheln. Blätter lanzettlich, gespitzt, ungestielt, bis 10 cm lang und mit deutlich erhabenen Adern. Blüten grünlich-weiß, trichterförmig, 3–4 mm im Durchmesser, in kurzen, dichten Büscheln, die sich zur Fruchtreife verlängern. Frucht besteht aus vier glänzend weißen, porzellanartigen Nüßchen, 3–4 mm lang, bleibt bis in den Winter hinein an der Pflanze. Verbreitet und im ganzen Gebiet häufig, im Norden und Westen seltener werdend; in Gebüsch, auf Grasland und an Waldrändern, oft auf kalkigen Böden. Blüht 6–7. ▽

C Purpurblauer Steinsame *Buglossoides purpurocaerulea* Kriechende, flaumige und holzige Mehrjährige mit aufrechten oder gebogenen Trieben. Blätter lanzettlich, schmal, lang zugespitzt, dunkelgrün und ungestielt. Blüten sind zunächst rötlich, werden dann kräftig blau; Krone trichterförmig, 12–15 mm im Durchmesser, Röhre doppelt so lang wie die Kelchblätter; in beblätterten, endständigen Blütenständen. Frucht weiß, glatt und glänzend, 4–5 mm lang. Selten, von Belgien und Deutschland südlich; in Wäldern, Gebüsch und an Straßenrändern, auf Kalkböden. Blüht 4–6. ▽

D Acker-Steinsame *Buglossoides arvensis* Aufrechte, flaumige Einjährige mit kaum verzweigten Stengeln bis 50 cm. Blätter länglich bis riemenförmig, nicht scharf gespitzt, die oberen ungestielt, die unteren gestielt, ohne deutliche Seitenadern. Blüten 3–4 mm im Durchmesser, weiß oder bläulich, mit einer violetten Kronröhre, Blütenstand ein kurzes Büschel an der Stengelspitze. Nüßchen graubraun und warzig, 2,5–4 mm lang. Auf Kulturland und trockenen Ruderalflächen; fast in ganz Europa, außer im hohen Norden. Blüht 5–8. ▽

E *Lithodora diffusa* Zwergstrauch bis 60 cm, mit linealisch-lanzettlichen, recht stumpfen und filzigen Blättern. Blüten 20–25 mm im Durchmesser, hellblau. Frucht glatt und blaßbraun. Eine südwesteuropäische Art, die bis nach Nordwestfrankreich vordringt; in Wäldern und Hecken, meist auf sauren Böden. Blüht 4–6. ▽

F Gemeiner Natternkopf, Stolzer Heinrich
Echium vulgare Aufrechte, rauh-filzige Zweijährige bis 90 cm; mit verstreuten Borsten mit rotem Grund; sehr veränderlich in der Form. Blätter aus dem Wurzelstock gestielt und einadrig; Stengelblätter ungestielt, mit abgerundetem Grund. Blüten meist hellblau oder blauviolett, trichterförmig, mit fünf etwas ungleichen Kronblattzipfeln, 15–20 mm lang, in kurzen, gekrümmten, achselständigen Büscheln. Von den fünf Staubblättern ragen vier aus der Krone. Frucht eine runzlige Nuß. Auf lichtem Grasland, oft küstennah, meist auf leichtem oder kalkigem Boden; im ganzen Gebiet, außer im hohen Norden. Blüht 6–9.

G *Echium plantagineum* Ähnelt dem Echten Natternkopf, ist aber kleiner und weicher behaart. Blätter mit deutlichen Seitenadern, Stengelblätter mit herzförmigem Grund. Blüten rötlich und blau werdend, mit nur zwei aus der Krone ragenden Staubblättern. Trockene, sandige Standorte am Meer; nur im Südwesten Großbritanniens und in Westfrankreich. Blüht 6–8. ▽

H Echtes Lungenkraut *Pulmonaria officinalis* Niedrige, mehrjährige Pflanze, schopfig und sehr rauh behaart. Grundblätter ungefähr eiförmig, manchmal am Grunde herzförmig, abrupt in einen langen, geflügelten Stiel verschmälert (**h**), meist weiß gefleckt. Stengelblätter eiförmig, ungestielt und teilweise stengelumfassend. Blüten in der Knospe rosa, später violett bis blau, 10 mm im Durchmesser; Kelchzähne ein Drittel bis ein Viertel so lang wie die zylindrische Kelchröhre. Früchte rund-ovale Nüßchen. Auf schattigen oder halbschattigen Kalk- oder Tonböden; von Holland und Südschweden südlich. Blüht 3–5. ▽

I Dunkles Lungenkraut *Pulmonaria obscura* Der vorherigen Art sehr ähnlich, Blätter aus dem Wurzelstock aber ungefleckt, und die Spreite ist kürzer als der Stiel. Ähnliche Standorte und Verbreitung. Blüht 3–5. ▽

J Knollen-Lungenkraut *Pulmonaria montana* Ähnlicher Wuchs wie das Echte Lungenkraut. Grundblätter lanzettlich, allmählich zum Grunde verschmälert (**j**), weich behaart, etwas klebrig und meist ohne blasse Flecken; obere Blätter mit herzförmigem Grund, etwas stengelumfassend. Selten, in Frankreich, Deutschland und Belgien; in Wiesen und Wäldern, meist im Hügelland. Blüht 4–5. ▽

K *Pulmonaria longifolia* Die Wuchsform ähnelt den anderen Lungenkräutern. Grundblätter schmal-lanzettlich, 10–20 cm lang, gespitzt und ganz allmählich in den Stiel verschmälert (**k**), meist weiß gefleckt (in Ostfrankreich häufiger ungefleckt); Stengelblätter ähnlich, aber kleiner, ungestielt und stengelumfassend. Blüten in kurzen, immer dicht bleibenden Büscheln; Krone rot, später blau, die Haare im Schlund der Krone mit den Staubblättern abwechselnd; Kelchzähne halb so lang wie die Röhre. In Wäldern und Gebüsch, oft auf schwerem Boden; nördlich bis Frankreich und Südengland. Blüht 4–5. ▽

L Schmalblättriges Lungenkraut *Pulmonaria angustifolia* Sehr ähnlich *Pulmonaria longifolia*, die Rosettenblätter sind aber mit steifen, gleich langen Borsten besetzt und haben keine Drüsenhaare (die Borsten von *Pulmonaria longifolia* sind dagegen ungleich, und es gibt Drüsenhaare). Lokal in Südschweden, Dänemark und Deutschland; selten auch in Frankreich. Blüht 4–6. ▽

A	B	C
D	E	F
H	K	J

A Europäische Sonnenwende

B Echter Steinsame

C Purpurblauer Steinsame

D Acker-Steinsame

E *Lithodora diffusa*

F Gemeiner Natternkopf, Stolzer Heinrich

H Echtes Lungenkraut

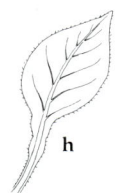

h

j

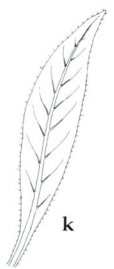

k

J Knollen-Lungenkraut

K *Pulmonaria longifolia*

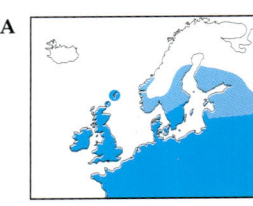

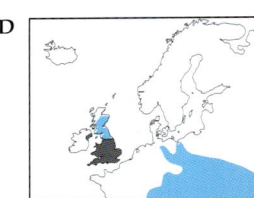

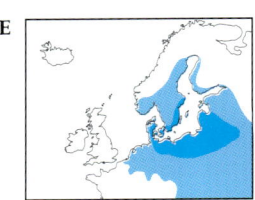

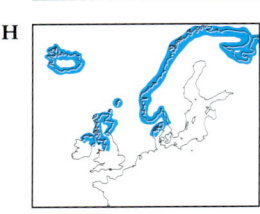

A Arznei-Beinwell *Symphytum officinale* Aufrechte, borstige Mehrjährige bis 1,2 m; Stengel deutlich geflügelt. Blätter des Wurzelstocks groß, 15–25 cm lang; gestielt, oval-lanzettlich, weichhaarig und ungezähnt; Stengelblätter kleiner, ungestielt, stengelumfassend und herablaufend. Blütenstände verzweigt und eingerollt; Krone röhren- bis glockenförmig, 12–18 mm lang, mit kurzen, zurückgeschlagenen Kronblattzipfeln, weiß, rosa oder violett. An Flußufern und auf feuchtem Grasland; in großen Teilen Europas, weiter im Norden jedoch seltener und meist eingebürgert. Blüht 6–7.

B Rauher Beinwell *Symphytum asperum* Dem Arznei-Beinwell ähnlich, aber mit ungeflügelten Stengeln, die Stengelborsten sind hakig, der Kelch hat stumpfe Zähne, die Blüten sind rosa und werden blau. Als Futterpflanze eingeführt, jetzt auch in Großbritannien verbreitet eingebürgert. Blüht 6–7.

C Futter-Beinwell *Symphytum × uplandicum* Bastard aus dem Arznei- und dem Rauhen Beinwell. Steht hinsichtlich der Merkmale zwischen den Eltern, die Stengel sind sehr rauh und schmal geflügelt, die oberen Blätter laufen nur wenig den Stengel hinab. Kronblätter purpurn und veränderlich. An grasigen Standorten, besonders an Straßenrändern inzwischen häufig, seltener an feuchten Plätzen; in fast ganz Nordeuropa. Blüht 5–8.

D Knoten-Beinwell *Symphytum tuberosum* Ähnelt in der Wuchsform den anderen Beinwell-Arten, hat aber einen knotig verdickten Wurzelstock; Stengel einfach oder wenig verzweigt, nicht oder nur wenig geflügelt; Blätter in der Mitte des Stengels am längsten, die Grundblätter zur Blütezeit verschwindend. Blüten gelb, 13–19 mm lang, die Kronenzipfel an der Spitze zurückgeschlagen. In Wäldern und an feuchten, schattigen Standorten; von England und Deutschland südlich. Blüht 6–7.

E Gewöhnliche Ochsenzunge *Anchusa officinalis* Filzige, aufrechte Mehrjährige, nur selten über 80 cm. Blätter lang-lanzettlich bis oval-lanzettlich, nur die unteren gestielt. Blüten bläulichrot oder violett, selten weiß oder gelb, 10 mm im Durchmesser, mit einer geraden Kronröhre und in langen, gebogenen Blütenständen. Hochblätter ohne welligen Rand. Von Südskandinavien südlich; zerstreut auf grasigen, steinigen Standorten und Ruderalflächen, oft auf Kalk. Blüht 6–9. ▽

F Acker-Krummhals *Anchusa arvensis* Aufrechte oder aufsteigende, sehr borstige Einjährige bis 60 cm. Borsten meist am Grunde verdickt. Blätter linealisch-lanzettlich oder breiter, mit gewellten Rändern und etwas gezähnt, die unteren gestielt, die oberen stengelumfassend. Blüten hellblau, selten bleich, mit einer gebogenen Kronröhre von 4–7 mm, in verzweigten und beblätterten Blütenständen; Schlund der Krone von fünf haarigen Schuppen verschlossen. Frucht 3–4 mm breit, unregelmäßig eiförmig, mit einem Netzmuster auf der Oberfläche. Auf sandigen und leichten Böden verbreitet und häufig, auf Grasland, Dünen und Schuttplätzen. Blüht 6–9. ▽

G *Pentaglottis sempervirens* Aufrechte, borstige Mehrjährige bis 80 cm. Grundblätter eiförmig, in den langen Stiel verschmälert, Stengelblätter ungestielt und ungezähnt. Blüten hellblau und in der Mitte weiß, 8–10 mm im Durchmesser, in gestielten, borstigen Blütenständen in den Achseln der oberen Blätter; Schlund der Krone durch fünf behaarte Schuppen verschlossen. Nüßchen rauh, mit Netzstruktur. Verbreitet eingebürgert, ursprünglich aus Südwesteuropa; in Hecken, an Straßenrändern und schattigen Plätzen, oft nahe an Siedlungen. Blüht 4–6. ▽

H *Mertensia maritima* Niederliegende, kahle, fleischige, blaugraue, oft rasenbildende Pflanze bis zu 60 cm. Blätter oval bis löffelförmig, die unteren gestielt. Blüten langgestielt, etwa 6 mm im Durchmesser und glockenförmig, in der Knospe rosa, dann blau und rosa, die Blütenstände beblättert und verzweigt; Blütenstiele zur Fruchtreife zurückgebogen. Auf Sand- und Kiessträndern, oft im Spülsaum; von Nordirland, Nordengland und Dänemark nördlich, häufig im hohen Norden. Blüht 6–8. ▽

I Scharfkraut *Asperugo procumbens* Filzige, niederliegende oder kletternde Pflanze. Blätter lanzettlich. Blüten purpurn, blau werdend, mit einer weißen Röhre, etwa 3 mm im Durchmesser, einzeln oder zu zweit in den Blattachseln, von den stark vergrößerten, blattartigen, gezähnten Kelchblättern umgeben (**i**). Auf Kulturland und Ruderalflächen, meist stickstoffreichen Böden; in fast ganz Nordeuropa, oft jedoch nicht heimisch. Blüht 5–9. ▽

J Gewöhnliche Hundszunge *Cynoglossum officinale* Aufrechte, weich grau-flaumige Zweijährige bis 80 cm. Grundblätter eiförmig-lanzettlich, gestielt und spitz, bis 30 cm lang; Stengelblätter kleiner, ungestielt und schmaler. Blüten stumpf violett, trichterförmig, 5–7 mm im Durchmesser und mit fünf gleichen Zipfeln; Kelchabschnitte zur Fruchtzeit abstehend; Blütenstand lang und häufig verzweigt. Frucht aus vier abgeflachten, ovalen Nüßchen mit hakigen Borsten und einem erhabenen Rand. Verbreitet und lokal im ganzen Gebiet, außer im hohen Norden häufig; an trockenen, offenen Standorten, besonders an der Küste. Blüht 5–8. ▽

K Wald-Hundszunge *Cynoglossum germanicum* Im Wuchs der Gewöhnlichen Hundszunge ähnlich, Blätter jedoch grün, borstig und kaum behaart; Blüten kleiner, nur 5–6 mm im Durchmesser; Nüßchen ohne verdickten Rand. Von Mitteleuropa nordwestlich bis England und Belgien; in Wäldern und Hecken, meist auf basischen Böden. Blüht 5–7. ▽

L *Cynoglossum creticum* Der Wald-Hundszunge recht ähnlich, aber stärker behaart, mit größeren, blauen, purpuradrigen Blüten von 7–10 mm Durchmesser. Südeuropäische Pflanze, die bis Nordfrankreich vordringt. Blüht 5–7. ▽

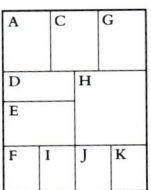

A Arznei-Beinwell

C Futter-Beinwell

D Knoten-Beinwell

E Gewöhnliche Ochsenzunge

F Acker-Krummhals

G *Pentaglottis sempervirens*

H *Mertensia maritima*

I Scharfkraut

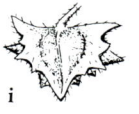

i

J Gewöhnliche Hundszunge

K Wald-Hundszunge

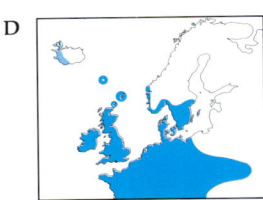

D

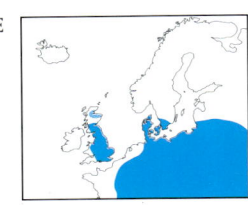

E

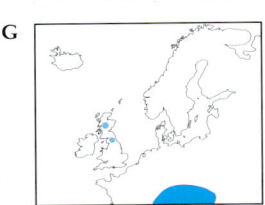

G

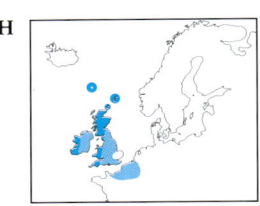

H

L

O

Vergißmeinnicht *Myosotis*

Eine leicht zu erkennende Gruppe von ein- oder mehrjährigen Kräutern, die meist blaßblaue Blüten haben. Viele Arten bedürfen zur Bestimmung einer genauen Untersuchung; zu den wichtigen Merkmalen gehört der Grad der Behaarung und die Art der Haare auf den Kelchblättern, die Länge der Blütenstiele und das Vorhandensein von Hochblättern im Blütenstand.

A Acker-Vergißmeinnicht *Myosotis arvensis* Formenreiche, aufrechte, behaarte Ein- oder gelegentlich Mehrjährige mit einem oder mehreren, abstehend behaarten Stengel. Untere Blätter eine lockere Rosette bildend, etwa elliptisch, über der Mitte am breitesten und kaum gestielt; Stengelblätter lanzettlich und ungestielt, auf beiden Seiten abstehend behaart. Blüten blaß- bis hellblau, mit fünf konkaven Zipfeln, bis 5 mm im Durchmesser, die Kronröhre ist kürzer als der Kelch. Kelch glockenförmig, auf der Röhre mit hakigen Haaren (**a**), Zipfel zur Fruchtzeit abstehend, Blütenstand ohne Hochblätter. Blütenstiele etwa doppelt so lang wie der Kelch, zur Fruchtzeit aufrecht. Im ganzen Gebiet sehr häufig; auf trockenem Grasland und Ackerland, in Gebüsch und lichten Wäldern. Blüht 4–10.

B Hügel-Vergißmeinnicht *Myosotis ramosissima* Niedrige, filzige Einjährige bis höchstens 15 cm. Ähnliche Merkmale wie das Acker-Vergißmeinnicht, Stengelhaare jedoch unten abstehend und oben anliegend; Kelchzähne zur Fruchtzeit abstehend, Blüten nur 2–3 mm im Durchmesser, Blütenstand zur Fruchtzeit länger als der beblätterte Teil des Stengels. Blütenstiele zur Fruchtzeit etwa so lang wie der Kelch. An trockenen, bloßen Standorten, besonders auf Sand häufig; außer im hohen Norden im ganzen Gebiet. Blüht 4–6. ▽

C Sand-Vergißmeinnicht *Myosotis stricta* Dem Hügel-Vergißmeinnicht sehr ähnlich, Haare auf der Blattunterseite und unten am Stengel jedoch hakig. An ähnlichen Standorten, verbreitet. Blüht 5–7. ▽

D Buntes Vergißmeinnicht *Myosotis discolor* Den beiden obigen Arten ähnlich, aber 8–20 cm hoch, und die Blüten sind beim Öffnen gelb, werden dann aber blau; Kelch mit hakigen Haaren länger als der Stiel (**d**), Kelchzähne zur Fruchtzeit aufrecht. Auf trockenem, oft sandigem Grasland; fast im ganzen Gebiet, außer in Nordskandinavien. Blüht 5–9. ▽

E Wald-Vergißmeinnicht *Myosotis silvatica* Kräftigere Mehrjährige bis 50 cm, oft stark verzweigt und beblättert, Stengel abstehend behaart. Blätter abstehend behaart. Krone blaßblau, flach und 6–10 mm im Durchmesser; Kelch mit steifen, hakigen Haaren (**e**); Fruchtstiele ein- bis zweimal so lang wie der zur Reife offene Kelch. Blütenstand nicht beblättert, zur Fruchtzeit nicht länger als der beblätterte Teil des Stengels. Nüßchen reif braun. In Wäldern und schattigem oder feuchtem Grasland; verbreitet und außer im Norden lokal häufig. Blüht 4–8.

F Niederliegendes Vergißmeinnicht *Myosotis decumbens* Dem Wald-Vergißmeinnicht sehr ähnlich, hat aber einen kriechenden Wurzelstock, und die Kronröhre ist deutlich länger als der Kelch (statt ungefähr gleich lang). Grasige und steinige Standorte, vor allem in den Bergen; in Deutschland und Skandinavien. Blüht 4–6. ▽

G Alpen-Vergißmeinnicht *Myosotis alpestris* Ungefähr wie das Wald-Vergißmeinnicht, aber kleiner und schopfig. Grundblätter meistens lang

gestielt. Fruchtstiele etwa so lang wie der dicht silberhaarige Kelch (**g**). Nüßchen reif schwarz. Grasland und steinige Flächen in den Bergen, meist auf Kalk; von Schottland südlich. Blüht 7–9. ▽

H *Myosotis secunda* Mehrjährige mit kriechendem Wurzelstock und aufrechten, behaarten Zweigen. Blüten blau, 6–8 mm im Durchmesser, mit schwach ausgerandeten Zipfeln; Kelch bis zur Hälfte gespalten, Zähne spitz (**h**), mit geraden Haaren; Fruchtstiele drei- bis fünfmal so lang wie der Kelch, zur Reife zurückgebogen. Unterer Teil des Blütenstandes beblättert. Nüßchen dunkelbraun und glänzend. In sauren Marschen, Sümpfen und nassen Standorten in Großbritannien, Frankreich (selten) und weiter im Süden in den Bergen. Blüht 6–8. ▽

I *Myosotis stolonifera* Ähnelt *Myosotis secunda*, ist jedoch kleiner und hat zahlreiche Ausläufer; Blätter oval, doppelt so lang wie breit; Blüten kleiner, 5 mm im Durchmesser, Kelch (**i**). An nassen Standorten in den Bergen; nur in Großbritannien. Blüht 6–7. ▽

J Schlaffes Vergißmeinnicht *Myosotis laxa* ssp. *caespitosa* Den beiden obigen Arten recht ähnlich, aber ohne Ausläufer. Haare auf Stengeln, Blättern und Kelch anliegend; Kronblätter blau, 2–4 mm, mit abgerundeten Zipfeln; Kelchzähne spitz (**j**). Fruchtstiele zwei- bis dreimal so lang wie der zur Fruchtzeit geöffnete Kelch. An nassen und feuchten Standorten; verbreitet, in Nordskandinavien jedoch selten. Blüht 5–8.

K *Myosotis sicula* Dem Schlaffen Vergißmeinnicht ähnlich, aber mit beinahe kahlem Kelch mit stumpfen Zähnen; Krone untertassenförmig; Blüten in zwei deutlichen Reihen. Nur auf Dünen auf Jersey und in Nordwestfrankreich. Blüht 5–7. ▽

L Sumpf-Vergißmeinnicht *Myosotis scorpioides* Ähnelt *Myosotis secunda*, ist aber kahl und auf dem Stengel anliegend behaart; Fruchtstiele nur ein- bis zweimal so lang wie der Kelch; Kelchzähne nicht mehr als ein Drittel der Kelchlänge und dreieckig (**l**); Krone länger, 8–10 mm im Durchmesser; Blütenstand ohne Hochblätter. Nasse Standorte, oft auf neutralen bis basischen Böden; im ganzen Gebiet, häufig. Blüht 5–9.

M Hain-Vergißmeinnicht *Myosotis nemorosa* Der obigen Art sehr ähnlich, aber meist ohne Ausläufer; Blätter unterseits mit abwärts gerichteten Haaren; Blüten weniger als 6 mm im Durchmesser. Nasse Wiesen und Wälder; verbreitet mit östlichem Schwerpunkt. Blüht 5–7. ▽

N Wald-Igelsame *Lappula deflexa* In Wuchsform und Farbe dem Vergißmeinnicht recht ähnlich. Krone allerdings stärker glockenförmig, 3–6 mm im Durchmesser, mit einer kürzeren Röhre, und die Nüßchen haben hakige Stacheln. Bei dieser Art sind die Fruchtstiele stark zurückgebogen (**n**), und die Krone hat einen Durchmesser von 5–7 mm. Auf steinigen Standorten und in den Bergen; überwiegend Mittel- und Südskandinavien, in Frankreich und Deutschland in den Bergen. Blüht 6–8. ▽

O Gewöhnlicher Igelsame *Lappula squarrosa* Der obigen Art sehr ähnlich, hauptsächlich durch die kleineren Blüten (Durchmesser 4 mm) und die aufrechten Fruchtstiele unterschieden. Auf trockenen Standorten, Ruderalflächen und auf Schuttplätzen; verbreitet auf dem europäischen Festland, außer im hohen Norden, oft nur unbeständig oder eingebürgert. Blüht 6–9. ▽

A	B	D
E	G	H
J	L	O

A Acker-Vergißmeinnicht

B Hügel-Vergißmeinnicht

D Buntes Vergißmeinnicht

E Wald-Vergißmeinnicht

G Alpen-Vergißmeinnicht

H *Myosotis secunda*

J Schlaffes Vergißmeinnicht

L Sumpf-Vergißmeinnicht

O Gewöhnlicher Igelsame

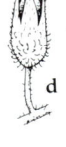

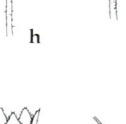

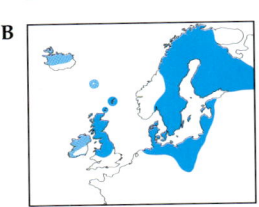

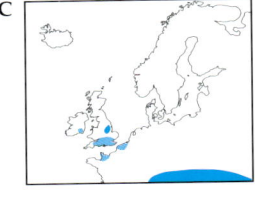

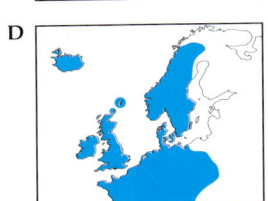

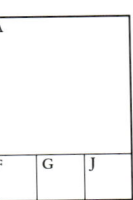

Eisenkrautgewächse
Verbenaceae

Kräuter oder Sträucher mit gegenständigen Blättern. Blüten vier- oder fünfzählig; Kronblattzipfel flach ausgebreitet und Röhre kurz.

A Gewöhnliches Eisenkraut *Verbena officinalis* Mittelgroße, aufrechte Mehrjährige mit vierkantigen Stengeln, Kanten rauh. Untere Blätter etwa rautenförmig, aber fast bis zur Mittelrippe eingeschnitten, die Abschnitte vielfach nochmals gespalten. Obere Blätter kleiner, ungestielt und kaum geteilt. Blüten bläulich-rosa, 4–5 mm im Durchmesser, zweilippig fünfspaltig, Kronröhre doppelt so lang wie der Kelch; in langen, schmalen, häufig verzweigten und blattlosen Ähren von 8–12 cm. Frucht zerfällt in vier gerippte Nüßchen. Verbreitet, im Norden bis Norddeutschland (darüber hinaus eingebürgert); auf trockenem Grasland, an Waldrändern und in Gebüsch, an Straßenrändern. Blüht 6–9.

Wassersterngewächse
Callitrichaceae

Die Wasserstern-Arten sind eine schwierige Gruppe von aquatischen oder Schlamm besiedelnden Pflanzen. Die meisten Arten zeigen abhängig von den Standortbedingungen sehr verschiedene Wuchsformen, und bis auf zwei Arten bringen sie alle unterschiedliche Wasser- und Landformen hervor. Für eine zuverlässige Bestimmung ist eine eingehende Untersuchung der reifen Frucht nötig. Um die Bestimmung zu erleichtern, wurden die Arten in Gruppen mit ähnlichen Merkmalen zusammengefaßt.

(1) Arten mit ausschließlich linealischen Blättern, normalerweise untergetaucht.

B Herbst-Wasserstern *Callitriche hermaphroditica* Untergetauchte Pflanze. Blätter gelbgrün, meist über 10 mm lang, zum deutlich gekerbten Ende hin etwas verschmälert (**b 1**). Blüten einzeln, keine Hochblätter. Früchte etwa kreisförmig, 2 mm, breit geflügelt (**b 2**) und in großen Mengen produziert. Im ganzen Gebiet in Seen, Kanälen und langsam fließenden Flüssen. Blüht 5–9.

C *Callitriche truncata* ssp. *occidentalis* Der obigen Art recht ähnlich, Stengel jedoch rötlich. Blätter bläulich-grün, normalerweise weniger als 10 mm lang, Spitzen gerade abgeschnitten und kaum ausgerandet (**c**). Frucht selten, deutlich breiter als lang, bis 1,5 mm breit und nicht geflügelt. Nur in Großbritannien, Frankreich und Belgien.

D Haken-Wasserstern *Callitriche hamulata* Ähnlich dem Herbst-Wasserstern, aber wenigstens die unteren Blätter bis 25 mm lang, wie ein Schraubenschlüssel geformt, mit parallelen Rändern, aber an der ausgerandeten Spitze breiter werdend (**d**). Schwimmblätter, falls vorhanden, stärker elliptisch. Blüten einzeln aus den Achseln untergetauchter oder schwimmender Blätter. Nar-

be zurückgeschlagen, Hochblätter sichelförmig und bald abfallend; Frucht 1,5–2,5 mm breit, auf dem Rücken schmal geflügelt und mit zurückgebogenen Resten der Griffel. Oft in saurem, langsam fließendem oder stehendem Wasser, verbreitet; im ganzen Gebiet, außer im hohen Norden. Blüht 4–9.

E Stielfrüchtiger Wasserstern *Callitriche brutia* Dem Haken-Wasserstern sehr ähnlich, aber zarter; Spitzen der untergetauchten Blätter nicht verbreitert, allerdings oft unregelmäßig ausgerandet (**e**); Frucht breit geflügelt, 1–1,5 mm, bei den terrestrischen Formen gestielt. Im ganzen Gebiet, aber sehr selten und nur unvollständig aufgenommen. Blüht 5–9.

(2) Blätter nicht ausschließlich linealisch; die oberen bilden in der Regel eine schwimmende Rosette.

F Teich-Wasserstern *Callitriche stagnalis* Blätter nicht mit parallelen Rändern, sondern elliptisch bis oval, nicht oder kaum ausgerandet (**f 1**); obere Blätter oft zu sechs eine Rosette bildend (**f 2**); Blätter meist fünfadrig. Blüten einzeln oder in Paaren nur aus den Rosettenblättern; Narben 2–3 mm, später zurückgebogen; Samen am Rücken breit geflügelt. Sehr häufig im ganzen Gebiet; in stehendem und langsam fließendem Wasser oder auf Schlamm. Blüht 5–9.

G Nußfrüchtiger Wasserstern *Callitriche obtusangula* Ähnelt in der Wuchsform dem Teich-Wasserstern, die untergetauchten Blätter sind jedoch linealisch und oft tief ausgerandet; Rosettenblätter bis zu zwölf, etwa rautenförmig und deutlich geädert (**g**). Frucht schwach gekielt, aber nicht geflügelt, 1,5 mm im Durchmesser. In stehendem und langsam fließendem Süß- oder Brackwasser; nördlich bis Holland und Deutschland. Blüht 5–9.

H Stumpfkantiger Wasserstern *Callitriche cophocarpa* Ähnelt dem Nußfrüchtigen Wasserstern, Blätter sind aber stärker abgerundet (**h 1**, **h 2**) und die Frucht ist kleiner (etwa 1 mm). Verbreitet, aber selten; in basenreichen Gewässern. Blüht 5–9.

I Flachfrüchtiger Wasserstern *Callitriche platycarpa* Den obigen drei Arten annähernd ähnlich. Die untergetauchten Blätter linealisch, an der Spitze nicht verbreitert, aber deutlich ausgerandet (**i 1**); wenige Rosettenblätter, elliptisch, in den Stiel verschmälert, dunkelgrün, dreiadrig und eine konvexe Rosette bildend (**i 2**). Narben aufrecht, 3–5 mm; Frucht bräunlich, die Samen rundum schmal geflügelt, bis 2 mm im Durchmesser. Fast im ganzen Gebiet verbreitet; in stehendem und langsam fließendem Süß-, gelegentlich auch Brackwasser. Blüht 4–10.

J Sumpf-Wasserstern *Callitriche palustris* Dem Flachfrüchtigen Wasserstern sehr ähnlich, Blüten jedoch meist zu zweit, die schwärzlichen Samen sind nur an der Spitze geflügelt. Im ganzen Gebiet, aber selten. Blüht 6–9.

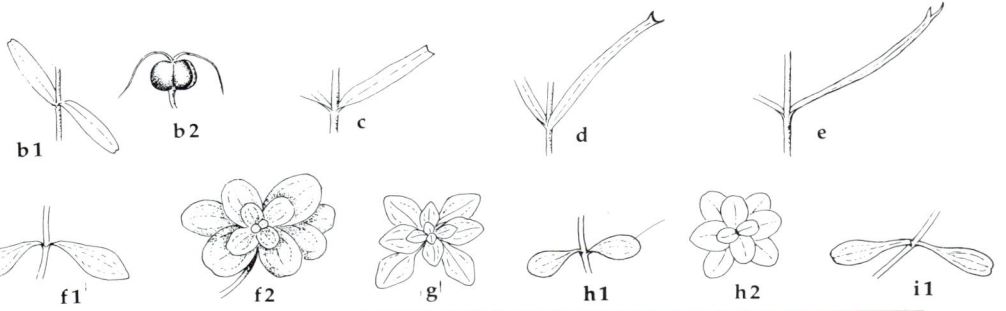

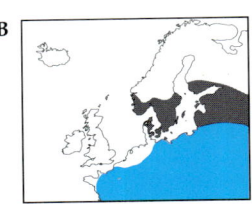

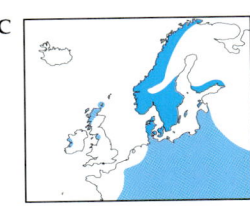

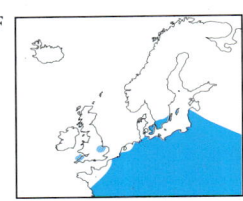

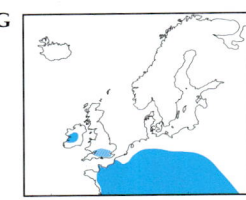

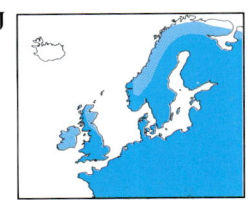

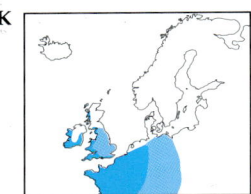

Lippenblütengewächse *Labiatae*

Kräuter oder Halbsträucher mit vierkantigen Stengeln und gegenständigen Blättern ohne Stipeln. Häufig aromatisch und die Quelle vieler ätherischer Öle. Blüten dorsiventral, meist deutlich zweilippig, scheinbar in Quirlen in den Achseln gegenständiger Tragblätter. Kelch fünfzähnig.

A Kriechender Günsel *Ajuga reptans* Kleine, mehrjährige Pflanze mit langen, beblätterten und wurzelnden Ausläufern. Aufrechte Blütentriebe bis 40 cm, ausschließlich auf zwei gegenüberliegenden Seiten kurz behaart. Grundblätter ei- bis löffelförmig, 40–70 mm lang, gestielt und manchmal leicht gezähnt; Stengelblätter in Paaren, ungestielt. Blütenstände in Quirlen von Blüten aus Tragblättern, die obersten Tragblätter kürzer als die Blüten; Krone blau bis blauviolett, 14–17 mm lang, die untere Lippe oft mit weißen Linien. Verbreitet und häufig in Wäldern und Grasland, oft auf schweren Böden; nördlich bis Südnorwegen. Blüht 4–6.

B Genfer Günsel *Ajuga genevensis* Wuchsform ähnelt dem Kriechenden Günsel, hat aber normalerweise keine oberirdischen Ausläufer, und der Stengel ist an allen vier Seiten behaart; Blätter gezähnt, die unteren zur Blütezeit welkend. Blüten ähnlich, aber heller, ein tieferes Blau. Staubblätter deutlich aus der Röhre hervorragend. Auf dem europäischen Festland lokal häufig, nördlich bis Belgien und Deutschland; in Wäldern, an Straßenrändern und trockenen, steinigen Standorten, oft auf kalkreichen Böden. Blüht 4–7. ▽

C Pyramiden-Günsel *Ajuga pyramidalis* In der Form den beiden obigen Arten ähnlich. Stengel rundum behaart. Grundblätter gestielt, oval, auch zur Blütezeit grün bleibend. Tragblätter alle viel länger als die Blüten, oft purpurn überlaufen und behaart. Blüten blau, Staubblätter etwas herausragend. Grasige und steinige Standorte, oft im Hochland, meist auf kalkigen Böden; von Belgien nördlich (weiter im Süden in den Bergen). Blüht 5–7. ▽

D Gelber Günsel *Ajuga chamaepitys* Behaarte, aufsteigende Einjährige bis 20 cm, von den anderen *Ajuga*-Arten deutlich verschieden. Grundblätter früh welkend. Stengelblätter in drei schmal-linealische Abschnitte geteilt, beim Zerreiben nach Kiefern duftend. Blüten 7–15 mm lang, gelb mit rotvioletter Zeichnung (selten rein violett), zu zwei bis vier an den Knoten und viel kürzer als die Tragblätter. Verbreitet, von Holland und Deutschland südlich, außer im Süden sehr selten; an offenen, kalkigen Standorten einschließlich Ackerland. Blüht 5–9. ▽

E Salbei-Gamander *Teucrium scorodonia* Mittelgroße, aufrechte, flaumige Mehrjährige bis höchstens 60 cm. Blätter oval, am Grunde herzförmig, bis 70 mm groß, gestielt, runzlig, mit abgerundeten Zähnen; aromatisch. Blüten in Paaren in den Tragblattachseln, blaß, grüngelb und mit der typischen Gamander-Form (scheinbar fünfzipfelige Unterlippe von 5–6 mm, Oberlippe scheinbar fehlend); Staubblätter rot, deutlich herausragend. Blütenstand endständig, ohne echte Blätter. Außerhalb Skandinaviens verbreitet und häufig, in Südskandinavien selten oder eingebürgert; in trockenen, grasigen oder bewaldeten Gebieten oder auf Heiden, meist auf sauren Böden. Blüht 7–9. ▽

F Knoblauch-Gamander *Teucrium scordium* Weich behaarte Mehrjährige mit kriechendem Wurzelstock oder beblätterten Ausläufern und aufrechten Blütentrieben bis 40 cm. Blätter länglich, grob gezähnt, am Grunde abgerundet und mehr oder weniger ungestielt, graugrün und beim Zerreiben mit Knoblauchgeruch. Blüten mit typischer Gamanderform, rosaviolett, Lippe bis 10 mm lang, zu zwei bis sechs in Quirlen einen lockeren, endständigen Blütenstand formend. Nasse oder feuchte, oft kalkige Standorte einschließlich Dünen; ziemlich selten, nördlich bis Südskandinavien. Blüht 6–10. ▽

G Trauben-Gamander *Teucrium botrys* Kurze, aufrechte, flaumige Ein- oder Zweijährige, häufig mit verzweigten Stengeln bis 30 cm. Blätter gestielt, tief fiederspaltig, die Abschnitte oft nochmals unterteilt; Tragblätter ähnlich aber kleiner, länger als die Blüten. Blüten hellrosa, die Lippe etwa 8 mm lang, zu zwei bis sechs in Quirlen entlang des Stengels. Auf trockenem Grasland, Ruderalflächen und steinigem Untergrund auf kalkigen Böden; ziemlich selten, von Holland und Belgien südlich. Blüht 6–9. ▽

H Edel-Gamander *Teucrium chamaedrys* Schopfige, behaarte Mehrjährige, am Grunde verholzend, ohne kriechenden Wurzelstock. Stengel aufrecht oder aufsteigend, bis 40 cm. Blätter länglich-oval, etwa doppelt so lang wie breit, stumpf, kurzgestielt, oberseits glänzend dunkelgrün und ungezähnt bis tief gezähnt. Blüten rosaviolett, Kronlippe 8–10 mm lang, in Quirlen, die oberen Tragblätter kürzer als die Blüten. Von Belgien und Holland südlich; auf Kalkfelsen, Grasland und Mauern; oft eingebürgert. Blüht 6–9. ▽

I Berg-Gamander *Teucrium montanum* Polsterbildender Zwergstrauch von 10–25 cm, abstehend behaart. Blätter linealisch-lanzettlich, ungezähnt, oberseits graugrün und unterseits weißhaarig mit umgerollten Rändern. Blüten milchiggelb, 12–15 mm lang, aus laubblattartigen Tragblättern in runden, dichten Köpfen. Auf trockenen oder steinigen, kalkigen Böden, dort auch im Flachland; von Holland und Deutschland südlich. Blüht 5–8. ▽

J Sumpf-Helmkraut *Scutellaria galericulata* Mittelgroße, kriechende, flaumige oder unbehaarte Mehrjährige mit aufrechten Blütentrieben bis 50 cm. Blätter oval-lanzettlich, 20–50 mm lang, schwach gezähnt, am Grunde unterschiedlich herzförmig und gestielt. Krone blauviolett, viel länger als der Kelch, 10–20 mm lang, Röhre schwach gebogen; Blüten locker und ungleichmäßig entlang des oberen Stengels. In Nordeuropa, außer im hohen Norden, häufig und verbreitet; in Marschen, an Flußufern und in nassen Wäldern. Blüht 6–9.

K Kleines Helmkraut *Scutellaria minor* In der Wuchsform dem Sumpf-Helmkraut ähnlich, aber kleiner, bis 15 cm groß und beinahe kahl. Blätter 10–30 mm, eiförmig bis lanzettlich, ungezähnt, am Grunde aber oft gelappt. Blüten paarweise in den Achseln der laubblattartigen Tragblätter, rosa und zweilippig mit einer violett gefleckten Unterlippe; Kronröhre 6–10 mm lang, zwei- bis viermal so lang wie der Kelch und gerade. An feuchten, oft sauren Standorten; von Holland und Deutschland südlich (sehr selten auch in Schweden). Blüht 7–10. ▽

L Spießblättriges Helmkraut *Scutellaria hastifolia* Dem Kleinen Helmkraut ähnlich, aber mit pfeilförmigen Blättern (**l**), die unterseits violett sind; Blüten blauviolett, Röhre stark gebogen. Selten, in feuchtem Grasland und Wäldern; ganz Europa, außer im hohen Norden. Blüht 7–9.

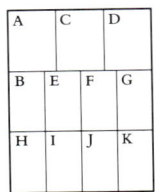

A Kriechender Günsel

B Genfer Günsel

C Pyramiden-Günsel

D Gelber Günsel

E Salbei-Gamander

F Knoblauch-Gamander

G Trauben-Gamander

H Edel-Gamander

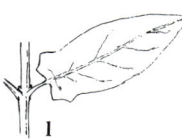

I Berg-Gamander

J Sumpf-Helmkraut

K Kleines Helmkraut

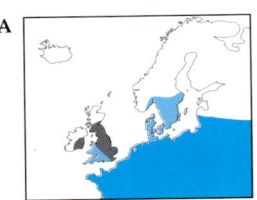

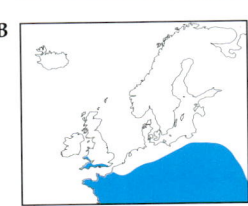

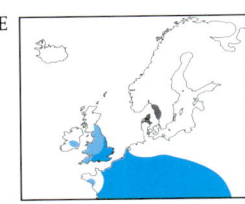

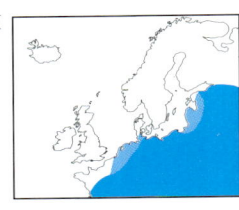

A Gewöhnlicher Andorn *Marrubium vulgare*
Aufrechte, weiß-flaumige Mehrjährige bis 45 cm, oft mit zahlreichen, nichtblühenden Zweigen. Blätter rundlich-oval, bis 40 mm lang, runzlig und oberseits grau-flaumig, unterseits weiß-filzig. Blüten weiß, 12–15 mm lang, in vielblütigen, entfernten Quirlen. Vereinzelt nördlich bis Südschweden; auf trockenem Grasland und Schuttplätzen, besonders küstennah. Blüht 6–10.

B Immenblatt *Melittis melissophyllum* Mehrjährige Pflanze, oft mit zahlreichen Stengeln bis 70 cm, behaart und stark riechend. Blätter eiförmig, bis 80 cm lang, gestielt, gespitzt und mit runden Zähnen. Blüten sehr groß, 25–40 mm lang, weiß, rosa, violett oder eine Mischung dieser Farben, die Kelchblätter deutlich überragend, duftend und in Büscheln zu zwei bis sechs in den oberen Tragblattachseln. Waldränder, Hecken und schattige Standorte; nördlich bis Belgien und bis in den Süden Großbritanniens. Im Süden des Gebietes häufig. Blüht 5–7. ▽

C Gewöhnlicher Hohlzahn *Galeopsis tetrahit*
Aufrechte, verzweigte Einjährige, borstig behaart, schwach klebrig, mit Stengeln bis zu 60 cm, die an den Knoten angeschwollen sind. Blätter eiförmig bis lanzettlich, gezähnt; gespitzt, 3–10 cm lang und gestielt. Blüten rosaviolett, selten weiß, mit dunklerer Zeichnung, 15–20 mm, Kronröhre etwa so lang wie der Kelch, und Mittellappen der Unterlippe nicht ausgerandet; Kelch borstig, mit langen, spitzen Zähnen. Blütenstand aus dichten, beblätterten Blütenquirlen in der oberen Hälfte des Stengels. Im ganzen Gebiet auf Ruderalflächen, an Wegrändern und auf der Heide. Blüht 7–9.

D Kleinblütiger Hohlzahn *Galeopsis bifida*
Dem Gewöhnlichen Hohlzahn sehr ähnlich, aber im ganzen kleiner, der Mittellappen der Lippe schmaler, die Ränder zurückgeschlagen und die Mitte eingekerbt; die dunklere Färbung erreicht den Rand der Unterlippe. Im ganzen Gebiet außer in Großbritannien. Blüht 7–9.

E Schmalblättriger Hohlzahn *Galeopsis angustifolia* Dem Gewöhnlichen Hohlzahn ähnlich. Stengel an den Knoten nicht geschwollen. Blätter schmaler, weniger als 10 mm breit, mit wenigen, kleinen Zähnen und seidig behaart. Blüten tiefrosa bis violett, mit gelben Flecken, 15–25 mm lang, die Röhre viel länger als die Kelchzähne. Auf Ackerland, Kies und anderen offenen Standorten; zerstreut, von Deutschland südlich, weiter im Norden eingebürgert. Blüht 7–10. ▽

F Breitblättriger Hohlzahn *Galeopsis ladanum*
Dem Schmalblättrigen Hohlzahn sehr ähnlich, jedoch mit breiteren, ovalen, stark gezähnten und nicht seidigen Blättern. Kronröhre den Kelch kaum überragend. Verbreitet in Europa, außer im hohen Norden; auf saureren Böden. Blüht 7–10.

G Gelber Hohlzahn *Galeopsis segetum* Dem Schmalblättrigen Hohlzahn ähnlich, Blüten jedoch blaßgelb, bis 30 mm und viel länger als der Kelch; besonders die Unterseite der Blätter und der Kelch seidig behaart. Selten, in Europa nördlich bis Dänemark; Ackerland auf sauren Böden. Blüht 7–8. ▽

H Bunter Hohlzahn *Galeopsis speciosa* Ähnelt den anderen Hohlzahn-Arten in der Form, ist aber sehr charakteristisch. Stengel kräftig, gleich-mäßig borstig behaart, mit zusätzlichen, gelbspitzigen Drüsenhaaren. Krone 27–34 mm lang, gelb und violett, die Kronröhre doppelt so lang wie der Kelch. Auf Ackerland, sauren und torfigen Böden, häufig zusammen mit Kartoffeln; im ganzen Gebiet, außer im hohen Norden. Blüht 7–9. ▽

I Gefleckte Taubnessel *Lamium maculatum*
Sehr formenreiche, behaarte, aromatische Mehrjährige, oft durch unterirdische Ausläufer Gruppen bildend, mit aufrechten, blühenden Trieben bis 60 cm. Blätter dreieckig bis eiförmig-spitz, gezähnt und gestielt, häufig mit einem weißen oder blaßgrünen Fleck in der Mitte. Blüten rosapurpurn, 20–35 mm, mit gebogener Kronröhre, die Seitenlappen der Krone mit einem einzelnen Zahn. Wälder, Hecken und schattige Standorte; auf dem europäischen Festland von Holland südlich, andernorts eingebürgert. Blüht 4–10.

J Weiße Taubnessel *Lamium album* In der Form der Gefleckten Taubnessel ähnlich. Blätter eiförmig, am Grunde herzförmig, grob gezähnt, ungefähr brennesselförmig, aber ohne Brennhaare (daher der Name). Blüten weiß, 20–25 mm, Kronröhre am Grunde gebogen, die Oberlippe behaart, die Unterlippe mit zwei bis drei Zähnen an jedem Seitenlappen. Eine vertraute, häufige und verbreitete Art, auf grasigen, halbschattigen Standorten, oft auf Ruderalflächen; fast im ganzen Gebiet, außer im hohen Norden. Blüht 4–12.

K Rote Taubnessel *Lamium purpureum*
Mehr oder weniger aufrechte, flaumige Einjährige bis 40 cm, am Grunde vielfach verzweigt und violett. Blätter oval bis herzförmig, 10–50 mm lang, alle gestielt und grob rundlich gezähnt. Blütenstand dicht und beblättert; Blüten rosaviolett, Krone 10–18 mm, die Röhre gerade und länger als der Kelch; Kelch flaumig, die Zähne so lang wie die Röhre und zur Fruchtzeit abstehend. Auf Kulturland und Schuttplätzen; ganz Nordeuropa. Blüht 3–10.

L Bastard-Taubnessel *Lamium hybridum* Der Roten Taubnessel sehr ähnlich, aber zarter und weniger flaumig; Blätter und Tragblätter unregelmäßig, tief gezähnt, am Grunde gestutzt und herablaufend. Ähnliche Standorte; im ganzen Gebiet. Blüht 3–10.

M Stengelumfassende Taubnessel *Lamium amplexicaule* Der Roten Taubnessel recht ähnlich. Untere Blätter abgerundet bis eiförmig, stumpf gezähnt und langgestielt; Tragblätter dagegen ungestielt, rundlich, paarweise stengelumfassend und gelegentlich wie ein Kragen unter den Blüten. Blüten rosaviolett, die meisten 15–20 mm lang, einige jedoch immer klein und geschlossen bleibend; Kelchröhre dicht, weiß, abstehend behaart, die Zähne kürzer als die Röhre (m), zur Fruchtzeit nicht abstehend. Außer im hohen Norden weit verbreitet; auf Ackerland und Ruderalflächen. Blüht 3–11. ▽

N Mittlere Taubnessel *Lamium moluccellifolium*
Ähnelt der Stengelumfassenden Taubnessel, ist aber starkwüchsiger, die Tragblätter sind nicht stengelumfassend und die unteren sind gestielt; Kelch anliegend behaart, Zähne länger als die Röhre (n), zur Fruchtzeit abstehend. Ähnliche Standorte, von Schottland und der Mitte Deutschlands nördlich. Blüht 5–10. ▽

A	B	C	E
F	H	I	M
K	J		L

A Gewöhnlicher Andorn

B Immenblatt

C Gewöhnlicher Hohlzahn

E Schmalblättriger Hohlzahn

F Breitblättriger Hohlzahn

H Bunter Hohlzahn

I Gefleckte Taubnessel

J Weiße Taubnessel

K Rote Taubnessel

L Bastard-Taubnessel

M Stengelumfassende Taubnessel

m

n

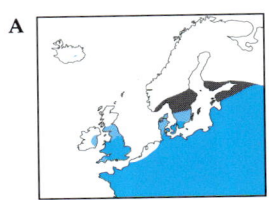

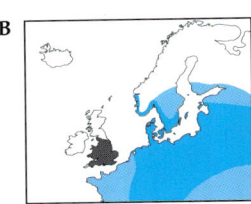

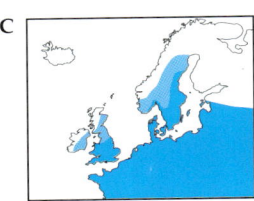

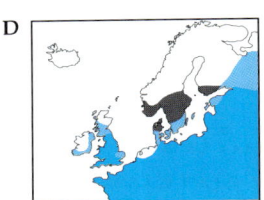

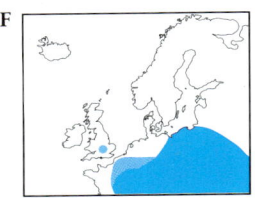

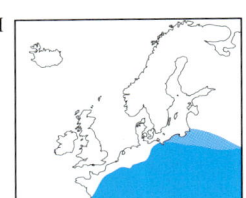

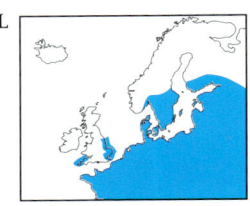

A Goldnessel *Lamiastrum galeobdolon* Behaarte Mehrjährige, besonders nach der Blütezeit mit langen, beblätterten Ausläufern, Blütentriebe mehr oder weniger aufrecht, bis 45 cm. Den Taubnesseln sehr ähnlich, aber Blüten gelb, 17—20 mm Länge, rötlich gestreift, ungezähnt; die Lippe der Krone ist in drei gleiche Lappen geteilt, der mittlere Abschnitt ist dreieckig. In Wäldern und Hecken; nördlich bis Südskandinavien, meist auf schwereren, basenreichen Böden. Blüht 4—6.

B Echter Löwenschwanz *Leonurus cardiaca* Hohe, unterschiedlich behaarte Mehrjährige, meist bis 1 m, gelegentlich auch höher. Untere Blätter handförmig drei- bis siebenlappig, die Abschnitte weiter gelappt oder gezähnt. Blüten rosa oder weiß, in Quirlen mit auffälligen, dreilappigen Tragblättern; Krone 8—12 mm, den Kelch deutlich überragend, Oberlippe auf dem Rücken stark behaart; Kelch deutlich fünfadrig, Kelch fast so lang wie die Röhre. An Waldrändern, in Hecken und auf schattigen Schuttplätzen; verbreitet, auf dem europäischen Festland, außer im hohen Norden. Blüht 7—9. ▽

C Schwarznessel *Ballota nigra* Aufsteigende bis aufrechte, rauh behaarte Mehrjährige bis 80 cm, mit unangenehmem Geruch. Blätter ei- bis herzförmig, gestielt, grob gezähnt, 30—80 mm lang. Blüten stumpf violett bis rosa, 12—18 mm lang, behaart und mit einer konkaven Oberlippe; Kelch trichterförmig, mit fünf langgespitzten, dreieckigen Zipfeln; in dichten, beblätterten Quirlen. Verbreitet an Straßenrändern und in Hecken; von Südschweden südlich, im Norden des Gebietes wahrscheinlich nicht heimisch. Blüht 6—10. ▽

D Heil-Ziest *Stachys officinalis* Aufrechte, behaarte oder kahle Mehrjährige bis 60 cm. Grundblätter länglich, am Grunde herzförmig und langgestielt; Stengelblätter schmaler, den Stengel hinauf zunehmend kürzer gestielt; alle Blätter gleichmäßig und abgerundet gezähnt. Blütenstand eine kurze, dichte, zylindrische, endständige Ähre, manchmal mit lockereren Quirlen darunter; Krone rotviolett, 12—18 mm, die Röhre den Kelch überragend; Kelch mit fünf borstig bespitzten Zähnen. In lichten Wäldern und in Hecken, auf Weiden und Heiden, meist auf leichteren Böden; von Südschweden und Schottland südlich; häufig. Blüht 6—9.

E Alpen-Ziest *Stachys alpina* Weichhaarige, aufrechte oder aufsteigende Mehrjährige bis 1 m, im oberen Bereich mit Drüsenhaaren. Ohne kriechende Stengel. Blätter eiförmig, am Grunde herzförmig, bis 18 cm lang, langgestielt und mit abgerundeten Zähnen. Blüten stumpf violett oder rosa, manchmal in der Mitte gelb, 15—22 mm lang und behaart; Tragblätter der Blüten linealisch, etwa so lang wie der Kelch; in dichten, beblätterten, genäherten Quirlen. Lichter Wald, Waldränder und steiniger Untergrund, meist auf Kalk; am häufigsten im Hügelland. Blüht 6—8. ▽

F Deutscher Ziest *Stachys germanica* Gruppenbildende Zwei- oder Mehrjährige, Stengel aufrecht oder aufsteigend, vollständig weiß-filzig. Blätter ähnlich wie beim Alpen-Ziest. Blüten rosa, behaart und in dichten Ähren. Selten, auf kalkigem Grasland und Ruderalflächen; von Südengland, Belgien und Deutschland südlich. Blüht 7—8. ▽

G Wald-Ziest *Stachys sylvatica* Borstige Mehrjährige mit unangenehmem Geruch, aufrechte Stengel bis 90 cm aus einem kriechenden Wurzelstock. Blätter eiförmig, grob gezähnt, gespitzt, am Grunde herzförmig, Spreite 40—90 mm lang, Stiele bis 70 mm. Blüten 12—18 mm lang, weinrot mit weißen Malen, in Quirlen, eine lange, endständige Ähre bildend; Tragblätter winzig; Kelch mit fünf festen, dreieckigen Zähnen, die länger als die Röhre sind. An schattigen Standorten und auf Ruderalflächen; fast im ganzen Gebiet. Blüht 7—9.

H Sumpf-Ziest *Stachys palustris* Geruchlose, borstige Mehrjährige, mit aufrechten Stengeln aus dem kriechenden Wurzelstock, bis über 1 m hoch. Blätter schmal-länglich bis lanzettlich, am Grunde abgerundet bis herzförmig, die unteren kurzgestielt, die oberen ungestielt, alle grob gezähnt. Blüten stumpf rosaviolett, mit weißen Malen, außen behaart, 12—15 mm groß; Kelch mit schmal-dreieckigen Zähnen, die mehr als halb so lang wie die Röhre und behaart sind. An feuchten Standorten wie Grabenrändern, Seeufern, Marschen und gelegentlich auch Ackerland; im ganzen Gebiet. Blüht 6—9.

Wald- und Sumpf-Ziest kreuzen sich leicht. Der Bastard *Stachys × ambigua* steht hinsichtlich der Merkmale zwischen den Eltern und bildet oft große Gruppen.

I Aufrechter Ziest *Stachys recta* Formenreiche, meist aufrechte, aromatische Mehrjährige bis 1 m, schwach behaart, aber nicht drüsig. Untere Blätter eiförmig bis länglich, am Grunde abgerundet, runzlig, dunkelgrün, meist flaumig; obere Blätter schmaler, ungestielt. Blüten in Quirlen zu 6—16, nahe der Spitze gedrängt; Krone blaßgelb mit rotvioletten Streifen auf der Unterlippe, 15—20 mm lang. Kelchzähne breit, dreieckig, kahl und kürzer als die Röhre. In trockenem Grasland und Gebüsch; nördlich bis Belgien und Deutschland. Blüht 6—8. ▽

J Einjähriger Ziest *Stachys annua* Dem Aufrechten Ziest sehr ähnlich, aber einjährig, kahl und bis 30 cm groß; Blüten 10—16 mm, in Quirlen zu zwei bis sechs. Auf Kulturland und offenen Standorten, meist auf Kalkböden; von Belgien und der Mitte Deutschlands südlich. Blüht 6—8. ▽

K Acker-Ziest *Stachys arvensis* Dem Einjährigen Ziest recht ähnlich, Blätter aber stärker abgerundet und mit rosa, violett gestreiften Blüten. Fast im ganzen Gebiet auf sauren Sandböden und Ruderalflächen. Blüht 4—11. ▽

L Gewöhnliche Katzenminze *Nepeta cataria* Mehrjährige Pflanze mit Minzgeschmack und aufrechten, grau-flaumigen Stengeln bis 80 cm. Blätter ei- bis herzförmig, gestielt, grob gezähnt, unterseits grau-wollig und oberseits flaumig, aber grün. Blütenstand zylindrisch und ährenartig, manchmal mit vereinzelten Quirlen darunter; Blüten weiß, mit violetten Flecken, 7—12 mm, Kronröhre gebogen, Oberlippe flach und abgerundet; Kelch flaumig, mit geraden Zähnen. Auf trockenen Böschungen, Grasland und steinigen Flächen, meist auf Kalk; nördlich bis Holland heimisch, aber bis nach Südskandinavien eingebürgert. Blüht 7—9. ▽

A	B	D	
C	E	F	G
H	I	J	L

A Goldnessel

B Echter Löwenschwanz

C Schwarznessel

D Heil-Ziest

E Alpen-Ziest

F Deutscher Ziest

G Wald-Ziest

H Sumpf-Ziest

I Aufrechter Ziest

J Einjähriger Ziest

L Gewöhnliche Katzenminze

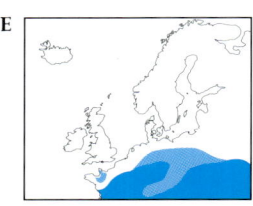

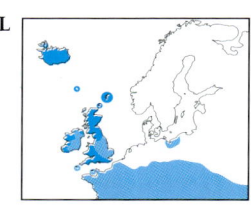

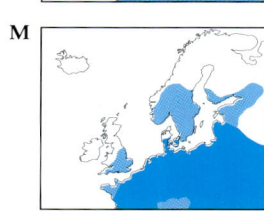

A Gundelrebe *Glechoma hederacea* Weich behaarte, kriechende Mehrjährige, an den Knoten wurzelnd, Blütentriebe aufrecht, bis 20 cm. Blätter nierenförmig, abgerundet, gezähnt, an der Spitze stumpf, langgestielt und bis 40 mm lang. Blüten in Quirlen zu zwei bis vier, mit laubblattartigen Tragblättern; Krone blauviolett, 15–20 mm lang, auf der Unterlippe mit purpurnen Flecken, Röhre gerade; Kelch zweilippig. Im ganzen Gebiet; Wälder, Grasland, Schuttplätze. Blüht 3–6.

B Drachenkopf *Dracocephalum ruyschiana* Kahle oder schwach behaarte Mehrjährige mit aufrechten Stengeln bis 60 cm. Blätter linealisch-lanzettlich, ungezähnt. Blüten 20–28 mm groß, blauviolett, aufrecht in Quirlen, die eine endständige Ähre bilden. In lichten Wäldern und auf Grasland in den Bergen; Skandinavien und Deutschland, selten. Blüht 7–9. ▽

C Kleine Braunelle *Prunella vulgaris* Mehr oder weniger stark flaumige, kriechende Pflanze mit aufrechten Blütentrieben bis 20 cm. Blätter oval bis rautenförmig, 10–30 mm lang und nicht oder nur schwach gezähnt, gespitzt und am Grunde keilförmig. Blüten blauviolett, mit einer konkaven Oberlippe, in dichten, zylindrischen, endständigen Köpfen; Tragblätter purpurn und behaart; Kelch mit drei kurzen, borstig bespitzten Zähnen und zwei langen, schmalen Zähnen. Verbreitet und im ganzen Gebiet häufig; an grasigen Standorten und in lichten Wäldern, auf kalkigen und neutralen Böden. Blüht 6–10.

D Große Braunelle *Prunella grandiflora* Ähnlich der Kleinen Braunelle, aber in jeder Hinsicht größer. Krone 20–25 mm, Kelch groß und violett; Blütenstand wird von den Laubblättern darunter nicht erreicht. Auf dem europäischen Festland nördlich bis Südschweden; in Wäldern und auf schattigem Grasland; im Süden am häufigsten. Blüht 6–9. ▽

E Weiße Braunelle *Prunella laciniata* Ähnlich der Kleinen Braunelle, aber Blätter und Tragblätter normalerweise fiederspaltig, stark flaumig und Blüten weiß. Auf Grasland mit kalkigem Boden; nördlich bis Belgien und bis zur Mitte Deutschlands. Blüht 6–10. ▽

F Steinquendel *Acinos arvensis* Behaarte Ein- oder gelegentlich Mehrjährige mit aufsteigenden bis aufrechten Stengeln bis 20 cm. Blätter klein, bis 15 mm lang, etwa eiförmig, gestielt, schwach gezähnt und am Grunde keilförmig. Blüten blauviolett mit weißen Flecken auf der Unterlippe, zu drei bis acht in entfernt stehenden Quirlen; Kelch behaart, gekrümmt und in der Mitte der Röhre eingeschnürt. Verbreitet, im ganzen Gebiet, außer im hohen Norden; auf bloßen und grasigen, kalkigen Standorten. Blüht 5–9. ▽

G *Calamintha sylvatica* ssp. *ascendens* Aufrechte, behaarte Mehrjährige, ein Bündel von Stengeln aus dem kurzen Wurzelstock treibend, bis 60 cm groß. Blätter eiförmig bis beinahe rund, mit fünf bis acht undeutlichen Zähnen auf jeder Seite, 20–40 mm lang, stumpf, am Grunde gestutzt und behaart. Blüten rosaviolett, mit dunkleren Flecken auf der Unterlippe, 10–15 mm lang, meist kurzgestielt, in Quirlen zu drei bis neun in den oberen Blattachseln; Kelch röhrenförmig, auf den Adern behaart, Kelchzähne lang behaart, zwei Zähne die anderen drei überragend. Selten, an trockenen Böschungen, an Waldrändern und in Hecken; von England und Deutschland südlich und östlich. Blüht 6–9. ▽

H Wald-Bergminze *Calamintha sylvatica* ssp. *sylvatica* Der vorherigen sehr ähnlich, jedoch mit größeren Blättern (bis 60 mm lang) und größeren, rosa Blüten von 15–22 mm, die oft auf längeren Stielen stehen. Selten, an ähnlichen Standorten, meist auf kalkigem Boden; in Deutschland, England und Frankreich. Blüht 7–10. ▽

I Kleinblütige Bergminze *Calamintha nepeta* Ähnelt der Wald-Bergminze, ist jedoch stärker grau-flaumig und sehr aromatisch. Blätter klein, nur 10–20 mm, kaum gezähnt; blühende Triebe häufig verzweigt und buschig; Blüten blaß malvenfarbig, kaum gefleckt, 10–15 mm; Kelch mit fünf gleichen, kurz behaarten Zähnen; zur Fruchtzeit Haare aus dem Schlund des Kelches herausragend (nicht so bei anderen Arten). Von Südengland und Frankreich südlich; auf trockenen, meist kalkigen Böschungen, Straßenrändern und in Hecken. Blüht 7–9. ▽

J Wirbeldost *Clinopodium vulgare* Aufrechte, behaarte, aromatische Pflanze, einfach oder verzweigt, bis 40 cm (selten bis 80 cm). Blätter eiförmig, 20–50 mm, gestielt, am Grunde abgerundet oder keilförmig, Spitze stumpf oder schwach gezähnt. Blüten hell rosaviolett, Krone 12–22 mm, in dichten Quirlen; Kelch röhrig, etwas zweilippig, gekrümmt, behaart und 13adrig; Tragblätter linealisch, etwa so lang wie der Kelch. Verbreitet und häufig in ganz Nordeuropa, außer im hohen Norden; auf trockenen, oft kalkigen Standorten. Blüht 6–9.

K Gewöhnlicher Dost, Wilder Majoran *Origanum vulgare* Aufrechte, spärlich behaarte, mehrjährige Pflanze bis 70 cm. Blätter oval, bis 40 mm lang, gestielt, nicht oder nur schwach gezähnt, aromatisch. Blüten in dichten, endständigen Köpfen, darunter in Quirlen; Krone rosapurpurn, zweilippig, 6–8 mm, die Röhre länger als der Kelch; Staubblätter herausragend; Kelch zweilippig, aber mit fünf gleichen Zähnen. Im ganzen Gebiet, außer im hohen Norden, verbreitet; an trockenen, grasigen, meist kalkigen Standorten. Blüht 7–9.

L Frühblühender Thymian *Thymus praecox* ssp. *arcticus* Vertraute, rasenbildende, kriechende, schwach aromatische Mehrjährige mit verholzendem Grund. Blütentriebe aufsteigend, kaum über 70 mm, stumpf vierkantig, auf zwei gegenüberliegenden Seiten stark behaart und auf den beiden anderen Seiten ganz kahl (**l**). Blätter 4–8 mm lang, rundlich bis elliptisch, kurzgestielt und flach. Blüten in dichten, endständigen Köpfen. Kronblätter rosaviolett, 3–4 mm; Kelch zweilippig. An verschiedenen, meist trockenen Standorten, einschließlich Grasland, auf steinigen Böden, Böschungen und Klippen; selten, von Norwegen südlich, mit westlichem Verbreitungsschwerpunkt. Blüht 5–8. ▽

M Arznei-Thymian, Feld-Thymian *Thymus pulegioides* Ähnliches Erscheinungsbild wie der Frühblühende Thymian, aber größer und mit stärkerem Thymiangeruch. Blütentriebe auf den Kanten lang behaart, zwei Seiten kahl und zwei Seiten kurz behaart (**m**). Blüten in mehr oder weniger gleichmäßigen Ähren aus genäherten Quirlen, bei starker Beweidung in dichteren Köpfen, bis 20 cm hoch. In Nordeuropa, außer im hohen Norden, verbreitet und häufig; auf trockenen, sauren oder kalkigen Böschungen, Grasland oder an Straßenrändern. Blüht 6–8.

N Sand-Thymian *Thymus serpyllum* Dem Frühblühenden Thymian sehr ähnlich, Blütentriebe jedoch beinahe rund und rundum kurz weißhaarig (**n**); Blätter deutlicher aufrecht. Auf trockenen, oft sauren oder sandigen Standorten, wie z.B. Dünen, Heiden und Grasland; von Nordfrankreich nördlich bis Nordskandinavien. Blüht 5–9. ▽

A	B	C	D
E	F		G
H		K	
L		M	

A Gundelrebe

B Drachenkopf

C Kleine Braunelle

D Große Braunelle

E Weiße Braunelle

F Steinquendel

G *Calamintha sylvatica* ssp. *ascendens*

H Wald-Bergminze

J Wirbeldost

K Gewöhnlicher Dost, Wilder Majoran

l

m

n

L Frühblühender Thymian

M Arznei-Thymian, Feld-Thymian

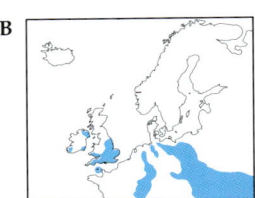

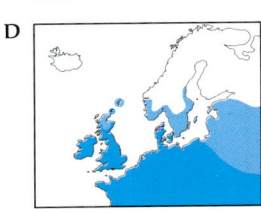

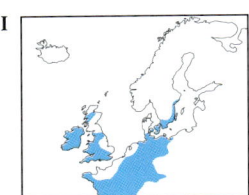

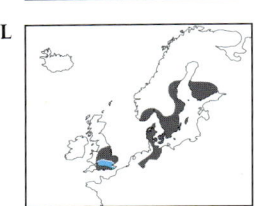

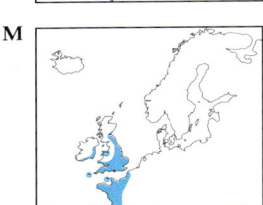

A Ufer-Wolfstrapp *Lycopus europaeus* Formenreiche, aufrechte, stark behaarte Mehrjährige, oft nur ein einzelner Stengel, seltener eine große, verzweigte Pflanze bis 1 m. Blätter eiförmig, aber tief fiederlappig, außer an der Spitze mit schmalen Abschnitten. Blüten klein, 3 mm im Durchmesser, mit vier etwa gleich großen Kronenzipfeln, weiß und in dichten, entfernt stehenden Quirlen mit jeweils einem Paar von gelappten Tragblättern. Häufig an nassen Standorten, z.B. in Auenwäldern, an Teichufern und Grabenrändern; im ganzen Gebiet, außer im hohen Norden. Blüht 6—9.

Minze *Mentha* Blüten dieser Kräuter in vier beinahe gleiche Zipfel geteilt und mit vier Staubblättern. Es gibt zahlreiche Bastarde aus einheimischen und eingeführten Arten.

B Polei-Minze *Mentha pulegium* Niederliegende, kriechende, mehrjährige, scharf aromatische Pflanze, meist behaart, mit aufrechten Blütentrieben bis zu 40 cm, Blätter ungefähr oval, bis 20 mm lang, fein flaumig, auf jeder Seite mit ein bis sechs Zähnen stumpf gezähnt. Blüten malvenfarbig, 5—6 mm lang, Krone nur außen behaart, Kelch und Blütenstiele flaumig; in entfernt stehenden Quirlen, ohne einen deutlich endständigen Kopf. Ziemlich selten, in Nordeuropa außer Skandinavien; auf nassem, beweidetem Grasland, an Teichen und in Schlammlöchern. Blüht 8—10. ▽

C Acker-Minze *Mentha arvensis* Formenreiche Mehrjährige, mehr oder weniger behaart, aufrecht bis aufsteigend, bis 40 cm, mit angenehmem Minzgeruch. Blätter oval bis elliptisch, bis 60 mm lang, kurzgestielt, stumpf, gezähnt und auf beiden Seiten behaart. Blüten violett, 3—4 mm lang, Krone außen behaart, die Staubblätter herausragend; Kelch glockenförmig, stark behaart und mit kurzen, dreieckigen Zähnen; Blüten in dichten, entfernt stehenden Quirlen, ohne endständigen Kopf, Tragblätter viel länger als die Blüten. Im ganzen Gebiet häufig, an Pfaden, auf Ackerland, Schuttplätzen und an feuchten Standorten. Blüht 5—10.

D Wasser-Minze *Mentha aquatica* Ähnelt der Acker-Minze, ist aber meist höher, bis 60 cm groß. Starker Minzgeruch. Blüten in endständigen, abgerundeten Köpfen von etwa 20 mm, darunter getrennte Quirle; Blüten malvenfarbig, Staubblätter herausragend, Kelch behaart. Sehr selten an nassen Standorten oder in stehendem Wasser; überall im Gebiet, außer im hohen Norden. Blüht 7—10.

E Quirl-Minze *Mentha × verticillata* Ein natürlicher Hybrid aus Acker-Minze und Wasser-Minze. Sehr formenreich, zwischen den Eltern stehend. Blüten in Quirlen, ohne dichten, endständigen Kopf; Kelch röhrig, behaart, die Zähne etwa doppelt so lang wie breit; Staubblätter normalerweise nicht herausragend. Im ganzen Gebiet häufig; an feuchten Standorten, nicht notwendigerweise in Gegenwart der Elternarten. Blüht 7—9.

F Edel-Minze *Mentha × gentilis* Bastard aus Acker- und Ähren-Minze. Formenreich. Zu den Schlüsselmerkmalen gehört stechender Geruch; Blüten in deutlich getrennten Quirlen, Tragblätter laubblattartig; Blütenstiele und Kelch kahl (mit Ausnahme der Zähne), aber drüsig; Kelch glockenförmig, Zähne schmal und etwa doppelt so lang wie breit; Staubblätter nicht herausragend. Verbreitet, außer im Norden oft eingebürgert. Blüht 7—9.

G Rote Minze *Mentha × smithiana* Wahrscheinlich ein sekundärer Hybrid aus Quirl-Minze

und Ähren-Minze. Hauptmerkmale sind angenehmer, starker Minzgeruch, oft rötlich-violette Blätter; Blüten in entfernt stehenden Quirlen; Kelch röhrenförmig und außer kurzen Haaren auf den Zähnen kahl; Staubblätter herausragend. Lokal heimisch oder eingebürgert, nicht in Skandinavien. Blüht 7—9.

H Pfeffer-Minze *Mentha × piperita* Bastard aus Wasser-Minze und Ähren-Minze. Vertrauter Pfefferminzgeruch. Blätter relativ lang und schmal. Blüten in einer endständigen Ähre, meist noch einige einzelne Quirle darunter. Kelch röhrenförmig, außer auf den schmalen Zähnen kahl; Staubblätter nicht aus der Krone hervorragend. Außer in Skandinavien eingebürgert oder lokal spontan auftretend. Blüht 7—9.

I Rundblättrige Minze, Duft-Minze *Mentha suaveolens* Kriechende, stark aromatische Mehrjährige mit aufrechten, sehr flaumigen Stengeln bis 90 cm. Blätter oval bis beinahe rund, unterseits weiß-flaumig, ungestielt. Blüten in dichten, end- und achselständigen Ähren, zuerst gekrümmt; Blütenstiele und Kelch behaart; Staubblätter meist herausragend. An feuchten, grasigen Standorten oder Schuttplätzen; nördlich bis Holland heimisch, als Gartenflüchtling auch weiter im Norden eingebürgert. Blüht 7—9.

J Roß-Minze *Mentha longifolia* Aufrechte Mehrjährige bis 90 cm. Blätter elliptisch bis lanzettlich, bis 9 cm lang, gespitzt, oft grau, unterseits weiß-flaumig, mit einfachen Haaren, die Blattoberseite nicht auffällig runzlig. Blüten in langen, endständigen Ähren bis 10 cm, die Quirle mit zunehmender Reife mehr und mehr entfernt stehend. Blütenstiele und Kelch behaart, Staubblätter herausragend. Auf feuchten, grasigen Standorten und Schuttplätzen; von Südschweden südlich, aber häufig eingebürgert. Blüht 7—10.

K Ähren-Minze *Mentha spicata* Der Roß-Minze ähnlich, aber Blätter meist grün, unterseits mit einigen wenigen Sternhaaren; Geruch nach Minzsoße. Blütenstiele und Kelchröhre kahl (Kelchzähne manchmal kurz behaart). Durch den Gebrauch als Küchengewürz verbreitet eingebürgert; fast im ganzen Gebiet. Blüht 8—9.

L Wiesen-Salbei *Salvia pratensis* Aufrechte, mehrjährige Pflanze bis 1 m, am Grunde flaumig, oberwärts drüsig. Grundblätter in einer Rosette, oval bis länglich, am Grunde herzförmig, langgestielt, runzlig und gezähnt. Stengelblätter weiter oben ungestielt. Blüten mit blauvioletter Krone, 20—30 mm, die Oberlippe stark gebogen; zu vier bis sechs in einer Serie von Quirlen, die eine lange Ähre bilden; Kelch flaumig, ohne lange, weiße Haare; Narbe lang herausragend. Im Norden nur bis Holland und bis zur Mitte Deutschlands; auf trockenem Grasland, an Straßenrändern und auf steinigem Grund; am häufigsten im Süden des Gebietes. Blüht 5—7.

M Eisenkraut-Salbei *Salvia verbenaca* Aufrechte, flaumige, wenig verzweigte Mehrjährige bis 80 cm. Rosettenblätter tief und unregelmäßig gezähnt oder gelappt. Obere Stengelblätter, Tragblätter und Kelche blau-purpurn. Blüten in Ähren aus Quirlen, kleiner als beim Wiesen-Salbei, blau bis violett, 8—15 mm lang oder viel kleiner und ungeöffnet; Kelch klebrig und flaumig, mit langen, weißen Haaren. Auf trockenen und grasigen Standorten, besonders auf kalkreichen Böden, häufig nahe der Küste; nur in Großbritannien und Frankreich. Blüht 5—8. ▽

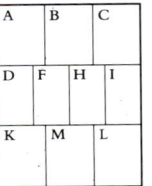

A Ufer-Wolfstrapp

B Polei-Minze

C Acker-Minze

D Wasser-Minze

F Edel-Minze

H Pfeffer-Minze

I Rundblättrige Minze, Duft-Minze

K Ähren-Minze

L Wiesen-Salbei

M Eisenkraut-Salbei

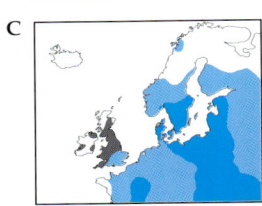

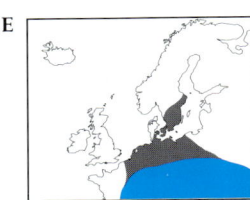

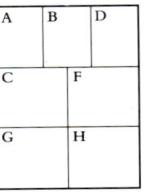

Nachtschattengewächse
Solanaceae

Eine Familie von Kräutern oder Sträuchern mit wechselständigen Blättern ohne Stipeln. Blüten normalerweise radiärsymmetrisch, fünfzählig und mit fünf Staubblättern, die bei einigen Gattungen aus der Kronröhre herausragen. Fruchtknoten oberständig, eine Kapsel oder Beere bildend. Viele Mitglieder der Familie sind giftig, während andere wichtige Nutzpflanzen darstellen.

A Gemeiner Bocksdorn *Lycium barbarum* Sommergrüner Strauch mit gekrümmten, schwach dornigen, grauweißen Zweigen. Blätter schmal-elliptisch, bis 10 cm, graugrün. Blüten rotviolett oder bräunlich 8–10 mm lang, zu einer bis drei auf kurzen Trieben, mit langen, herausragenden Staubblättern. Frucht eine rote, ovale Beere. Eingebürgert, aus Westchina stammend; vorzugsweise auf sandigen, oft kalkarmen Böden nahe der Küste oder bei Siedlungen, auch in Hecken. Blüht 6–9.

B Tollkirsche *Atropa belladonna* Kräftige, stark verzweigte Mehrjährige bis 1,5 m, kahl oder drüsig und flaumig. Blätter oval, gespitzt, bis 20 cm lang, wechsel- oder gegenständig. Blüten zu einer bis zwei, in Blatt- oder Zweigachseln, glockenförmig, hängend, stumpf violettbraun oder -grün, 25–30 mm lang und gestielt. Frucht eine schwarze, glänzende, fleischige und kugelige Beere, 15–20 mm im Durchmesser, Kelch bleibend und die Frucht einhüllend. Beere wie der Rest der Pflanze hochgiftig. In Gebüsch, an halbschattigen und feuchten Standorten, meist auf kalkigen Böden oder im Gebirge; verbreitet, nördlich bis Nordengland und Holland, an anderen Orten eingebürgert. Blüht 6–9. ▽

C Schwarzes Bilsenkraut *Hyoscyamus niger* Aufrechte, einfache oder verzweigte, klebrig behaarte Ein- oder Zweijährige bis 80 cm. Blätter oval bis länglich, grob gezähnt oder gelappt, 10–20 cm lang und stark riechend, die unteren gestielt, die oberen stengelumfassend. Blüten unregelmäßig trichterförmig, 20–30 mm im Durchmesser, stumpf gelb, die Mitte und die Adern violett, ungestielt und zweireihig in einem gegabelten, gebogenen Blütenstand. Frucht eine Kapsel von 12–20 mm Durchmesser, an der Spitze öffnend. Ganze Pflanze giftig. Verbreitet und im größten Teil Nordeuropas, außer im hohen Norden, häufig; auf bloßen und sandigen Böden, auf Ruderalflächen und am häufigsten nahe am Meer. Blüht 6–8. ▽

D Schwarzer Nachtschatten *Solanum nigrum* Kahle oder flaumige Einjährige, aufrecht oder niederliegend, bis 70 cm groß. Blätter eiförmig, 30–60 mm lang, spitz, ungezähnt oder gewellt und gezähnt, am Grunde nicht ausgerandet und kurzgestielt. Blüten weiß, mit einem Kegel aus gelben Staubbeuteln, 7–10 mm im Durchmesser, zu fünf bis zehn in gestielten Büscheln. Frucht kugelig, 7–9 mm im Durchmesser, reif schwarz. Häufig auf Ackerland, Ruderalflächen und in Gärten; in fast ganz Nordeuropa, im Norden jedoch wahrscheinlich nicht heimisch. Blüht 7–10.

E Gelbfrüchtiger Nachtschatten *Solanum luteum* Dem Schwarzen Nachtschatten recht ähnlich, aber viel stärker behaart und drüsiger. Blüten zu drei bis fünf in Büscheln, Blütenstandsachse nur 7–13 mm lang (statt 15–30 mm beim Schwarzen Nachtschatten); Beeren rot und oval. An ähnlichen Standorten; nördlich bis Süddeutschland und Nordfrankreich. Blüht 7–10.

F Bittersüßer Nachtschatten *Solanum dulcamara* Holzige, recht flaumige, kletternde Mehrjährige bis 2 m. Blätter eiförmig, bis 80 mm lang, am Grunde mit charakteristischen, abstehenden Abschnitten oder Zähnen. Blüten mit violetter Krone, 10–15 mm im Durchmesser, mit fünf zurückgeschlagenen Zipfeln und einem Kegel aus gelben Staubblättern, zu 10–25 in lockeren Büscheln; Frucht eine eiförmige Beere, etwa 10 mm lang, zunächst grün, später rot. An verschiedenen grasigen, bewaldeten und halbschattigen Standorten häufig, oft am Wasser und gelegentlich auf Kiesstränden; im ganzen Gebiet, außer im hohen Norden. Blüht 6–9.

G Weißer Stechapfel *Datura stramonium* Kräftige, aufrechte, verzweigte einjährige Pflanze bis höchstens 1 m. Blätter formenreich, eiförmig, bis 20 cm lang, gezähnt oder gelappt und langgestielt. Blüten groß und trompetenförmig, bis 10 cm im Durchmesser, meist weiß, aber gelegentlich violett, mit einer langen Röhre und fünf Kronblattzipfeln. Frucht charakteristisch: große, eiförmige, kräftig dornige Kapseln bis 5 cm Länge. Alle Teile hochgiftig. Auf Ackerland und Kulturflächen eingebürgert; in großen Teilen Nordeuropas, außer im hohen Norden, ursprünglich aus Mittel- und Südamerika. Blüht 6–10. ▽

Sommerfliedergewächse
Buddlejaceae

Sträucher mit einfachen, gegenständigen Blättern. Blüten vierzählig, Krone teilweise zu einer Röhre verwachsen.

H Chinesischer Fliederspeer *Buddleja davidii* Vertrauter Strauch bis 5 m, mit langen, gebogenen Ästen, die gegenständige, graugrüne, flaumige, lanzettliche und kurzgestielte Blätter tragen. Blüten malvenfarbig bis violett, in der Mitte orange, 3–4 mm im Durchmesser, röhrig mit vier Zipfeln; in langen, dichten, gestutzten, endständigen Blütenständen. In China heimisch, aber von Holland südlich auf Schuttplätzen verbreitet eingebürgert. Blüht 6–9. ▽

A Gemeiner Bocksdorn

B Tollkirsche

C Schwarzes Bilsenkraut

D Schwarzer Nachtschatten

F Bittersüßer Nachtschatten

G Weißer Stechapfel

H Chinesischer Fliederspeer, mit Kleinem Fuchs

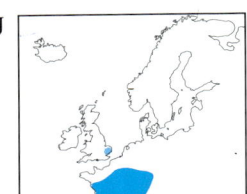

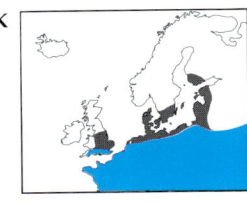

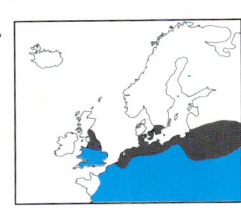

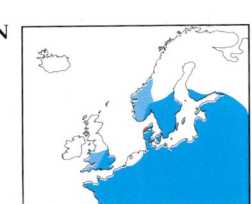

A

J

K

L

N

Braunwurzgewächse
Scrophulariaceae

Krautige Pflanzen, Blätter ohne Stipeln. Krone zweiseitig symmetrisch, meist fünfzählig.

A Gnadenkraut *Gratiola officinalis* Mehrjährige, kahle Pflanze mit vierkantigen, aufrechten Stengeln, bis zu 50 cm über den kriechenden Stengelgrund erhoben. Blätter linealisch-lanzettlich, fein gezähnt oder ungezähnt, 20–50 mm lang, ungestielt. Blüten trompetenförmig, weiß, rotviolett überlaufen, 10–18 mm lang, paarweise in den Blattachseln. An nassen, grasigen Standorten; nördlich bis Holland und Deutschland. Blüht 5–9. ▽

B Schlammkraut *Limosella aquatica* Kahle Einjährige mit kriechenden, Blattrosetten bildenden Ausläufern. Stiele der oberen Blätter viel länger als die Spreite (**b**), die unteren löffelförmig oder linealisch, bis 12 cm lang. Blüten klein, langgestielt in den Blattachseln, mit glockenförmiger Krone und fünf spitzen Zipfeln, 2–5 mm im Durchmesser; Kelch länger als die Kronröhre. An schlammigen Teichrändern oder auf zuvor überfluteten Böden; ziemlich selten, aber im ganzen Gebiet verbreitet. Blüht 6–10. ▽

C *Limosella australis* Dem Schlammkraut ähnlich, Blätter aber alle schmal-linealisch, bis 40 mm lang (**c**); Blüten weiß, mit orangener Röhre. Ähnliche Standorte; nur in Wales, jedoch außerhalb Europas weit verbreitet. Blüht 7–10. ▽

D Gelbe Gauklerblume *Mimulus guttatus* Aufrechte Mehrjährige bis 50 cm, untere Teile kahl, oben meist drüsig, flaumig. Blätter gegenständig, eiförmig bis länglich, bis 70 mm lang, unregelmäßig gezähnt, die unteren gestielt, die oberen stengelumfassend. Blüten 25–40 mm groß, in lockeren, beblätterten Blütenständen, der Schlund der gelben Krone mit kleinen roten Flecken, von zwei behaarten Rippen fast verschlossen; Kelch und Blütenstiele flaumig. Aus Nordamerika eingeführt, jetzt in Nordeuropa besonders an Bächen verbreitet eingebürgert. Blüht 6–9. ▽

E *Mimulus luteus* Der Gelben Gauklerblume sehr ähnlich, die Krone ist aber gleichmäßiger fünfzipflig, gelb und hat große, rote Flecken, der Schlund ist nicht verschlossen; Kelch und Blütenstiele kahl. Selten, besonders in Schottland eingebürgert; aus Chile eingeführt. Blüht 6–9. ▽

F Moschus-Gauklerblume *Mimulus moschatus* Den anderen *Mimulus*-Arten recht ähnlich, aber kleiner, niederliegend und überall klebrig behaart; Krone kleiner, 10–20 mm, gelb, meist ungefleckt, Kelchzähne alle ungefähr gleich groß (bei den anderen Arten deutlich verschieden). An nassen und schattigen Standorten; von Frankreich bis Holland lokal eingebürgert, in Nordamerika heimisch. Blüht 6–9. ▽

Königskerze *Verbascum* Hohe, kräftige, gelb- oder weißblütige Kräuter.

(**1**) Arten mit weißen oder gelben Haaren auf den Stielen der Staubblätter.

G Kleinblütige Königskerze, Wollblume

Verbascum thapsus Aufrechte, kräftige, weißwollige Zweijährige bis 2 m. Stengel rund, meist unverzweigt. Grundblätter breit ei- bis löffelförmig, mit geflügelten Stielen; Stengelblätter ungestielt, bis zum nächsten Blatt herablaufend. Blüten in langen, dünnen, endständigen Ähren, gelegentlich mit Seitenzweigen; Kronblätter hellgelb, mit fünf etwa gleichen Zipfeln, 15–35 mm im Durchmesser; Staubblätter fünf, die Stiele der oberen drei mit gelblich-weißen Haaren bedeckt, die beiden unteren beinahe kahl. Im ganzen Gebiet, außer im hohen Norden, häufig; auf trockenen, grasigen Plätzen, Schuttplätzen und Straßenrändern. Blüht 6–8.

H Windblumen-Königskerze *Verbascum phlomoides* Ähnelt der Kleinblütigen Königskerze, obere Blätter aber nicht weit den Stengel herablaufend; Blüten größer (20–55 mm im Durchmesser) und flacher (bei der Kleinblütigen Königskerze ziemlich konkav). Auf trockenem Grasland in Deutschland und Frankreich, weiter im Norden eingebürgert. Blüht 7–9. ▽

I Großblütige Königskerze *Verbascum densiflorum* Der Windblumen-Königskerze sehr ähnlich, mit großen flachen Blüten, jedoch Stengelblätter weit herablaufend, die Tragblätter sind viel länger (15–40 mm statt 10–15 mm). Trockenes Grasland; nördlich bis Holland und Südschweden. Blüht 7–9.

J Flockige Königskerze *Verbascum pulverulentum* Der Kleinblütigen Königskerze ähnlich, Blätter jedoch dick mit weißen Wollhaaren bedeckt, die leicht abzureiben sind; obere Stengelblätter mit herzförmigem Grund. Blütenstand abstehend verzweigt, eine pyramidenförmige Rispe bildend; alle Staubblätter gleichmäßig weiß behaart. Auf trockenem Grasland, meist auf kalkigem Boden; von Belgien und England südlich. Blüht 7–9.

K Mehlige Königskerze *Verbascum lychnitis* In der Wuchsform den obigen Arten ähnelnd, bis zu 1,5 m hoch. Stengel kantig, oberwärts flaumig, klebrig; Blätter oberseits dunkelgrün glänzend, unterseits mehlig weiß. Blütenstand verzweigt, die Äste parallel zum Haupttrieb aufrecht stehend; Blüten gewöhnlich weiß, in manchen Gebieten gelb, 15–20 mm im Durchmesser; Stiele der Staubblätter gleichmäßig weißhaarig. Trockenes Grasland, meist auf kalkigem Boden; von Holland und England nach Süden. Blüht 7–8. ▽

(**2**) Arten mit violetten Haaren auf den Stielen der Staubblätter.

L Schabenkraut *Verbascum blattaria* Zart, mit kantigen Stengeln, oberwärts klebrig behaart. Blätter dunkelgrün glänzend, kahl und runzlig. Blüten einzeln, die Stiele länger als der Kelch, in einer lockeren, langen Ähre; Kronblätter meist gelb, selten weißlich, 20–30 mm im Durchmesser; Staubblattstiele alle violett behaart. Auf Schuttplätzen und grasigen, oft feuchten Standorten; von Holland südlich. Blüht 6–9. ▽

M Schlanke Königskerze *Verbascum virgatum* Ähnlich wie das Schabenkraut, Pflanze jedoch stärker drüsenhaarig; Blüten zu einer bis fünf in den Achseln der Tragblätter, Stiele kürzer als der Kelch. Von England und Frankreich südlich. Blüht 6–10. ▽

N Schwarze Königskerze *Verbascum nigrum* Hohe, zarte Pflanze mit kantigen Stengeln, nicht mehlig. Blätter oberseits dunkelgrün, unterseits blasser, schwach behaart; untere Blätter langgestielt, mit herzförmigem Grund, die oberen mit keilförmigem Grund, kurz- oder gar nicht gestielt. Blüten gelb, 12–20 mm im Durchmesser, Stiele aller Staubblätter dicht violett behaart, in langen, einfachen oder verzweigten Ähren. An grasigen Standorten, Schuttplätzen und Straßenrändern. Oft auf kalkigem oder sandigem Boden; nördlich bis Südskandinavien. Blüht 6–9. ▽

A	B	D
E	F	I
K	J	G
L		N

A Gnadenkraut

B Schlammkraut

D Gelbe Gauklerblume

E *Mimulus luteus*

F Moschus-Gauklerblume

G Kleinblütige Königskerze

I Großblütige Königskerze

J Flockige Königskerze

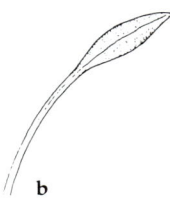

b

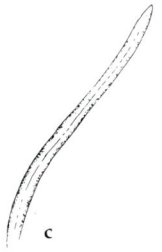

c

K Mehlige Königskerze

L Schabenkraut

N Schwarze Königskerze

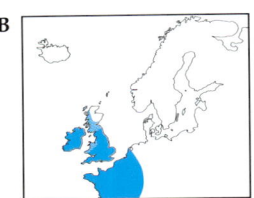

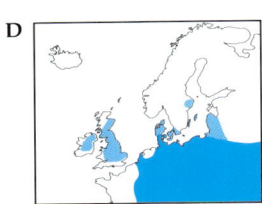

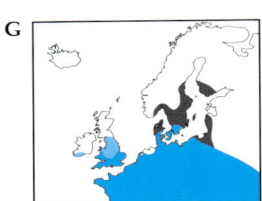

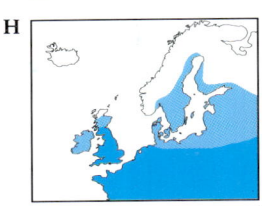

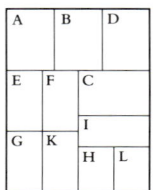

A Knotige Braunwurz *Scrophularia nodosa*
Aufrechte Mehrjährige bis 80 cm, mit vierkantigen, ungeflügelten, unter den Blüten unbehaarten Stengeln aus einem kurzen Wurzelstock. Blätter oval, spitz, grob gezähnt, am Grunde gestutzt
und kurzgestielt. Blüten bis 10 mm lang, mit einer
grünlichen Röhre und rötlich-violetter Oberlippe;
fünf Staubblätter, eines davon ohne Staubbeutel;
Kelch fünfzipflig, mit sehr schmalen, weißen Rändern. Häufig in feuchten Wäldern, auf Grasland,
Schuttplätzen und an Flußufern; im ganzen Gebiet, außer im hohen Norden. Blüht 6–9.

B Wasser-Braunwurz *Scrophularia auriculata*
Ähnliches Erscheinungsbild wie die Knotige
Braunwurz, aber mit deutlich auf den Kanten geflügeltem Stengel, Blätter mit stumpfer Spitze und
rundlichen Zähnen, die Kelchzipfel haben breite,
weiße Ränder. An nasseren Standorten; nördlich
bis Holland, Schottland und Deutschland. Blüht
6–9. ▽

C *Scrophularia scorodonia* Der Knotigen Braunwurz ähnlich, aber die ganze Pflanze ist grau-
flaumig. Blätter auf beiden Seiten flaumig,
runzlig, doppelt gezähnt, haarspitzig. Blüten violett, 8–12 mm lang, steril, Staubblätter abgerundet, Kelchzipfel mit breiten, häutigen Rändern.
Sehr selten, lichte Wälder, nasse Standorte und
Klippen; im Südwesten Großbritanniens und in
Westfrankreich gelegentlich in großer Zahl. Blüht
5–8. ▽

D Geflügelte Braunwurz *Scrophularia umbrosa* Die Erscheinungsform ist der Knotigen
Braunwurz am ähnlichsten, die Stengel sind aber
sehr breit geflügelt; Blätter gespitzt, scharf gezähnt, runzelig und am Grunde nicht herzförmig.
Blüten violettbraun, 6–9 mm lang; sterile Staubblätter mit zwei Zipfeln; Blütenstand schlaff. An
feuchten und schattigen Standorten; von Dänemark und Schottland südlich. Blüht 7–9. ▽

E Gänseblumen-Lochschlund *Anarrhinum
bellidifolium* Kahle, aufrechte, zwei- oder mehrjährige Pflanze bis 70 cm. Grundblätter formenreich, löffelförmig bis elliptisch, bis 80 mm, gestielt und stumpf; Stengelblätter zahlreich, gedrängt, in drei bis fünf schmale Abschnitte geteilt.
Blüten blau bis blaßviolett, 4–5 mm, in langen,
schmalen, endständigen Ähren. Auf trockenen
Böschungen, Mauern und in lichten Wäldern;
sehr selten in Nordfrankreich, in Südeuropa jedoch häufiger. Blüht 5–7. ▽

F Großes Löwenmaul *Antirrhinum majus* Eine vertraute Gartenpflanze. Aufrecht oder aufsteigend und buschig, Blätter bis 70 mm, linealisch
bis eiförmig. Blüten 30–45 mm groß, nicht gespornt, meist rosa oder violett, manchmal gelb.
Verbreitet auf alten Mauern und Schuttplätzen;
nur als eingebürgerter Gartenflüchtling. Blüht
6–9. ▽

G Feldlöwenmaul, Katzenmaul, Großer Orant
Misopates orontium Aufrechte, einjährige Pflanze bis 50 cm, einfach oder verzweigt, oben klebrig behaart. Blätter linealisch, zum Grunde verschmälert, bis 50 mm lang. Blüten einzeln in den
oberen Blattachseln, einen lockeren Blütenstand
bildend; Krone 10–15 mm, rosaviolett, ohne

Sporn; Kelchzipfel lang und schmal, die Krone erreichend oder überragend. Oft auf Sand auf Kulturland oder Ruderalflächen; fast im ganzen Gebiet, nördlich bis Südskandinavien, im Norden
wahrscheinlich nicht heimisch. Blüht 7–10. ▽

H Kleines Leinkraut, Kleiner Orant *Chaeno-
rhinum minus* Aufrechte, klebrig-flaumige Einjährige, selten mehr als 25 cm erreichend. Blätter
linealisch-lanzettlich bis länglich, bis 30 mm lang,
wechselständig, stumpf, ungezähnt und in einen
kurzen Stiel verschmälert. Blüten 6–8 mm, mit
blaßvioletter Krone mit einem gelben Fleck,
Sporn kurz, einzeln auf langen Stielen in den oberen Blattachseln. Ackerland, Ruderalflächen und
Schuttplätze einschließlich Straßenränder und
Bahndämme. Blüht 5–10. ▽

I Gestreiftes Leinkraut *Linaria repens* Aufrechte, graugrüne, kahle Einjährige bis 1 m. Oft
mit zahlreichen Stengeln aus einem kriechenden
Wurzelstock. Blätter linealisch, bis 50 mm, im unteren Teil des Stengels quirlständig. Blütenkrone
blaßviolett oder weiß, 7–14 mm, violett gestreift
und mit einem orangenen Fleck auf der Unterlippe; Sporn gerade, erreicht etwa ein Viertel der
Kronenlänge. An trockenen Standorten, steinigen
Böschungen, Gras und Kulturflächen, oft auf kalkigen Böden; von Südschweden südlich, in den
nördlichen Teilen wohl nicht heimisch. Blüht
6–9. ▽

J *Linaria pelisseriana* Ähnelt dem Gestreiften
Leinkraut, ist aber kleiner, nur bis 30 cm
groß, einjährig und wenigblütig; Blüten violett,
10–15 mm lang, Schlund weiß, Sporn dünn, gerade und fast so lang wie der Rest der Krone.
Heiden, Kulturland und Schuttplätze; unbeständig, nur in Westfrankreich und auf Jersey. Blüht
5–7. ▽

K Gewöhnliches Leinkraut *Linaria vulgaris*
Aufrechte, fast kahle, graugrüne Mehrjährige mit
schopfigen Stengeln bis 80 cm aus einem kriechenden Wurzelstock. Blätter linealisch-lanzettlich, 30–80 mm lang, überwiegend wechselständig, aber unten in Quirlen. Blütenstände dicht, zylindrisch und endständig; Krone gelb, Schlund
orange, 20–30 mm lang, mit einem geraden,
kräftigen und langen Sporn; Kelchblätter oval und
gespitzt. Außer im hohen Norden im ganzen Gebiet häufig; auf grasigen Standorten, Schuttplätzen und Kulturland. Blüht 7–10.

L *Linaria arenaria* Klebrig-flaumige, verzweigte
Einjährige, nur selten 15 cm erreichend. Blätter
schmal, lanzettlich, 10–20 mm lang und kurzgestielt. Blüten gelb, nur 4–6 mm lang, der Kelch
kürzer als die Krone und manchmal violett überlaufen. Auf sandigen Küstenstandorten; nur in
Westfrankreich und weiter südlich heimisch.
Blüht 5–9. ▽

M Acker-Leinkraut *Linaria arvensis* Niedrige
Einjährige bis 20 cm, unten kahl, der Blütenstand
ist klebrig behaart. Blätter linealisch, kahl. Blüten
blaßviolett, 4–7 mm, mit einem kurzen, stark gekrümmten Sporn. Auf Kulturland und nacktem
Boden; von Nordfrankreich und Süddeutschland
südlich. Blüht 5–8. ▽

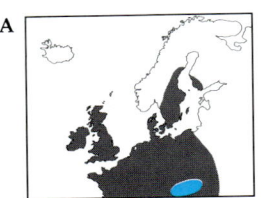

A

B

C

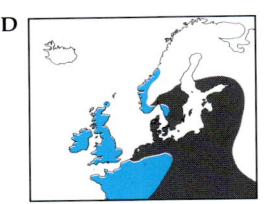

D

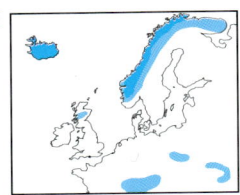

I

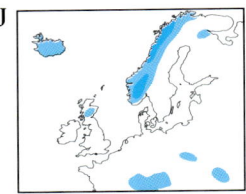

J

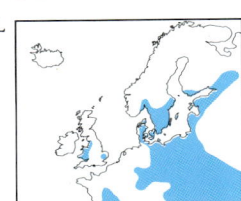

L

A Zimbelkraut *Cymbalaria muralis* Kriechende, kahle oder schwach flaumige Mehrjährige mit violett überlaufenen Stengeln bis 80 cm. Blätter ungefähr efeuförmig bis abgerundet, fleischig, 20–40 mm lang, langgestielt, Krone 10–15 mm, violett bis lila (gelegentlich weiß), Schlund weiß und gelb, Sporn gebogen und weniger lang als die Krone. Blütenstiele zur Fruchtzeit zurückgebogen. Auf Felsen und Mauern verbreitet eingebürgert; nördlich bis Südskandinavien, in Südeuropa heimisch. Blüht 5–9. ▽

B Echtes Tännelkraut, Spießblättriges Tännelkraut *Kickxia elatine* Niederliegende, behaarte, schwach drüsige Einjährige mit am Grunde verzweigten Stengeln. Blätter meist dreieckig, pfeilförmig, spitz und gestielt (**b**). Blüten einzeln, auf langen, kahlen Stielen in den Blattachseln; Krone gelb, mit einer violetten Oberlippe, Sporn gerade. Auf Ackerland und Schuttplätzen; nördlich bis Südskandinavien, allerdings nur im Süden des Gebietes heimisch; lokal häufig. Blüht 7–10. ▽

C Unechtes Tännelkraut, Eiblättriges Tännelkraut *Kickxia spuria* Dem Echten Tännelkraut recht ähnlich, aber stärker behaart und klebriger; Blätter oval (**c**); Oberlippe der Blüte zeigt ein tieferes Purpur, Sporn gekrümmt, Blütenstiele wollig. Ähnliche Standorte und Verbreitung. Blüht 7–10. ▽

D Roter Fingerhut *Digitalis purpurea* Aufrechte, unverzweigte, grau-flaumige Zwei- oder Mehrjährige bis 1,8 m. Blätter eiförmig-lanzettlich, bis 30 cm lang, oberseits flaumig, mit abgerundeten Zähnen und einem geflügelten Stiel. Blüten in langen, aufrechten und endständigen Trauben; Blüten röhrenförmig, 40–50 mm lang, blaßviolett, rosa oder weiß, auf der Innenseite meist gefleckt; Kelch viel kürzer. Nördlich bis Südskandinavien verbreitet; im Norden des Gebiets seltener oder eingebürgert; in lichten Wäldern, auf Lichtungen und auf steinigen Standorten, meist auf sauren Böden. Blüht 5–8. ▽

E Großblütiger Fingerhut *Digitalis grandiflora* Dem Roten Fingerhut ähnlich, aber nur bis 1 m groß. Blätter kahl, bis 20 cm und oberseits glänzend grün. Blüten röhrenförmig, 40–50 mm lang, blaßgelb, innen mit zarten, rotbraunen Malen, in langen, endständigen Trauben. In Wäldern und Gebüsch, auf steinigen Flächen; von Belgien südlich. Blüht 6–8. ▽

F Kleinblütiger Fingerhut *Digitalis lutea* Dem Großblütigen Fingerhut ähnlich, aber mit kleineren Blüten mit einer schmalen, zylindrischen Röhre, 15–20 mm lang, blaßgelb. Ähnliche Standorte, meist auf Kalk; von Belgien südlich, weiter im Norden eingebürgert. Blüht 6–8. ▽

G Steinbalsam *Erinus alpinus* Schopfige Mehrjährige mit zahlreichen aufrechten Trieben bis 30 cm. Blätter länglich-lanzettlich, in einer Grundrosette. Blüten rosaviolett, 10–15 mm im Durchmesser, mit fünf ungefähr gleichen Abschnitten, in endständigen, ährenartigen Büscheln. Auf steinigen Standorten und in den Bergen; von Süddeutschland und Zentralfrankreich südlich, im Norden eingebürgert. Blüht 5–9. ▽

Ehrenpreis *Veronica* Eine große Gattung mit etwa 25 Arten in Nordeuropa, von denen viele oberflächlich betrachtet ähnlich erscheinen. Krautige Ein- oder Mehrjährige mit gegenständigen Blättern. Krone vierzipflig, flach oder becherförmig; Kelch vierzipflig. Frucht abgeflacht und herz-

förmig. Zur Erleichterung der Bestimmung ist die Gattung auf der Grundlage der Blütenstandsform in drei Gruppen geteilt.

(**1**) Blütenköpfe endständig, keine Blüten aus tieferen Tragblättern.

H Quendel-Ehrenpreis *Veronica serpyllifolia* Mehrjährige Pflanze mit kriechenden, wurzelnden Stengeln bis 30 cm, mehr oder weniger kahl; Blütentriebe aufrecht oder aufsteigend. Blätter oval, an beiden Enden abgerundet, 10–20 mm lang, nicht oder nur schwach gezähnt und kahl. Blüten in lockeren, mehr oder weniger aufrechten Ähren, die länglichen Tragblätter länger als die Blütenstiele. Krone blaßblau bis weiß, mit dunkleren Linien, 6–8 mm im Durchmesser; Blütenstiele länger als der Kelch; Kapsel breiter als lang und ungefähr so groß wie der Kelch (**h**). Im ganzen Gebiet häufig; auf bloßem oder spärlich grasigem Grund, auf Ackerland, Heiden und in lichten Wäldern. Blüht 3–10.
Ssp. *humifusa*, eine Gebirgsform, hat größere, hellblaue Blüten (7–10 mm) in einer wenigerblütigen Ähre.

I Alpen-Ehrenpreis *Veronica alpina* Dem Quendel-Ehrenpreis recht ähnlich, Blätter aber oft stärker rundzähnig und am Grunde keilförmig. Ähren wenigblütig, kurz, von den Blättern deutlich getrennt. Krone in einem tiefen, stumpfen Blau, 7–8 mm im Durchmesser. Griffel viel kürzer als die Frucht (**i**), statt gleich lang wie beim Quendel-Ehrenpreis. Auf steinigen oder grasigen Bergstandorten; im ganzen Gebiet. Blüht 7–8. ▽

J Felsen-Ehrenpreis *Veronica fruticans* Mehrjährige mit zahlreichen aufsteigenden, häufig verzweigten und am Grunde verholzenden Trieben. Blätter länglich, bis 10 mm, nicht oder nur schwach gezähnt, am Grunde keilförmig und fast kahl. Blüten tiefblau, in der Mitte rotviolett, 10–15 mm im Durchmesser, in lockeren, wenigblütigen, endständigen Büscheln. Frucht oval, an der Spitze mit einer schwachen Kerbe (**j**). Steinige und grasige Standorte, meist in den Bergen; an geeigneten Standorten von den Alpen nördlich. Blüht 7–9. ▽

K Drüsiger Ehrenpreis *Veronica acinifolia* Drüsige Einjährige mit aufsteigenden Stengeln. Blätter oval, 10 mm, kaum gezähnt. Krone blau, 2–3 mm im Durchmesser, länger als der Kelch. Frucht länger als breit und gekerbt. Auf Kulturland und feuchtem Gras; von Nordfrankreich südlich. Blüht 4–6. ▽

L Ähriger Ehrenpreis *Veronica spicata* Aufrechte, flaumige Mehrjährige bis 60 cm, mit einigen hoch aufragenden Blütentrieben. Blätter am Stengelgrund oval, gestielt, leicht gezähnt, nach oben hin schmaler und ungestielt. Blütenstände dicht, lang, unbeblättert, endständig und vielblütig; Krone hellblau, 4–8 mm im Durchmesser, mit einer langen Röhre und schmalen Zipfeln. Frucht rundlich (**l**). Auf trockenem Grasland und steinigen Aufschlüssen, häufig auf Kalk; von Skandinavien südlich, selten. Blüht 7–9. ▽

M Langblättriger Ehrenpreis *Veronica longifolia* Dem Ährigen Ehrenpreis recht ähnlich, die Blätter aber manchmal zu vieren, scharf gezähnt und gespitzt; Blüten in einer endständigen Ähre, oft jedoch noch ein oder zwei Ähren darunter. Frucht kahl, herzförmig, der Griffel viel länger als die Kapsel (**m**). Selten, in feuchten Wäldern und an Flußufern; auf dem ganzen nordeuropäischen Festland. Blüht 6–8. ▽

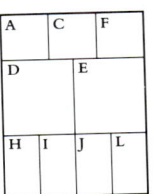

A	C	F
D	E	
H	I	J	L

A **Zimbelkraut**

C **Unechtes Tännelkraut, Eiblättriges Tännelkraut**

D **Roter Fingerhut**

E **Großblütiger Fingerhut**

F **Kleinblütiger Fingerhut**

H **Quendel-Ehrenpreis**

I **Alpen-Ehrenpreis**

J **Felsen-Ehrenpreis**

L **Ähriger Ehrenpreis**

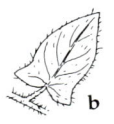

b

c

h

i

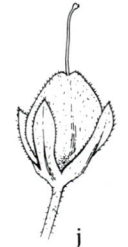

j

l

m

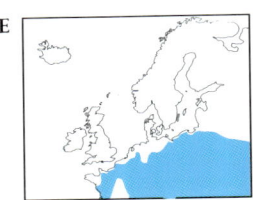

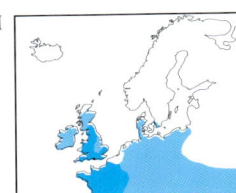

A Feld-Ehrenpreis *Veronica arvensis* Aufrechte, flaumige, einjährige Pflanze bis 25 cm, oft auch viel kleiner. Blätter dreieckig bis eiförmig, grob rund gezähnt, bis 15 mm, die unteren gestielt, die oberen ungestielt. Blüten in endständigen Trauben, die oberen Tragblätter länger als die Blüten, Blütenstiele sehr kurz; Krone blau, 2–4 mm im Durchmesser. Frucht behaart, herzförmig, so lang wie breit (**a**). Auf trockenen, hellen Standorten häufig, auf alten Mauern, steinigen Böschungen und Heiden; im ganzen Gebiet. Blüht 3–10.

B Frühlings-Ehrenpreis *Veronica verna* Ähnelt dem Feld-Ehrenpreis, obere Blätter jedoch mit drei bis sieben Abschnitten tief fiederspaltig, Blütenstand dichter und stärker drüsig, und die Kapsel ist breiter als lang (**b**). Auf trockenen, bloßen Standorten; selten, im ganzen Gebiet, außer im hohen Norden. Blüht 4–6. ▽

C Dreiblättriger Ehrenpreis *Veronica triphyllos* Der obigen Art ähnlich, die Blätter sind jedoch handförmig, mit drei bis sieben Abschnitten wie Finger, gelappt. Blütenstiele 5–8 mm und länger als der Kelch. Frucht so lang wie breit, kürzer als der Kelch (**c**). Auf trockenem Grasland und Kulturflächen; zerstreut von Südschweden südlich. Blüht 4–7. ▽

D Früher Ehrenpreis *Veronica praecox* In der Wuchsform der obigen Art ähnlich. Blätter stark gezähnt, aber weniger stark gelappt als bei den vorigen beiden Arten. Blüten in langen Trauben. Obere Tragblätter und Kelche kürzer als die Blütenstiele; Krone länger als der Kelch. Frucht länger als breit und gekerbt (**d**). Auf Kulturland und trockenen, bloßen Flächen; selten, von Südschweden südlich. Blüht 3–6. ▽

(2) Blütenstände hauptsächlich aus den unteren Blattachseln, meist mit einem beblätterten, nichtblühenden Trieb an der Spitze der Pflanze.

E Österreichischer Ehrenpreis *Veronica austriaca* ssp. *teucrium* Formenreiche, flaumige Mehrjährige, kriechend oder aufrecht, bis 20 cm. Blätter oval bis länglich, ungestielt, bis 60 mm, tief stumpf gezähnt. Blüten in langen, paarigen, unbeblätterten Blütenständen aus den Achseln gegenständiger Blätter; Krone hellblau, 9–14 mm im Durchmesser, mit breiten Zipfeln. Frucht rundlich bis herzförmig, meist länger als breit. Auf grasigen und steinigen Standorten, meist auf kalkigen Böden; nördlich bis Holland und Deutschland. Blüht 5–8.

F Liegender Ehrenpreis *Veronica prostrata* Ähnelt dem Österreichischen Ehrenpreis, aber kleiner und deutlicher niederliegend; Blätter nicht tief oder gar nicht gezähnt; Kelch und Frucht kahl (beim Österreichischen Ehrenpreis manchmal haarig). Von Holland südlich; auf grasigen Standorten. Blüht 6–8. ▽

G Wald-Ehrenpreis *Veronica officinalis* Rasenbildende, mehrjährige Pflanze mit kriechenden und wurzelnden Stengeln und aufrechten Blütenähren aus den Blattachseln; Stengel rundum behaart. Blätter länglich bis eiförmig, 20–30 mm, leicht gezähnt, auf beiden Seiten behaart und ungestielt. Blüten in langgestielten, zylindrischen bis pyramidalen Blütenständen aus den Blattachseln; Krone violettblau, mit dunkleren Adern, 6–8 mm im Durchmesser; Blütenstiele 2 mm kurz. Kapsel herzförmig, länger als der Kelch. In ganz Nordeuropa, außer Spitzbergen; häufig auf Gras und Heide. Blüht 5–8.

H Gamander-Ehrenpreis *Veronica chamaedrys* Mehrjährige Pflanze mit niederliegenden, an den Knoten wurzelnden Stengeln und aufsteigenden Blütentrieben; Stengel mit zwei gegenüberliegenden Linien langer, weißer Haare, sonst kahl. Blätter oval-dreieckig, bis 30 mm, sehr kurzgestielt, gezähnt und behaart. Blüten in lockeren, langgestielten Ähren in den Blattachseln, meist nur eine Ähre pro Blattpaar. Krone hellblau, etwa 10 mm im Durchmesser, mit einem weißen „Auge". Frucht herzförmig, auf den Rändern behaart, kürzer als der Kelch. Im ganzen Gebiet, außer im hohen Norden, häufig; auf Grasland, in Gebüsch und lichten Wäldern, oft auf feuchtem Untergrund. Blüht 3–7.

I Berg-Ehrenpreis *Veronica montana* Ähnelt dem Gamander-Ehrenpreis, der Stengel ist jedoch rundum behaart; Blätter deutlich gestielt (5–15 mm lang), hellgrün; Blüten violett und kleiner (7–9 mm); Frucht herzförmig bis rund und länger als die Kelchzipfel. Nördlich bis Dänemark und Südschweden häufig; in Wäldern, oft auf feuchten oder weniger sauren Böden. Blüht 4–7. ▽

J Schild-Ehrenpreis *Veronica scutellata* Kahle oder schwach flaumige Mehrjährige mit kriechenden oder aufsteigenden Stengeln. Blätter linealisch-lanzettlich, 20–40 mm lang, ungestielt, oft rötlich-braun, mit wenigen Zähnen und gespitzt. Blütenstände langgestielt, locker wechselständig; Blütenstiele 7–10 mm, viel länger als die Tragblätter; Krone blaß rosaviolett oder weiß, oft mit violetten Streifen, 6–7 mm im Durchmesser. Frucht flach, breiter als lang, viel länger als der Kelch. Im ganzen Gebiet, außer im hohen Norden, lokal häufig; in Sümpfen, Marschen und an Teichufern. Blüht 6–8. ▽

K Bachbunge *Veronica beccabunga* Kahle Mehrjährige mit kahlen, wurzelnden und dann aufsteigenden, recht fleischigen Stengeln. Blätter oval-länglich, am Grunde gerundet, stumpf, 30–60 mm lang, dick, leicht gezähnt und kurzgestielt. Blüten in paarweisen Trauben aus den Blattachseln; Tragblätter schmal, etwa so lang wie die Blütenstiele; Krone blau, in der Mitte manchmal rot, 7–8 mm im Durchmesser; Frucht rund und kürzer als der Kelch. An nassen Standorten und in stehendem Wasser; im ganzen Gebiet, außer in arktischen Regionen. Blüht 5–9.

L Gauchheil-Ehrenpreis *Veronica anagallis-aquatica* Kahle Mehrjährige, manchmal unter den Blüten drüsenhaarig, mit einem kurzen, kriechenden Wurzelstock und bis zu 30 cm aufsteigenden Stengeln. Blätter lanzettlich bis schwach oval und gespitzt, bis 12 cm lang, leicht gezähnt und ungestielt. Blüten in langen, paarigen, blattachselständigen Trauben; Blütenstiele wenigstens so lang wie die Tragblätter, nach der Blüte aufgerichtet; Krone blaßblau, 6–8 mm im Durchmesser. Frucht fast rund, schwach gekerbt und etwas länger als breit. Im Wasser, an nassen Standorten und in feuchten Wäldern; im ganzen Gebiet häufig, außer im hohen Norden. Blüht 6–8.

M Bleicher Ehrenpreis *Veronica catenata* Ähnelt der Bachbunge, hat aber rosa Blüten, der Blütenstand ist lockerer und stärker ausgebreitet; Blütenstiele kürzer als die Tragblätter. Frucht tiefer gekerbt, Fruchtstiele ausgebreitet, nicht aufrecht. An ähnlichen Standorten; nördlich bis Südschweden. Blüht 6–8. ▽

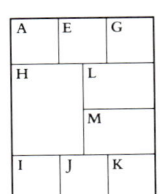

A Feld-Ehrenpreis

E Österreichischer Ehrenpreis

G Wald-Ehrenpreis

H Gamander-Ehrenpreis

I Berg-Ehrenpreis

J Schild-Ehrenpreis

K Bachbunge

L Gauchheil-Ehrenpreis

a

b

c

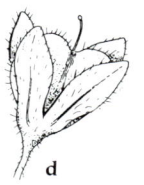

d

M Bleicher Ehrenpreis

G

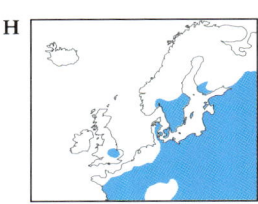

H

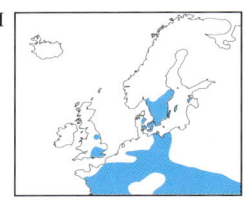

I

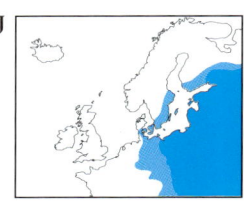

J

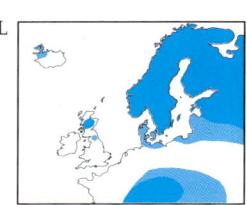

L

(3) Blüten einzeln in den Achseln gewöhnlicher Laubblätter.

A Persischer Ehrenpreis *Veronica persica* Niederliegende, verzweigte, behaarte Einjährige bis 60 cm. Blätter dreieckig bis eiförmig, 10–30 mm lang, kurzgestielt, hellgrün, grob gezähnt und unterseits behaart. Blüten einzeln in den Blattachseln, Stiele länger als die Blätter; Krone blau, Unterlippe weiß, 8–12 mm im Durchmesser; Kelchzipfel oval, spitz und behaart, zur Fruchtzeit abstehend. Frucht behaart und doppelt so breit wie lang, stumpfwinklig ausgerandet (**a**). Im ganzen Gebiet, außer im hohen Norden; häufig, mit großer Wahrscheinlichkeit jedoch nirgends im Gebiet heimisch. Auf Kulturflächen und nacktem Untergrund. Blüht das ganze Jahr.

B Glänzender Ehrenpreis *Veronica polita* Ähnelt dem Persischen Ehrenpreis, ist jedoch kleiner und hat graugrüne Blätter; Blüten vollständig blau. Fruchtkapsel nicht gekielt, mit gekrümmten Haaren bedeckt, Kelchzipfel zur Fruchtzeit überlappend (**b**). An ähnlichen Standorten; im ganzen Gebiet, außer im hohen Norden. Blüht das ganze Jahr.

C Acker-Ehrenpreis *Veronica agrestis* Ähnelt dem Glänzenden Ehrenpreis, die Blätter sind aber alle länger als breit (beim Glänzenden Ehrenpreis sind die unteren breiter als lang); unterstes Kronblatt der Blüten weiß; Kelchzipfel länglich und stumpf (nicht oval und gespitzt); Frucht nur mit geraden Haaren (**c**). Ähnliche, oft saure Standorte; ganz Nordeuropa, außer im hohen Norden. Blüht das ganze Jahr.

D Glanzloser Ehrenpreis *Veronica opaca* Ähnelt der obigen Art, die Blüten sind ganz blau, die Kelchblätter schmal-löffelförmig, stumpf und am Grunde nicht überlappend. Frucht mit einigen gekrümmten Haaren. Ähnliche Standorte; nur europäisches Festland, nördlich bis Südskandinavien. Blüht 4–10. ▽

E Faden-Ehrenpreis *Veronica filiformis* Flaumige Mehrjährige mit zahlreichen kriechenden Stengeln, oft rasenbildend. Blätter klein, 5–10 mm, kurzgestielt, abgerundet bis nierenförmig, mit abgerundeten Zähnen, an den nichtblühenden Trieben gegenständig, an den blühenden Trieben wechselständig. Blüten blau, mit einer weißen Lippe, Stiele zwei- bis dreimal so lang wie die Blätter. Fruchtet selten. Im Gebiet des Kaukasus heimisch, aber jetzt in Nordeuropa bis Südschweden verbreitet; in Rasen, auf Weiden und auf Schuttplätzen. Blüht 4–7.

F Efeublättriger Ehrenpreis *Veronica hederifolia* Behaarte, ausgebreitete Einjährige, vom Grunde an verzweigt. Blätter nierenförmig, wie Efeu handförmig eingeschnitten, bis 15 mm lang. Blüten in den Blattachseln, Stiel kürzer als die Blätter; Krone blaßblau oder violett, kürzer als der Kelch und 4–5 mm im Durchmesser; Kelchzipfel oval und am Grunde herzförmig. Frucht breiter als lang, kaum abgeflacht und kahl. Verbreitet und in ganz Nordeuropa häufig, außer in arktischen Regionen; auf Kulturflächen, auf Schuttplätzen und in Wäldern. Blüht 3–8.

G *Sibthorpia europaea* Zarte, kriechende Mehrjährige, Stengel an den Knoten wurzelnd, behaart. Blätter wechselständig, nierenförmig, bis 20 mm im Durchmesser, fünf- bis siebenlappig und langgestielt. Blüten einzeln und kurzgestielt, zwei Kronzipfel sind gelb und drei sind rosa, Durchmesser 1–2 mm; vier Staubblätter. Sehr selten, nur gelegentlich häufig, an feuchten, schattigen Standorten, ausschließlich im Süden Großbritanniens und in Westfrankreich. Blüht 7–10. ▽

H Kamm-Wachtelweizen *Melampyrum cristatum* Aufrechte, meist unverzweigte, fein behaarte Einjährige bis 50 cm. Blätter lanzettlich, bis 10 cm, ungestielt, manchmal gezähnt, in gegenständigen Paaren. Blüten in dichten, vierkantigen Ähren mit auffälligen, schmal-herzförmigen, zurückgeschlagenen Tragblättern. Tragblätter auf der unteren Hälfte mit kurzen, 2 mm langen Zähnen und oft rosapurpurn gefärbt, die obere Hälfte dagegen ist grün und ungezähnt; Krone gelb, purpurn überlaufen, 12–16 mm lang. In Nordeuropa, außer im hohen Norden, verbreitet; an Straßenrändern, Waldrändern und auf Grasland. Blüht 6–9. ▽

I Acker-Wachtelweizen *Melampyrum arvense* Dem Kamm-Wachtelweizen ähnlich, Ähren aber zylindrisch, nicht vierkantig und etwas lockerer; Tragblätter mehr oder weniger aufrecht, bis 8 mm lang, gezähnt, am Grunde nicht herzförmig, hell rosenrot gefärbt. Krone gelb und rosa, 20–25 mm lang. Auf Ackerflächen, Grasland und an Straßenrändern; selten, von Südfinnland südlich. Blüht 5–10. ▽

J Hain-Wachtelweizen *Melampyrum nemorosum* Eine wunderschöne und charakteristische Art, die dem Acker-Wachtelweizen ähnelt, aber breitere Blätter, violette Tragblätter und gelbe und violette Blüten hat. In Wäldern, auf Grasland und im Gebüsch; überwiegend skandinavisch, nach Süden bis Deutschland vordringend. Blüht 6–9. ▽

K Wiesen-Wachtelweizen *Melampyrum pratense* Formenreiche, kahle oder schwach borstige Einjährige, einfach oder verzweigt, aufrecht oder aufsteigend, bis 40 cm hoch. Blätter oval-lanzettlich, bis 80 mm, kurzgestielt oder ungestielt und nicht gezähnt; Tragblätter laubblattartig, aber am Grunde meist gezähnt. Blüten einseitswendig, paarweise in den Blattachseln; Krone blaß gelblich, mit 10–18 mm viel länger als der Kelch, Schlund der Krone völlig geschlossen; Kelchzähne aufrecht. Im ganzen Gebiet, außer im hohen Norden, häufig und verbreitet; in Wäldern, Gebüsch und Heiden. Blüht 5–9.

L Wald-Wachtelweizen *Melampyrum sylvaticum* Dem Wiesen-Wachtelweizen ähnlich, aber kleiner; Krone goldgelb, nur 8–10 mm lang, Schlund der Röhre offen, Unterlippe zurückgebogen, die Röhre etwa so lang wie der Kelch; Kelchzähne abstehend. In Birken und Kieferwäldern, auf Mooren und Grasland; in Skandinavien häufig, weiter im Süden seltener und überwiegend im Bergland. Blüht 6–9. ▽

<table>
<tr><td>A</td><td>B</td><td>E</td></tr>
<tr><td>F</td><td>G</td><td>H</td></tr>
<tr><td>I</td><td>K</td><td>J</td></tr>
<tr><td>L</td><td></td><td></td></tr>
</table>

A Persischer Ehrenpreis

B Glänzender Ehrenpreis

E Faden-Ehrenpreis

F Efeublättriger Ehrenpreis

G *Sibthorpia europaea*

H Kamm-Wachtelweizen

I Acker-Wachtelweizen

J Hain-Wachtelweizen

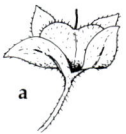

a

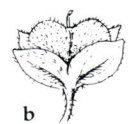

b

c

K Wiesen-Wachtelweizen

L Wald-Wachtelweizen

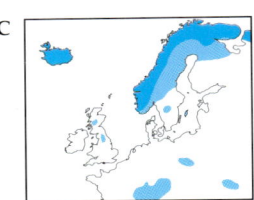

C

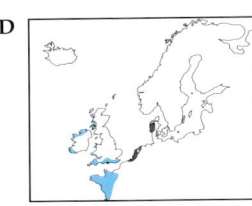

D

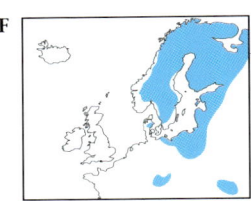

F

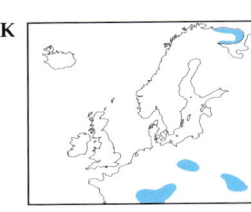

K

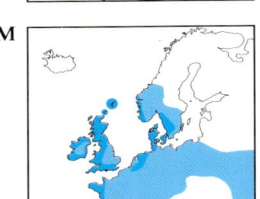

M

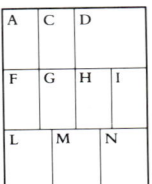

A	C	D	
F	G	H	I
L	M	N	

A Roter Zahntrost

C Alpenhelm

D Gelbe Bartsie

F Karlszepter

G Vielblättriges Läusekraut

H *Pedicularis hirsuta*

I Buntes Läusekraut

L Sumpf-Läusekraut

l

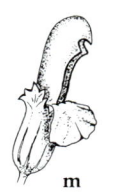

m

M Wald-Läusekraut

N *Pedicularis lapponica*

A Roter Zahntrost *Odontites verna* Aufrechte, verzweigte, flaumige Einjährige bis 50 cm, oft purpurn überlaufen. Blätter länglich-lanzettlich, 10–30 mm lang, meist wenigzähnig und ungestielt. Blütenstände lang, verzweigt, endständig und beblättert; Krone ist rötlich-rosa gefärbt, 8–10 mm, zweilippig, Röhre etwa so lang wie der Kelch; Staubblätter etwas herausragend. Kapsel flaumig und ungefähr so lang wie der Kelch. In Wiesen und Weiden, an Gleisen und Straßenrändern, auf Ruderalflächen; im ganzen Gebiet, außer im hohen Norden, allgemein verbreitet. Blüht 6–9. ▽

B Gelber Zahntrost *Odontites lutea* Dem Roten Zahntrost generell ähnlich, die Blätter sind linealisch und wenig oder gar nicht gezähnt; die Blüten hellgelb und die Staubbeutel deutlich herausragend. Auf trockenem Grasland und im Gebüsch; aus Südeuropa bis nach Nordfrankreich vordringend. Blüht 7–9. ▽

C Alpenhelm *Bartsia alpina* Aufrechte, flaumige unverzweigte Mehrjährige aus einem kurzen Wurzelstock bis 30 cm. Blätter gegenständig, ungestielt, oval, 10–20 mm lang, stumpf, und die Zähne sind abgerundet; Tragblätter ähnlich, purpurn und mit den Stengeln hinauf abnehmender Größe, länger als der Kelch. Blütenstände kurz und wenigblütig, endständig; Krone zeigt ein dunkles, stumpfes Purpur, 15–20 mm lang, die obere Lippe länger als die untere. An feuchten, basenreichen Standorten, häufig in den Bergen; in Skandinavien und weiter im Süden in den Bergen. Blüht 6–8. ▽

D Gelbe Bartsie *Parentucellia viscosa* Aufrechte, stark klebrig behaarte, unverzweigte Einjährige bis höchstens 50 cm. Blätter lanzettlich, bis 40 mm, gezähnt, gespitzt und ungestielt. Blütenstand lang, locker und endständig, mit laubblattartigen Tragblättern; Krone gelb, 16–24 mm lang, die untere, dreizipflige Lippe viel länger als die obere; Kelch röhrig, mit vier dreieckigen Zähnen. Westeuropa südlich von Frankreich und Schottland; oft küstennah auf sandigen und grasigen Standorten. Blüht 6–10. ▽

E *Parentucellia latifolia* Der Gelben Bartsie ähnlich, aber kleiner, Blätter stärker dreieckig und tiefer gezähnt. Blüten kleiner, 8–10 mm, rotpurpurn, selten weiß. Auf sandigen oder steinigen Standorten; von Südeuropa bis Nordwestfrankreich. Blüht 6–8. ▽

Läusekraut *Pedicularis* Mehrjährige oder gelegentlich einjährige, halbparasitisch auf anderen Kräutern wachsende, krautige Pflanzen. Blätter wechselständig oder in Quirlen, meist tief fiederspaltig. Blüten in dichten, endständigen, oft beblätterten Ähren. Krone zweilippig, Oberlippe zusammengedrückt und einen Helm bildend, Unterlippe mit drei Abschnitten und flacher. Vier Staubblätter.

F Karlszepter *Pedicularis sceptrum-carolinum* Große und charakteristische Art mit aufrechten, oft rötlichen Stengeln bis 80 cm. Grundblätter in einer Rosette, lanzettlich, aber fiederspaltig mit ovalen Abschnitten; nur wenige Stengelblätter. Blüten meist in Quirlen zu drei in einer langen, schlaffen Ähre; Krone groß, bis 32 mm, aufrecht, zeigt ein blasses, schmutziges Gelb mit orangenen Linien auf der Unterlippe. In sumpfigen Gebieten, Marschen und nassen Wäldern; vom

skandinavischen Tiefland südlich bis Deutschland. Blüht 6–8. ▽

G Vielblättriges Läusekraut *Pedicularis foliosa* Charakteristische Art mit langen, fein gespaltenen Blättern und beblätterten, kegelförmigen Ähren aus bis zu 25 mm großen, blaßgelben Blüten. Nur in den Bergen auf Wiesen und an feuchten Standorten; von den Vogesen südlich. Blüht 6–8. ▽

H *Pedicularis hirsuta* Mehrjährige Pflanze bis 12 cm, oben wollig behaart. Blätter fiederspaltig, Tragblätter ähnlich. Krone hellrosa, 10–13 mm, Oberlippe beinahe gerade und nicht gezähnt. Nur arktische Standorte auf Kalk. Blüht 6–8. ▽

I Buntes Läusekraut *Pedicularis oederi* Aufrechte Mehrjährige bis 15 cm, oberwärts haarig, mit wenigen Stengelblättern. Blätter lanzettlich, fiederschnittig, kahl. Blüten in dichten, endständigen Ähren, fruchtend lockerer; Krone gelb, die Oberlippe dunkelrot gefleckt, 12–20 mm lang, Kelch behaart. Auf feuchtem Grasland, in Bergen oder Tundra; in Nordskandinavien und von der Mitte Deutschlands südlich. Blüht 7–8. ▽

J *Pedicularis flammea* Dem Bunten Läusekraut ähnlich, aber nur bis 10 cm groß, Oberlippe rot überlaufen, Kelch kahl. Feuchte Standorte; in den Bergen Skandinaviens. ▽

K Quirlblättriges Läusekraut *Pedicularis verticillata* Den anderen Arten in der Wuchsform ähnlich, aber durch die Quirle aus drei bis vier kurzgestielten, fiederspaltigen Blättern und ähnlichen, ungestielten Tragblättern in den dichten Blütenständen deutlich unterschieden. Krone 12–18 mm, purpurrot, manchmal blaß. Eine Gebirgsart; in Mittel- und Südeuropa, erreicht Frankreich und Deutschland und erscheint im arktischen Rußland wieder. Blüht 6–8. ▽

L Sumpf-Läusekraut *Pedicularis palustris* Vollständig kahle, aufrechte Einjährige mit einem einzelnen, verzweigten Stengel bis 60 cm. Blattumriß länglich, bis 60 mm lang, tief fiederspaltig, mit gezähnten Abschnitten. Blüten in lockeren, beblätterten Ähren; Krone rosa-purpurn, 20–25 mm, zweilippig, die Oberlippe mit vier Zähnen (**l**); Kelch röhrig, am Grunde aufgeblasen und mit zwei blattartigen Lappen. In Marschen, Sümpfen, nassen Heiden und Mooren häufig und verbreitet, meist auf etwas sauren Böden; im ganzen Gebiet, außer im hohen Norden. Blüht 5–9. ▽

M Wald-Läusekraut *Pedicularis sylvatica* Dem Sumpf-Läusekraut recht ähnlich, aber mehrjährig, nur bis 20 cm groß, vom Grunde an mit zahlreichen, abstehenden Zweigen. Blütenstand wenigerblütig; Krone ist blasser rosa, die Oberlippe zweizähnig (**m**); Kelch vierkantig, mit vier kleinen, blattartigen Lappen. In Sümpfen, feuchtem Grasland und Mooren, auf Heiden und in lichten Wäldern, meist auf saurem Boden; in Nord- bis Mittelschweden häufig. Blüht 4–7. ▽

N *Pedicularis lapponica* In der Form den anderen Arten ähnlich; mehrjährig, aufrecht, mit einem einzelnen Stengel bis 25 cm. Blätter linealisch, fiederspaltig. Blüten blaßgelb, in wenigblütigen Ähren. Lokal häufig, in Mooren, lichten Wäldern und der Tundra; nur in Nordskandinavien. Blüht 6–7. ▽

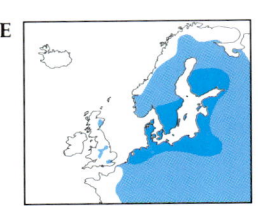

E

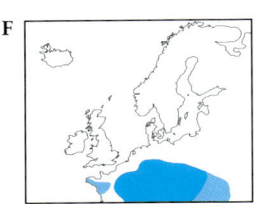

F

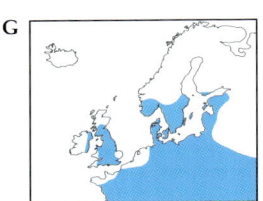

G

J

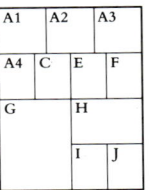

Augentrost *Euphrasia* Kleine, einjährige, einfache oder verzweigte, halbparasitische Kräuter. Blätter gegenständig oder im oberen Teil des Stengels wechselständig. Blütenstände beblättert und endständig; Krone weiß, oft mit Gelb und Violett, 4–11 mm, zweilippig, die Oberlippe zweizipflig, die Unterlippe dreizipflig. Augentrost ist eine charakteristische, aber außergewöhnlich schwierige Gattung. Im Gebiet kommen etwa 30 Arten vor, die mit herkömmlichen Methoden aber nicht so einfach bestimmt werden können. Häufig ist eine Anzahl von Exemplaren aus einer Population und ihre äußerst genaue Untersuchung nötig. Es treten auch viele natürliche Hybriden auf. Nur zwei von den häufigeren, einfacheren Arten sind hier beschrieben.

A Hain-Augentrost *Euphrasia nemorosa* Aufrechte Pflanze mit ein bis neun Paar bis 35 cm aufsteigender, oft violetter Zweige. Blätter ovaldreieckig, 2–12 mm, unterseits behaart, scharf gezähnt; Tragblätter (mit Blüten) oval, gespitzt, scharfzähnig und am Grunde abgerundet. Blüten weiß bis violett, 5–7,5 mm lang, die Unterlippe länger als die Oberlippe. Frucht mehr als doppelt so lang wie breit und behaart. An grasigen Standorten und in lichten Wäldern; in ganz Nordeuropa. Blüht 7–9.

B Zierlicher Augentrost *Euphrasia micrantha* Ähnliche Wuchsform, aber meist stark purpurn überlaufen. Blätter kahl, unterseits nicht dunkler und klein (2–8 mm). Krone 4–6,5 mm und violettpurpurn. Verbreitet auf Heiden, häufig mit Heidekraut assoziiert und wahrscheinlich darauf parasitierend; in ganz Nordeuropa. Blüht 7–9.

Klappertopf *Rhinanthus* Eine kleine, aber schwierige Gruppe einjähriger, halbparasitischer Kräuter mit gegenständigen Blättern und beblätterten Blütenähren. Krone meist gelb, zweilippig, mit einer langen Röhre. Vier Staubblätter in der Oberlippe verborgen.

C Kleiner Klappertopf *Rhinanthus minor* Aufrechte, fast kahle Einjährige bis 50 cm, oft mit schwarz gefleckten Stengeln. Blätter länglich bis linealisch-lanzettlich, 5–15 mm breit, mit runden oder spitzen Zähnen, die zur Blattspitze deuten. Blütenstände lang, endständig und beblättert, Krone gelb, zweilippig, 13–15 mm lang; Oberlippe mit zwei kurzen, violetten Zähnen (etwa 2 mm); Kelch abgeflacht, zur Fruchtzeit aufgeblasen, mit Ausnahme der Ränder kahl. Fast überall häufig; auf Grasland, besonders auf Wiesen und Dünen. Blüht 5–9.

D *Rhinanthus groenlandicus* Dem Kleinen Klappertopf ähnlich, Stengel aber auf zwei gegenüberliegenden Seiten behaart, Blätter tiefer gezähnt, und die Zähne stehen ab. Nur in Skandinavien nördlich von Südnorwegen. Blüht 6–9.

E Großer Klappertopf *Rhinanthus angustifolius* Dem Kleinen Klappertopf sehr ähnlich, jedoch oft größer und stärker verzweigt; Zweige deutlicher gelblich-grün; Kronröhre aufwärts gebogen (beim Kleinen Klappertopf gerade), Zähne der Oberlippe wenigstens 2 mm lang und etwa doppelt so lang wie breit. In Wiesen, Maisfeldern und Dünen; auf dem europäischen Festland weit verbreitet. Blüht 5–9. ▽

F Zottiger Klappertopf *Rhinanthus alectorolophus* Den anderen Arten ähnlich, Stengel aber nicht schwarz gefleckt; unterste Zähne der Tragblätter von den anderen wenig verschieden; Kronröhre etwas gekrümmt; Kelch zur Blütezeit mit langen, weißen Haaren bedeckt. Von Holland und Nordfrankreich südlich; in Wiesen. Blüht 5–9.

G Schuppenwurz *Lathraea squamaria* Charakteristische Pflanze, vollständig parasitisch auf den Wurzeln von Hasel, Ahorn und anderen holzigen Pflanzen lebend. Kräftig und aufrecht, mit rosa oder weißen Stengeln bis 30 cm. Blätter schuppenartig, wechselständig, stengelumfassend und ungezähnt. Blüten 15–17 mm lang, in einer einseitigen Ähre mit schuppenartigen Tragblättern; Krone rosig-weiß, röhrenförmig und den Kelch überragend; Kelch mit vier gleichen Zipfeln (vgl. Sommerwurz, die einen zweilippigen Kelch hat, Seite 238–240). Verbreitet und lokal häufig, jedoch im hohen Norden fehlend; überwiegend in Wäldern mit kalkreichem Boden. Blüht 3–5. ▽

H *Lathraea clandestina* Sehr charakteristische Pflanze mit vollständig unterirdischen Trieben, von denen nur die großen, violetten Blüten von 40–50 mm Länge aus dem Boden ragen. Oft in großen Gruppen am Grunde von Pappeln, Weiden und Erlen, auf denen sie parasitieren, zu finden. Selten, von Belgien südlich; in Wäldern und Parks. Blüht 3–5. ▽

Kugelblumengewächse
Globulariaceae

Kleine Familie niedriger Kräuter mit wechselständigen, ungezähnten Blättern. Blüten fünfzählig, in dichten Köpfen; vier Staubblätter; Fruchtknoten oberständig (vgl. unterständigen Fruchtknoten bei den ähnlichen Kardengewächsen oder der Sandrapunzel).

I *Globularia vulgaris* Kahle, mehrjährige, immergrüne Pflanze mit einer Rosette gestielter, ovaler bis löffelförmiger, an der Spitze gekerbter oder dreizähniger Blätter, Seitenader auf der Oberseite kaum sichtbar; Stengel aufrecht und unverzweigt, bis 20 cm. Stengelblätter wechselständig, ungestielt, lanzettlich. Blüten in dichten, endständigen, runden Köpfen von 20–25 mm Durchmesser; Krone blau, röhrenförmig, zweilippig. Nur in Südschweden. Blüht 4–7. ▽

J Gewöhnliche Kugelblume *Globularia punctata* Ähnlich der obigen Art, aber Grundblätter gekerbt oder ungezähnt, nicht dreizähnig; Blattadern auf der Oberseite deutlich sichtbar. Blütenköpfe nur bis 15 mm im Durchmesser. Von Belgien und Nordfrankreich südlich; auf grasigen und steinigen, oft kalkigen Standorten. Blüht 5–6. ▽

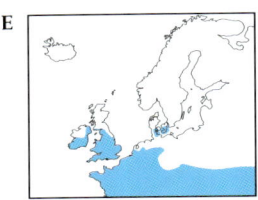

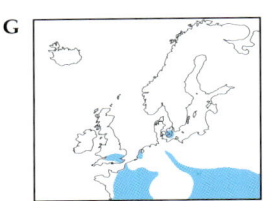

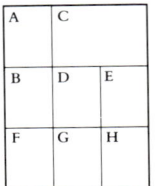

Sommerwurzgewächse
Orobanchaceae

Ein- oder mehrjährige Kräuter, die mit Hilfe von Wurzelknöllchen auf einer Vielzahl von Wirtspflanzen parasitieren. Pflanzen ganz ohne Chlorophyll. Blütenstände aufrecht, aus Ähren von röhrenförmigen, zweilippigen Blüten; vier Staubblätter. Falls bekannt, kann die Wirtspflanze für die Bestimmung hilfreich sein.

(1) Pflanzen zusätzlich zu den Kelchzipfeln unter jeder Blüte mit drei Hochblättern (tatsächlich ein Deckblatt und zwei Vorblätter).

A Ästige Sommerwurz *Orobanche ramosa*
Aufrechte, drüsige Stengel bis 30 cm, meist verzweigt (die einzige verzweigte Art im Gebiet). Schuppenblätter oval und gespitzt. Deckblatt und Vorblätter vorhanden, so lang wie der Kelch. Blüten violett oder blau, 10—22 mm lang und drüsig; Staubfäden kahl oder am Grunde haarig; Narben weiß oder blaßgelb. Eine südeuropäische Art, die gelegentlich im Süden Nordeuropas eingebürgert ist; parasitiert auf Hanf, Tabak und anderen krautigen Pflanzen. Blüht 6—9. ▽

B Purpur-Sommerwurz *Orobanche purpurea*
Aufrechte, unverzweigte Stengel bis 60 cm, fein behaart und bläulich. Blüten bläulich-violett, mit dunkleren Adern, 18—25 mm; Narbe weiß oder blaßblau. Auf Schafgarbe und gelegentlich auch anderen Compositen parasitierend. Nördlich bis Südostschweden; auf grasigen Standorten. Blüht 6—7. ▽

(2) Pflanzen mit nur einem Deckblatt unter den Blüten, Narben zur Blütezeit purpurn, orange oder dunkelrot.

C Weiße Sommerwurz *Orobanche alba* Aufrechte, rötliche, kräftige Pflanze bis 25 cm, drüsig und flaumig und am Grunde mit zahlreichen rötlichen Schuppenblättern. Blüten in lockeren Ähren, duftend, die Deckblätter kürzer als die Blüten, Krone stumpf rotpurpurn, 15—20 mm lang; Staubblätter unten etwas behaart (**c 1**); Narbenlappen einander berührend (**c 2**); rötlich. Auf Thymian und anderen Lippenblütlern parasitierend. Von Öland südlich, im Norden des Gebiets selten; auf Grasland und steinigen, oft kalkigen Standorten. Blüht 5—8. ▽

D Distel-Sommerwurz *Orobanche reticulata*
In der Form ähnlich wie die Weiße Sommerwurz, aber meist größer, bis 70 cm. Blüten kaum duftend; Krone 15—25 mm, gelb mit violetten Rändern, die Unterlippe mit drei gleichen Zipfeln (der mittlere Zipfel ist bei der Weißen Sommerwurz größer); Staubblätter schwach behaart oder kahl; Narbenlappen dunkelpurpurn, einander berüh-

rend. Auf Disteln und Kardengewächsen auf Grasland; nördlich bis Südskandinavien. Blüht 6—8. ▽

E Kleine Sommerwurz *Orobanche minor* Ähren bis 50 cm, meist gelb mit Violett überlaufen. Krone meist blaßgelb und violett geädert, 10—18 mm lang, Rücken der Röhre sanft gekrümmt; Oberlippe gekerbt bis zweilappig, Unterlippe mit zwei etwa gleichen Zipfeln. Staubblätter unten haarig (**e 1**); Narben purpurn (gelegentlich gelb in der blaßgelben Krone), Narbenlappen getrennt (**e 2**). Meist parasitisch auf verschiedenen Schmetterlingsblütlern, besonders Klee, aber auch auf verschiedenen anderen krautigen Arten. Von Holland und Deutschland südlich. Blüht 6—9. ▽

F Amethyst-Sommerwurz *Orobanche amethystea* Der Kleinen Sommerwurz ähnlich, Krone jedoch weiß oder milchig, violett überlaufen; Deckblatt länger (12—22 mm statt 7—15 mm), Staubblätter 3—5 mm (nicht 2—3 mm) über dem Grund der Krone eingefügt. Auf der Strand-Distel, der Wilden Gelben Rübe und verschiedenen anderen Krautigen; von Nordfrankreich und dem Süden Großbritanniens südlich, selten. Blüht 6—8. ▽

G Panzer-Sommerwurz *Orobanche loricata* Der obigen Art sehr ähnlich, der Rücken der Krone ist jedoch nur am Grunde gekrümmt, dann beinahe gerade; Oberlippe gekerbt oder ganzrandig, aber nicht deutlich zweilappig; Krone mit blassen Drüsen; Staubblätter unten dicht behaart (**g 1**), oberwärts beinahe kahl; Narbenlappen einander gerade berührend (**g 2**). Auf Habichtskrautähnlichem Bitterkraut, Beifuß und anderen Compositen; von Dänemark südlich, selten. Blüht 6—7. ▽

H Labkraut-Sommerwurz *Orobanche caryophyllacea* Stengel drüsenhaarig, gelb oder violett. Blüten 20—32 mm groß, rosa oder milchiggelb, mit starkem Nelkengeruch; Kronröhre ungefähr glockenförmig mit gekrümmtem Rücken; Staubblätter unten behaart (**h 1**); Narbenlappen purpurn, deutlich getrennt (**h 2**). Auf Labkräutern, an grasigen Standorten; nördlich bis Südnorwegen verbreitet. Blüht 6—7. ▽

I Gamander-Sommerwurz *Orobanche teucrii* Ähnelt der Labkraut-Sommerwurz, parasitiert aber auf Gamander-Arten (*Teucrium*). Unterscheidet sich durch kürzere Ähren und kürzeren Kelch (weniger als 12 mm statt 10—17 mm), der Rücken der Krone ist ungleichmäßig gekrümmt. Von Belgien und Nordfrankreich südlich, selten; auf trockenen, grasigen und steinigen Flächen. Blüht 5—7. ▽

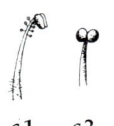

c 1   c 2

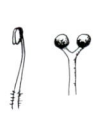

e 1   e 2

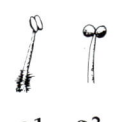

g 1   g 2

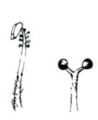

h 1   h 2

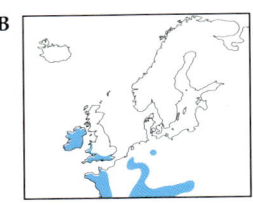

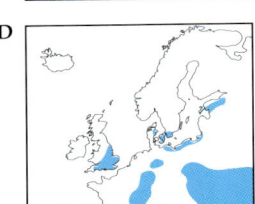

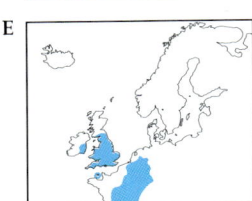

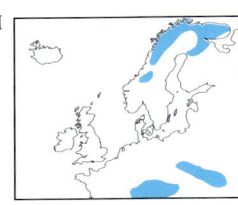

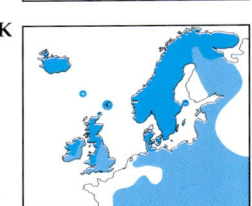

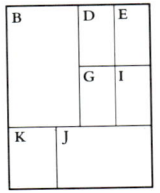

(3) Pflanzen mit nur einem Deckblatt unter den Blüten, Narben zur Blütezeit aber weiß oder gelb.

A Sand-Sommerwurz *Orobanche arenaria* Bis 60 cm groß; Krone 25–35 mm, blauviolett, Staubfäden kahl, Staubbeutel weiß. Auf Beifuß-Arten; von Nordfrankreich und Deutschland südlich. Blüht 6–7. ▽

B Efeu-Sommerwurz *Orobanche hederae* Stengel bis 60 cm, meist aber weniger, drüsig behaart, gelb oder rotviolett, am Grunde geschwollen. Krone 10–22 mm, milchig, violett geädert; Röhre nahe dem Grund aufgeblasen, aber oberwärts gerade; Oberlippe gekerbt oder ganzrandig, Unterlippe dreilappig, Mittelabschnitt quadratisch, Ränder nicht behaart; Staubfäden schwach behaart (**b 1**), Narbenlappen gelb und teilweise verwachsen (**b 2**), auf Efeu parasitierend, nördlich bis Irland und Holland; lokal auf kalkigen Böden, besonders in Küstennähe häufig, andernorts selten. Blüht 5–7. ▽

C Gelbe Sommerwurz *Orobanche lutea* Der Labkraut-Sommerwurz unter den meisten Gesichtspunkten ähnlich, Stengel am Grunde aber stärker geschwollen; Krone gelblich- oder rötlich-braun, die Unterlippe nicht behaart; Narbe gelb oder weiß. Auf Schneckenklee-Arten und anderen Schmetterlingsblütlern an grasigen Standorten parasitierend; von Holland südlich. Blüht 6–8. ▽

D Große Sommerwurz *Orobanche elatior* Pflanze relativ groß, bis 70 cm, schwach drüserhaarig, Stengel am Grunde etwas geschwollen, gelblich oder rötlich. Deckblätter so lang wie die Blüten. Blüten zahlreich, in dichten, langen Ähren; Krone gelb, meist violett überlaufen, 18–25 mm, der Rücken ist gleichmäßig gekrümmt; Kronenzipfel fein gezähnt, nicht behaart; Staubfäden unten behaart (**d 1**), in der Mitte der Kronröhre eingefügt; Narbenlappen (**d 2**) gelb. Zerstreut, auf Grasland, von Dänemark und Südschweden südlich; auf Flockenblumen-Arten und anderen Compositen parasitierend. Blüht 6–7. ▽

E Ginster-Sommerwurz *Orobanche rapumgenistae* Große Pflanzen bis 80 cm, oft gehäuft auftretend, mit kräftigen, gelblichen Stengeln, die am Grunde stark geschwollen sind; Blütenähre lang und dicht. Deckblätter länger als die Blüten. Krone 20–25 mm, gelblich, violett überlaufen und mit gleichmäßig gekrümmtem Rücken; Oberlippe kaum gelappt und ungezähnt; Staubfäden am Grunde kahl, an der Spitze mit einigen Drüsen (**e 1**), Staubblätter am Grunde der Kronröhre eingefügt; Narbenlappen getrennt (**e 2**), gelb. Auf Besenginster, Stechginster und verwandten Sträuchern in trockenen, grasigen Gegenden parasitierend. Allgemein selten und abnehmend, von der Mitte Deutschlands und Holland südlich. Blüht 5–7. ▽

F Zierliche Sommerwurz *Orobanche gracilis* Stengel glatt, drüsig, rötlich oder gelblich, bis 60 cm hoch. Deckblätter dreieckig, kürzer als die Blüten. Krone gelb mit roten Adern, die Kronröhre innen glänzend rot. Staubfäden wenigstens unten behaart; Narben gelb, die Lappen getrennt. Auf verschiedenen Schmetterlingsblütlern auf grasigen Standorten; von der Mitte Deutschlands südlich. Blüht 6–7. ▽

Fettkrautgewächse
Lentibulariaceae

Eine charakteristische Familie kleiner, insektenfangender und -verdauender, krautiger Pflanzen. Krone zweilippig, fünfzählig; Kelch fünfzipflig; zwei Staubblätter, mit der Krone verwachsen. Frucht eine vielsamige Kapsel. Alle Arten wachsen auf nassen, oft nährstoffarmen Standorten.

G *Pinguicula lusitanica* Kleine Pflanze mit einer überwinternden Rosette von fünf bis zwölf blaß graugrünen, länglichen, stumpfen Blättern von 10–20 mm und mit aufgerollten Rändern. Blüten auf bis 12 cm langen, flaumigen und zarten, zu einem bis acht zusammenstehenden Stielen; Krone blaß violettrosa, 7–9 mm, im Schlund gelb; Abschnitte der Oberlippe abgerundet, Sporn kurz (2–4 mm), stumpf und zylindrisch. Lokal häufig in Sümpfen und nassen Heiden; nur im Westen Großbritanniens und in Westfrankreich. Blüht 6–10. ▽

H *Pinguicula villosa* Ähnlich *Pinguicula lusitanica*, aber als Knospe überwinternd; Blätter stärker abgerundet; Blütenstiele stark drüsenhaarig; Krone blaßviolett. Nur in Sümpfen; von Mittelschweden nördlich. Blüht 6–8. ▽

I Alpen-Fettkraut *Pinguicula alpina* Leicht zu erkennende Art. Blätter gelblich-grün, als Knospe überwinternd. Blüten weiß, mit einem gelben Fleck im Schlund, 8–16 mm. In Sümpfen und an anderen nassen Standorten; überall im arktischen Europa und weiter im Süden in den Bergen. Blüht 6–8. ▽

J *Pinguicula grandiflora* Überwintert als Knospe. Blätter in Rosetten zu fünf bis acht, eiförmig bis länglich, bis 60 mm lang, hell gelbgrün. Blütenstiele bis 18 cm; Krone violett oder blasser, 25–30 mm breit, mit einem langen, weißen, violett gestreiften Fleck im Schlund; Abschnitte der Unterlippe teilweise überlappend; abgerundet und wellig. Sporn 10–12 mm, gerade und rückwärts gerichtet, gelegentlich an der Spitze gekerbt. In Sümpfen, auf nassen Felsen und überfluteten Gebieten; in Südwestirland und in Bergen vom Jura südlich. Blüht 5–7. ▽

K Gewöhnliches Fettkraut *Pinguicula vulgaris* Recht ähnlich *Pinguicula grandiflora*, aber kleiner; Blütenstiele bis 15 cm; Krone violett, 11–13 mm breit, mit einem weißen, breiten Fleck im Schlund; Abschnitte der Unterlippe deutlich getrennt und flach. Sporn 4–7 mm, in einen Punkt verschmälert und dünn. In Sümpfen, im Moorland und in Wasserrinnen, oft auf Kalk; im ganzen Gebiet, im Süden jedoch in einigen Flachlandregionen fehlend. Blüht 5–7. ▽

b 1   b 2   d 1   d 2   e 1   e 2

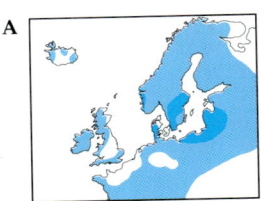

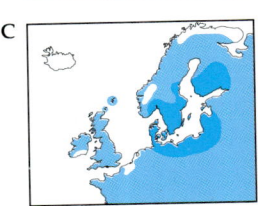

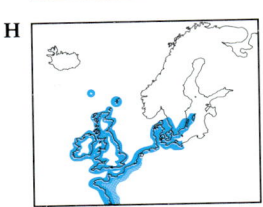

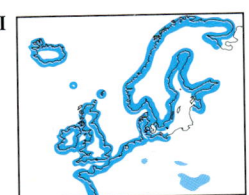

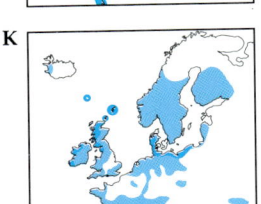

Wasserschlauch *Utricularia* Locker wurzelnde Wasserpflanzen mit aufrecht aus dem Wasser ragenden Blütenähren und waagrechten, untergetauchten Stengeln mit fein geteilten Blättern; Unterwasserstengel tragen kleine Fangblasen, mit denen winzige Wassertiere erbeutet werden.

(1) Pflanzen mit zwei Arten von Stengeln; die einen tragen grüne Blätter und einige Fangblasen, die anderen sind oft eingegraben, farblos und haben wenige Blätter und viele Fangblasen.

A Kleiner Wasserschlauch *Utricularia minor* Hauptblätter in fädliche, ungezähnte Abschnitte geteilt, nur 3–10 mm lang und ohne Borsten. Blütenstand 4–15 cm hoch, mit zwei bis sechs Blüten; Krone blaßgelb, klein (6–8 mm), mit einem kurzen, stumpfen Sporn. In Moortümpeln und anderen sauren Gewässern; im ganzen Gebiet, aber selten. Blüht 6–9. ▽

B Mittlerer Wasserschlauch *Utricularia intermedia* Kleine Pflanze, bis 25 cm lang. Blüten selten, Krone hellgelb mit rötlichen Linien, 8–12 mm lang, in zwei- bis vierblütigen Blütenständen bis 20 cm; Sporn kegelförmig. In flachem, torfigem Wasser und in Sümpfen; im ganzen Gebiet, aber selten. Blüht 7–9. ▽

(2) Stengel alle mit grünen Schwimmblättern und zahlreichen Fangblasen.

C Echter Wasserschlauch *Utricularia vulgaris* Stengel bis zu 1 m, mit fiedrig geteilten Blättern, bis 30 mm lang, gezähnt und mit einer oder mehreren Borsten auf den Zähnen. Blütenstand bis 30 cm hoch, vier bis zehn Blüten; Krone tiefgelb, 12–18 mm lang, die Oberlippe so lang wie der Schlund, Unterlippe mit senkrecht zurückgeschlagenem Rand; Sporn kegelförmig und spitz. In stehenden Gewässern bis etwa 1 m Tiefe; fast im ganzen Gebiet, aber selten. Blüht 7–8. ▽

D Verkannter Wasserschlauch *Utricularia australis* Sehr ähnlich und vom Echten Wasserschlauch außer zur Blütezeit überhaupt nicht zu unterscheiden. Pflanze ist jedoch zarter, und die Blattabschnitte haben nur einzelne Borsten. Blüten blaß zitronengelb; Unterlippe der Krone beinahe flach, mit welligem Rand, die Oberlippe ist länger als der Schlund. An ähnlichen, oft sauren Standorten verbreitet, Verbreitung jedoch unsicher, weil im Norden des Gebietes nur selten Blüten hervorgebracht werden. ▽

Wegerichgewächse
Plantaginaceae

Kräuter mit Blättern meist in Grundrosetten. Blütenstände endständig; Blüten sehr klein, mit reduziertem, vierzähligem Kelch und Krone sowie vier langen, auffälligen Staubblättern. Normalerweise zwittrig, aber bei *Littorella* eingeschlechtlich.

E Großer Wegerich *Plantago major* Mehrjährige Pflanze mit Grundblattrosette. Blätter breit-eiförmig bis elliptisch, bis 25 cm lang, drei- bis neunadrig, meist kahl, abrupt in den Stiel, der etwa so lang wie die Spreite ist, verschmälert (**e**). Blütenköpfe auf ungefurchten, behaarten Stielen, 10–15 mm lang, lange, dünne, dichte Blütenähren tragend; Krone gelblich-weiß, 3 mm im Durchmesser, Staubblätter erst violett, dann gelblich. Im ganzen Gebiet verbreitet und sehr häufig, auf Kulturland und Ruderalflächen. Blüht 6–10. Die ssp. *winteri* hat drei- bis fünfadrige Blätter, die sich allmählich in den Stiel verschmälern; Spreite dünn, gelblich-grün. Verbreitet auf salzhaltigen Böden.

F Mittlerer Wegerich *Plantago media* Dem Großen Wegerich ähnlich, die Blätter sind aber elliptisch (**f**), grau-flaumig, allmählich in einen kurzen Stiel verschmälert und eine flache Rosette bildend. Blütenstand viel länger als die Blätter, zylindrisch, auf einem langen, ungefurchten Stiel bis zu 30 cm. Blüten weißlich, 2 mm im Durchmesser, duftend; Staubfäden purpurn, Staubbeutel violett. Auf trockenen, grasigen Standorten, oft mit trockenen Böden; fast im ganzen Gebiet verbreitet und häufig. Blüht 5–8.

G Spitz-Wegerich *Plantago lanceolata* Grundblätter in einer ausgebreiteten Rosette; Blätter lanzettlich, bis 20 cm lang (gelegentlich auch 30 cm), mit drei bis fünf deutlich erhabenen, beinahe parallelen Adern, meist kurzgestielt. Blütenstände auf bis 45 cm langen, tief gefurchten Stielen, die viel länger als die Blätter sind; Blütenstand kurz, meist weniger als 20 mm; Krone bräunlich, 4 mm im Durchmesser; Staubblätter lang und weiß. Auf Kulturflächen und Schuttplätzen, grasigen Standorten und an Straßenrändern; fast im ganzen Gebiet, sehr häufig. Blüht 4–10.

H Schlitzblättriger Wegerich *Plantago coronopus* Charakteristischer Wegerich mit einer flachen Rosette tief fiederspaltiger Blätter, bis 20 cm lang, einadrig, mit linealischen Abschnitten (gelegentlich jedoch gezähnt). Zahlreiche Blütenähren, auf gebogenen Stengeln die Blätter überragend; Ähren 20–40 mm lang; Krone bräunlich, Zipfel ohne Mittelrippe, Staubblätter gelb; Tragblätter der Blütenähre mit langen, abstehenden Spitzen. Häufig und verbreitet; an Küstenstandorten auf sandigen und kiesigen Böden, weniger häufig auf Ruderalflächen und Grasland im Binnenland. Blüht 5–7. ▽

I Strand-Wegerich *Plantago maritima* · Pflanze mit holzigem Wurzelstock und einer aufrechten, lockeren Rosette linealischer, fleischiger, schwach drei- bis vieradriger, ungezähnter Blätter. Blütenstiele kräftig, zahlreich und nicht gefurcht, einen zylindrischen Blütenstand von 20–60 mm tragend. Blüten etwa 3 mm im Durchmesser, Krone bräunlich mit einer dunkleren Mittelrippe, Staubblätter blaßgelb; Tragblätter der Blüte oval und anliegend. Verbreitet und lokal im ganzen Gebiet häufig; überwiegend an der Küste, aber auch auf Salzböden im Binnenland und in den Bergen. Blüht 6–8. ▽

J Sand-Wegerich *Plantago arenaria* Durch den verzweigten Blütenstand von den anderen Wegerichen unterschieden, mit zahlreichen eiförmigen Blütenbüscheln; Blätter linealisch, nicht fleischig. Einjährig. Selten und unbeständig, gelegentlich eingebürgert, an trockenen, sandigen Standorten; nördlich bis Holland. In Südeuropa heimisch. Blüht 5–8. ▽

K Strandling *Littorella uniflora* Zwergwüchsige, kahle Mehrjährige, aquatisch und mit zarten, wurzelnden Ausläufern. Blätter in ausgebreiteten Grundrosetten, schmal-linealisch, bis 10 cm, mit halbkreisförmigem Querschnitt, schwammiger Struktur und stengelumfassendem Grund. Blüten eingeschlechtlich: männliche Blüten einzeln auf zarten Stielen von 50–80 mm Länge, mit vier winzigen weißlichen Kronblättern und vier langen, weißen Staubblättern; weibliche Blüten kurzgestielt, mit 1 cm langem Griffel, zu mehreren am Grunde der männlichen Blütenstiele. Ufer von meist sauren Seen und Teichen, bis 4 m Wassertiefe. Selten, aber fast im ganzen Gebiet, außer im hohen Norden, verbreitet. Blüht 6–8. ▽

A	C		D
E	F	G	H
I		K	

A Kleiner Wasserschlauch

C Echter Wasserschlauch

D Verkannter Wasserschlauch

E Großer Wegerich

F Mittlerer Wegerich

G Spitz-Wegerich

H Schlitzblättriger Wegerich

I Strand-Wegerich

K Strandling, mit Blättern vom Wassernabel

e

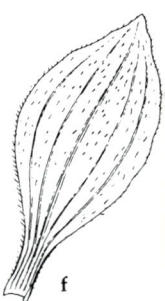

f

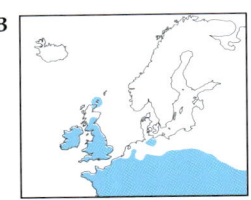

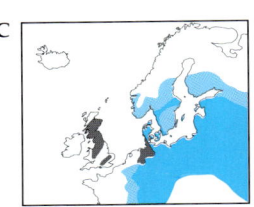

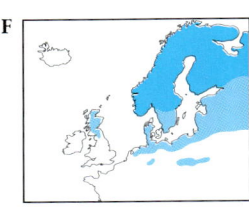

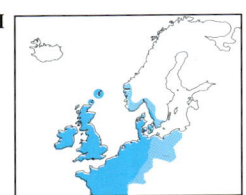

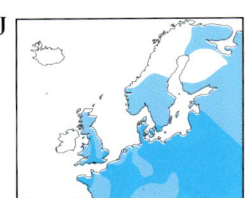

A	B1	B2
C1	C2	D1
D2	E	F
G	I	J

Geißblattgewächse
Caprifoliaceae

Holzige, mehrjährige Sträucher, gelegentlich Kräuter, mit gegenständig gepaarten Blättern. Blüten meist fünfzählig, oft röhrenförmig; Kelch klein. Fruchtknoten unterständig, Frucht meist fleischig.

A Schwarzer Holunder *Sambucus nigra*
Häufiger und vertrauter, sommergrüner und vom Grunde an verzweigter Strauch bis 10 m; Borke graubraun, gefurcht und korkig, innen mit weißem Mark. Blätter gegenständig, bis 12 cm lang, fiederig in fünf bis sieben eiförmige, gezähnte Blättchen geteilt. Blütenstand ein endständiges Büschel, vielfach verzweigt und mit fast ebener Oberfläche, 10–20 cm im Durchmesser; Blüten milchig weiß, fünflappig, etwa 5 mm im Durchmesser und stark riechend. Die Frucht (Holunderbeere) ist eine kleine, kugelige, glänzend schwarze Beere von 6–8 mm Durchmesser. Weitverbreitet und überall, außer im hohen Norden; häufig; in feuchten Wäldern und Gebüsch, meist auf kalk- oder stickstoffreichen Böden. Blüht 6–7.

B Attich, Zwerg-Holunder *Sambucus ebulus*
Starkwüchsige, krautige Pflanze mit aufrechten, gefurchten Stengeln bis 2 m. Alle Teile unangenehm riechend. Blätter gefiedert, mit 7–13 schmaleren Blättchen und auffälligen ovalen Stipeln am Grunde. Blütenstand flach, mit drei Hauptstrahlen, kleiner (7–14 cm im Durchmesser) und stärker rosa als der des Schwarzen Holunders; Staubblätter purpurn. Frucht kugelig, 5–7 mm im Durchmesser, schwarz und giftig. In Hecken, an Straßenrändern und auf Schuttplätzen; von Holland südlich, lokal häufig. Blüht 6–8.

C Trauben-Holunder *Sambucus racemosa*
Sommergrüner Strauch bis 4 m, mit gebogenen Ästen, grauer Borke und rötlichem Mark. Blätter mit drei bis sieben langgestielten Blättchen gefiedert, Stipeln kaum sichtbar. Blüten in dichten, ovalen bis pyramidalen Köpfen von 3–6 cm Durchmesser; Krone gelblich oder grünlich-weiß. Frucht kugelig, rot, 5 mm im Durchmesser. Von Belgien südlich; in Wäldern, hauptsächlich in den Bergregionen; andernorts eingebürgert. Blüht 4–6.

D Gewöhnlicher Schneeball *Viburnum opulus*
Sommergrüner, stark verzweigter Strauch bis 4 m; Zweige grau, kahl, kantig und mit schuppigen Knospen. Blätter gegenständig, 50–80 mm lang, handförmig drei- bis fünflappig, scharf gezähnt, unterseits flaumig und mit kurzem Stiel. Blüten in flachen, doldenartigen Köpfen von 10–15 cm Durchmesser; äußere Blüten groß (15–20 mm im Durchmesser) und steril, die inneren Blüten sind kleiner (4–7 mm im Durchmesser), alle weiß. Frucht fast kugelig, 8 mm im Durchmesser, rot werdend. Im ganzen Gebiet verbreitet und häufig, außer im hohen Norden; in Wäldern, Gebüsch und Hecken, meist auf schweren Böden. Blüht 5–7.

E Wolliger Schneeball *Viburnum lantana*
Sommergrüner Strauch bis 6 m, mit blaßbraunen, flaumigen, gerundeten Zweigen und schuppenlosen Knospen. Blätter eiförmig, bis 10 cm, gespitzt, runzlig, fein gezähnt und unterseits dicht flaumig. Blüten in flachen, doldenartigen Köpfen von 6–10 cm Durchmesser, die Blüten sind alle gleich; Krone milchig-weiß, 5–7 mm im Durchmesser. Frucht abgeflacht eiförmig, erst rot, dann schwarz und etwa 8 mm lang. Von Belgien und England südlich; in Gebüsch, Hecken und lichten Wäldern, meist auf kalkigen Böden. Blüht 5–6.

F Moosglöckchen *Linnaea borealis*
Niedriger, kriechender, immergrüner Halbstrauch mit langen, kriechenden Stengeln. Blätter oval bis beinahe rund, 10–15 mm lang, stumpf gezähnt, in entfernten, gegenständigen Paaren. Blüten meist in Paaren, auf aufrechten, flaumigen und drüsigen Stielen bis 80 mm, Blüten oft jede zu einer Seite nickend; Krone glockenförmig, fünflappig, rosa, 5–9 mm lang und duftend. Zur Blütezeit eine sehr charakteristische Pflanze. Im arktischen Europa verbreitet und häufig, im Süden viel seltener und zunehmend auf die Berge beschränkt; hauptsächlich in Nadelwäldern und Mooren. Blüht 6–8. ▽

G Rote Heckenkirsche *Lonicera xylosteum*
Sommergrüner, buschiger Strauch bis 3 m, junge Zweige grau-flaumig. Blätter eiförmig oder beinahe rund, bis 7 cm lang, graugrün und gestielt. Blüten in Paaren auf einem gemeinsamen Stiel von 1–2 cm Länge, in den Achseln der blattartigen Tragblätter; Krone etwa 1 cm, milchig-gelb, zweilippig, außen flaumig (g). Frucht eine hellrote, kugelige Beere, in Paaren, aber nicht verwachsen. Außer im hohen Norden überall auf dem europäischen Festland verbreitet; in Wäldern, Hecken und Gebüsch. Blüht 6–8.

H Blaue Heckenkirsche *Lonicera caerulea*
Der Roten Heckenkirsche ähnlich, Blüten jedoch glockenförmig, mit fünf gleichen Zipfeln (h); Beeren reif blauschwarz. In Bergwäldern heimisch; hauptsächlich Nordosteuropa, von Finnland nach Nordostfrankreich. Blüht 5–7. ▽

I Wald-Geißblatt *Lonicera periclymenum*
Kräftiger, windender, kletternder Strauch, auf einer Stütze 6 m erreichend, an schattigen Standorten auch niedrig und ausgebreitet. Blätter graugrün, in gegenständigen Paaren, oval-elliptisch, bis 9 cm lang, ungezähnt und gespitzt, die unteren kurzgestielt. Die milchig-weißen oder gelben, rot überlaufenen, trompetenförmigen, zweilippigen Blüten von 3–5 cm Länge in quirligen, endständigen Köpfen; besonders nachts stark duftend. Frucht rot, kugelig und fleischig. Von Südschweden südlich; in Gebüsch, Hecken und Wäldern, verbreitet und häufig, meist auf sauren Böden. Blüht 6–9. ▽

Moschuskrautgewächse
Adoxaceae

Familie nur durch eine Art vertreten. Familienmerkmale entsprechen denen der Art.

J Moschuskraut *Adoxa moschatellina*
Mehrjährige Pflanze mit kriechendem Wurzelstock und kurzen, aufrechten Stielen bis 10 cm. Grundblätter langgestielt, doppelt dreizählig, mit stachelspitzigen Abschnitten; Stengelblätter nur ein gegenständiges Paar gestielter, dreizähliger Blätter, kleiner als die Grundblätter; alle Blätter fleischig, blaßgrün. Je fünf Blüten in langgestielten, endständigen Köpfen mit 6–8 mm Durchmesser, vier weisen waagerecht nach außen, die fünfte senkrecht nach oben; Krone grün, fünfzipflig (oberste Blüte vierzipflig) und mit zehn Staubblättern (acht in der obersten Blüte). Zur Blütezeit leicht zu erkennen. In Wäldern, an schattigen Standorten und auf Felsbändern; fast ganz Europa, überwiegend feuchte oder schwere Böden. Blüht 4–5. ▽

A Schwarzer Holunder

B 1 Zwerg-Holunder, blühend

B 2 Zwerg-Holunder, fruchtend

C 1 Trauben-Holunder, blühend

C 2 Trauben-Holunder, fruchtend

D 1 Gewöhnlicher Schneeball, blühend

D 2 Gewöhnlicher Schneeball, fruchtend

E Wolliger Schneeball

F Moosglöckchen

g

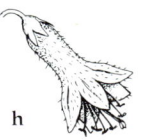

h

G Rote Heckenkirsche

I Wald-Geißblatt

J Moschuskraut

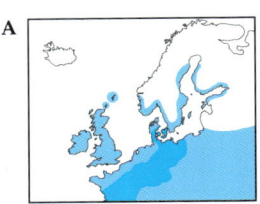

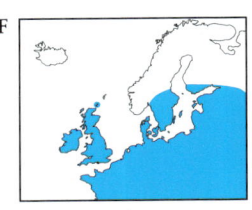

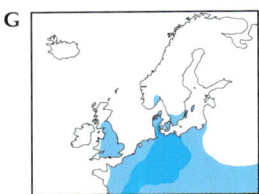

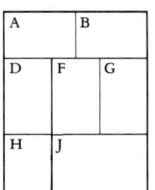

Baldriangewächse *Valerianaceae*

Krautige Pflanzen mit gegenständigen Blättern ohne Stipeln. Blüten in dichten, zylindrischen oder doldenartigen Köpfen. Kelch sehr klein, gezähnt oder ungezähnt; Krone trichterförmig, manchmal gespornt, fünfzipflig; Fruchtknoten unterständig.

Feldsalat *Valerianella* Kleine, einjährige Pflanzen mit symmetrischer Verzweigung; Blüten in kleinen Büscheln in den Achseln der Zweige und in endständigen Köpfen. Die Arten sind schwer zu bestimmen, und man benötigt reife Früchte für eine sichere Unterscheidung.

(1) Arten mit winzigem, kaum sichtbarem Kelch.

A Echter Feldsalat *Valerianella locusta* Formenreiche, kahle Einjährige bis 40 cm, bei günstigen Bedingungen stark gegabelt. Untere Blätter löffelförmig, bis 70 mm, stumpf, manchmal gezähnt, obere Blätter länglich. Blüten in dichten, endständigen Köpfen, 10−20 mm im Durchmesser; Krone blaß violett-malvenfarbig, 1−2 mm im Durchmesser, fünfzipflig; Kelch sehr klein, einzähnig. Frucht 2,5 × 2 mm, seitlich zusammengedrückt, Samenfach auf dem Rücken stark korkig verdickt (**a**). Auf trockenem Grasland, Schuttplätzen, Mauern und Dünen; im ganzen Gebiet, im Norden allerdings viel seltener. In vielen Gebieten die häufigste *Valerianella*-Art. Blüht 4−6.

B Gekielter Feldsalat *Valerianella carinata* Der obigen Art sehr ähnlich, die Frucht ist im Querschnitt aber fast viereckig, 2 × 0,5 mm, Samenfächer dünnwandig, nicht verkorkt und angeschwollen (**b**). Ähnliche Standorte, nördlich bis Holland. Blüht 4−6. ▽

(2) Arten mit einem größeren, deutlich sichtbaren Kelch.

C Gezähnter Feldsalat *Valerianella dentata* Den obigen Arten ähnlich, bis 30 cm, aber mit lockererem Blütenstand. Frucht schmal-eiförmig (**c**), 2 × 1 mm, der Kelch etwa so breit wie die Frucht, ein Zahn größer als die anderen. Auf Akkerland, meist auf kalkigen Böden; nördlich bis Südschweden. Blüht 6−7.

D Gefurchter Feldsalat *Valerianella rimosa* Dem Gezähnten Feldsalat ähnlich, aber mit kantigeren Stengeln, die auf den Kanten rauher sind. Frucht breit-eiförmig (**d**), nicht abgeflacht, 2 × 1,5 mm; Kelch über der Frucht klein, aber sichtbar, etwa ein Drittel der Breite der Frucht, fein gezähnt. Auf Ackerland; nördlich bis Dänemark. Blüht 7−8. ▽

E Wollfrüchtiger Feldsalat *Valerianella eriocarpa* Unterscheidet sich von den obigen Arten durch behaarte Früchte (**e**) und einen Kelch von der Breite der Frucht, mit fünf bis sechs großen Zähnen. Auf Ackerland und Mauern; aus Südeuropa eingeführt, nördlich bis Schottland und Deutschland. Blüht 6−7. ▽

F Echter Arznei-Baldrian *Valeriana officinalis* Hohe, aufrechte, mehrjährige Pflanze bis 1,5 m, einzeln oder in Gruppen auftretend. Blätter gefiedert, Blättchen lanzettlich und gezähnt, bis 20 cm lang, in gegenständigen Paaren, die unteren gestielt, die oberen kurzgestielt. Blüten in endständigen Köpfen, oft mit einigen getrennten Büscheln darunter; zwittrig; Krone trichterförmig, rosa, die Röhre am Grunde geschwollen, 2,5−5 mm lang und fünfzipflig, mit drei herausragenden Staubblättern. Frucht länglich, mit einem weißen, fedrigen Pappus. Beinahe überall verbreitet und häufig; in Sümpfen, an Flußufern, in nassen Wäldern und gelegentlich als Zwergform auf trockenem Grasland. Blüht 6−8.

G Sumpf-Baldrian *Valeriana dioica* Mehrjährige mit kriechenden Ausläufern und aufrechten Stengeln bis 30 cm. Blätter aus dem Wurzelstock langgestielt, etwa eiförmig, die Spreite 20−30 mm lang, ungezähnt und stumpf; die oberen Blätter völlig ungestielt und fiederspaltig. Männliche und weibliche Blüten auf verschiedenen Pflanzen; Blüten in endständigen Köpfen, rosa; männliche Blütenköpfe größer, mit 40 mm Durchmesser und mit 5 mm großen Einzelblüten; weibliche Blütenköpfe 10−20 mm im Durchmesser, die Einzelblüten 2 mm groß. Frucht dem Echten Arznei-Baldrian ähnlich, aber kleiner. In Sümpfen und nassen Wiesen; von Südostnorwegen südlich, selten. Blüht 5−6.

H Dreiblättriger Baldrian *Valeriana tripteris* Stengel bis 40 cm, an den Knoten behaart; zahlreiche nichtblühende Triebe. Die mittleren Stengelbätter sind dreiteilig; Blüten in Köpfen, rosa. In Wäldern und Gebüsch, von den Vogesen südlich. Blüht 5−8. ▽

I Berg-Baldrian *Valeriana montana* Sehr ähnlich, die mittleren Stengelblätter einfach oder fiederlappig. Ähnliche Standorte und Verbreitung. Blüht 4−7. ▽

J Spornbaldrian *Centranthus ruber* Verzweigte, aufsteigende Mehrjährige bis 80 cm. Blätter graugrün, gegenständig, eiförmig, 5−10 cm lang und meist ungezähnt; die unteren in einen Stiel verschmälert, die oberen ungestielt. Blütenstände endständig; Krone rot, rosa oder weiß, röhrenförmig, 8−10 mm lang, mit einem gespitzten, 3−4 mm langen Sporn; ein Staubblatt, aus der Krone herausragend. Frucht mit haarigem Pappus. In Südeuropa heimisch, aber verbreitet auf Mauern und steinigen Standorten, besonders nahe der Küste eingebürgert; von Holland südlich. Blüht 6−8. ▽

A Echter Feldsalat

B Gekielter Feldsalat

D Gefurchter Feldsalat

F Echter Arznei-Baldrian

G Sumpf-Baldrian

H Dreiblättriger Baldrian

J Spornbaldrian

 a
 b
 c
 d
 e

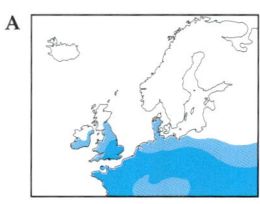

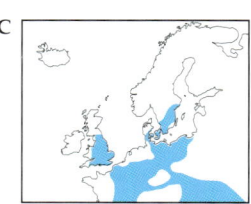

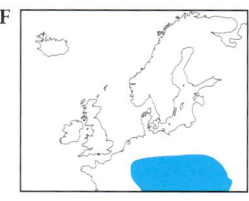

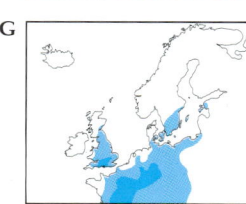

Kardengewächse *Dipsacaceae*

Die Familie besteht aus den Gattungen *Dipsacus* (Kardendistel), *Succisa* (Teufelsabbiß), *Knautia* (Knautie) und *Scabiosa* (Skabiose). Ein- oder mehrjährige Kräuter mit gegenständigen Blättern, aufrechten Stengeln und dichten, klar abzugrenzenden Blütenköpfen, die von einem Quirl aus Hüllblättern umgeben werden. Krone röhrenförmig, vier- bis fünfzipflig oder zweilippig; zwei oder vier Staubblätter, lang herausragend, nicht verwachsen, Griffel lang, Fruchtknoten unterständig. Teufelskralle und Sandrapunzel (siehe Seite 252) sind recht ähnlich, haben aber keine herausragenden Staubblätter und kurze Kelchzähne (siehe auch *Compositae*, Seite 254).

A Weberkarde *Dipsacus fullonum* Kräftige, aufrechte Kräuter bis 2 m, Stengel auf den Kanten stachlig; bilden im ersten Jahr eine Rosette kurzgestielter, länglicher, ungezähnter Blätter mit Stacheln mit geschwollenem Grund; die Blätter sterben im zweiten Jahr ab, und ein hoher Blütentrieb mit gegenständigen, am Grunde verwachsenen und einen Becher bildenden Blättern wird gebildet. Blüten in dichten eiförmigen Köpfen bis 8 cm, von einem Quirl fein stachliger Hüllblätter bis 9 cm Länge umgeben; Kronen rosaviolett, nicht alle gleichzeitig öffnend. Verbreitet und häufig, aber in Skandinavien fehlend; an grasigen und feuchten Standorten, in Wäldern, besonders auf schweren Böden. Blüht 7–8.

B Schlitzblättrige Kardendistel *Dipsacus laciniatus* Der Weberkarde ähnlich, aber mit zarten Stacheln am Stengel, fiederspaltigen Blättern, kürzeren Blütenköpfen und blaßblauer Krone. Ähnliche Standorte; europäisches Festland von Norddeutschland südlich. Blüht 7–8. ▽

C Behaarte Kardendistel *Dipsacus pilosus* Aufrechte, zarte, verzweigte Pflanze bis 1,2 m, spärlich dornig. Grundrosettenblätter eiförmig, langgestielt, auf der Mittelrippe unterseits behaart und stachlig; Stengelblätter oval, manchmal dreiteilig, mit sehr großem Mittelzipfel, nicht um den Stengel herum verwachsen. Blüten in kugeligen Köpfen, 15–20 mm, von schmal-dreieckigen Hüllblättern umgeben, die kürzer als der Blütenkopf sind; Krone weiß oder rosa. Ziemlich selten an feuchten oder schattigen Standorten; von Dänemark südlich. Blüht 7–9. ▽

D Gewöhnlicher Teufelsabbiß *Succisa pratensis* Aufrechte Mehrjährige bis höchstens 1 m mit behaarten oder kahlen Stengeln. Grundblätter oval bis löffelförmig, bis 30 cm, meist gezähnt, kurzgestielt und fest; Stengelblätter schmaler. Blütenköpfe langgestielt und halbkugelig, 15–25 mm Durchmesser, alle Blüten gleich groß; Krone malvenfarbig bis dunkel blauviolett, mit vier etwa gleich großen Zipfeln, Kelch mit fünf borstigen Zähnen; Köpfe entweder zwittrig mit auffällig herausragenden Staubblättern oder nur weiblich mit kürzeren Staubblättern. Außer im hohen Norden verbreitet und häufig; in Wiesen, Mooren, feuchten Wäldern und im Hügelland. Blüht 6–10.

E Wiesen-Knautie, Witwenblume *Knautia arvensis* Kräftige zwei- oder mehrjährige Pflanze mit rauh behaarten Stengeln bis 75 cm. Grundblätter etwa löffelförmig, rauh behaart, ungeteilt, gezähnt oder gelappt. Stengelblätter fiederspaltig, mit einem eiförmig-lanzettlichen Endblättchen, alle rauh behaart. Blüten in halbkugeligen Köpfen, 3–4 cm im Durchmesser, auf langen behaarten Stielen; Krone blauviolett bis lila; Blüten am Rande größer als die inneren; Hüllblätter unter dem Kelch eiförmig, Kelch mit acht Borstenzähnen. Auf Wiesen, Weiden und in lichten Wäldern; überall häufig, außer im hohen Norden. Blüht 7–9.

F Wald-Knautie *Knautia dipsacifolia* Der Wiesen-Knautie ähnlich, aber weniger behaart; obere Stengelblätter gezähnt, herzförmig bis stengelumfassend, aber nicht geteilt oder tief gelappt. An schattigen Standorten; von Belgien und der Mitte Deutschlands südlich. Blüht 7–9. ▽

G Tauben-Skabiose *Scabiosa columbaria* Zarte, aufrechte Mehrjährige mit verzweigten Stengeln bis 70 cm. Rosettenblätter langgestielt, löffelförmig, aber gezähnt oder fiederspaltig mit großen Endblättchen; Stengelblätter gefiedert, mit schmalen Abschnitten. Blütenköpfe 2–3 cm im Durchmesser, auf langen, dünnen, recht flaumigen Stielen. Hüllblätter schmal, etwa zehn in einer Reihe und kürzer als die Blüten; die äußeren Blüten kürzer als die inneren; Krone blauviolett, mit fünf Zipfeln, der Kelch mit fünf langen, schwärzlichen Borstenzähnen. Auf kalkigem Grasland; von Dänemark und Südschweden südlich; lokal häufig. Blüht 6–9. ▽

H Wohlriechende Skabiose *Scabiosa canescens* Der Tauben-Skabiose ähnlich, mit ungezähnten, schmaleren, grau-flaumigen Grundblättern und blaßvioletten Blüten in etwas kleineren Köpfen (15–25 mm im Durchmesser). Selten, auf trockenem Grasland; nördlich bis Südschweden. Blüht 7–9. ▽

I Gelbe Skabiose *Scabiosa ochroleuca* Mit gelblichen Blüten und weniger tief ausgeschnittenen Blättern als die Tauben-Skabiose. Eine östliche Art, bis Deutschland vordringend. Blüht 7–9. ▽

A	B	C
D	E	F
G	H	I

A Weberkarde

B Schlitzblättrige Kardendistel

C Behaarte Kardendistel

D Gewöhnlicher Teufelsabbiß

E Wiesen-Knautie, Witwenblume

F Wald-Knautie

G Tauben-Skabiose

H Wohlriechende Skabiose

I Gelbe Skabiose

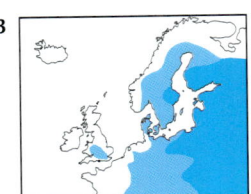

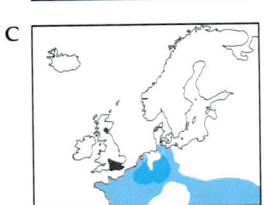

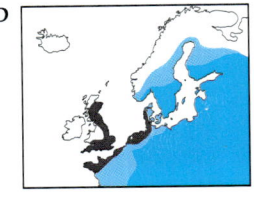

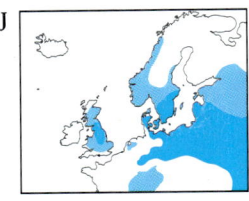

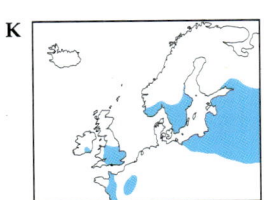

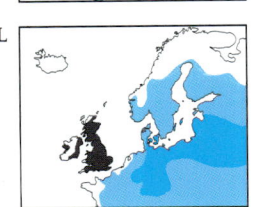

B

C

D

J

K

L

A	B	C	D
E		G	H	I
J	K	L	M

A Campanula uniflora

B Wiesen-Glockenblume

C Rapunzel-Glockenblume

D Pfirsichblättrige Glockenblume

E Bärtige Glockenblume

G Straußblütige Glockenblume

H Büschel-Glockenblume

I Borstige Glockenblume

J Breitblättrige Glockenblume

K Nesselblättrige Glockenblume

Glockenblumengewächse
Campanulaceae

Kräuter mit wechselständigen, ungeteilten Blättern ohne Stipeln. Krone radiärsymmetrisch, mit fünf gleichen Zipfeln.

A *Campanula uniflora* Zwergwüchsige, mehrjährige Pflanze mit aufrechten, unverzweigten Stengeln bis höchstens 15 cm. Grundblätter löffelförmig, bis 20 mm lang, die oberen Blätter linealisch. Blüten einzeln, nickend, 7–10 mm lang, glockenförmig, blau. Auf kalkigen, grasigen und steinigen Standorten; im arktischen Europa, südlich bis Mittelnorwegen. Blüht 7–8. ▽

B **Wiesen-Glockenblume** *Campanula patula* Zarte, aufrechte, mehrjährige Pflanze bis 70 cm, mit rauhen Stengeln und Blättern. Grundblätter löffelförmig, gestielt, bis 40 mm, mit runden Zähnen, Stengelblätter kleiner, schmaler und ungestielt. Blütenstand verzweigt, offen, mit aufrechten Blüten auf zarten Stielen; Krone glockenförmig, 20–25 mm lang, meist viel weiter geöffnet als bei anderen Arten, die Zipfel so lang wie die Röhre, rosapurpurn bis blau. Grasige Standorte in weiten Teilen des Gebiets. Blüht 7–9.

C **Rapunzel-Glockenblume** *Campanula rapunculus* Formenreiche Zweijährige mit aufrechten, schwach behaarten oder kahlen Stengeln bis 1 m. Grundblätter 8–10 cm lang, abrupt in den Stiel verschmälert; Stengelblätter linealisch-lanzettlich. Blüten in einem einfachen, ährenartigen Blütenstand, ungestielt oder kurzgestielt und aufrecht; Blütenstiele am Grunde mit Tragblättern; Krone 10–20 mm lang, Zipfel so lang wie die Röhre, blaßblau. An Straßen-, Feld- und Waldrändern; nördlich bis Holland und Deutschland heimisch, andernorts eingebürgert. Blüht 6–8.

D **Pfirsichblättrige Glockenblume** *Campanula persicifolia* Kahle, aufrechte Mehrjährige bis 70 cm. Grundblätter lanzettlich bis eiförmig, 8–15 cm lang und mit rundlichen Zähnen. Blütenstand endständig, wenigblütig, Blüten gestielt und abstehend; Krone blaßblau, groß (30–40 mm), glockenförmig und weit geöffnet, mit nur sehr kurzen Zipfeln; Kelchzähne halb so lang wie die Krone. Wiesen, Wald- und Straßenränder; auf dem europäischen Festland, außer im hohen Norden. Blüht 6–8. ▽

E **Bärtige Glockenblume** *Campanula barbata* Mit aufrechten, unverzweigten, behaarten Stengeln bis 30 cm; es gibt Blattrosetten mit und ohne Blütentriebe. Grundblätter länglich-lanzettlich, rauhhaarig; Blütenstand mit wenigen, hängenden, behaarten, blauen glockenförmigen Blüten von 20–30 mm Länge. In Norwegen selten auf saurem Grasland; in den Alpen häufig. Blüht 6–8. ▽

F **Sibirische Glockenblume** *Campanula sibirica* Ähnelt der Bärtigen Glockenblume, ist aber größer, hat einen stärker verzweigten Blütenstand und keine nichtblühenden Rosetten. Im Nordosten Deutschlands und an der östlichen Grenze des Gebiets. Blüht 7–8. ▽

G **Straußblütige Glockenblume** *Campanula thyrsoides* Aufrechte, unverzweigte, borstenhaarige Zweijährige bis 60 cm. Blätter ungeteilt, recht wellig und länglich bis riemenförmig. Blüten glockenförmig, blaßgelb und wollig, in dichten, zylindrischen Blütenständen mit langen Tragblättern. Auf Wiesen und Weiden im Bergland; vom Jura und den Alpen südlich. Blüht 7–9. ▽

H **Büschel-Glockenblume** *Campanula glomerata* Aufrechte, flaumige Mehrjährige bis 30 cm, gelegentlich auch höher. Grundblätter eiförmig, am Grunde abgerundet oder herzförmig, langgestielt und mit stumpfen Zähnen; obere Stengelblätter eiförmig-lanzettlich, stengelumfassend. Blüten überwiegend in dichten, endständigen Köpfen und einige auch entlang des Stengels, aufrecht und völlig ungestielt; Krone blauviolett, schmal-glockenförmig, 15–20 mm lang, die Zipfel etwa so lang wie die Röhre; Kelchzähne schmal-dreieckig. Im Hügelland, auf Wiesen und anderen grasigen Standorten auf kalkigen Böden; im ganzen Gebiet, außer im hohen Norden. Blüht 6–10. ▽

I **Borstige Glockenblume** *Campanula cervicaria* Der obigen Art recht ähnlich, die unteren Blätter jedoch mehr lanzettlich und allmählich in einen geflügelten Stiel verschmälert; Blüten blasser blau, Kelchblätter stumpf, der Griffel weiter herausragend, die Blütenquirle weiter voneinander entfernt. Nördlich bis Südskandinavien; in Wiesen und Wäldern, selten. Blüht 6–8. ▽

J **Breitblättrige Glockenblume** *Campanula latifolia* Hohe, aufrechte, kahle oder flaumige Pflanze mit unverzweigten und stumpfkantigen Stengeln bis 1 m. Grundblätter bis 20 cm lang, eiförmig, allmählich in den oft geflügelten Stiel verschmälert, die Ränder leicht und unregelmäßig gezähnt (**j**). Blüten in einer beblätterten, meist unverzweigten Ähre, jeweils halb aufgerichtet auf 20 mm langen Stielen; Krone blau (selten weiß), glockenförmig, 40–55 mm lang und die Zipfel etwas kürzer als die Röhre; Kelchzipfel schmal-dreieckig, bis 25 mm lang. Halbschattige Standorte; außer im Norden weitverbreitet, in vielen Tieflandgebieten selten. Blüht 7–8. ▽

K **Nesselblättrige Glockenblume** *Campanula trachelium* Der obigen Art ähnlich, aber stärker borstig behaart und mit scharfkantigen Stengeln. Grundblätter bis 10 cm, abrupt in den Stiel verschmälert, Stengelblätter kurzgestielt, grob gezähnt und ziemlich nesselähnlich (**k**). Blüten dunkler blau, 30–40 mm, auf 10 mm langen Stielen; Kelchzipfel dreieckig, bis 1 cm lang. In Wäldern, Hecken und Gebüsch; nördlich bis Südschweden, lokal häufig. Blüht 6–9.

L **Acker-Glockenblume** *Campanula rapunculoides* Aufrechte, flaumige oder kahle Mehrjährige bis 1 m, aus dem kriechenden Wurzelstock oft Gruppen bildend. Grundblätter eiförmig, bis 80 mm, langgestielt, am Grunde herzförmig und gezähnt; Stengelblätter schmaler und ungestielt. Blüten auf 5 mm langen Stielen in langen, einseitig nickenden Trauben; Krone glocken- oder trichterförmig, blauviolett, 20–30 mm lang; Kelchzähne schmal-dreieckig, zur Blütezeit zurückgebogen. Wiesen, Straßen- und Waldränder; im größten Teil Nordeuropas außer der Arktis heimisch. Blüht 6–9.

M **Rundblättrige Glockenblume** *Campanula rotundifolia* Zarte, aufrechte oder aufsteigende Pflanze bis 40 cm. Grundblätter langgestielt, rund oder eiförmig, am Grunde herzförmig, 5–15 mm lang und gezähnt; Stengelblätter schmal-linealisch, die oberen ungestielt. Wenige Blüten, nickend, auf dünnen Stielen lockere, verzweigte Blütenstände bildend; Krone blaßblau und glockenförmig, mit kurzen, dreieckigen Zähnen; Kelchzähne sehr schmal und abstehend. Auf trockenen, grasigen Standorten mit sauren oder kalkigen Böden häufig und verbreitet. Blüht 7–9.

N **Lanzenblättrige Glockenblume** *Campanula baumgartenii* Der obigen Art ähnlich, aber mit kantigen, nicht runden Stengeln; Blütenstand vielblütig. Auf trockenem Grasland, nur in Ostfrankreich und Süddeutschland. Blüht 6–8.

j

k

L Acker-Glockenblume

M Rundblättrige Glockenblume

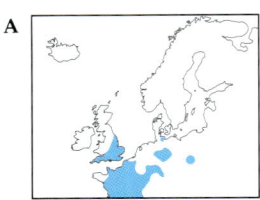

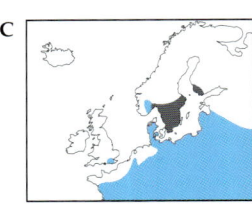

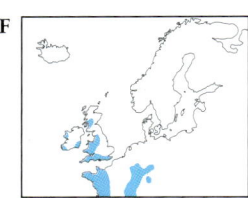

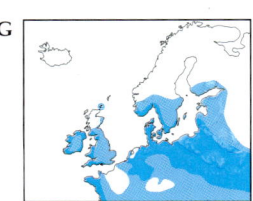

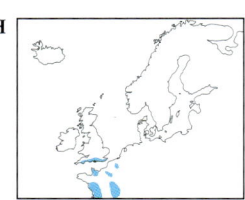

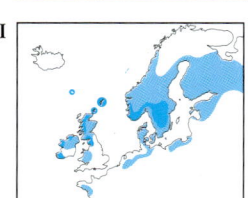

A	B	C
D	E	F
G	H	I

A Kleiner Frauenspiegel *Legousia hybrida* Aufrechte oder niederliegende, stachlige Einjährige bis 40 cm. Blätter länglich, bis 30 mm lang, wellig, die unteren kurzgestielt, die oberen ungestielt. Recht wenige Blüten, aufrecht und zumeist in einem endständigen Büschel; Krone violett bis stumpf purpurn, 5−10 mm im Durchmesser, flach und nicht glockenförmig, mit fünf Zipfeln von der Länge der Kelchzähne, nur bei Sonnenschein geöffnet. Unterscheidet sich von den Glockenblumen durch den Fruchtknoten, der etwa dreimal so lang wie breit ist. Auf Ackerland mit gut entwässerten Böden; von Holland und Deutschland südlich, selten und abnehmend. Blüht 5−8. ▽

B Gewöhnlicher Frauenspiegel *Legousia speculum-veneris* Dem Kleinen Frauenspiegel recht ähnlich, aber meist stark verzweigt und ausgebreitet. Krone rot-purpurn bis violett, bis 20 mm im Durchmesser, die Zipfel wenigstens so lang wie die Kelchzähne, auch bei bedecktem Himmel sternförmig geöffnet. Meist auf trockenen Böden, auf Kulturflächen, selten; von Holland südlich. Blüht 5−7. ▽

C Ährige Teufelskralle *Phyteuma spicatum* Aufrechte, kahle, mehrjährige Pflanze bis 80 cm. Grundblätter und untere Stengelblätter oval, bis 7 cm lang, mit herzförmigem Grund, langgestielt und stumpf gezähnt; obere Stengelblätter schmaler und ungestielt. Blüten in einer eiförmigen Ähre, die sich später verlängert (bis 8 cm) und zylindrisch wird; Krone milchig-gelb, vor dem Aufblühen gekrümmt, etwa 1 cm lang, Zipfel zunächst an der Spitze verbunden, schließlich aber fast bis zum Grunde getrennt; zwei Narben. In Wiesen, Wäldern und an schattigen Straßenrändern; von Südnorwegen südlich, selten, nach Süden häufiger werdend. Blüht 5−7.

D Schwarze Teufelskralle *Phyteuma nigrum* In der Form der Ährigen Teufelskralle ähnlich, aber mit breiteren Grundblättern; Krone blau bis blauschwarz (selten weiß); Hüllblätter reichen über das Ende des Blütenstandes hinaus den Stengel hinab (bei der Ährigen Teufelskralle nicht so weit wie die Breite des Blütenstandes); meist drei Narben. Auf Bergwiesen und an Waldrändern, meist auf Kalk; nur von Belgien und Süddeutschland südlich. Blüht 5−6. ▽

E Kugel-Rapunzel *Phyteuma orbiculare* (Dieser Name schließt die teilweise als *Phyteuma tenerum* bekannte Form ein.) Den anderen *Phyteuma*-Arten ähnlich, aber allgemein kleiner und zarter. Grundblätter schmaler, meist am Grunde nicht herzförmig. Blüten blau, in einem dichten, abgerundeten Kopf von 10−25 mm Durchmesser, die Hüllblätter viel kürzer als der Blütenstand. Auf trockenem Grasland und steinigen Flächen, oft auf Kalk; von Belgien und Südengland südlich. Blüht 6−8. ▽

F Efeu-Moorglöckchen *Wahlenbergia hederacea* Zarte, kahle, kriechende Mehrjährige bis 30 cm Länge. Blätter rundlich bis nierenförmig, 5−10 mm im Durchmesser, gezähnt oder gelappt, manchmal efeuartig, alle gestielt, wechselständig und blaßgrün. Blüten mit zarten Stielen bis 40 mm, einzeln oder in Paaren in den Blattachseln; Krone blaßblau, glockenförmig und etwas nickend. An feuchten und schattigen Standorten, auf sauren Böden; von Belgien und Schottland südlich, aber mit westlichem Verbreitungsschwerpunkt. Blüht 7−8. ▽

G Berg-Sandrapunzel *Jasione montana* Flaumige, aufrechte oder ausgebreitete, zwei- oder mehrjährige Pflanze bis 30 cm. Grundblätter in einer Rosette, linealisch-lanzettlich, bis 50 cm lang, mit welligen Rändern und behaart; Stengelblätter kürzer und schmaler. Blüten in dichten, abgerundeten, skabiosenartigen Köpfen bis 35 mm Durchmesser; Krone blaßblau, 5 mm lang, mit zwei breiten Narben. Im Unterschied zur Skabiose ragen die Staubblätter nicht hervor. An trockenen, grasigen Standorten, kalkreiche Böden in der Regel meidend und am häufigsten nahe der Küste; fast im ganzen Gebiet, außer im hohen Norden. Blüht 5−8. ▽

H *Lobelia urens* Aufrechte, meist kahle, mehrjährige Pflanze bis 60 cm, mit markigen, kantigen Stengeln. Blätter ei- oder löffelförmig, bis 7 cm, unregelmäßig gezähnt, dunkelgrün glänzend und kaum gestielt; obere Stengelblätter schmaler. Blüten mit schmalen Tragblättern in langen und lockeren Blütenständen; Krone blauviolett, 10−15 mm lang, mit zwei oberen und drei unteren Zipfeln zweilippig; Kelchzähne lang, schmal und abstehend. Auf grasigen Heiden und saurem Grasland; von Belgien und Südengland südlich. Blüht 7−9. ▽

I Wasser-Lobelie *Lobelia dortmanna* Die Blütenähren ähneln der obigen Art, Wuchsform und Standort sind jedoch anders. Zahlreiche linealische, stumpfe und ungezähnte Blätter bilden eine Grundrosette, der unbeblätterte Blütentriebe bis 60 cm Länge entspringen. Krone blaßviolett, 15−20 mm lang. Rosetten normalerweise unter Wasser, auf dem steinigen Grund stehender, saurer Gewässer bis zu 30 cm Tiefe wachsend. Lokal häufig, südlich bis Nordwestfrankreich. Blüht 7−9. ▽

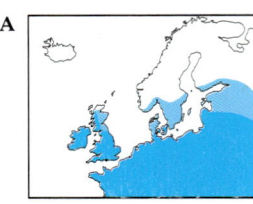

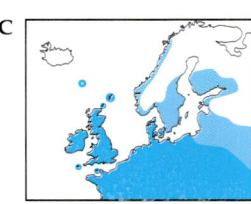

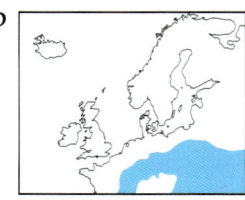

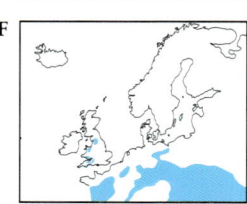

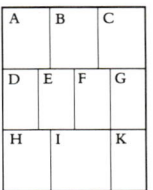

A	B	C
D	E	F	G
H	I	K

A Wasserdost

B Gewöhnliche Goldrute

C Gänseblümchen

D Kalk-Aster

E Strand-Aster

F Gold-Aster

G Rauhes Berufkraut

H *Erigeron borealis*

I Einköpfiges Berufkraut

K Kanadischer Katzenschweif

Korbblütengewächse
Compositae

Überwiegend Kräuter mit Blüten in von Hüllblättern umgebenen, zusammengesetzten Köpfen, die oft eine Einzelblüte vortäuschen. Hüllblätter ähneln oft Kelchblättern. Einzelblüten entweder alle gleich oder als deutlich unterschiedene Röhrenblüten (zentrale „Scheibe" bildend) und Zungenblüten (randliche „Strahlen" bildend). Der Kelch kann ein fallschirmartiger Haarpappus sein, klein und schuppig, oder ganz fehlen. Staubblätter zu einer Röhre an der Innenseite der Krone verwachsen; der Griffel gabelt sich in zwei Narben. Einige Gruppen der *Compositae* sind durch viele sehr ähnliche Arten besonders schwierig; bei Gattungen wie z. B. *Hieracium* werden nur wenige Vertreter als charakteristisch für die Gattung beschrieben, da eine detaillierte Bestimmung sehr schwierig ist.

A Wasserdost *Eupatorium cannabinum* Große, aufrechte Einjährige bis 1,75 m. Grundblätter ungefähr eiförmig und gestielt; Stengelblätter gegenständig und mehr oder weniger ungestielt, dreizählig oder fünflappig, mit spitzen und gezähnten Abschnitten. Blüten in zahlreichen schmalen Köpfen von 2–5 mm Durchmesser, mit je fünf bis sechs Blüten, alle zusammen einen ausgedehnten, lockeren, rundlichen und verzweigten, endständigen Blütenstand darstellend; Blüten rötlich-malvenfarbig oder blaßrosa, mit purpurn überlaufenen Hüllblättern; Samen mit einem haarigen Pappus. In fast ganz Nordeuropa, außer im hohen Norden; an feuchten, grasigen Standorten und in Sümpfen, häufig. Blüht 7–9.

B Gewöhnliche Goldrute *Solidago virgaurea* Formenreiche, aufrechte Mehrjährige mit Stengeln bis 1 m Höhe. Grundblätter schmal-löffelförmig, bis 10 cm lang, gestielt und meist schwach gezähnt; Stengelblätter lanzettlich und ungestielt. Blütenköpfchen zahlreich, in langen, beblätterten, verzweigten oder unverzweigten Köpfen; einzelne Köpfchen 6–10 mm im Durchmesser, aus gelben Röhren- und Zungenblüten. Pappus schmutzigbraun und haarig. Fast im ganzen Gebiet; auf trockenen, grasigen und steinigen Standorten, auf den meisten Bodenarten häufig. Blüht 6–9.

C Gänseblümchen, Maßliebchen *Bellis perennis* Vertraute Mehrjährige mit einer Blattrosette und aufrechten Blütentrieben bis 15 cm. Blätter länglich bis löffelförmig, bis 60 mm, jung flaumig, einadrig und in den Stiel verschmälert. Blüten in deutlichen Köpfchen auf zarten, unbeblätterten, unter dem Köpfchen verdickten Stielen; Blütenkopf 15–30 mm im Durchmesser, mit einer gelben „Scheibe" und zahlreichen schmalen, weißen, unterseits oft violetten äußeren „Strahlen". Hüllblätter 3–5 mm lang und stumpf. Verbreitet und häufig, an grasigen Standorten; von Südskandinavien südlich (weiter im Norden eingebürgert). Blüht 3–10.

D Kalk-Aster *Aster amellus* Aufrechte Einjährige bis 70 cm, schwach behaart, aber nicht drüsig. Grundblätter und untere Blätter löffelförmig bis lanzettlich, in den Stiel verschmälert, veränderlich behaart; obere Blätter schmaler, ungezähnt und ungestielt. Wenige Blütenköpfe, gelegentlich einzeln, 30–50 mm im Durchmesser, mit blauen Zungenblüten und gelben Röhrenblüten. Hüllblätter in drei Reihen, abstehend. In Gebüsch, an Waldrändern und auf steinigen Flächen, meist auf kalkreichen Böden, selten; vom nördlichen Zentralfrankreich und Süddeutschland südlich. Blüht 7–10. ▽

E Strand-Aster *Aster tripolium* Der obigen Art recht ähnlich, aber oft bis 1 m groß und mit fleischigen Blättern bis 12 cm; Strahlenblüten meist malvenfarbig (manchmal vollständig fehlend), Köpfchen 10–20 mm im Durchmesser; Hüllblätter stumpf, anliegend und mit häutiger Spitze. In Salzmarschen und Küstenschlamm, auf Klippen, gelegentlich im Binnenland auf Salzböden; an geeigneten Standorten im ganzen Gebiet. Blüht 7–10. ▽

F Gold-Aster *Aster linosyris* Auf den ersten Blick von den anderen Astern verschieden. Aufrechte oder aufsteigende Stengel bis 60 cm mit zahlreichen Blättern. Blätter schmal-linealisch, bis 50 mm lang, spitz, wechselständig, einadrig, ungezähnt, aber mit rauhen Rändern. Blütenstände dicht und endständig, aus mehreren Köpfchen von je 10–20 mm Durchmesser, die ausschließlich aus gelben Röhrenblüten bestehen; Hüllblätter sehr schmal, die äußeren abstehend. Auf Kalkfelsen und trockenem Grasland, sehr selten; von Südschweden südlich, oft küstennah. Blüht 7–9. ▽

G Rauhes Berufkraut *Erigeron acer* Ein- oder zweijährige Pflanze mit aufrechten, behaarten, im oberen Bereich oft verzweigten Blütentrieben bis 40 cm. Grundblätter gestielt und löffelförmig, bis 80 mm; Stengelblätter lanzettlich und ungestielt. Blütenköpfe von 12–18 mm Durchmesser, selten nur einer, meist zu mehreren einen aufrechten, lockeren Blütenstand bildend; Zungenblüten kurz, blaßpurpurn, aufgerichtet und nicht ausgebreitet, die gelben Röhrenblüten kaum überragend; Hüllblätter oft purpurn. Auf trockenen, grasigen, oft steinigen Standorten oder Sanddünen; fast im ganzen Gebiet, lokal häufig. Blüht 6–8.

H *Erigeron borealis* Mehrjährige Pflanze mit Grundblattrosetten und aufrechten Blütentrieben bis 30 cm. Blätter lanzettlich, bis 30 mm, mit geflügeltem Stiel; die oberen schmaler und ungestielt; alle behaart. Blütenköpfe einzeln, selten zu zwei bis drei, 20 mm im Durchmesser, mit violetten, die gelben Röhrenblüten weit überragenden Zungenblüten, deutlicher ausgebreitet als beim Rauhen Berufkraut; Hüllblätter stark behaart. Auf Bergweiden und steinigen Flächen, auf kalkreichen Böden; von Nordschottland nördlich, eine überwiegend arktische Pflanze. Blüht 7–8.

I Einköpfiges Berufkraut *Erigeron uniflorus* Sehr ähnlich *Erigeron borealis*, aber kleiner, meist nur bis 15 cm groß; Grundblätter nur schwach behaart, wenige Stengelblätter. Blütenköpfe immer einzeln, etwas kleiner (10–15 mm im Durchmesser), deutlich über die Blätter erhoben, die Hüllblätter mäßig flaumig mit violetten Spitzen, die Zungenblüten weiß oder blaßviolett, im Alter dunkel werdend. An Bergstandorten in Nordskandinavien und den Alpen. Blüht 7–9.

J *Erigeron humilis* Dem Einköpfigen Berufkraut sehr ähnlich, aber sehr zwergwüchsig, kaum über 10 cm erreichend, Blütentriebe die Blätter kaum überragend. Blätter jung schwach flaumig; Blütentrieb oberwärts sowie die Hüllblätter mit langen, purpurnen Haaren; Blütenköpfe einzeln, Zungenblüten weiß bis purpurn, Hüllblätter purpurn. Nur in den Bergen im arktischen Europa. Blüht 7–9.

K Kanadischer Katzenschweif *Conyza canadensis* Formenreiche, aufrechte, behaarte Einjährige bis 1,5 m (gewöhnlich 60–100 cm). Blätter zahlreich, schmal, zum Grund des Stengels hin meist breiter und deutlicher gestielt. Blütenköpfe klein, 5–9 mm, mit weißen oder rosa Zungenblüten, in langen, lockeren, vielblütigen Blütenständen. In Nordamerika heimisch, aber auf Schuttplätzen und Dünen, außer im hohen Norden, verbreitet eingebürgert. Blüht 7–10.

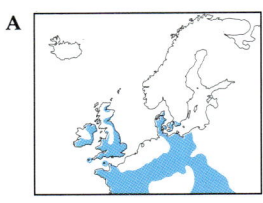

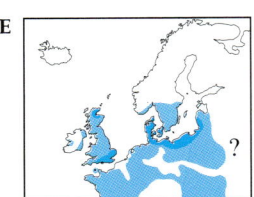

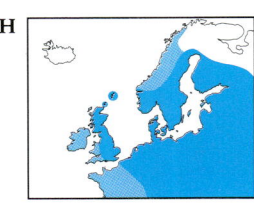

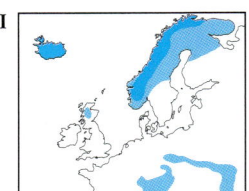

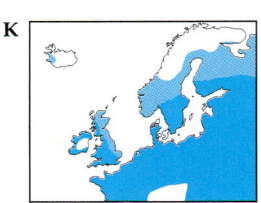

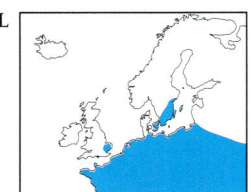

A	B	C
E	H	I
J	K	L

A Gewöhnliches Filzkraut

B Graugelbes Filzkraut

C Spatelblättriges Filzkraut

E Kleines Filzkraut

H Wald-Ruhrkraut

I Norwegisches Ruhrkraut

J Zwerg-Ruhrkraut

K Sumpf-Ruhrkraut

L Gelbliches Ruhrkraut

Filzkraut, Ruhrkraut Eine schwierige Gruppe kleiner, meist wollig behaarter Pflanzen. Sie bedürfen zur Bestimmung einer genauen Untersuchung der Hüllblätter, Blütenköpfe und Blätter.

A Gewöhnliches Filzkraut *Filago vulgaris* Aufrechte Einjährige, Blätter und Stengel weißwollig, bis 30 cm hoch, am Grunde verzweigt oder unverzweigt, oben aber immer mit zwei oder drei Gabeln. Blätter aufrecht, riemenförmig, 10−20 mm lang, mit welligen Rändern, ungezähnt und wollig. Blütenköpfe in dichten, rundlichen Büscheln in den Verzweigungen und auch endständig, 10−12 mm im Durchmesser, jeweils aus 20−35 Köpfchen bestehend, durch die darunterstehenden Blätter nicht überragt; Hüllblätter der Köpfchen schmal, gerade und aufrecht, die äußeren wollig, die inneren borstig bespitzt; Blüten gelb. Von Südschweden südlich; auf trockenem Grasland und offenen Standorten auf sandigen und sauren Böden; lokal häufig. Blüht 7−8. ▽

B Graugelbes Filzkraut *Filago lutescens* Dem Gewöhnlichen Filzkraut ähnlich, aber mit aufrechten, gelb-wolligen Stengeln; Blätter breiter, nicht wellig, borstig bespitzt; 10−20 Blütenköpfe pro Büschel, von einigen Blättern überragt; Hüllblätter mit hellroten, aufrechten Borstenspitzen. Von Südschweden und Dänemark südlich auf sandigen Ruderalflächen; selten. Blüht 7−8. ▽

C Spatelblättriges Filzkraut *Filago pyramidata* Dem Gewöhnlichen Filzkraut recht ähnlich, aber vom Grunde an verzweigt und ausgebreitet. Blätter eiförmig und borstig bespitzt. Blütenköpfchen entlang des Stengels und endständig, 6−12 mm im Durchmesser, von den umgebenden Blättern überragt; die äußeren Hüllblätter mit gelben, zur Fruchtzeit nach außen gebogenen Spitzen. Auf sandigen und kalkigen Äckern und offenen Standorten; von Holland und England südlich, selten. Blüht 7−8. ▽

D Acker-Filzkraut *Logfia arvensis* Einjährige bis 40 cm, gelegentlich auch bis 70 cm, am Grunde unverzweigt, oberwärts jedoch mit kurzen, weiß-wolligen Seitenästen. Blätter lanzettlich, wollig. Blütenköpfe eiförmig, bis 6 mm lang, von den Blättern darunter überragt; Hüllblätter linealisch, bis zur Spitze wollig behaart, zur Fruchtzeit ausgebreitet. Auf Ackerland und Schuttplätzen; von Dänemark südlich. Blüht 7−9. ▽

E Kleines Filzkraut *Logfia minima* Zarte, grau-wollige Einjährige bis höchstens 30 cm, oberhalb der Mitte mit aufsteigenden Ästen. Blätter linealisch-lanzettlich, bis 10 mm lang. Blütenköpfe eiförmig bis pyramidal, bis 3,5 mm lang, fünfkantig, zu drei bis sechs in den Gabelungen und an den Spitzen der Stengel, die Tragblätter überragend; ganze Pflanze gelblich; äußere Hüllblätter am Grunde wollig, aber mit strohiger, gelber Spitze und zur Fruchtzeit abstehend. Auf sandigen Äckern, Heiden und anderen sauren, offenen Standorten; von Südskandinavien südlich. Blüht 7−9. ▽

F Französisches Filzkraut *Logfia gallica* Dem Kleinen Filzkraut ähnlich, jedoch alle Blätter schmaler; Blütenköpfe von ihren Tragblättern deutlich überragt; Hüllblätter scharf gespitzt. Von Holland südlich; auf kiesigen Flächen. Blüht 7−9. ▽

G Übersehenes Filzkraut *Logfia neglecta* Dem Französischen Filzkraut ähnlich, aber mit zylindrischen Blütenköpfen, und die bräunlichen Tragblätter sind alle gleich. Nur in Belgien und Frankreich; an ähnlichen Standorten. Blüht 7−9. ▽

H Wald-Ruhrkraut *Omalotheca sylvatica* Mehrjährige Pflanze bis 50 cm, mit kurzen beblätterten, nichtblühenden Trieben und aufrechten, beblätterten Blütentrieben. Blätter der Rosette und des Stengels linealisch-lanzettlich, bis 80 mm lang, spitz, einadrig oder undeutlich dreiadrig und gestielt; den Stengel hinauf immer kleiner und weniger gestielt; alle Blätter grün und oberseits kahl, unterseits weiß-wollig. Köpfchen 5−7 mm lang, in kleinen Büscheln in den Achseln der oberen Stengelblätter sitzend, eine lange, beblätterte Ähre bildend; Blüten blaßbraun, Hüllblätter in der Mitte mit einem grünen Streifen, am Rande braun. In lichten Wäldern, Heiden und auf trockenem Grasland mit sauren Böden; im ganzen Gebiet verbreitet. Blüht 7−9. ▽

I Norwegisches Ruhrkraut *Omalotheca norvegica* Gleicht dem Wald-Ruhrkraut, die Blätter jedoch dreiadrig, den Stengel hinauf nicht so deutlich kleiner werdend und auf beiden Seiten weiß-wollig. Bütenstand kürzer, selten mehr als ein Viertel der Stengellänge und von den Blättern darunter überragt. Verbreitet in Nordskandinavien, weiter im Süden zunehmend auf die Berge beschränkt und deshalb in weiten Gebieten fehlend. Blüht 7−8. ▽

J Zwerg-Ruhrkraut *Omalotheca supina* Zwergwüchsige Pflanze mit vielen nichtblühenden und bis 12 cm hohen blühenden Stengeln, die alle grau-flaumig sind. Blätter lanzettlich, einadrig und auf beiden Seiten wollig behaart. Blütenbüschel 3−4 mm lang, mit nur zwei bis zehn Köpfchen in einer kurzen, endständigen Ähre; die äußersten Tragblätter länger als das Köpfchen. Auf Bergstandorten und in der Tundra, meist feucht und sauer; Nordskandinavien und Alpen. Blüht 7−8. ▽

K Sumpf-Ruhrkraut *Filaginella uliginosa* Ausgebreitete oder aufsteigende, wollig behaarte, vom Grund an stark verzweigte Einjährige bis 20 cm. Blätter linealisch-lanzettlich bis länglich, bis 50 mm lang, auf beiden Seiten wollig. Köpfchen eiförmig, 3−4 mm lang, in endständigen Blütenständen zu drei bis zehn gebüschelt, von den Tragblättern, die wie grüne Zungenblüten wirken, weit überragt; Blüten gelblich-braun, Hüllblätter am Grunde wollig, an der Spitze dunkler und kahl. Verbreitet und häufig, an feuchten Stellen, oft Ruderalflächen; fast im ganzen Gebiet. Blüht 7−9. ▽

L Gelbliches Ruhrkraut *Gnaphalium luteoalbum* Einjährige Pflanze, aus kriechendem Grund aufsteigende Stengel bis 45 cm, dicht wollig behaart; Stengel unten unverzweigt, im Blütenstand verzweigt. Blätter wollig, unten breit-länglich, den Stengel hinauf schmaler. Blütenköpfchen eiförmig, etwa 3 mm lang, zu vier bis zwölf in dichten, endständigen Büscheln, die nicht von Blättern überragt werden; Hüllblätter blaßgelb, Blüten hellgelb und die Narben rot. An feuchten, sandigen Standorten; von Südschweden südlich, aber selten. Blüht 6−8. ▽

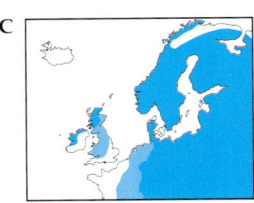

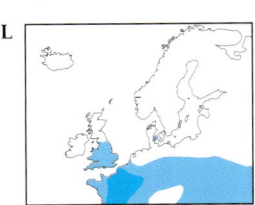

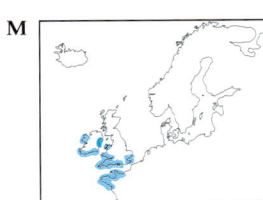

A Sand-Strohblume *Helichrysum arenarium* Aufrechte, weiß-flaumige Mehrjährige bis 40 cm. Blätter eiförmig-länglich, auf beiden Seiten wollig behaart, flach, bis 70 mm lang und einadrig; obere Blätter viel schmaler. Blütenköpfchen 3–4 mm im Durchmesser, in einem lockeren, verzweigten Blütenstand von 20–50 mm Durchmesser; Blüten hellgelb bis orange, mit gelben, stumpfen Hüllblättern, die zur Fruchtzeit deutlich abstehen. Auf trockenen und sandigen Standorten; von Dänemark und Südschweden südlich; selten. Blüht 6–8.

B *Helichrysum stoechas* Der Sand-Strohblume ähnlich, Blätter aber alle linealisch und mit umgerollten Rändern; Pflanze sehr aromatisch; äußere Hüllblätter weiß und häutig. Auf sandigen Standorten, meist nahe der Küste; nur in Frankreich. Blüht 5–8.

C Gewöhnliches Katzenpfötchen *Antennaria dioica* Kriechende, flaumige, mehrjährige Pflanze mit holzigen Stengeln und beblätterten, rosettenbildenden Ausläufern, aus denen die unverzweigten, aufrechten Blütentriebe bis 20 cm herauswachsen. Grundblätter löffelförmig und recht stumpf, bis 35 mm lang; Stengelblätter schmaler und aufrecht; alle Blätter grün und oberseits völlig kahl, unterseits flaumig. Köpfchen weiß-wollig, zu zwei bis acht in einem dichten, doldenartigen Blütenstand. Männliche und weibliche Pflanzen getrennt: weibliche Blüten in größeren Köpfen bis 12 mm Durchmesser und mit rosaspitzigen Hüllblättern, die männlichen Blütenköpfe mit weißgespitzten, nach außen weisenden Hüllblättern und nur 6 mm Durchmesser; alle Blüten rosa. Verbreitet und allgemein häufig, im Flachland jedoch selten; auf Heiden, Hochlandstandorten und Mooren. Blüht 6–8. ▽

D *Antennaria nordhageniana* Der obigen Art ähnlich, aber weniger flaumig, mit violetten Stengeln, Unterblättern und Hüllblättern. Sehr selten und nur im arktischen Norwegen. Blüht 7–8. ▽

E *Antennaria alpina* Dem Gewöhnlichen Katzenpfötchen sehr ähnlich, obere Stengelblätter aber mit einer breiten, häutigen Spitze, und die dunkel grünbraunen Hüllblätter sind schmaler lanzettlich (nicht länglich bis löffelförmig). Die meisten Pflanzen sind weiblich. Auf kalkreichen Bergstandorten; nur in Nordskandinavien. Blüht 7–8. ▽

F Edelweiß *Leontopodium alpinum* Niedrige, schopfige, grauweiß-wollige Mehrjährige bis 25 cm. Blätter länglich bis riemenförmig und ungezähnt. Blütenköpfe gelblich, mit einem Kragen schmaler, weiß-wolliger Hüllblätter. Trockene, grasige und steinige Standorte in den Bergen, meist auf Kalk; von Süddeutschland und Ostfrankreich südlich. Blüht 6–9. ▽

Alant *Inula* Eine Gruppe mehrjähriger Kräuter mit ungeteilten, wechselständigen Blättern. Blütenköpfchen einzeln oder in kleinen Gruppen, gelb, groß und mit getrennten Röhren- und Zungenblüten, wobei die Zungenblüten manchmal sehr kurz sein können.

G Echter Alant *Inula helenium* Kräftige, aufrechte, behaarte Mehrjährige bis 2 m, gelegentlich auch mehr. Blätter etwa eiförmig, bis 40 cm lang, Grundblätter langgestielt, Stengelblätter ungestielt (**g**); alle Blätter oberseits völlig kahl, unterseits weich-flaumig. Blütenköpfchen groß, 6–8 cm im Durchmesser und zu ein bis drei zusammen, mit einer tiefgelben „Scheibe" und lan-

gen, schmalen „Strahlen" in einem blasseren Gelb. An Straßenrändern, auf Schuttplätzen, Kulturflächen und anderen Standorten; im ganzen Gebiet, außer im hohen Norden, eingebürgert, in Zentralasien heimisch. Blüht 7–8. ▽

H Schweizer Alant *Inula helvetica* Aufrechte, flaumige Mehrjährige mit Stengeln bis 1,5 m. Blätter lanzettlich, bis 12 cm, gezähnt oder ungezähnt, unterseits flaumig, die oberen ungestielt, aber nicht stengelumfassend. Köpfchen groß, 30–40 mm im Durchmesser, einzeln oder in kleinen Gruppen; Zungenblüten 15–20 mm lang, viel länger als die Hüllblätter unter ihnen; die äußeren Hüllblätter mit zurückgebogenen Spitzen. In Wäldern und an Bächen; nur in Südwestdeutschland und Zentralfrankreich und von dort südlich. Blüht 7–8. ▽

I Deutscher Alant *Inula germanica* Aufrechte, mäßig flaumige Mehrjährige bis 60 cm. Blätter eiförmig, bis 10 cm lang, die oberen mit herzförmigem Grund stengelumfassend (**i**). Blütenköpfchen klein, 7–11 mm im Durchmesser, die kurzen Zungenblüten die Hüllblätter kaum überragend. Auf grasigen Standorten; von der Mitte Deutschlands südöstlich. Blüht 6–8. ▽

J Weiden-Alant *Inula salicina* Aufrechte, kahle oder schwach behaarte Mehrjährige bis 75 cm. Blätter linealisch-lanzettlich bis eiförmig, bis 60 mm, oberseits deutlich netzadrig, unterseits meist nur auf den Adern behaart, die oberen Stengelblätter mit herzförmigem Grund stengelumfassend (**j**). Köpfchen 25–40 mm im Durchmesser, einzeln oder zu zwei bis fünf; Zungenblüten etwa doppelt so lang wie die Hüllblätter; äußere Hüllblätter blattartig, lanzettlich, mit etwas abstehenden Spitzen und nur auf den Rändern behaart. In Sümpfen, auf steinigen Kalkböden und feuchtem Grasland; in fast ganz Nordeuropa, außer im hohen Norden, verbreitet, aber selten. Blüht 7–8. ▽

K Wiesen-Alant *Inula britannica* Dem Weiden-Alant recht ähnlich, aber die Blätter sind deutlicher schmal-lanzettlich und unterseits behaart; äußere Hüllblätter linealisch und weich behaart. Von Südskandinavien südlich; in feuchten Wiesen und Wäldern, an Bachufern. Blüht 7–8. ▽

L Dürrwurz *Inula conyza* Aufrechte, flaumige, oft rötliche zwei- oder mehrjährige Pflanze bis 1 m. Untere Blätter oval bis länglich, bis 15 cm lang, in einen abgeflachten Stiel verschmälert (sind Fingerhutblättern recht ähnlich); obere Blätter ungestielt, am Grunde keilförmig und schmaler. Zahlreiche etwa 1 cm lange, eiförmige Blütenköpfchen, in dichten, verzweigten Köpfen vereinigt; Blüten dunkelgelb, Zungenblüten sehr kurz oder fehlend; die inneren Hüllblätter violett, die äußeren grün und abstehend. Von Dänemark südlich; auf trockenem und kalkigem Grasland und Böschungen. Blüht 7–9. ▽

M *Inula crithmoides* Fleischige, schopfige, aufrechte und mehrjährige krautige Pflanze oder kleiner Strauch bis 1 m. Blätter linealisch, bis 50 mm, zahlreich, fleischig, ungezähnt oder mit einer dreizähnigen Spitze. Blütenköpfchen 20–30 mm im Durchmesser, in einem lockeren, ziemlich flachen Blütenstand; Zungenblüten bis 25 mm und viel länger als die Hüllblätter; äußere Hüllblätter linealisch und aufrecht. Vom Süden Großbritanniens und von Nordfrankreich südlich; nur in Küstennähe, in Salzmarschen, auf Klippen oder Schotter. Blüht 7–9. ▽

A	B	C
F		H	J
K	G	L	M

A Sand-Strohblume

B *Helichrysum stoechas*

C Gewöhnliches Katzenpfötchen

F Edelweiß

G Echter Alant

H Schweizer Alant

J Weiden-Alant

K Wiesen-Alant

L Dürrwurz

M *Inula crithmoides*

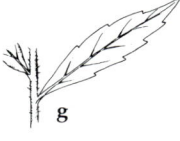

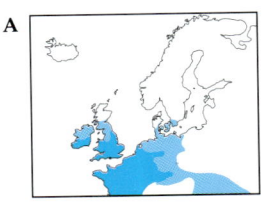

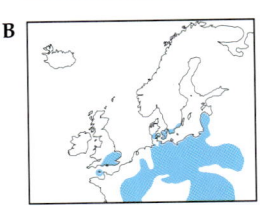

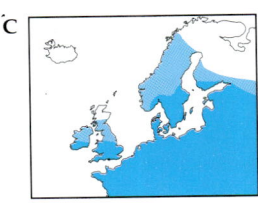

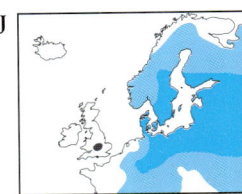

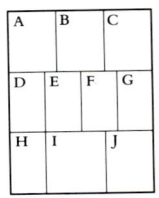

A Ruhrwurz, Großes Flohkraut *Pulicaria dysenterica* Kriechende mehrjährige Pflanze mit flaumigen oder wollig behaarten, aufrechten, verzweigten Stengeln bis 60 cm. Grundblätter länglich, zur Blütezeit welkend; Stengelblätter wechselständig, flaumig, am Grunde herzförmig und stengelumfassend. Blütenköpfchen 15–30 mm im Durchmesser, dottergelb, zahlreich in lockeren Blütenständen; Zungenblüten zahlreich, viel länger als Röhrenblüten; Hochblätter unter dem Blütenköpfchen schmal, klebrig und behaart, mit langen, feinen Spitzen. Auf feuchtem Grasland und an Straßenrändern, auf schweren Böden; allgemein häufig, nördlich bis Dänemark. Blüht 7–9.

B Kleines Flohkraut *Pulicaria vulgaris* Der Ruhrwurz recht ähnlich, aber einjährig, stark verzweigt und nur bis 40 cm hoch; Stengelblätter mit rundem, nicht herzförmigem Grund. Blütenköpfe kleiner, 10 mm im Durchmesser, zahlreich, mit kurzen Zungenblüten und abstehenden äußeren Hüllblättern; alle Blüten blaßgelb. Von Südschweden südlich, sehr selten und abnehmend; vor allem auf winternassem Grasland und in beweideten Senken. Blüht 8–10. ▽

C Dreiteiliger Zweizahn *Bidens tripartita* Kahle oder schwach behaarte Einjährige bis 60 cm. Blätter dreilappig, selten fünflappig, grob gezähnt und mit einem kurzen, geflügelten Stiel. Blütenköpfchen gelb, aufrecht, 10–25 mm im Durchmesser, in verzweigten Büscheln und meist ohne Zungenblüten, mit fünf bis acht ausgebreiteten, blattartigen Hüllblättern unter den Köpfchen. An feuchten, besonders im Winter überfluteten Standorten; im ganzen Gebiet verbreitet, aber im hohen Norden fehlend. Blüht 7–10.

D Strahlen-Zweizahn *Bidens radiata* Dem Dreiteiligen Zweizahn sehr ähnlich, aber mit zehn bis zwölf äußeren Hüllblättern. An ähnlichen Standorten, sehr selten; von Dänemark südlich. Blüht 7–10. ▽

E Nickender Zweizahn *Bidens cernua* Dem Dreiteiligen Zweizahn ähnlich, aber die Blätter sind ungeteilt und lanzettlich sowie in Paaren gegenständig angeordnet; Blütenköpfchen nickend; gelegentlich sind kurze, breite, gelbe Zungenblüten vorhanden. An ähnlichen Standorten, verbreitet, außer im hohen Norden. Blüht 7–10. ▽

F Kleinblütiges Franzosenkraut, Knopfkraut *Galinsoga parviflora* Stark verzweigte, einjährige Pflanze mit aufrechten, mehr oder weniger kahlen Stengeln bis 75 cm. Blätter eiförmig, in gegenständigen Paaren, gestielt, mit wenigen Zähnen; Blütenköpfchen klein, 3–5 mm im Durchmesser, in stark verzweigten Blütenständen; Röhrenblüten gelb; Zungenblüten weiß, meist nur fünf, etwa 1 mm lang und 1 mm breit, an der Spitze dreizipflig; nur wenige Hüllblätter. Aus Südamerika stammend, jetzt aber verbreitet auf Schuttplätzen und Kulturflächen, beinahe im ganzen Gebiet eingebürgert. Blüht 5–10.

G Behaartes Franzosenkraut *Galinsoga ciliata* Der vorherigen Art sehr ähnlich, aber wenigstens der obere Teil der Pflanze ist mit abstehenden Haaren bedeckt; vier oder fünf Zungenblüten, schmaler als 1 mm. An ähnlichen Standorten; verbreitet, aber selten, aus Südamerika eingebürgert. Blüht 5–10.

H Acker-Hundskamille *Anthemis arvensis* Aromatische, einjährige Pflanze mit ausgebreiteten oder aufsteigenden, verzweigten, flaumigen Stengeln bis 50 cm. Blätter bis 50 mm lang, Umriß ungefähr oval, aber bis zu dreifach tief fiederteilig, mit schmalen, gespitzten Abschnitten; junge Pflanzen unterseits besonders behaart oder wollig. Blütenköpfchen einzeln, langgestielt, 20–30 mm im Durchmesser, mit gelben, kegelförmig angeordneten Röhrenblüten und weißen Zungenblüten mit Griffeln. Verbreitet im ganzen Gebiet, außer im hohen Norden; auf Kulturflächen und Schuttplätzen mit kalkigem Boden. Blüht 6–7. ▽

I Stinkende Hundskamille *Anthemis cotula* Der Acker-Hundskamille sehr ähnlich, jedoch unangenehm riechend und kahl; Zungenblüten ohne Griffel. Ähnliche Standorte; im hohen Norden fehlend. Blüht 7–9. ▽

J Färberkamille *Anthemis tinctoria* In der Wuchsform der Acker-Hundskamille ähnlich. Blätter mit breiteren Abschnitten und weniger oft geteilt. Blütenköpfchen gelb, 25–40 mm im Durchmesser. Oberflächlich der Saat-Wucherblume ähnlich (siehe Seite 262), die Blätter sind jedoch ganz anders. Auf Kulturflächen und auch an Straßenrändern; von Südschweden südlich, selten. Blüht 7–9. ▽

A Ruhrwurz, Großes Flohkraut

B Kleines Flohkraut

C Dreiteiliger Zweizahn

D Strahlen-Zweizahn

E Nickender Zweizahn

F Kleinblütiges Franzosenkraut, Knopfkraut

G Behaartes Franzosenkraut

H Acker-Hundskamille

I Stinkende Hundskamille

J Färberkamille

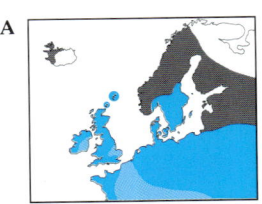

A

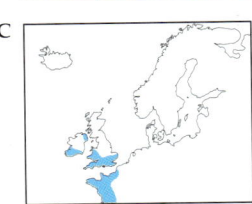

C

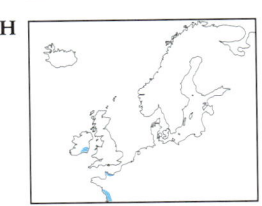

H

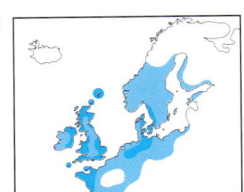

I

f

l

A Sumpf-Schafgarbe *Achillea ptarmica* Aufrechte, schopfige, verzweigte oder unverzweigte Mehrjährige, gelegentlich bis über 75 cm groß, die oberen Teile flaumig behaart. Blätter lanzettlich, bis 70 mm, ungeteilt, aber scharf fein gezähnt und ungestielt. Blütenköpfchen 10–20 mm im Durchmesser, in der Mitte mit grünlich-weißen Röhrenblüten und am Rande mit weißen, ovalen Zungenblüten, in lockeren Büscheln aus wenigen Köpfchen. Im ganzen Gebiet auf nassen Wiesen, auf Marschland und in feuchten Wäldern, meist auf sauren Böden. Blüht 7–8. ▽

B Wiesen-Schafgarbe *Achillea millefolium* Stark duftende, kriechende Mehrjährige mit aufrechten, flaumig behaarten und gefurchten, unverzweigten Stengeln bis 60 cm. Blätter mit lanzettlichem Umriß, aber vielfach geteilt, zwei- bis dreifach gefiedert, bis 15 cm lang, die unteren gestielt, die oberen ungestielt. Blütenköpfchen klein, aber zahlreich, 4–6 mm im Durchmesser und zu dichten, rundlichen Blütenständen vereinigt; Zungenblüten weiß oder rosa, fünf pro Köpfchen; Röhrenblüten gelblich-weiß. Im ganzen Gebiet verbreitet und häufig; auf grasigen Standorten, Schuttplätzen und in Hecken. Blüht 6–9.

C Römische Hundskamille *Chamaemelum nobile* Kriechende, grau-flaumige, mehrjährige Pflanze bis 30 cm, stark aromatisch. Blätter fein geteilt, zwei- bis dreifach gefiedert, bis 50 mm lang und mit schmalen, borstenspitzigen Abschnitten. Blütenköpfchen 18–25 mm im Durchmesser, mit gelben Röhren- und weißen Zungenblüten, einzeln auf aufrechten, behaarten Stengeln; die Kronröhren der Röhrenblüten sind aufgeblasen und bedecken die Frucht; Hüllblätter der Köpfchen stumpf, mit braunen, häutigen Rändern. Sehr selten, von Belgien und Südengland südlich (jedoch auch andernorts eingebürgert); auf trockenem, sandigem Grasland. Blüht 6–10.

D Geruchlose Kamille *Matricaria perforata* Ein- oder mehrjährige Pflanze, geruchlos, kahl, stark verzweigt und ausgebreitet, bis 80 cm hoch. Blätter wechselständig, kahl, vielfach geteilt (zwei- bis dreifach gefiedert), mit sehr schmalen, fein gespitzten Abschnitten. Blütenköpfchen einzeln, langgestielt, 20–40 mm im Durchmesser, in lockeren Büscheln, Zungenblüten weiß und Röhrenblüten gelb; Blütenstandsboden markig und kuppelförmig; Achänen mit schwarzen Öldrüsen nahe der Spitze. Fast im ganzen Gebiet auf Kulturflächen und Schuttplätzen; häufig. Blüht 7–9. ▽

E Küsten-Kamille *Matricaria maritima* Der obigen Art sehr ähnlich, beide sind früher als Unterarten von *Tripleurospermum maritimum* angesehen worden. Ist im Unterschied zur Geruchlosen Kamille aber stärker verzweigt und ausgebreitet, und die Blattabschnitte sind stumpf, fleischig und schmal-zylindrisch. An Küstenstandorten; im ganzen Gebiet, außer im hohen Norden. Blüht 6–10. ▽

F Echte Kamille *Chamomilla recutita* Der Küsten-Kamille sehr ähnlich, aber mit angenehmem Geruch; Blütenstandsboden konisch und hohl, die Zungenblüten früh zurückgebogen (**f**); Frucht ohne schwarze Öldrüsen. Mit Ausnahme des hohen Nordens verbreitet und häufig; auf Kulturland und Schuttplätzen. Blüht 6–8. ▽

G Strahlenlose Kamille *Chamomilla suaveolens* Ähnlich gebaut wie die Geruchlose Kamille, die ganze Pflanze riecht beim Zerreiben jedoch deutlich nach Ananas; Blütenstandsboden konisch und hohl, mit grüngelben Röhrenblüten bedeckt, Zungenblüten fehlen. Im ganzen Gebiet auf Schuttplätzen, an Gleisen und auf Kulturflächen; vermutlich vor langer Zeit eingebürgert. Blüht 5–11.

H *Otanthus maritimus* Aufrechte oder aufsteigende Mehrjährige mit weiß-wolligen Stengeln bis 50 cm. Blätter länglich-lanzettlich, bis 20 mm lang, gezähnt oder ungezähnt, weiß-wollig, fleischig und ungestielt. Blütenköpfchen in dichten, endständigen Büscheln, Köpfchen kugelig, 6–9 mm im Durchmesser, mit wolligen Hüllblättern; Blüten gelb, Zungenblüten fehlen. Auf Sand und Kies an der Küste; nur von Westirland und Westfrankreich südlich, selten. Blüht 6–8.

I Saat-Wucherblume *Chrysanthemum segetum* Aufrechte oder aufsteigende, kahle Einjährige bis 60 cm, unverzweigt oder verzweigt und graugrün. Blätter länglich, tief gelappt oder gezähnt und etwas fleischig; obere Blätter kaum gezähnt und stengelumfassend. Blütenköpfchen einzeln, 35–60 mm im Durchmesser, Röhren- und Zungenblüten goldgelb, Blütenstandsboden flach. Verbreitet und lokal häufig, aber abnehmend, im hohen Norden fehlend; auf Kulturflächen, meist auf saurem Boden. Wahrscheinlich vor langer Zeit eingeführt. Blüht 6–10. ▽

J Rainfarn *Tanacetum vulgare* Aufrechte oder aufsteigende, aromatische Mehrjährige, bis über 1 m hoch. Blätter wechselständig, länglich, bis 20 cm, fiederteilig mit nochmals geteilten, spärlich behaarten Abschnitten. 10–70 goldgelbe Blütenköpfchen von 7–12 mm, die einen dichten, doldenartigen Schirm bis 15 cm Durchmesser bilden; Zungenblüten fehlen. An Straßenrändern und auf Schuttplätzen, im ganzen Gebiet häufig. Blüht 7–10. ▽

K Mutterkraut, Römische Kamille *Tanacetum parthenicum* Aufrechte oder aufsteigende, flaumige, stark aromatische Pflanze, oberwärts verzweigt, bis 60 cm groß. Blätter länglich, gefiedert, gelblich-grün, die unteren langgestielt, die oberen ungestielt. Blütenköpfchen 12–20 mm im Durchmesser, mit weißen, kurzen, breiten Zungenblüten und gelben Röhrenblüten, zu einem lockeren Blütenstand gebüschelt. Verbreitet, von Südschweden südlich; auf Mauern, an Straßenrändern und in der Nähe von Gebäuden eingebürgert, in Südosteuropa heimisch. Blüht 7–9. ▽

L Wiesen-Margerite *Leucanthemum vulgare* Aufrechte Mehrjährige bis 70 cm, kahl oder schwach behaart. Grundblätter löffelförmig, bis 10 cm, langgestielt, mit abgerundeten Zähnen (**l**); Stengelblätter veränderlich, den Stengel hinauf weniger gestielt, länglich und gezähnt. Blütenköpfchen einzeln oder zu mehreren, 25–40 mm im Durchmesser, mit weißen Zungenblüten und gelben Röhrenblüten; Hüllblätter veränderlich, überlappend mit dunkelpurpurnen Rändern. Verbreitet und allgemein häufig auf Wiesen und Weiden, an Straßenrändern und weniger häufig auch auf Ruderalflächen. Blüht 5–9. ▽

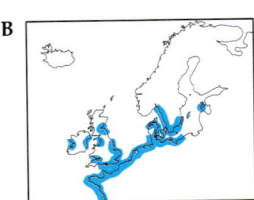

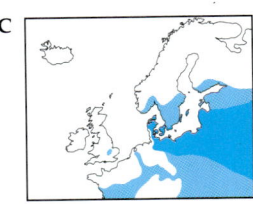

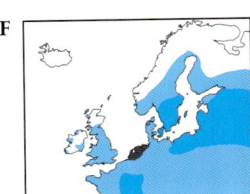

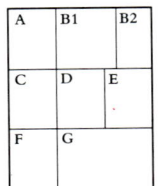

Beifuß und Wermut

Beifuß und Wermut Eine kleine Gruppe hoher, krautiger oder etwas verholzender Pflanzen, auf den ersten Blick den anderen *Compositae* nicht ähnlich. Blätter wechselständig und mehr oder weniger stark gefiedert. Die zahlreichen kleinen Blütenköpfchen normalerweise in einem langen, verzweigten, ährenähnlichen Blütenstand; Zungenblüten fehlen.

(**1**) Pflanzen weniger als 20 cm groß, mit nur wenigen Blütenköpfchen.

A *Artemisia norvegica* Sehr zwergwüchsige, schopfige, mehrjährige alpine Pflanze, meist nur bis 10 cm. Blätter überwiegend grundständig, zweifach gefiedert oder handförmig geteilt, gestielt; Stengelblätter ungestielt, alle seidig grau. Blütenköpfchen halbkugelig, etwa 10 mm im Durchmesser, nickend und in wenigblütigen Büscheln; Blüten gelb. In der Flechtenheide und auf steinigen und torfigen Standorten in den Bergen; nur in Mittelnorwegen und Nordwestschottland. Blüht 7–9.

(**2**) Größere Pflanzen, Endabschnitte der Blätter sehr schmal, weniger als 1 mm breit.

B Salz-Beifuß *Artemisia maritima* Stark aromatische, grau- oder weiß-flaumige Mehrjährige mit Büscheln von aufrechten bis ausgebreiteten, teilweise verholzenden Stengeln bis 60 cm. Untere Blätter zweifach gefiedert, mit sehr schmalen, stumpfen Abschnitten (**b**), auf beiden Seiten weiß-wollig, zur Blütezeit welkend; obere Blätter ähnlich, aber kleiner und kurzgestielt. Blütenköpfchen eiförmig, 1–2 mm im Durchmesser, zahlreich in langen und verzweigten, beblätterten Blütenständen; Blüten gelborange. Überwiegend Küstenstandorte von Südostnorwegen und Südschweden südlich (selten auch auf Salzböden im Binnenland Deutschlands). Blüht 8–10. ▽

C Feld-Beifuß *Artemisia campestris* Ähnlich dem Salz-Beifuß, aber ohne Aroma und völlig kahl oder nur jung schwach seidig behaart; Blattabschnitte gespitzt (**c**). Ssp. *maritima* mit kürzeren und fleischigen Blattabschnitten. An trockenen Stellen verbreitet, aber selten, oft mit Heidekraut, nicht im hohen Norden. Ssp. *maritima* kommt von Holland südlich auf Sand an der Küste vor. Blüht 8–9. ▽

D Felsen-Beifuß *Artemisia rupestris* Mit zahlreichen nichtblühenden Trieben, bis 45 cm; Blätter kahl oder flaumig, ungestielt; Blütenköpfchen gelblich, nickend. Nur im Baltikum. Blüht 8–9.

(**3**) Größere Pflanzen, aber Endabschnitte der Blätter flach, linealisch-lanzettlich und mehr als 2 mm breit.

E Gewöhnlicher Beifuß *Artemisia vulgaris* Aufrechte, aromatische Mehrjährige, schopfig, kahl oder flaumig, bis 1,2 m groß; Stengel meist rötlich, innen mit viel weißem Mark. Blätter bis 80 mm lang, gefiedert, Abschnitte tief gesägt, dunkelgrün, oberseits kahl und unterseits weiß-flaumig (**e**); untere Blätter gestielt, obere Blätter kleiner und ungestielt. Blütenköpfchen oval, 2–3 mm im Durchmesser, aufrecht, rotbraun, in dichten, verzweigten Blütenständen; Hüllblätter wollig behaart, mit trockenhäutigen Rändern. Im ganzen Gebiet, im hohen Norden jedoch selten; auf Ruderalflächen und Schuttplätzen, an Straßenrändern. Blüht 7–9.

F Wermut *Artemisia absinthium* Mehrjährige aromatische Pflanze mit aufrechten, seidig behaarten Stengeln bis 90 cm. Ähnelt dem Gewöhnlichen Beifuß, Blattabschnitte jedoch stumpfer und auf beiden Seiten seidig behaart (**f**). Blütenköpfchen glockenförmig, hängend, mit gelben Blüten. Verbreitet, aber selten; oft als Gartenflüchtling auf Schuttplätzen, an Straßenrändern und an Küstenstandorten. Blüht 7–8. ▽

G Huflattich *Tussilago farfara* Kriechende Mehrjährige, deren Ausläufer aufrechte, schuppige, unbeblätterte Blütentriebe bis 15 cm hervorbringen. Die ungefähr dreieckigen Blätter mit herzförmigem Grund erscheinen, nachdem die Blüten verschwunden sind, sind leicht und unregelmäßig gezähnt, bis 20 cm lang, gestielt und oberseits wenig, unterseits aber stark flaumig. Je ein Blütenköpfchen pro Stengel, 15–35 mm im Durchmesser, mit sehr schmalen, gelben Zungenblüten und gelben Röhrenblüten; Blütentriebe zur Fruchtzeit verlängert. Im ganzen Gebiet verbreitet und häufig; meist auf feuchten und tonigen Böden, besonders auf nackten Böden. Blüht 2–4.

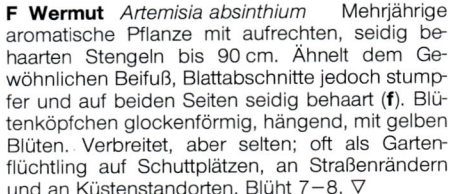

A *Artemisia norvegica*

B 1 Salz-Beifuß, Standort

B 2 Salz-Beifuß, Nahaufnahme

C Feld-Beifuß

D Felsen-Beifuß

E Gewöhnlicher Beifuß

F Wermut

G Huflattich

b

c

e

f

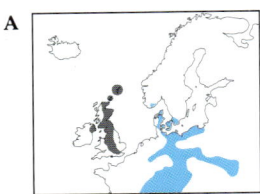

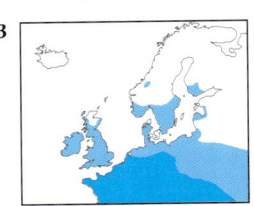

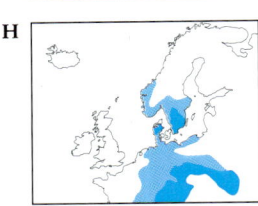

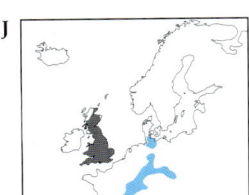

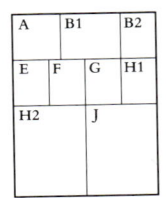

Pestwurz *Petasites*
Eine kleine Gruppe charakteristischer Pflanzen mit großen Grundblättern, aufrechten, zylindrischen Blütenähren mit Schuppenblättern auf den Stengeln; männliche und weibliche Pflanzen sind getrennt.

A Weiße Pestwurz *Petasites albus* Kriechende, gruppenbildende Mehrjährige. Blätter rundlich, herzförmig, bis 30 cm breit, langgestielt, unterseits wollig behaart und oberseits mehr oder weniger kahl, die Ränder deutlich gelappt oder gezähnt. Blüten weißlich, in einer dichten, recht breiten Ähre bis 30 cm (zur Fruchtzeit viel länger); die männlichen Blütenköpfchen sind größer und dichter gedrängt. An feuchten und schattigen Standorten, überwiegend im Bergland; von Südnorwegen und Schweden südlich, selten. Blüht 3–5. ▽

B Gewöhnliche Pestwurz, Rote Pestwurz *Petasites hybridus* Mehrjährige Pflanze mit kriechendem Wurzelstock und aufrechten Blütentrieben bis 40 cm (fruchtende weibliche Ähren erreichen 80 cm). Blätter bis 90 cm groß, rund und herzförmig, gestielt, deutlich gezähnt und unterseits flaumig. Blüten in zylindrischen Ähren auf kräftigen Stengeln mit rötlichen oder grünen Schuppenblättern; Blütenköpfchen rosa. Weibliche Blütenköpfchen 3–6 mm, männliche Blütenköpfchen 7–12 mm; weibliche Ähren verlängern sich während der Fruchtreife stark. Verbreitet und häufig, von Nordschottland und Norddeutschland südlich (in Südskandinavien eingebürgert); an Bachufern, in feuchten Wäldern und Grasland. Blüht 3–5.

C Filzige Pestwurz *Petasites spurius* Der Roten Pestwurz sehr ähnlich, Blattform aber zwischen dreieckig und pfeilförmig; Blüten gelblich oder weiß; Spitzen der Hüllblätter unter den Blütenköpfchen fein gefranst und behaart. Ähnliche Standorte und auch in Küstengebieten; von Norddeutschland und Schweden östlich. Blüht 3–5. ▽

D *Petasites frigidus* Der Filzigen Pestwurz ähnlich, Blätter aber zwischen dreieckig und herzförmig; nur sehr wenige Blütenköpfchen, aber es treten einige Zungenblüten auf, die bei den anderen Arten fehlen. Nur in Nordskandinavien. Blüht 4–6. ▽

E *Petasites fragrans* Eine kleinere und zartere Pflanze als die Rote Pestwurz. Blätter langgestielt, rundlich, gleichmäßig gezähnt, bis 20 cm groß, mit den Blüten erscheinend und auf beiden Seiten grün. Blütenähren bis 25 cm, mit wenigen, duftenden, violettrosa Blütenköpfchen und kurzen Zungenblüten. Es treten nur männliche Pflanzen auf. Aus dem westlichen Mittelmeerraum eingeführt, aber von Dänemark und Großbritannien südlich verbreitet eingebürgert. Blüht 11–3. ▽

F Grüner Alpenlattich *Homogyne alpina* Kriechende, behaarte Mehrjährige. Grundblätter nierenförmig, bis 40 mm groß, oberseits dunkelgrün, unterseits blasser und auf den Adern behaart. Blütenköpfchen nur mit Röhrenblüten, 10–15 mm im Durchmesser, rosaviolett, Köpfchen einzeln auf bis zu 30 cm langen Stengeln. An feuchten Standorten in den Bergen; in Schottland und von den Alpen südlich. Blüht 6–9. ▽

G Grauer Alpendost *Adenostyles alliariae* Hohe, kräftige, behaarte Mehrjährige bis 2 m. Untere Blätter etwa herzförmig, bis 50 cm breit, grob gezähnt, unterseits flaumig und langgestielt; Stengelblätter viel kleiner, meist stengelumfassend. Blüten klein, 6–8 mm lang, violettrot, aber zu großen Köpfchen zusammengefaßt und dem Wasserdost sehr ähnlich. An feuchten oder schattigen Bergstandorten; von den Vogesen südlich. Blüht 7–9. ▽

H Arnika, Berg-Wohlverleih *Arnica montana* Haarige oder flaumige, aufrechte Mehrjährige bis 60 cm. Grundblätter und untere Blätter elliptisch bis löffelförmig, bis 17 cm, flaumig, mit deutlich sichtbaren, fast parallelen Adern; Stengelblätter schmal, ungestielt, in wenigen, gegenständigen Paaren. Blütenköpfchen groß, 5–8 cm im Durchmesser, mit gelben Röhren- und Zungenblüten, meist einzeln auf kräftigen, behaarten Stielen. Auf Wiesen, Weiden und Heiden, meist im Bergland, kalkreiche Böden meidend; von Südskandinavien südlich; selten. Blüht 5–9. ▽

I *Arnica angustifolia* ssp. *alpina* Der Arnika ähnlich, Blätter aber weniger als 20 mm breit und Blütenköpfchen kleiner (35–45 mm im Durchmesser). Nur in Nordskandinavien auf Grasland.

J Kriechende Gamswurz *Doronicum pardalianches* Aufrechte, behaarte Mehrjährige bis 90 cm. Grundblätter herz- bis eiförmig, langgestielt und bis 12 cm lang (**j**); Stengelblätter wechselständig, nach oben schmaler und weniger langgestielt. Blütenköpfchen mit hellgelben Röhren- und Zungenblüten, 3–5 cm im Durchmesser, zu zwei bis sechs einen lockeren, verzweigten Blütenstand bildend; Hüllblätter unter den Blüten schmal-dreieckig mit behaarten Rändern. Von Holland und Belgien südlich; in Wäldern, im Norden des Gebietes selten eingebürgert. Blüht 5–7. ▽

K *Doronicum plantagineum* Der Kriechenden Gamswurz ähnlich, Grundblätter aber eiförmig-elliptisch, allmählich in den Stiel verschmälert (**k**); die obersten Blätter schmal, Blütenköpfchen 5–8 cm im Durchmesser, meist einzeln. Wälder, Grasland und Heidegebiete; von Nordfrankreich südlich, andernorts eingebürgert. Blüht 6–7.

A Weiße Pestwurz

B 1 Gewöhnliche Pestwurz, Rote Pestwurz, männliche Pflanze blühend

B 2 Gewöhnliche Pestwurz, Rote Pestwurz, weibliche Pflanze fruchtend

E *Petasites fragrans*

F Grüner Alpenlattich

G Grauer Alpendost

H 1 Arnika, Berg-Wohlverleih

H 2 Arnika, Berg-Wohlverleih, am Bergstandort

J Kriechende Gamswurz

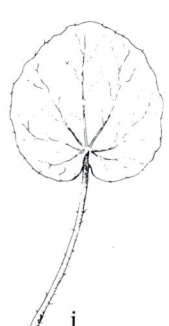

j

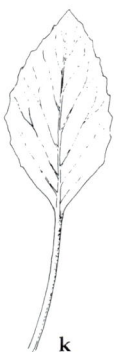

k

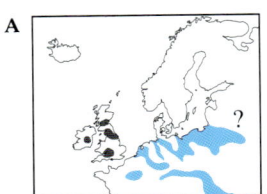

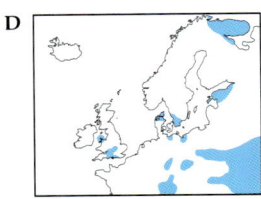

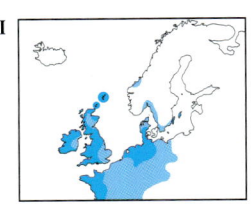

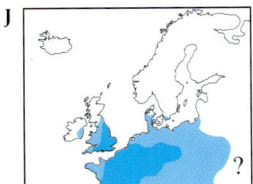

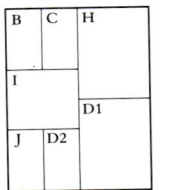

Greiskraut *Senecio* Ein- oder mehrjährige Kräuter (andernorts auch Bäume, Sträucher und Kletterpflanzen), meist flaumig behaart, mit wechselständig spiralig angeordneten Blättern und Blütenköpfchen in flachen, doldenartigen Büscheln; Blüten immer gelb; Hüllblätter einreihig, mit einigen kurzen äußeren Hüllblättern; Zungenblüten fast immer vorhanden.

(1) Alle Blätter ungeteilt, meist oval bis lanzettlich.

A Fluß-Greiskraut *Senecio fluviatilis* Kriechende Mehrjährige mit langen Ausläufern und aufrechten Stengeln bis 2 m, dicht beblättert, nahe der Spitze behaart und unten kahl. Blätter elliptisch bis linealisch-lanzettlich, bis 20 cm lang, kahl, spitz, gezähnt und ungestielt (a). Blütenköpfe zahlreich, 15–30 mm im Durchmesser, Zungenblüten nur sechs bis acht. In feuchten Wiesen, Sümpfen und Wäldern; von Holland südlich heimisch, andernorts jedoch eingebürgert. Blüht 7–9.

B Hain-Greiskraut *Senecio nemorensis* Dem Fluß-Greiskraut sehr ähnlich, Blätter jedoch oft unterseits behaart; Zähne am Blattrand mit geraden oder konkaven Kanten (**b**) – bei der obigen Art sind sie konvex; Blätter den Stengel hinauf deutlich kleiner werdend. In feuchten Wäldern und auf feuchtem Grasland; von Deutschland südlich. Blüht 7–9.

C Sumpf-Greiskraut *Senecio paludosus* Hohe, aufrechte Mehrjährige mit wollig behaarten Stengeln bis 2 m. Blätter schmal-lanzettlich, bis 20 cm, oberseits glänzend und unterseits wollig, gezähnt (**c**), die unteren kurzgestielt, die oberen ungestielt. Blütenköpfchen 30–40 mm im Durchmesser, mit 20–30 hellgelben Zungenblüten, große Büschel bildend. An feuchten Standorten, besonders in Sümpfen, von Südschweden südlich, in manchen Gegenden fehlend. Blüht 7–8.

D Steppen-Greiskraut *Senecio integrifolius* Aufrechte Mehrjährige bis 70 cm, meist jedoch weniger, Stengel mehr oder weniger flaumig. Grundblätter in einer flachen Rosette, rundeiförmig, 5–10 cm lang, kurzgestielt und ungezähnt; wenige Stengelblätter, schmaler, ungestielt und etwas stengelumfassend. Blütenköpfchen 15–25 mm im Durchmesser, orangegelb, mit ungefähr 13 Zungenblüten, einzeln oder in wenigblütigen Blütenständen aus bis zu zwölf Köpfchen; Hüllblätter an der Spitze mit Haarschopf. Auf trockenem, stark beweidetem Grasland, meist auf kalkigen Böden; im ganzen Gebiet, außer im hohen Norden, aber selten. Blüht 5–7. ▽
Auf Anglesey kommt eine als ssp. *maritimus* beschriebene Form mit gezähnten Grundblättern und zahlreicheren Stengelblättern vor.

E Spatelblättriges Greiskraut *Senecio helenitis* Dem Steppen-Greiskraut sehr ähnlich, Grundblattrosette jedoch nicht direkt am Boden, meist zur Blütezeit welkend, und die Stiele länger als die Spreiten. Auf Grasland, von Belgien und Süddeutschland südlich. Bei ssp. *candidus* haben die Blütenköpfchen 13–26 Zungenblüten. Auf grasigen Küstenstandorten; nur in Nordfrankreich. Blüht 6–7. ▽

F *Senecio rivularis* Ähnlich dem Spatelblättrigen Greiskraut, aber mit grob gezähnten Blättern und langen geflügelten Blattstielen; Blattgrund herzförmig. Feuchtes Grasland im Gebirge; von Mittel- und Süddeutschland südostwärts. Blüht 6–8. ▽

G Moor-Greiskraut *Senecio congestus* Hohe, aufrechte, wollig behaarte Mehrjährige bis über 1 m, mit kräftigen, hohlen, stark beblätterten Stengeln. Blätter formenreich, meist ungefähr eiförmig, 5–15 cm lang, gezähnt und ungezähnt (selten tief eingeschnitten), wollig und blaßgrün. Blütenköpfchen blaßgelb, 20–30 mm im Durchmesser, mit etwa 20 Zungenblüten, in dichten, doldenartigen Blütenköpfen. In feuchten Wiesen, Sümpfen und Marschen; von Dänemark südlich, sehr selten. Blüht 6–7. ▽

H Jakobs-Greiskraut *Senecio jacobaea* Zwei- oder mehrjährige Pflanze, hochgiftig. Kahl oder schwach behaart, mit kräftigen, aufrechten, beblätterten und gefurchten Stengeln bis höchstens 1,5 m, nicht kriechend. Grundblätter und untere Stengelblätter 10–20 cm lang, fiederteilig und mit einem großen, stumpfen Endlappen; obere Stengelblätter oft stärker geteilt und mit einem kleineren Endabschnitt; alle unterseits schwach behaart. Blütenköpfe 15–25 mm im Durchmesser, gelb, in vielfach verzweigten, flachen Büscheln; 12–15 Zungenblüten, selten ganz fehlend (var. *flosculosus*). Ein häufiges Weideunkraut, auf Schuttplätzen und anderen Standorten, auf beinahe jedem Boden; verbreitet, außer im hohen Norden. Blüht 6–10.

I Wasser-Greiskraut *Senecio aquaticus* Dem Jakobs-Greiskraut ähnlich, jedoch mit ungeteilten oder wenig geteilten Grundblättern mit viel größeren Endabschnitten; Stengelblätter mit großen, ovalen Endabschnitten. Blütenstand ausgebreitet, nicht dicht und flach; Blütenköpfchen 20–30 mm im Durchmesser; Hüllblätter nie mit schwarzen Spitzen. Giftig. In Marschen und auf feuchtem Grasland; von Südskandinavien südlich. Blüht 7–8. ▽

J Raukenblättriges Greiskraut *Senecio erucifolius* Dem Jakobs-Greiskraut in der Wuchsform recht ähnlich, aber der Stengel und wenigstens die Unterseiten der Blätter sind wollig behaart; Blattabschnitte schmal und gespitzt, mit umgerollten Rändern. Blütenköpfchen 15–20 mm im Durchmesser, blaßgelb, in dichten Büscheln; die äußeren Hüllblätter so lang wie die inneren. Auf neutralem oder kalkigem Grasland, auch auf Dünen; von Südschweden südlich, im Norden des Gebiets seltener. Blüht 7–9.

a

b

c

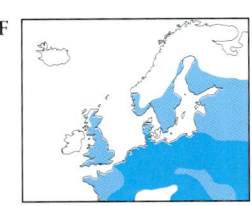

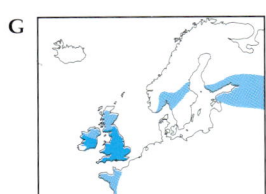

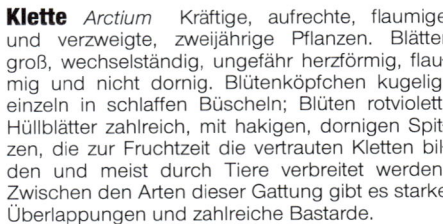

E

F

G

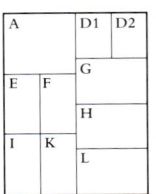

A *Senecio squalidus* Ein-, zwei- oder mehrjährige Pflanze, meist am Grunde ausgebreitet und buschig verzweigt. Blätter ein- bis zweifach fiederlappig, mit schmalen, spitzen Blättchen, die unteren mit geflügeltem Stiel, die oberen stengelumfassend. Blütenköpfchen 15–25 mm im Durchmesser, hellgelb, alle Hüllblätter sind schwarz gespitzt. Heimisch in Südeuropa, nördlich bis Süddeutschland, jedoch besonders in Frankreich und Großbritannien verbreitet eingebürgert; auf Mauern, Schuttplätzen, an Bahngleisen etc. Blüht 5–12. ▽

B *Senecio cambrensis* Ein natürlicher Bastard aus *Senecio squalidus* und dem Gemeinen Greiskraut, in den Merkmalen etwa zwischen den Elternarten stehend. Kräftiger als beide Arten; Blütenköpfchen 6–10 mm im Durchmesser, Zungenblüten erst ausgebreitet, dann zurückgerollt. Fruchtbarkeit sehr gering. Nur in Nordwales und Südschottland. Blüht 5–10. ▽

C *Frühlings-Greiskraut* *Senecio vernalis* Aufrechte Einjährige bis 50 cm, *Senecio squalidus* recht ähnlich, junge Blätter und Stengel jedoch wollig behaart; Äste des Blütenstands deutlicher aufrecht. Auf Schuttplätzen und nackten, steinigen Böden, nördlich bis Südskandinavien eingebürgert. Blüht 5–7.

D *Gemeines Greiskraut* *Senecio vulgaris* Vertrautes, einjähriges Unkraut mit aufrechten oder abstehenden, verzweigten und recht fleischigen Stengeln bis 45 cm. Blätter fiederspaltig, mit kurzen, stumpfen Abschnitten, meist unterseits flaumig und oberseits glänzend, die unteren Blätter gestielt, die oberen stengelumfassend. Blütenköpfchen viel kleiner als bei den obigen Arten, zylindrisch, etwa 4 mm im Durchmesser und 10 mm lang, zuerst in dichten Büscheln; Blüten gelb, Zungenblüten fehlend oder nur wenige, zurückgerollt; die äußeren Hüllblätter sind kürzer und schwarz bespitzt. Außer im hohen Norden im ganzen Gebiet häufig; auf Kulturflächen und nackten Böden. Blüht 1–12.

E *Wald-Greiskraut* *Senecio sylvaticus* Dem Gemeinen Greiskraut recht ähnlich, aber meist größer, bis 70 cm groß, mit steiferen, deutlicher aufrechten Zweigen. Untere Blätter tiefer eingeschnitten, jung flaumig. Blütenstand lockerer, die Blütenköpfchen langgestielt; Blütenköpfchen konischer, Zungenblüten kurz und zurückgebogen; Hüllblätter nicht schwarz bespitzt, klebrig behaart. Auf Heiden, an Waldrändern und auf Ruderalflächen, meist auf sandigen Böden; im ganzen Gebiet, außer im hohen Norden. Blüht 6–9.

F *Klebriges Greiskraut* *Senecio viscosus* In der Wuchsform dem Wald-Greiskraut ähnlich, bis 60 cm groß, aber überall klebrig behaart und stark riechend. Blütenköpfchen größer, bis 12 mm im Durchmesser, langgestielt, mit etwa 13 längeren, deutlich eingerollten, blaßgelben Zungenblüten. Von Südskandinavien südlich lokal häufig; auf Schuttplätzen und Sanddünen, an Gleisen und anderen trockenen und offenen Standorten. Blüht 7–9.

G *Golddistel, Kleine Wetterdistel* *Carlina vulgaris* Aufrechte, dornige, zweijährige Pflanze, verzweigt oder unverzweigt, kahl oder flaumig, bis 70 cm groß. Blätter oval bis länglich, bis 15 cm, wellig und mit dornigen Abschnitten, unterseits wollig behaart, die unteren kurzgestielt, die oberen stengelumfassend. Blütenköpfchen einzeln oder zu zwei bis drei, 15–40 mm im Durchmesser; Blüten gelblich-braun, nur Röhrenblüten, von langen, gelblichen Hüllblättern umgeben, die wie Zungenblüten ausgebreitet sind, und mit grünen, dornigen, äußeren Hüllblättern – eine charakteristische Kombination. Im ganzen Gebiet, außer im hohen Norden; lokal häufig auf trockenem Grasland, meist auf kalkigen Böden. Blüht 7–10. ▽

Klette *Arctium* Kräftige, aufrechte, flaumige und verzweigte, zweijährige Pflanzen. Blätter groß, wechselständig, ungefähr herzförmig, flaumig und nicht dornig. Blütenköpfchen kugelig, einzeln in schlaffen Büscheln; Blüten rotviolett, Hüllblätter zahlreich, mit hakigen, dornigen Spitzen, die zur Fruchtzeit die vertrauten Kletten bilden und meist durch Tiere verbreitet werden. Zwischen den Arten dieser Gattung gibt es starke Überlappungen und zahlreiche Bastarde.

H *Kleine Klette* *Arctium minus* Bis 1,5 m groß. Grundblätter breit-eiförmig, bis 50 cm, länger als breit, am Grunde herzförmig (**h**), mit hohlen Stielen. Blütenköpfchen 15–20 mm breit, zur Fruchtzeit bis 35 mm, kugelig, zur Fruchtzeit an der Spitze verschmälert; zuerst wollig behaart, später kahl, kurzgestielt, die Kronblätter meist länger als die Hüllblätter. Im ganzen Gebiet verbreitet, außer in der Arktis; häufig in Gebüsch, lichten Wäldern, auf Schuttplätzen und an Straßenrändern. Blüht 7–9.

I *Arctium pubens* Oft als Unterart der Kleinen Klette beschrieben. Mit größeren Blütenköpfchen (20–25 mm breit) auf längeren Stielen (bis 40 mm), die Blüten sind so lang wie die Hüllblätter. Ähnliche Standorte und Blütezeit; von Holland südlich häufig.

J *Hain-Klette* *Arctium nemorosum* Auch als Unterart der Kleinen Klette beschrieben. Größer als die obigen Arten, bis 2,5 m, die Blütenköpfe 25–35 mm breit; Hüllblätter grün bis violett (bei *Arctium pubens* gelblich), so lang wie die Blüten. Ähnliche Standorte und Blütezeit.

K *Filzige Klette* *Arctium tomentosum* In der Wuchsform der Kleinen Klette ähnelnd, Blattstiele aber nicht hohl. Blütenköpfchen kleiner (zur Fruchtzeit 12–20 mm breit), Hüllblätter spinnwebenartig behaart; Spitzen der breiten, innersten Hüllblätter nicht hakig. An Straßen- und Waldrändern, in Gebüsch und auf Schuttplätzen; auf dem europäischen Festland, außer im hohen Norden. Blüht 7–9.

L *Große Klette* *Arctium lappa* In der Wuchsform den anderen Arten ähnlich. Grundblätter so breit wie lang (**l**), Blattstiele markig. Blütenköpfchen groß, 30–40 mm im Durchmesser, in einem Blütenstand mit sehr wenigen Köpfchen, der sich zur Fruchtzeit weit öffnet; Hüllblätter grünlichgelb. Im ganzen Gebiet, außer im hohen Norden, verbreitet und ziemlich häufig; in lichten Wäldern, Gebüsch und an Straßenrändern, auf schweren Böden. Blüht 7–9.

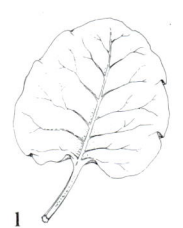

h

l

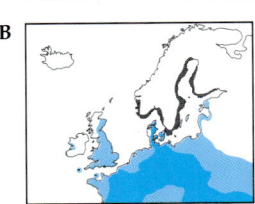

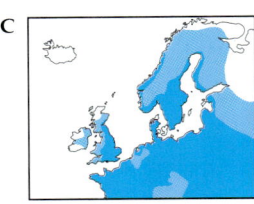

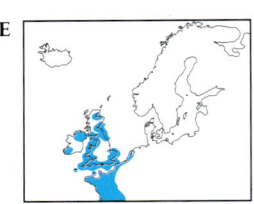

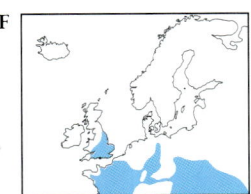

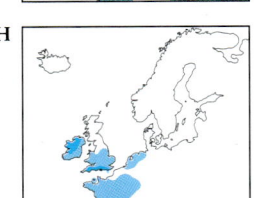

A Gewöhnliche Alpenscharte *Saussurea alpina* Kriechende Mehrjährige mit aufrechten, gefurchten, recht flaumig behaarten Blütentrieben bis 50 cm. Grundblätter eiförmig bis lanzettlich, bis 18 cm lang, ungezähnt oder nur schwach gezähnt und mit schmal geflügelten Stielen; obere Blätter schmaler und ungestielt; alle Blätter oberseits mehr oder weniger kahl, unterseits weißflaumig. Blütenköpfchen eiförmig, bis 2 cm lang, mehr oder weniger ungestielt, in einem dichten, endständigen Blütenstand; Blüten alle röhrenförmig, an der Spitze purpurn, weiter unten gelblich, die Hüllblätter weit überragend; innere Hüllblätter grau-haarig. Auf Grasland, in lichten Wäldern, auf steinigen Flächen und Klippen, hauptsächlich in den Bergen, jedoch auch in der Arktis weit verbreitet. Blüht 7–9. ▽

Distel *Carduus* Ein- oder mehrjährige Kräuter mit dornig geflügelten Stengeln und dornenrandigen Blättern, die meist oberseits kahl und unterseits wollig behaart sind. Blütenköpfchen einzeln oder in Büscheln, mit zahlreichen dornenspitzigen Hüllblättern. Blüten alle röhrenförmig, meist rot bis purpurn.

B Nickende Distel *Carduus nutans* Aufrechte, zweijährige Pflanze bis 1,2 m, Stengel wollig behaart und dornig geflügelt, oberwärts verzweigt und im Bereich unter den Blütenköpfchen ohne Dornen. Blätter fiederspaltig, Abschnitte gelappt und dornenspitzig, unterseits besonders auf den Adern wollig. Blütenköpfchen rund-zylindrisch, groß (voll geöffnet 4–6 cm im Durchmesser), nikkend, einzeln auf langen und dornenlosen Stielen; Blüten tief purpurrot, von einem Kranz aus langen, schmalen, zurückgebogenen, dornenspitzigen und oft rötlichen Hüllblättern umgeben, Blüten duftend. Von Dänemark südlich, außer im Norden des Gebietes häufig, auf trockenem Grasland, Dünen und an Straßenrändern. Blüht 5–8. ▽

C Weg-Distel *Carduus acanthoides* Aufrechte, verzweigte Zweijährige bis 1,2 m, alle Stengel bis auf einen sehr kleinen Bereich unter den Blütenköpfchen schmal dornig geflügelt und wollig behaart. Untere Blätter mit elliptischem Umriß, tief fiederspaltig, dreilappig und dornig; obere Blätter schmaler, ungestielt und den Stengel herablaufend. Blütenköpfchen etwa 2–3 cm lang, kugelig bis zylindrisch, meist in kleinen Büscheln; Blüten purpurrot; Hüllblätter schmal, wollig und abstehend, mit schwachen, dornigen Spitzen. Von Südschweden südlich; auf Schuttplätzen und Grasland, in Gebüsch und lichten Wäldern; häufig. Blüht 6–8. ▽

D Krause Distel *Carduus crispus* ssp. *multiflorus* Der Weg-Distel ähnlich, aber dorniger, und die Flügel reichen bis zu den Blütenköpfchen hinauf; Blätter schmaler, die Adern erhaben und unterseits kaum behaart; Hüllblätter an der Spitze etwas gekrümmt. Auf Schuttplätzen, an Bachufern und Straßenrändern des europäischen Festlandes, nördlich bis ins arktische Schweden. Blüht 6–8. ▽

E Dünnköpfige Distel *Carduus tenuiflorus* Der Weg-Distel ähnlich, bis 1 m hoch. Ist im Unterschied dazu jedoch aufrechter und gedrängt verzweigt, die Stengel sind bis zu den Blütenköpfen breit geflügelt, stark wollig und grau. Blütenköpfchen schmaler, bis 20 mm lang, aber nur 5–10 mm breit, in dichten, endständigen Büscheln; Blüten blaßrosa. Oft nahe der Küste auf trockenen, grasigen und offenen Standorten. Von Holland südlich heimisch, lokal auch weiter im Norden eingebürgert. Blüht 5–8.

Kratzdistel *Cirsium* Den *Carduus*-Disteln sehr ähnlich. Der Hauptunterschied besteht im fedrigen Pappus der Frucht von *Cirsium*.

F Wollköpfige Kratzdistel *Cirsium eriophorum* Kräftige, aufrechte, zweijährige Pflanze mit ungeflügelten, gefurchten, wollig behaarten und oberwärts verzweigten Stengeln bis 1,5 m. Grundblätter groß, bis 60 cm lang, fiederspaltig in schmale, doppelt gegabelte Abschnitte geteilt, ein Abschnitt meist aufwärts, ein Abschnitt abwärts weisend, so daß ein charakteristischer Eindruck von Zweireihigkeit entsteht; Stengelblätter kleiner und ungestielt; alle unterseits weiß-wollig, alle Abschnitte dornenspitzig. Blütenköpfe einzeln, sehr groß, kugelig, bis 7 cm im Durchmesser und mit stark wolligen Hüllblättern; Blüten purpurrot. Von Holland und Nordengland südlich auf kalkigem Grasland und in Gebüsch. Blüht 7–9. ▽

G Gewöhnliche Kratzdistel, Speerdistel *Cirsium vulgare* Aufrechte Zweijährige mit wollig behaarten und durchgehend dornig geflügelten Stengeln; oberwärts verzweigt, bis 1,5 m hoch. Grundblätter bis 30 cm lang, tief fiederspaltig, Abschnitte gegabelt und dornig, der Endabschnitt ist lang, kräftig und gespitzt (der „Speer"); obere Blätter kleiner, alle Blätter oberseits matt und borstig behaart. Blütenköpfchen eiförmig, 3–5 cm lang, die Hüllblätter mehr oder weniger wollig behaart; äußere Hüllblätter mit langen, gelblichen Dornenspitzen. Fast im ganzen Gebiet verbreitet und sehr häufig, auf Schuttplätzen, Grasland und Ruderalflächen als hartnäckiges Unkraut. Blüht 7–10.

H Englische Kratzdistel *Cirsium dissectum* Mehrjährige mit kriechenden Ausläufern und aufrechten, unverzweigten, ungeflügelten, flaumigen und gefurchten Stengeln bis 80 cm. Grundblätter elliptisch bis lanzettlich, bis 25 cm lang, entweder fiedrig gelappt oder mit weit entfernten Zähnen und mit weichen Randdornen, oberseits grün und behaart, unterseits weiß-wollig; Stengelblätter ähnlich, aber schmaler und kaum stengelumfassend. Blütenköpfchen einzeln, selten zu mehreren, auf langen, dornenlosen Stielen, etwa 3 cm lang; Blüten purpurrot; Hüllblätter der Köpfchen schmal-lanzettlich, dicht anliegend und die äußeren dornenspitzig. Von Holland und Norddeutschland südlich, im Norden selten; auf feuchten, torfigen Wiesen und in Sümpfen. Blüht 6–8.

I Knollige Kratzdistel *Cirsium tuberosum* Der Englischen Kratzdistel ähnlich, jedoch ohne Ausläufer, aber mit einer knolligen Wurzel; Blätter viel stärker geteilt, meist doppelt fiederspaltig, alle auf beiden Seiten grün, unterseits etwas wollig; Ränder borstig, nicht dornig. Auf kalkigem Grasland; von Belgien und Südengland südlich; selten und abnehmend. Blüht 6–7.

J Bach-Kratzdistel *Cirsium rivulare* In der Wuchsform der Knolligen Kratzdistel ähnlich, aber mit spindelförmiger Wurzel. Stengel oberwärts unbeblättert oder mit dornigen Hochblättern. Blütenköpfchen einzeln oder in kleinen Büscheln; Blüten purpurn, Hüllblätter rötlichpurpurn. Auf nassen Wiesen und an Bachufern; nur in Ostfrankreich und in Süddeutschland. Blüht 6–9. ▽

A Gewöhnliche Alpenscharte

B Nickende Distel

C Weg-Distel

D Krause Distel

E Dünnköpfige Distel

F Wollköpfige Kratzdistel

G Gewöhnliche Kratzdistel, Speerdistel

H Englische Kratzdistel

I Knollige Kratzdistel

J Bach-Kratzdistel

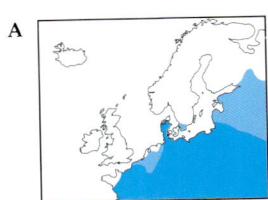

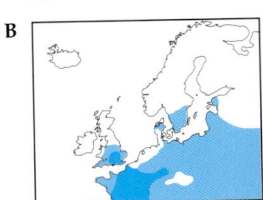

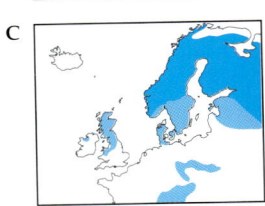

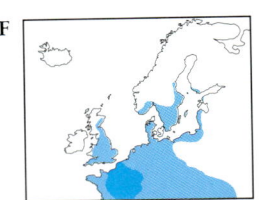

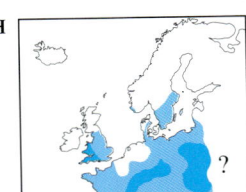

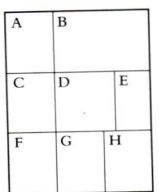

A **Kohldistel**

B **Stengellose Kratzdistel**

C **Verschieden-blättrige Kratzdistel**

D **Sumpf-Kratzdistel**

E **Acker-Kratzdistel**

F **Gewöhnliche Eselsdistel**

G **Mariendistel**

H **Färber-Scharte**

A Kohldistel *Cirsium oleraceum* Aufrechte Einjährige bis 1,2 m, mit ungeflügelten, fast kahlen, gefurchten Stengeln. Grundblätter bis 40 cm, mit elliptischem Umriß, aber meist gezähnt oder fiederteilig; obere Blätter ungeteilt, mit herzförmigem Grund stengelumfassend; alle Blätter schwach dornig, blaßgrün. Blütenköpfchen oval, 25–40 mm im Durchmesser, aufrecht und in Büscheln, die von weichen, laubblattartigen Hüllblättern überragt werden. Blüten blaßgelb. An Straßenrändern, in Sümpfen und feuchten Wäldern; von Südskandinavien südlich; lokal häufig. Blüht 7–9.

B Stengellose Kratzdistel *Cirsium acaule* Mehrjährige mit einer Grundblattrosette, aus deren Mitte Blütenköpfchen auf sehr kurzem oder ganz ohne Stengel entspringen. Blätter länglich, bis 15 cm, tief fiederspaltig, mit geteilten, welligen, sehr dornigen Abschnitten. Blütenköpfchen meist ungestielt und einzeln, manchmal auch zu mehreren oder bis zu 30 cm langgestielt; Köpfchen oval, 3–4 cm lang, rotviolett. Auf kalkigem, trockenem Grasland; von Dänemark südlich, im Norden des Gebietes selten. Blüht 6–9. ▽

C Verschiedenblättrige Kratzdistel *Cirsium helenioides* Ähnelt einem großen Exemplar der Englischen Kratzdistel. Hohe Mehrjährige bis 1,2 m mit wolligen, ungeflügelten, dornenlosen Stengeln. Blätter länglich, 10–25 cm lang, ungeteilt oder fiederspaltig, flach, mit weichen, stacheligen Zähnen, oberseits grün und kahl, aber unterseits dick-filzig; obere Blätter ähnlich, aber kleiner, mit rundlichem, stengelumfassendem Grund. Blütenköpfchen bis 5 cm lang und 3–5 cm breit, einzeln oder selten auch in Büscheln von zwei bis vier auf langen Stengeln; Blüten rotviolett. Verbreitet auf feuchten Weiden, in lichten Wäldern und an Straßenrändern; im Norden häufig, im Süden stärker auf die Bergregionen begrenzt. Blüht 6–8.

D Sumpf-Kratzdistel *Cirsium palustre* Aufrechte Zweijährige, oberhalb der Mitte mit stark verzweigten, gleichmäßig dornig geflügelten Stengeln bis 1,5 m; oft ist die ganze Pflanze rötlich überlaufen. Blätter linealisch-lanzettlich, fiederspaltig, wellig, stark gelappt und dornig, oberseits behaart, aber glänzend grün. Blütenköpfchen gedrängt, in beblätterten Büscheln auf dem Haupttrieb und auf den Seitenästen; Blütenköpfchen 15–20 mm lang, Blüten dunkel rotviolett (selten auch weiß) und die Hüllblätter violettgrün. Die rötliche Farbe der Pflanzen und die dunklen, kleinen Blüten machen eine Bestimmung leicht. Sehr häufig an feuchten, grasigen Standorten; im ganzen Gebiet, außer im hohen Norden. Blüht 7–9.

E Acker-Kratzdistel *Cirsium arvense* Weit kriechende, mehrjährige Pflanze mit aufrechten, beblätterten, ungeflügelten Stengeln bis 1 m. Blätter nicht in einer Grundrosette, länglich, tief fiederspaltig, mit dreieckigen, dornigen Abschnitten, sehr wellig und oberseits kahl; obere Blätter ähnlich, aber stengelumfassend, manchmal etwas den Stengel herablaufend, so daß dieser dornig geflügelt ist. Blütenköpfchen schmal zylindrisch, 20 mm lang, 10–15 mm breit, in offenen Büscheln; Blüten blaß rosaviolett oder weißlich, Hüllblätter violett. Im ganzen Gebiet sehr häufig auf Grasland, Kulturflächen und Schuttplätzen; ein hartnäckiges Unkraut. Blüht 6–9.

F Gewöhnliche Eselsdistel *Onopordum acanthium* Aufrechte, kräftige Zweijährige bis 3 m, mit durchgehend breit geflügelten, oberwärts verzweigten, weiß-wolligen Stengeln. Blätter länglich bis eiförmig, ungestielt, gezähnt oder wellig gelappt, mit starken Dornen und auf beiden Seiten weiß-wollig. Blütenköpfchen einzeln oder zu zwei bis fünf in Büscheln, kugelig, 3–5 cm groß; Blüten rosaviolett, Hüllblätter schmal, grün und mit starken, gelblichen Dornen bespitzt. Von Südschweden südlich, im Norden des Verbreitungsgebiets jedoch wahrscheinlich nicht heimisch; auf Schuttplätzen, trockenen Böschungen und an Straßenrändern. Blüht 7–9. ▽

G Mariendistel *Silybum marianum* Aufrechte, kräftige Ein- oder Zweijährige bis 1 m, kahl oder wollig, stark verzweigt, Stengel ungeflügelt, fiedrig gelappt, dornig, kahl und glänzend grün, oberseits mit auffälligem, weißlichem Adernetz. Blütenköpfchen groß, 4–5 cm lang, mit rotvioletten Blüten und von langen, dreieckigen, dornig gezähnten Hüllblättern umgeben. Auf Schuttplätzen, an Straßenrändern und auf Küstenklippen; von Frankreich südlich heimisch, jedoch weiter im Norden eingebürgert. Blüht 6–8. ▽

H Färber-Scharte *Serratula tinctoria* Kahle, nicht dornige Mehrjährige mit aufrechten, drahtigen und gefurchten Stengeln bis höchstens 1 m. Blätter bis 20 cm, mit fein gesägtem Rand, Form veränderlich, von ungeteilt bis tief fiederspaltig; untere Blätter gestielt, obere Blätter stengelumfassend. Blütenköpfchen klein, 15–20 mm lang, einen schlaffen Blütenstand bildend; Blüten rötlich-violett; Hüllkelch schmalzylindrisch, die Hüllblätter dicht anliegend. Von Südskandinavien südlich; auf dauernd beweideten Flächen, Heiden und in lichten Wäldern, auf schwach sauren oder kalkigen Böden. Blüht 7–9. ▽

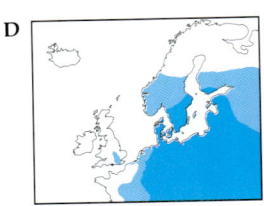

D

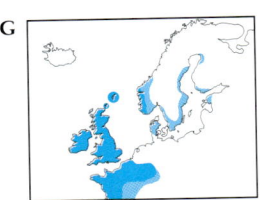

G

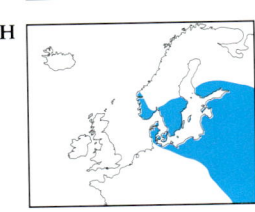

H

I

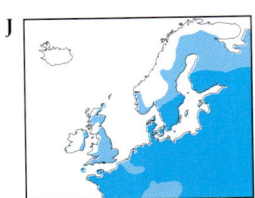

J

Flockenblume und Kornblume *Centaurea*

Ein- oder mehrjährige Pflanzen mit wechselständigen, borstigen, aber nicht dornigen Blättern. Blütenköpfe distelähnlich, jedoch mit charakteristischen Hüllkelchen, deren Hüllblätter jeweils von einem borstigen oder gezähnten Anhängsel überragt werden; die Form dieser Anhängsel dient oft zur Bestimmung. Blüten alle röhrenförmig, die äußeren jedoch manchmal stark vergrößert.

A Skabiosen-Flockenblume *Centaurea scabiosa* Aufrechte, flaumige Mehrjährige bis 1 m, Stengel gerillt und oberhalb der Mitte verzweigt. Grundblätter bis 25 cm, gestielt, länglich, meist tief fiederspaltig, und mit gezähnten Abschnitten; Stengelblätter ähnlich, aber ungestielt. Blütenköpfchen groß, 3–6 cm im Durchmesser, einzeln; Blüten rotviolett, die äußeren deutlich vergrößert und einen ausgebreiteten Ring bildend; Hüllblätter grün, mit dunkelbraunen, hufeisenförmigen, gefransten Anhängseln (**a**). Auf grasigen Standorten und in Gebüsch, meist auf kalkigen Böden; im ganzen Gebiet, außer im hohen Norden. Blüht 6–8.

B Stern-Flockenblume *Centaurea calcitrapa* Zweijährige Pflanze mit aufrechten oder aufsteigenden, verzweigten, kahlen Stengeln bis 70 cm. Untere Blätter tief fiederspaltig, mit schmalen Abschnitten; obere Blätter gezähnt. Blütenköpfchen 8–10 mm im Durchmesser, 20–30 mm lang, rötlich-violett, von einem Ring aus gelblichen Hüllblättern mit langen Dornen umgeben. In Südeuropa heimisch, aber lokal in Nordeuropa nördlich bis Holland und Deutschland eingebürgert; auf Grasland und Schuttplätzen, besonders auf kalkigen Böden. Blüht 7–9. ▽

C *Centaurea aspera* Aufrechte, flaumig behaarte Pflanze bis 50 cm. Blätter gefiedert. Blütenköpfchen rosaviolett, durch die Anhängsel mit drei bis fünf strohigen, handförmig angeordneten, zurückgebogenen, dornigen Zähnen gekennzeichnet (**c**). Auf Sanddünen und trockenen Standorten; Westfrankreich und Kanalinseln, andernorts eingebürgert. Blüht 7–9. ▽

D Wiesen-Flockenblume *Centaurea jacea* Flaumig behaarte Mehrjährige bis 1 m, mit schlanken, rauhen, unter den Blütenköpfchen manchmal verdickten Stengeln, unverzweigt oder oberhalb der Mitte verzweigt. Blätter oval bis lanzettlich, meist ungelappt, gelegentlich auch fiederlappig. Blütenköpfchen einzeln, 10–20 mm im Durchmesser, mit rotvioletten Blüten, die im äußersten Ring größer sind; Hüllblätter mit hellbraunen, rundlichen, ungezähnten oder leicht gezähnten Anhängseln (**d**). Auf Grasland und in lichten Wäldern; überall auf dem europäischen Festland. Blüht 7–9.

E *Centaurea decipiens* Der Wiesen-Flockenblume ähnlich, aber meist kleiner, mit deutlich gefransten, oval-dreieckigen Hüllblattanhängseln (**e**). Auf Weiden; auf dem europäischen Festland von Norwegen südlich. Blüht 7–9.

F *Centaurea microptilon* Den beiden obigen Arten ähnlich, aber mit kleineren Blüten; Anhängsel lanzettlich-dreieckig, schwärzlich, zurückgerollt oder gerade, deutlich gefranst (**f**). Auf Grasland; europäisches Festland von Holland südlich. Blüht 7–9.

G Schwarze Flockenblume *Centaurea nigra* ssp. *nigra* Aufrechte, rauh behaarte Mehrjährige bis 1 m, Stengel gerillt, oberwärts verzweigt. Blätter länglich bis linealisch-lanzettlich, ungelappt oder schwach gelappt, aber nicht gefiedert; obere Blätter schmal und ungelappt. Blütenköpfchen einzeln oder zu wenigen, 2–4 cm im Durchmesser; Blüten rotviolett, die äußeren Blüten meist nicht vergrößert; Anhängsel der Hüllblätter braun bis schwarz, dreieckig, tief gefranst und mit borstigen, oft gegabelten Zähnen (**g 1**). Sehr häufig auf grasigen Standorten; nördlich bis Südschweden. Blüht 6–9.
Ssp. *nemoralis* ist im Vergleich dazu sehr zart, oft stärker verzweigt und der Stengel ist unter den Blütenköpfchen nicht verdickt; Blüten zeigen ein blasseres Rosaviolett, die äußeren Blüten sind meist vergrößert; Zähne länger als der Rest des Hüllblattanhängsels (**g 2**) (bei ssp. *nigra* sind sie genauso lang oder kürzer). Blüht 6–9.

H Phrygische Flockenblume *Centaurea phrygia* Ähnelt in den Wuchsform den anderen Flockenblumen, hat jedoch kräftige, wollig behaarte Stengel, die unter den Blütenköpfchen verdickt sind. Blätter flaumig, meist ungeteilt und schmal. Blütenköpfchen einzeln, 3–5 cm im Durchmesser und mit großen, ausgebreiteten äußeren Blüten wie die Skabiosen-Flockenblume; Hüllblätter mit schwärzlichen, langen, schmalen, fedrig gefransten Anhängseln (**h**). Auf Grasland und in lichten Wäldern; in Südskandinavien und Norddeutschland. Blüht 7–9. ▽

I Berg-Flockenblume *Centaurea montana* Kriechende, flaumige Mehrjährige mit aufrechten Stengeln bis zu 80 cm, durch herablaufende Blätter geflügelt. Blätter eiförmig bis länglich, ungelappt oder selten etwas gezähnt oder gelappt, unterseits flaumig. Blütenköpfchen 6–8 cm im Durchmesser, blau bis rosa, die inneren Blüten meist kräftiger rot als die langen, ausgebreiteten äußeren Blüten; Hüllblätter schwarz gefranst (**i**). In lichten Wäldern und auf Wiesen, besonders im Bergland; von den Ardennen südlich. Häufig angebaut. Blüht 6–8. ▽

J Kornblume *Centaurea cyanus* Oberflächlich der Berg-Flockenblume ähnlich, aber einjährig, mit aufrechten, gerillten, drahtigen Stengeln bis 90 cm. Untere Blätter schmal, ungeteilt oder fiederlappig; die oberen Blätter linealisch und ungelappt. Blütenköpfchen kleiner, 15–30 mm im Durchmesser, die äußeren Blüten hellblau und die inneren rötlich; Hüllblätter braun oder silbrig gefranst. Unkraut auf Kulturflächen und Ruderalstandorten; fast im ganzen Gebiet, hier jedoch nicht heimisch und allgemein abnehmend. Blüht 6–8. ▽

A	C	B
D	G1	G2
H	I	J

A Skabiosen-Flokkenblume

B Stern-Flockenblume

C *Centaurea aspera*

D Wiesen-Flockenblume

G 1 Schwarze Flockenblume, mit Zungenblüten

G 2 Schwarze Flockenblume, ohne Zungenblüten

H Phrygische Flokkenblume

I Berg-Flockenblume

J Kornblume

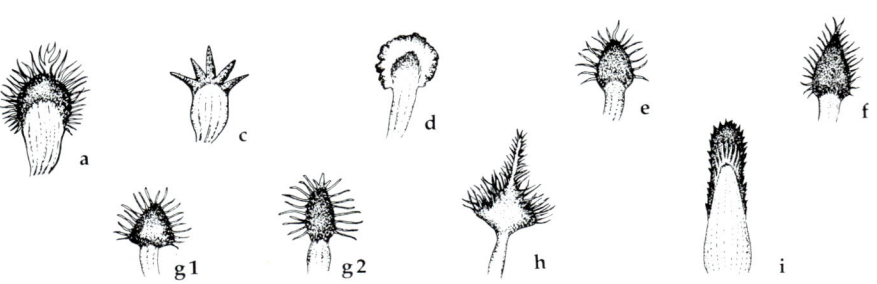

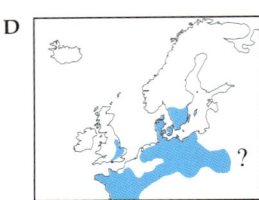

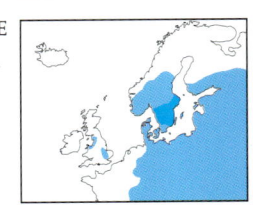

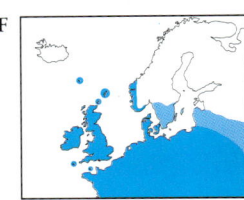

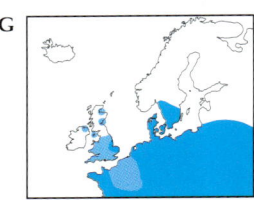

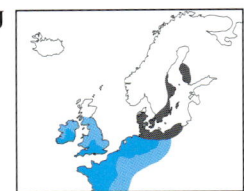

D

E

F

G

J

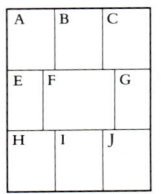

A Wolliger Saflor *Carthamus lanatus* Charakteristische, dornige, wollig behaarte Einjährige bis 1 m. Blätter fiederlappig und dornig. Blütenköpfchen gelb, 20–30 mm im Durchmesser, von langen, schmalen und dornigen Hüllblättern umgeben. Auf trockenen, offenen Standorten; von Nordfrankreich südlich. Blüht 6–8. ▽

B *Scolymus hispanicus* Zwei- oder mehrjährige Pflanze bis 1 m, Stengel unterbrochen dornig geflügelt. Grundblätter langgestielt, fiederlappig und mit wenigen Dornen; obere Blätter schmaler und dorniger. Blütenköpfe distelartig, tiefgelb, 20–30 mm im Durchmesser, alle Blüten sind Zungenblüten. An grasigen Standorten; überwiegend in Südeuropa, aber nördlich bis Nordfrankreich vordringend. Blüht 6–8. ▽

C Gewöhnliche Wegwarte *Cichorium intybus* Aufrechte mehrjährige Pflanze bis 1 m, mit zähen, gerillten, verzweigten, kahlen oder borstigen Stengeln. Grundblätter mit löffelförmigem Umriß, aber meist tief fiederspaltig oder gezähnt; Blätter nach oben zunehmend schmaler und weniger gezähnt, mehr oder weniger stengelumfassend. Blütenköpfchen 25–40 mm im Durchmesser, in Büscheln zu zwei bis drei auf verdickten Stielen, Blüten alle Zungenblüten, hellblau, am Morgen öffnend. Außer im hohen Norden im ganzen Gebiet verbreitet und häufig, in großen Teilen Skandinaviens jedoch selten und nur eingebürgert; an Straßenrändern, auf Schuttplätzen und trockenen Böschungen. Blüht 7–10.

D Lämmersalat *Arnoseris minima* Pflanze bis 30 cm Höhe, ähnelt dem Ferkelkraut, ist zur Blütezeit aber leicht durch die hohlen, unter den Blütenständen deutlich angeschwollenen Blütenstiele zu erkennen. Blätter fiederlappig, in einer Grundrosette. Blütenköpfchen gelb, 7–10 mm im Durchmesser und einzeln stehend. Meist auf sandigen Kulturflächen; von Südschweden südlich, selten. Blüht 6–8. ▽

Ferkelkraut *Hypochoeris* Ein- oder Mehrjährige mit Grundblattrosetten, aufrechten, einfachen oder nur wenig verzweigten Stengeln und Blütenköpfchen mit gelben Zungenblüten. Dem Löwenzahn sehr ähnlich, aber mit häutigen, beim Löwenzahn fehlenden Schuppen zwischen den Blüten.

E Geflecktes Ferkelkraut *Hypochoeris maculata* Mehrjährige Pflanze, alle Blätter in einer Grundblattrosette und etwa eiförmig, borstig, wellig gezähnt und durch dunkle, rotviolette Flecken charakteristisch gezeichnet (siehe jedoch auch *Hieracium maculatum*, S. 286). Blütenstiele borstig, unverzweigt, nur mit Schuppenblättern oder ganz ohne Blätter; Blütenköpfchen einzeln, 30–50 mm im Durchmesser, zitronengelb; Hüllblätter schmal, schwärzlich. Auf Grasland, in lichten Wäldern und auf Klippen; außer im hohen Norden verbreitet, aber selten, meist auf kalkigen Böden. Blüht 6–8. ▽

F Gewöhnliches Ferkelkraut *Hypochoeris radicata* Mehrjährige, die Blätter der Grundrosette lanzettlich bis länglich, borstig, mit welligen Rändern und bis 25 cm lang; Stengel bis 60 cm, beinahe kahl, meist ein- bis zweifach verzweigt, unter den Blütenköpfchen verdickt und mit einigen dunkel bespitzten Schuppenblättern. Blütenköpfchen 25–40 mm im Durchmesser, einzeln, mit hellgelben Blüten; Hüllkelch glockenförmig und abrupt in den Stengel verschmälert, aus zahlreichen kahlen, violett bespitzten Hüllblättern. Außer im hohen Norden verbreitet und häufig; auf Grasland, Dünen und an Straßenrändern, sehr kalkige Böden meist meidend. Blüht 6–9.

G Kahles Ferkelkraut *Hypochoeris glabra* Dem Gewöhnlichen Ferkelkraut recht ähnlich, aber nur bis 20 cm groß; Blätter kürzer, glänzend, kahl oder schwach borstig. Blütenköpfchen klein, 10–15 mm, die gelben Blüten kaum länger als die Hüllblätter; Zungenblüten etwa doppelt so lang wie breit, nur bei Sonnenschein voll geöffnet. Von Südnorwegen südlich, auf sandigem Grasland. Blüht 6–10. ▽

Löwenzahn *Leontodon* Dem Ferkelkraut sehr ähnlich, aber ohne Schuppen zwischen den Blüten.

H Herbst-Löwenzahn *Leontodon autumnalis* Kahle oder mit nicht gegabelten Haaren schwach behaarte Mehrjährige mit einer Grundblattrosette und zwei- bis dreimal verzweigten, aufrechten Blütenstengeln. Grundblätter länglich bis lanzettlich, meist tief fiederspaltig, manchmal mit welligen Rändern, mit wenigen, einfachen Haaren oder kahl; Stengel mit zahlreichen kleinen Schuppenblättern direkt unter den Köpfchen. Blütenköpfchen gelb, 12–35 mm im Durchmesser, Knospen aufrecht, Hüllkelch allmählich in den Stiel verschmälert. Im ganzen Gebiet, häufig; auf trockenem Grasland, meist auf etwas sauren Böden. Blüht 6–10.
Bei ssp. *pratensis* sind die Hüllblätter mit langen, dunklen Haaren bedeckt; kommt überwiegend auf Weiden im Bergland vor.

I Rauher Löwenzahn *Leontodon hispidus* Mehrjährige Pflanze, die von kräftigen, weißen Haaren bedeckt ist. Grundblattrosette mit länglich-lanzettlichen Blättern, die am Grunde verschmälert, wellig gezähnt und stark behaart sind. Blütenstiele bis 40 cm, auf der ganzen Länge mit gegabelten Haaren bedeckt und unverzweigt; Blütenköpfchen 25–40 mm im Durchmesser, einzeln, mit goldgelben Blüten, die viel länger als die Hüllblätter sind; Hüllkelch abrupt in den Stiel verschmälert. Auf trockenem Grasland und meist kalkigem Boden; im ganzen Gebiet, außer im hohen Norden. Blüht 6–9.

J *Leontodon taraxacoides* Etwa zwischen den beiden vorher beschriebenen Arten stehend. Stengel oberseits borstig, unten kahl. Blätter wellig gezähnt bis fiederlappig, spärlich mit gegabelten Borsten besetzt. Blütenköpfchen einzeln auf unverzweigten, nicht beblätterten Stielen, Knospen nickend; Köpfchen 20–25 mm im Durchmesser; Hüllblätter außer auf der Mittelrippe kahl. Von Holland südlich heimisch, weiter im Norden eingebürgert; auf trockenen, grasigen, besonders sandigen oder kalkigen Standorten. Blüht 6–10. ▽

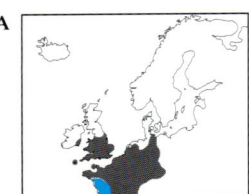

A

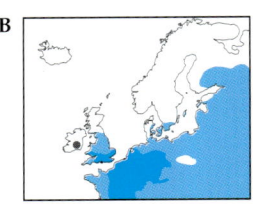

B

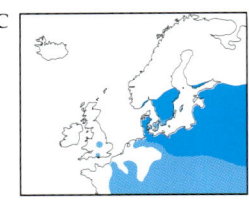

C

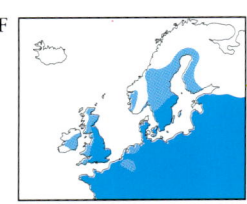

F

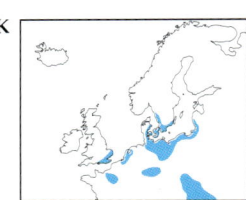

K

A Wurmlattich *Picris echioides* Aufrechte Ein- oder Zweijährige mit gerillten, borstig behaarten, verzweigten Stengeln bis 90 cm. Grundblätter länglich, in den Stiel verschmälert und stengelumfassend, mit kräftigen, am Grunde geschwollenen Borsten bedeckt (**a**) – nur die Blätter der Kardendistel sehen ähnlich aus, siehe Seite 248. Blütenköpfchen 20–25 mm im Durchmesser, in lockeren Gruppen, die Blüten gelb; die äußersten drei bis fünf Hüllblätter laubblattartig, dreieckig, viel breiter als die inneren Hüllblätter, aber nicht so lang. Von Dänemark südlich lokal häufig, im nördlichen Teil des Verbreitungsgebietes jedoch nicht heimisch; auf grasigen Standorten, Ruderalflächen und trockenen Küstenstandorten, meist auf schweren Böden. Blüht 6–10.

B Habichtskrautähnliches Bitterkraut *Picris hieracioides* Ähnelt in der Form dem Wurmlattich, Borsten am Grunde jedoch nicht so sehr verdickt; untere Blätter lanzettlich und mit welligen Rändern (**b**). Äußere Hüllblätter klein und abstehend, nicht groß und aufrecht. An grasigen Standorten, oft nahe der Küste, im Nordwesten Skandinaviens aber überwiegend fehlend. Blüht 7–10. ▽

C Niedrige Schwarzwurzel *Scorzonera humilis* Mehrjährige Pflanze mit aufrechten oder aufsteigenden, meist unverzweigten, flaumig behaarten Stengeln aus einem schwarzen, schuppigen Wurzelstock. Grundblätter elliptisch bis lanzettlich, bis 30 cm lang, ungezähnt, lang gespitzt und zum scheidig stengelumfassenden Grund verschmälert; Stengelblätter schmal, aber mit nicht verschmälertem Grund stengelumfassend. Blütenköpfchen einzeln, 25–30 mm im Durchmesser, mit gelben Blüten; Hüllblätter in zahlreichen überlappenden Reihen und am Grunde wollig behaart (vgl. mit den Bocksbart-Arten, unten). Verbreitet, aber in Nordskandinavien fehlend; in feuchten Wiesen und Marschen. Blüht 5–7. ▽

D Stielsamenkraut *Scorzonera laciniata* Der Niedrigen Schwarzwurzel recht ähnlich, aber mit fiederschnittigen Blättern und kleineren Blüten. Auf dem europäischen Festland von Belgien südlich; auf trockenem Grasland. Blüht 5–6. ▽

E Rote Schwarzwurzel *Scorzonera purpurea* Mit sehr schmalen Blättern und violetten bis purpurnen Blüten. Europäisches Festland, von der Mitte Deutschlands südlich; auf trockenen, grasigen Standorten. Blüht 5–7. ▽

F Wiesen-Bocksbart *Tragopogon pratensis* Formenreiche Ein- oder Mehrjährige mit aufrechten, einfachen oder wenig verzweigten Stengeln bis über 70 cm. Junge Pflanzen flaumig, später kahl und graugrün. Untere Blätter schmal-linealisch lanzettlich, bis 30 cm, deutlich gekielt, am Stengel verbreitert und etwas stengelumfassend; Stengelblätter ähnlich, aber kleiner, mit einer langen, feinen Spitze. Blütenköpfchen einzeln, langgestielt, bis 5 cm im Durchmesser, Blüten gelb. Acht bis zehn Hüllblätter, nur einreihig (vgl. mit *Scorzonera*). In Nordeuropa kommen zwei Unterarten vor: Ssp. *pratensis* mit Hüllblättern höchstens so lang wie die Blüten und auch bei bedecktem Himmel mit offenen Blüten. Ssp. *minor* hat viel längere Hüllblätter als Blüten, und die Blüten schließen sich bei bedecktem Himmel und mittags. Ähnliche Standorte; nur in Westeuropa. Blüht 5–7.

G Großer Bocksbart *Tragopogon dubius* Den anderen *Tragopogon*-Arten ähnlich, aber kleiner und mit unter den Blütenköpfen deutlich aufgeblasenen Stielen. Grasige Standorte und Waldränder; von Nordfrankreich südlich. Blüht 6–7. ▽

H Haferwurz *Tragopogon porrifolius* Dem Wiesen-Bocksbart generell ähnlich, Blüten jedoch purpurn bis violett, und die Köpfchen von acht Hüllblättern umgeben. Im Mittelmeerraum heimisch, aber verbreitet angebaut und gelegentlich nördlich bis Südskandinavien eingebürgert; an grasigen Standorten. Blüht 5–8. ▽

Gänsedistel *Sonchus* Ein- oder mehrjährige Kräuter mit hohlen, kräftigen, Milchsaft führenden Stengeln. Blätter fiederspaltig oder mit welligen, dornigen Rändern; Stengelblätter stengelumfassend. Blütenköpfchen in doldenartigen Büscheln.

I Rauhe Gänsedistel *Sonchus asper* Aufrechte, kahle Ein- oder Zweijährige bis 1 m. Der Blütenstand kann drüsig behaart sein, der Stengel ist einfach oder verzweigt. Untere Blätter mit löffelförmigem Umriß, manchmal mit dreieckigen, gezähnten Abschnitten fiederspaltig und am Grunde mit rundlichen Öhrchen, rundum tief gezähnt und oberseits glänzend grün; obere Blätter schmaler, mit rundlichem Grund eng stengelumfassend (**i**). Blütenköpfchen 20–25 mm im Durchmesser, goldgelb. Sehr häufig auf Kulturflächen und Schuttplätzen; im ganzen Gebiet. Blüht 6–10.

J Kohl-Gänsedistel *Sonchus oleraceus* Der obigen Art recht ähnlich, Blätter aber meistens mit dreieckigen Abschnitten fiederspaltig, und der Endabschnitt ist deutlich breiter als das nächste Blättchenpaar; Öhrchen am Blattgrund gespitzt, nicht abgerundet (**j**). Blätter auf der Oberfläche matt, nicht glänzend. Blüten blaßgelb. An ähnlichen Standorten; im ganzen Gebiet. Blüht 6–10.

K Sumpf-Gänsedistel *Sonchus palustris* Hohe, kräftige Mehrjährige bis 2,5 m, gelegentlich sogar noch größer. Stengel hohl, kräftig, aufrecht und vierkantig, oberseits drüsenhaarig, unten kahl. Grundblätter länglich, mit pfeilförmigem Grund, fiederspaltiger Spreite und einem lang gespitzten Endabschnitt; Ränder fein dornig gezähnt, Blätter kahl; obere Blätter schmal, mit langen, spitzen, stengelumfassenden Grundabschnitten. Blütenköpfchen groß, 3–4 cm im Durchmesser und blaßgelb; Hüllblätter mit schwärzlichen Drüsenhaaren bedeckt. In Marschen, Sümpfen und den am höchsten gelegenen Teilen von Salzmarschen; von Südskandinavien südlich; selten. Blüht 7–9. ▽

L *Sonchus maritimus* Der Sumpf-Gänsedistel ähnlich, aber kleiner, bis 60 cm groß; Blätter weniger tief geteilt; Grund der Blütenköpfe und der obere Teil der Stengel weiß-flaumig behaart. Feuchte Küstenstandorte; vom Nordwesten Frankreichs südlich. Blüht 6–8. ▽

M Acker-Gänsedistel *Sonchus arvensis* Ähnelt in der Form der Sumpf-Gänsedistel, unterscheidet sich aber durch fiederspaltige Blätter mit runden, kurzen Abschnitten und abgerundetem Grund. Blüten tiefgelb; Hüllblätter und Äste des Blütenstandes mit langen, gelblichen Drüsenhaaren bedeckt. Verbreitet und häufig, im ganzen Gebiet; auf Ackerland, Ruderalflächen und an der Küste auf Sand. Blüht 7–10.

A		B	C	E
F1	F2		H	I
K		L		M

A Wurmlattich

B Habichtskrautähnliches Bitterkraut

C Niedrige Schwarzwurzel

E Rote Schwarzwurzel

F 1 Wiesen-Bocksbart, ssp. *minor*

F 2 Wiesen-Bocksbart, ssp. *pratensis*

H Haferwurz

I Rauhe Gänsedistel

K Sumpf-Gänsedistel

L *Sonchus maritimus*

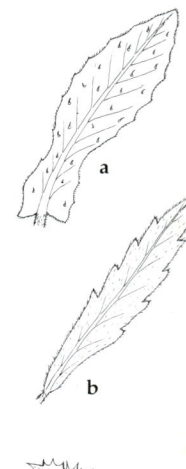

a

b

i

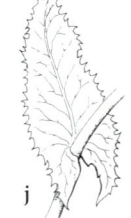

j

M Acker-Gänsedistel

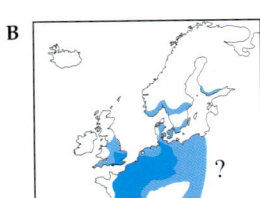
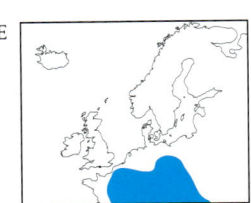
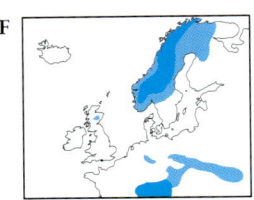

B

E

F

G

Lattich *Lactuca* Ein- oder mehrjährige, aufrechte Kräuter mit Milchsaft. Blütenköpfchen nur mit Zungenblüten, Hüllkelch zylindrisch.

A *Lactuca sibirica* Kahle, aufrechte Mehrjährige bis 1 m, mit unverzweigten, beblätterten Stengeln. Blätter lanzettlich, meist entfernt gezähnt oder gelappt, mit stengelumfassendem Grund oder kurzen Stielen. Blütenköpfchen groß, bis 30 mm, violettblau. In lichten Wäldern und Gebüsch, besonders auf Flußkies; in Nord- und Ostskandinavien. Blüht 7–9. ▽

B **Stachel-Lattich, Kompaß-Lattich** *Lactuca serriola* Steif aufrechte, kahle Ein- oder Mehrjährige bis 1,8 m, oberwärts verzweigt. Blätter steif aufrecht, länglich-lanzettlich, die unteren meist fiederspaltig, mit schmalen, deutlich getrennten Abschnitten, kahl, aber unterseits auf der blassen Mittelrippe und an den Rändern dornig; obere Blätter weniger tief geteilt, mit stengelumfassendem Grund; alle Blätter dick und wachsig graugrün. Blütenköpfchen in lockeren Büscheln, die Zweige mit dem Haupttrieb einen spitzen Winkel bildend; Köpfchen 11–13 mm, mit sieben bis zwölf gelben Blüten. Auf Schuttplätzen, an Straßenrändern, Gleisen; mit Ausnahme großer Teile Skandinaviens weit verbreitet. Blüht 7–9.

C **Weiden-Lattich** *Lactuca saligna* Zarte Einjährige bis 1 m. Blätter linealisch-lanzettlich, mit pfeilförmigem, ungezähntem, stengelumfassendem Grund, steil aufrecht gehalten. Blütenstand mit kurzen Ästen, schmal, ährenartig; Blüten blaßgelb, 10–15 mm lang, unten rötlich. Von Südengland und der Mitte Deutschlands südlich; trockene Böschungen nahe am Meer; sehr selten. Blüht 7–8. ▽

D **Gift-Lattich** *Lactuca virosa* Ähnelt dem Stachel-Lattich, ist jedoch bis zu 2 m groß, kräftig und oft violett überlaufen; Blätter ausgebreitet, nicht aufrecht, mit rundlichen, stengelumfassenden und anliegenden Grundabschnitten; Blattabschnitte breit. Auf Schuttplätzen, an Straßenrändern und trockenen, sandigen Standorten; von Belgien und Deutschland südlich. Blüht 7–9. ▽

E **Blauer Lattich** *Lactuca perennis* Aufrechte, kahle Mehrjährige bis 80 cm, oberwärts verzweigt. Blätter graugrün, fiederschnittig, mit schmalen, spitzen Abschnitten. Nur wenige, blauviolette, langgestielte Blütenköpfchen von 3–4 cm Durchmesser in einem verzweigten Blütenstand. An trockenen und steinigen, kalkreichen Standorten; von Belgien südlich. Blüht 5–8. ▽

F **Alpen-Milchlattich** *Cicerbita alpina* Hohe, mehrjährige Pflanze mit aufrechten, gefurchten, oberwärts rötlich drüsigen Stengeln bis 2 m. Untere Blätter fiederschnittig, mit einem großen, dreieckigen Endabschnitt; obere Blätter schmaler, die geflügelten Stiele zu einem herzförmigen, stengelumfassenden Grund verbreitert. Blütenköpfchen 2 cm im Durchmesser, blaß blauviolett, in einer langen Traube mit klebrig behaarten Hüllblättern und Stielen. In Nordskandinavien an feuchten, schattigen und grasigen Standorten weit verbreitet; weiter im Süden auf die Berge begrenzt. Blüht 7–9. ▽

G **Mauerlattich** *Mycelis muralis* Aufrechte, kahle Mehrjährige bis 1 m. Untere Blätter fiedrig gelappt, leierförmig, mit einem großen Endabschnitt und geflügelten Stielen; obere Blätter kleiner, weniger geteilt und mit stengelumfassendem Grund; alle Blätter dünn, oft rot überlaufen. Blütenköpfchen klein, meist mit fünf gelben Zungenblüten, 7–10 mm im Durchmesser, in einem großen, offenen Blütenstand mit rechtwinklig abste-

henden Zweigen; Hüllkelch schmal-zylindrisch. In Wäldern, auf alten Mauern und Felsen, oft auf kalkreichem Boden; im ganzen Gebiet, außer im hohen Norden. Blüht 6–9.

Löwenzahn, Kuhblume *Taraxacum* Mehrjährige Kräuter mit einer Pfahlwurzel, Grundblattrosette und einem einzelnen Blütenköpfchen auf einem hohlen, unbeblätterten, Milchsaft enthaltenden Stengel; nur Zungenblüten, hellgelb. Obwohl die Gattung leicht identifiziert werden kann, ist die jeweilige Art nur sehr schwer zu bestimmen – in Europa sind insgesamt über 1200 Arten beschrieben. Die unten stehende Beschreibung bezieht sich auf *Taraxacum officinale*, den Wiesen-Löwenzahn. Dieser Name schließt allerdings schon zahlreiche Kleinarten mit ein. Für weitere Details sollten interessierte Leser die Fachliteratur zu Rate ziehen. In Nordeuropa gibt es sieben mehr oder weniger klar abgegrenzte Gruppen:

Sektion: *Taraxacum*

H **Wiesen-Löwenzahn** *Taraxacum officinale* Mehrjährige mit einer Grundrosette aus fiedrig gelappten Blättern mit etwa löffelförmigem Umriß und geflügelten Stielen. Blütenköpfchen 2–6 cm im Durchmesser, auf bis 40 cm langen Stengeln, Zungenblüten unterseits meist mit einem braunen oder grauen Streifen. Äußere Hüllblätter zurückgekrümmt. Im ganzen Gebiet auf Grasland verbreitet und häufig. Blüht 3–10.

Sektion: *Arctica* Eine sehr kleine Gruppe. Blütenköpfchen klein, die äußeren Hüllblätter anliegend, Achänen schwärzlich. Arktis.
Sektion: *Ceratophora* Eine sehr kleine Gruppe. Blätter dunkelgrün; äußere Hüllblätter anliegend, mit einem deutlichen Horn (**h 1**); Achänen bräunlich. Skandinavien und Alpenregion.
Sektion: *Spectabilia* Eine große Gruppe von meist kräftigen Pflanzen, Blätter oft dunkel gefleckt, mit rötlichen Mittelrippen; äußere Hüllblätter aufrecht oder anliegend, meist ohne Horn (**h 2**). Meist im Hügel- oder Bergland.
Sektion: *Palustria* Blätter oft schmal, gelappt oder ungelappt. Äußere Hüllblätter oft violett, mit deutlichen blassen Rändern, ohne Hörner, anliegend. Allgemein an nassen Standorten häufig.
Sektion: *Obliqua* Eine Gruppe aus nur zwei Arten. Blütenköpfchen oft dunkler gelb; Zungenblüten rotviolett gestreift und oft einwärts gerollt. Hüllblätter mit Hörnern, anliegend (**h 3**). In sandigen Gebieten an der Küste.
Sektion: *Erythrosperma* Eine große Gruppe. Allgemein kleine Pflanzen. Blätter oft tief eingeschnitten. Äußere Hüllblätter oft grau, mit blasseren Rändern, meist anliegend, mit einem deutlichen Horn (**h 4**). Häufig; auf trockenem Grasland.

I **Binsen-Knorpelsalat** *Chondrilla juncea* Aufrechte, graue Pflanze mit aufsteigenden Ästen, bis 1 m groß. Grundblätter tief gezähnt, früh absterbend; obere Blätter lanzettlich. Blütenköpfchen zahlreich, mit neun bis zwölf gelben Blüten, etwa 10 mm im Durchmesser. Auf trockenen, offenen Standorten; in Frankreich und Deutschland, selten. Blüht 7–9. ▽

J **Rainkohl** *Lapsana communis* Aufrechte Einjährige bis 1 m, die beblätterten, stark verzweigten Stengel ohne Milchsaft. Grundblätter oval, oft fiedrig gelappt und mit einem großen, ovalen Endabschnitt; obere Blätter oval bis rautenförmig. Blütenköpfchen klein, 1–2 cm im Durchmesser, in einem lockeren, verzweigten Blütenstand; 8–15 gelbe, kurze Zungenblüten; Hüllkelch schmal-zylindrisch, mit einer Reihe gleich langer Hüllblätter sowie einigen kürzeren Exemplaren. Im ganzen Gebiet verbreitet und häufig. Blüht 7–10.

A	B	C	D
F		G	I
E			H1
H2			H3

A *Lactuca sibirica*

B Stachel-Lattich, Kompaß-Lattich

C Weiden-Lattich

D Gift-Lattich

E Blauer Lattich

F Alpen-Milchlattich

G Mauerlattich

H 1 Wiesen-Löwenzahn

H 2 *Taraxacum,* Sektion: *Ceratophora*

h 1

h 2

h 3

h 4

H 3 *Taraxacum,* Sektion: *Taraxacum*

I Binsen-Knorpelsalat

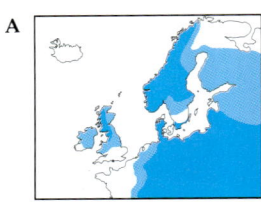

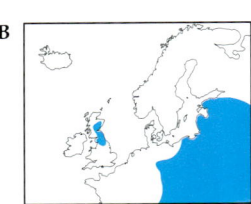

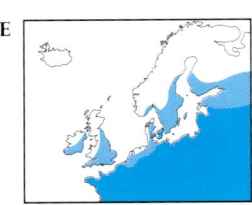

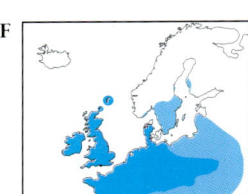

A

B

E

F

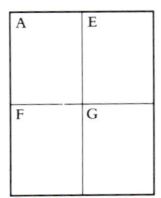

Pippau *Crepis* Eine kleine Gruppe aufrechter, ein- bis mehrjähriger Pflanzen mit verzweigten Stengeln. Blätter wechselständig, gelappt bis fiederteilig, mit rückwärts weisenden Abschnitten. Blüten alle Zungenblüten, gelb und riemenförmig; Hüllblätter zweireihig, die äußeren oft kürzer und abstehend.

(**1**) Blätter gezähnt, aber nicht gelappt.

A Sumpf-Pippau *Crepis paludosa* Mehrjährige Pflanze mit aufrechten, kahlen, oberwärts verzweigten Stengeln bis 90 cm. Grundblätter und untere Stengelblätter lanzettlich bis eiförmig, in einen kurzen, geflügelten Stiel verschmälert (**a**); obere Blätter schmaler, stengelumfassend, mit pfeilförmigem Grund; alle Blätter glänzend, kahl und wellig gezähnt. Blütenköpfchen 15–25 mm im Durchmesser, in wenigblütigen Büscheln; Blüten gelb, Hüllblätter mit schwarzen Drüsenhaaren wollig behaart. In ganz Nordeuropa, aber selten; in nassen Wiesen und Wäldern. Blüht 7–9.

B Weichhaariger Pippau *Crepis mollis* Dem Sumpf-Pippau ähnlich, Grundblätter aber in einen langen, geflügelten Stiel verschmälert (**b**); die mittleren und oberen Blätter mit abgerundetem Grund stengelumfassend; Hüllblätter spärlich behaart. An feuchten und schattigen Standorten, von Dänemark südlich, sehr selten. Blüht 7–8. ▽

C Abgebissener Pippau *Crepis praemorsa* Dem Weichhaarigen Pippau recht ähnlich, Blätter aber alle grundständig, löffelförmig, gestielt und mit umgerollten Rändern. Hüllblätter mit kurzen, blassen Haaren oder beinahe kahl. Zerstreut, überwiegend in Nordosteuropa. Blüht 5–7. ▽

D Mauer-Pippau *Crepis tectorum* Ein- oder Zweijährige bis 1 m. Grundblätter lanzettlich, gezähnt und manchmal gelappt, obere Blätter lanzettlich und ungestielt. Hüllblätter behaart, besonders auf den Innenseiten mit anliegenden Haaren. Auf dem europäischen Festland verbreitet auf sandigen Ruderalflächen. Blüht 6–7.

(**2**) Blätter zu einem gewissen Grad gelappt.

E Wiesen-Pippau *Crepis biennis* Aufrechte, zweijährige Pflanze mit aufrechten, rauh behaar-

ten Stengeln bis 1,2 m, am Grunde oft violett. Grundblätter gestielt, bis 30 cm, unregelmäßig fiederteilig, mit einem großen Endabschnitt; Stengelblätter ähnlich, aber kleiner, halb stengelumfassend, ohne deutlich pfeilförmigen Grund. Blütenköpfchen mit gelben Blüten, 25–30 mm im Durchmesser, in lockeren Gruppen; die inneren Hüllblätter außen dunkel behaart, innen flaumig; äußere Hüllblätter schmal, abstehend, ohne häutige Ränder. Verbreitet, im Norden jedoch fehlend oder eindeutig eingeführt; auf Grasland, Schuttplätzen und an Straßenrändern. Blüht 6–7.

F Kleinköpfiger Pippau *Crepis capillaris* Aufrechte, kahle Ein- oder Zweijährige bis 1 m, vom Grunde an verzweigt oder erst darüber. Blätter mehr oder weniger kahl, glänzend, unregelmäßig fiederteilig, mit einem großen, dreieckigen Endabschnitt und schmalen Seitenabschnitten (**f**); die oberen Blätter ähnlich, aber kleiner, ungestielt, mit stengelumfassendem, pfeilförmigem Grund. Blütenköpfchen 10–15 mm im Durchmesser, als Knospe aufrecht, lockere Blütenstände bildend; Hüllblätter flaumig, außen oft mit schwarzen Haaren und innen kahl, alle Haare anliegend. Verbreitet, in Skandinavien jedoch fehlend oder lokal eingebürgert; auf Schuttplätzen und Grasland, an Straßenrändern und Böschungen. Blüht 6–10.

G Löwenzahnblättriger Pippau *Crepis vesicaria* Dem Kleinköpfigen Pippau ähnlich, aber flaumiger; die Blätter haben breitere Abschnitte (**g**) und sind überall flaumig. Blütenköpfchen 15–25 mm im Durchmesser, Blüten orangegelb, die äußeren auf der Außenseite rötlich gestreift; die äußeren Hüllblätter abstehend. Frucht lang geschnäbelt. Von Holland südlich; auf Grasland, Schuttplätzen und an Straßenrändern, häufig. Blüht 5–7. ▽

H Stinkender Pippau *Crepis foetida* Den beiden obigen Arten ähnlich, aber nur bis 50 cm hoch, beim Zerreiben stark nach Bittermandel riechend. Rosettenblätter stark behaart, Blütenköpfchen als Knospen nickend. Von Belgien und Südengland südlich; auf Kiesstränden und Schuttplätzen, sehr selten. Blüht 6–8. ▽

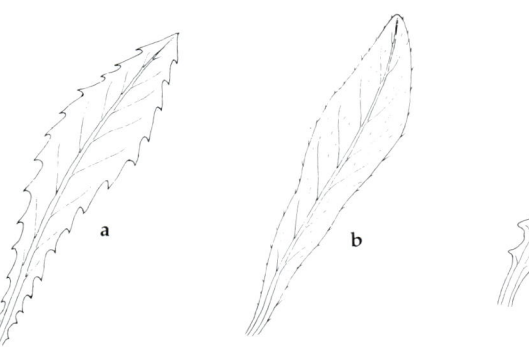

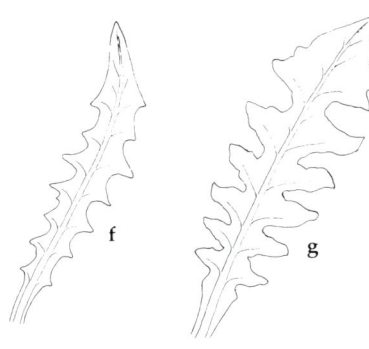

a b f g

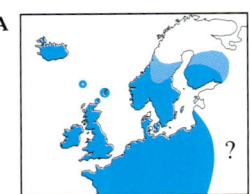

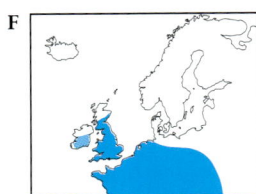

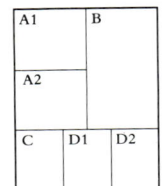

Habichtskraut *Hieracium* Eine große und vielfältige Gruppe mit mehreren hundert sehr ähnlichen Arten. Mehrjährige ohne Ausläufer (außer in der Untergattung *Pilosella*), mit aufrechten, meist beblätterten Stengeln. Blätter gezähnt, aber nicht fiederlappig. Blütenköpfchen nur mit riemenförmigen Zungenblüten, meist gelb; Hüllblätter schmal, ungleich groß und in überlappenden Reihen angeordnet. Die Bestimmung ist außergewöhnlich schwierig; eine detaillierte Darstellung findet man in FLORA EUROPAEA Bd. 4. An dieser Stelle wird nur eine kleine Auswahl der leichter zu bestimmenden Arten aufgeführt.

Hieracium, Untergattung *Pilosella*

A Kleines Habichtskraut, Mausöhrchen
Hieracium pilosella Mehrjährige Pflanze mit beblätterten Ausläufern und aufrechten, unbeblätterten Stengeln bis 30 cm, ausgedehnte Gruppen bildend. Blätter in Rosetten, löffelförmig, oberseits grün und behaart, unterseits weiß-flaumig und bis 80 mm lang. Blütenköpfchen einzeln, 15–25 mm breit, Blüten zitronengelb und unterseits rot gestreift. Im ganzen Gebiet, außer im hohen Norden; auf trockenen, grasigen Standorten, Böschungen und Heiden. Blüht 5–8.

B Orangerotes Habichtskraut *Hieracium aurantiacum* Dem Kleinen Habichtskraut ähnlich, aber die Stengel sind bis 40 cm lang, mit schwärzlichen Haaren und einigen Blättern. Blütenköpfchen in Büscheln zu zwei bis zwölf; Blüten orange, Hüllblätter mit dunklen Haaren bedeckt. In Nordeuropa weit verbreitet, in vielen westlichen Gebieten jecoch wahrscheinlich nicht heimisch; auf Grasland, an Böschungen, Straßenrändern und häufig in den Bergen. Blüht 6–7.

Hieracium, Untergattung *Hieracium*

Sektion: *Alpina*

C Alpen-Habichtskraut *Hieracium alpinum* Charakteristische Art mit zahlreichen, mit zottigen Haaren bedeckten Rosettenblättern; nur wenige Stengelblätter oder ganz fehlend. Blütenköpfchen einzeln, bis 4 cm groß, auf bis zu 20 cm langen Stielen; Blüten gelb, oft auf der Spitze und auf dem Rücken behaart; Hüllblätter seidig-flaumig, mit weißen und schwarzen Haaren (**c**). Grasige und steinige Bergstandorte; überwiegend in Skandinavien, jedoch zerstreut auch im Bergland weiter südlich. Blüht 7–9. ▽

Sektion: *Umbellata*

D Doldiges Habichtskraut *Hieracium umbellatum* Hohe, aufrechte Mehrjährige bis 80 cm, weich behaart. Blätter alle entlang des Stengels, zahlreich, ungestielt, schmal linealisch-lanzettlich, kaum gezähnt und manchmal mit umgerollten Rändern. Blütenköpfchen in einem doldenartigen, flachen Blütenstand gebüschelt; Hüllblätter kahl, schwärzlich-grün mit zurückgebogenen Spitzen (**d**). Fast im ganzen Gebiet verbreitet; in Wäldern, an Straßenrändern und Böschungen, auf Heiden und allgemein auf trockenen Böden. Blüht 6–10.

Sektion: *Vulgata*

E Gemeines Habichtskraut *Hieracium vulgatum* Aufrechte Mehrjährige bis 80 cm, nur der untere Teil des Stengels ist behaart. Grundblätter in einer Rosette, eiförmig, gezähnt, gestielt; ein bis drei Stengelblätter, ungestielt. Blütenstand aus bis zu 20 ungleich hohen, gelben Köpfchen auf wolligen, nicht drüsigen Stielen. Hüllchenblätter drüsig, spärlich behaart (**e**). In Wäldern, auf Böschungen, beschatteten Felsen, Mauern und Heiden; im ganzen Gebiet, außer im hohen Norden. Blüht 7–9.

F *Hieracium maculatum* Mehrjährige mit bis zu 50 cm langen, rötlichen Stengeln. Blätter länglich, langgestielt, mit zahlreichen dunkelvioletten Flekken, meist gezähnt und steifhaarig. Blütenköpfchen einen lockeren Blütenstand bildend, Hüllblätter behaart und drüsig (**f**). Die gefleckten Blätter sind ein gutes Kennzeichen (allerdings auch für einige verwandte Arten), aber auch das Gefleckte Ferkelkraut (siehe Seite 278) ist ähnlich. An grasigen und steinigen Standorten, oft auf Kalk; fehlt im Norden. Blüht 6–8.

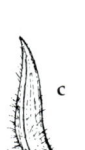
c

d

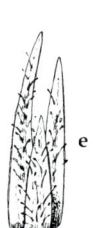
e

f

B

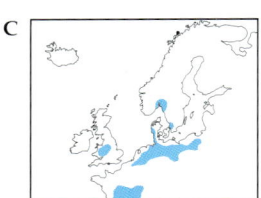

C

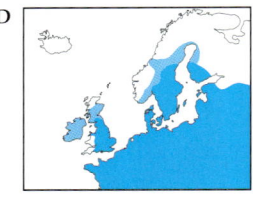

D

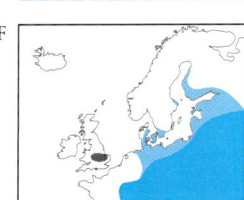

F

Einkeimblättrige Pflanzen
Monocotyledoneae

Die zweite Klasse der bedecktsamigen Pflanzen, von den zweikeimblättrigen Pflanzen durch das Vorhandensein von nur einem Keimblatt am sich entwickelnden Sämling leicht zu unterscheiden; Teile der Blüte meist ein Vielfaches von drei, meist drei oder sechs; die Blattadern sind ungefähr parallel.

Froschlöffelgewächse
Alismataceae

Eine kleine Familie aquatischer Kräuter. Blätter überwiegend grundständig und ungezähnt. Blüten mit drei getrennten, unterschiedlichen Kelchblättern und Kronblättern sowie zahlreichen Fruchtblättern, die zu einsamigen Achänen heranreifen.

A Gewöhnliches Pfeilkraut *Sagittaria sagittifolia* Aufrechte, kahle, aquatische Mehrjährige bis 90 cm. Luftblätter breit pfeilförmig, langgestielt, aufrecht, bis 20 cm lang; untergetauchte Blätter linealisch und durchscheinend; Schwimmblätter, falls vorhanden, oval bis lanzettlich. Blüten in einer quirligen Traube, Kronblätter weiß, mit einem purpurnen Fleck am Grunde, Durchmesser 20–25 mm, die unteren Blüten weiblich, mit zahlreichen Fruchtblättern, die oberen Blüten männlich. Verbreitet und allgemein häufig, im Norden allerdings selten; in stehendem oder langsam fließendem Wasser mit schlammigem Untergrund. Blüht 7–8. ▽

B Igelschlauch *Baldellia ranunculoides* Formenreiche Pflanze, aufrecht, aufsteigend oder ausgebreitet, aber kaum größer als 20 cm. Blätter überwiegend grundständig, linealisch-lanzettlich, bis 10 cm lang, an beiden Enden verschmälert und langgestielt. Besonders bei kriechenden Pflanzen stehen die Blüten einzeln oder auch in wenigblütigen Büscheln, Kronblätter blaßrosa, Blüten 6–12 mm breit und mit zahlreichen Fruchtblättern. Von Südskandinavien südlich weit verbreitet, aber selten; in Sümpfen, Teichen, Gräben etc., oft auf kalkigem Grund. Blüht 6–8. ▽

C Froschkraut *Luronium natans* Aquatische Pflanze mit waagrechten Stengeln, schwimmend oder untergetaucht, an den Knoten wurzelnd. Schwimmblätter elliptisch, stumpf, bis 40 mm lang, an langen Stielen. Blüten normalerweise einzeln, langgestielt, 12–15 mm im Durchmesser, weiß mit einem gelben Fleck in der Mitte. Von Südskandinavien südlich, selten; in Seen und Kanälen mit recht saurem Wasser. Blüht 7–8. ▽

D Gewöhnlicher Froschlöffel *Alisma plantago-aquatica* Aufrechte, kahle, mehrjährige Wasserpflanze bis 1 m. Blätter elliptisch bis eiförmig, bis 20 cm lang, langgestielt, am Grunde rund oder keilförmig und aus dem Wasser ragend (**d**). Blütenstände stark verzweigt, Blüten bis 1 cm im Durchmesser, weiß oder blaßviolett, in der Mitte gelb; Fruchtblätter zahlreich, die Griffel unterhalb der Mitte eines jeden Fruchtblatts entspringend. In Wasser und auf Schlamm häufig; im ganzen Gebiet, außer im hohen Norden. Blüht 6–8. ▽

E Lanzett-Froschlöffel *Alisma lanceolatum* Dem Gewöhnlichen Froschlöffel sehr ähnlich, Blätter aber schmaler lanzettlich, allmählich in den Stiel verschmälert (**e**); Blüten sind manchmal tiefer rosa; Griffel oberhalb der Mitte der Fruchtblätter entspringend. Ähnliche Standorte; im Norden recht selten. Blüht 6–8. ▽

F Gras-Froschlöffel *Alisma gramineum* Den obigen Arten ähnlich, aber mit schmalen, bandförmigen (nur in Ausnahmefällen breiteren) Blättern (**f**). Blüten kleiner, etwa 6 mm im Durchmesser; Fruchtblätter nahe der Spitze am breitesten, mit einem spiralig aufgewundenen Griffel. Von Dänemark südlich in Teichen und an nassen Standorten; selten. Blüht 7–9. ▽

G Herzlöffel *Caldesia parnassifolia* Den Froschlöffeln ähnlich, aber mit eiförmigen Blättern (**g**) und herzförmigem Grund (wie das Sumpf-Herzblatt, siehe Seite 94). Blüten weiß, 8–12 mm im Durchmesser, in Quirlen. Von Deutschland und Nordfrankreich südlich; ähnliche Standorte. Blüht 7–9. ▽

H *Damasonium alisma* Einjährige Pflanze bis 30 cm. Blätter langgestielt, schwimmend, stumpf gespitzt, am Grunde herzförmig und bis 50 mm lang. Blüten weiß, etwa 6 mm im Durchmesser, einzeln oder zu mehreren in Quirlen an der Spitze des Stengels. Reif sind die sechs bis acht Fruchtblätter wie ein Stern ausgebreitet. Von Südengland und Westfrankreich südlich; besonders in schlammigen, in Weidegebieten gelegenen Teichen. Blüht 6–8. ▽

Wasserlieschgewächse
Butomaceae

Mehrjährige aquatische Kräuter, Blätter alle linealisch und grundständig. Blüten in endständigen Dolden, mit je drei Kronblättern, drei Kelchblättern und neun Staubblättern.

I Schwanenblume *Butomus umbellatus* Blühend eine sehr charakteristische Pflanze. Aufrechte, kahle, aquatische Mehrjährige bis 1,5 m. Blätter alle grundständig, linealisch, gespitzt, dreikantig und beinahe so hoch wie die Blütentriebe. Blüten rosa, 15–27 mm im Durchmesser, auf hohen, runden Stengeln in einer endständigen Dolde mit bräunlichen Tragblättern. In stehendem oder langsam fließendem Süßwasser oder in schwach brackigem Wasser; im ganzen Gebiet, außer im hohen Norden. Blüht 7–9. ▽

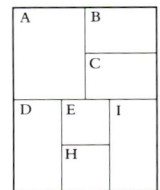

A Gewöhnliches Pfeilkraut

B Igelschlauch

C Froschkraut

D Gewöhnlicher Froschlöffel

E Lanzett-Froschlöffel

H *Damasonium alisma*, fruchtend

I Schwanenblume

d

e

f

g

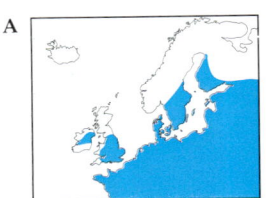

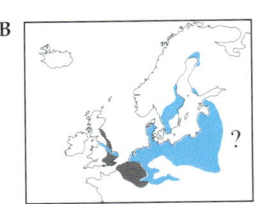

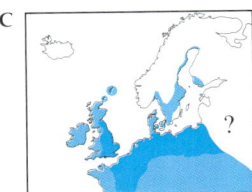

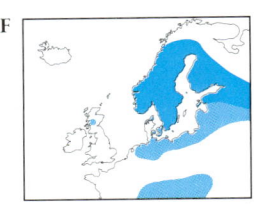

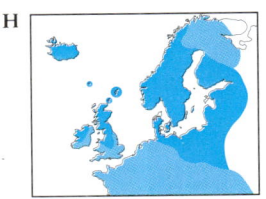

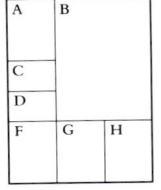

Froschbißgewächse
Hydrocharitaceae

Untergetauchte oder schwimmende aquatische Kräuter. Blüten mit drei Kronblättern, drei Kelchblättern und einer veränderlichen Zahl von Staubblättern.

A Froschbiß *Hydrocharis morsus-ranae* Kahle, schwimmende Pflanze, deren Ausläufer Blattschöpfe hervorbringen. Blätter rundlich und nierenförmig, 2—3 cm im Durchmesser, oft bronzegrün, langgestielt und mit großen Stipeln. Blüten langgestielt, 2 cm im Durchmesser, mit weißen, runzligen Kronblättern, die am Grunde jeweils einen gelben Fleck haben; die weiblichen Blüten stehen einzeln, die männlichen zu zwei bis drei zusammen. Im ganzen Gebiet verbreitet, außer im hohen Norden; in Gräben, Teichen und anderen stehenden Gewässern. Blüht 6—8. ▽

B Krebsschere, Wasseraloë *Stratiotes aloides* Ausläuferbildende, aquatische Mehrjährige, den größten Teil des Jahres untergetaucht, aber zur Blütezeit auftauchend. Blätter in einer groben Rosette, wie der Blattschopf einer Ananas, zahlreich, lanzettlich, bis 40 cm lang, fest, mit dornigen Rändern und etwas bräunlich-grün. Blüten aufrecht, die weiblichen einzeln, die männlichen zu zwei bis drei, 3—4 cm im Durchmesser und mit drei weißen Kronblättern. Verbreitet, im hohen Norden und einigen westlichen Regionen fehlend, gelegentlich außerhalb des Verbreitungsgebiets eingebürgert; in Teichen, Kanälen und Gräben. Blüht 6—8. ▽

C Kanadische Wasserpest *Elodea canadensis* Untergetauchte, mehrjährige, aquatische Pflanze, mit zerbrechlichen, bis höchstens 3 m langen Stengeln. Blätter durchscheinend grün, bis 10 mm lang (gelegentlich auch mehr), stumpf, länglich bis linealisch, ungestielt und in Quirlen zu drei. Männliche und weibliche Blüten getrennt, die männlichen sehr selten; weibliche Blüten 5 mm im Durchmesser, an langen, dünnen Stielen schwimmend, mit drei winzigen, weißen bis violetten Kronblättern. Außer in arktischen Gebieten in ganz Nordeuropa in stehenden und langsam fließenden Gewässern eingebürgert, stammt aus Nordamerika. Blüht 5—10.

D Nuttalls Wasserpest *Elodea nuttallii* Unterscheidet sich von der Kanadischen Wasserpest durch bis zu 18 mm lange Blätter, die zu einem gewissen Grad verschmälert (**d**), stärker zurückgebogen und beiderseits am Blattgrund mit einem Paar bräunlicher, gefranster Schuppen ausgestattet sind. Aus Nordamerika stammend, in Westeuropa eingebürgert, an ähnlichen Standorten wie die Kanadische Wasserpest und in Europa noch in der Ausbreitung begriffen. Blüht 5—9.

E Grundnessel *Hydrilla verticillata* Der Wasserpest sehr ähnlich. Blätter zu drei bis acht in Quirlen, linealisch und an den Spitzen fein gezähnt. Lokal von Norddeutschland südlich eingebürgert, stammt aus den Tropen. ▽

Blasenbinsengewächse
Scheuchzeriaceae

Mehrjährige Kräuter mit kriechendem Wurzelstock. Blüten zwittrig, mit sechs kelchblattartigen Abschnitten. In Europa nur mit einem Vertreter.

F Blasenbinse, Blumensimse *Scheuchzeria palustris* Aufrechte Mehrjährige, aus kriechenden Rhizomen bis 40 cm hoch. Blätter wechselständig, bis 40 cm lang, linealisch, stumpf und an der Spitze mit einem auffälligen Loch. Blüten 4—5 mm im Durchmesser, grünlich-gelb, zu drei bis zehn auf einem Stiel, der die Blätter nicht überragt. Frucht charakteristisch mit drei verwachsenen, aufgeblasenen Fruchtblättern. In ganz Nordeuropa in nassen Sümpfen, jedoch selten und in einigen Gebieten fehlend. Blüht 6—8. ▽

Dreizackgewächse
Juncaginaceae

Aquatische Pflanzen oder Sumpfpflanzen. Blätter alle grundständig. Blüten in langen Ähren.

G Salz-Dreizack *Triglochin maritima* Kräftige, aufrechte, schopfige und kahle Mehrjährige bis 60 cm. Blätter aufrecht, schmal, 3—4 mm breit, mit halbkreisförmigem Querschnitt, nicht gefurcht und alle grundständig. Blüten grün, 3—4 mm im Durchmesser, mit sechs Staubblättern, lange, schmale Ähren bildend; Frucht eiförmig, mit sechs Fächern, die je einen Samen enthalten. In Salzmarschen an der Küste; im ganzen Gebiet. Blüht 6—8. ▽

H Sumpf-Dreizack *Triglochin palustris* Im allgemeinen dem Salz-Dreizack sehr ähnlich, die Blätter sind allerdings auf der Oberseite nahe dem Grund tief gefurcht; die Blüten sind kleiner (2—3 mm); Frucht keulenförmig, reif öffnen sich am Grunde die drei fruchtbaren Fächer, so daß die typische Pfeilform entsteht. In Marschen und nassen Wiesen, oft an der Küste; im ganzen Gebiet. Blüht 6—8. ▽

I *Triglochin bulbosa* Dem Sumpf-Dreizack ähnlich, am Grunde jedoch knollig und nicht ausläuferbildend; Blätter bis 4 mm breit. Überwiegend in Südeuropa, Nordfrankreich gerade erreichend; an feuchten, salzigen Standorten. Blüht 3—5 oder 9—11.

A Froschbiß

B Krebsschere, Wasseraloë

C Kanadische Wasserpest

D Nuttalls Wasserpest

F Blasenbinse, fruchtend

G Salz-Dreizack

H Sumpf-Dreizack

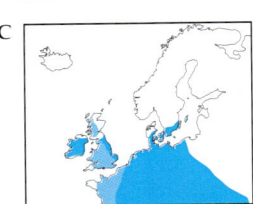

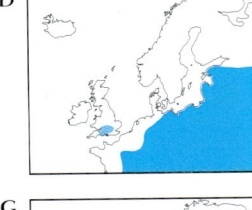

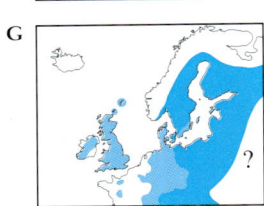

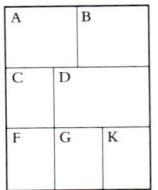

Laichkrautgewächse
Potamogetonaceae

Aquatische Kräuter mit gegenständigen oder wechselständigen Blättern, meist mit Stipeln. Blüten in gestielten Ähren in den Blattachseln. Blüten klein, zahlreich, ohne Blütenhülle, aber mit vier grünlichen, kronenartigen Staubblattanhängseln. Einige Arten sind schwer zu bestimmen, was durch das Vorkommen vieler Bastarde noch weiter kompliziert wird.

(**1**) Obere Blätter relativ breit (mehr als 1 cm) und oval bis lanzettlich.

A Schwimmendes Laichkraut *Potamogeton natans* Sowohl mit untergetauchten als auch mit schwimmenden Blättern, Stengel zylindrisch, bis 2 m lang. Schwimmblätter dunkelgrün, undurchsichtig und mit bis zu 12 cm langer Spreite, nahe der Verbindung zwischen Stiel und Spreite mit einem andersfarbigen Gelenk (**a**) – nur diese Art hat dieses Merkmal; untergetauchte Blätter bis 30 cm lang, schmal, linealisch; Stipeln 5–15 cm lang, bleibend, dicht geädert. Blütenähren zylindrisch, dicht, bis 8 cm lang, auf kräftigen Stielen aus dem Wasser ragend. Früchte grünlich. Im ganzen Gebiet in stehendem oder langsam fließendem Süßwasser. Blüht 5–9.

B Knöterich-Laichkraut *Potamogeton polygonifolius* Dem Schwimmenden Laichraut ähnlich; oft rötlich. Schwimmblätter ohne Gelenk (**b**), Stipeln 2–4 cm, häutig und mit deutlich getrennten, zarten Adern. Blütenähren zylindrisch, bis 4 cm, der Stiel viel länger als die Ähre. Frucht bräunlich. Außer im hohen Norden verbreitet und häufig, in weiten Gebieten jedoch fehlend; in Sümpfen und sauren Gewässern. Blüht 5–10. ▽

C Gefärbtes Laichkraut *Potamogeton coloratus* Den beiden obenstehenden Arten ähnlich, jedoch alle Blattstiele kürzer als die Spreiten (**c**); Schwimmblätter eiförmig, rötlich, durchscheinend, fein netzadrig, ohne Gelenk in den Stiel verschmälert. Früchte grünlich. Von Südschweden südlich; in kalkigen Gewässern und Sümpfen. Blüht 6–7. ▽

D Knoten-Laichkraut *Potamogeton nodosus* Dem Knöterich-Laichkraut in der Form ähnlich, aber durch die elliptisch-lanzettlichen, untergetauchten, an beiden Enden verschmälerten, dünnen und durchscheinenden, mit einem wunderschönen netzadrigen Muster und langen Stielen versehenen Blätter (**d 1**) leicht zu erkennen; Schwimmblätter undurchsichtig und netzadrig (**d 2**). Stipeln groß. Von Holland und Deutschland südlich, selten; in stehenden oder langsam fließenden, meist kalkigen Gewässern. Blüht 6–9. ▽

E Glänzendes Laichkraut *Potamogeton lucens* Völlig untergetauchte Wasserpflanze. Blätter alle durchscheinend, länglich-lanzettlich, kurzgestielt, Stiel den Stengel herablaufend (**e**), mit welligen, fein gezähnten Rändern und bis 20 cm lang. In kalkreichen, stehenden oder langsam fließenden Gewässern; im ganzen Gebiet, außer im hohen Norden. Blüht 6–9.

F Gras-Laichkraut *Potamogeton gramineus* Am Grunde mit zahlreichen, nichtblühenden Ästen verzweigt. Schwimmblätter eiförmig, elliptisch, bis 7 cm lang (oft jedoch fehlend), undurchsichtig und langgestielt (**f**); untergetauchte Blätter ungestielt, schmal-elliptisch bis linealisch, gespitzt und mit regelmäßigen Queradern; Stipeln groß und gespitzt, bis 5 cm groß. Im ganzen Gebiet; in stehendem oder fließendem, meist saurem Wasser. Blüht 6–9. ▽

G Alpen-Laichkraut *Potamogeton alpinus* Pflanze oft rot überlaufen. Schwimmblätter (oft fehlend) elliptisch, undurchsichtig, bis 8 cm, am Grunde keilförmig und kurzgestielt (**g**); untergetauchte Blätter ungestielt und von veränderlicher Form, an den Enden verschmälert, stumpf, durchscheinend und auffällig netzadrig, mit deutlicher Mittelrippe. Alle Ränder ungezähnt. Stipeln groß, laubblattartig, eiförmig und stumpf, bis 6 cm groß. Im ganzen Gebiet verbreitet; in stehendem oder langsam fließendem, meist recht saurem Wasser. Blüht 6–8. ▽

H Langblättriges Laichkraut *Potamogeton praelongus* Alle Blätter untergetaucht. Blätter riemenförmig bis länglich, viel länger als breit (bis 20 cm lang und 4 cm breit), rundlich und am Grunde halb stengelumfassend (**h**), kapuzenspitzig, durchscheinend und nicht netzadrig; Stipeln groß, bis 6 cm, oval und bleibend. Im ganzen Gebiet verbreitet, aber selten; in stehenden und langsam fließenden Gewässern, meist nicht kalkhaltig. Blüht 5–9. ▽

I Durchwachsenes Laichkraut *Potamogeton perfoliatus* Unverwechselbare Art. Blätter alle untergetaucht, ungestielt, etwa oval, dunkelgrün und durchscheinend, mit herzförmigem Grund stengelumfassend (**i**). Im ganzen Gebiet verbreitet; in Süßwasser. Blüht 6–9. ▽

J *Potamogeton epihydrus* Mit schwimmenden und untergetauchten Blättern; Stengel abgeflacht. Untergetauchte Blätter bandartig, weniger als 8 mm breit, ungestielt, mit einem auffälligen Band aus Luftzellen links und rechts der Mittelrippe (**j**); Schwimmblätter länglich-elliptisch, stumpf, gestielt und undurchsichtig. In Seen und Teichen, selten; nur auf den Äußeren Hebriden heimisch, in Nordengland jedoch eingebürgert. Blüht 6–8. ▽

K Krauses Laichkraut *Potamogeton crispus* Vollständig untergetaucht. Gekennzeichnet durch vierkantige, gefurchte Stengel und dunkelgrüne, durchscheinende, linealische bis längliche, stumpfe Blätter mit stark welligen oder krausen Rändern (**k**); nur drei bis fünf Hauptadern; Ränder fein gezähnt. Außer im hohen Norden im ganzen Gebiet verbreitet; in stehenden oder langsam fließenden Gewässern. Blüht 5–10. ▽

A Schwimmendes Laichkraut

B Knöterich-Laichkraut

C Gefärbtes Laichkraut

D Knoten-Laichkraut

F Gras-Laichkraut

G Alpen-Laichkraut

K Krauses Laichkraut

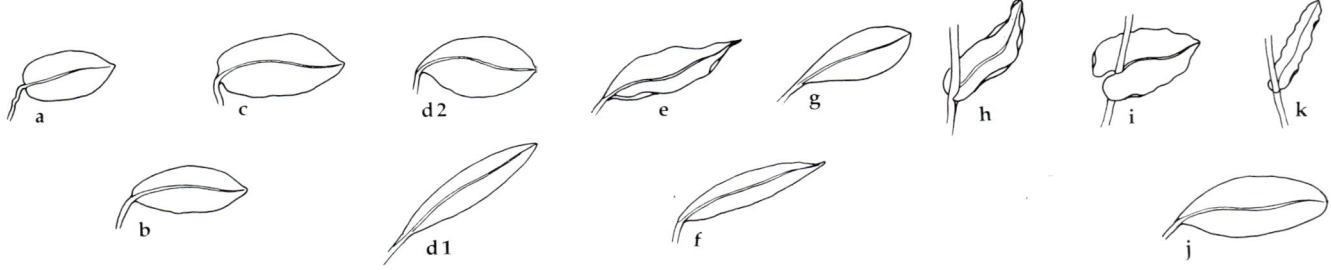

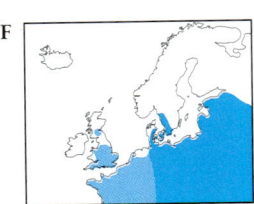

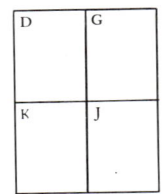

(2) Alle Blätter schmal, weniger als 6 mm breit, oft sogar fädlich.

A Stachelspitziges Laichkraut *Potamogeton friesii* Alle Blätter untergetaucht; linealisch, ungestielt, bis 7 cm, stumpf, mit einer kleinen Borstenspitze, fünfadrig, die beiden äußeren Adern dicht beieinander und nahe am Rand (**a**); Stipeln verschmolzen und eine röhrige Blattscheide bildend. Blütenähre kurz, mit einigen getrennten Blütenquirlen. Im ganzen Gebiet in stehenden und langsam fließenden Gewässern mit schlammigem Grund verbreitet. Blüht 6–9. ▽

B Rötliches Laichkraut *Potamogeton rutilus* Dem Stachelspitzigen Laichkraut recht ähnlich, aber die Blätter zu einer feinen Spitze verschmälert, meist dreiadrig (**b**). In Seen; von Dänemark und Schottland östlich; sehr selten. Blüht 7–9. ▽

C Zwerg-Laichkraut *Potamogeton pusillus* Dem Rötlichen Laichkraut ähnlich, die Blätter sind allerdings allmählich in eine feine, aber stumpfe Spitze verschmälert (**c**); der längste Teil der Stipeln röhrenförmig (nicht nur am Grunde). Im ganzen Gebiet in kalkigen oder brackigen, stehenden oder langsam fließenden Gewässern. Blüht 6–9. ▽

D Stumpfblättriges Laichkraut *Potamogeton obtusifolius* Stengel dünn und abgeflacht; Schwimmblätter fehlen. Blätter 2–4 mm breit, bis 90 mm lang, an der Spitze rund (**d**) oder manchmal mit einer kleinen Borstenspitze; Stipeln eine offene Scheide formend, bis 20 mm, stumpf. Im ganzen Gebiet verbreitet, aber selten; in Teichen und Bächen. Blüht 6–9. ▽

E Kleines Laichkraut *Potamogeton berchtoldii* Alle Blätter untergetaucht. Eine zarte Pflanze, Blätter sehr schmal, weniger als 2 mm breit, bis 50 mm lang, stumpf, mit einer kleinen Borstenspitze, fast immer dreiadrig, die Seitenadern so gekrümmt, daß sie die Mittelrippe im rechten Winkel treffen; Mittelrippe von Luftzellen gesäumt. Außer im hohen Norden im ganzen Gebiet verbreitet; in stehendem und langsam fließendem Süßwasser. Blüht 6–9. ▽

F Haar-Laichkraut *Potamogeton trichoides* Dem Kleinen Laichkraut ähnlich, aber mit sehr feinen, weniger als 1 mm breiten Blättern, abgeflacht, zu einer schmalen Spitze verschmälert, scheinbar einadrig (die beiden Seitenadern sind nur undeutlich ausgeprägt) und ohne seitliche Bänder aus Luftzellen. Stipeln nicht röhrenförmig, blattartig und glänzend grün. Von Südschweden südlich; in stehenden oder sehr langsam fließenden Gewässern. Blüht 6–9. ▽

G Flachstengliges Laichkraut *Potamogeton compressus* Stengel abgeflacht; Blätter alle untergetaucht, 2–4 mm breit und bis 20 cm lang, grasartig, vorne rund, aber borstenspitzig (**g**), fünfadrig (aber mit vielen zusätzlichen, aderähnlich verdickten Strängen) und mit an die Mittelrippe grenzenden Luftzellen; Stipeln offen, sehr stumpf, bis 30 mm. Im ganzen Gebiet, außer im hohen Norden; in stehenden und langsam fließendem Süßwasser. Blüht 6–9. ▽

H Spitzblättriges Laichkraut *Potamogeton acutifolius* Dem Flachstengligen Laichkraut ähnlich, aber die Blätter sind fein in eine scharfe Spitze ausgezogen und dreiadrig (**h**). Ähren sehr kurz und wenigblütig (beim Flachstengligen Laichkraut bis 30 mm lang und vielblütig). Von Südschweden südlich; in stehenden und fließenden, meist kalkhaltigen Gewässern. Blüht 6–8. ▽

I Faden-Laichkraut *Potamogeton filiformis* Blätter alle untergetaucht und meist schmaler als 1 mm, zahlreich, an der Spitze stumpf oder abgerundet, ungestielt, aus zwei hohlen Röhren zu beiden Seiten der Mittelrippe bestehend; Stipeln wenigstens am Grunde eine geschlossene Röhre bildend. Im ganzen Gebiet, in vielen Gegenden jedoch fehlend; besonders in Süß- oder Brackwasser, oft nahe der Küste. Blüht 5–9. ▽

J Kamm-Laichkraut *Potamogeton pectinatus* Dem Faden-Laichkraut sehr ähnlich, aber die Blätter sind gespitzt; Blattscheiden der Stipeln auf einer Seite offen, am Grunde nicht röhrig, mit weißem Rand. An ähnlichen Standorten; im ganzen Gebiet. Blüht 6–9. ▽

K Dichtes Laichkraut *Groenlandia densa* Unterscheidet sich von den *Potamogeton*-Arten durch gegenständige Blätter (gelegentlich zu dreien). Alle Blätter untergetaucht, in gegenständigen Paaren, ohne Stipeln, oval-dreieckig, bis 4 cm, stumpf oder gespitzt, durchscheinend und die Ränder fein gezähnt; oft der Länge nach gefaltet und zurückgekrümmt. Blüten in winzigen, kurzgestielten Büscheln, zur Fruchtzeit zurückgebogen. In stehendem oder fließendem Süßwasser; von Dänemark südlich, im Norden des Verbreitungsgebietes selten. Blüht 5–9. ▽

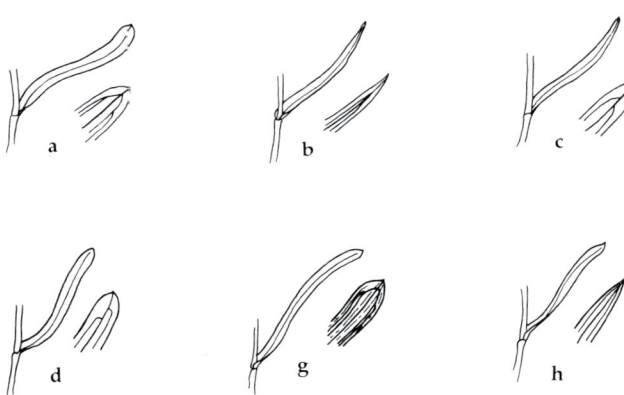

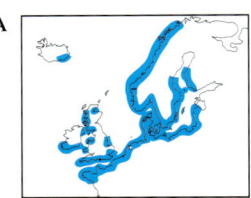

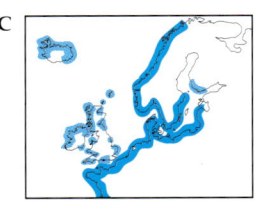

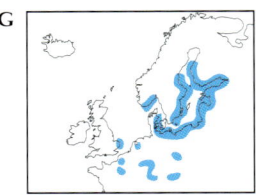

A

C

G

H

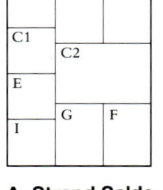

Saldengewächse *Ruppiaceae*

Eine kleine Familie untergetauchter, aquatischer Kräuter in Salz- oder Brackwasser. Blüten zwittrig, ohne Kron- oder Kelchblätter, in Paaren auf langen Stielen stehend.

A Strand-Salde *Ruppia maritima* Zarte, aquatische Mehrjährige, vollständig untergetaucht und mit haarförmigen Stengeln. Blätter sehr fein, weniger als 1 mm breit, hellgrün, wechselständig oder gegenständig, gespitzt. Blüten mit mehreren, genäherten Paaren einen doldenartigen Blütenstand bildend; der gemeinsame Stiel weniger als 60 mm lang und weniger als doppelt so lang wie die einzelnen Blütenstiele; Kronblätter fehlen, zwei Staubblätter bis 0,7 mm. In salzigem oder brackigem Wasser, meist nahe der Küste; im ganzen Gebiet. Blüht 7–9. ▽

B Schraubige Salde *Ruppia cirrhosa* Der Strand-Salde sehr ähnlich, die Blätter sind aber dunkelgrün, der Blütenstandsstiel 10 cm oder länger und viel länger als die einzelnen, zur Fruchtzeit aufgerollten Blütenstiele. Staubblätter bis 1,7 mm lang. Ähnliche Standorte und Verbreitung. Blüht 7–9. ▽

Seegrasgewächse *Zosteraceae*

Eine kleine Familie mehrjähriger, grasartiger Kräuter, die völlig auf marine Standorte beschränkt sind. Die getrenntgeschlechtlichen Blüten auf das Minimum von einem einzelnen Fruchtblatt bzw. Staubblatt reduziert.

C Gewöhnliches Seegras *Zostera marina* Untergetauchte, krautige, mehrjährige Meerespflanze. Blätter bis 50 cm lang, gelegentlich aber auch viel länger, bis 1 cm breit, drei-(bis neun-)adrig, vorne breit, abgerundet, borstig bespitzt; Blattscheiden am Grund geschlossen; Blätter der blühenden Triebe ähnlich, aber kleiner. Blüten grünlich, endständig, vielverzweigte Blütenstände bildend, die in einer Blattscheide eingeschlossen sind; Narbe doppelt so lang wie der Griffel. Lokal an allen Küsten häufig, auf feinem Sand oder siltigen Untergründen. Bestandsgröße durch Krankheit reguliert. Blüht 6–9.

D *Zostera angustifolia* In der Form dem Gewöhnlichen Seegras ähnlich, aber die Blätter sind bandartig, 2–3 mm breit, bis 30 cm lang, ein- bis dreiadrig und an der Spitze meist gekerbt. Blütenstand der obigen Art ähnlich, Griffel und Narbe sind aber gleich lang. An ähnlichen Standorten, jedoch auch weiter oben am Strand vorkommend; im ganzen Gebiet. Blüht 6–11. ▽

E Zwerg-Seegras *Zostera noltii* Ähnlich *Zostera angustifolia* und oft mit dieser Art verwech-

selt, aber kleiner, zarter, die Blätter nur bis 12 cm lang und weniger als 1,5 mm breit, nur einadrig; Blattscheiden offen. Blütenstände unverzweigt. Ähnliche Standorte; von Südskandinavien südlich. Blüht 6–10.

Teichfadengewächse *Zannichelliaceae*

Eine kleine Familie, in Nordeuropa nur mit einer Gattung vertreten. Blätter sehr schmal. Blüten unauffällig, die Kronblätter sind winzig oder fehlen ganz.

F Sumpf-Teichfaden *Zannichellia palustris* Zarte, untergetauchte, aquatische, mehrjährige Pflanze. Blätter mehr oder weniger gegenständig, linealisch, sehr schmal und meist unter 1,5 mm breit, bis 50 mm lang, fein gespitzt, durchscheinend, mit wenigen parallelen Adern. Unterscheidet sich von ähnlichen, haarblättrigen *Potamogeton*-Arten durch den Blütenstand aus kleinen, ungestielten Blütenbüscheln in den Blattachseln, die aus einer männlichen Blüte und mehreren Fruchtblättern in einem becherförmigen Perigon bestehen. In stehendem oder langsam fließendem Süßwasser oder Brackwasser; fast im ganzen Gebiet häufig. Blüht 5–8. ▽

Nixenkrautgewächse *Najadaceae*

Eine sehr kleine Familie mit nur einer Gattung. Blätter genau gegenständig. Blüten eingeschlechtlich männlich oder weiblich.

G Großes Nixenkraut, Meer-Nixenkraut *Najas marina* Untergetauchte, aquatische Pflanze mit gegenständigen oder quirlständigen, schmallanzettlichen, bis 6 mm breiten Blättern mit kräftigen Dornen auf den Rändern, die Stengel sind zerstreut gezähnt (**g**); Blattscheiden unbehaart. Blüten winzig, blattachselständig. In klarem Süßwasser oder in Brackwasser; außer im hohen Norden weit verbreitet, aber selten. Blüht 7–8. ▽

H Biegsames Nixenkraut *Najas flexilis* Ähnelt der obenstehenden Art in der Form, Blätter zu zweit oder zu dritt, sehr fein gezähnt (**h**), schmaler (bis 1 mm breit), mit etwas behaarten Blattscheiden. Von Großbritannien und Deutschland nördlich; in sauren, stehenden Gewässern, sehr selten. Blüht 7–9. ▽

I Kleines Nixenkraut *Najas minor* Dem Biegsamen Nixenkraut sehr ähnlich, aber mit noch schmaleren Blättern, weniger Zähnen, und die Blattscheiden haben rundliche Öhrchen am Grunde. Stehende Gewässer; von Belgien und Deutschland südlich, selten. Blüht 7–9. ▽

g

h

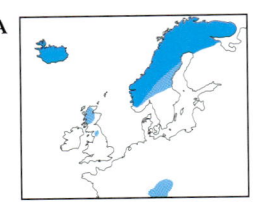

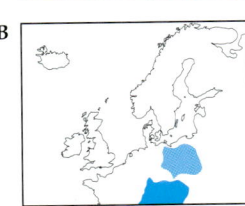

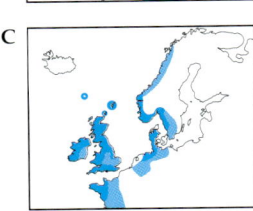

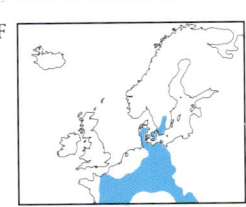

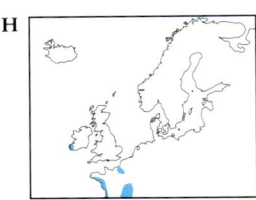

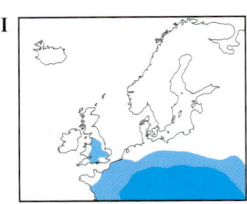

Liliengewächse *Liliaceae*

Eine sehr große Familie, die in Nordeuropa nur durch krautige Pflanzen vertreten ist, die meist einen knolligen Wurzelstock oder Zwiebeln haben. Blätter meist schmal, linealisch, ungezähnt und paralleladrig. Blüten meist mit sechs etwa gleich großen, ähnlichen, in zwei Kreisen angeordneten Perianthblättern, die Kronblättern und Kelchblättern entsprechen. Eine Ausnahme stellt die vierzählige Schattenblume dar. Normalerweise sechs Staubblätter, Fruchtknoten dreifächrig und oberständig.

A Kleine Simsenlilie *Tofieldia pusilla* Aufrechte, kahle, mehrjährige Pflanze bis 20 cm. Blätter bis 80 mm lang, überwiegend in einem abgeflachten Fächer, wie eine Miniaturausgabe von Irisblättern. Blütenstand eine dichte, kurzgestielte Ähre mit fünf bis zehn Blüten; Blüten grünlich oder weißlich, etwa 2 mm im Durchmesser, am Grunde mit einem dreilappigen Tragblatt. In wasserführenden Rinnen und auf torfigen Flächen, überwiegend in den Bergen; im ganzen Gebiet, aber sehr selten und im Süden auf die Berge beschränkt. Blüht 6–8. ▽

B Gewöhnliche Simsenlilie *Tofieldia calyculata* Der Kleinen Simsenlilie ähnlich, aber bis zu 35 cm groß und mit einer längeren Ähre aus bis zu 30 gelblichen Blüten. An nassen, meist kalkigen Standorten; in Südschweden und in den Alpen. Blüht 6–8. ▽

C Beinbrech *Narthecium ossifragum* Ähnelt in der Form den Simsenlilien, aber mit aufrechten, bis 10 cm langen Ähren aus größeren (bis 15 mm Durchmesser), sternförmigen, orangegelben Blüten; Staubbeutel orangerot, mit auffällig wolligen, orangenen Staubfäden. Blätter und Früchte im Spätsommer alle orange werdend. In Sümpfen, Wasserrinnen und nassen Heiden; von Südskandinavien südlich, lokal häufig. Blüht 6–8. ▽

D Weißer Germer *Veratrum album* Kräftige, aufrechte, gruppenbildende Mehrjährige bis 1,5 m. Blätter gedrängt, wechselständig, oval bis elliptisch, oberseits kahl, aber unterseits flaumig, am Grunde bis 25 cm lang. Die oberen Blätter kürzer, und alle haben tief eingesenkte Adern. Blüten weiß bis grünlich, 15–25 mm im Durchmesser, in langen, im unteren Teil verzweigten Blütenständen. An feuchten, grasigen Standorten, überwiegend im Hügel- oder Bergland; nur in Finnland, Norwegen, Frankreich und Deutschland. Blüht 6–8. ▽

E *Asphodelus albus* Kräftige Mehrjährige mit einem Büschel grundständiger Blätter. Blätter linealisch, flach, bis 60 cm, graugrün gespitzt und aufsteigend. Blütenstandsstiel fest und markig, gewöhnlich unverzweigt, bis 1 m hoch, eine endständige Traube tragend; Blüten weiß, mit braunen Mittelrippen, 40–60 mm im Durchmesser, mit dunkelbraunen Tragblättern. Auf Wiesen, Heiden und in lichten Wäldern; von Nordwestfrankreich südlich. Blüht 5–8. ▽

F Traubige Graslilie *Anthericum liliago* Zarte, kahle, mehrjährige Pflanze bis 70 cm, mit den Blättern in einem grundständigen Büschel. Blätter linealisch, schmal, bis 40 cm lang, aber nur 3–7 mm breit, flach oder rinnig. Blütenstand eine wenigblütige, meist unverzweigte Traube; Kronblätter weiß, Blüten 25–50 mm im Durchmesser, Tragblätter 10 mm lang; Griffel gekrümmt und aufsteigend. Auf trockenem Grasland, trockenen Böschungen und in lichten Wäldern, selten; von Südschweden südlich. Blüht 5–7. ▽

G Ästige Graslilie *Anthericum ramosum* Der obigen Art ähnlich, aber mit einem vielfach verzweigten Blütenstandsstiel, Blüten kleiner (20–30 mm im Durchmesser), Tragblätter 5 mm lang und die Griffel gerade. Ähnliche Verbreitung, allgemein aber eher im Tiefland. Blüht 6–7. ▽

H *Simethis planifolia* Zarte, aufrechte, kahle Mehrjährige bis 40 cm. Blätter überwiegend grundständig, bis 60 cm lang und bis 7 mm breit, die Blüten überragend. Blüten innen weiß, außen rosaviolett, zu drei bis sieben eine lockere Rispe bildend, Staubfäden weiß-wollig, Griffel ungeteilt. Auf Heiden, felsigem Untergrund und in lichten Kiefernwäldern; sehr selten in Südwestirland und Westfrankreich (und weiter südlich in Europa). Blüht 5–7. ▽

I Herbst-Zeitlose *Colchicum autumnale* Kahle, mehrjährige Pflanze mit einer unterirdischen Knolle, die im Frühling Blätter und im Herbst die Blüten hervorbringt. Blätter länglich-lanzettlich, hellgrün glänzend, bis 30 cm lang und 4 cm breit, im Frühjahr aufrecht, aber lange vor der Blütezeit welkend. Die Blüten kommen im Herbst mit einer langen, stielähnlichen Perianthröhre ohne Blätter direkt aus dem Boden. Die sechs rosavioletten Zipfel des Perianths sind denen der *Crocus*-Arten (siehe Seite 310) sehr ähnlich, haben aber sechs, statt nur drei Staubblätter. Früchte erscheinen zusammen mit den Blättern im folgenden Frühling. Auf Wiesen und in lichten Wäldern; nördlich bis Holland und Deutschland, selten, weiter im Norden eingebürgert. Blüht 8–10.

J Faltenlilie *Lloydia serotina* Kahle, einer Knolle entspringende Mehrjährige bis 15 cm (selten mehr). Meist nur zwei Grundblätter, fadenartig, grün und bis 20 cm lang; außerdem mit zwei bis vier lanzettlichen Stengelblättern. Blüten einzeln, weiß, purpurn geädert, aufrecht, etwa becherförmig und 15–20 mm im Durchmesser. Auf exponierten Graten und Grasland in den Bergen; in Wales und in den Alpen, selten. Blüht 5–7. ▽

A	B	C
D	E	F
H	I	J

A Kleine Simsenlilie

B Gewöhnliche Simsenlilie

C Beinbrech

D Weißer Germer

E *Asphodelus albus*

F Traubige Graslilie

H *Simethis planifolia*

I Herbst-Zeitlose

J Faltenlilie

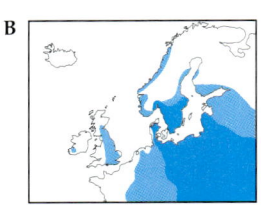

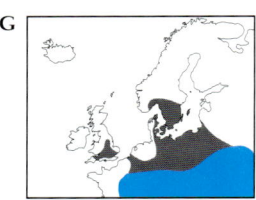

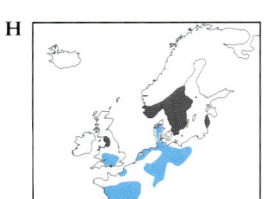

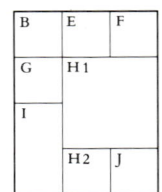

Gelbstern *Gagea* Kleine Mehrjährige mit einer Wurzelknolle und aufrechten, unverzweigten Stengeln; Blätter sowohl am Grund als auch entlang des Stengels. Blüten aufrecht, gelb (mit einem grünen Streifen auf der Rückseite jedes Perianth-Abschnitts), in doldenartigen Büscheln oder einzeln, mit einer blattartigen Blütenscheide am Grunde des Blütenstandes.

(1) Pflanzen mit nur einem Grundblatt.

A Wiesen-Gelbstern *Gagea pratensis* Grundblatt bis 6 mm breit, flach; Stengelblätter ein gegenständiges Paar. Blüten groß (20—30 mm im Durchmesser), grünlich-gelb und in Gruppen zu zwei bis sechs; drei gelbe Narben. Auf Wiesen und Ruderalflächen; von Südschweden südlich, selten. Blüht 3—5. ▽

B Wald-Gelbstern *Gagea lutea* Dem Wiesen-Gelbstern sehr ähnlich, das Grundblatt ist aber bis 15 mm breit und hat eine Kapuzenspitze. Blüten in Gruppen zu einer bis sieben, Blütenstiele manchmal behaart; nur eine grüne Narbe. Auf feuchtem Grasland und in lichten Wäldern, oft auf basischen und schweren Böden; selten. Blüht 3—4. ▽

C Kleiner Gelbstern *Gagea minima* Grundblatt nur 1—2 mm breit und nicht gekielt wie bei den beiden obenstehenden Arten. Blüten in Gruppen zu einer bis sieben, mit gespitzten (nicht stumpfen), später zurückgeschlagenen Perianth-Abschnitten. Fast im gesamten Gebiet an ähnlichen Standorten verbreitet, selten. Blüht 3—5. ▽

(2) Pflanzen mit zwei oder mehr Grundblättern.

D Scheidiger Gelbstern *Gagea spathacea* Alle Teile der Pflanze kahl. Zwei Grundblätter, schmal-linealisch und bis 4 mm breit. Blüten in Gruppen zu zwei bis vier, mit einem einzelnen, blütenscheidenartigen Hochblatt am Grund des Blütenstandes; Blüten 18—20 mm im Durchmesser, gelb. Von Südschweden südlich bis Nordfrankreich, selten; in lichten Wäldern, Gebüsch und feuchtem Grasland. Blüht 4—5. ▽

E Acker-Gelbstern *Gagea arvensis* Graue, schwach behaarte Pflanze. Zwei Grundblätter, schmal-linealisch, rinnig; ein Paar gegenständige Stengelblätter. Blüten zahlreich, zu fünf bis zwölf zusammenstehend, mit schmalen, gespitzten Perianth-Abschnitten. Von Holland und Südschweden südlich; auf trockenen, offenen Standorten, Ackerland. Blüht 4—5. ▽

F Felsen-Gelbstern *Gagea bohemica* Sehr kleine Pflanze, Stengel normalerweise weniger als 20 mm hoch. Zwei Grundblätter, sehr schmal, lang und wellig; Stengelblätter kürzer und breiter, zwei bis vier, wechselständig. Blüten einzeln oder zu zwei bis drei, mit stumpfen, zur Spitze hin breiteren Perianth-Abschnitten. Auf trockenen, grasigen und steinigen Standorten, gelegentlich auch in Wäldern; nur in Deutschland, Wales und Westfrankreich, sehr selten. Blüht 1—3. ▽

G Wilde Tulpe *Tulipa sylvestris* Unverwechselbare Mehrjährige mit Wurzelknolle und aufrechtem Stengel bis 45 cm. Blätter linealisch, lanzettlich, bis 30 cm lang, auf der Oberseite graugrün, rinnig. Blüten meist einzeln oder zu zweit, Knospen nickend, offene Blüten aufrecht, 3—5 cm lang, gelb, außen oft grün, mit drei Narben. In Wiesen und an grasigen Standorten; wahrscheinlich nur im Nordwesten Frankreichs und weiter südlich heimisch, aber nördlich bis Südskandinavien verbreitet eingebürgert. Blüht 4—5. ▽

H Schachblume *Fritillaria meleagris* Aufrechte, kahle, recht graugrüne Mehrjährige bis 30 cm. Blätter wechselständig, nicht grundständig, schmal-linealisch. Blüten in Nordeuropa einzigartig, einzeln oder in Paaren auf den Stielen, von der Form einer großen, hängenden Laterne, 3—5 cm lang, mit einem rosa und bräunlich-purpurnen Schachbrettmuster (selten auch ganz weiß), auf der Innenseite mit einer Nektardrüse am Grunde jedes Perianth-Abschnittes. Von Holland südlich, aber auch weiter im Norden eingebürgert; feuchte, besonders im Winter überflutete Wiesen auf Schwemmböden. Blüht 4—5. ▽

I Türkenbund *Lilium martagon* Kräftige, aufrechte Mehrjährige mit rauhen Stengeln bis 1,8 m. Blätter oval-lanzettlich, bis höchstens 16 cm lang, zum größten Teil in entfernten Quirlen am Stiel. Blüten groß, 4—5 cm im Durchmesser, rötlich-purpurn mit dunklen Flecken, die Perianth-Abschnitte stark zurückgeschlagen und eine lockere, endständige Traube bildend. In Wäldern, Gebüsch und an grasigen Standorten; von Nordostfrankreich südlich heimisch, aber weiter im Norden verbreitet eingebürgert. Blüht 6—7. ▽

J *Lilium pyrenaicum* Vom Türkenbund durch die schmalen, wechselständigen Blätter und die gelben, schwarz überlaufenen Blüten leicht zu unterscheiden. In den Pyrenäen heimisch, aber lokal eingebürgert. Blüht 5—7. ▽

B Wald-Gelbstern

E Acker-Gelbstern

F Felsen-Gelbstern

G Wilde Tulpe

H 1 Schachblume, am Standort

H 2 Schachblume, normale und weiße Form

I Türkenbund

J *Lilium pyrenaicum*

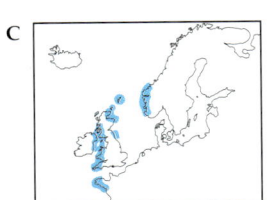

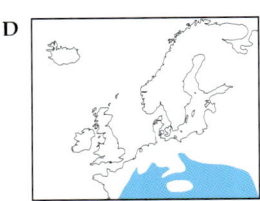

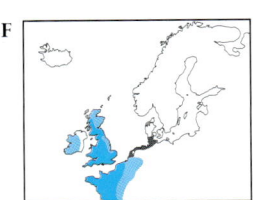

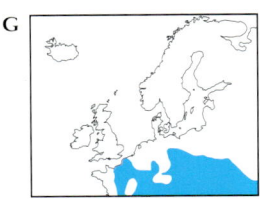

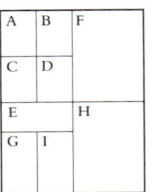

A Pyrenäen-Milchstern *Ornithogalum pyrenaicum* Aufrechte, kahle Mehrjährige mit kräftigen Stengeln bis 1 m. Blätter linealisch, graugrün, alle grundständig und früh welkend. Blüten blaß grüngelb bis grünlich-weiß, sternförmig, bis 2 cm im Durchmesser, in langen, endständigen Trauben mit kurzen, weißlichen Tragblättern unter jeder Blüte. Der sich entwickelnde Blütenstand ähnelt dem Spargel und wird in manchen Gegenden auch verzehrt. Auf Wiesen, in Gebüsch und an Straßenrändern; von Belgien und Südengland südlich, selten. Blüht 5–7. ▽

B Dolden-Milchstern *Ornithogalum umbellatum* Niedrige, kahle Mehrjährige mit einer Wurzelknolle, bis 30 cm hoch. Blätter schmal-linealisch, bis 30 cm lang, mit einem weißen Streifen in der mittleren Rinne. Blüten in einer doldenartigen, endständigen Traube, die unteren Blüten auf längeren Stielen als die oberen, so daß der Blütenstand beinahe eben ist. Perianth-Abschnitte der sternförmigen, 3–4 cm großen Blüten weiß, mit einem grünen Streifen auf der Rückseite. Auf trockenem Grasland, an Straßenrändern und auf Kulturflächen; von Holland südlich, jedoch auch weiter im Norden eingebürgert. Blüht 4–5. ▽

C *Scilla verna* Kleine, kahle Mehrjährige mit einer Wurzelknolle, bis 15 cm hoch. Drei bis sechs linealische, bis 4 mm breite und bis 20 cm lange, gekrümmte und vor den Blüten erscheinende Blätter. Blüten in einem zwei- bis zwölfblütigen, aufrechten, endständigen Büschel; Perianth-Abschnitte blaßblau oder blauviolett, gespitzt; jede Blüte mit einem bläulich-violetten Tragblatt, das meist länger als der Blütenstiel ist. An trockenen, steinigen, grasigen Küstenstandorten; westlicher Verbreitungsschwerpunkt, selten. Blüht 4–5. ▽

D Zweiblättrige Sternhyazinthe, Blaustern *Scilla bifolia* Der vorher beschriebenen Art ähnlich, aber nur mit zwei Blättern, die bis 12 mm breit sind und gemeinsam mit den Blüten erscheinen; Blüten hellblau, ohne Tragblätter. In Wiesen und Wäldern, nicht besonders häufig an der Küste; von Belgien und Deutschland südlich. Blüht 3–4. ▽

E Herbst-Sternhyazinthe *Scilla autumnalis* Sehr ähnlich *Scilla verna*, am leichtesten durch die Blütezeit zu unterscheiden. Blätter erscheinen im Herbst, zusammen mit den Blüten oder nach ihnen; Blüten stumpf violett, Tragblätter fehlen.

An trockenen, steinigen und grasigen Standorten, überwiegend an der Küste; von Südengland und Frankreich südlich. Blüht 7–9. ▽

F Hasenglöckchen *Hyacinthoides non-scripta* Kahle Mehrjährige mit einer Wurzelknolle und bis 50 cm hoch. Blätter alle grundständig, linealisch, bis 15 mm breit, grün glänzend und mit Kapuzenspitze. Bis zu 16 schmal-glockenförmige Blüten, nickend in einer einseitswendigen Traube; Perianth-Abschnitte blau oder blauviolett, selten rosa oder weiß, am Grunde verwachsen, die Spitzen der sechs Abschnitte zurückgekrümmt; Staubblätter milchig. In Wäldern, Gebüsch, Grasland und auf Küstenklippen; von Holland und Schottland südlich, mit westlichem Verbreitungsschwerpunkt. Blüht 4–6. ▽

G Schopfige Traubenhyazinthe *Muscari comosum* Aufrechte Mehrjährige mit Wurzelknollen, bis höchstens 50 cm groß. Blätter linealisch, bis 40 cm lang, 15 mm breit und rinnig. Blüten in einer langen, lockeren Ähre, die unteren Blüten blaß olivbraun, krugförmig, mit weiter Öffnung; die oberen Blüten steril, violett, in einem aufrechten Schopf; alle Blüten langgestielt. Auf trockenem Grasland und Ruderalflächen; von Nordfrankreich und Süddeutschland südlich, weiter im Norden eingebürgert. Blüht 4–6. ▽

H Übersehene Traubenhyazinthe *Muscari neglectum* Aufrechte, kahle Mehrjährige mit Wurzelknollen, bis 30 cm groß. Blätter linealisch, mit halbkreisförmigem Querschnitt, rinnig, hellgrün, bis 30 cm lang und 6 mm breit, alle grundständig. Blüten in einer dichten, zylindrischen, endständigen Ähre von 20–30 mm; Blüten dunkelblau, oval, aufgeblasen, 3–5 mm lang, die Öffnung eng und mit sechs kleinen, weißen Zähnen; die obersten Blüten kleiner, blasser und steril. Auf trockenem, oft kalkigem Grasland; von Großbritannien und Nordfrankreich südlich, im Norden des Verbreitungsgebietes eingebürgert. Blüht 4–5. ▽

I Kleine Traubenhyazinthe *Muscari botryoides* Der Übersehenen Traubenhyazinthe ähnlich, die Blätter aber bis 12 mm breit, an der Spitze breiter oder kapuzenspitzig; Blüten blaßviolett, kugelig, 2–4 mm lang, in lockeren, kegelförmigen Blütenständen. Auf trockenem Grasland; von Belgien und Deutschland südlich, im Norden des Verbreitungsgebietes wahrscheinlich nicht heimisch. Blüht 3–6. ▽

A Pyrenäen-Milchstern

B Dolden-Milchstern

C *Scilla verna*

D Zweiblättrige Sternhyazinthe, Blaustern

E Herbst-Sternhyazinthe

F Hasenglöckchen

G Schopfige Traubenhyazinthe

H Übersehene Traubenhyazinthe

I Kleine Traubenhyazinthe

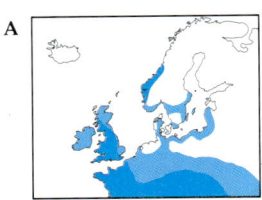

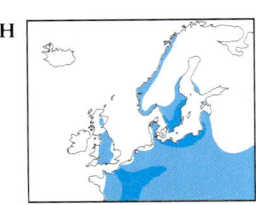

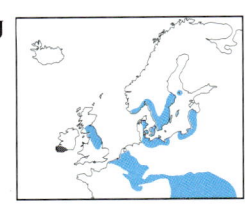

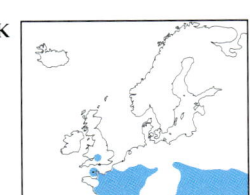

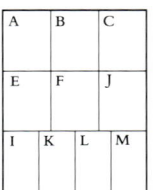

Lauch *Allium* Mehrjährige Kräuter mit Zwiebeln, beim Zerreiben mit Knoblauch- oder Zwiebelgeruch. Blätter formenreich, flach oder zylindrisch, am Grunde den Stengel scheidig umschließend. Blüten in endständigen Dolden, mit einem oder mehreren häutigen Tragblättern unter dem Blütenstand. Blüten klein, mit sechs ähnlichen Perianth-Abschnitten; bei einigen Arten finden sich neben den Blüten auch Brutknospen. Eine schwierige Gruppe, im Gebiet durch 13 Arten vertreten.

(1) Pflanzen mit bis zu 7 cm breiten, eiförmig-elliptischen Blättern.

A Bär-Lauch *Allium ursinum* Aufrechte Mehrjährige mit Zwiebel. Blätter grundständig, gestielt, eiförmig bis elliptisch, bis 25 cm lang und bis 7 cm breit, spitz. Blütenstiel bis 45 cm, mit einer Spatha aus zwei häutigen Hochblättern, die kürzer sind als die Blütenstiele, und mit einem kugeligen Kopf aus bis zu 20 weißen Blüten; die einzelnen Blüten bis 2 cm im Durchmesser; Brutknospen fehlen. Lokal in Wäldern häufig, besonders auf feuchten oder kalkigen Böden; von Südskandinavien südlich. Blüht 4–6. ▽

(2) Pflanzen mit deutlich dreikantigen Blütenstandsstielen.

B *Allium triquetrum* Mehrjährige bis 45 cm. Zwei bis drei Blätter, linealisch, flach oder gekielt, bis 40 cm lang und 15 cm breit. Stengel aufrecht, stark dreikantig, eine Spatha aus zwei häutigen, bis 25 mm langen Hochblättern tragend, die kürzer sind als die Blütenstiele; Blüten in einer Dolde, nickend, Perianth weiß, außen mit einem grünen Streifen, bis 20 mm lang und ohne Brutknospen. Nur mit wenigen Blüten. In Großbritannien und Westfrankreich, aus Südwesteuropa eingebürgert; in Hecken, an Straßenrändern und auf Kulturflächen. Blüht 3–6. ▽

C Seltsamer Lauch *Allium paradoxum* Ähnlich *Allium triquestrum*, hat jedoch nur ein einzelnes, hellgrünes, bis 30 cm langes Blatt; Blütenstand meist mit einer oder nur sehr wenigen Blüten und zahlreichen Brutknospen. Lokal von Dänemark südlich eingebürgert, ursprünglich aus Westasien stammend. Blüht 4–5. ▽

(3) Pflanzen mit runden oder nur schwach zwei- bis dreikantigen Blütenstandsstielen.

D Kanten-Lauch *Allium angulosum* Aufrechte, kantige Stengel bis 45 cm. Vier bis sechs Blätter, alle grundständig, linealisch, bis 25 cm lang und 6 mm breit, unterseits mit einem Kiel. Spatha zwei- bis fünflappig. Dolde der Blüten bis 45 mm im Durchmesser, mit zahlreichen blaßvioletten, becherförmigen Blüten; Staubblätter zuerst gelb, später violett und das Perianth etwas überragend. Feuchte Auenwiesen; nur in Ostfrankreich, Süddeutschland und weiter südlich. Blüht 6–7. ▽

E Berg-Lauch *Allium senescens* Dem Kanten-Lauch sehr ähnlich, die Blätter unten jedoch nicht gekielt; Staubblätter deutlich herausragend; Standort sehr unterschiedlich – trockene, steinige Flächen; von Südschweden südlich; selten. Blüht 6–8. ▽

F Schnitt-Lauch *Allium schoenoprasum* Schopfige Pflanze bis 40 cm. Blätter zylindrisch, hohl, graugrün, bis 25 cm lang. Blütenstandsstiele bis 40 cm, zylindrisch, mit einer kleinen, dichten Dolde von 20–40 mm im Durchmesser, mit 8–30 violetten Blüten; Brutknospen fehlen; Staubblätter gelb, nicht herausragend; Spatha aus zwei Hochblättern von weniger als 15 mm und kürzer als die Dolde. An felsigen und grasigen Standorten oder in den Bergen an feuchten Plätzen; außer im hohen Norden im ganzen Gebiet, oft eingebürgert. Blüht 6–8. ▽

G *Allium paniculatum* Hohe Mehrjährige mit zwei Hochblättern, die wesentlich länger sind als die Blütenstiele (bis 14 cm); Blüten rosa oder weiß. Von Nordfrankreich südlich; an grasigen und steinigen Standorten. Blüht 5–6. ▽

H Roß-Lauch *Allium oleraceum* Hohe Mehrjährige bis 1 m. Blätter linealisch, bis 25 cm lang und 4 mm breit, in der unteren Hälfte scheidig stengelumfassend, oberseits rinnig, unterseits stark gerippt. Spatha aus zwei lang zugespitzten Hochblättern, das längere bis 20 cm lang. Blütenstand je zur Hälfte mit Brutknospen und mit weißlichen, glockenförmigen Blüten, manchmal rosa oder grünlich überlaufen, die Staubblätter nicht herausragend. Im ganzen Gebiet, außer im hohen Norden; auf steinigen, grasigen oder ruderalen Flächen. Blüht 7–8. ▽

I Gekielter Lauch *Allium carinatum* Dem Roß-Lauch ähnlich, mit sehr langen, ungleichen Hochblättern; Blüten violett bis rosa, die Staubblätter herausragend. Wiesen und Heidegebiete; von Südschweden südlich, aber sehr selten; andernorts eingebürgert. Blüht 7–8. ▽

J Wilder Lauch *Allium scorodoprasum* Der obigen Art ähnlich, die Blätter nicht hohl, flach, rauhrandig und gekielt. Spatha mit zwei Hochblättern, kürzer als die Blütenstiele (bis 15 mm); Dolde 10–50 mm im Durchmesser; Perianth eiförmig, rötlich-violett, die Staubblätter nicht herausragend; violette Brutknospen vorhanden. Auf trockenem Grasland, an Straßenrändern und sandigen Standorten; von Südskandinavien südlich, selten. Blüht 5–8. ▽

K Kugel-Lauch *Allium sphaerocephalon* Hohe Pflanze bis 90 cm. Blätter im Querschnitt halbkreisförmig, auf der Oberseite gerillt, bis 60 cm lang und nur 1–2 mm breit. Dolde dicht, höchstens 20–30 mm im Durchmesser, kugelig und ohne Brutknospen; Spatha aus zwei Hochblättern von weniger als 20 mm Länge; Perianth-Abschnitte rosa bis rötlich-violett, Staubblätter herausragend. Von Belgien und England südlich; auf trockenen und offenen Standorten, Kalkfelsen und Sanddünen. Blüht 6–8. ▽

L Weinbergs-Lauch *Allium vineale* Blätter mit halbkreisförmigem Querschnitt, hohl, rinnig, bis 60 mm lang und 4 mm breit. Spatha aus einem häutigen Hochblatt, die Blüten nicht überragend und früh abfallend. Dolde meist mit wenigen, langgestielten, rosa oder weißen Blüten und zahlreichen grünlich-roten Brutknospen bzw. nur Brutknospen oder Blüten; Staubblätter herausragend. Außer im hohen Norden im ganzen Gebiet auf trockenem Grasland und Ruderalflächen. Blüht 6–7.

M *Allium ampeloprasum* Kräftige Pflanze mit zylindrischen Stengeln bis 2 m. Blätter linealisch, graugrün wachsig, bis 50 cm lang und 40 mm breit, flach, rinnig und mit rauhen Rändern; Spatha ein einzelnes, häutiges Hochblatt, zur Blütezeit abfallend. Dolde im Durchmesser bis 90 mm, kugelig, mit Hunderten von Blüten; Perianth blaßviolett, 6–8 mm lang, Staubblätter etwas herausragend; Brutknospen meist fehlend. Var. *babingtonii* mit vielen, großen Bulbillen und wenigen Blüten. Auf steinigem Grund und Ruderalflächen, besonders an der Küste; von Südgroßbritannien und Nordfrankreich südlich. Blüht 6–8. ▽

A	B	C
E	F	J
I	K	L	M

A Bär-Lauch
B *Allium triquetrum*
C Seltsamer Lauch
E Berg-Lauch
F Schnitt-Lauch
I Gekielter Lauch
J Wilder Lauch
K Kugel-Lauch
L Weinbergs-Lauch
M *Allium ampeloprasum* var. *babingtonii*

D

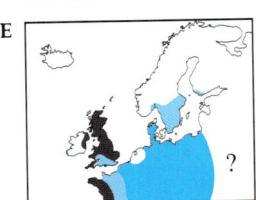

E

?

G

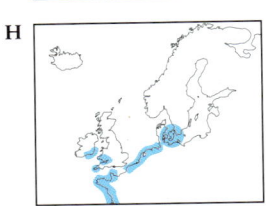

H

I

A Maiglöckchen *Convallaria majalis* Kahle Mehrjährige mit kriechendem Wurzelstock. Blätter mit grünen oder rötlich-violetten Schuppen am Grunde, in Paaren oder zu dritt direkt aus dem Wurzelstock wachsend; Spreite eiförmig bis lanzettlich, spitz, bis 20 cm lang und 60 mm breit. Blüten nickend, in einer einseitswendigen Traube auf einem bis 30 cm langen, unbeblätterten Stiel; Perianth glockenförmig, weiß oder selten rosa, duftend; Frucht eine kugelige, rote Beere von 8–10 mm Durchmesser. In Wäldern, Gebüsch, auf Bergwiesen und Kalkfelsen; im ganzen Gebiet, außer im hohen Norden. Blüht 5–7. ▽

B Schattenblümchen *Maianthemum bifolium* Mehrjährige mit kriechendem Wurzelstock und aufrechten Stengeln bis 20 cm, mit Ausnahme der Spitze kahl. Blätter am Grunde tief herzförmig, wechselständig und gestielt, spitz, 30–60 mm lang und sowohl am Grund als auch entlang des Stengels angesetzt. Blüten in kurzen, aufrechten, zylindrischen Ähren bis 40 mm Länge, mit bis zu 20 kleinen, weißen, vierzähligen Blüten von 2–5 mm Durchmesser. Frucht eine rote Beere von etwa 5 mm Durchmesser. Fast im ganzen Gebiet; in Wäldern, oft auf recht sauren oder humusreichen Böden, selten. Blüht 5–6. ▽

C Knotenfuß *Streptopus amplexifolius* Kriechende Mehrjährige mit beblätterten, aufsteigenden Stengeln bis 1 m Höhe. Blätter wechselständig, herzförmig stengelumfassend. Blüten an gekrümmten Stielen einzeln oder in Paaren in den Blattachseln; Perianth grünlich-weiß, bis 10 mm lang, glockenförmig; Frucht eine rote Beere von 6–8 mm Durchmesser. Von der Mitte Deutschlands südlich; überwiegend in den Bergen. Blüht 6–7. ▽

Weißwurz *Polygonatum* In diesem Gebiet durch drei Arten kriechender Mehrjähriger vertreten. Sie haben gebogene oder aufrechte Stengel mit quirlständigen oder wechselständigen Blättern und Büschel röhrenförmiger Blüten in den Blattachseln.

D Quirlblättrige Weißwurz *Polygonatum verticillatum* Aufrechte Mehrjährige mit kantigen Stengeln bis 80 cm. Blätter linealisch-lanzettlich, bis 15 cm lang, in Quirlen zu drei bis sechs. Blüten glockenförmig, in der Mitte eingeschnürt, grünlich-weiß, bis 10 mm lang und in hängenden Büscheln in den Blattachseln. Im ganzen Gebiet, aber selten; in Wäldern und auf steinigem Untergrund, besonders in den Bergen. Blüht 6–7. ▽

E Vielblütige Weißwurz *Polygonatum multiflorum* Kahle, gruppenbildende Mehrjährige mit gebogenen, runden Stengeln bis 80 cm. Blätter wechselständig, eiförmig bis lanzettlich, bis 15 cm lang, kurzgestielt oder ungestielt, neigen dazu, links und rechts vom Stengel abzustehen.

Blüten gestielt, in Büscheln zu zwei bis sechs, hängend, blattachselständig; Perianth grünlich-weiß, röhrig glockenförmig, in der Mitte der Röhre etwas eingeschnürt. Fast im ganzen Gebiet verbreitet; in trockenen Wäldern und Gebüsch, oft auf kalkreichen Böden. Blüht 5–6. ▽

F Salomonssiegel *Polygonatum odoratum* Ähnelt der Vielblütigen Weißwurz, ist jedoch kürzer, bis 60 cm groß und hat einen deutlich kantigen Stengel; Blüten einzeln oder zu zweit, bis 20 mm lang, zylindrisch und in der Mitte nicht eingeschnürt. In Wäldern und auf steinigen Standorten, meist auf Kalk; im ganzen Gebiet, außer im hohen Norden. Blüht 5–7. ▽

G Einbeere *Paris quadrifolia* Sehr charakteristische Mehrjährige. Stengel aufrecht, bis 40 cm, mit einem einzelnen Quirl aus vier oder mehr netzadrigen, etwa rautenförmigen Blättern an der Spitze. Blüten einzeln, mit vier oder mehr schmalen, grünen Kelchblättern und sehr schmalen Kronblättern, die von einem auffälligen, purpurnen Fruchtknoten und sechs bis zehn gelben Staubblättern überragt werden. Fast im ganzen Gebiet in Wäldern, oft auf feuchten oder kalkigen Böden. Blüht 5–7. ▽

H Gemüse-Spargel *Asparagus officinalis* Kahle Mehrjährige, entweder mit bis 2 m hohen, aufrechten Stengeln oder niederliegend. Blätter auf kleine, häutige Schuppen reduziert, die kleine, nadelförmige bis linealische Kurzsprosse in ihren Achseln tragen und so den Eindruck eines fedrigen, stark geteilten Blattes erzeugen. Blüten in den Blattachseln stehend, getrenntgeschlechtlich, winzig, 4–6 mm lang, grünlich-gelb und glockenförmig. Frucht eine rote, kugelige Beere von 6–10 mm Durchmesser. An grasigen Standorten, auf Schuttplätzen und Dünen; nördlich bis Dänemark und Südschweden, aber andernorts und auch innerhalb des Verbreitungsgebiets nur eingebürgert. Blüht 6–9.
Ssp. *prostratus* ist eine niederliegende Form mit langen Stengelgliedern, die auf grasigen Küstenklippen im Südwesten Großbritanniens und in Westfrankreich vorkommt.

I Ruscus aculeatus Eine sehr charakteristische, kahle, stark verzweigte, strauchige, aufrechte, zweihäusige Pflanze bis 1 m. Blätter zu winzigen, häutigen Schuppen reduziert, in ihren Achseln tragen sie blattartige Kurztriebe; diese sind eiförmig lanzettlich, dunkelgrün, fest und stachelspitzig, bis 40 mm lang. Blüten meist einzeln auf der Oberseite der Kurztriebe, etwa 5 mm im Durchmesser, grünlich und mit sechs Perianth-Abschnitten. Frucht eine kugelige, rote Beere von 10–12 mm Durchmesser. In Wäldern und Hecken, meist auf trockenen, kalkigen Böden; von Mittelengland und Nordfrankreich südlich. Blüht 1–4. ▽

A	B	C
D	E	F
	H1	H2
G		
	I1	I2

A Maiglöckchen

B Schattenblümchen

C Knotenfuß

D Quirlblättrige Weißwurz

E Vielblütige Weißwurz

F Salomonssiegel

G Einbeere

H 1 Gemüse-Spargel, niederliegende Form

H 2 Gemüse-Spargel, normale Form

I 1 *Ruscus aculeatus*, am Standort

I 2 *Ruscus aculeatus*, fruchtend

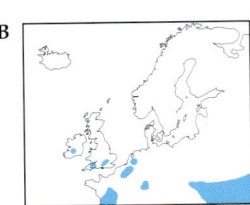

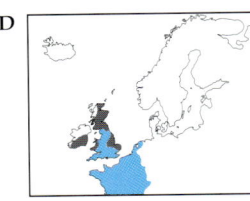

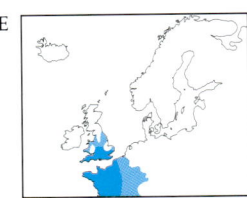

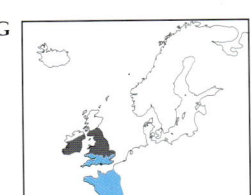

Narzissengewächse
Amaryllidaceae

Kahle Mehrjährige mit Zwiebel, meist linealischen Blättern und unbeblätterten Stengeln. Nah verwandt mit den Liliengewächsen, jedoch mit einem unterständigen Fruchtknoten und Blüten, die immer von einer Spatha eingeschlossen sind. Sechs Staubblätter, ein einzelner Griffel. Bei *Narcissus* bilden die Perigonblätter eine becherförmige Nebenkrone.

A Märzenbecher *Leucojum vernum*   Bis 35 cm große Mehrjährige mit Zwiebel. Blätter riemenförmig, hellgrün, bis 25 cm lang und 20 mm breit. Blüten meist einzeln, selten zu zweit an der Spitze des Stengels, nickend; Spatha grün, mit häutigem Rand, bis 40 mm lang, an der Spitze meist gegabelt. Alle sechs Perianth-Abschnitte gleich, 20–25 mm lang, glockenförmig, weiß mit jeweils einem grünlichen Fleck an der Spitze. An feuchten, schattigen Standorten oder auf Wiesen; von Belgien und Südengland südlich heimisch, auch andernorts eingebürgert. Blüht 2–4. ▽

B Sommer-Knotenblume *Leucojum aestivum*   Dem Märzenbecher recht ähnlich, aber bis 60 cm groß und kräftiger. Blätter ähnlich, aber so lang wie der Stengel. Blüten in einer Dolde zu zwei bis fünf, mit einer Spatha von 40–50 mm, an der Spitze grün und ungeteilt. Perianth-Abschnitte weiß, mit grüner Spitze, 14–18 mm lang. In Marschen und nassen Wäldern, auch im Überschwemmungsbereich; von Holland und Südirland südlich, selten. Auch verbreitet angepflanzt. Blüht 4–6. ▽

C Schneeglöckchen *Galanthus nivalis*   Kleine Pflanze mit Zwiebel, bis 30 cm hoch, wird oft mit *Leucojum*-Arten verwechselt. Unterscheidet sich durch graugrüne, linealische, bis 6 mm breite Blätter. Nur eine nickende Blüte pro Stengel, die drei äußeren Abschnitte bis 25 mm lang, weiß, die drei inneren Abschnitte bis 11 mm lang und mit einem grünen Fleck an der Spitze. In feuchten Laubwäldern; von Nordfrankreich und Deutschland südlich, andernorts eingebürgert. Blüht 1–3. ▽

D Gelbe Narzisse, Osterglocke *Narcissus pseudonarcissus*   Kahle Mehrjährige, mit aufrechten, flachen, linealischen, graugrünen Blättern bis 50 cm. Auf bis 50 cm hohen Stengeln selten mehr als eine, zur Seite gebogene Blüte. Blüte 50–60 mm im Durchmesser, aus sechs äußeren, blaßgelben Perianth-Abschnitten und einer tiefgelben inneren Nebenkrone von 25–30 mm. Von Nordengland, Holland und Westdeutschland südlich; in Wäldern und Wiesen. Blüht 4–5. ▽

Yamswurzgewächse
Dioscoreaceae

Windende Kletterpflanzen, Blätter ähneln denen von Zweikeimblättrigen. Blüten eingeschlechtlich, in kleinen Ähren.

E Schmerwurz *Tamus communis*   Kletternde, krautige, kahle Mehrjährige, im Uhrzeigersinn windend und ohne Ranken. Blätter herzförmig, 8–15 cm lang, grün glänzend, netzadrig. Pflanzen entweder männlich oder weiblich; Blüten grünlich-gelb, mit offener Glockenform und 4–5 mm im Durchmesser, die männlichen in langen, zylindrischen Trauben, die weiblichen in kleinen Büscheln. Frucht eine rote, kugelige, giftige Beere von 10–12 mm Durchmesser. Von England und Deutschland südlich; in Hecken, Gebüsch und an Waldrändern. Blüht 5–7. ▽

Schwertliliengewächse *Iridaceae*

Pflanzen mit Knollen, Zwiebeln oder Rhizomen. Den Narzissengewächsen ähnlich, aber mit drei statt sechs Staubblättern, einem dreilappigen Griffel und am Grunde röhrig verwachsenen Blütenblättern.

F Blauaugengras *Sisyrinchium bermudiana*   Kahle Mehrjährige mit aufrechten oder aufsteigenden, abgeflachten, geflügelten Stengeln aus einem kurzen Rhizom. Blätter alle grundständig, linealisch, bis 5 mm breit und 15 cm lang. Blüten bilden, jeweils zu zwei bis vier, zwei (gelegentlich drei oder fünf) endständige Blütenstände mit laubblattartigen Tragblättern darunter; Perianth hellblau, 15–20 mm im Durchmesser, die Abschnitte eiförmig, mit einer deutlichen Borstenspitze. In feuchtem Grasland und an Seeufern; nur im Norden und Westen Irlands heimisch, andernorts eingebürgert. Blüht 7–8. ▽

G *Iris foetidissima*   Schopfige, mehrjährige Pflanze mit aufrechten Stengeln aus zarten Rhizomen. Blätter schwertförmig, dunkelgrün, immergrün, bis 70 cm lang und 2 cm breit, etwa so lang wie der Blütentrieb. Pflanze riecht beim Zerreiben stark nach Fleisch. Blüten 6–8 cm im Durchmesser und von charakteristischer Irisform, stumpf violett, zur Mitte bräunlich-gelb, nicht bärtig, mit violetten Adern. Braune Kapsel reif in drei Fächer geteilt und große orangene Samen freisetzend. Von Nordfrankreich und Nordengland südlich; in Wäldern, Hecken und Gebüsch. Blüht 5–7. ▽

H Gelbe Schwertlilie *Iris pseudacorus*   Mehrjährige, kahle Pflanze mit aufrechten Stengeln bis 1,2 m aus einem Rhizom. Blätter schwertförmig, bis 90 cm lang und 3 cm breit, recht graugrün. Blüten in Büscheln zu zwei bis drei, jede mit einer grünen, zur Spitze hin häutigen Spatha darunter. Blüten groß, bis 10 cm im Durchmesser, hellgelb mit rotvioletten Adern und nicht bärtig. Kapsel ähnelt der von *Iris foetidissima*, aber die Samen sind stumpf braun. Im ganzen Gebiet, außer im hohen Norden; in Marschen, an Flußufern und anderen nassen Standorten. Blüht 5–7. ▽

I Sibirische Schwertlilie *Iris sibirica*   Schmale, grasartige Blätter, bis 1 cm breit, Blüten violettblau mit Gelb, 6–8 cm im Durchmesser, auf Stielen bis 1,2 m. Auf feuchtem Grasland; Verbreitungsschwerpunkt östlich, aber bis Deutschland, Ostfrankreich und an eine Stelle in Westfrankreich vordringend. Blüht 6–7. ▽

J Bastard-Schwertlilie *Iris spuria*   Mehrjährige Pflanze mit aufrechten Stengeln bis 60 cm, mit unangenehmem Geruch. Blätter linealisch, bis 2 cm breit, meist kürzer als der Blütenstand. Blüten bis 5 cm im Durchmesser, äußere Perigonzipfel mit beinahe runder, blauvioletter Spitze, abrupt in den gelblichen, geflügelten Stiel verschmälert; innere Blütenblätter kürzer, violett und aufrecht. An feuchten Standorten auf kalkigen oder salzigen Böden; von Südschweden südlich, aber sehr selten. Blüht 5–6. ▽

K Nacktstenglige Schwertlilie *Iris aphylla*   Niedrige Mehrjährige bis 30 cm, im Winter blattlos. Blüten zu drei bis fünf, violettpurpurn und bis 7 cm im Durchmesser; äußere Blütenblätter mit einem gelblichen Bart. Eine östliche Art, bis Deutschland vordringend; auf trockenem, steinigem Grasland. Blüht 5–6. ▽

A	B	C	
D	E1	F	
	E2	G	
H	J	K	

A Märzenbecher

B Sommer-Knotenblume

C Schneeglöckchen

D Gelbe Narzisse, Osterglocke

E 1 Schmerwurz, fruchtend

E 2 Schmerwurz, blühend

F Blauaugengras

G *Iris foetidissima*

H Gelbe Schwertlilie

J Bastard-Schwertlilie

K Nacktstenglige Schwertlilie

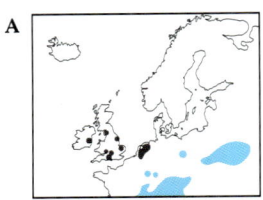

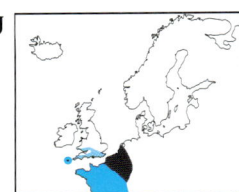

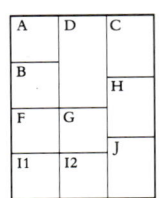

A Frühlings-Krokus *Crocus vernus* Aus der unterirdischen Knolle entspringen zwei bis vier linealische, 4–8 mm breite Blätter mit einem weißen Mittelstreifen, zur Blütezeit noch kurz. Blüten trichterförmig, bis 20 cm hoch, bei hellem Sonnenschein weiter geöffnet, violett, weiß oder gestreift; Griffel verzweigt, orange. Im Grasland und in lichten Wäldern, am häufigsten auf Bergweiden; vom Jura und von Süddeutschland südlich, jedoch auch andernorts verbreitet eingebürgert. Blüht 3–5. ▽

B *Crocus nudiflorus* Der obigen Art ähnlich, aber die Blüten erscheinen im Herbst ohne Blätter, sind bis zu 28 cm hoch, violett und stehen auf langen, weißen Röhren. Leicht mit der Herbst-Zeitlose (Seite 298) zu verwechseln, die aber Blüten von kräftigerem Rosa, sechs statt drei Staubblätter und einen unverzweigten, weißlichen Griffel hat. Zerstreut eingebürgert, ursprünglich in Südwesteuropa heimisch. Blüht 8–10. ▽

C *Romulea columnae* Sehr kleine Mehrjährige mit Knolle. Drei bis sechs schmal-zylindrische Blätter, bis 2 mm breit und 10 cm lang, gekrümmt und alle grundständig. Blüten einzeln oder zu zwei bis drei, Durchmesser 7–10 mm, kürzer als die Blätter, nur bei Sonnenschein geöffnet. Perianth sternförmig, innen violett-weiß, zum Grunde hin gelb, dunkel geädert, außen grünlich und alle Zipfel von gleicher Länge und Form. Auf sandigen und steinigen Rasen an der Küste; von Südwestengland und Westfrankreich südlich. Blüht 3–5. ▽

D *Gladiolus illyricus* Zarte, kahle, aufrechte Mehrjährige aus einer Knolle, bis 90 cm hoch. Blätter bis 30 cm lang und 1 cm breit, lang gespitzt, graugrün, alle in derselben Ebene abgeflacht. Blüten zweizeilig zu drei bis zehn in einer langen, lockeren, etwas einseitigen Traube; jede Blüte mit einer Spatha aus zwei grünen, oft violett bespitzten Hochblättern. Perianth ist rosig-violett, mit sechs ungleichen Abschnitten von 3–4 cm Länge, alle sind mehr oder weniger rot oder weiß gestreift, die drei oberen formen eine lockere Haube. Auf Heiden, in Gebüsch und in lichten Wäldern, meist auf sauren Böden; von Südengland und Westfrankreich südlich, aber sehr selten. Blüht 6–7. ▽

E Sumpf-Siegwurz *Gladiolus palustris* Ähnlich *Gladiolus illyricus*, aber mit deutlich einseitigen Ähren mit sechs oder weniger Blüten. Auf nassen Wiesen und in Gebüsch; westlich gerade noch Süddeutschland und Ostfrankreich erreichend. Blüht 6–7. ▽

Eriocaulaceae

Eine kleine Familie aus Kräutern mit Rosettenblättern und dichten Köpfen aus männlichen und weiblichen Blüten.

F *Eriocaulon aquaticum* Charakteristische, recht zarte aquatische Pflanze mit aufrechten Blattschöpfen, die in Abständen einem kriechenden Wurzelstock entspringen. Blätter 3–5 mm schmal, bis 10 cm lang, etwas abgeflacht und allmählich in eine feine Spitze verschmälert. Blüten-

stiele erheben sich aufrecht über die Wasseroberfläche, sind kantig und bis 60 cm lang. Blüten in einer dichten, abgeflachten Kugel bis zu 20 mm Durchmesser, von einem Quirl winziger, grauer Tragblätter umgeben, als „Stricknadeln mit einem weißlichen Knopf" beschrieben. In flachen, torfigen Seen und Tümpeln; nur in Westirland und Westschottland; sehr selten. Blüht 7–9. ▽

Aronstabgewächse *Araceae*

Eine charakteristische Familie mit breiteren Blättern als die meisten anderen einkeimblättrigen Pflanzen. Blätter oft gelappt und manchmal netzadrig. Blüten winzig, in einer Spadix, einer kurzen, dichten Ähre, gedrängt und ganz oder teilweise von einem großen, fleischigen Hochblatt, der Spatha, umgeben.

G Kalmus *Acorus calamus* Große, aquatische Mehrjährige mit kriechendem Rhizom. Blätter lang-linealisch, bis 1,2 m lang und 1–2 cm breit, spitz, teilweise mit welligen Rändern und einer deutlichen, asymmetrischen Mittelrippe. Blütenstengel dreikantig, so hoch wie oder höher als die Blätter, mit einer langen Spatha und einer auffälligen, scheinbar seitenständigen, grünlich-gelben, bis 9 cm langen Spadix. In flachem Wasser und an nassen Standorten eingebürgert; in ganz Nordeuropa, außer im hohen Norden; stammt aus Südostasien. Blüht 6–7. ▽

H Schlangenwurz, Drachenwurz *Calla palustris* Aquatische Mehrjährige mit einem kräftigen Wurzelstock und stabilen Stengeln bis 30 cm. Blätter rundlich bis oval, bis 12 cm lang, am Grunde herzförmig und langgestielt. Spatha breit, oberseits weiß, Spadix nicht einschließend, Spadix kurz und gedrungen, bis 30 mm lang, mit gelblich-grünen Blüten. Frucht eine rote Beere von etwa 5 mm Durchmesser. In Sümpfen, Marschen und an Seeufern; in Mitteleuropa, westlich bis Belgien, Dänemark und Frankreich. Blüht 6–8. ▽

I Gefleckter Aronstab *Arum maculatum* Aufrechte, kahle Mehrjährige bis 50 cm, mit einem knolligen Rhizom. Blätter grundständig, pfeilförmig, glänzend grün, häufig purpurn gefleckt, 15–25 cm lang gestielt, im Frühling vor den Blüten erscheinend. Spatha mit einem zusammengerollten unteren Abschnitt und einem aufrechten, aufgerollten, kapuzenförmigen oberen Abschnitt, bis 25 cm hoch und blaß gelbgrün; Spadix in der Spatha eingeschlossen, der braunpurpurne, selten auch gelbe, keulenförmige obere Teil ist in der „Kapuze" sichtbar. Fruchtstand eine dichte Ähre roter Beeren. Nördlich bis Norddeutschland und Schottland häufig; in Wäldern und Hecken, oft an recht feuchten Plätzen. Blüht 4–5. ▽

J *Arum italicum* ssp. *neglectum* Dem Gefleckten Aronstab ähnlich, einige Blätter erscheinen aber im Herbst; Blätter weniger spitz, stärker ledrig, nicht gefleckt und manchmal runzlig. Spatha bis zu 40 cm hoch, die Spitze in voll geöffnetem Zustand über die Spadix hängend; Spadix immer gelb. In Wäldern und an schattigen Standorten, vor allem an der Küste; von Südengland südlich. Blüht 5–6. ▽

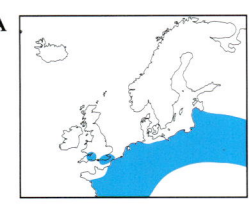

A

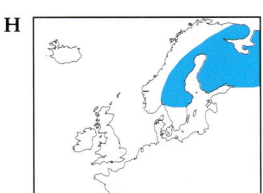

H

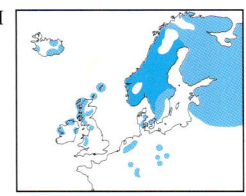

I

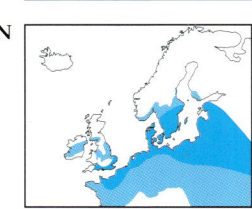

N

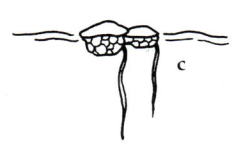

c

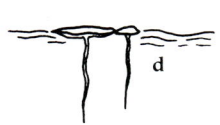

d

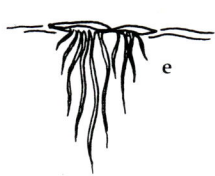

e

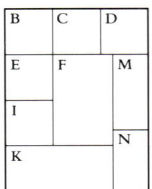

Wasserlinsengewächse
Lemnaceae

Schwimmende oder untergetauchte, mehrjährige Kräuter, oft auf der Wasseroberfläche Teppiche bildend. Es gibt keine klare Unterscheidung in Stengel und Blätter, sondern nur einen Thallus mit oder ohne Wurzeln. Alle Arten sind klein. Blüten winzig, auf Staubblätter bzw. Fruchtblätter reduziert.

A Zwerglinse *Wolffia arrhiza* Eine der kleinsten Blütenpflanzen in Nordeuropa. Besteht aus einem winzigen, grünen, eiförmigen Thallus bis 1 mm Länge, ohne Wurzeln. Blüte in einer Spalte am Rande des Vegetationskörpers, in Europa nie blühend. Selten, von Holland und Deutschland südlich; in stehendem Süßwasser. ▽

B Dreifurchige Wasserlinse *Lemna trisulca* Knapp unter der Wasseroberfläche schwebend. Besteht aus dünnen, durchscheinenden Blättern von 5–15 mm Länge, in kurze Stiele verschmälert und zu „Kolonien" verbunden. Die drei endständigen Blätter sehen aus wie winzige Efeublätter. Blätter, die Blüten tragen, sind kleiner und schwimmen. Verbreitet und außer im hohen Norden allgemein häufig in stehendem Süßwasser. Blüht 5–7. ▽

C Bucklige Wasserlinse *Lemna gibba* Thallus oval, undurchsichtig, bis 5mm groß, grün und oberseits stark aufgewölbt, unterseits weißschwammig und mit je einer Wurzel (**c**). Verbreitet, außer in Nordskandinavien; in stehendem Süßwasser. Blüht (selten) 6–7.

D Kleine Wasserlinse *Lemna minor* Thallus elliptisch bis rundlich, symmetrisch, auf beiden Seiten flach, bis 5 mm im Durchmesser, schwimmend und mit einer einzelnen, herabhängenden Wurzel (**d**). Fast im ganzen Gebiet häufig, außer im hohen Norden; in stehendem oder langsam fließendem Süßwasser. Blüht 6–7.

E Teichlinse *Spirodela polyrhiza* Thallus bis 10 mm, rund-eiförmig, undurchsichtig, auf beiden Seiten flach, unterseits oft purpurn, mit bis zu 15 Wurzeln pro Thallus (**e**). Im ganzen Gebiet, außer im hohen Norden, lokal häufig; in stehendem Süßwasser. Blüht (sehr selten) 6–7. ▽

Igelkolbengewächse
Sparganiaceae

Mehrjährige aquatische Kräuter mit beblätterten Stengeln; zwittrige Blüten in dichten kugeligen Köpfen.

F Aufrechter Igelkolben *Sparganium erectum* Aufrechte, kahle Mehrjährige bis 1,5 m. Blätter meist alle aufrecht, gelegentlich schwimmend, linealisch, mit dreieckigem Querschnitt und gekielt. Blütenstand verzweigt, auf jedem Zweig stehen die kugeligen, gelben, männlichen Köpfchen über den weiblichen; Blütenbüschel ungestielt; Perianth-Abschnitte dick, mit einer dunklen Spitze. Im Wasser und an marschigen Standorten, keine Beweidung ertragend; im ganzen Gebiet. Blüht 6–8. ▽

G Einfacher Igelkolben *Sparganium emersum* Dem Aufrechten Igelkolben recht ähnlich. Blätter aufrecht oder schwimmend, dreikantig, aber nicht gekielt. Blütenstand unverzweigt, mit mehreren weiblichen Büscheln am Grunde und drei bis zehn entfernten, männlichen Büscheln auf der Hauptachse darüber; Griffel gerade. In stehendem oder langsam fließendem Süßwasser; im ganzen Gebiet. Blüht 6–8. ▽

H *Sparganium gramineum* Dem Einfachen Igelkolben sehr ähnlich, aber immer schwimmend und mit sehr langen Blättern. Blütenstand meist am Grund verzweigt; Griffel unten gekrümmt. Ähnliche Standorte, nur in Skandinavien. Blüht 7–8. ▽

I Schmalblättriger Igelkolben *Sparganium angustifolium* Mehrjährige mit langen, zarten, meist schwimmenden Stengeln bis 1 m. Blätter im Querschnitt flach, nicht gekielt, am Grunde aufgeblasen und scheidig stengelumfassend. Blütenstand einfach, mit ein bis drei stark genäherten, männlichen Köpfchen auf der Hauptachse; Griffel gerade. In ganz Europa verbreitet; in sauren Tümpeln und Gräben, in vielen kalkigen Flachlandregionen fehlend. Blüht 8–9. ▽

J *Sparganium glomeratum* Stengel immer aufrecht, Blätter scharf gekielt, am Grunde nicht aufgeblasen. Blütenstand dicht. Ähnliche Standorte; nur in Skandinavien. Blüht 7–9. ▽

K Zwerg-Igelkolben *Sparganium minimum* Kleine, schwimmende Pflanze bis 80 cm Länge, schmale Blätter bis 6 mm Breite, durchscheinend und am Grunde nur schwach aufgeblasen. Blütenstand klein, mit einem männlichen Köpfchen und zwei bis drei ungestielten weiblichen Köpfchen, das Tragblatt des untersten Köpfchens den Blütenstand nicht überragend. In moorigen und sauren, stehenden Gewässern; im ganzen Gebiet, aber selten. Blüht 6–7. ▽

L *Sparganium hyperboreum* Der obigen Art recht ähnlich, die Blätter haben aber ovalen Querschnitt und sind undurchsichtig; das unterste Tragblatt ist deutlich länger als der Blütenstand. Ähnliche Standorte; nur in Nordskandinavien. Blüht 7–8. ▽

Rohrkolbengewächse
Typhaceae

Eine kleine Familie mit nur einer Gattung, überwiegend aquatisch. Blüten gedrängt in einem dichten zylindrischen Blütenstand, die weiblichen Blüten an dessen Basis.

M Breitblättriger Rohrkolben *Typha latifolia* Kräftige Mehrjährige bis 2,5 m. Blätter überwiegend grundständig, 1–2 cm breit, sehr lang und die Blütenähre oft überragend, graugrün, deutlich zweireihig gegenständig. Blütenstand eine dichte zylindrische Ähre, im unteren, aus den weiblichen Blüten bestehenden braunen Teil sehr kräftig (bis 15 cm lang und 3 cm dick), von dem gelblichen, schmaleren, männlichen Abschnitt überragt. In stehendem Wasser und an nassen Standorten; weit verbreitet und im ganzen Gebiet häufig. Blüht 6–8. ▽

N Schmalblättriger Rohrkolben *Typha angustifolia* Der obigen Art ähnlich, aber zarter. Blätter nur 3–6 mm breit, in einem dunkleren Grün; männlicher und weiblicher Teil des Blütenstandes durch einen Stiel von 10–90 mm deutlich getrennt, der ganze Blütenstand schlanker. An ähnlichen Standorten, aber seltener; fehlt im Norden. Blüht 6–7. ▽

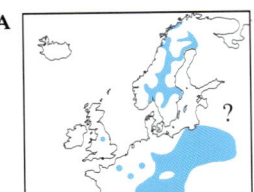

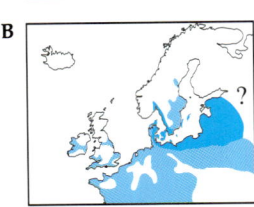

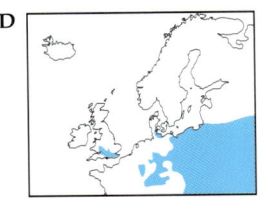

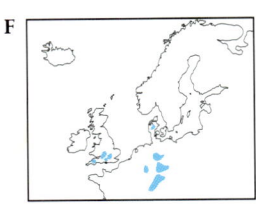

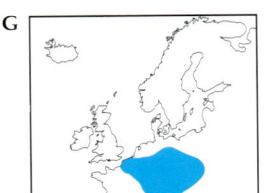

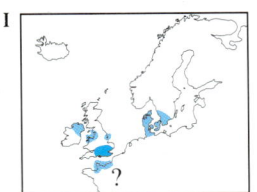

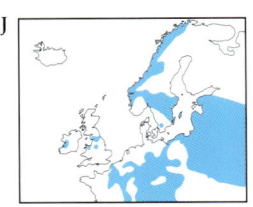

c

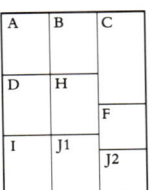

Knabenkrautgewächse
Orchidaceae

Sehr große, überwiegend tropische Familie mit weltweit etwa 30 000 Arten. Mehrjährige Kräuter, oft mit Wurzel- oder Sproßknollen. Viele haben ungewöhnliche Lebensformen entwickelt, besonders die Saprophyten, die ohne Chlorophyll leben und daher auf die Mithilfe von Pilzen zur Energiegewinnung aus der verrottenden Vegetation angewiesen sind; viele tropische Arten sind auf Bäumen wachsende Epiphyten, die nordeuropäischen Arten sind aber alle bodenbewohnend. Blüten in Ähren oder Trauben; Perianth in zwei Reihen zu je drei Abschnitten, die äußeren drei einander meist ähnlich, von den inneren ist einer viel länger als die anderen und wird als Labellum oder Lippe bezeichnet; diese befindet sich am unteren Teil der Blüte und unterscheidet sich erheblich von den anderen Abschnitten, die selber auch stark verändert sein können. Fruchtknoten unterständig, einen Teil des Blütenstiels bildend. Staubbeutel und Narbe zu einem zentralen „Säulchen" verwachsen.

A Frauenschuh *Cypripedium calceolus* Charakteristische Pflanze, mit anderen in Nordeuropa heimischen kaum zu verwechseln. Stengel bis 50 cm, recht flaumig. Blätter oval bis elliptisch, spitz, scheidig und stark geädert. Blüten meist einzeln, selten zwei pro Stengel, am Grunde mit großen, laubblattartigen Tragblättern; die äußeren Perianth-Abschnitte schmal, braunrot und bis 9 cm lang; Lippe kürzer, aber stark aufgeblasen, gelb mit roten Flecken auf der Innenseite. In Wäldern und auf grasigen Standorten, meist auf kalkigen Böden; von Mittelskandinavien südlich, aber sehr selten und abnehmend. Blüht 5–6. ▽

Stendelwurz *Epipactis* Pflanzen ohne Grundrosette, aber mit zahlreichen Stengelblättern. Blüten gestielt, in langen zylindrischen Trauben, meist gedreht, so daß sie alle ungefähr in dieselbe Richtung weisen. Die innere Perianthreihe aus zwei ähnlichen oberen Abschnitten und einer zweiteiligen Lippe mit einem Hinterglied und einem etwa dreieckigen Vorderglied; Fruchtknoten gerade, nicht gedreht.

(1) Alle Blätter spiralig angeordnet.

B Sumpf-Stendelwurz *Epipactis palustris* Aufrechte Pflanze bis 50 cm, oben flaumig. Blätter länglich-eiförmig bis lanzettlich, spitz, die größten am Grunde des Stengels, die oberen aufrecht. Bis zu 14 Blüten in lockeren Trauben; äußere Perianth-Abschnitte eiförmig-lanzettlich, bräunlich oder grünviolett; innen sind die beiden oberen kürzer, weißlich und purpurn gestreift; Lippe mit herzförmigem, weißem Vorderglied, „gerüschten" Rändern und einem gelben Fleck am Grunde; Blüten weit öffnend. In Sümpfen und Marschen; verbreitet, aber im hohen Norden fehlend. Blüht 7–8. ▽

C Breitblättrige Stendelwurz *Epipactis helleborine* Aufrechte Pflanze mit ein bis drei Stengeln bis 80 cm. Unterste Blätter schuppenartig, die größten Blätter in der Mitte des Stengels, eiförmig-elliptisch, bis 17 cm lang, stark geädert und auf beiden Seiten stumpf, spiralig angeordnet. Traube 7–30 cm lang, mit bis zu 100 weit geöffneten, waagrechten oder schwach nickenden Blüten (**c**); äußere Perianth-Abschnitte eiförmig-elliptisch, grün, purpurn überlaufen; Hinterglied becherförmig, rotbraun, ungefleckt; Au-

ßenglied herzförmig, breiter als lang und mit zurückgebogener Spitze, Farbe grün bis purpurn; Fruchtknoten kahl. Verbreitet in Wäldern, auf schattigen Böschungen und an Dünen; im ganzen Gebiet, außer im hohen Norden. Blüht 7–9. ▽

D Violette Stendelwurz *Epipactis purpurata* Der Breitblättrigen Stendelwurz recht ähnlich, aber meist mit zahlreichen, purpurn überlaufenen Stengeln. Blätter schmaler, oberseits graugrün, unterseits purpurn. Äußere Perianth-Abschnitte der Blüten (**d**) weißlich; innere Perianth-Abschnitte ähnlich, manchmal purpurn überlaufen; Vorderglied dreieckig-herzförmig, mit zurückgebogener Spitze, stumpf weiß, mit violetten Streifen in der Mitte. Meist in Buchenwäldern, auf kalkreichen Böden. Blüht 8–9. ▽

E Kleinblättrige Stendelwurz *Epipactis microphylla* Der Breitblättrigen Stendelwurz ähnlich, aber mit wenigen, kurzen, blaßgrünen Blättern von weniger als 30 mm Länge und 10 mm Breite. Blüten weißlich-grün. In Wäldern auf kalkreichen Böden, oft im Bergland; von Belgien und Süddeutschland südlich, selten. Blüht 6–8. ▽

(2) Blätter deutlich zweireihig, aber nicht in Paaren.

F Schmallippige Stendelwurz *Epipactis leptochila* Hohe, zarte Pflanze bis 70 cm. Blätter oval-lanzettlich, oft gelbgrün. Blüten (**f**) weit geöffnet, gelbgrün, die äußeren Perianth-Abschnitte gespitzt; Vorderglied mit schmal-herzförmig und mit einer flachen, langen Spitze, gelblich-grün und mit weißem Rand. In Wäldern und Gebüsch, oft in tiefem Schatten, meist auf kalkigen Böden, selten; von Dänemark südlich. Blüht 6–7. ▽

G Müllers Stendelwurz *Epipactis muelleri* Der Schmallippigen Stendelwurz sehr ähnlich, aber mit breit-herzförmigem Vorderglied, breiter als lang und an der Spitze zurückgebogen; äußere Perianth-Abschnitte stumpf (**g**). Selten, in lichten Wäldern und Gebüsch auf kalkigen Böden; von Holland und Deutschland südlich. Blüht 7–8. ▽

H *Epipactis dunensis* Der Schmallippigen Stendelwurz ähnlich, Blüten aber weniger weit geöffnet; Vorderglied breit-dreieckig (**h**), so lang wie breit, mit umgerollter Spitze, in der Mitte oft rot überlaufen. Offene und schattige Standorte auf Sanddünen; nur Nordengland, auf Anglesey und möglicherweise in Dänemark. Blüht 6–7. ▽

I Grüne Stendelwurz *Epipactis phyllanthes* Kleine, zarte, flaumige, aufrechte Pflanze bis 45 cm. Blätter hellgrün, eiförmig-lanzettlich, nicht stark geädert, bis 7 cm lang. Blüten nickend, normalerweise nicht voll öffnend; alle Perianth-Abschnitte gelblich-grün, mit Ausnahme des Hintergliedes, das innen weiß ist, und des grünlich-weißen Vordergliedes. Sehr selten, von Südschweden südlich, in vielen Gegenden fehlend; in Wäldern mit kalkigen Böden und auf Dünen. Blüht 7–9. ▽

J Rotbraune Stendelwurz *Epipactis atrorubens* Stengel meist einzeln, flaumig, aufrecht, bis 60 cm. Blüten purpurn bis ziegelrot, Hinterglied innen rot gefleckt. In Wäldern, Gebüsch und auf steinigen Hängen, auf Kreide und Kalkstein; im ganzen Gebiet, außer im hohen Norden. Blüht 6–8. ▽

d

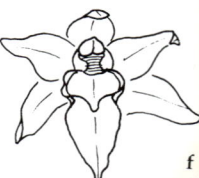
f

g

h

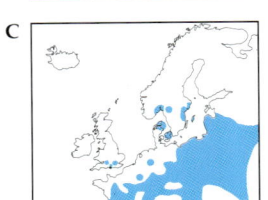

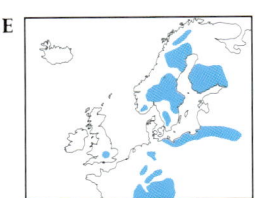

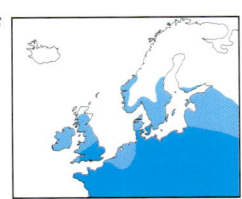

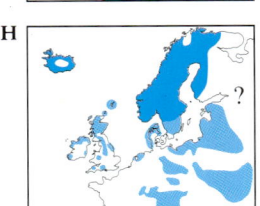

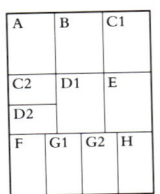

A	B	C1	
C2	D1	E	
D2			
F	G1	G2	H

A Weißes Wald-
vöglein

B Schwertblättri-
ges Waldvöglein

C 1 Rotes Wald-
vöglein

C 2 Rotes Wald-
vöglein, Blüte

D 1 Violetter
Dingel

D 2 Violetter
Dingel, Blüte

E Widerbart

F Nestwurz

G 1 Großes Zwei-
blatt

G 2 Großes Zwei-
blatt, Blüten

H Herz-Zweiblatt

Waldvöglein *Cephalanthera* Diese Gattung unterscheidet sich von *Epipactis* durch die Blüten, die eine weniger deutlich zweigeteilte Lippe aufweisen und glockenförmig zusammengeneigte Perianth-Abschnitte haben.

A Weißes Waldvöglein *Cephalanthera damasonium* Aufrechte, kahle Mehrjährige mit kantigen Stengeln bis 60 cm. Blätter oberwärts länglich-lanzettlich bis lanzettlich und bis 10 cm lang. Blüten zu drei bis zwölf in einer Ähre bis 12 cm Länge, jeweils mit einem laubblattartigen Tragblatt am Grunde; Perianth milchig-weiß, etwa 2 cm lang, teilweise geöffnet und aufrecht, die Abschnitte stumpf; Hinterglied mit orangefarbenem Fleck, Vorderglied mit orangenen Rippen. Von Südschweden südlich weit verbreitet, nach Süden zunehmend häufiger; in Wäldern und Gebüsch. Blüht 5–7. ▽

B Schwertblättriges Waldvöglein *Cephalanthera longifolia* Dem Weißen Waldvöglein ähnlich, Stengel aber weniger kantig, unten mit weißlichen (nicht braunen) Schuppen; Blätter lang, schmal, linealisch, die Spitzen etwas hängend. Blüte zeigt ein reineres Weiß, in dichterer Ähre, mit kürzeren Tragblättern und weiter öffnend; Perianth-Abschnitte gespitzt. Mit Ausnahme des hohen Nordens verbreitet; in Wäldern und an anderen schattigen Standorten. Blüht 5–6. ▽

C Rotes Waldvöglein *Cephalanthera rubra* In der Form dem Schwertblättrigen Waldvöglein recht ähnlich, die Blätter aber kürzer, gerade und in kleinerer Zahl vorhanden. Blüten rosa, weit öffnend, die weißliche Lippe mit roter und gelber Zeichnung; Fruchtknoten und obere Stengelteile klebrig und behaart. In lichten Wäldern und Gebüsch; von Südskandinavien südlich; im Norden des Gebietes selten, im Süden häufiger. Blüht 6–7. ▽

D Violetter Dingel *Limodorum abortivum* Aufrechte, wie Schilf wirkende Stengel bis 80 cm, ohne grüne Blätter, daher saprophytisch oder vielleicht teilweise parasitisch lebend. Ähre schlaff, mit 4–25 Blüten; Perianth-Abschnitte bis 2 cm lang, violett oder weißlich; Lippe dreieckig, wellig, gelblich und violett. In Wäldern und an schattigen Standorten, oft mit Kiefern assoziiert; überwiegend südeuropäisch, aber bis Nordfrankreich, Belgien und Süddeutschland vordringend. Blüht 5–6. ▽

E Widerbart *Epipogium aphyllum* Saprophytische Pflanze mit aufrechten, rosagelben, unbeblätterten Stengeln von selten mehr als 20 cm Höhe. Blätter zu bräunlichen Schuppen reduziert. Blüten zu einer bis fünf in lockeren Trauben; diese nicken und sind mit 15–30 mm Durchmesser relativ groß im Verhältnis zur Pflanze; Perianth-Abschnitte linealisch und blaßgelb, die Lippe ist dreilappig, weiß bis rosa und rot gefleckt. Im ganzen Gebiet, bis über den Polarkreis hinaus; in Wäldern und an schattigen Standorten, selten. Blüht 5–9. ▽

F Nestwurz *Neottia nidus-avis* Aufrechte Pflanze bis 45 cm, mit blaßbraunen Stengeln und ohne Chlorophyll. Blätter zu bräunlichen, scheidigen Schuppen reduziert. Blütenstand mit zahlreichen Blüten, mäßig dicht, 5–21 cm lang; Tragblätter kürzer als die Fruchtknoten; Perianth-Abschnitte alle braun, 4–6 mm lang, zu einer Kappe zusammengekrümmt; Lippe 8–12 mm lang, in zwei Lappen geteilt. In schattigen Wäldern, besonders auf humusreichen Böden verbreitet; im ganzen Gebiet, außer im hohen Norden. Blüht 5–7. ▽

G Großes Zweiblatt *Listera ovata* Aufrechte Pflanze bis 60 cm, mit einem einzelnen Paar breit-eiförmiger, ungestielter Blätter nah am Stengelgrund. Von diesem Merkmal leitet sich der deutsche Name ab. Blütenstand eine mehr oder weniger dichte Traube mit zahlreichen grünen Blüten mit kurzen Tragblättern; Perianth-Abschnitte eine Kappe bildend, Lippe herabhängend, gelblich-grün, 10–15 mm lang und bis zur Hälfte gespalten. Kommt an sehr unterschiedlichen Standorten vor; allgemein häufig. Blüht 6–7. ▽

H Herz-Zweiblatt *Listera cordata* In der Form dem Großen Zweiblatt ähnlich, allerdings mit auffälligen Unterschieden. Pflanze höchstens bis 20 cm groß, mit rötlichem Stengel. Blätter dunkelgrün und oberseits glänzend, ei- bis herzförmig, bis 40 mm lang, nahe am Stengelgrund ein einzelnes, gegenständiges Paar bildend. Blüten zu vier bis zwölf in einer kurzen, lockeren Traube, die viel kleiner ist als beim Großen Zweiblatt; Perianth-Abschnitte 2–2,5 mm lang, rötlich, keine so deutliche Kappe bildend; Lippe rötlich, mit zwei auseinanderweisenden Lappen. Verbreitet; auf Moorland, in Kiefernwäldern und sumpfigen Gebieten, selten und erstaunlich unauffällig, oft unter Heidekraut wachsend. Blüht 6–9. ▽

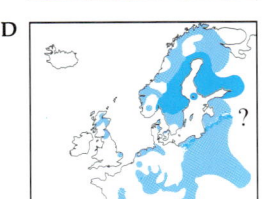

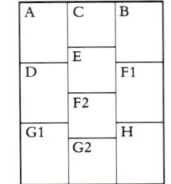

A Herbst-Schraubenstendel *Spiranthes spiralis* Aufrechte Pflanze mit Blütentrieben bis 20 cm, die nur kleine, grüne Schuppenblätter tragen; Blattrosette lang vor der Blütezeit verwelkend; die Rosette für die Blütenähre des nächsten Jahres entsteht nahe am Grund der Ähre. Blütenstand aus 6–25 spiralig angeordneten, nur 6–7 mm großen, kaum geöffneten, weißen Blüten; Lippe in der Mitte grün und mit „gerüschten" Rändern, nach unten gebogen. Von Ostdänemark südlich; auf trockenem Grasland, stabilisierten Dünen und Rasen an der Küste, selten. Blüht 8–9. ▽

B Sommer-Schraubenstendel *Spiranthes aestivalis* Dem Herbst-Schraubenstendel recht ähnlich, aber größer, mit einer bis zu 10 cm langen Blütenähre und mehreren lanzettlichen Blättern am Stengel. Blüten etwas größer, von einem reineren Weiß. In Sümpfen, nassen Heiden und in feuchtem Grasland; in Skandinavien fehlend und allgemein im Norden des Verbreitungsgebietes selten; abnehmend. Blüht 7–8. ▽

C *Spiranthes romanzoffiana* Eine kräftigere Art als die obenstehende, bis 25 cm hoch, mit grundständiger Blattrosette und linealisch-lanzettlichen Blättern am Stengel. Blüten in einer dreifachen Spirale, eine üppigere Ähre bildend als die vorigen Arten; Blüten weiß bis grünlich, die Perianth-Abschnitte zusammengeneigt und eine Röhre bildend, an der Spitze aufgebogen. Auf feuchten und nassen Wiesen; nur in Südwestengland, Westirland und Nordwestschottland (auch im östlichen Nordamerika); sehr selten. Blüht 7–8. ▽

D Kriechstendel *Goodyera repens* Unterscheidet sich von *Spiranthes* durch kriechende Stengel und die immergrünen Blätter, die auffällig netznervig sind. Stengel bis 25 cm, trägt eine schmale, leicht gedrehte Ähre von weißen, kaum geöffneten Blüten; Perianth-Abschnitte stumpf, klebrig behaart, eine enge Kappe bildend; Lippe kurz und schmal. In moosigen Nadel- oder Mischwäldern; in ganz Nordeuropa, aber selten. Blüht 7–8. ▽

E Elfenstendel, Honigorchis *Herminium monorchis* Bis 25 cm hohe Pflanze aus Knollen. Zwei bis drei Blätter nahe am Stengelgrund, gelbgrün, lanzettlich bis länglich, höher am Stengel mit kleineren Hochblättern. Die gelegentlich einseitswendigen Ähren 20–60 mm lang, mit zahlreichen kleinen, gelbgrünen, etwas nickenden

Blüten; Perianth-Abschnitte 2,5–3,5 mm, zu einer Kappe zusammengeneigt; Lippe dreilappig, 4 mm lang, gelblich-grün. Auf trockenem und feuchtem, meist kalkigem Grasland; im ganzen Gebiet, außer im hohen Norden; selten. Blüht 6–7. ▽

Waldhyazinthe, Kuckucksstendel *Platanthera* Pflanze mit unterirdischen Knollen, Blätter in Paaren oder nur zu wenigen am Grunde des Stengels. Blüten weiß oder grünlich, mit einem Sporn, seitliche Zipfel abstehend und die Lippe lang und riemenförmig.

F Weiße Waldhyazinthe *Platanthera bifolia* Aufrechte Pflanze bis 45 cm, mit zwei fast gegenständigen, ovalen Blättern bis 8 cm nahe am Stengelgrund. Entlang des Stengels nur Schuppenblätter. Blüten (**f**) in dichten oder lockeren zylindrischen Ähren bis 20 cm Länge; Perianth-Abschnitte weiß, zwei innere Zipfel bilden mit einem äußeren Abschnitt eine Kappe; Lippe 2–6 mm lang, breit-riemenförmig; Staubbeutel parallel; Sporn lang (25–30 mm), dünn und waagerecht. Fast im ganzen Gebiet in lichten Wäldern, Sümpfen, Mooren, auf Heiden und Grasland, stellt geringe Ansprüche an den Boden. Blüht 5–7. ▽

G Berg-Waldhyazinthe *Platanthera chlorantha* Der Weißen Waldhyazinthe ähnlich, aber größer, bis 50 cm. Blüten (**g**) größer, in einer größeren Ähre, meist eher grünlich-weiß gefärbt; Staubbeutel nach unten auseinandergespreizt, der Sporn ist kürzer (18–25 mm lang), dicker und am Ende angeschwollen, meist auch nach unten weisend; Lippe breiter und kürzer, deutlicher dreieckig. In Wäldern, Gebüsch und Grasland, meist auf kalkigen Böden; im ganzen Gebiet, außer im hohen Norden. Blüht 5–7. ▽

H *Platanthera hyperborea* Stengel unten von einem großen Grundblatt umschlossen und mit einigen kleineren Stengelblättern; Blüten klein (Perianth-Abschnitte 3–4 mm lang) und grünlich-gelb. Offene Standorte; nur auf Island. Blüht 7–8. ▽

I *Platanthera obtusata* ssp. *oligantha* Kleine Pflanze bis 20 cm, mit einem einzelnen Grundblatt und einem weiteren direkt unter den Blüten. Ähre mit wenigen gelblich-weißen, kleinen Blüten; auf kalkreichen Heiden und in Wäldern; nur im arktischen Skandinavien, selten. Blüht 7–8. ▽

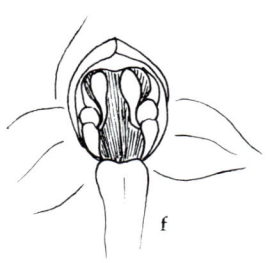

f

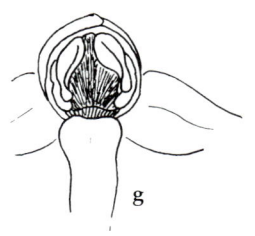

g

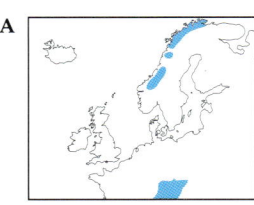

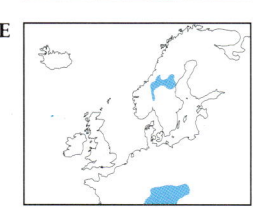

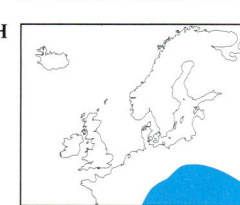

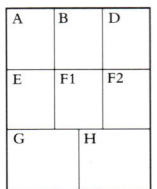

A Zwergorchis

B Mücken-Händelwurz

D Weißzüngel

E Schwarzes Kohlröschen

F 1 Hohlzunge, Blüten

F 2 Hohlzunge

G *Neotinea maculata*

H Kugelorchis

A Zwergorchis *Chamorchis alpina* Kleine Pflanze, selten mehr als 12 cm hoch, mit aufrechten Blütentrieben. Am Grunde des Stengels mit vier bis acht schmalen, grasartigen Blättern (ein eindeutiges Bestimmungsmerkmal). Blüten in einer kurzen, wenigblütigen Ähre, mit zarten Tragblättern, die die Blüten überragen; Perianth-Abschnitte grünlich-gelb, rot überlaufen und nur 3–4 mm lang; Lippe kann von dreilappig bis ungelappt variieren. Auf Bergweiden und in der Tundra, meist auf kalkigen Böden; lokal im arktischen Europa häufig, außerhalb davon nur in den Alpen. Blüht 7–8. ▽

B Mücken-Händelwurz *Gymnadenia conopsea* Aufrechte Pflanze bis 45 cm, mit vier bis acht linealischen, glänzend grünen, ungefleckten Blättern nahe am Grund und nur wenigen kleinen, schmalen Blättern am Stengel. Blüten zahlreich, in einer dichten, zylindrischen Ähre bis zu 16 cm Länge; Blüten rosa bis rötlich-violett, selten auch weiß; die seitlichen, äußeren Zipfel waagrecht ausgebreitet, die übrigen drei zu einer Kappe zusammengebogen; Lippe mit drei stumpfen, gleichen Abschnitten; Sporn lang, dünn und nach unten weisend, beinahe doppelt so lang wie der Fruchtknoten. Fast im ganzen Gebiet an feuchten oder trockenen, meist kalkigen Standorten verbreitet; Pflanzen auf sauren Böden können zarter sein und eine kaum gelappte Lippe haben. Diese Pflanzen werden manchmal als *Gymnadenia borealis* unterschieden. Blüht 6–7. ▽

C Wohlriechende Händelwurz *Gymnadenia odoratissima* Der Mücken-Händelwurz ähnlich, aber allgemein kleiner (bis 30 cm), mit kleineren Blüten, mit einem Sporn von nur 4–5 mm, der nicht länger ist als der Fruchtknoten. Die seitlichen Lappen der Lippe sind kürzer als der mittlere. Von Südschweden südlich; auf Gras, besonders im Hügelland; selten. Blüht 6–7. ▽

D Weißzüngel *Pseudorchis albida* Zarte, aufrechte Pflanze bis 35 cm. Mit drei bis fünf breitlanzettlichen Blättern, bis 80 mm lang und den Stengel hinauf schmaler werdend. Blütenstand eine dichte, zylindrische Ähre bis 70 mm und mit zahlreichen winzigen, grünlich-weißen Blüten; Blüten 2–3 mm, die Perianth-Abschnitte zu einer Kappe zusammengebogen und die Lippe deutlich dreilappig; Sporn herabgebogen, etwa so lang wie der Fruchtknoten. Auf Weiden, Heiden und im Bergland; im ganzen Gebiet, aber sehr selten und in vielen Flachlandgegenden fehlend. Blüht 6–8. ▽

E Schwarzes Kohlröschen *Nigritella nigra* Zarte, aufrechte Pflanze mit kantigen Stengeln bis 25 cm. Blätter linealisch-lanzettlich, rinnig und gespitzt. Ähre dicht, zunächst konisch, dann eiförmig, mit zahlreichen dunkelroten (selten auch blasseren), winzigen Blüten; Perianth-Abschnitte weit ausgebreitet, und die ungelappte Lippe befindet sich oben an der Blüte. Auf Wiesen und Weiden, überwiegend in den Bergen, in Nordskandinavien auch in geringeren Höhen. Blüht 6–8. ▽

F Hohlzunge *Coeloglossum viride* Aufrechte, kleine Pflanze bis 30 cm. Mit zwei bis sechs Blättern, am Grunde breit-lanzettlich, nach oben hin schmaler werdend. Blütenstand locker zylindrisch, mit 5–25, unten von ihren Tragblättern überragten Blüten; die fünf oberen Perianth-Abschnitte zu einer Kappe zusammengeneigt; Lippe herabhängend, 6–8 mm lang, mit zwei langen Randlappen und einem sehr kurzen mittleren Lappen; alle Abschnitte gelblich-grün bis rötlich (von der Zwergorchis durch breitere Blätter und die tiefer gelappte Lippe zu unterscheiden). Fast im ganzen Gebiet verbreitet; auf kalkigem Grasland, auch in hügeligen Gebieten lokal häufig. Blüht 5–8. ▽

G *Neotinea maculata* Kleine Pflanze bis 30 cm. Untere Blätter breit-länglich, die oberen schmaler, oft mit kleinen, braunen Flecken. Blütenstand 2–6 cm lang, zylindrisch, sehr schmal und mit zahlreichen kleinen Blüten; Blüten weiß oder rosa, die Perianth-Abschnitte eine Kappe bildend, die hängende Lippe dreilappig, und der mittlere Abschnitt ist wie die Silhouette eines Menschen geformt. Auf kalkigen, steinigen oder sandigen Standorten; sehr selten, nur in Westirland und auf der Insel Man (sonst in Südeuropa). Blüht 4–5. ▽

H Kugelorchis *Traunsteinera globosa* Eine kaum zu verwechselnde Art. Stengel bis 60 cm tragen einen kugeligen Kopf rosavioletter Blüten (aus der Entfernung wie *Allium* aussehend); Perianth-Abschnitte rosa mit kleinen roten Flecken, abstehend und zur Spitze hin etwas vergrößert. Auf Bergwiesen; von Ostfrankreich, Süddeutschland und Polen südlich. Blüht 5–8. ▽

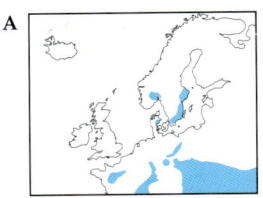

A

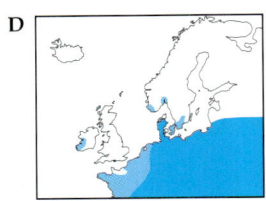

D

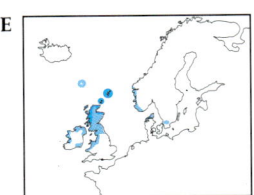

E

F

G

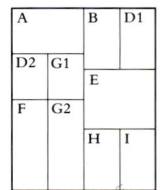

A Holunder-
Knabenkraut

B Fleischrotes
Knabenkraut

D 1 Breitblättriges
Knabenkraut, ssp.
majalis

D 2 Breitblättriges
Knabenkraut, ssp.
majalis, Blüte

E Purpurrotes
Knabenkraut

F Übersehenes
Knabenkraut

G 1 Traunsteiners
Knabenkraut,
Blüten

G 2 Traunsteiners
Knabenkraut

H Geflecktes
Knabenkraut

I Fuchs' Knaben-
kraut

Knabenkraut, Kuckucksblume *Dactylorhiza*

Eine ausgesprochen schwierige, anscheinend noch in der Entwicklung begriffene Gattung. Die Grenzen zwischen den Arten sind verschwommen, und es treten viele fruchtbare Bastarde auf. Die Hauptmerkmale sind: handförmig geteilte Knollen; Blätter einfarbig oder oft gefleckt; alle Perianth-Abschnitte getrennt, von gleicher oder unterschiedlicher Länge; Lippe immer dreilappig; Sporn vorhanden. Vertreter dieser Gattung unterscheiden sich von den nahe verwandten *Orchis*-Arten durch die Form der Knolle. Außerdem sind die laubblattartigen Tragblätter so lang wie oder länger als die Blüten, und bei *Orchis*-Arten ist die sich entwickelnde Ähre von Blättern umgeben.

(1) Blüten ganz oder teilweise gelb.

A Holunder-Knabenkraut *Dactylorhiza sambucina* Unter den nordeuropäischen Orchideen einzigartig durch stets gelbe Blüten. Aufrechte Pflanze bis 30 cm, mit mehreren, lanzettlichen, blaßgrünen, ungefleckten Blättern. Blütenähre zylindrisch und dicht; Blüten meist blaßgelb, aber auch violett oder bunt, immer mit etwas Gelb am Schlund des Spornes (alle Formen können zusammen an einem Standort vorkommen); Lippe kurz dreilappig. Wiesen, Gebüsch und lichte Wälder; hauptsächlich in den Bergen, in Skandinavien aber auch in geringer Höhe. Blüht 4 – 7. ▽

(2) Blüten violett oder rosa; Stengel hohl (durch sanften Fingerdruck zu testen); Blätter können gefleckt sein.

B Fleischrotes Knabenkraut *Dactylorhiza incarnata* Sehr formenreiche Art mit einigen Unterarten. Stengel völlig hohl, aufrecht, bis 70 cm. Blätter lanzettlich, gelblich-grün, ungefleckt, gekielt und meist mit Kapuzenspitze. Blütenstand zylindrisch, dicht und die unteren Tragblätter viel länger als die Blüten; Lippe klein, ganzrandig oder schwach dreilappig, auf den Seiten stark zurückgebogen, so daß sie von vorne sehr schmal erscheint, bei den meisten Formen auf jeder Seite mit einer U-förmigen Linie; Farbe von milchig bis purpurn, meist jedoch fleischrot. Ssp. *cruenta* ist blaßviolett und hat beiderseits gefleckte Blätter; ssp. *coccinea* ist ziegelrot, mit ungefleckten Blättern; ssp. *pulchella* hat tief violette, rot gestreifte Blüten; ssp. *ochroleuca* hat milchige oder gelbe, ungefleckte Blüten. Außer im hohen Norden im ganzen Gebiet verbreitet; an verschiedenen, sauren bis basischen Standorten. Blüht 5 – 7. ▽

C *Dactylorhiza pseudocordigera* Ähnlich der vorherigen Art, aber nicht höher als 20 cm; die unteren Blätter elliptisch und abstehend; mit wenigen kleinen, purpurroten Blüten. Auf kalkigen, feuchten Standorten; nur in Norwegen und Südschweden. Blüht 6 – 7. ▽

D Breitblättriges Knabenkraut *Dactylorhiza majalis* ssp. *majalis* Bis 75 cm groß. Untere Blätter elliptisch, nicht mehr als viermal so lang wie breit, gefleckt oder ungefleckt; die oberen Blätter schmaler, den Grund des Blütenstandes erreichend oder überragend; Tragblätter lang, die Blüten oft überragend. Blüten tief magentarot bis rosaviolett, seitliche Abschnitte abstehend, die Lippe breit-dreilappig und breiter als lang, die Seitenlappen breiter als der Mittellappen; manchmal

fast gar nicht gelappt. Auf feuchten Wiesen, in Sümpfen und Marschen, oft mit kalkigem Boden; von Südschweden südlich. Blüht 5 – 7. ▽

E Purpurrotes Knabenkraut *Dactylorhiza purpurella* Oft als Unterart des Breitblättrigen Knabenkrauts aufgeführt, von diesem aber durch die lanzettlichen unteren Blätter unterschieden, die ungefleckt sind oder an der Spitze Flecken haben; Lippe klein (5 – 9 mm lang), fast ganzrandig, breit rautenförmig und gleichmäßig tief purpur gestreift. Von Südskandinavien südlich, selten; in Sümpfen und nassen Wiesen. Blüht 6 – 7. ▽

F Übersehenes Knabenkraut *Dactylorhiza praetermissa* Größere Pflanze, bis 75 cm. Untere Blätter lanzettlich, in zwei ungefähr gegenüberstehenden Reihen am Stengel, ungefleckt oder, bei der var. *pardalina*, mit ringförmigen Flecken. Blüten blaßrosa bis purpurn, Lippe 10 – 14 mm lang, breiter als lang, mit zwei undeutlichen Seitenlappen und einem kurzen, stumpfen Mittellappen; in der Mitte der Lippe helle purpurne Flecken und Streifen. In Sümpfen, nassen Wiesen etc.; oft auf kalkigem Untergrund; von Dänemark bis Nordfrankreich, am häufigsten im Süden. Blüht 6 – 7. ▽

G Traunsteiners Knabenkraut *Dactylorhiza traunsteineri* Kurze Pflanze bis 40 cm, mit einem zarten, kaum hohlen Stengel. Blätter nur wenige, nur bis 15 mm breit, lanzettlich, gekielt und ohne Flecken oder mit kleinen Flecken an der Spitze. Blütenstand kurz und wenigblütig; Blüten rotviolett, Lippe 8 – 10 mm breit, ungefähr rautenförmig, aber dreilappig, der Mittellappen die seitlichen überragend und an den Rändern etwas umgebogen; Lippe mit einem deutlichen Muster aus Linien und Flecken gezeichnet; Sporn kurz und zart. Eine seltene Pflanze der Sümpfe und Marschen; von Südskandinavien südlich. Blüht 5 – 6. ▽

(3) Blüten violett oder rosa, Stengel markig; Blätter immer mit breiten Flecken; Tragblätter schmal, nicht länger als die Blüten.

H Geflecktes Knabenkraut *Dactylorhiza maculata* Unterscheidet sich von anderen Knabenkräutern wie oben beschrieben. Eine aufrechte Pflanze bis 60 cm. Blätter lanzettlich und dunkel gefleckt. Blüten (**h**) in dichten, schwach pyramidenförmigen Ähren, von weißlich bis blaßpurpurn variierend; Lippe breit, dreieckig, leicht dreilappig, der Mittellappen klein und nicht länger als die seitlichen, mit gekrümmten Streifen gezeichnet. Im ganzen Gebiet; auf Heiden, Mooren und feuchten, meist sauren Standorten. Blüht 5 – 8. ▽

I Fuchs' Knabenkraut *Dactylorhiza fuchsii* Dem Gefleckten Knabenkraut ähnlich, aber die Grundblätter sind breiter, elliptisch und stumpf. Blütenähre bei geöffneten Blüten gleichmäßiger zylindrisch; Blüten (**i**) blaßrosa, mit zahlreichen dunklen Flecken und Streifen; Lippe tiefer und gleichmäßiger dreilappig, die Abschnitte spitz und der mittlere Lappen wenigstens so lang wie die seitlichen. Außer im hohen Norden verbreitet und im ganzen Gebiet häufig; auf neutralem bis kalkigem, feuchtem oder trockenem Grasland, in Gebüsch oder Wald. Blüht 6 – 8. ▽

h

i

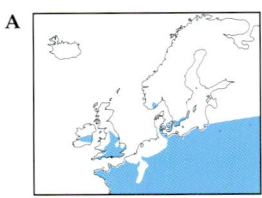

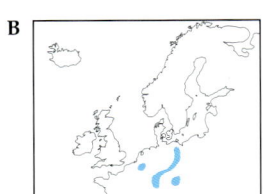

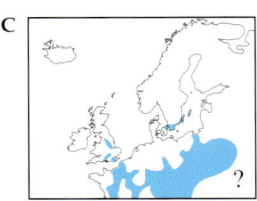

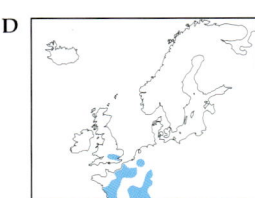

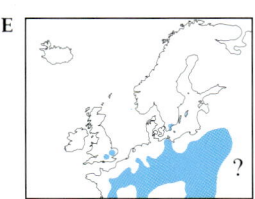

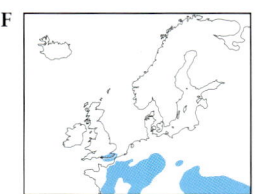

A	B1	B2	C	
D1	D2		E1	
		E2		
G	F	H	I	

A Kleines Knabenkraut

B 1 Wanzen-Knabenkraut

B 2 Wanzen-Knabenkraut, Blüten

C Brand-Knabenkraut

D 1 Affen-Knabenkraut

D 2 Affen-Knabenkraut, Blüte

E 1 Helm-Knabenkraut

E 2 Helm-Knabenkraut, Blüte

F Purpur-Knabenkraut

G Stattliches Knabenkraut

H *Orchis spitzelii*

I Sumpf-Knabenkraut

Knabenkraut *Orchis* Eine große Gattung, die der Gattung *Dactylorhiza* recht ähnlich ist, sich jedoch von dieser durch die auf Seite 322 aufgeführten Merkmale unterscheidet (siehe Gattungsbeschreibung *Dactylorhiza*).

(1) Die oberen fünf Perianth-Abschnitte bilden einen Helm über der Lippe.

A Kleines Knabenkraut *Orchis morio* Aufrechte Pflanze bis 50 cm, je nach Wuchsbedingungen aber von sehr unterschiedlicher Größe. Blätter in einer Rosette, glänzend grün, ungefleckt, den Stengel hinauf gedrängt stehend. Blütenfarbe variiert von Rötlich-purpurn über Rosa zu Weiß, die äußeren Perianth-Abschnitte sind aber immer stark geädert und mit Grün vermischt; Lippe breit, stumpf-dreilappig, in der Mitte blaß mit roten Flecken; Sporn etwa so lang wie der Fruchtknoten. Außer in Nordskandinavien verbreitet und lokal häufig; auf Weiden und anderen, schon lange Zeit bestehenden Grasflächen. Blüht 4–6. ▽

B Wanzen-Knabenkraut *Orchis coriophora* Dem Kleinen Knabenkraut ähnlich, aber mit schmaleren Blättern, ohne grüne Adern, und die Lippe ist länger als breit, tief rotpurpurn, mit grünlichen Streifen und einem langen Mittellappen. Auf feuchtem Grasland; von Belgien und Süddeutschland südlich, selten. Blüht 4–6. ▽

C Brand-Knabenkraut *Orchis ustulata* Kleine Pflanze, nur selten mehr als 20 cm groß. Ähre sehr charakteristisch, denn die ungeöffneten Blüten sind schwärzlich-purpurn, so daß im Kontrast zu den weißen und roten geöffneten Blüten die Spitze verbrannt erscheint; Lippe 4–8 mm lang, dreilappig, mit menschlichem Umriß und weißen und roten Flecken. Auf trockenem, meist kalkigem Grasland; nördlich bis Südschweden. Blüht 5–6, einige Populationen auch 7. ▽

D Affen-Knabenkraut *Orchis simia* Aufrechte Pflanze bis 45 cm. Untere Blätter breit-lanzettlich und ungefleckt. Blütenähre zylindrisch, die obersten Blüten zuerst öffnend (bei den meisten *Orchis*-Arten in umgekehrter Reihenfolge). Blüten weißlich-rosa, mit einer geöffneten Kappe; Lippe mit dem Umriß eines Menschen mit weißem Rumpf (mit kleinen Schöpfen rötlicher Haare gefleckt) und purpurnen, schmalen und gekrümmten Armen und Beinen und einem kleinen Schwanz; Sporn zylindrisch, abwärtsweisend und so lang wie der Fruchtknoten; auf Grasland, in Gebüsch und lichten Wäldern, meist auf kalkigen Böden; von Südschweden südlich, im Norden des Verbreitungsgebietes selten. Blüht 5–6. ▽

E Helm-Knabenkraut *Orchis militaris* Dem Affen-Knabenkraut ähnlich, Kappe außen grau; Labellum ähnlich geformt wie beim Affen-Knabenkraut, aber die Arme und Beine sind kürzer und breiter, ihre Farbe ist von der des Rumpfes weniger stark verschieden, die Beine weisen weiter auseinander; Blüten öffnen sich zuerst am Grunde der Ähre. Auf Grasland, in Gebüsch und lichten Wäldern, oft auf Kalk; von Südskandinavien südlich, im Norden des Verbreitungsgebiets selten. Blüht 5–6. ▽

F Purpur-Knabenkraut *Orchis purpurea* Dem Affen-Knabenkraut und Helm-Knabenkraut in der Wuchsform ähnlich, aber oft größer, gelegentlich bis zu 80 cm groß. Blütenähre bis 15 cm lang, zuletzt zylindrisch, die Blüten am Grunde zuerst öffnend. Der Helm der Blüte außen in einem tiefen, rötlichen Purpur; Lippe viel breiter als bei den vorhergehenden beiden Arten, der Mittellappen wiederum geteilt, so daß er einer viktorianischen Dame in einem weiten Rock ähnelt, weißlich-rosa gefärbt, mit roten Flecken. In Wäldern, Gebüsch und auf Grasland; von Dänemark südlich, im Süden des Verbreitungsgebiets häufiger werdend. Blüht 4–6. ▽

(2) Wenigstens einige Perianth-Abschnitte abstehend, nicht alle einen Helm formend.

G Stattliches Knabenkraut *Orchis mascula* Mittelgroße Orchidee bis 40 cm. Blätter länglich-lanzettlich, bis 10 cm lang, glänzend grün und mit zahlreichen dunkelpurpurnen, länglichen Flecken (im Vergleich zu den breiten Flecken auf den stumpfen Blättern von Geflecktem Knabenkraut und Fuchs' Knabenkraut), selten auch ungefleckt. Blüten in lockeren, zylindrischen Ähren, purpurrot; Lippe 8–12 mm lang, schwach dreilappig, der Mittellappen gekerbt und die Ränder mehr oder weniger zurückgeschlagen; Lippe in der Mitte weißlich und rot gefleckt; Sporn kräftig, aufwärtsgebogen, so lang wie der Fruchtknoten. auf Grasland, in Wäldern und Gebüsch; im ganzen Gebiet, außer weit im Norden und im Osten; wahrscheinlich die häufigste Orchidee des Gebiets. Blüht 4–6. ▽

H *Orchis spitzelii* Ähnelt dem Stattlichen Knabenkraut, hat aber stumpfgrüne, ungefleckte Blätter. Die oberen Perianth-Abschnitte sind bräunlich-grün und der Sporn ist kürzer als der Fruchtknoten. In lichten Wäldern auf kalkigen Böden; in Nordeuropa nur auf Gotland in Schweden, in Südeuropa jedoch häufiger. Blüht 6–7. ▽

I Sumpf-Knabenkraut *Orchis laxiflora* Dem Stattlichen Knabenkraut ähnlich, meist größer und bis 1 m hoch. Blätter ungefleckt, lanzettlich, weniger als 2 cm breit. Blüten rotviolett, Lippe mit einem sehr kurzen oder fehlenden Mittellappen; Sporn kürzer als der Fruchtknoten und die Tragblätter der Blüten mit drei bis sieben Adern (beim Stattlichen Knabenkraut meist nur eine oder selten drei). In Sümpfen und auf feuchten Wiesen; als ssp. *palustris* nördlich bis Südschweden, in Holland, Dänemark und Norddeutschland jedoch fehlend. Blüht 4–6. ▽
Ssp. *palustris*, die früher als eigene Art betrachtet wurde, unterscheidet sich durch die blasseren Blüten, einen dichteren, schmaleren Blütenstand und eine deutlich dreilappige Lippe, deren Mittellappen so lang ist wie die seitlichen. Ähnliche Standorte und Blütezeit, in Südschweden und Deutschland. ▽

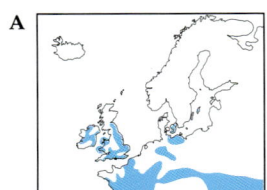

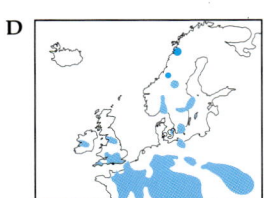

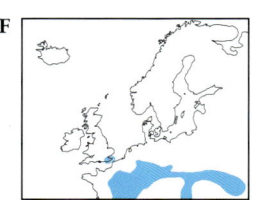

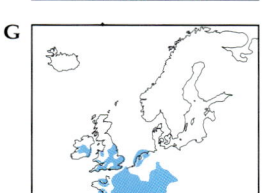

A Hundswurz, Kammstendel *Anacamptis pyramidalis* Aufrechte Pflanze bis 30 cm. Blätter lanzettlich, etwas graugrün, schwach gefleckt. Blüten in einer kurzen, dichten Ähre bis höchstens 8 cm, deutlich kegel- oder kuppelförmig. Perianth und Lippe tiefrosa; Lippe breit, tief dreilappig, am Grunde mit zwei Rippen; Sporn sehr lang und zart, länger als der Fruchtknoten. Von der Mücken-Händelwurz durch die Form des Blütenstandes leicht zu unterscheiden. Auf trockenem, oft kalkigem Grasland und stabilisierten Dünen; von Südschweden südlich. Blüht 6—8. ▽

B *Serapias cordigera* Diese Pflanze ist kaum mit einer anderen nordeuropäischen Art zu verwechseln, in Südeuropa gibt es jedoch viele ähnliche Arten. Blütenstand mit wenigen großen Blüten mit einem blaß rosagrauen Helm und einer großen, herzförmigen, braunen bis orangefarbenen, behaarten Lippe. Eine südeuropäische Art, die bis in den Nordwesten Frankreichs vordringt; auf Grasland und in Gebüsch. Blüht 4—5. ▽

C *Serapias parviflora* Vor kurzem an verschiedenen Stellen in Nordwesteuropa entdeckt (Bretagne und Südwestengland). Hat viel kleinere Blüten als *Serapias cordigera* (etwa 15 mm anstatt 25—35 mm). Obwohl diese Pflanze an für sie geeigneten Standorten vorkommt (trockenes Grasland), so liegen diese Plätze doch außerhalb ihrer mittelmeerischen Verbreitungsgrenzen, und daher ist der genaue Status der Pflanze ungewiß. Blüht 4—5. ▽

Ragwurz, Kerfstendel *Ophrys* Eine charakteristische Gruppe mit wenigblütigen Blütenständen; die Blüten haben eine stark vergrößerte, pelzige und oft an ein Insekt erinnernde Lippe, ausgebreitete äußere Perianth-Abschnitte und zwei häufig reduzierte innere Abschnitte. In Südeuropa kommen viele, einander verwirrend ähnliche Arten vor, aber die vier nordeuropäischen Arten sind einigermaßen gut zu unterscheiden.

D Fliegen-Ragwurz, Mückenstendel *Ophrys insectifera* Hohe, zarte Pflanze bis 60 cm, Blätter sowohl grundständig als auch entlang des Stengels. Blütenstand offen, mit 2—14 entfernten Blüten; äußere Perianth-Abschnitte grünlich-gelb und etwa gleich groß; die beiden inneren sind schwärzlich-purpurn, dünn und kurz wie die Antennen eines Insekts; Lippe schmal, 6—7 mm breit, dreilappig mit gekerbtem Mittellappen, pel-

zig, braun bis auf einen bläulichen Fleck in der Mitte (der wie eine Spiegelung auf den Flügeln der „Fliege" wirkt), früh verblassend. Auf Grasland, in lichten Wäldern und Gebüsch, gelegentlich auch in Sümpfen, auf kalkigen Böden. Blüht 5—6. ▽

E Spinnen-Ragwurz *Ophrys sphegodes* Blätter überwiegend in einer Grundrosette. Stengel bis höchstens 40 cm. Blüten größer als bei der Mücken-Ragwurz, die Lippe 8—12 mm breit, in einer lockeren, zwei- bis zehnblütigen Ähre. Perianth-Abschnitte alle gelbgrün, die inneren beiden nicht zu antennenartiger Form reduziert; Lippe groß, samtig, braun, ohne Anhängsel und mit einer bläulich spiegelnden, H- oder X-förmigen Zeichnung. Von Südengland und der Mitte Deutschlands südlich; auf kurzem Rasen und offenen, steinigen Flächen, meist auf kalkigen Böden. Blüht 4—5. ▽

F Hummel-Ragwurz *Ophrys fuciflora (Ophrys holoserica)* Meist größer und mit einem längeren Blütenstand als die Spinnen-Ragwurz. Äußere Perianth-Abschnitte der Blüten rosa, die inneren beiden Abschnitte kürzer, dreieckig und rosa mit Grün; Lippe bis zu 12 mm lang und 15 mm breit, samtig braun, kaum dreilappig und mit einem vorwärts deutenden, grünen Anhängsel an der Spitze; die spiegelnde Zeichnung etwa H-förmig, die Seitenlappen symmetrisch. Auf trockenem, kalkigem Grasland und in Gebüsch; von Belgien und Südengland südlich. Blüht 5—7. ▽

G Bienen-Ragwurz *Ophrys apifera* Der Hummel-Ragwurz recht ähnlich. Blüten unterscheiden sich hauptsächlich dadurch, daß die beiden inneren Perianth-Abschnitte grünlich oder rötlich sind; die Lippe ist schmaler und kleiner, mit zwei deutlichen, pelzigen, aber kleinen Seitenlappen; Mitte der Lippe mit einer U-förmigen Zeichnung; Lippenanhängsel vorhanden, aber zurückgeschlagen. Von Holland und Nordirland südlich; auf trockenem Grasland, Dünen und in alten Steinbrüchen, meist auf kalkigen Böden. Blüht 6—7. ▽

H *Ophrys apifera* var. *trollii* Eine unverwechselbare Varietät der Bienen-Ragwurz, dieser bis auf die Blüten ähnlich. Die Lippe ist nämlich schmaler, deutlicher gespitzt sowie gelb und braun marmoriert. Sehr selten. Standort und Blütezeit sind ähnlich. ▽

A	B	D
E1	E2	F1
	G	
H		F2

A Hundswurz, Kammstendel

B *Serapias cordigera*

D Fliegen-Ragwurz, Mückenstendel

E 1 Spinnen-Ragwurz

E 2 Spinnen-Ragwurz, Blüten

F 1 Hummel-Ragwurz

F 2 Hummel-Ragwurz, Blüten

G Bienen-Ragwurz

H *Ophrys apifera* var. *trollii*

A

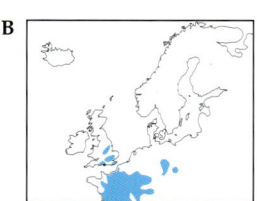

B

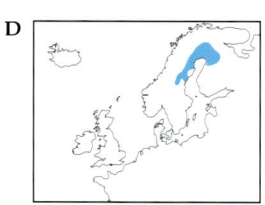

D

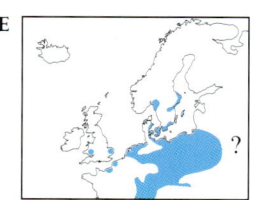

E

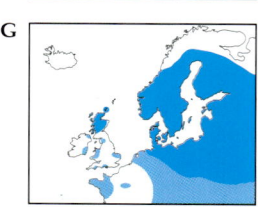

G

A 1 **Ohnsporn**

A 2 **Ohnsporn,**
Blüten

B **Riemenzunge,
Bocksorchis**

C **Korallenwurz**

D *Calypso bulbosa*

E 1 **Glanzstendel,**
Blüten

E 2 **Glanzstendel**

F **Kleingriffel**

G **Weichstendel**

A Ohnsporn *Aceras anthropophorum* Gelblich-grüne Pflanze bis 30 cm. Blätter länglich-lanzettlich, glänzend grün und ungefleckt. Blütenstand lang, schmal und zylindrisch, mit bis zu 90 Blüten. Perianth-Abschnitte grünlich-gelb, gestreift und an den Rändern rotbraun; Lippe hängend, 12–15 mm lang, schmal, ähnlich gefärbt und mit der auffälligen Form einer menschlichen Silhouette; kein Sporn. Von Holland südlich; auf kalkigem Grasland und in Gebüsch. Blüht 5–6. ▽

B Riemenzunge, Bocksorchis *Himantoglossum hircinum* Hohe, kräftige, sehr auffällige Pflanze bis 1 m. Grundblätter etwa oval, zur Blütezeit verwelkt, Stengelblätter sind schmaler. Blütenstand bis zu 30 cm lang, zylindrisch und mit zahlreichen großen Blüten. Fünf Perianth-Abschnitte bilden eine Kappe, die außen grünlichgrau und innen rot gestreift ist; die Lippe ist anders als die irgendeiner anderen nordeuropäischen Orchidee, der mittlere Abschnitt ist in eine bandartige Zunge von bis zu 5 cm verlängert, gedreht und an der Spitze gegabelt. Auf Grasland, in Gebüsch, an Waldrändern und auf stabilisierten Dünen; von Holland und England südlich. Blüht 5–7. ▽

C Korallenwurz *Corallorhiza trifida* Kleine, aufrechte, saprophytische Orchidee bis 30 cm, ohne normale grüne Blätter. Stengel gelblichgrün, oft in Büscheln und mit bräunlichen Schuppen. Blütenstand locker, mit zwei bis zwölf nikkenden Blüten. Perianth-Abschnitte grünlich-gelb, Lippe hängend, weiß mit roten Linien, ungelappt und mit zwei kleinen Seitenzipfeln. Im ganzen Gebiet verbreitet, aber selten, im Norden oder weiter im Süden in Berggegenden häufiger; überwiegend in moosigen Wäldern und auf moorigen Böden. Blüht 5–7. ▽

D Calypso bulbosa Eine sehr schöne und auffällige Orchidee. Mit einem gestielten, länglichen Grundblatt und einem einzigen Stengel, der eine einzelne, bis zu 5 cm große Blüte trägt. Blüte mit fünf langen, schmalen, rosavioletten, aufgerichteten Kelchblättern und einer großen, aufgeblasenen, rosa oder weißlich gesprenkelten Lippe. In feuchten Wäldern und Sumpfgebieten; nur in Nordskandinavien. Blüht 5–6. ▽

E Glanzstendel *Liparis loeselii* Kleine, aufrechte Mehrjährige mit schwach dreikantigen, bis 20 cm hohen Stengeln aus einer Knolle. Blätter meist zwei, grund- und gegenständig, länglich, gelbgrün und mit fettigem Glanz. Blüten zu zwei bis zehn in einer lockeren Ähre; Perianth-Abschnitte gelbgrün, schmal-linealisch, 5–8 mm lang und ausgebreitet, einwärts gekrümmt. Lippe breiter und am oberen Rand der Blüte stehend, weil der Fruchtknoten überhaupt nicht gedreht ist; kein Sporn. In Mooren, Sümpfen und anderen nassen Standorten; von Mittelskandinavien südlich. Blüht 6–7. ▽

F Kleingriffel *Microstylis monophyllos* Relativ große, zarte Orchidee bis 30 cm, mit einem einzigen, breiten Blatt am Grunde des Stengels. Blüten grün, mit nach oben weisender Lippe, in einer zylindrischen Traube angeordnet. In Sümpfen und nassen Wäldern; selten; von Mittelskandinavien südlich, in den meisten Regionen fehlend. Blüht 7. ▽

G Weichstendel *Hammarbya paludosa* Unterscheidet sich von der obigen Art durch die viel geringere Größe, die kaum je 12 cm überschreitet, sondern meist nur 6–8 cm beträgt; hat drei bis fünf Blätter. Blütenstand eine kleine, schmale Ähre bis 6 cm, mit zahlreichen winzigen, gelbgrünen Blüten; Fruchtknoten um 360° gedreht, so daß die Lippe wieder nach oben weist; Perianth-Abschnitte schmal und ausgebreitet; Sporn fehlt. In sauren Sümpfen, Marschen und Wasserrinnen; im ganzen Gebiet, aber selten und in vielen Gegenden fehlend. Blüht 7–9. ▽

Register

335